Die typografische Komposition

Für Anton, Carlotta und Edgar

verlag
hermann
schmidt

Martin Mosch

Die typografische Komposition

Das System
Typografie und Layout
als Fundament
für Ihre Kreativität
und Effizienz

Inhaltsverzeichnis

Typografie

Komposition

Über dieses Buch

Dieses Buch handelt vom Gestalten mit Schrift.

Es erklärt verständlich und aufeinander aufbauend die wichtigen Grundlagen der Typografie und veranschaulicht nachvollziehbar weiterführendes Fachwissen. Es betrachtet den Buchstaben, den Aufbau des Wortes, der Zeile und schließlich der Kolumne. Und es zeigt ausführlich Lösungsansätze zur Anordnung der Schrift im Format.

Manche dieser Lösungen benötigen die Kenntnis bewährter typografischer Regeln – **Die typografische Komposition** erklärt diese Regeln schlüssig und stellt anschaulich ihren Nutzen und Zweck dar.

In der Lehre ist die Ehrfurcht vor der Typografie groß; sie gilt als technisch und nur bedingt kreativ. Aber die Typografie ist erlernbar, klar strukturiert und bietet viel Raum für schöpferisches Arbeiten. Und sie vermittelt Freude – weil sie verständlich ist und tolle Ergebnisse liefert.

Das Layout, der Einsatz des typografischen Rasters und die essentiellen kompositorischen Gesetzmäßigkeiten stehen gleichberechtigt im Mittelpunkt dieses Buchs, das durchgängig in allen Kapiteln Gestaltungen analysiert, Lösungen aufzeigt, und diese anschaulich illustriert und kommentiert.

Die typografische Komposition möchte den Zugang schaffen, Schrift als vielschichtigen Werkstoff kreativ einzusetzen. Es gibt Ihnen Rezepte an die Hand, typografische Gestaltung zu reflektieren, eigenständig gute und anspruchsvolle Entwürfe aufs Papier zu bringen und das System ›Typografie und Layout‹ als Fundament für Ihre Kreativität und Effizienz zu nutzen.

Dabei thematisiert dieses Buch nicht nur die druckenden, sichtbaren Teile der Gestaltung, sondern auch die gestalterisch wichtigen umgebenden Räume und die verschiedenen Bereiche im Format – die sogenannten Wirkfelder. Denn die Typografie entwickelt an verschiedenen Stellen im Format unterschiedliche Wirkung und Kraft.

Die typografische Komposition kann keine Ausbildung ersetzen, wohl aber begleiten und unterstützen. Und dieses Buch möchte inspirieren und anregen, Werkzeug und Lektüre sein. Auch in den Zeiten von dynamischen Layouts, in denen gescrollt und nicht geblättert wird, besitzt das gestaltete und gedruckte Wort einen unverrückbar hohen Stellenwert in unserer Kultur – und ist omnipräsent sichtbar im öffentlichen Raum: Typografische Gestaltung umgibt uns nahezu überall. Die eigene berufliche Praxis zeigt mir jeden Tag die Sinnhaftigkeit und den Nutzen guter typografischer Gestaltung, denn sie vereint eine klare, handwerkliche Struktur mit Kreativität und Ästhetik. Und sie folgt immer einem erkennbaren Zweck: dem Lesevorgang.

Im Kommunikationsdesign ist Typografie ein unersetzbarer Multiplikator: Sie begleitet leise oder unterstützt kraftvoll die visuelle Sprache von Bildern, manchmal beherrscht sie voll auf sich allein gestellt eine Buchseite oder ein Plakat. Gut gestaltete Schriften liefern mit ihren Lettern und Glyphen ein gut gefülltes Portfolio exzellent durchgearbeiteter Gestaltungselemente. Und das frei Haus.

Die typografische Komposition kann linear gelesen werden, denn es beginnt im Kleinen und arbeitet sich zum Großen vor – von den handwerklichen Grundlagen bis hin zum ästhetischen Feinschliff. Die Kapitel können aber ebenso gezielt aufgesucht und gelesen werden, wenn konkrete Inhalte gesucht oder Lösungsansätze gefunden werden sollen. Ein feinmaschiges Stichwortverzeichnis hilft bei der konkreten Suche, Verweise an den Haupttexten leiten zu weiteren Ausführungen. Viel Spaß beim Lesen, Nachschlagen und Studieren!

Martin Mosch
Berlin, Februar 2024

Das Prinzip von ›Form und Gegenform‹ ist so etwas wie der genetische Code für eine gute Typografie.

S. 10, Schrift – Der Werkstoff der Typograf:innen

Die Mittelhöhe der Kleinbuchstaben ist maßgeblich für die Wahrnehmung der Schriftgröße.

S. 24, Der vertikale Aufbau der Buchstaben

Diese Gesamtbreite umfasst auch einen nichtdruckenden Raum zu beiden Seiten des Buchstaben – die Vor- und Nachbreite –, die den Abstand zum nächsten Zeichen organisieren.

S. 33, Der Buchstabenabstand

KAPITEL

1

Typografie
Der Buchstabe

1.1 Schrift – der Werkstoff der Typograf:innen

In den Buchstaben finden wir das Prinzip von ›Form und Gegenform‹ – den genetischen Code für gute Typografie.

Die Typografie ist ein Handwerk. Und ein Handwerk kann man erlernen.

Wie auch im Tischlerhandwerk oder in der Architektur braucht es in der Typografie eine fundierte Kenntnis der Grundlagen und Gesetzmäßigkeiten, denn wer das ›große Ganze‹ anstrebt, sollte über den Werkstoff und sein Zusammenwirken Bescheid wissen. Dann fallen auch Meister vom Himmel.

Die typografische Werkstoffkunde

Handwerkliche Grundlagen über die Form und Gestalt der Buchstaben – den Werkstoff der Typografie – und die formalen Zusammenhänge ihres Zusammenwirkens sind in der typografischen Gestaltung Basiswissen. Jeder Handwerksberuf vermittelt in seiner Ausbildung den Lernenden Werkstoffkunde als Pflichtfach.

Kein Tischler wird ohne ein fundiertes Wissen über den Werkstoff Holz und seine Materialeigenschaften erfolgreich arbeiten können – der Werkstoff der Typograf:innen ist die Schrift, und auch hier gibt es umfangreiche Grundlagen und Zusammenhänge zu erlernen, die alle angehenden Gestalter:innen verinnerlicht haben sollten, um die ›Weiterverarbeitung‹ ästhetisch anspruchsvoll, kommunikativ und professionell umzusetzen.

Nie waren die technischen Mittel zur Realisation einer grafischen Idee in eine typografische Komposition zugänglicher, nie war das Angebot der Foundrys[1] umfangreicher und verfügbarer – in weiten Teilen sogar frei zugänglich[2]. Jeder kann sich heute gestalterisch betätigen, jeder kann kreativ mit Typografie umgehen – genau deshalb ist eine umfassende Grundausbildung, die typografische ›Werkstoffkunde‹, so wichtig! Und sie ist kein Hexenwerk, sondern für jeden erlernbar.

In den letzten zwei Jahrzehnten ist der Zugriff auf digitale Fonts und Gestaltungsprogramme mit üppigen Portfolios an Effekten und gestalterischen Wundergriffen deutlich einfacher geworden. Man kann durchaus von einer Demokratisierung des Designs sprechen. Doch gerade die hohe Verfügbarkeit ist Fluch und Segen zugleich und kein Garant für Qualität: Es ist einfach geworden, unserem Auge strahlendes Design zu präsentieren – ob das ›Werkstück‹ dann aber auch dem zweiten, tiefergehenden Blick standhält und seiner Funktion gerecht wird, steht auf einem anderen Blatt.

1 In der deutschen Sprache mittlerweile sehr gebräuchlicher, tradierter engl. Terminus (›Schriftgießerei‹) für ein Unternehmen, das eigene Schriften und Schriften anderer Schriftgestalter:innen vertreibt. Der Vertrieb von digitalen Fonts erfolgt dabei über Online-Portale, die es dem Käufer bereits technisch ermöglichen, die entsprechende Schrift am Browser in reduzierten Anwendungen durchzuspielen. Die Schriftenhäuser behalten sich dabei vor, ein Firmenkürzel dem Schriftnamen voranzustellen oder anzufügen: ›Adobe Garamond‹ (Adobe Systems, Inc.), ›FF Franziska‹ (FontShop). Weitere renommierte Foundrys sind u. a.: Monotype Corporation (MT), Linotype-Hell AG (LT) und URW ++ Design & Development (URW).

2 Die Popularität des Typedesigns und das stetig wachsende Angebot freier Schriften sind für den Anwender eine tolle Möglichkeit, seine Kreativität punktgenau umzusetzen. Aber Vorsicht – wie überall gibt es Schriften hoher Qualität, wie sie viele der Google-Fonts nachweisen können, aber leider auch schlecht gestaltete Schriften, die eher kurzlebige Design-Gimmicks als sauber zugerichtete Qualitätsschriften sind. Auch hier kommt die Werkstoffkunde ins Spiel: Das Wissen um den Formenkanon der Buchstaben und um die Einzelformen der Lettern hilft, die Spreu vom Weizen zu trennen.

Um zu verhindern, dass angehende Gestalter:innen sich vorschnell mit einem vermeintlich designorientierten, aber gestalterisch mittelmäßigen Ergebnis zufriedengeben, versuchen die folgenden Kapitel die typografischen Grundlagen Schritt für Schritt verständlich zu vermitteln.

Insbesondere bei der ersten schöpferischen Entscheidung in der typografischen Arbeit – der Wahl einer Schrift – sollten die Gestalter:innen das Anforderungsprofil sowie die formale und die ästhetische Qualität des Fonts mit einbeziehen. Dies alles beurteilen zu können, erfordert eine fundierte Kenntnis unseres Werkstoffes: der Schrift. Diese zu vermitteln, ist die Aufgabe der Grundausbildung.

Gute Typografie ist das Ergebnis von Geduld. Und auch von Wissen.

Die druckenden und nichtdruckenden Teile der Zeichen

Sind uns Gestalt und Form der Buchstaben durch eine fundierte Grundlagenvermittlung vertraut, können wir über die Stärken und die Wirkung einer Schrift urteilen.[3] Und können wir die sichtbare lineare Gestalt der Zeichen bewerten, wissen wir um die Bedingungen ihrer ›Weiterverarbeitung‹, die verschlüsselt hinter der linearen, schwarzen Form der Lettern liegen. Auch hier gelten Gesetze, gibt es formale Zusammenhänge, die es zu verstehen gilt. Der Raum um die Buchstaben ist nicht minder wichtig, ihn zu formen ist Aufgabe der Type-Designer:innen[4], ihn zu ›lesen‹ ist Aufgabe der Typograf:innen, denn **das Prinzip von ›Form und Gegenform‹[5] ist so etwas wie der genetische Code für eine gute Typografie.**

Wer die Gesetzmäßigkeiten des Zusammenwirkens von Buchstaben versteht, kann Schrift über ihre formale Funktion hinaus bewusst ansteuern und inszenieren, gezielt eine optimale Lesbarkeit durch ein ausgewogenes Schriftbild oder eine starke plakative Wirkung durch optisches Aktivieren der Formen und der Gegenformen erzeugen.

Die Bedingungen für die Weiterverarbeitung der Zeichen, die jeder Buchstabe in seinen linearen Formen, seinen Binnenräumen und im ihn umgebenden Weißraum, dem sogenannten ›Fleisch‹, mit sich trägt, sind gewissermaßen ›die Gebrauchsanleitung‹ für das Zusammenwirken der Zeichen, die alle guten Typograf:innen automatisch anwenden. Diese ›Gebrauchsanleitung‹ stellt maßgeblich die Weichen für die Wirkung, die gestalterische Anmutung und die Lesbarkeit von Typografie, denn: Buchstaben bilden Worte, Worte bilden Zeilen, Zeilen addieren sich zu Kolumnen und sind die Grundlage einer jeden typografischen Komposition.

Und nur dann, wenn Gestalt und Form der Zeichen bekannt und verstanden sind, wird das Ganze auch wirklich besser als die Summe seiner Einzelteile. Und das gestalterische Ergebnis ästhetisch und wertig im professionellen Sinne. Auch hier gilt wie so oft im Leben: Übung (und Geduld) macht den Meister!

Es lohnt also durchaus, die Einzelformen der Buchstaben zu betrachten und den genetischen Code eines Fonts zu ›knacken‹, denn jeder Buchstabe ist nicht nur das einem akustischen Laut entsprechende grafische Zeichen – er trägt auch die ein oder andere Gesetzmäßigkeit der Kompositionslehre in sich.

Auch wenn sich die Qualität eines Fonts hinsichtlich seiner Nutzung als ›Brotschrift‹[6] primär im Satzbild und im Rhythmus[7] manifestiert – das Betrachten der Einzelformen gibt zuverlässig Auskunft über die ästhetische und formale Qualität einer Schrift. Und über die potentielle Eignung als Headline-, Display- oder Corporate Font. Und kennen wir darüber hinaus die richtige Terminologie der Buchstabenformen, hilft das im Dialog mit Fachleuten und Auftraggebern.

3 Jede Schrift hat durch seinen Urheber, der die Architektur und die Ausprägung der Lettern definiert, eine bestimmte Expertise: Ob Satzschrift oder Displayfont, die Gestalt der Buchstaben ermöglicht eine besondere Eignung für eine konkrete typografische Anwendung. Diese zu erkennen ist Aufgabe der Typograf:innen. Das zu erlernen ist der Auftrag dieses Kapitels.

4 Anders als die Typograf:innen, die mit Schrift gestalterisch arbeiten, entwerfen die Type-Designer:innen eine Schrift. Aber durch den heute verständlichen Aufbau der Schriftgestaltungssoftware können auch die Typograf:innen, also eher die Nutzer digitaler Fonts, eigene Schriften entwerfen und umsetzen.

5 Das in der Typografie immer wieder zitierte Prinzip von ›Form und Gegenform‹ beschreibt das Verhältnis zwischen den sichtbaren schwarzen Formen der Lettern und ihren nichtdruckenden Binnenräumen, den Weißräumen, zu denen auch die unter [→ 1.2] erklärten Vor- und Nachbreiten der Buchstaben gehören. Die hohe Relevanz und die ungebrochene Aktualität dieses Prinzips zeigt sich in dem Umstand, dass Adrian Frutiger diesem Thema eine eigene Publikation gewidmet hat (Adrian Frutiger, Formen und Gegenformen).

6 Als Brotschriften werden Schriften bezeichnet, die sich für den Satz größerer Textmengen empfehlen. Da der Mengensatz früher im Wesentlichen die Arbeit der Schriftsetzer bestimmte und sie damit ihr Brot verdienten, spricht man auch heute noch von Brotschriften.

7 Unter ›Rhythmus‹ im typografischen Kontext versteht man das Wechselspiel aus horizontalen, vertikalen und runden Buchstabenformen, deren Weißräumen, sowie die Weißräume zwischen den Zeichen, den Wörtern und den Zeilen zueinander.

[→ Seite 42, 2.1 Das Wortbild]

1.2 Die Einzelformen der Buchstaben

Um rhythmisch gute Wortbilder zu erzielen, müssen wir die Einzelformen der Lettern kennen und erkennen. Der Mikrokosmos der Typografie ist gleichzeitig auch ein Ausblick auf die Kompositionslehre.

Die Klein- und Großbuchstaben unseres Alphabets setzen sich aus spezifischen, sich wiederholenden Grundformen zusammen. Qualitätsvolle Schriften im Sinne von rhythmisch ausgewogenen Fonts[8] zitieren ihre Kreis- und Bogenformen – wenn auch nicht sklavisch – in allen runden Buchstaben. Und organisieren dabei das Prinzip der Ein- und der Ausgänge[9] identisch. Formale Übereinstimmung ist die Maxime. Und ein wichtiges Kriterium für hochwertige Schriftgestaltung. Dabei haben die Groß- und Kleinbuchstaben ganz unterschiedliche Wurzeln und wurden erst in der Frührenaissance durch die Humanisten zu einem Alphabet zusammengefügt.

Unser Alphabet: Die Symbiose aus zwei Schriftsystemen

Die älteren und aus weniger Grundformen bestehenden Versalien entsprechen der in der Antike von den Römern in Stein gemeißelten Capitalis Monumentalis, einer Schrift, die nur aus Großbuchstaben bestand und durch den Einstieg des Schreibwerkzeugs – dem Meißel – ihre charakteristischen Serifen erhielt. Das wohl bekannteste Zeugnis dieser römischen Monumentalschrift findet sich in Rom, an der Trajansäule auf dem Forum Romanum. In ihren Grundzügen ist diese römische Steinschrift allerdings erkennbar dem griechischen Alphabet entlehnt. Schriftfunde aus dem antiken Griechenland geben ein eindeutiges Zeugnis ab!

Historisch gesehen sind die Kleinbuchstaben unseres Alphabets erheblich jünger. Als Karl der Große im 8. Jahrhundert eine Bildungsreform beschließt, braucht er dazu eine Schrift, die er im ganzen Reich verbreiten und etablieren möchte: die karolingische Minuskel, oder auch romanische Minuskel, die vom Bischof Alkuin von York auf Geheiß Karl des Großen entwickelt wurde.

Unser Alphabet vereint also zwei historisch und kulturell sehr unterschiedlich gewachsene Schriftsysteme, was in den Einzelformen auch sichtbar wird.

Die tradierte Terminologie unserer Buchstabenformen gleicht einem Streifzug durch die menschliche Anatomie, was nicht verwunderlich ist: Benennungen von Einzelformen wie ›Scheitel‹, ›Auge‹, ›Bauch‹ und ›Schenkel‹ lassen schon bei einer flüchtigen Betrachtung der Lettern keinen Zweifel an der Herleitung dieser Termini. Andere Benennungen beziehen sich auf den Entstehungsprozess der Schrift: das Schreiben.

8 Rhythmische Ausgewogenheit ist das Ergebnis von guter Zurichtung [→ Seite 32, 1.5 Der Buchstabenabstand], professionellem Kerning und einer der Größe und dem Charakter der Schrift angemessenen Laufweite. Die ersten beiden Positionen erfüllen ausschließlich Qualitätsschriften, für deren Nutzung man bezahlt. Und nur von diesen Schriften wird im Folgenden in diesem Buch die Rede sein. Die letzte Position, die richtige Laufweite, ist durch die Typograf:innen zu erkennen und zu bestimmen.

9 Ein- und Ausgänge sind die Punkte eines Buchstabens, an denen gerade und runde Buchstabenformen aufeinandertreffen. Eine genaue Erklärung und eine entsprechende Abbildung findet sich auf [→ Seite 16] dieses Kapitels wieder.

Die Einzelformen der Buchstaben und deren Bezeichnungen zu kennen ist hilfreich, denn man kann ›auf Augenhöhe‹ mitreden, die Charakteristika einer Schrift nachvollziehbar benennen und die Qualität ihrer Zeichnung begründen. Gleichzeitig können wir anhand der Buchstabenformen aber auch grundlegende Prinzipien der optischen Wirkung erkennen und ableiten. Sie sind eben auch ein Ausblick auf die Kompositionslehre und ihre Gesetzmäßigkeiten!

10 Es handelt sich bei dieser Schriftprobe um einen Schreibervermerk einer Lorscher Handschrift – geschrieben von Gottfried Pott.

11 Modulation bezeichnet die Strichstärkenzu- oder Abnahme einzelner Buchstabenteile innerhalb eines Zeichens. Schriften, die ihren Ursprung in der Wechselzugfeder haben, verfügen über starke Modulation. Die Modulation organisiert in der Zeichnung der Lettern den Kontrastreichtum im Schriftbild.

1

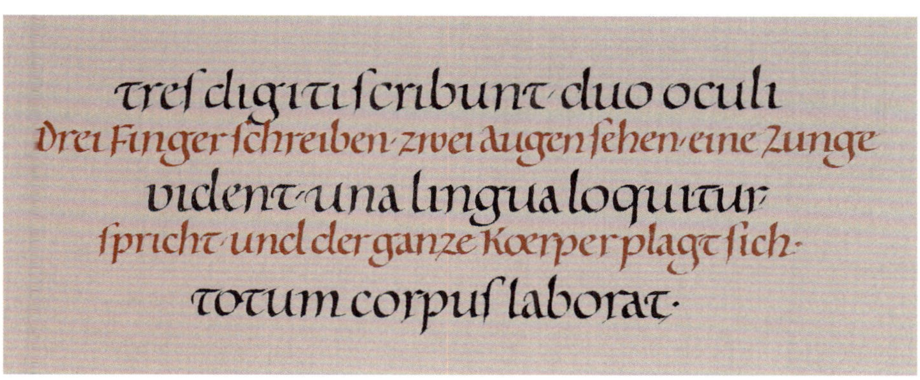

2

1 Die Capitalis Monumentalis in Rom ist eine reine Majuskelschrift – eine Schrift also, die keine Kleinbuchstaben und keine Wortzwischenräume kannte. Sie wird auch als Lapidarschrift bezeichnet, da sie ausschließlich in Stein (lapis = Stein) gemeißelt wurde. Ihr Formenkanon beruht auf einem Quadrat, was an bestimmten Schlüsselbuchstaben sehr gut ersichtlich ist: Das O bildet exakt ein Quadrat, wenn man Tangenten an die lineare Form des Zeichens legt.

2 Die karolingische Minuskel[10] verfügt als reine Minuskelschrift über sehr ausgeprägte Ober- und Unterlängen. Die Wörter sind durch Zwischenräume klar voneinander getrennt – die Modulation[11] des Striches ermöglicht eine gute Lesbarkeit. Schlüsselbuchstaben sind das ›a‹, da die Neigung des Grundstrichs Indiz für die zeitliche Einordnung ist (je gerader, desto später), und das hier bereits 2-geschossige ›g‹, das in Frühformen dieser Schrift noch 3-geschossig war. Die karolingische Minuskel bildet die Grundlage unserer heutigen Kleinbuchstaben und erfuhr durch die Humanisten in der Renaissance die Berufung als Kleinbuchstabenalphabet einer neuen ›revitalisierten‹ Schrift: der Antiqua – der Schrift der Antike.

Vertikale und diagonale Striche

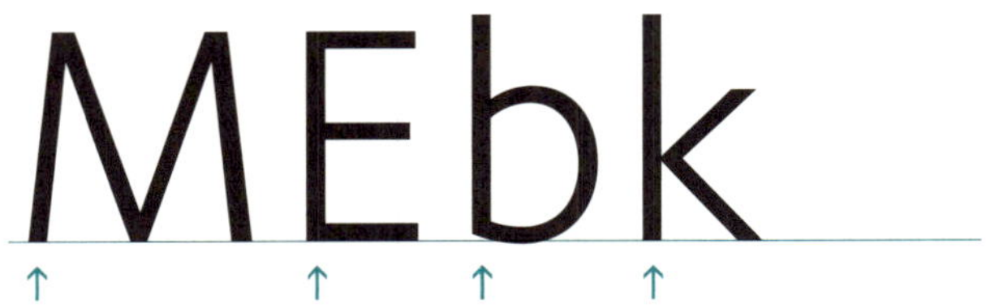

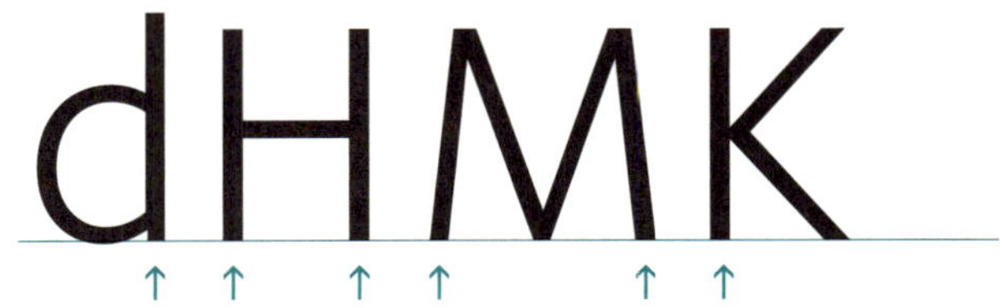

Grundstrich Der Buchstabe wird über den Grundstrich aufgebaut. Auch wenn ein Buchstabe über einen weiteren vertikalen Strich verfügt, wie das **M** beispielsweise, kann er nur einen Grundstrich haben. Wer unsicher ist, kann den Buchstaben aufzeichnen: Der zuerst aufs Papier gebrachte Strich ist der Grundstrich.

Schaft Jeder vertikale Strich eines Buchstabens wird als Schaft bezeichnet. Ein **H** hat zwei Schäfte, aber nur einen Grundstrich.
Wichtig: Ein Schaft wird auch als solcher bezeichnet, wenn er leicht geneigt ist!

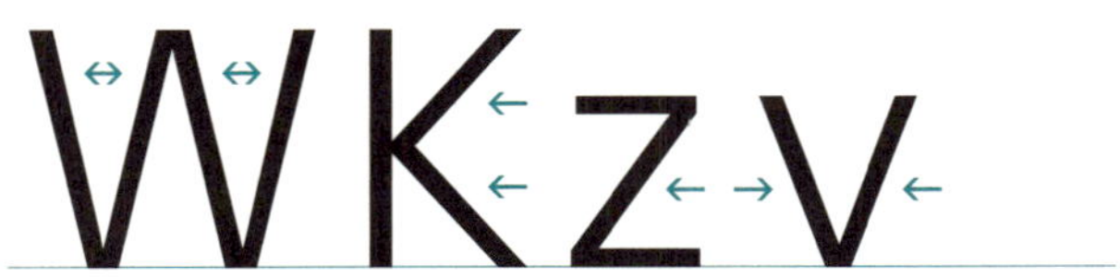

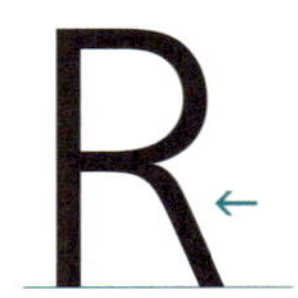

Schenkel Ist die Neigung der Striche größer und ein wesentlicher Teil der Persönlichkeit der Letter, spricht man vom Schenkel oder auch der ›Diagonalen‹. Der Schenkel ist nicht zwingend von der Schriftgrundlinie beginnend gezeichnet, sondern kann auch – wie beim **K** – vom Grundstrich des Buchstabens aus gezogen sein.

Bein Diagonaler Strich, der vom Bauch des **R** zur Grundlinie führt.

Horizontale Striche

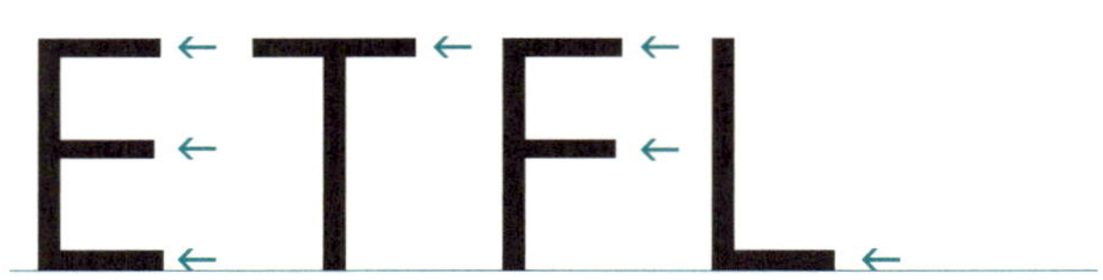

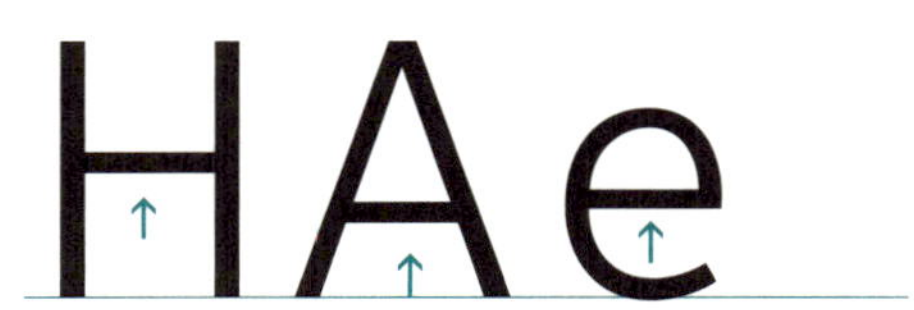

Arm Der oder die Striche eines Buchstabens, die den vertikalen Strich an einer Stelle treffen.

Querbalken Der horizontale Strich, der an seinen beiden Enden Teile des Buchstabens berührt. Oder, wie beim Versal **H**, die beiden Schäfte verbindet.

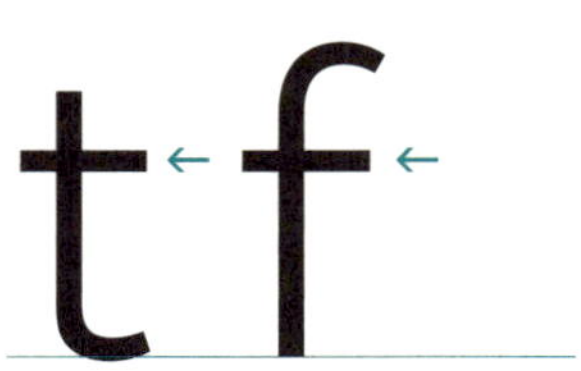

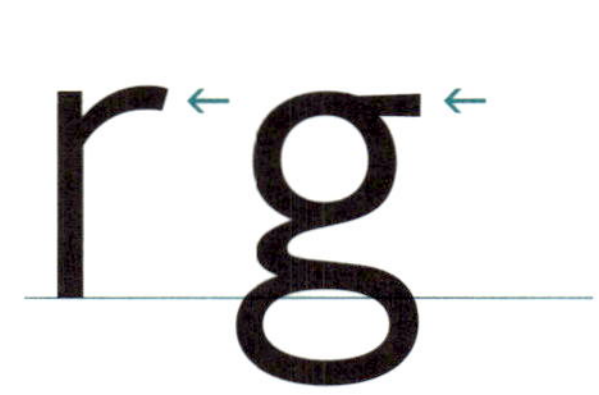

Querstrich Anders als der Arm einer Letter kreuzt diese Horizontale den vertikalen Strich, verläuft also quer durch den Strich.

Fähnchen Nicht immer ein gerader Strich. Kann auch gerundet sein. Aber immer kurz gehalten und angesetzt. Bei Serifenschriften als Tropfen ausgestaltet.

Runde Striche

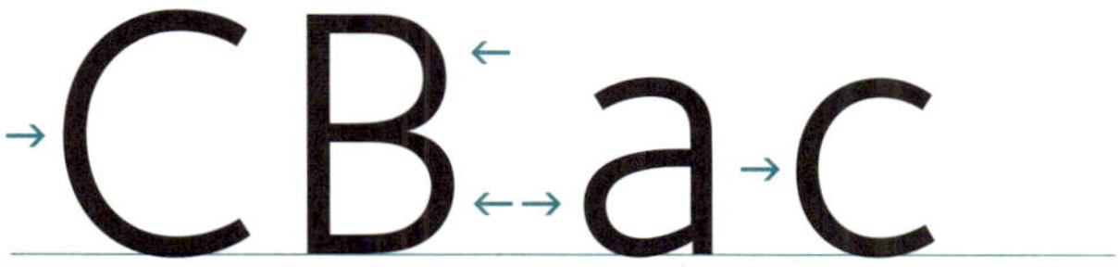

Bogen Gerundete Linie um eine Binnenform, die sowohl offen – wie beim **C** – als auch geschlossen sein kann (Punze) – wie beim **a**. Das **B** verfügt über einen oberen und einen unteren Bogen. Letzterer wird auch als Bauch bezeichnet.

Scheitel/Scheitelpunkt Jede runde Buchstabenform besitzt auf dem höchsten Punkt der Rundung einen Scheitel oder auch Scheitelpunkt. Hier vollzieht sich außerdem ein Strichstärkenwechsel von An- zu Abstrich, der bei manchen serifenlosen Linear-Antiqua-Schriften rudimentär oder – wie bei den konstruierten Schriften dieser Gruppe – zurückgebildet ist.

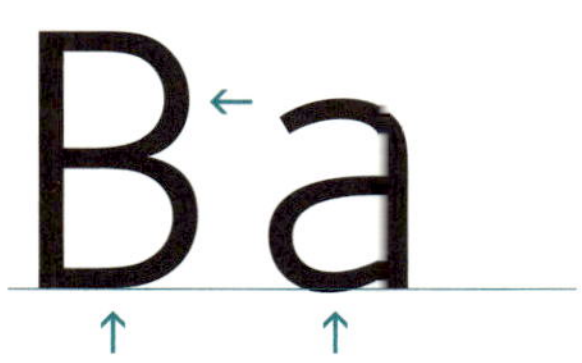

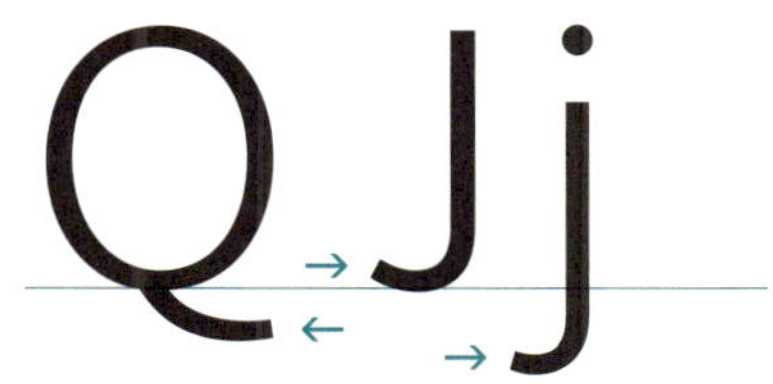

Bauch Bei der Minuskel **a** umschließt der Bogen eine Punze und bildet den Bauch. Die Gestalt dieser Form und die entsprechende Namensgebung sind durchaus nachvollziehbar. Ebenso wie beim Versal **B**. (s. a. ›Bogen‹).

Schweif Flach gerundetes Strichende als Ausgang eines senkrechten Striches – zuweilen in der Unterlänge eines Buchstabens. Flach gerundete Linien, die offener gehalten sind und keine Binnenform umschließen, bezeichnet man überdies als **Rundung.**

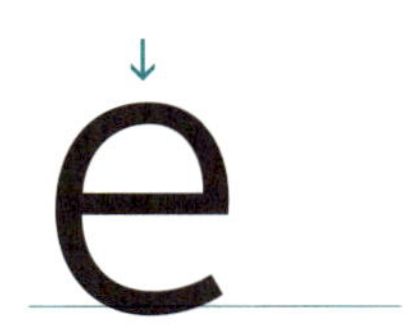

Tropfen Charakteristischer Abschluss spezifischer Buchstabenformen.

Schlaufe Das **g** liegt in manchen Alphabeten 2-geschossig, in anderen 3-geschossig vor – hier wird die untere Form als Schlaufe bezeichnet.

Auge Fachbegriff für die Punze der Minuskel **e**.

▸ OPTISCHE BESONDERHEIT bei vertikalen und horizontalen Strichen ◂
Der senkrechte Strich erscheint schmaler als der horizontale. Diese optische Täuschung wird besonders bei der Zeichnung von Groteskschriften berücksichtigt. Schlecht gezeichnete oder ungenügend digitalisierte Fonts weisen hier Mängel auf und wirken diesem Umstand nur unzureichend entgegen. Im Zuge der Prüfung eines Fonts auf seine Qualität in Zeichnung und Formensprache ist das ein hilfreicher Filter, der etwaige Schwachpunkte eines Fonts sehr plakativ sichtbar macht. Dieses Prinzip ist bei allen entsprechenden Positionen in der Gestaltung gültig: also bei horizontalen und vertikalen Kompositionselementen, Linien und Flächen, sowie bei Abständen und Weißräumen.

Erst durch einen Strichstärkenzuwachs im rechten Beispiel erscheinen beide Striche gleich stark.

▶ OPTISCHE BESONDERHEIT bei runden Buchstabenformen ◀

Wie auch bei den vertikalen und horizontalen Strichen gibt es eine Diskrepanz zwischen der optischen Wahrnehmung von Flächen, Räumen und Abständen und deren geometrischer Konstruktion und Abmessung.

Bei den runden Buchstabenformen findet sich ein optisches Prinzip wieder, das der metrischen Konstruktion vorangestellt ist: Alle runden Teilformen oder Zeichen werden etwas größer gezeichnet, damit sie gleich hoch wirken. Das Auge nimmt sie dann als gleich groß wahr, wenn die runde Form die horizontal abschließende Linie des benachbarten Objekts oder Zeichens überschreitet. Dieses Prinzip findet sich bei allen Gestaltungsfragen wieder, bei denen runde und rechteckige Formen innerhalb einer Fläche in Bezug gesetzt werden und optisch angeglichen werden müssen.

Strichansätze und Abschlüsse, Berührungspunkte von Strichen

Abstrich Ein der Technik des Schreibens geschulter Abschluss eines Striches; meist schwungvoll, weil die Führung des Schreibwerkzeuges nach dem vertikal abfallenden Schwung noch einmal nach oben geht.

Anstrich Ansatz zu einem im Abschluss serifenlosen Strich. In seiner Ausprägung stark abhängig vom Schreibwerkzeug. Weitere Anstriche sind bei den ›Serifen‹ zu finden.

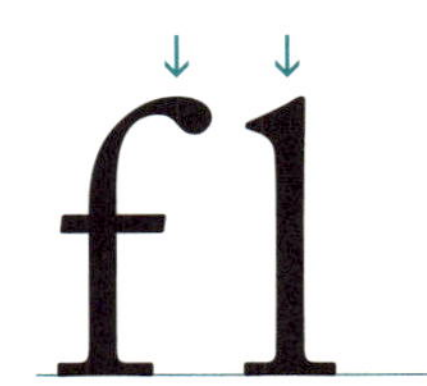

Kopf Gestalterische Ausprägung der Oberlänge von Kleinbuchstaben

Ausgang An dieser Stelle treffen senkrechter Strich und Bogen/Rundung aufeinander. Anders formuliert setzt hier das Schreibwerkzeug zum Bogen oder zur Rundung an, nachdem der Grundstrich des Buchstabens geschrieben wurde. Bei der Minuskel **m** markiert der Ausgang die Stelle, an der der zweite Bogen angesetzt wird.

Analog zum Ausgang beschreibt der Eingang bei einem Buchstaben die Stelle, an der die Rundung oder der Bogen wieder auf den Grundstrich führt.

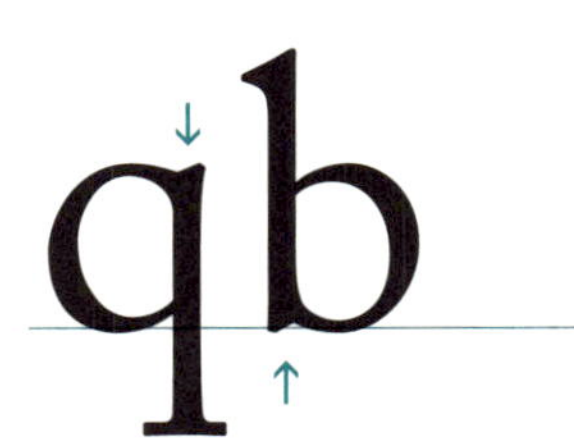

Sporn Spezifische Situation am Strichanfang oder Strichende: Der Einstieg (entsprechend der Ausstieg) mit dem Schreibwerkzeug und das Aufeinandertreffen mit einem Bogen oder einer Rundung lässt diesen kleinen, charaktervollen Steg entstehen.

Binnenformen

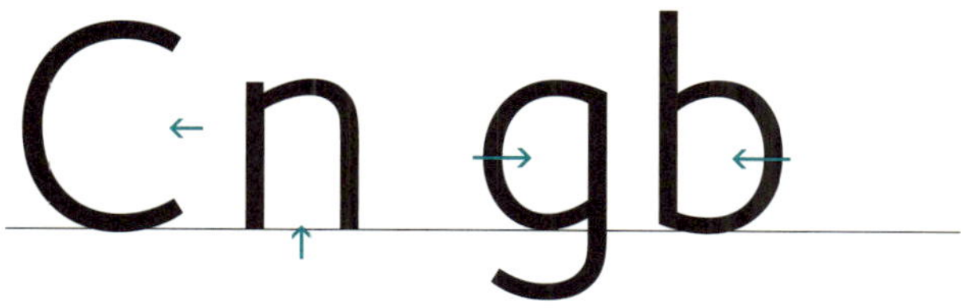

Hier differenziert man zwischen den offenen und den vom Bogen vollständig umschlossenen Binnenformen: Bei den geschlossenen Formen spricht man von **Punzen**. In der Fachliteratur sind zwei Versionen dieses Terminus gebräuchlich: Die Punze und der Punzen. Im Folgenden wird ausschließlich die weibliche Form verwendet.

▶ **OPTISCHE BESONDERHEIT** bei Binnenformen ◀

Die Binnenformen einer Schrift haben einen wesentlichen Einfluß auf das Schriftbild und den Grauwert.

1. Sie bringen ›Licht‹[12] in die Buchstabenformen, halten also die Lesbarkeit in kleinen Schriftgraden stabil und halten den Grauwert[13] eines Textes angenehm. Bei bestimmten Anwendungsbereichen (Zeitungssatz, Bildschirmschriften) hat dieser Umstand große Relevanz.

Für den Zeitungssatz entwickelt:
Die Swift von Gérard Unger (1987)

Zacharias und Sylvia schippern träge von Sylt nach Vancouver. Ein Mix aus Astern und Hyazinthen lässt die Herzen der Samariter höher schlagen. Nimmer, sagte Fjodor, bevor er schwankend der Reling folgte. Und was macht Norbert? Lässt flink Sägespäne im Akkord verpuffen. Alles eine Frage der Ästhetik, findet Bendix, und lässt die Leine los. Hurtig stößt Fritz zu den übrigen, wo er quirlig dem Appell folgt. Wer wird den Froschmann jagen – Bob oder Maximiliane? Und wieso wendet sich Viktor dem Foxterrier zu, während Britta zielführend die Rüben schält? Rhabarber schmeckt wohlig und frisch zugleich. Am besten kurz vor Xanten in die Eisen gehen. Ein wahrlich probates Mittel, seufzte Otto.

Swift Light, 7/9,8 pt

Auch unter schwierigen Bedingungen sorgt die Swift mit ihren großen Binnenräumen für ein helles Schriftbild – die Lesbarkeit bleibt auch in kleinen Schriftgrößen stabil.

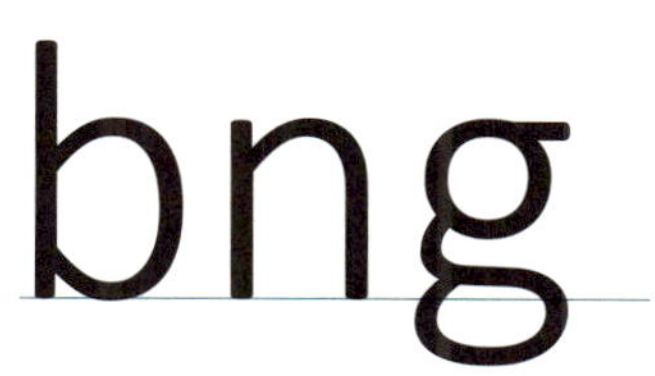

Bildschirmschrift von hoher typografischer Qualität:
Die Calibri von Lucas de Groot (2005)

Zacharias und Sylvia schippern träge von Sylt nach Vancouver. Ein Mix aus Astern und Hyazinthen lässt die Herzen der Samariter höher schlagen. Nimmer, sagte Fjodor, bevor er schwankend der Reling folgte. Und was macht Norbert? Lässt flink Sägespäne im Akkord verpuffen. Alles eine Frage der Ästhetik, findet Bendix, und lässt die Leine los. Hurtig stößt Fritz zu den übrigen, wo er quirlig dem Appell folgt. Wer wird den Froschmann jagen – Bob oder Maximiliane? Und wieso wendet sich Viktor dem Foxterrier zu, während Britta zielführend die Rüben schält? Rhabarber schmeckt wohlig und frisch zugleich. Am besten kurz vor Xanten in die Eisen gehen. Ein wahrlich probates Mittel, seufzte Otto.

Calibri, 7/9,8 pt

Die Kleinbuchstaben der Calibri sind – gemessen an den Versalien – deutlich niedriger, die klaren Zeichenformen mit ihren stabilen Binnenräumen bleiben aber stabil.

12 Licht: Diese poetisch anmutende Analogie verbildlicht die Wirkung von großen Binnenformen, einer entsprechend hohen x-Höhe und eines nicht zu fetten Striches. Die Größe der Binnenformen steht immer in direktem Zusammenhang mit der Höhe der Kleinbuchstaben ohne Oberlängen, also der n-Höhe. Ist diese sog. Mittelhöhe entsprechend belastbar, also hoch, kann sie entsprechend Weißraum beherbergen.

13 Die Bezeichnung ›Grauwert‹ ist in gewisser Weise ein Phänomen: Wohl kaum ein anderer Terminus wird in Präsentationen von Entwürfen typografischen Inhalts stärker strapaziert als eben dieser; und doch findet sich in der Fachliteratur nur wenig Zitierbares. Dabei liegt die Bedeutung auf der Hand: Unser Auge nimmt die schwarze lineare Form der Schrift grundsätzlich in direkter Verbindung mit dem Weißraum zwischen den Zeichen, den Worten und den Zeilen wahr. Dieser Tonwert mischt sich im Auge zu einem entsprechenden Grauwert. Albert Kapr formuliert es in seinem Buch ›Gestalt und Funktion der Typografie‹ wie folgt: ›Viele Buchstaben aneinander gereiht, ergeben eine gerasterte graue Linie, viele Zeilen untereinander ergeben eine gerasterte graue Fläche. Je nach der Größe der Schrift, je nach ihrem Schnitt, (…), und je nach Größe des Durchschusses ergeben sich unterschiedliche Grauwirkungen, vom zartesten Hellgrau über mittleres Grau zum tiefen Dunkelgrau bis zum satten Schwarz.‹, um dann abschließend fast schon blumig zu konstatieren: ›Die Grauwerte sind gewissermaßen die musikalischen Töne des Typografen, die er zu der typografischen Melodie zusammenfügen soll.‹ Wird eine Buntfarbe für die Schrift gewählt, können sich hier Tonwerte in Addition mit Weiß ergeben, die für Überraschungen sorgen: Rote Schrift als Fließtext erzeugt rosa Flächen!

[→ Seite 104, 4.1 Die Kolumne – ein typografisches Gebäude in Grau]

2. **Der Zeichenabstand innerhalb eines Wortes ist wesentlich von der Größe der Buchstabeninnenräume abhängig** und ist elementar für die Lesbarkeit eines Wortes, einer Zeile oder einer Kolumne.[14]

Es gilt folgende Regel: **Je größer die Binnenräume einer Schrift, desto größer darf auch der Zeichenabstand sein.** Werden diese kleiner, z.B. durch die Wahl eines fetteren Schriftschnittes, oder sind sie es bereits durch die spezifische Architektur eines Fonts, stehen die Buchstaben enger zueinander.[15]

Die Schnitte Light, Book, Medium, Bold und Extrabold der Foundry Sterling sehen in der Laufweite 0 unterschiedlich große Abstände zwischen den Zeichen vor: Mit der zunehmenden Strichstärke reduzieren sich die in der Zurichtung der Schrift festgelegten Weißräume zwischen den Zeichen.

Das ist nicht ausschließlich diesem Font eigen, sondern ein Grundprinzip der Schriftgestaltung. Die fetteren Schnitte einer Schrift werden vom Type-Designer ›enger‹ zugerichtet.

14 Wenn wir bislang die Architektur der Einzelformen einer Schrift betrachtet haben, müssen wir an dieser Stelle die Bedeutung des Abstands der Zeichen, also der richtigen Zurichtung, hervorheben. Karen Cheng schreibt dazu in ihrem Buch ›Anatomie der Buchstaben‹: ›Bei der Gestaltung einer Schrift spielt der Abstand der Buchstaben eine mindestens ebenso große, wenn nicht gar größere Rolle als die Form der Buchstaben. (…) Umgekehrt kann eine mittelmäßige Schrift durch gekonnte Zurichtung beachtlich gewinnen.‹

[→ Seite 32, 1.5 Der Buchstabenabstand]

[→ Seite 44, 2.1 Das Wortbild *Der Rhythmus – das Prinzip von Form und Gegenform*]

15 Der Buchstabenabstand verringert sich nicht nur absolut, sondern auch relativ, da die Strichstärke der Zeichen gleichzeitig sichtbar zunimmt. Der ›Grauwert‹ des Wortes wird nun erheblich dunkler.

Serifen (Endstriche)

Serifen Ursprünglich aus dem Einstieg des Meißels entstandene (End)Strichform, die sich im Laufe der Jahrhunderte von einer starken, handschriftlich geprägten Kehlung bis hin zum autonomen, rechtwinkligen Gestaltungsmerkmal der Buchstaben emanzipiert hat. Grundsätzlich steht bei der jeweiligen Ausprägung der Serifen der Aspekt im Vordergrund, wie der Übergang aus der Senkrechten hin zum waagerechten Endstrich formuliert werden und in welcher Strichstärke sich der Endstrich artikulieren soll.

[→ Seiten 49/50, 2.2 Laufweite und Lesbarkeit *Laufweite und Strichstärke. Die Auswirkung der Serifen auf die Laufweite*]

Dass die Serifen neben ihrer Funktion, als horizontale Linien die Buchstaben optisch zu verbinden, dieses Prinzip mitunter so offensiv interpretieren, zeigt der Umstand, dass die Klassifikation der Satzschriften der sog. serifenbetonten Linear-Antiqua eine eigene Gruppe zuweist, weil sich die Serifen hier durch Strichstärke und Größe als dominierendes Merkmal von der ursprünglichen Serife der Renaissance-Antiqua in Form und Funktion sehr stark entfernt hat:

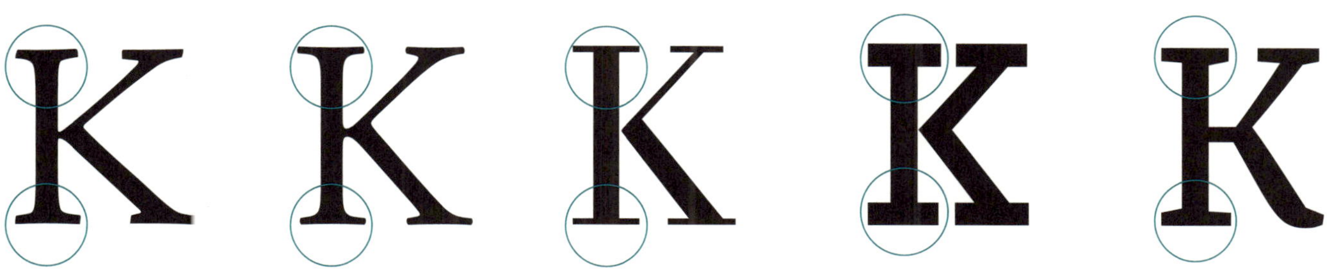

Venezianische Renaissance-Antiqua Gekehlte und gerundete Serifen, die sich noch stark an der Handschrift orientieren

Französische Renaissance-Antiqua Gekehlte und stark gerundete Serifen

Klassizist. Antiqua Rechtwinklig angesetzt, ungekehlte, in der Stärke der Haarlinie gezeichnete, ›technische‹ Serifen

Serifenbetonte Linear-Antiqua Rechtwinklig, in der Stärke des Grundstrichs gezeichnete Serife

Antiqua moderner Prägung Kräftige Serife, die zu beiden Seiten des Grundstrichs unterschiedlich sind

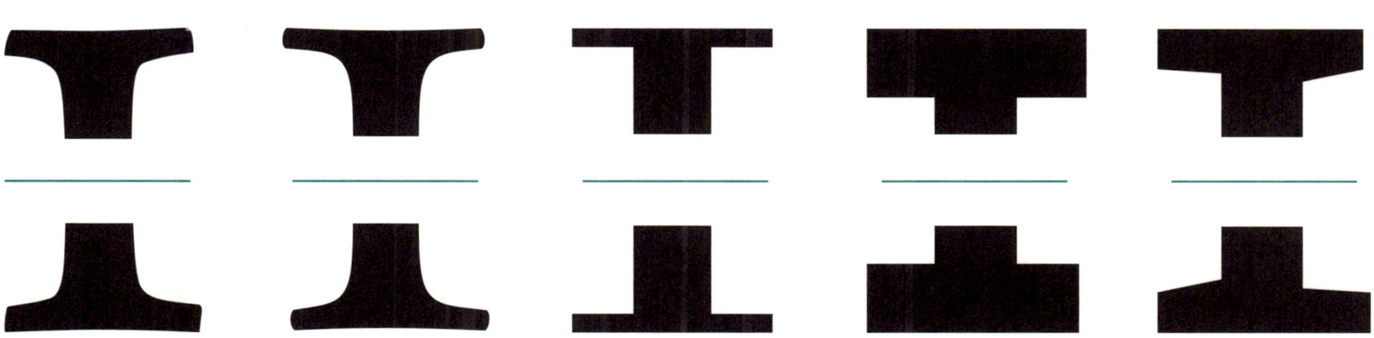

Adobe Jenson Pro — Adobe Garamond Pro — Bodoni Book — Rockwell Regular — Franziska Pro Book

1.3 Der vertikale Aufbau der Buchstaben

Linien, Höhen und Längen – der vertikale Aufbau der Zeichen und die Proportionen der Buchstabenteile beeinflussen die Persönlichkeit einer Schrift und entscheiden über deren ›Verarbeitung‹. Also alles eine Frage der Verhältnisse.

Der vertikale Aufbau der Buchstaben erstreckt sich als ein Vierliniensystem über drei Bereiche, die dem Buchstaben – je nach Größenverhältnis dieser Buchstabenteile zueinander – seine individuelle Form und seinen spezifischen Charakter zuweisen.

Die zentrale horizontale Linie, von der die Letter sich vertikal nach oben, manchmal auch nach unten hin aufbaut, ist die **Schriftgrundlinie.** Diese Grundlinie (auch Schriftlinie genannt) ist der mikrotypografische Nullpunkt im Koordinatensystem einer Schrift. Von ihr aus wird die Schriftgröße ge- und der Zeilenabstand, der Durchschuss[16], bemessen. **Dieser wird stets von Schriftgrundlinie zu Schriftgrundlinie der darunterliegenden Zeile gemessen.**

16 Im Sprachgebrauch hat sich der Begriff ›Durchschuss‹ als Bezeichnung für den Zeilenabstand etabliert – genaugenommen bezeichnet dieser Terminus aber ausschließlich den zusätzlichen Abstand, der zur Kegelhöhe addiert wird. Früher wurden die Zeilen im Hochdruck mit einem Stück Blei physisch auseinandergetrieben – gewissermaßen ›durchschossen‹. In der englischen Übersetzung ist die Nähe zum Material noch stärker wahrzunehmen: Der Begriff ›Leading‹ bezeichnet hier den Durchschuss – der Wortstamm ›Lead‹ heißt übersetzt ›Blei‹.

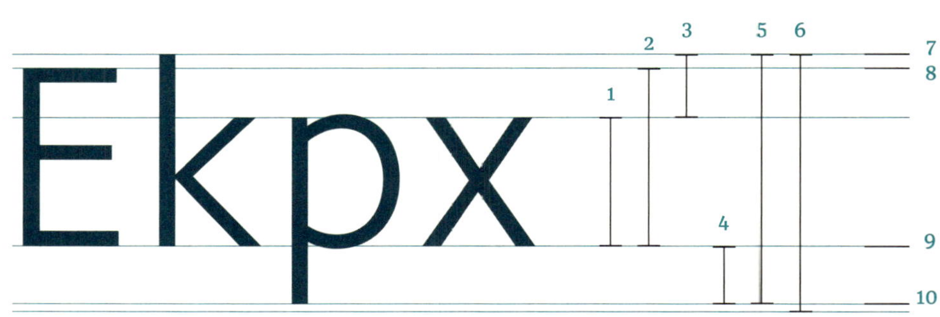

1 x-Höhe/Mittelhöhe
2 Versalhöhe
3 Oberlänge
4 Unterlänge
5 hp-Höhe
6 virtueller Kegel
7 k-Linie
8 H-Linie
9 Schriftgrundlinie
10 p-Linie

Der Bereich oberhalb der Schriftgrundlinie wird in drei Höhen unterteilt: Die x-Höhe, oder auch Mittelhöhe, beschreibt die Höhe der Kleinbuchstaben ohne Ober- und Unterlängen. Der Namenspatron – die Minuskel ›x‹ – verfügt über horizontal beschnittene Buchstabenteile, die die Mittelhöhe dadurch nicht nur sicht-, sondern auch messbar werden lassen.

Oberhalb der x-Höhe erstreckt sich die Oberlänge der Kleinbuchstaben (k-Linie). In vielen Antiqua-Alphabeten der Renaissance überragen die Oberlängen der Kleinbuchstaben die Höhe der Versalien. **Deshalb differenziert man zwischen der Versalhöhe (H-Linie) und der Oberlänge.**[17] Diese beiden Höhen können aber auch identisch sein, wie bei den meisten Grotesk-Schriften.

Bestimmte Buchstaben, wie die Lettern g, p, q und y, ragen unter die Schriftgrundlinie hinaus. Diese Unterlänge wird durch die sog. p-Linie begrenzt. **Entsprechend bezeichnet man die maximale vertikale Ausdehnung eines Buchstabens als hp-Höhe.**

Um zu verhindern, dass sich die Unterlängen der Buchstaben mit den Oberlängen der darunterstehenden Zeile berühren, verfügt jede Schrift über einen zusätzlichen Raum unterhalb der p-Linie.[18] Auch wenn der Zeilenabstand einer Kolumne identisch ist mit der Schriftgröße (kompresser Satz), wirkt ein schmaler Weißraum zwischen den Zeilen trennend.[19] **Man spricht hier vom ›virtuellen Kegel‹ einer Schrift.**

Der Kegel stammt aus der Zeit des Hochdrucks und ist im Bleisatz der physische Träger des Schriftbildes, also der Bleiblock, auf dem das spiegelverkehrte Druckbild des Buchstabens befestigt war. Spiegelverkehrt deswegen, weil erst durch das Abdrucken der Letter das Schriftbild auf dem Papier ›richtig herum‹, also in Leserichtung, dargestellt wird.

17 Weitere Bezeichnungen sind ›Gemeinenhöhe‹ und ›Minuskelhöhe‹. Beide Begriffe basieren auf tradierten Termini für ›Kleinbuchstaben‹. Besonders die ›Gemeinen‹ sind der Generation Apple weitestgehend unbekannt.

18 Genaugenommen ist also das in der typografischen Fachliteratur so häufig beschriebene Vierliniensystem ein Fünfliniensystem, weil der Bereich der Oberlänge differenziert zu betrachten ist.

19 Der virtuelle Kegel kann nicht davor schützen, dass bestimmte, untereinanderstehende Zeichen einander berühren: Das betrifft vor allem Versalbuchstaben, die durch ober- oder unterhalb angefügte Striche, Bögen oder Punkte eine neue Betonung oder Aussprache erfahren – sogenannte ›diakritische Zeichen‹. Die in der deutschen Sprache vorkommenden ›Umlaute‹ zählen zu den diakritischen Zeichen.

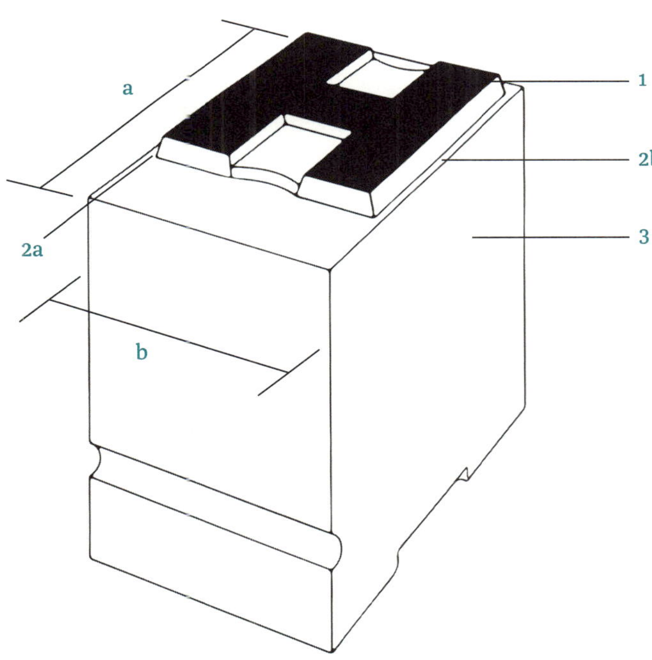

1 Schriftbild
2a Vorbreite
2b Nachbreite
3 Kegel
a Kegelhöhe
b Dickte

1 Eine Letter – oder Type – wie sie im Bleisatz Verwendung findet: Der (physische) Kegel ist ein langgestrecktes Stück Blei, der etwas breiter angelegt ist als die im Druck sichtbare Breite des Zeichens. Das verhindert ein Berühren der Buchstaben in der Horizontalen beim Verfugen der Zeichen zu einem Wort. Diese Breite der Letter wird als Dickte bezeichnet. Sie umfasst also den sichtbaren, druckenden Bereich der Letter und die nichtdruckende Vor- und Nachbreite – die ›seitlichen Abstandhalter‹.
Um zu erreichen, dass zwei untereinanderstehende Zeilen sich nicht berühren, besaß die Bleiletter oberhalb des druckenden Schriftkegels und unterhalb der Unterlänge einen nichtdruckenden Raum. Wird dieser Raum erhöht, indem ein Stück Blei zwischen die Zeilen eingelegt wird, spricht man von durchschossenem Satz. Der einen Buchstaben umgebende, nichtdruckende Raum wird als Fleisch bezeichnet.

Die Bleilettern wurden in unterschiedlicher Menge gemäß ihrer Häufigkeit in der Verwendung – ein e wird in der deutschen Sprache häufiger benötigt als ein y – im dafür vorgesehenen Setzkasten abgelegt. Der Setzkasten ist ebenso wie die Legierung der Lettern aus Blei und Zinn, die Gießform und das dafür notwendige Gießgerät auch eine Erfindung von Johann Gensfleisch zum Gutenberg, der 1450 den Druck mit beweglichen Einzellettern erfunden hat.

Der Stellenwert und die Komplexität der Erfindung Gutenbergs, die weit mehr umfasste als ›nur‹ die Technik der beweglichen Einzellettern, kann gar nicht hoch genug wertgeschätzt werden. Sie hatte über viele Jahrhunderte nahezu unverändert Bestand in ihrer Anwendung.

Bei den heute zum Einsatz kommenden digitalen Fonts ist der Kegel ein nicht mehr notwendiger Teil der Technik, da die Buchstaben nicht mehr physisch als Einzellettern vorliegen. Dennoch ist das Prinzip des zusätzlichen Raums unterhalb der p-Linie durch das Einrichten eines virtuellen Kegels in den Zeichen konserviert. Und hat sich auch in der Terminologie des grafischen Gewerbes der Post-Bleisatz-Zeitrechnung verewigt.

Die Größe des Kegels – unabhängig ob physischer oder virtueller Kegel – ist identisch mit der nominellen Größe der Schrift und immer ein wenig mehr als die Summe aus Ober-, Unter- und Mittelhöhe, also der hp-Höhe. Das tatsächliche Schriftbild ist dementsprechend etwas kleiner.

Die Bedeutung der Buchstabenteile für das Schriftbild

[→ Seite 28, 1.4 Die Schriftgröße]

Wer einen Text in einer bestimmten Satzschrift absetzt, wird feststellen, dass derselbe Text bei identischer Schriftgröße in einer anderen Schrift auch eine andere optische Darstellungsgröße ausweist: Das Schriftbild kann größer oder kleiner erscheinen. **Jede Satzschrift verfügt über eine ihr eigene optische Schriftgröße, also eine tatsächliche Größe des Schriftbildes, die mehr oder weniger stark von der nominellen Schriftgröße abweicht.**

Nimmer, sagte Fjodor, bevor er schwankend der Reling folgte. Und was macht Norbert? Lässt flink Sägespäne im Akkord verpuffen. Alles eine Frage der Ästhetik, findet Bendix, und lässt die Leine los. Hurtig stößt Fritz zu den übrigen, wo er quirlig dem Appell folgt.

Bregenz

2 Adobe Jenson Pro, um 1470
oben: 11/13,5 pt, unten: 36 pt

Nimmer, sagte Fjodor, bevor er schwankend der Reling folgte. Und was macht Norbert? Lässt flink Sägespäne im Akkord verpuffen. Alles eine Frage der Ästhetik, findet Bendix, und lässt die Leine los. Hurtig stößt Fritz zu den übrigen,

Bregenz

3 Adobe Caslon, um 1722
oben: 11/13,5 pt, unten: 36 pt

Nimmer, sagte Fjodor, bevor er schwankend der Reling folgte. Und was macht Norbert? Lässt flink Sägespäne im Akkord verpuffen. Alles eine Frage der Ästhetik, findet Bendix, und lässt die Leine los.

Bregenz

4 Fedra, 2004
oben: 11/13,5 pt, unten: 36 pt

Drei Antiqua-Schriften aus drei Jahrhunderten – das Schriftbild differiert sichtbar in seiner Größe, obwohl alle drei Fonts nominell gleich groß sind und über den gleichen Zeilenabstand verfügen. Die Festlegung der optischen Größe ist also eine grundlegend subjektive Interpretation des Schriftentwerfers oder der Foundry – in jedem Fall ist die Größe der x-Höhe in Bezug zur Versalhöhe wichtig für die Wahrnehmung der Größe einer Schrift. Und die Proportionen der Buchstabenteile sind auch immer ein Abbild des Stilempfindens einer Epoche.

Die Gründe dafür können unterschiedlich sein. Es gibt Ursachen, die herstellerseitig begründet und in der jeweiligen hauseigenen Umsetzung der Schrift zu suchen sind. Schriften gleichen Namens von verschiedenen Herstellern können in ihrem Schriftbild und ihrer Größe stark voneinander abweichen. Die typografische Angabe: ›Garamond, 10 pt‹ ist deshalb nicht eindeutig genug, da es zu viele Schriften dieses Namens gibt: Nahezu jedes größere Schriftenhaus vertreibt seine eigene Version der Garamond. Hier sollten der Schriftname und der Hersteller stets zusammen angegeben werden, um eine typografisch präzise und aussagekräftige Angabe zu machen.

Es betrifft besonders die etablierten Satzschriften, die seit Jahrhunderten Anwendung und eine hohe Verbreitung finden – und entsprechend oft modifiziert wurden. Dadurch haben zahlreiche ›Versionen‹ dieser Schriften den Schritt in die Digitalisierung genommen. **Es handelt sich dabei um ›Interpretationen‹ der häufig jahrhundertealten Originalentwürfe** – abhängig jeweils auch davon, von welcher Schriftgröße ausgegangen wurde.

Der Entwurf einer Satzschrift legt neben den individuellen Einzelformen auch die Relationen der Buchstabenteile fest. Diese wiederum haben einen unmittelbaren Einfluss auf das Schriftbild und die ›optische Schriftgröße‹.

Wer täglich mit Schrift arbeitet, der weiß um diesen Umstand und kennt die Mechanismen in der Schriftzeichnung, die unsere Wahrnehmung beeinflussen. Und kann bei der Suche und der Wahl einer passenden Satzschrift bereits anhand weniger Schlüsselbuchstaben entsprechende Schlüsse bezüglich der optischen Wahrnehmung der Schriftgröße ziehen.

Das eigentliche Prüfen einer Schriftgröße auf ihre tatsächliche optische Größe ist für jeden Typografen obligatorisch und am besten zu beurteilen durch einen hochauflösenden Ausdruck auf Papier über einen Laserdrucker.[20]

20 Achtung bei der Beurteilung von Schrift: Die Qualität und die Präzision eines Laserdruckers variiert sehr stark, bei einem Inkjet noch deutlich stärker, je nachdem welcher Druckertreiber benutzt wird. Das exakteste Schriftbild mit der höchsten Aussagekraft bezüglich aller mikrotypografischen Parameter liefert ein geripter (durch den Raster-Image-Prozessor berechneter), also hochauflösend belichteter Proof. Das gilt insbesondere bei farbiger Schrift aus mehreren Prozessfarben.

Nimmer, sagte Fjodor, bevor er schwankend der Reling folgte. Und was macht Norbert? Lässt flink Sägespäne im Akkord verpuffen. Alles eine Frage der Ästhetik, findet Bendix, und lässt die Leine los. Hurtig stößt Fritz zu den übrigen, wo er quirlig dem

Bregenz

5 Adobe Garamond Pro
oben: 11/13,5 pt, unten: 36 pt

Nimmer, sagte Fjodor, bevor er schwankend der Reling folgte. Und was macht Norbert? Lässt flink Sägespäne im Akkord verpuffen. Alles eine Frage der Ästhetik, findet Bendix, und lässt die Leine los. Hurtig stößt Fritz zu den übrigen, wo er

Bregenz

6 Garamond BQ (Berthold)
oben: 11/13,5 pt, unten: 36 pt

Nimmer, sagte Fjodor, bevor er schwankend der Reling folgte. Und was macht Norbert? Lässt flink Sägespäne im Akkord verpuffen. Alles eine Frage der Ästhetik, findet Bendix, und lässt die Leine los. Hurtig stößt Fritz zu den übrigen, wo er quirlig

Bregenz

7 Garamond 3
oben: 11/13,5 pt, unten: 36 pt

Drei Satzschriften gleichen Namens mit erkennbaren Unterschieden im Schriftbild und der optischen Größe. Die Garamond von Berthold (6) ist deutlich größer – sowohl absolut, als auch in Relation der x-Höhe zur Versalhöhe – als die beiden anderen Ausführungen.

Die Berthold-Garamond interpretiert auch die Serifen deutlich stärker und technischer – die Serifen der Adobe Garamond (5) sind sichtlich näher an der Handschrift. Die Garamond 3 (7) besitzt das optisch kleinste Schriftbild und verfügt über sehr feine, weniger gekehlte Serifen.

Die x-Höhe als Taktgeber der Schriftgröße

Durch die Groß- und Kleinschreibung im Deutschen und die in Relation zu den Versalien häufiger vertretenen Kleinbuchstaben erfährt die x-Höhe eine elementare Bedeutung für die optische Wahrnehmung der Größe einer Schrift. Unser Auge nimmt beim Erfassen des Schriftbildes primär die Kleinbuchstaben wahr, die Ober- und Unterlängen erscheinen eher wie vereinzelte, unregelmäßige Ausschläge nach oben und unten, die unseren Eindruck bezüglich der Schriftgröße aber kaum beeinflussen können. **Die Mittelhöhe der Kleinbuchstaben ist maßgeblich für die Wahrnehmung der Schriftgröße.**

Ist die x-Höhe der Kleinbuchstaben in Relation zu ihrer Oberlänge groß, wirkt die Schrift größer. Entsprechend nehmen wir Schriften als klein wahr, deren Mittelhöhe eher niedrig ist.

Es gibt in der historischen Entwicklung der Satzschriften eine eindeutig erkennbare Tendenz in der Größe der Kleinbuchstaben: Verfügen die ersten Antiqua-Schriften der Renaissance noch über eine niedrige Mittelhöhe, also über relativ kleine Minuskeln, werden diese im Laufe der Jahrhunderte zunehmend größer und können sich gewissermaßen gegenüber den Oberlängen und der Versalhöhe ›emanzipieren‹. Eine Renaissance-Antiqua wie die Garamond (um 1540) sieht in 10 pt kleiner aus als eine Sans-Serif jüngerer Prägung wie die Univers (1957). Im Barock näherten sich erstmals Versalhöhe und Oberlängen der Kleinbuchstaben an eine Linie an, was man gut an der Baskerville (1754) sehen kann.

Wer wird den Froschmann jagen – Bob oder Maximiliane? Und wieso wendet sich Viktor dem

Zürich

8 Futura
oben: 15/19,5 pt, unten: 36 pt
Mittelhöhe/Versalhöhe/Oberlänge:
1 : 1,66 : 1,75

Die Futura hat eine in Relation zur Versalhöhe, bzw. zur Oberlänge, niedrige Mittelhöhe. Im Schriftbild wirkt sie dadurch kleiner als die beiden Vertreter zu ihrer Rechten. Markant ist die Oberlänge der Gemeinen, die die Versalhöhe überragt – ein Gestaltungsmerkmal, das bei vielen Serifenlosen keine Anwendung findet.

Wer wird den Froschmann jagen – Bob oder Maximiliane? Und wieso wendet sich Viktor dem

Zürich

9 Neue Haas Unica Pro
oben: 15/19,5 pt, unten: 36 pt
Mittelhöhe/Versalhöhe/Oberlänge:
1 : 1,40 : 1,40

Die Neue Haas Unica Pro verfügt über eine identische Versal- und Oberlänge. Im Schriftbild festigt sich dadurch der Eindruck der Ruhe und Stabilität – allerdings fehlt dem Font damit eine stilistische Ebene, um den Zeichen Eigenständigkeit und eine ausgeprägte Individualität zu geben.

Wer wird den Froschmann jagen – Bob oder Maximiliane? Und wieso wendet sich Viktor dem Foxterrier

Zürich

10 Foundry Sterling
oben: 15/19,5 pt, unten: 36 pt
Mittelhöhe/Versalhöhe/Oberlänge:
1 : 1,38 : 1,49

Die Foundry Sterling geht einen zeitgemäßen Mittelweg im Type-Design: Versalhöhe und Oberlänge sind unterschiedlich ausgeprägt – die x-Höhe ist dabei sehr groß. Im Ergebnis hat der Font ein sehr rhythmisches Schriftbild und sehr große Binnenräume, die der Schrift auch in kleinen Graden eine gute Lesbarkeit garantieren.

Die Schriften, die heute auf den Markt kommen, orientieren sich häufig an historischen Vorbildern und adaptieren deren Relationen der Buchstabenteile – oder sie setzen als Stilmittel ganz bewusst einen Bruch zwischen dem Charakter der Einzelformen und den Proportionen der Buchstabenteile.

Ist die x-Höhe einer Schrift entsprechend groß, sind es meistens auch die Binnenräume und Punzen. Und dieser Weißraum bringt – wie schon erwähnt – ›Licht‹ in die Zeichen und lässt sie größer erscheinen als es die nominelle Schriftgröße vermuten lässt. Besonders deutlich ist das bei kursiven Schriften, von denen im Kapitel 2.4 noch die Rede sein wird. Hier sind – bedingt durch die Neigung – die Binnenräume grundsätzlich kleiner als bei aufrechtstehenden Schriften! Aber – Ausnahmen bestätigen die Regel – die ›Times‹ ist diesbezüglich konträr zur landläufigen Tendenz: Ihre Kursive verfügt über größere Binnenformen.

[→ Seite 54, 2.3 Die Schriftschnitte]

Wer wird den Froschmann jagen – Bob oder Maximiliane? Und wieso wendet sich Viktor dem Foxterrier

Zürich

11 Stempel Garamond (1925)
oben: 15/19,5 pt, unten: 36 pt
Mittelhöhe/Versalhöhe/Oberlänge:
1 : 1,64 : 1,79

Die für die Satzschriften der Renaissance so typische Proportion der Buchstabenteile: Die Oberlänge überragt die Versalhöhe – die Mittelhöhe ist in Relation eher klein.

Wer wird den Froschmann jagen – Bob oder Maximiliane? Und wieso wendet sich Viktor dem

Zürich

12 Univers LT (Linotype, 1997)
oben: 15/19,5 pt, unten: 40 pt
Mittelhöhe/Versalhöhe/Oberlänge:
1 : 1,44 : 1,44

Die Aufbruchstimmung der Nachkriegstypografie manifestiert sich in der komplexen Schriftfamilie der Univers. Hier findet auch eine Angleichung der Höhen der Versalien und der Oberlänge der Minuskeln statt.

Wer wird den Froschmann jagen – Bob oder Maximiliane? Und wieso wendet sich Viktor dem

Zürich

13 Baskerville (1754)
oben: 15/19,5 pt, unten: 40 pt
Mittelhöhe/Versalhöhe/Oberlänge:
1 : 1,66 : 1,69

Das Schriftschaffen im Barock hatte andere technische Möglichkeiten als das der Renaissance. Das Stilempfinden sah neue Proportionen der Buchstabenteile vor – Oberlängen und Versalien gleichen sich zunehmend in ihrer Höhe an.

Wer wird den Froschmann jagen – Bob oder Maximiliane? Und wieso wendet sich Viktor dem Foxterrier zu, während Britta zielführend die Rüben schält? Rhabarber schmeckt wohlig

Wer wird den Froschmann jagen – Bob oder Maximiliane? Und wieso wendet sich Viktor dem Foxterrier zu, während Britta zielführend die Rüben schält? Rhabarber schmeckt

14 Times New Roman
Schriftgröße 11 pt/13,5 pt

Wer wird den Froschmann jagen – Bob oder Maximiliane? Und wieso wendet sich Viktor dem Foxterrier zu, während Britta zielführend die Rüben schält? Rhabarber schmeckt wohlig

Wer wird den Froschmann jagen – Bob oder Maximiliane? Und wieso wendet sich Viktor dem Foxterrier zu, während Britta zielführend die Rüben schält? Rhabarber schmeckt wohlig

15 Adobe Garamond Pro
Schriftgröße 11 pt/13,5 pt

Obwohl die x-Höhe beider Schriften in der Kursive und der Normalen absolut identisch ist, wirkt die Times in ihrer Kursiven größer. Hier greift das Prinzip der Binnenraumwirkung auf die Schriftgröße: Diese sind größer als in der Normalen und bewirken ein ›luftigeres‹ Schriftbild – und das nehmen wir als größer wahr. Anders die Adobe Garamond Pro: Hier sieht die Schriftzeichnung in der Kursive kleinere Binnenräume vor. Entsprechend wirkt die Normale auch größer als der Italic-Schnitt.

Wer wird den Froschmann jagen – Bob oder Maximiliane? Und wieso wendet sich Viktor dem

Zürich

16 Helvetica Neue LT Std 55 Roman
oben: 15/19,5 pt, unten: 40 pt
Mittelhöhe/Versalhöhe/Oberlänge:
1 : 1,36 : 1,36

Hier beeinflussen zwei Phänomene die Wahrnehmung der optischen Größe: Die großen Binnenformen lassen die ›Normale‹ relativ groß erscheinen. Ein Effekt, der gegen einen kräftigeren Grundstrich wenig Chancen hat. Denn der Bold-Schnitt der Helvetica bringt mehr Schwarz aufs Papier. Und das nimmt unser Auge als größer wahr.

Wer wird den Froschmann jagen – Bob oder Maximiliane? Und wieso wendet sich Viktor dem

Zürich

17 Helvetica Neue LT Std 75 Bold
oben: 15/19,5 pt, unten: 40 pt
Mittelhöhe/Versalhöhe/Oberlänge:
1 : 1,36 : 1,36

Eine wuchtige Präsenz im Format durch einen sehr kräftigen Grundstrich ohne Modulation der Strichstärke besitzt die Helvetica Bold. Der dunkle Grauwert des Schriftbildes dominiert in der Wahrnehmung bzgl. der optischen Größe über die kleiner gewordenen Binnenräume dieses Schnittes.

Wer wird den Froschmann jagen – Bob oder Maximiliane? Und wieso wendet sich Viktor dem

Zürich

18 Didot Regular
oben: 15/19,5 pt, unten: 40 pt
Mittelhöhe/Versalhöhe/Oberlänge:
1 : 1,64 : 1,66

Die feinen Striche der klassizistischen Antiqua bauen ein sehr rhythmisches Schriftbild auf – die Größenwirkung auf dem Papier wird dadurch etwas gemindert. Überdies sind alle älteren Antiqua-Schriften mit geringeren x-Höhen ausgestattet als die serifenlosen Schriften des 20. Jahrhunderts.

Ein deutlicher Strichstärkenkontrast in der Zeichnung der Lettern, also feine Haarlinien und kräftige Grundstriche, lassen eine Schrift zart wirken. Das wird von unserem Auge als ein kleines Schriftbild wahrgenommen und ist somit auch ein Faktor für die optische Schriftgröße.

Die kräftigeren (Demi, Medium) bis fetten Schriftschnitte (Bold, Black) besitzen durch ihren dunklen Grauwert ebenso einen Katalysator für die optische Schriftgröße: Sie erscheinen uns größer als ›baugleiche‹ Wortbilder in mageren Schriftschnitten.

Die x-Höhe als Taktgeber des Zeilenabstands

Die Mittelhöhe hat neben ihrer Eigenschaft als ›Hauptverantwortliche‹ für die Schriftgröße auch eine erhebliche gestalterische Auswirkung in der Verarbeitung des Werkstoffes ›Schrift‹ auf das Satzbild: **Reihen sich mehrere Zeilen zu einer Kolumne, wird augenscheinlich, dass sich der Weißraum oberhalb der Mittelhöhe optisch zusätzlich in den Zeilenabstand addiert.**

Schriften mit einer niedrigen x-Höhe und einer dadurch relativ großen Oberlänge benötigen also etwas weniger Durchschuss (Zeilenabstand), weil dieser Weißraum durch das Binnenverhältnis der beiden Höhen zueinander bereits relativ groß ist. Auch hier spielt wiederum der Umstand eine Rolle, dass sich ein ausgewogener Zeilenabstand grundsätzlich am Abstand der Mittelhöhen der Schriftzeilen ausrichten soll. Die Ober- und Unterlängen fallen mit ihrem verhältnismäßig geringen Grauwert optisch nicht ins Gewicht. Die im Schriftbild seltener vertretenen Versalien ebenfalls nicht.[21]

21 Versalien sind in der geschriebenen Sprache zwar seltener vertreten als Kleinbuchstaben, ganz einfach weil sie eine Option für den Wortanfang sind, sie sind aber im Deutschen (und im Luxemburgischen) noch deutlich stärker präsent als in anderen Sprachen, die auf dem lateinischen Alphabet basieren: Die deutsche Grammatik schützt die Regel, Substantive (neben Eigennamen und Wortanfängen) groß zu schreiben. Die Groß- und Kleinschreibung erleichtert das Erkennen von Wortgruppen, markiert Zugehörigkeiten – das erleichtert den Lesevorgang. Darüberhinaus gibt es identische Wortbilder, die nur über die Groß-, bzw. Kleinschreibung ihre Bedeutung kenntlich machen. Immer wieder gab es Tendenzen, diese Regel außer Kraft zu setzen – im Bauhaus verfasste man den Grundsatz: Ein Laut, ein Zeichen – durchgesetzt hat es sich nicht. Prominente Fürsprecher der Abschaffung der Versalien waren unter anderem bereits die Brüder Grimm.

Reihen sich mehrere Zeilen zu einer Kolumne, wird augenscheinlich, dass sich der Weißraum oberhalb der Mittelhöhe optisch mit dem Zeilenabstand

19 Adobe Garamond Regular
13 pt/16,9 pt
Mittelhöhe/Versalhöhe/Oberlänge:
1 : 1,67 : 1,80

Reihen sich mehrere Zeilen zu einer Kolumne, wird augenscheinlich, dass sich der Weißraum oberhalb der Mittelhöhe optisch mit dem Zeilenabstand

20 Jenson Pro (Adobe)
13 pt/16,9 pt
Mittelhöhe/Versalhöhe/Oberlänge:
1 : 1,73 : 1,88

Reihen sich mehrere Zeilen zu einer Kolumne, wird augenscheinlich, dass sich der Weißraum oberhalb der Mittelhöhe optisch mit dem Zeilen-

21 Univers 45 Light (Linotype Std)
13 pt/16,9 pt
Mittelhöhe/Versalhöhe/Oberlänge:
1 : 1,44 : 1,44

Reihen sich mehrere Zeilen zu einer Kolumne, wird augenscheinlich, dass sich der Weißraum oberhalb der Mittelhöhe optisch mit dem Zeilenabstand

22 Neutra Text
13 pt/16,9 pt
Mittelhöhe/Versalhöhe/Oberlänge:
1 : 1,68 : 1,74

Reihen sich mehrere Zeilen zu einer Kolumne, wird augenscheinlich, dass sich der Weißraum oberhalb der Mittelhöhe optisch mit dem Zeilenabstand

23 Klavika
113 pt/16,9 pt
Mittelhöhe/Versalhöhe/Oberlänge:
1 : 1,37 : 1,41

Reihen sich mehrere Zeilen zu einer Kolumne, wird augenscheinlich, dass sich der Weißraum oberhalb der Mittelhöhe optisch mit dem Zeilenabstand

24 Foundry Sterling
13 pt/16,9 pt
Mittelhöhe/Versalhöhe/Oberlänge:
1 : 1,38 : 1,49

Sechs Schriften unterschiedlichster Entstehungszeit mit stark abweichenden Binnenverhältnissen der Buchstabenteile: Ist die Mittelhöhe in Relation zur Oberlänge eher hoch, reduziert sich der Weißraum zwischen den Zeilen. Die aufgrund ihrer geringeren Mittelhöhe kleiner wirkenden Antiqua-Schriften (**19** und **20**) verfügen eben aufgrund dieser Proportionen über einen größeren Weißraum zwischen den Zeilen. Der zu definierende Zeilenabstand kann entsprechend verhaltener eingestellt werden als bei den Serifenlosen jüngeren Datums.
Eine Ausnahme bildet hier die Neutra Text, deren Proportionen der Buchstabenteile nicht wesentlich von denen der Antiquas abweichen.

Die x-Höhe als Maß für eigene Zeichen: Die Kapitälchen

Gut ausgebaute Satzschriften verfügen über Zeichen, die die Gestalt von Versalien haben, sich aber in ihrer Größe an den Kleinbuchstaben orientieren. Diese Zeichen werden Kapitälchen genannt.

Würde man statt ›echter‹ Kapitälchen die Versalien auf die x-Höhe verkleinern, würde die sich ergebende Strichstärke optisch ›durchfallen‹ – sie wäre zu dünn. **Die Kapitälchen besitzen also eine für das jeweilige Schriftbild eigens entwickelte Strichstärke,** wodurch sie sich bestens mit Kleinbuchstaben kombinieren lassen – beispielsweise als Hervorhebung in Texten.

Nyborg

25 Adobe Garamond Pro
36 pt

Groß- und Kleinbuchstaben und die aufeinander abgestimmten Strichstärken.

NYBORG

26 Adobe Garamond Pro Small Caps
36 pt

Echte Kapitälchen mit angepasster Strichstärke – nahezu identisch mit der x-Höhe.

NYBORG

27 Univers LT (falsche Caps)
36 pt

Verkleinerte Versalien stören aufgrund der geringeren Strichstärke das Wortbild.

1.4 Die Schriftgröße

Das typografische Maßsystem und der Einfluss des Schriftgrads auf das Buchstabenbild

Die Schriftgrade

Wie wir im vorherigen Kapitel gesehen haben, ist die Kegelhöhe identisch mit der nominellen Größe einer Schrift. Diese wiederum kann aber von der tatsächlich wahrgenommenen Größe des Schriftbildes deutlich abweichen, man spricht hier demzufolge von der ›optischen Größe‹ einer Schrift.

Der Begriff ›Schriftgrad‹ stammt ebenfalls noch aus der Zeit des Bleisatzes und benennt eine in einer bestimmten Größe vorliegende Ausführung einer Schrift.[22] Diese jeweilige Ausführung besaß ein eigenes grafisches Gesicht – natürlich im Rahmen des grundsätzlichen Gestaltungsprinzips der Schrift. **Die einzelnen Schriftgrade unterschieden sich also nicht nur in ihrer Größe, sondern auch in der Gestaltung der einzelnen Zeichen.**

Die kleinen Schriftgrade waren in ihrer Zeichnung durch relativ große Binnenräume etwas ›offener gehalten‹, um der grundlegenden Tendenz entgegenzuwirken, der alle kleinen Schriftgrößen ausgesetzt sind: Sie wirken kompakter; die schwarzen, druckenden Buchstabenteile dominieren in der Wahrnehmung die nichtdruckenden weißen Binnenräume, wodurch der Grauwert des Schriftbildes dunkler erscheint. Zudem verfügen die kleineren Schriftgrade über eine leicht angepasste, kontrastärmere Zeichnung, um den Strichstärkenunterschied etwas zu relativieren, und waren ein wenig breiter gestaltet, was ebenfalls dazu führte, ein Mindestmaß an Helligkeit im Schriftbild zu konservieren.

Je größer eine Schrift abgebildet wird, desto dominanter wirken ihre Binnenräume in und zwischen den Zeichen, der Strichstärkenunterschied der Schrift wird sichtbarer. **Daher waren die Zeichen großer Schriftgrade stets etwas schmaler geschnitten** als die relativ breit gehaltenen, kleineren Grade. Das ließ die großen Buchstaben optisch weniger ausladend erscheinen.

Da digitale Schriften heute nicht mehr physisch in einer bestimmten Schriftgröße vorliegen, ist der Begriff ›Schriftgrad‹ auch nicht mehr zeitgemäß – wir sprechen heute durchgängig von Schriftgröße.

Die heutigen Fonts werden vom Satzprogramm auf jede gewünschte Größe vergrößert oder verkleinert. Das funktioniert stufenlos und lässt jede denkbare

22 Jede Druckerei besaß für eine Schrift entsprechende Grade – also komplette Sätze aller Zeichen. Was durchaus eine Investition bedeutete. Das heutige Prinzip im DTP ermöglicht nach einmaligem Erwerb eines Fonts das beliebige Vergrößern und Verkleinern der Schrift, um alle benötigten Schriftgrößen zu generieren. Das führt häufig zu einer Inflation an Schriftgrößen auf einem Druckerzeugnis. Hier schob der Bleisatz durch sein massives Gewicht – jedes Linotype-Magazin wog mehrere Dutzend Kilo – dem unkontrollierten Einsatz zu vieler Schriftgrößen den Riegel vor. Bequemlichkeit als Motor für Konsistenz der Schriftgrößen!

Schriftgröße zu. Die Eingabe einer gewünschten Größe in der Steuerungspalette in InDesign reicht, um den Skalierungsvorgang auszulösen.

Ebenso kann Schrift direkt und händisch proportional skaliert werden über ein Anfassen der Textbox an den Eckpunkten und ein Ziehen mit gedrückter Apfel- und Shift-Taste diagonal von der Textbox.

Der Vorteil des Digitalsatzes, nicht für jede Schriftgröße eine eigene Schriftzeichnung bereithalten zu müssen, hat aber auch den Nachteil, dass die durch Vergrößerung oder Verkleinerung erzeugten Buchstaben nicht den optisch-ästhetischen Erfordernissen der jeweiligen Schriftgröße genügen.

Die digitalen Fonts sind von den Herstellern zumeist für die Verwendung in den sogenannten ›Lesegraden‹ gezeichnet und eingestellt. Das sind die Schriftgrößen zwischen 9–12 pt, die auch als ›Brotschriftgrade‹ bezeichnet werden.

Zunehmend bieten die Schriftgestalter:innen auch explizit gezeichnete Ausführungen ihrer Schriften an, die jeweils für einen bestimmten Einsatz vorgesehen sind: Die Endung ›Text‹ am Schriftnamen deutet auf eine Schriftausführung hin, die speziell für die Lesegrade optimiert wurde. ›Display‹ empfiehlt sich für den plakativeren Einsatz in den Größen 25–72 pt. ›Caption‹ hingegen ist für den Einsatz in besonders kleinen Schriftgrößen gezeichnet, also 6–8 pt.

Ein Mix aus Astern und Hyazinthen lässt die Herzen der Samariter höher schlagen. Nimmer, sagte Fjodor, bevor er schwankend der Reling folgte. Und was macht Norbert? Lässt flink Sägespäne im Akkord verpuffen. Alles eine Frage der Ästhetik, findet Bendix, und lässt die Leine los. Hurtig stößt Fritz zu den übrigen, wo er quirlig dem Appell folgt.

a

Ein Mix aus Astern und Hyazinthen lässt die Herzen der Samariter höher schlagen. Nimmer, sagte Fjodor, bevor er schwankend der Reling folgte. Und was macht Norbert? Lässt flink Sägespäne im Akkord verpuffen. Alles eine

b

Teltow

c

1 Adobe Jenson Caption
Schriftgröße **a:** 6 pt/8 pt, **b:** 10 pt/12,5 pt, **c:** 36 pt

Ein Mix aus Astern und Hyazinthen lässt die Herzen der Samariter höher schlagen. Nimmer, sagte Fjodor, bevor er schwankend der Reling folgte. Und was macht Norbert? Lässt flink Sägespäne im Akkord verpuffen. Alles eine Frage der Ästhetik, findet Bendix, und lässt die Leine los. Hurtig stößt Fritz zu den übrigen, wo er quirlig dem Appell folgt.

a

Ein Mix aus Astern und Hyazinthen lässt die Herzen der Samariter höher schlagen. Nimmer, sagte Fjodor, bevor er schwankend der Reling folgte. Und was macht Norbert? Lässt flink Sägespäne im Akkord verpuffen. Alles eine Frage der Ästhetik, findet Bendix, und lässt die Leine

b

Teltow

c

2 Adobe Jenson Display
Schriftgröße **a:** 6 pt/8 pt, **b:** 10 pt/12,5 pt, **c:** 36 pt

Ein Mix aus Astern und Hyazinthen lässt die Herzen der Samariter höher schlagen. Nimmer, sagte Fjodor, bevor er schwankend der Reling folgte. Und was macht Norbert? Lässt flink Sägespäne im Akkord verpuffen. Alles eine Frage der Ästhetik, findet Bendix, und lässt die Leine los. Hurtig stößt Fritz zu den übrigen, wo er quirlig dem Appell folgt.

a

Ein Mix aus Astern und Hyazinthen lässt die Herzen der Samariter höher schlagen. Nimmer, sagte Fjodor, bevor er schwankend der Reling folgte. Und was macht Norbert? Lässt flink Sägespäne im Akkord verpuffen. Alles eine Frage der Ästhetik, findet Bendix,

b

Teltow

c

3 Adobe Jenson Subhead
Schriftgröße **a:** 6 pt/8 pt, **b:** 10 pt/12,5 pt, **c:** 36 pt

Die Adobe Jenson verfügt über verschiedene Ausführungen der Schrift, die sich sichtbar unterscheiden und die entsprechend ihrer eigens entwickelten Eigenschaften für bestimmte Anforderungen entworfen wurden.
Abgebildet sind drei typografische Anwendungen: zwei Texte in unterschiedlichen Schriftgraden und ein groß gesetztes Wort. Der Schriftgrad ›Caption‹ (1) hat nicht nur die größte optische Schriftgröße, den kräftigsten Grundstrich und den geringsten Strichstärkenkontrast, sondern auch stabile, offene Weißräume in und zwischen den Zeichen – das Satzbild gerät dadurch nicht zu dunkel und bleibt gut lesbar.
Die für den Einsatz in großen Abbildungsgrößen eigens ›geschnittene‹ Display-Ausführung (2) ist feiner und kontrastreicher im Strich und die Buchstaben stehen enger zueinander. Das qualifiziert sie für den plakativen Einsatz und nicht für größere Textmengen in kleinen Größen. Die Feinheiten in der Zeichnung der Lettern wird nur in den Graden zwischen 25–72 pt sichtbar. Die Ausführung ›Subhead‹ (3) liegt in optischer Größe, Strichstärke und Strichstärkekontrast zwischen den beiden anderen Ausführungen. Der Charakter der Schrift bleibt in allen drei Ausführungen bewahrt und wird durch ein spezielles ›Persönlichkeitsmerkmal‹ jeweils optimal herausgearbeitet.

Das typografische Maßsystem

Die Größe der Schrift über ein einheitliches typografisches Maßsystem festzulegen, entstand als Idee – wie so oft – aus einem wirtschaftlichen Kontext heraus. Die Schriften für den Bleisatz wurden mehr und mehr zu einer Handelsware und mussten – oft auch über die Ländergrenzen hinaus – von den Schriftgießereien zu den Setzereien transportiert werden. Die Setzereien waren nicht mehr zwingend auch Hersteller der Schriften, wie noch zur Zeit Gutenbergs in Gestalt der Offizinen. Hier waren noch alle Arbeitsschritte des grafischen Gewerbes unter einem Dach gebündelt: Das Schneiden und Gießen der Schrift, das Setzen und das Drucken. Um aber der stetig wachsenden Nachfrage nach Druckerzeugnissen nachzukommen, wurden die ausführenden Gewerke größer, spezialisierter – und wirtschaftlicher. Entsprechend musste auch die Kommunikation und der Austausch unter den Gewerken besser organisiert werden, zum Beispiel durch das Schaffen einheitlicher Parameter, wie einem verbindlichen Maßsystem für die Größe von Satzschriften.

Das typografische Maßsystem ist nicht metrisch aufgebaut, sondern weist die zu bestimmende Schriftgröße in Punkt aus – kurz: ›pt‹. Das wird in der grafischen Industrie auch unisono praktiziert. Nicht einheitlich hingegen war in der Evolution des typografischen Maßystems die Festlegung der Bezugsgröße, was wiederum viel über die kleinteilige, uneinheitliche Struktur des Europas des 18. Jahrhunderts aussagt.

Pionier des typografischen Maßsystems ist der Franzose Pierre Simon Fournier, ein Schriftgießer aus Paris, der 1764 den Punkt in Relation zu einem Längenmaß setzte – dem ›Pariser Fuß‹. Gemäß Fournier war der Punkt 1/864 dieser Bezugsgröße, was ungefähr 0,34 mm entspricht. Der Schriftgrad 12 pt wurde als ›Cicero‹ bezeichnet, so wie weitere, häufig verwendete Schriftgrade ebenfalls mit eigenen Namen versehen wurden.[23]

Das System Fourniers wurde 1775 von seinem Landsmann François-Ambroise Didot und dessen Sohn Firmin verbessert, die als neue Bezugsgröße den in Frankreich stärker verbreiteten ›Pied de Roi‹ (›Königsfuß‹) festlegten. Dieser war etwas größer als der ›Pariser Fuß‹ und maß 32,48 cm (zum Vergleich: der englische Fuß ist mit 30,48 cm definiert, also deutlich kleiner). Der sogenannte Didot-Punkt war also etwas größer und entsprach 0,376 mm. Das Didot-System fand zunehmend Verbreitung in Europa, seine Bezugsgröße – der ›pied de roi‹ – wurde allerdings 1801 mit der Einführung des metrischen Systems in Frankreich ersetzt.

In Deutschland führte 1879 der Schriftgießer Hermann Berthold in Berlin eine Anpassung auf das bei deutschen Druckereien angewandte metrische System durch und korrigierte den Didot-Punkt auf 0,373 mm, was bis 1978 Bestand hatte.

Seit dem 1. Januar 1978 gilt die EU-weite Vorschrift, die Schriftgröße im metrischen System auszuweisen – ein Vorhaben, das von der grafischen Industrie in der Praxis nicht angenommen wurde. Was hingegen umgesetzt wurde, ist die erneute Anpassung des Didot-Punktes auf 0,375 mm.

Parallel zu der eben geschilderten evolutionsartigen Entwicklung des typografischen Punktes in Europa beschritten die USA mit der Festlegung des ›Pica-Points‹ 1886 ihren eigenen Weg, der sehr bald auch von den englischen Betrieben übernommen wurde. Demnach war der Pica-Point mit 0,352 mm definiert, was 1/72 Zoll entspricht, und ist somit kleiner als der europäische Bruder.

23 Weitere Bezeichnungen für bestimmte Schriftgrade im Deutschen waren: Brillant (3 pt), Diamant (4 pt), Perl (5 pt), Nonpareille (6 pt), Kolonel (7 pt), Petit (8 pt), Borgis (9 pt), Korpus (10 pt), Rheinländer (11 pt) Mittel (14 pt), Tertia (16 pt)

Noch waren Kontinentaleuropa und der anglo-amerikanische Raum in der Wahl ihrer Bezugsgröße uneinheitlich organisiert. Die Dominanz der digitalen Satzsysteme amerikanischer Herkunft ließ den Pica-Point aber zu einem weltweiten Standard werden. Die europäische Koproduktion namens Didot-Punkt wurde mit dem Ende des Bleisatzes und der Einführung des Computersatzes und des Desktop Publishing, kurz DTP, obsolet. **Die gängige Gestaltungssoftware der heutigen Zeit arbeitet mit dem sogenannten DTP-Punkt, ein geringfügig geänderter Pica-Point, der in etwa 0,353 mm entspricht.**

[→ Seite 98, 3.5 Der Zeilenabstand]

Neben der Schriftgröße wird auch der Zeilenabstand in Punkt angegeben. Das erleichtert gerade bei der Bestimmung des optimalen Durchschusses die Herleitung desselben, weil zwei stark voneinander abhängige Parameter – die Schriftgröße und der Zeilenabstand – in derselben Bezugsgröße angegeben werden.

In der didaktischen Vermittlung des Zusammenhangs zwischen der Schriftgröße und dem optimalen Zeilenabstand in den Leseschriftgrößen bewegt sich die Typografin beim Ausloten des Zeilenabstands zumeist zwischen 120% und 140% – in Relation zur Schriftgröße. Im Ergebnis ist das Verstehen dieses Zusammenhangs deutlich leichter, wenn das umzusetzende Ergebnis entsprechend ein höher anteiliger Wert der Schriftgröße ist.

Alle weiteren Positionen des Layouts, wie der Satzspiegel und die umgebenden Stege, werden metrisch ausgewiesen.

1.5 Der Buchstabenabstand

Genauso wichtig wie druckenden Zeichen sind die nichtdruckenden Räume zwischen ihnen. Auch hier gilt: Das Wesentliche ist für die Augen unsichtbar.[24]

24 Antoine de Saint-Exupéry, Der kleine Prinz
25 Mikrotypografische Hygiene ist nicht etwa übersteigertes Schaulaufen der Experten, sondern obligatorisch, weil sie in direktem Zusammenhang mit der Eindeutigkeit und Lesbarkeit des Ergebnisses steht. Das sorgfältige Durcharbeiten eines Fonts im Entwurfsprozess und später beim Gestalten durch die Typograf:innen verbessert die Lesbarkeit und ist für professionelle Schriftgestalter:innen und die anwendenden Gestalter:innen selbstverständlich. Das macht oft den Unterschied zwischen Freefonts und professionellen Schriften.

Gute Typografie muss im Detail sauber durchgearbeitet sein,[25] nur dann ist sie als künstlerische Disziplin im Kommunikationsdesign glaubwürdig und von langer Haltbarkeit. Ob Lesetypografie, Leitsystem oder plakative Oberfläche – Typografie sollte unabhängig von ihrem Wirkungsgrad nicht nur durch eine spannungsreiche Komposition überzeugen, sondern sollte überdies auch mikrotypografisch stabil durchgestaltet sein. Ist eine dieser beiden tragenden Säulen unzureichend umgesetzt, wird das Ergebnis nicht überzeugen.

Diese angesprochene mikrotypografische Stabilität erreicht man durch ausgewogene Buchstabenabstände – die ihrerseits maßgeblich für ein gutes Wortbild sind – und durch stimmige Wortzwischenräume. Es sind gerade bestimmte Buchstabenkombinationen, neuralgische Punkte innerhalb eines Fonts, ›Ta‹ oder ›ft‹ beispielsweise, die Gestalter:innen im Blick haben und gegebenenfalls ausgleichen müssen – ebenso wie die Abstände der Buchstaben zu den Satzzeichen.

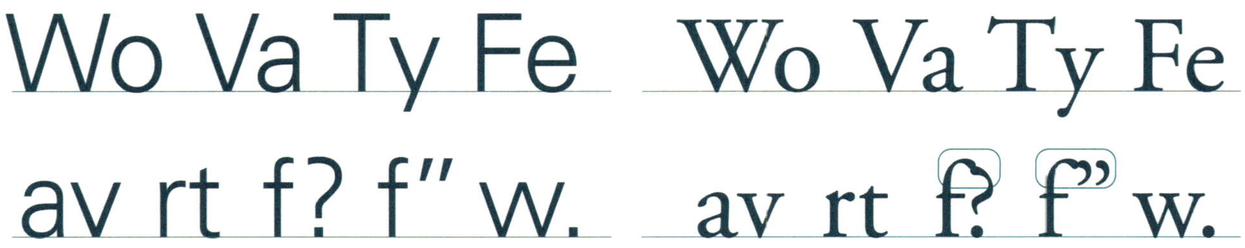

1 In der Abfolge von Versalien und Kleinbuchstaben sind bestimmte Buchstabenkombinationen durch die spezifische Architektur der Zeichen anfällig für entweder zu enge oder zu weite Abstände. Buchstaben wie das W und das V haben überhängende Einzelformen und das F und das T verfügen über sehr offene Binnenräume rechts des Schafts. Das erzeugt in manchen Konstellationen zu große Abstände, die als ›Löcher‹ unangenehm den Rhythmus stören. Ebenso sind zu eng gestellte Buchstabenpaare bei Antiqua-Schriften und serifenlosen Fonts Problemkinder, wobei die Antiquas grundsätzlich etwas anfälliger sind.

Dazu ist es wichtig, den horizontalen Aufbau der Buchstaben und das ›Funktionieren‹ eines Fonts zu verstehen. Und die Methodik, nach der InDesign Buchstaben setzt – denn auch die aktuellste Programmversion kann auf die aktive Mitarbeit und das optische Verständnis der Typograf:innen nicht verzichten.

Folgender Umstand ist dabei essentiell: **Die Gesamtbreite eines Buchstabens ist größer als es die sichtbare Breite des linearen Zeichens vermuten lässt.**

Die Schriftgestalter:innen legen für jedes durchgestaltete Zeichen eine Gesamtbreite fest – die sogenannte Dickte. **Diese Gesamtbreite umfasst auch einen nichtdruckenden Raum zu beiden Seiten des Buchstabens – die Vor- und Nachbreite –, die den Abstand zum nächsten Zeichen organisieren.**

Die Vor- und Nachbreite eines Zeichens sind in ihrer Funktionalität insofern vergleichbar mit dem sogenannten fiktiven Kegel eines Buchstabens – beide regulieren einen sichtbaren Abstand: die einen in der Horizontalen, der andere (der Kegel) in der Vertikalen.

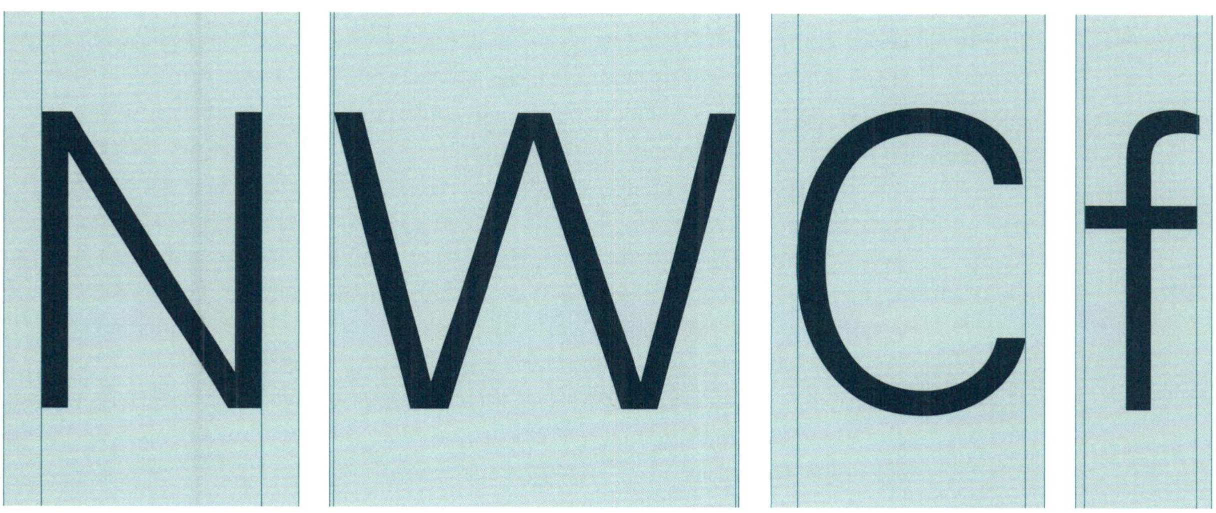

2 3 4 5

2 Das Versal-N ist zu beiden Seiten durch die vertikalen Striche – Grundstrich und Schaft – begrenzt. Entsprechend groß sind die Vor- und Nachbreite, um dem klaren schwarzen, vertikalen Abschluss des Buchstabens den notwendigen Abstand zum folgenden Zeichen einzuräumen.

3 Das Versal-W besitzt eine grundlegend andere Architektur durch seine diagonal überhängenden Einzelformen und den sich daraus ergebenden Weißraum, das ›Fleisch‹, zu beiden Seiten des Zeichens. Durch diesen größeren nichtdruckenden Bereich sind Vor- und Nachbreite entsprechend kleiner, weil die spezifische Architektur der Letter bereits einen sichtbaren Abstand zum nachfolgenden Zeichen ›bereitstellt‹.

4 Der Buchstabe C ist durch seine nach rechts offene Binnenform mit deutlich unterschiedlichen Breiten zu beiden Seiten ausgestattet: Durch den bereits vorhandenen Weißraum auf der rechten Buchstabenseite wird dem C in der Zurichtung eine geringere Nachbreite zugewiesen, weil sich hier der Weißraum der Binnenform und die Nachbreite addieren. Anders auf der linken Seite, wo der (schwarze) Bogen die äußere Begrenzung des sichtbaren Zeichens darstellt und einen optisch größeren Abstand braucht.

5 Die Minuskel f ist asymmetrisch aufgebaut und hat rechts des Grundstrichs durch den Kopf der Oberlänge mehr Gewicht, also einen stärkeren Grauwert. Das wird bei der Zurichtung durch die Zuweisung einer größeren Nachbreite berücksichtigt.

Diese nichtdruckenden Bereiche vor und nach einem Buchstaben sind nicht automatisch gleich breit. Jeder Buchstabe verfügt über eine ihm eigene Architektur, die ein- oder beidseitig offen oder geschlossen sein kann. Auch hier ist wieder einmal die optische Wahrnehmung der geometrischen Konstruktion übergeordnet, da offene Buchstabenformen bereits durch ihre Gestalt mehr nichtdruckenden Weißraum – sogenanntes Fleisch – mitbringen und entsprechend weniger Raum als ›Abstandsregler‹ brauchen.

Das Festlegen dieser Gesamtbreite unter Eingabe einer individuellen Vor- und Nachbreite wird ›Zurichtung‹ genannt. Ein Font gilt dann als gut zugerichtet, wenn alle potentiellen Zeichenkombinationen in einem gesunden, optisch gleichen Abstand zueinander stehen. Das betrifft nicht nur die Groß- und Kleinbuchstaben, sondern auch Ziffern und Satzzeichen.

Das Kerning

Sind bestimmte Zeichenpaare entweder zu eng oder zu weit gestellt, bilden unrhythmische ›Flecken‹ oder reißen Lücken ins Wort- oder Satzbild, müssen die Typograf:innen diese Zeichenpaare nachträglich ausgleichen. **Das Ausgleichen von Zeichenpaaren wird als ›Kerning‹ bezeichnet.**[26] Das kann durch ein Erweitern des Abstandes der Zeichen geschehen oder durch ein Zusammenrücken.

Auch hier bedient man sich abermals der tradierten Terminologie des Hochdrucks: Um den Abstand zwischen zwei Zeichen zu erhöhen, fügte der Setzer sogenannte Spatien (Einzahl: Spatium), also Blindmaterial unterschiedlicher Stärke zwischen zwei Buchstaben. Deswegen wird der Vorgang der Abstandserweiterung zwischen zwei Zeichen heute noch als Spationieren bezeichnet. Ein Begriff, der fälschlicherweise gerne für das generelle Erweitern der Buchstabenabstände einer Schrift verwendet wird.

Wird der Abstand verringert, erfolgte dies im Blei- oder Holzsatz durch ein Wegschneiden von nichtdruckendem Material vom Schriftkegel, auf dem das Schriftbild saß. Dementsprechend spricht man von ›unterschneiden‹.

[→ Seite 48, 2.2 Laufweite und Lesbarkeit, *Buchstaben-Berührungen*]

Ligaturen, also zwei zu einem Zeichen verschmolzene Buchstaben, sind aus dem Umstand heraus entwickelt worden, dass eben bestimmte Zeichenkombinationen so stark hätten unterschnitten werden müssen, dass es zu Berührungen bestimmter Einzelformen gekommen wäre, die die Zeichenfolge hätten unschön wirken lassen. **Ligaturen müssen im Zeichenvorrat vorhanden sein und sollten nicht eigenhändig durch übertriebenes Unterschneiden entwickelt werden.**

Aber Vorsicht: Ligaturen sollten nicht an sogenannten Wortfugen verwendet werden – also dort, wo zwei Worte zu einem zusammengesetzt wurden.

6 Palatino Regular
Schriftgröße 40 pt, LW 0

Ungenügendes Kerning des Herstellers: Der zu große Weißraum rechts des Versal-V muss nachbearbeitet werden, ebenso das Buchstabenpaar at. Die Zeichenfolge ter ist gut gekernt, das Fragezeichen steht zu dicht. Die Satzzeichen sind in vielen Schriften zu eng gestellt und sollten entsprechend spationiert werden.

Bei den Ziffern ist die 1 in vielen Schriften der neuralgische Punkt, da sie ein sehr schmales Zeichen ist – auch wenn in diesem Beispiel die Ziffer durch die Serife noch etwas breiter wird. Sie reißt durch ihre große Vor- und Nachbreite ›Löcher‹ ins Satzbild. Das Ziffernpaar 9 und 8 hingegen ist etwas zu eng gestellt.

26 Das englische Wort ›Kern‹ bedeutet ›Überhang‹ eines Buchstabens. Dementsprechend ist das Kerning das Ausgleichen dieser Überhänge. Wörtlich übersetzt, bedeutet Kerning bereits das Wegschneiden von nichtdruckenden Buchstabenteilen, also das ›enger machen‹ von Abständen zwischen zwei Zeichen über die Eingabe eines Minus-Wertes in der Kerning-Option. Im Sprachgebrauch der typografischen Community meint Kerning aber das grundsätzliche Ausgleichen von Abständen, also beide Vorgänge, auch das Erweitern, das Spationieren.

UMSETZUNG IN INDESIGN Beide Vorgänge, das Unterschneiden und das Spationieren von Zeichenpaaren, werden in InDesign über die Eingabe von Plus- oder Minuswerten in der entsprechenden Option in der Steuerungstabelle oder in der Schriftpalette ›Zeichen‹ ausgeführt. Das Symbol – der Cursor zwischen den Zeichen A und V – verbildlicht das Eingreifen in ein Zeichenpaar. Und, das Symbol zeigt es: Der Cursor muss zwischen die beiden Zeichen gesetzt werden. Die Zeichen müssen nicht markiert werden.

Da InDesign für alle mikrotypografischen Einstellungen als Maß das Geviert zugrunde legt, also die aktive Schriftgröße in horizontaler Ausdehnung, und dieses Geviert in 1000 Einheiten unterteilt, können die einzugebenden Werte entsprechend hoch sein. Es kann dadurch sehr exakt und fein gearbeitet werden, weil man jede Veränderung in Tausendstel-Schritten vornehmen kann. Trägt man in der Kerningoption beispielsweise den Wert 50 ein, entspricht das also 50/1000 = 1/20 = 5 % der aktiven Schriftgröße, die man zwischen zwei Zeichen fügt.

InDesign bietet in der Kerningfunktion zwei Grundeinstellungen: **optisch** und **metrisch**. In der optischen Einstellung kernt das Programm nach einem eigenen Algorithmus, während die Einstellung ›metrisch‹ die Kerningeinstellungen der Schriftgestalter:innen verwendet, was ein weiteres händisches Ausgleichen ermöglicht. Man kann InDesign durch Markieren eines Wortes das Ausgleichen überlassen, doch sollte das eigene Augenmaß zu einem besseren Ergebnis führen als es der Software-interne Algorithmus kann. Allerdings kann die Wahl des optischen Kernings unter großem Zeitdruck durchaus nützlich sein.

Albert

Palatino
Schriftgröße 24 pt, metrisches Kerning

Albert

Palatino
Schriftgröße 24 pt, optisches Kerning

Professionelle Schriften bringen durch gut ausgebildete Schriftgestalter:innen ein gut durchgearbeitetes Kerning mit. Deshalb sollte hier generell das Kerning auf ›metrisch‹ gestellt sein, da das optische Kerning die Voreinstellungen des Schriftentwurfs nach einem Einheits-Algorithmus überschreibt. Im oberen Beispiel ist die Buchstabenkombination ›Alb‹ besser gekernt, da nach dem großen Weißraum zwischen A und l das b spationiert wurde – in der optischen Variante sind diese beiden Zeichen zu eng gestellt.

Die Laufweite

[→ Seite 46, 2.2 Laufweite und Lesbarkeit]

Während das Kerning ausschließlich den Abstand zwischen zwei Zeichen regelt, definiert die Laufweite den grundsätzlichen Abstand aller Zeichen einer Schrift zueinander, auch der Wortzwischenräume. Die Laufweite ist Bestandteil des Schriftentwurfs – sie zu verändern, erfordert Gespür und Erfahrung: **Eine zu große Laufweite kann ein Wortbild kraftlos wirken lassen. Sind die Zeichen hingegen zu eng gestellt, wird das uns vertraute Wortbild ebenso verändert,** da die die Buchstaben umgebenden Weißräume verringert werden und die druckenden, linearen Teile der Buchstaben im Auge verschmelzen lassen.

Lissabon

7 Neue Haas Unica Pro
Schriftgröße 30 pt, LW 0

Die Laufweite 0 stellt die Buchstaben zu einem Wortbild zusammen, das den linearen Formen der Lettern ausreichend Weißraum einräumt, die die Einzelformen benötigen, um sich voneinander abzugrenzen. Gleichzeitig ist der Abstand der Zeichen ausreichend eng, um als Wortbild nicht zu zerfallen. Der Rhythmus aus Ober- und Unterlängen, aus runden, vertikalen und horizontalen Elementen kann sich gut entfalten.

Lissabon

8 Neue Haas Unica Pro
Schriftgröße 30 pt, LW -50

Die Reduzierung der Laufweite hat im Ergebnis einen zu geringen Weißraum zwischen den Zeichen zur Folge. Die Buchstaben werden zu stark zusammengezogen, das Wortbild zu massiv verändert – das beeinträchtigt die Lesbarkeit, da die Zeichen sich nicht mehr optimal voneinander abgrenzen können. Und gerade das ist für den Prozess des Lesevorgangs aber grundlegend.

Lissabon

9 Neue Haas Unica Pro
Schriftgröße 30 pt, LW 60

Das zu starke Erweitern der Laufweite lässt das Wortbild spannungsarm wirken – die Zeichen stehen zu weit auseinander und verbinden sich nur schwer zu einem Schriftband. Die Architektur der Kleinbuchstaben verträgt eine derart große Erweiterung des grundlegenden Abstands nicht – dem Wortbild fehlt jede Persönlichkeit.

27 Dieser jahrhundertelang währende Grundsatz des Schriftsatzes wird immer wieder durch Zeitgeist gesteuerte ›Moden‹ in der Typografie konterkariert. So wurden in den 60er und 70er Jahren des 20. Jahrhunderts extrem engstehende Wortbilder angestrebt, während die 90er Jahre die Erhöhung der Laufweite als ästhetisches ›Muss‹ auserkoren – weniger im Schriftsatz als vielmehr im Grafikdesign.

Für eine optimale Einstellung der Laufweite sind mehrere Faktoren wichtig: Die Form der Schrift, die Strichstärke (der Schnitt), die Größe und ob Versal- oder gemischter Satz zum Einsatz kommt.

Die Form und Gestalt einer Schrift

Schriften mit Serifen werden generell etwas offener gesetzt, da der Grauwert der Serifen sich zusätzlich in den Abstand zwischen den Zeichen ›addiert‹ und die horizontalen Endstriche sich auf keinen Fall berühren dürfen.

Da die Größe der Punzen in einem gesunden Maß zum Abstand der Zeichen stehen sollte, werden Schriften mit mehr ›Licht‹ im Schriftbild entsprechend offener gesetzt. Analog dazu wird die Laufweite bei fetteren Schriften geringer gehalten, um ein adäquates Maß für die kleineren Punzen zu finden.[27]

Lissabon

10 Franziska Pro
Schriftgröße 30 pt, Laufweite 0

Die Serifen, in diesem Fall sehr kräftige, wirken wie ein natürlicher Abstandhalter zwischen den Zeichen. Deswegen müssen sie in der Zuteilung der Abstände (Vor- und Nachbreiten) in einem Font Berücksichtigung finden. Das geschieht in der Zurichtung einer Schrift.

Lissabon

11 Neue Haas Unica Pro, Light
Schriftgröße 30 pt, Laufweite 0

Eine serifenlose Schrift braucht grundsätzlich weniger Raum zwischen den Zeichen. Die Größe der Binnenräume, die bei einem Light-Schnitt absolut und relativ besonders groß sind, finden im Raum zwischen den Zeichen eine direkte Entsprechung.

Lissabon

12 Neue Haas Unica Pro, Bold
Schriftgröße 30 pt, Laufweite 0

Fette Schnitte brauchen keine ›fetten‹ Räume zwischen den Zeichen – das Gegenteil ist der Fall. Auch hier greift als Referenz die Größe der Binnenräume einer Schrift. Und die sind in den fetten Schnitten einer Schrift eben kleiner als in den mageren.

Die Größe einer Schrift

Hierbei gilt: **In den kleinen Lesegraden wird die Laufweite etwas erhöht, während sie mit zunehmender Schriftgröße abnimmt.** Die Begründung ist denkbar einfach: Kleine Schriften laufen optisch zu, die Buchstabenabstände verdichten sich im Auge stärker als es nominell sein dürfte. Diesem Umstand wirkt eine Erhöhung der Laufweite entgegen.

[→ Seite 28, 1.4 Die Schriftgröße]

Entsprechend gegenläufig ist die Tendenz in den großen Schriftgraden. **Proportional mit den Lettern vergrößern sich auch die Abstände der Buchstaben zueinander und können optisch die Zeichen nicht mehr zusammenhalten.** Das Schriftbild wirkt löchrig. Dem wirken die Display-Schnitte bereits im Schriftschnitt entgegen, indem sie die Laufweite entsprechend enger stellen.

Hurtig stößt Fritz zu den übrigen, wo er quirlig dem Appell folgt. Wer wird den Froschmann jagen – Bob oder Maximiliane? Und wieso wendet sich Viktor dem Foxterrier zu, während Britta zielführend die Rüben schält? Rhabarber schmeckt wohlig und frisch zugleich. Am besten kurz vor

13 Roboto Slab
Schriftgröße 7 pt/10,5 pt, LW 0

Die Zeichen sind in dieser Schriftgröße zu eng gestellt. Die Abstände zwischen den Zeichen verdichten sich, die Lettern scheinen sich zu berühren.

Hurtig stößt Fritz zu den übrigen, wo er quirlig dem Appell folgt. Wer wird den Froschmann jagen – Bob oder Maximiliane? Und wieso wendet sich Viktor dem Foxterrier zu, während Britta zielführend die Rüben schält? Rhabarber schmeckt wohlig und frisch zugleich. Am besten

14 Roboto Slab
Schriftgröße 7 pt/10,5 pt LW 15

Eine leichte Erhöhung der Laufweite wirkt der Tendenz entgegen, dass sich Zeichen – je nach Font – entweder aufgrund optisch oder faktisch zu enger Abstände berühren.

Hurtig stößt Fritz zu den übrigen, wo er quirlig dem Appell folgt. Wer wird den Froschmann jagen – Bob oder Maximiliane? Und wieso wendet sich Viktor dem Foxterrier zu, während Britta zielführend die Rüben schält? Rhabarber schmeckt wohlig und frisch zugleich. Am bes-

15 Roboto Slab
Schriftgröße 7 pt/10,5 pt, LW 40

Die Erhöhung der Laufweite ist zu groß – das Satzbild ist zu stark auseinandergezogen – das Satzbild wirkt spannungsarm und unrhythmisch.

Und wieso wendet sich Viktor dem Foxterrier zu, während Britta zielführend die Rüben schält? Rhabarber schmeckt wohlig und frisch zugleich. Ein probates Mittel, seufzte Richard.

16 Univers Light
Schriftgröße 10 pt/13 pt, LW 0

Das Schriftbild der serifenlosen Univers wirkt etwas dunkel durch die sehr engen Abstände zwischen den Zeichen. Das Fehlen der Endstriche verhindert zwar ein Berühren der Lettern – das Schriftbild aber verträgt eine leichte Erhöhung der Laufweite.

Und wieso wendet sich Viktor dem Foxterrier zu, während Britta zielführend die Rüben schält? Rhabarber schmeckt wohlig und frisch zugleich. Ein probates Mittel, seufzte Richard.

17 Univers Light
Schriftgröße 10 pt/13 pt, LW 10

Die Erhöhung der Laufweite um zehn Einheiten optimiert das Satzbild – die Zeichen stehen optisch ausgewogen zueinander, garantieren ein spannungsvolles Satzbild und einen gesunden Grauwert. Gute Lesetypografie!

Und wieso wendet sich Viktor dem Foxterrier zu, während Britta zielführend die Rüben schält? Rhabarber schmeckt wohlig und frisch zugleich. Ein probates Mittel, seufzte Richard.

18 Univers Light
Schriftgröße 10 pt, ZA 13 pt, LW 20

Bereits die Erhöhung um 20 Einheiten entzieht dem Satzbild Kraft und Spannung. Sicherlich noch tolerabel, dennoch ist die Erhöhung bereits etwas zu groß ausgefallen.

Alles eine Frage der Ästhetik, findet Bendix, und lässt die Leine los. Hurtig stößt Fritz zu

19 Swift Light
Schriftgröße 16 pt, ZA 19 pt, LW 0

Die Swift, die Merkmale einer Serifenbetonten in sich trägt, erreicht bei 16 pt und LW 0 ein sehr schönes, stimmiges Satzbild – und das, obwohl die markanten Serifen zwischen den Lettern den Raum optisch verringern.

Alles eine Frage der Ästhetik, findet Bendix, und lässt die Leine los. Hurtig stößt Fritz zu

20 Swift Light
Schriftgröße 16 pt, ZA 19 pt, LW 10

Das Schriftbild hat sich durch die Erhöhung der Laufweite nicht verbessert. Bestimmte Buchstabenfolgen – runden Einzelformen folgen senkrechte Striche – geraten bereits zu weit auseinander. Insgesamt wirkt das Satzbild nun etwas kraftloser.

Alles eine Frage der Ästhetik, findet Bendix, und lässt die Leine los. Hurtig stößt Fritz zu

21 Swift Light
Schriftgröße 16 pt, ZA 19 pt, LW 20

Die Erhöhung um 20 Einheiten lässt das Satzbild blutleer und spannungsarm wirken. Die ohnehin schon großen Binnenräume werden durch die gewachsenen Zwischenräume noch vordergründiger – die Wortbilder zerfließen.

Lissabon

22 Neue Haas Unica Pro Regular
Schriftgröße 30 pt, LW 0

Das Satzbild der Serifenlosen in einer Display-Größe, wie sie beispielsweise bei einer Überschrift Anwendung findet. Die Zeichen stehen in der Grundeinstellung 0 recht locker, aber noch akzeptabel, zusammen.

Lissabon

23 Neue Haas Unica Pro Regular
Schriftgröße 30 pt, LW -10

Eine leichte Reduzierung der Laufweite verbessert das Wortbild. Die der Schriftgröße zugeordneten Zwischenräume halten die Zeichen nach einer Reduzierung besser zusammen; das Wortbild hat mehr Kraft.

Lissabon

24 Neue Haas Unica Pro Regular
Schriftgröße 30 pt, LW -25

Eine stärkere Reduzierung der Laufweite führt zu einem recht engen Wortbild. Es ist keine Verbesserung, sondern eine stilistische Veränderung und zitiert den Zeitgeist der 60er und 70er Jahre.

28 Das Herausarbeiten und Unterstützen der in den Zeichen liegenden rhythmischen Strukturen erklärt den Grundsatz, Kleinbuchstaben nicht zu sperren, sicher am schlüssigsten: Ober-, Unterlängen und x-Höhe im Wechsel, sowie das Zusammenspiel aus vertikalen, horizontalen und diagonalen Strichen und runden Formen funktioniert nur bei einem Abstandverhalten der Zeichen, das bei aller Trennschärfe die klare Verbindung sichtbar werden lässt.

[→ Seite 42, 2.1 Das Wortbild]

Werden die Abstände zwischen den Zeichen so stark erweitert, dass es dem gestalterischen Mittel der Akzentuierung dient, spricht man von Sperren. Der Lesefluss wird dabei gestört, da die Buchstaben schlechter verbunden sind – die Hervorhebung des Wortes oder einer Zeile genießt nun Priorität.

Sperren ist bedingt durch sein starkes Auseinanderziehen der Lettern als Mittel der Auszeichnung legitim. Unbedingt vermeiden sollte man das Sperren ganzer Passagen oder Absätze, da das Erfassen der Buchstaben und Wortbilder dem Auge erheblich schwerer gemacht wird. Außerdem reagieren unsere beiden Alphabete recht unterschiedlich auf eine starke Erhöhung der Laufweite: Die Versalien, ohnehin auf einer abwechslungsärmeren Architektur aufbauend als die Minuskeln, vertragen das Sperren gut – die weniger dynamischen Zeichen bekommen eine entsprechend größere ›Bühne‹ und gewinnen dadurch eher an Persönlichkeit.

Allerdings funktioniert gesperrter Versalsatz nur bei kurzen Einheiten wie Überschriften oder Wortmarken. Kapitälchen, also Großbuchstaben in der Größe der x-Höhe, sind – sofern sie als echter Schriftschnitt im Font vorhanden sind – grundsätzlich leicht gesperrt.

Unsere Kleinbuchstaben erscheinen stets etwas ungelenk in gesperrtem Gewande – es ist durch die Architektur der Zeichen, die sich aus runden, diagonalen senkrechten und waagerechten Einzelformen zusammensetzen, ganz offensichtlich nicht der richtige ›Dresscode‹. **Gerade die Minuskeln entfalten ihre rhythmische Qualität am besten als gut verknüpftes ›Buchstabenband‹ – hier wirkt Sperren eher isolierend denn wertsteigernd!**[28]

LISSABON

25 Fago Bold
Schriftgröße 24 pt, LW 0

Das Wortbild wirkt im Versalsatz bei ›normaler‹ Laufweite recht gedrungen. Die Zeichen stehen sehr eng zueinander, die Lesbarkeit ist nicht optimal, aber durch die Kürze des Wortes noch verträglich.

L I S S A B O N

26 Fago Bold
Schriftgröße 24 pt, LW 90

Deutlich gesperrt erhält das Wortbild einen anderen Charakter: Der zusätzliche Raum zwischen den Zeichen unterstreicht die statische, aber durchaus auch kraftvolle Wirkung der Versalien.

L I S S A B O N

27 Fago Regular
Schriftgröße 24 pt, LW 90

Dieselbe Laufweite, ein anderer Schnitt der Fago – die Wirkung ist eine andere: Die Zeichen haben aufgrund der geringeren Strichstärke nicht die Kraft, den größeren Weißraum gewinnbringend zu nutzen.

L i s s a b o n

28 Stempel Garamond
Schriftgröße 24 pt, LW 90

Das Wortbild der Antiqua aus Groß- und Kleinbuchstaben wirkt stark gesperrt wenig überzeugend. Die Lettern schaffen es nicht mehr, den Charakter eines ›Schriftbandes‹ aufzubauen – die Minuskeln besitzen durch ihre stark modulierte Zeichnung nicht die Persönlichkeit, um dem großen Raum zwischen den Zeichen Kraft entgegenzusetzen.

L i s s a b o n

29 Futura Book
Schriftgröße 24 pt, LW 90

Die konstruierte Serifenlose hat durch den kräftigen Strich und die auf die geometrischen Grundformen reduzierten Lettern sehr stabile Minuskeln, die der hohen Laufweite sehr viel entgegenzusetzen haben. Das Wortbild zerfällt nicht im gleichen Maße wie das der Antiqua, sondern bleibt auch gesperrt noch charismatisch.

L i s s a b o n

30 Klavika Light
Schriftgröße 24 pt, LW 90

Serifenlos, aber leichter in der Strichstärke, ist die Klavika mit ihren schmallaufenden Buchstabenformen in diesem Schnitt auch nicht davor geschützt, an Persönlichkeit und Kraft zu verlieren. Die Strichstärke ist also ein wichtiger Baustein, um das Mittel des Sperrens als prägnante Auszeichnungsform anzuwenden.

LISSABON

31 Unit Slab OT Bold
Schriftgröße 24 pt, LW 0

Das Wortbild der Serifenbetonten ist in der LW 0 sehr dunkel und kompakt. Die kraftvollen Serifen belegen die ohnehin nur schmalen Räume zwischen den Zeichen und lassen wenig Licht in die Zeichen.

LISSABON

32 Fago Bold
Schriftgröße 24 pt, LW 60

Werden die Zeichen gesperrt, werden die Einzelformen der Buchstaben stärker betont – da sie einen größeren Weißraum um sich verbuchen. Die strenge Spannung des engen Satzbildes aus Abb. 31 weicht einer kraftvollen, plakativen Anmutung.

LISSABON

33 Fago Regular
Schriftgröße 24 pt, LW 90

Der deutlich leichtere Schnitt der Normalen bleibt auch gesperrt noch stabil – das liegt an der besonderen Architektur dieser serifenbetonten Schrift.

Lissabon

34 DIN Next Slab Pro Light
Schriftgröße 24 pt, LW 0

Das Wortbild in der normalen Laufweite ist stabil und hat ausreichend Spannung. Der leichte Schnitt dieser Serifenbetonten hat entsprechend lockere Räume zwischen Zeichen – die Binnenformen sind groß und vertragen ein nicht zu enges Wortbild.

Lissabon

35 DIN Next Slab Pro Light
Schriftgröße 24 pt, LW 50

Ein Sperren des Wortes bereichert dessen Qualität als Wortbild nicht – die Spannung zwischen den leichten Zeichen geht schnell verloren.

Lissabon

36 Klavika Light
Schriftgröße 24 pt, LW 100

Die Architektur dieses Fonts (und der Minuskeln im Allgemeinen) und die Strichstärke des mageren Schnittes sind nicht geeignet, eine starke Erhöhung der LW gewinnbringend im Wortbild umzusetzen. Und doch erlebt auch diese Ästhetik zyklisch immer wieder eine Renaissance – Gestaltung ist auch immer ein Stück weit Geschmacksfrage und unterliegt Trends.

UMSETZUNG IN INDESIGN Die Grundeinstellung für die Laufweite einer Schrift in InDesign ist ›0‹. Das Wort, die Zeile oder die Kolumne muss markiert werden und kann dann durch die Eingabe eines Pluswertes in seiner Laufweite erhöht werden. Entsprechend kann man durch die Eingabe eines Minuswertes die Laufweite verringern.

Besser ist es, die Laufweite als Grundeinstellung in einem Absatzformat zu definieren. Das spart Zeit und Mühe und schafft konstante Parameter.

In der Schriftgestaltung benötigen wir exakte Wortbilder, bei denen sich die Buchstaben präzise von den Nachbarzeichen trennen.

S. 44, Das Wortbild

Variable Schriften generieren – anders als statische Schriftentwürfe – ihre Ausführungen aus nur einer einzigen Schriftdatei.

S. 61, Die Schriftschnitte

KAPITEL

2

Typografie
Das Wort

2.1 Das Wortbild

Vom rhythmischen Zusammenspiel der druckenden und nichtdruckenden Teile. Und von der Gestaltung einer typografischen Persönlichkeit.

Formal betrachtet ist das Wort ein aus Buchstaben zusammengesetztes Gebilde, bei dem der Werkstoff – die Zeichen – nach bestem (Fach)Wissen und ästhetischem Gespür der Typograf:innen ›verfugt‹ wurde.

Noch bevor wir aber mit einer Schrift arbeiten, haben die Schriftgestalter:innen beim Entwurf ihres Fonts nicht nur die charakteristischen Einzelformen und die Proportionen der Lettern festgelegt, sondern auch durch die Zurichtung der Schrift und durch das Ausgleichen kritischer Buchstabenkombinationen die Basis für ein homogenes und gut erfassbares Schriftbild geschaffen.

Das kritische Auge der Gestalter:innen sollte dennoch ›mitarbeiten‹, die ästhetische Qualität des Wortbildes prüfen und – im Sinne der mikrotypografischen Hygiene – gegebenenfalls nacharbeiten.

Nicht alle Satzschriften sind bestmöglich zugerichtet, selten sind alle Buchstabenkombinationen sauber gekernt. Gerade die etablierten und weit verbreiteten Schriften, die schon vor der digitalen Satztechnik im Bleisatz oder Fotosatz Anwendung fanden – noch bevor die Schriften ›Fonts‹ genannt wurden – durchliefen verschiedene Stufen der technischen Bereitstellung in den letzten Jahrzehnten. Und nicht immer haben gut ausgebildete Schriftgestalter:innen das so wichtige Kerning der Zeichen bei der finalen Digitalisierung durchgeführt.

[→ Seite 34, 1.5 Der Buchstabenabstand, *Das Kerning*]

Das Setzen eines Wortes ist weitaus mehr als nur die orthografisch korrekte Aneinanderreihung einzelner Bausteine unseres Werkstoffes – es ist die erste schöpferische Tätigkeit im weiten Feld einer typografischen Komposition: Durch das Setzen geben wir dem Wort eine Gestalt und eine Persönlichkeit. Noch vor ca. 35 Jahren konstatierte Albert Kapr[1], ›dass beim Setzen nur die klare Wiedergabe des Textes beabsichtigt wird, während die Typografie emotionelle Evokationen bewußt einbezieht‹. Die digitale Gestaltung, die sofortige Verfügbarkeit eines gedruckten Ergebnisses und nicht zuletzt das Verschwimmen der einzelnen Arbeitsschritte im grafischen Gewerbe lassen jedes zu Papier gebrachte Wort im Watzlawickschen[2] Sinne als Gestaltung gelten: **Wir können nicht setzen, ohne dabei zu gestalten** – auch wenn wir uns dessen nicht immer bewusst sind.

1 Albert Kapr (1918–1995) war Professor für Schrift- und Buchgestaltung an der Hochschule für Grafik und Buchkunst in Leipzig und eine der führenden Persönlichkeiten im typografischen Schaffen der Nachkriegszeit.

2 Paul Watzlawick war Kommunikationsforscher, Philosoph und Psychotherapeut. In seiner Funktion als Kommunikationstheoretiker definierte er – gemeinsam mit Janet Beaven und Donald Jackson – fünf Axiome zur Kommunikation, deren erstes weltberühmt wurde: ›Man kann nicht nicht kommunizieren‹. Man kann nicht Schrift setzen, ohne zu gestalten. Und zugleich gilt für alle Menschen, die Lesen gelernt haben: Wir können nicht *nicht* lesen.

Die Wahl der passenden Schrift, das Ausloten einer angemessenen Abbildungsgröße und die Festlegung der richtigen Laufweite sind wichtige gestalterische Schritte, weil sie grundlegende typografische Entscheidungen sind. Und weil es Entscheidungen sind, die das grafische Gesicht der anzufertigenden Arbeit maßgeblich prägen werden.

[→ Seite 28, 1.4 Die Schriftgröße]
[→ Seite 35, 1.5 Der Buchstabenabstand *Die Laufweite*]

Mit der Gestalt des ersten Wortes legen wir uns fest: Wir definieren Richtlinien und Standards für die weitere Arbeit. Konsequentes Durchgestalten gleicher Parameter innerhalb eines ›Werkstückes‹ mit denselben Formaten ist ein Qualitätsmerkmal guter Gestaltung und strukturierten Arbeitens. Ein Design zu entwickeln ist zweifelsfrei eine wichtige Fähigkeit – das Design einheitlich und durchgängig anzuwenden, eine weitere und nicht minder wichtige.

Bevor das Wort gesetzt wird, müssen Zweck und Funktion der Gestaltung formuliert werden – zielloses Gestalten, bei dem die herausgearbeitete Persönlichkeit des Wortes nicht seiner Funktion entspricht, schadet dem Ergebnis und belastet die Frustrationstoleranz der Designer:innen. Und des Betrachters.

Die Entscheidung für eine Schrift, das Herausarbeiten einer konkreten Stilistik durch das Schaffen eines Wort- oder Satzbildes kann nicht vom Inhalt der Botschaft – oder wie in den folgenden Beispielen des Wortes – gelöst betrachtet werden. Jede typografische Umsetzung kommuniziert neben dem Wortlaut noch weitere Informationen: Ein Klima, das dem Inhalt gerecht werden muss, eine Formgebung, die die Funktion eines Textes oder eines Wortes – man denke nur an eine Wortmarke – zielgerichtet unterstützt.

1 Cooper Black Std So gar nicht filigran ist das Wortbild dieser Schrift: raumgreifend und aufgepumpt – die inhaltliche Bedeutung wird durch das Wortbild ad absurdum geführt.
2 VAG Rounded Technisch und ›praktisch‹, aber nicht bibliophil und schöngeistig ist das Wortbild dieser durchgängig runden Sans.
3 Didot Regular Edel und anmutig sind Eigenschaften, die das Wort ›brachial‹ nicht verkörpert – die die Schrift mit dem starken Strichstärkenwechsel und den feinen Haarlinien aber von Hause aus mitbringt.
4 Franziska Pro Black Die Fähigkeit zur Empathie setzt Sensibilität, Geduld und Feinsinn voraus – das Wortbild wirkt in dieser Umsetzung zu grob und wuchtig, um diesem Gedanken gerecht zu werden.
5 Trajan Pro Regular Die Schrift der Römer, das Ideal der Antike – zu klassisch und zu tradiert für eine adäquate Umsetzung des Begriffes ›Digital‹.

filigran
1

bibliophil
2

brachial
3

EMPATHIE
4

DIGITAL
5

Die Gestalt und die Persönlichkeit des Wortes sind seine optische Erscheinung, die Lesbarkeit seine Funktion. Dazu bedarf es leicht erfassbarer Wortbilder, die sich in ihrer Persönlichkeit zurücknehmen und der optimalen Lesbarkeit den Vortritt lassen. Typografisches Understatement sozusagen.

[→ Seite 70, 3.1 Der Vorgang des Lesens]

Einem Wort Auffälligkeit und Signalwirkung zu geben durch eine optische Erscheinung voller Kraft und Lautstärke, kann dem Ziel der bestmöglichen Lesbarkeit übergeordnet werden. Allerdings findet dieses Mittel in der Lesetypografie nur bei Headlines oder Auszeichnungen Anwendung. Sie sollen bewusst den Blick des Lesers einfangen, ihn durch die Gestaltung führen und einem Text Struktur und Hierarchie geben.

3 Einleuchtend sieht man das im Comic oder in der Graphic Novel: Wird dort gebrüllt und geschrieen, ist der Text groß und fett gesetzt, was jeder Leser, egal wie erfahren, sofort versteht.

Die Gestaltung von Wortmarken und Plakatheadlines unterliegen ganz anderen Anforderungen – die Persönlichkeit und das Eigenleben der Wortbilder treten hier in den Vordergrund, das manchmal etwas enge Korsett der Lesetypografie darf durch optische und künstlerische Eingriffe gelockert werden.

Die Parallelität zwischen der Persönlichkeit eines geschriebenen Wortes und der menschlichen Stimme ist frappierend: Heben wir die Stimme, verleihen wir unseren Worten Nachdruck. Wir können flüstern, um leise oder geheimnisvoll zu klingen, wir können laut rufen, sogar brüllen, und sichern uns dadurch die Aufmerksamkeit unserer Zuhörer. Selbst derer, die weiter entfernt sind.[3]

Und doch wird man uns nicht immer besser verstehen wenn wir schreien: Die Lautstärke und der vehemente Vortrag der Sprache überstrahlen die inhaltliche Botschaft – die Worte werden nicht schlechter zu hören sein, wenn sie etwas leiser gesprochen werden.

Die Klangfarbe unserer Stimme ist die Erscheinung und die Persönlichkeit unserer verbalen Kommunikation. Durch Pausen, Betonungen und die Modulation der Lautstärke schaffen wir einen Rhythmus. Und dieser Rhythmus wird darüber entscheiden, ob man uns gerne zuhört oder nicht. Und ob man uns versteht oder nicht.

Der Rhythmus – das Prinzip von Form und Gegenform

Schriftgestaltung funktioniert – in weiten Teilen – mit den gleichen Mitteln wie unsere gesprochene Sprache. Durch das Prinzip von Form und Gegenform, von druckenden schwarzen und nichtdruckenden Buchstabenteilen – auf dem Papier als Weißraum wahrgenommene Flächen – bestimmen wir den Rhythmus des geschriebenen Wortes, das sich aus linearen, runden und eckigen Einzelformen in horizontaler und durch das Wechselspiel aus Ober- und Unterlängen in vertikaler Ausrichtung aufbaut.

[→ Seite 46, 2.2 Laufweite und Lesbarkeit *Binnenräume und ihr Einfluss auf die Lesbarkeit*]

Rhythmus ist das Steuerungsprinzip in nahezu allen künstlerischen Disziplinen, die in Abläufen funktionieren: In der Musik, in der Dichtung und in den Bildenden Künsten. Rhythmus ist ein Grundprinzip des Lebens und seiner Abläufe, weil es Grundzüge der Natur und des menschlichen Lebens spiegelt. Der Wechsel von Tag und Nacht, von Frühling, Sommer, Herbst und Winter. Der Herzschlag.

Der Rhythmus unserer Kleinbuchstaben, deren Vielzahl von Einzelformen und klar unterscheidbaren Buchstaben kommen *der* menschlichen Sprache am nächsten, die einen klar artikulierten und auf Verstehen der Botschaft ausgelegten Vortrag (das entspricht der bestmöglichen Lesbarkeit in der Schriftgestaltung) zum Ziel hat. Das Auge kann die charakteristischen Buchstabenbilder der Kleinbuchstaben mit ihren unverwechselbaren Einzelformen sofort zuordnen.

Wer zu schnell oder undeutlich spricht, die Laute der Worte zusammenzieht und überdies die so wichtigen Pausen zwischen den Worten verschluckt, der wird nur schlecht zu verstehen sein, weil er schwammige Lautbilder und nicht eindeutig voneinander getrennte Worte produziert. **In der Schriftgestaltung benötigen wir ebenso exakte Wortbilder, bei denen sich die Buchstaben präzise von den Nachbarzeichen trennen.** Man spricht hier von ›Trennschärfe‹.

Und wer die Laute eines Wortes nicht verbindet, oder sie durch überzogene Artikulation hervorzuheben sucht, der verhindert eine flüssige Sprache, bei der sich die Laute zu Worten schließen. Die durch Schrift geschaffenen Wortbilder müssen sich genauso schließen – übertriebenes Sperren der Zeichen oder stark vertikal aufgebaute Buchstaben verhindern das. Serifen unterstützen den Zusammenhalt der Zeichen: Sie verbinden die Buchstaben zu Wortbildern.

Und wer in einer Stimmlage spricht, die eine so übertriebene, möglicherweise auch unpassende Klangfarbe hat, dass der Inhalt der Worte hinter dem sprachlichen Vortrag zurücktritt, dessen Rede wird ihr Ziel verfehlen, da Form und Inhalt nicht zusammenpassen.

Wortbilder, die eine überladene Persönlichkeit haben, sind dem reinen Selbstzweck geschuldet – einer auffallenden Gestaltung. Die kann so dominant sein, dass man den Inhalt des Wortes nicht mehr wahrnimmt. ›Thema verfehlt‹!

Wortbild und Rhythmus

6 Univers Roman 55
Schriftgröße 40 pt, LW 0

Das Wortbild hat durch den Wechsel von linearen, runden und eckigen Einzelformen und dem Vorhandensein von Ober- und Unterlängen einen eigenen Rhythmus. Die Räume um die linearen Formen stehen harmonisch zur Strichstärke und zur Architektur der Schrift – der Rhythmus des Wortbildes unterstützt die Lesbarkeit optimal.

Wortbild und Rhythmus

7 Univers Roman 55
Schriftgröße 40 pt, LW -50

Der die Zeichen umgebende Raum steht in einem schlechten Verhältnis zur Strichstärke. Eine ausreichende Trennschärfe der Zeichen ist nicht mehr gegeben. Ebenso sind die Wortzwischenräume zu eng – die Wörter verschwimmen zu einem langen Wortgebilde, da die WZR optisch keine ›Sprechpausen‹ mehr abbilden können. Ein Rhythmus findet nicht statt – die Lesbarkeit leidet sichtbar.

Wortbild und Rhythmus

8 Univers Condensed 55
Schriftgröße 40 pt, LW 100

Zwei typografische Entscheidungen, die einem schnellen Erfassen des Wortbildes entgegenarbeiten: Die Zeichen stehen durch das Sperren sehr weit auseinander und sind zudem sehr schmal – ein horizontales ›Buchstabenband‹ kann sich nicht aufbauen. Die einzelnen ›Laute‹ stehen isoliert zueinander – der Rhythmus wird unterbunden.

Wortbild und Rhythmus

9 Univers Condensed 67
Schriftgröße 40 pt, LW 80

Typografische Hyperaktivität – von allem zu viel und dazu noch unpassend eingesetzt. Eine schmallaufende Schrift wird gefettet, kursiv gesetzt und stark gesperrt. Das Wortbild wirkt laut und aufdringlich und dominiert den Inhalt.

2.2 Laufweite und Lesbarkeit

Die Feinabstimmung der Buchstabenabstände ist der Schlüssel zu einem rhythmisch spannungsvollen Schriftbild

[→ Seite 76, 3.2 Der Aufbau einer Zeile]

Die Laufweite steuert die grundlegenden Abstände der Buchstaben zueinander – und zwar aller Buchstaben und Zeichen in einem Font: Das betrifft sowohl die Abstände zwischen den Buchstaben, als auch zwischen den Lettern und den Satzzeichen – und die Wortzwischenräume, kurz WZR.

Die von Typograf:innen so gerne benutzte Redewendung, dass eine bestimmte Schrift entweder eng oder weit läuft, benennt also den grundsätzlichen Abstand der Zeichen zueinander (und meint somit, wieviele Zeichen in eine Zeile gehen), den die Type-Designerin durch die Zurichtung vorgenommen hat und der sich sehr unterschiedlich auf das Schriftbild auswirkt. Dadurch grenzt sich die Laufweite vom Kerning ab, das ausschließlich den Abstand zwischen zwei Buchstaben beschreibt. Die Laufweite kann bei einzelnen Wörtern, Sätzen, Absätzen oder komplexen typografischen Arbeiten verändert werden.

Binnenräume und ihr Einfluss auf die Lesbarkeit

Ist der durch die Laufweite einer Schrift geregelte Abstand zu gering, sind die Buchstaben nicht mehr eindeutig genug voneinander abgegrenzt und berühren sich unter Umständen bei bestimmten Buchstabenkonstellationen sogar – es fehlt die ›Trennschärfe‹. Dadurch treten die Binnenräume der Lettern optisch stärker in den Vordergrund – das Erfassen des Wortbildes durch das Auge wird erschwert.

Bad Belzig

1 Helvetica Neue LT Std, 73 Bold Extended
Schriftgröße 40 pt, LW -90

Die linearen Formen der Zeichen brauchen den sie umgebenden nichtdruckenden Raum, sonst verschmelzen sie zu neuen, unserem Auge nicht vertrauten Formen. Einhergehend gewinnen die Weißräume an Wichtigkeit – die so notwendige Hierarchie für den Lesevorgang wird gekippt. Jetzt dominieren die Binnenformen das Wortbild, das erschwert die Lesbarkeit.

B a d B e l z i g

2 Helvetica Neue LT Std, 73 Bold Extended
Schriftgröße 40 pt, LW 90

Die Hierarchie ist wieder zugunsten der linearen Zeichenformen aufgestellt – die rhythmische Struktur des Wortes ist stark verändert. Die Binnenräume und die Strichstärke der Zeichen sind nicht mehr harmonisch abgestimmt, was sich negativ auf die Lesbarkeit auswirkt.

Wortbilder und Lesbarkeit

Zacharias und Sylvia schippern träge von Sylt nach Vancouver. Ein Mix aus Astern und Hyazinthen lässt die Herzen der Samariter höher schlagen. Nimmer, sagte Fjodor, bevor er schwankend der Reling folgte. Und was macht Norbert? Lässt flink Sägespäne im Akkord verpuffen. Alles eine Frage der Ästhetik, findet Bendix, und lässt die Leine los. Hurtig stößt Fritz zu den übrigen, wo er quirlig dem Appell folgt. Wer wird den Froschmann jagen – Bob oder Maximiliane? Und wieso wendet sich

[→ Seite 44, 2.1 Das Wortbild *Der Rhythmus – das Prinzip von Form und Gegenform*]

3 Helvetica Neue LT, 55 Roman
Schriftgröße 10 pt/14 pt, LW -30

Auch innerhalb der Kolumne wird sichtbar, dass ein zu enges Setzen der Lettern ein schlechtes Schriftbild zur Folge hat. Unser Auge hat Schwierigkeiten, die Wortbilder zu erfassen und sie den erlernten und abgespeicherten ›Schablonen‹ zuzuordnen, weil die Persönlichkeit der Wortbilder verändert ist. Der Grauwert der Kolumne ist viel zu dunkel – der Weißraum zwischen den Zeichen kann nicht mehr ›tonwertkorrigierend‹ wirken.

Zacharias und Sylvia schippern träge von Sylt nach Vancouver. Ein Mix aus Astern und Hyazinthen lässt die Herzen der Samariter höher schlagen. Nimmer, sagte Fjodor, bevor er schwankend der Reling folgte. Und was macht Norbert? Lässt flink Sägespäne im Akkord verpuffen. Alles eine Frage der Ästhetik, findet Bendix, und lässt die Leine los. Hurtig stößt Fritz zu den übrigen, wo er quirlig dem

4 Helvetica Neue LT, 55 Roman
Schriftgröße 10 pt/14 pt, LW 50

Ist der grundsätzliche Abstand der Buchstaben zu groß, wird die Persönlichkeit der Wortbilder ebenso modifiziert – die Lesbarkeit leidet darunter genauso. Der Weißraum steht in keinem guten Verhältnis zu den druckenden Teilen der Zeichen. Diese wiederum können nun keine Verbindung mehr zueinander aufbauen. Der so wichtige Rhythmus aus Ober- und Unterlängen, runden, vertikalen und diagonalen Buchstabenformen ist gewissermaßen aus dem Takt gekommen.

Zacharias und Sylvia schippern träge von Sylt nach Vancouver. Ein Mix aus Astern und Hyazinthen lässt die Herzen der Samariter höher schlagen. Nimmer, sagte Fjodor, bevor er schwankend der Reling folgte. Und was macht Norbert? Lässt flink Sägespäne im Akkord verpuffen. Alles eine Frage der Ästhetik, findet Bendix, und lässt die Leine los. Hurtig stößt Fritz zu den übrigen, wo er quirlig dem Appell folgt. Wer wird den Froschmann jagen –

5 Helvetica Neue LT, 55 Roman
Schriftgröße 10 pt/14 pt, LW 5

Der Abstand der Buchstaben ist um fünf Einheiten leicht erhöht, um zu verhindern, dass die Zeichen zu eng stehen. Der Grauwert der Zeilen ist gut ausbalanciert, die rhythmischen Strukturen der Buchstaben ›greifen‹ ineinander und ermöglichen spannungsreiche Wortbilder – der Text ist sehr gut und angenehm lesbar.

Jede Schrift hat eine individuelle Laufweite – und bei jeder Schrift kann die Laufweite im Gestaltungsprozess erhöht oder verringert werden. Für eine Veränderung der Laufweiteneinstellung gibt es objektive Kriterien, die die Gestalter:innen zugrunde legen können.[4] Zu guter Letzt sind es aber auch Erfahrungswerte, die Typograf:innen in der beruflichen Praxis sammeln und entsprechend in die gestalterische Arbeit einfließen lassen.

Die folgenden Positionen sind allesamt Aussagen über und Gesetzmäßigkeiten zur Laufweite. Sie helfen, den Blick für diese wichtige Bezugsgröße für die Lesbarkeit von Schrift zu schulen:

Buchstaben-Berührungen – ›Achtung: Kopfnüsse und Fußtritte‹[5]
Das ist die elementare Grundregel im Umgang mit der Laufweiteneinstellung. Und sehr leicht im Schriftbild zu prüfen. Der Grund ist schlicht und ergreifend, dass ein Berühren der Zeichen die Eindeutigkeit der Zeichenform verschlechtert. Das verhindert ein reibungsloses Erfassen des Wortbildes. Das betrifft auch Berührungen ›benachbarter‹ Unterlängen oder Oberlängen, wie zum Beispiel die Buchstabenfolge ›gy‹.

4 Die individuelle Laufweite wird durch die Type-Designerin in der Zurichtung des Fonts eingerichtet und kann stark variieren.

[→ Seite 32, 1.5 Der Buchstabenabstand]

5 Hans Peter Willberg beschreibt mit dieser ›richtigen Bezeichnung für falsche Typografie‹ den Umstand bei Schriften ohne Ligaturen das Berühren nebeneinander stehender Oberlängen (fi), bzw. Unterlängen (*gf*).

Belzig

6 Palatino Regular
Schriftgröße 60 pt, LW -40

Die Buchstabenkombination ›l‹ und ›z‹ steht grundsätzlich recht eng durch die Zurichtung der Schrift. Eine Reduzierung der LW lässt beide Zeichen einander berühren.

WELT

7 Swift Regular
Schriftgröße 60 pt, LW 0

Die Architektur bestimmter Zeichen verursacht in besonderen Konstellationen ein Berühren der Serifen – gerade im Versalsatz und seiner einheitlichen Höhe der Zeichen tritt dies häufig auf.

Offizier

8 Franziska Pro Regular
Schriftgröße 48 pt, LW 0

Manche Schriften halten für eben diese problematischen Buchstabenfolgen eigens gestaltete Zeichen bereit, die zwei Buchstaben als harmonisch verbundene Kombination anbieten.

Tk Tk

fb fb fj fj

fk fk

▶ OPTISCHE BESONDERHEIT bei Zeichenkombinationen ◀
Es gibt Buchstabenkombinationen, die aufgrund der Architektur der beteiligten Zeichen, deren umgebenden Weißräumen oder zu engstehender Ober-/Unterlängen, eine unschöne Buchstabenfolge abbilden würden. Diese könnte eine große Lücke ins Wortbild reißen oder wie eine Kollision zweier Lettern aussehen. Daher gibt es für diese problematischen Zeichenfolgen eigens entworfene Buchstabenpaare, die als ein Zeichen im Zeichensatz hinterlegt sind und die beteiligten Zeichen formschön miteinander verbinden – sogenannte Ligaturen. Diese Kombinationen können bei einer direkten Folge eines Groß- und eines Kleinbuchstabens, zweier Kleinbuchstaben auftreten und sogar bis zu drei Zeichen umfassen.

Laufweite und Strichstärke

Es ist nicht ganz einfach, eine Regel über den optimalen Zeichenabstand einer Schrift zu definieren, da es zu viele Faktoren gibt, die in einem Beziehungsgeflecht mit der jeweils richtigen Laufweite stehen – eine gute Bezugsgröße ist die Strichstärke des jeweiligen Schnittes. **Besonders bei serifenlosen Schriften, bei denen keine Endstriche in die Zeichenabstände ›ragen‹, hat sich bei der ›Normalen‹ die Stärke des Grundstriches als ein gutes Maß erwiesen.**

[→ Seite 32, 1.5 Der Buchstabenabstand]

[→ Seite 18, 1.2 Die Einzelformen der Buchstaben]

Die leichten Schriftschnitte haben einhergehend zum feineren Strich auch größere Binnenräume und Punzen. **Diese größeren Weißräume innerhalb der Zeichen werden durch einen entsprechend größeren Abstand zwischen den Zeichen aufgefangen.** Gegenläufig verhält es sich bei den fetten Schnitten: **Durch die kleiner werdenden Binnenräume kann der Zeichenabstand auch geringer gehalten werden, da beide Weißräume in einem gesunden Verhältnis stehen sollten.**

9 Neue Haas Unica Pro Regular
Schriftgröße 60 pt, LW -10

Die ›nackten‹ linearen Formen der Serifenlosen ermöglichen recht gut und objektiv messbar ein Einhalten gleicher Abstände.

10 Franziska Pro Regular
Schriftgröße 60 pt, LW 0

Die Serifen der Antiqua addieren sich in die Räume zwischen den Zeichen – ihre ›Masse‹ muss berücksichtigt werden.

11 Superclarendon Regular
Schriftgröße 45 pt, LW 0

Die kräftigen Serifen der Slab Serif bringen mehr ›Masse‹ ins Wortbild ein – bestimmte Buchstabenfolgen – ›ig‹ – werden schwierig.

12 Neue Haas Unica Pro Light
Schriftgröße 60 pt, LW 0

Der Grundstrich ist feiner – Referenz ist der Binnenraum vom n: Ein Viertel als optischer Abstand zwischen den Zeichen.

13 Franziska Pro Light
Schriftgröße 60 pt, LW 0

Da auch die Serifen im Light-Schnitt feiner sind, beeinträchtigen sie die Zeichenabstände auch weniger.

14 Superclarendon Light
Schriftgröße 45 pt, LW 0

Die Relation von Strichstärke und Binnenraum verändert sich zugunsten der Räume, die durch die Serifen dynamischer geraten.

15 Neue Haas Unica Pro Bold
Schriftgröße 60 pt, LW -10

Die wachsende Strichstärke der fetten Schnitte lässt die Zwischenräume ›abschmelzen‹ – die Zeichen stehen enger.

16 Franziska Pro Bold
Schriftgröße 60 pt, LW 0

Auch schmale Zwischenräume werden bei Serifenschriften etwas weiter gehalten – die Endstriche dürfen sich nicht berühren.

17 Superclarendon Bold
Schriftgröße 45 pt, LW 0

Die Zwischenräume sind weiter als bei anderen fetten Schriften – das liegt an der ausladenden Architektur dieser Schrift.

Die Laufweite ist also unmittelbar abhängig von der Größe der Binnenräume einer Schrift und mittelbar von der Strichstärke. Denn die Strichstärke wiederum steuert die Größe der Binnenräume maßgeblich: Je fetter der Schriftschnitt, desto kleiner werden sie.

Laufweite und Schriftgröße

Bei kleinen Schriften wirken die Abstände der Zeichen proportional kleiner – die Buchstaben scheinen nicht mehr ausreichend gut voneinander getrennt zu sein. Im Druck kann sich diese Tendenz technisch und materialbedingt noch verstärken.[6] Um das zu verhindern, werden Schriften bis ca. 16 pt moderat in der Laufweite erhöht. In InDesign entspricht das einem Wert zwischen 10 und 20 von möglichen 1000 Einheiten – das ist gemessen an der Bezugsgröße, dem Geviert, eher gering. Es verhindert aber, dass die Buchstaben ›zusammenlaufen‹. Da jede Schrift herstellerseitig unterschiedlich weit läuft, muss man auch sehr individuell die Laufweite erhöhen.

Große Schriften verhalten sich in diesem Punkt wiederum genau gegenläufig: **Mit zunehmender Größe der Buchstaben wächst auch der Abstand zwischen den Zeichen.** Und der erscheint dann relativ größer, obwohl er sich proportional verändert hat. Auch hier muss optisch gegengearbeitet und die Laufweite verringert werden.

Die Auswirkung der Serifen auf die Laufweite

Bei Serifenschriften ragen anders als bei Groteskschriften die Endstriche in den Abstand der Zeichen hinein – die Buchstaben ›verschmelzen‹ daher leichter. Die Gestalter:innen müssen also eine Laufweite einrichten, die die Serifen eng zueinander stellt, da die Zeichen sonst zu weit auseinanderstehen.

Serifenbetonte Schriften mit ihren kräftigen Endstrichen sind in diesem Punkt besonders ›beratungsintensiv‹.

Laufweite und gestürzte Schrift

Wird ein Wort oder eine Zeile gestürzt, also gegen den Uhrzeigersinn um 90 Grad gedreht, ist es sinnvoll, die Laufweite zu erhöhen.[7] Durch das vertikale Ausrichten eines normalerweise horizontal zu lesenden Wortes, zwingen wir unser Auge zu einer ungewohnten Leserichtung – ein Vergrößern der Zeichenabstände kann dem entgegenwirken. Außerdem stellt sich durch das Stürzen eine optische Täuschung ein: In der horizontalen Ausrichtung wirken die Räume zwischen den Zeichen größer als in der Vertikalen.

6 Ungestrichene Papiere mit ihrer offenen Oberfläche saugen naturgemäß die Farbe etwas stärker auf – entsprechend können sehr enge Binnenräume oder Abstände zulaufen. Gestrichene Papiere verhalten sich aufgrund ihrer versiegelten Oberfläche diesbezüglich anders.

7 Das Stürzen, also das Kippen eines Wortes aus der Horizontalen in die Vertikale wird in seiner prominentesten Anwendung – dem Buchrücken – in den angelsächsischen Ländern genau gegenläufig vorgenommen als im deutschen Sprachraum. Die Rückenzeile eines englischen Buches wird nicht von unten nach oben gelesen, sondern von oben nach unten, da es im Uhrzeigersinn gestürzt wurde.

	18	19
LW 20, 5 pt	Brest	BREST
LW 10, 8 pt	Brest	BREST
LW 10, 12 pt	Brest	BREST
LW -15, 36 pt	Brest	BREST
LW -20, 72 pt	Brest	BREST

18 Neue Haas Unica Pro Regular

Jede Abbildungsgröße braucht einen anderen Zeichenabstand – um ein ähnliches Wortbild zu erzielen. Zwischen der hier abgebildeten kleinsten Schriftgröße (5 pt) und der größten (72 pt) liegt ein Unterschied in der zugewiesenen LW von 40 Einheiten vor.

19 Neue Haas Unica Pro Regular, Versalsatz

Versalien haben ein anderes Grundverständnis für das Wortbild. Es ist statischer, weil die dynamisierenden Ober- und Unterlängen fehlen – die Buchstabenformen sind weniger differenziert.

Belzig

20 Baur Bodoni Roman
Schriftgröße 60 pt, LW 0

Die Serifen der klassizistischen Antiqua sind sehr fein – ihr ›Gewicht‹ ist entsprechend gering; aber: Sie wirken wie ein Abstandhalter. Da sich Zeichen nicht berühren sollten, ist der grundlegende Abstand der Buchstaben größer als eine Strichstärke – gut zu sehen bei der Zeichenkombination ›lz‹.

Belzig

21 Baur Bodoni Roman
Schriftgröße 60 pt, LW 0

Würde man die Strichstärke ganz stoisch als Abstand in der Normalen vorsehen, kommt es bei bestimmten Buchstabenfolgen zu unfreiwilligen Ligaturen – die ausladenden Bereiche der Zeichen berühren sich und das Wortbild gerät ins Stolpern.

---

22 Brandenburg Brandenburg

23 BRANDENBURG BRANDENBURG

22 Neue Haas Grotesk Regular
Schriftgröße 24 pt, LW -15 (links), LW 10 (rechts)

Durch das Stürzen sehen die Räume zwischen den Zeichen schmaler aus – das liegt an der nunmehr horizontalen Ausrichtung der Räume und Buchstaben, denen jetzt das vertikale, aufstrebende Moment fehlt. Das Vergrößern der Buchstabenabstände gleicht diese optische Besonderheit aus und ermöglicht ein Wortbild, das dem des horizontal gesetzten Wortes entspricht.

23 Neue Haas Grotesk Bold
Schriftgröße 24 pt, LW -15 (links), LW 10 (rechts)

Wenn die Laufweite nicht angepasst wird, wirken die Versalien gestürzt noch gedrungener und schwerer zu lesen, darum ist es sinnvoll, die Laufweite etwas zu erhöhen. Die Dominanz der horizontalen Striche wird dadurch relativiert – die Lettern grenzen sich besser voneinander ab.

Laufweite bei negativer Schrift
Weiße Schrift auf dunklem Hintergrund unterliegt dem optischen Prinzip des Überstrahlens: **Sie wirkt größer als schwarze Schrift auf weißem Untergrund.** Und wenn die linearen Zeichen größer wirken, werden die Abstände entsprechend optisch kleiner. Daher muss bei negativer Schrift grundsätzlich eine höhere Laufweite eingestellt werden.

Brandenburg

24 Neue Haas Unica Pro Regular
Schriftgröße 36 pt, LW -20

Die Laufweite ist aufgrund der plaktiven Schriftgröße um 20 Einheiten verringert. Das Wort hat ein spannungsreiches Wortbild – die Lettern haben ihrer Strichstärke entsprechend einen optimalen Abstand zueinander.

Brandenburg

25 Neue Haas Unica Pro Regular (negativ)
Schriftgröße 36 pt, LW -20

Dieselbe Laufweite hat bei weißer Schrift auf schwarzem Hintergrund ein anderes Wortbild zur Folge: Die dunklen Räume zwischen den Zeichen treten stärker in den Hintergrund – die leuchtendweiße Schrift dominiert gegenüber dem Schwarz. Das Wort wirkt enger gesetzt.

Zacharias und Sylvia schippern träge von Sylt nach Vancouver. Ein Mix aus Astern und Hyazinthen lässt die Herzen der Samariter höher schlagen. Und was macht Norbert? Lässt flink Sägespäne im Akkord verpuffen. Alles eine

26 Helvetica Neue LT STd 55 Roman
Schriftgröße 10 pt, ZA 14 pt, LW 10

Um zu verhindern, dass sich die Zeichen berühren, wird bei 10 pt die Laufweite leicht erhöht. Die 10 Einheiten reichen bei negativer Schrift aber nicht aus – die Wortbilder sind zu eng.

Zacharias und Sylvia schippern träge von Sylt nach Vancouver. Ein Mix aus Astern und Hyazinthen lässt die Herzen der Samariter höher schlagen. Und was macht Norbert? Lässt flink Sägespäne im Akkord verpuffen. Alles eine

27 Helvetica Neue LT STd 55 Roman
Schriftgröße 10 pt, ZA 14 pt, LW 25

Die Erhöhung der Laufweite hat der Qualität des Satzbildes gut getan: Die Zeichen stehen nicht mehr so eng, die Zeilen sind sichtbar breiter – dem ›Überstrahlen‹ wurde effizient entgegengearbeitet.

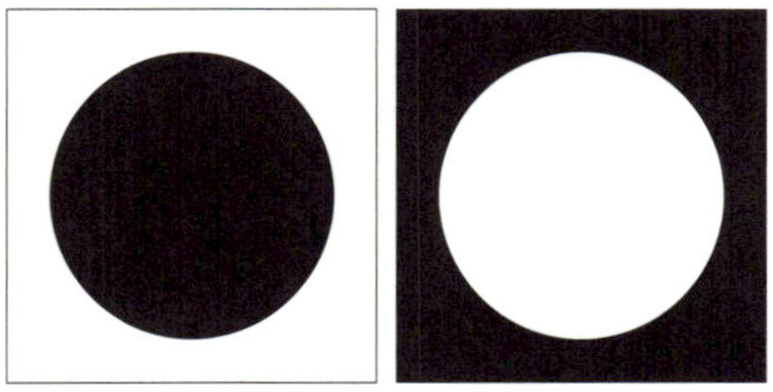

▶ **OPTISCHE BESONDERHEIT** bei weißen und schwarzen Formen ◀
Beide Kreise sind gleich groß – und doch wirkt der weiße Kreis größer als der schwarze. Der Begriff des ›Überstrahlens‹ beschreibt an dieser Stelle den Umstand, dass die weiße Kante vor dem dunklen Hintergrund von unserem Auge als geringfügig unschärfer wahrgenommen wird, da sich das Auge – die Pupille – durch die dunkle Leseumgebung weiter öffnet. Ein heller Hintergrund lässt die Pupille sich zusammenziehen, wir sehen schärfer – im Ergebnis sind schwarze Formen auf weißem Grund ›scharfkantiger‹.

Laufweite und Sperren

Wird die Laufweite bei einer Schrift so stark erhöht, dass das Wortbild auseinanderfällt, spricht man von ›Sperren‹. Durch das bewusste Stören des Lesevorgangs erreicht man einen hohen Grad an Aufmerksamkeit – Sperren ist also im Sinne einer typografischen Auszeichnungsform sehr gut geeignet. Längere Textpassagen eignen sich nicht zum Sperren, da der Lesevorgang merklich schwieriger wird. Ebenso sind die Kleinbuchstaben – die Gemeinen – eher ungeeignet zum Sperren. Anders verhält es sich bei den Versalien: Sie vertragen aufgrund des fehlenden Rhythmus aus Ober- und Unterlängen ein offensives Sperren: Die klare, reduzierte Formsprache aus Quadrat, Dreieck und Rechteck wird durch die großen Zeichenabstände noch stärker in den Vordergrund gerückt.

BOLOGNA
BOLOGNA

28 Neue Haas Unica Pro Regular/Bold
Schriftgröße 36 pt, LW -20/LW 50

Beide Wortbilder – normal und fett – funktionieren auf ihre Weise: Der normale, eng gesetzte Schriftzug hat mehr Spannung, da die Zeichen rhythmisch stärker interagieren können. Der fette Schriftzug strahlt etwas majestätischer, die Zeichen rücken zwar stärker voneinander ab, die Spannung aber bleibt erhalten. Versalien vertragen das Sperren also durchaus sehr gut!

Bologna
Bologna

29 Neue Haas Unica Pro Regular/Bold
Schriftgröße 36 pt, LW -20/LW 50

Ein Wortbild aus Groß- und Kleinbuchstaben reagiert völlig anders auf die starke Erhöhung der Laufweite. Stehen die Zeichen oben sehr rhythmisch zueinander, wirken sie in der gesperrten Variante kraftlos – der rhythmische Spannungswechsel der Ober- und Unterlängen zerfällt.

Rhabarber schmeckt wohlig und frisch zugleich.
Am besten kurz vor X a n t e n in die Eisen gehen.
Ein probates Mittel, seufzte Richard. Zacharias
und Sylvia schippern träge von Sylt nach Vancouver.
Ein Mix aus Astern und Hyazinthen lässt die Herzen
der Samariter höher schlagen. Nimmer, sagte
Fjodor, bevor er schwankend der Reling folgte.

30 Helvetica Neue LT STd 55 Roman
Schriftgröße 10 pt, ZA 14 pt, LW 10 – Auszeichnung in LW 100

Das gesperrte Wortbild in gemischter Schreibweise innerhalb der Zeile suggeriert eher einen Satzfehler, denn eine gelungene Auszeichnung. Das gesperrte Wort sticht nicht in dem Maße hervor, dass es die Hierarchie in der Wahrnehmung neu aufstellen kann.

Rhabarber schmeckt wohlig und frisch zugleich.
Am besten kurz vor X A N T E N in die Eisen gehen.
Ein probates Mittel, seufzte Richard. Zacharias
und Sylvia schippern träge von Sylt nach Vancouver.
Ein Mix aus Astern und Hyazinthen lässt die Herzen
der Samariter höher schlagen. Nimmer, sagte
Fjodor, bevor er schwankend der Reling folgte.

31 Helvetica Neue LT STd 55 Roman
Schriftgröße 10 pt, ZA 14 pt, LW 10 – Auszeichnung in LW 100

Wird das hervorzuhebende Wort aus Versalien gesetzt und zudem gesperrt, greift das Prinzip der Hervorhebung stärker. Der Verzicht auf gemischte Schreibweise wiegt allerdings deutlich höher bezüglich der Auffälligkeit als die kräftige Erhöhung der Laufweite.

2.3 Die Schriftschnitte

Gut ausgebaute Fonts verfügen über zahlreiche verschiedene Ausführungen: magere und fette, enge und weite – und kursive. Alle zusammen bezeichnet man als Schriftfamilie.

Wer heute eine Satzschrift erwirbt, kann sie in verschiedenen Ausführungen erhalten, die sich bezüglich ihrer Strichstärke (zu- oder abnehmend), ihrer Schriftlage (aufrecht oder geneigt) und ihrer Schriftbreite (schmal, normal oder breit) unterscheiden. Diese Ausführungen werden Schriftschnitte genannt und bilden in ihrer Gesamtheit eine Schriftfamilie.

Man stelle sich ein Kreuz aus verschiedenen Achsen vor: Jede Achse steht für ein Ausführungsprinzip, also zum Beispiel für die Strichstärke. Die beiden Endpunkte markieren die extremsten Ausprägungen – bei der Strichstärke wäre das ultrafett für den kräftigsten Strich und thin oder ultralight für die magerste Strichstärke. Es gibt keinen einheitlichen Terminus, die Hersteller benennen die Schriftschnitte alle unterschiedlich.

Neben der Achse für Strichstärke gibt es eine weitere für die Schriftbreite mit den Extremen ›Eng‹ oder ›Ultracondensed‹, bzw. ›Weit‹ oder ›Extended‹ am anderen Ende. Ebenso gibt es das Prinzip der Neigung – Schriften können nach links oder nach rechts geneigt sein.

Der Schnittpunkt dieser Achsen, der gleichzeitig auch die Mittelwerte der Eigenschaften darstellt, ist der Nullpunkt der Schriftfamilie: die Grundschrift, die sogenannte ›Normale‹. Sie ist im Zuge einer Schriftentwicklung beim Gestaltungsprozess zumeist die Ausgangsschrift für alle weiteren Schriftschnitte.

Die Normale wurde für eine optimale Lesbarkeit entworfen und ist deshalb für größere Textmengen in den Lesegraden zwischen 9 und 12 pt bestens geeignet. Außerhalb ihres primären Einsatzgebietes – der Lesetypografie – kann sie allerdings etwas kraftlos anmuten. Für plakative Einsätze fehlt ihr manchmal die Lautstärke und die Strahlkraft (mitunter ist gerade das gestalterisch erwünscht) – aber dafür gibt es ja andere, geeignetere Schriftschnitte innerhalb der Familie.

Die verschiedenen Fonts benennen ihren normalen Grundschnitt unterschiedlich (zitiert werden hier die deutschen Schriftbezeichnungen – die englische Bezeichnung steht jeweils dahinter in Klammern): ›Normal‹ (Roman, Regular)[8] oder ›Buch‹ (Book). Die Bezeichnung ›Buch‹ – der Name deutet es bereits an – kann auch ein als Ergänzung zur Normalen angefertigter Schnitt sein, der speziell für den Einsatz als Buch- oder Leseschrift optimiert wurde. Die besonders ausgeprägte Eignung für große Textmengen artikuliert sich unter anderem durch eine etwas geringere Strichstärke als der ›normale‹ Schnitt.

8 Die Bezeichnung ›Roman‹ für die Normale einer Schriftfamilie leitet sich aus der den Römern eigenen Schreibweise mit aufrechtstehenden Lettern ab – diese wurden in der Antike ausschließlich als Versalien mit dem Meißel in Stein gearbeitet. ›Roman‹ meint also aufrecht und nicht gefettet in der Strichstärke.

Brügge

1 Univers Roman 55
Schriftgröße 26 pt, LW 0

Eine Normale mit durchaus kräftigem Grundstrich und entsprechend hoher Präsenz auf dem Papier: die Univers.

Brügge

2 Foundry Sterling Book
Schriftgröße 26 pt, LW 0

Die Strichstärke der Normalen ist Teil der Persönlichkeit des Schriftentwurfs – hier ist sie verhältnismäßig leicht.

Brügge

3 Fago Regular
Schriftgröße 26 pt, LW 0

Bei der Normalen ist die Modulation des Striches, also die Verjüngung bei den Einstiegen und Rundungen, gut erkennbar.

Wenn man sich dem Thema Schriftfamilie nähert, bietet es sich an, die Zusammenhänge der Schriftschnitte untereinander mit entsprechenden Verwandtschaftsgraden zu erklären. Würde man nun aber die erste Ableitung der ›Normalen‹ als Schwester oder Ehefrau bezeichnen? In jedem Fall ist sie weiblich: die Kursive (Italic, Oblique). Und eigentlich auch keine Ableitung der ›Normalen‹, sondern eine eigenständige, aus den frühen Handschriften vor Gutenberg entwickelte, geneigte oder auch ›schräg gestellte‹ Satzschrift.

Die Kursive – Schreibtempo als Persönlichkeitsmerkmal

Die Vorlage der Kursive, die sogenannten Kurrentschriften[7], waren schnell geschriebene Handschriften, denen man ihr Schreibtempo im Duktus deutlich ansah. Die Kurrentschriften hatten eine grundlegend andere Funktion als die sorgfältig aufs Papier gebrachten, aufrecht stehenden Lettern der frühen Buchschriften: Sie waren für den zügigen, täglichen Schriftverkehr entwickelt worden und weniger für schöngeistige, bleibende Themen.

Als Satzschrift für den Bleisatz im späten 15. Jahrhundert ist die Kursive zuerst eine eigenständige Schriftpersönlichkeit. Etwas später wird sie mit der aufrecht stehenden Antiqua formal abgestimmt.

Die Kursive ist prädestiniert als Auszeichnungsschrift für Texte, die in der aufrecht stehenden Antiqua gesetzt werden, oder für kürzere Passagen wie Fußnoten oder Legenden. Eher selten wird sie für lange Texte oder gar Bücher verwendet. Bislang ging man davon aus, dass die aufrechten Schriften besser und weniger ermüdend zu lesen sind. Nun weiß man, dass wir die kursiven Schriften im Mengensatz lediglich weniger gewohnt sind. Gerade die sehr sorgfältig ausgearbeiteten Sans Serifs verfügen über Italics, die sich sehr gut für Mengentexte eignen.

Der dynamische, entschlossene Charakter der serifenlosen Kursive wird darüberhinaus gerne in der Werbung und im Kommunikationsdesign genutzt, denn er verkörpert Werte wie ›Zielstrebigkeit‹ und ›Modernität‹.

Echte und falsche Kursiven

Die Kursive sollte als eigener Schnitt bereitgestellt und Teil der Schriftfamilie sein. Die Möglichkeit der Gestaltungsprogramme, eine aufrecht stehende Schrift digital schräg zu stellen (verschiefen) ist für Typograf:innen keine Option und erzeugt eine ›falsche‹ Kursive. **Eine echte Kursive hat eigene, von der aufrechten Normalen abweichende Buchstabenformen und nur die sollten verwendet werden.**

Wenn keine Kursive als Auszeichnungsschrift für den gewählten Font in der Familie enthalten ist, kann entweder ein anderer Schriftschnitt gewählt werden, oder die Gestalter:innen greifen auf eine andere Schrift zurück, die formal und ästhetisch mit der gewählten Satzschrift harmoniert. Die eigene ›Herstellung‹ einer Kursiven ist typografisch ein Offenbarungseid – also: Finger weg von dieser Option!

9 Das Wort ›Kurrentschriften‹ leitet sich vom lateinischen ›Currere‹ ab: Laufen. Diese Schriften erwecken durch ihr Schriftbild also einen sehr bewegten Charakter.

Sevilla

4 Stempel Garamond LT Pro Italic
Schriftgröße 30 pt, LW 0

Durch die Neigung hat die Kursive einen grundlegend anderen Charakter als der aufrechte Schnitt einer Schrift: Der handschriftliche Duktus ist deutlich in den Buchstaben erhalten.

Nizza | Nizza

5 Hoefler Text Italic/Regular
Schriftgröße 30 pt, LW 0

Die Kursive verfügt durch die Neigung der Zeichen in der Regel über kleinere Binnenräume und ist dementsprechend raumsparender, da mehr Anschläge in eine Zeile passen. Vorsicht: Der Grauwert der Kursiven weicht daher auch entsprechend ab!

Budapest

6 Egyptienne LT Std 55 Roman
Schriftgröße 24 pt, LW -10

Die Normale einer Serifenbetonten: Die stabilen Serifen stehen fest verwurzelt auf der Schriftgrundlinie.

Budapest

7 Egyptienne LT Std 56 Italic
Schriftgröße 26 pt, LW -10

Die echte Kursive sieht bei bestimmten Buchstaben neue Zeichenformen vor – wie beim ›g‹ zu sehen. Die Abstriche der Zeichen ›n‹, ›m‹ und ›u‹ sind stark handschriftlich. Auch die Länge der Serifen – sie nimmt zu.

Budapest

8 Egyptienne LT Std 55 Roman (schräg)
Schriftgröße 26 pt, LW -10

Die digitale Schrägstellung übernimmt die Buchstabenformen der Normalen – die sehen aber eher deformiert als kursiv aus – und lässt fragwürdige Einzelformen entstehen, die alles andere als stabil auf der Schriftgrundlinie stehen.

Die Kapitälchen

Einen ähnlichen Verwandtschaftsgrad wie die Kursive haben auch die Kapitälchen (caps, small caps, expert) zur Ausgangsschrift, der Normalen. Vergleicht man unseren Familienstammbaum mit einer Pyramide, standen die Kursive und die Kapitälchen traditionell in der 2. Ebene und bildeten mit der Normalen eine Art Kleinfamilie.

[→ Seite 27, 1.3 Der vertikale Aufbau der Buchstaben *Die x-Höhe als Maß für eigene Zeichen*]

Durch ihre fein angepasste Strichstärke lassen sich die auf die x-Höhe der Kleinbuchstaben gezeichneten Versalien sehr gut ins Satzbild integrieren und sind eine geeignete Alternative für Auszeichnungen im Text. Als Satzschrift für lange Texte sind sie ungeeignet – auch wenn die niedrige Höhe es anders suggeriert: Kapitälchen sind Versalien mit wenig differenzierten Zeichenformen – diese benötigt unser Auge aber für einen guten Lesefluss.

KOPENHAGEN

9 Franziska Pro Regular (Caps)
Schriftgröße 20 pt, LW 0

Kapitälchen haben einen ähnlichen Grauwert wie Worte in gemischter Schreibweise – die harmonische Integration ins Schriftbild wird dadurch ermöglicht und qualifiziert Caps damit zu einer sehr feinsinnigen Auszeichnung innerhalb von Texten oder von Spitzmarken. Die Caps der Franziska Pro liegen nicht als Einzelschnitt vor, sondern sind über die Open-Type-Funktion der Palette ›Zeichen‹ abzurufen.

KOPENHAGEN

10 Franziska Pro Regular
Schriftgröße 20 pt, LW 0

Kapitälchen können ebenfalls gemischt gesetzt werden: mit einem Versal als Anfangsbuchstaben, wenn es die Rechtschreibung zulässt, oder aber in reiner Kleinschreibung. Auch das liegt im Geschmack der Gestalter:innen.

KOPENHAGEN

11 Franziska Pro Regular
Schriftgröße 20 pt, LW 0

Kapitälchen dürfen nicht durch ein Runterskalieren von Versalien erzeugt werden, da sich durch das Verkleinern die Strichstärke ändert und im Wortbild störend wirkt. Nur wenn es echte Kapitälchen mit angepasster Strichstärke in der Familie gibt, dürfen diese verwendet werden. Wenn ein Font nicht über Kapitälchen verfügt, dann zapft die Caps-Funktion der Steuerungstabelle auch nicht den entsprechenden Schnitt an – die leicht erhöhte Laufweite fehlt dieser Funktion ebenfalls.

Alles eine Frage der Ästhetik, findet Bendix, und lässt die Leine los. Hurtig stößt Fritz zu den übrigen, wo er quirlig dem Appell folgt. Wer wird den FROSCHMANN jagen – Bob oder Maximiliane? Und wieso wendet sich Viktor dem Foxterrier zu, während Britta zielführend die Rüben schält?

12 TheSans Plain
Schriftgröße 10 pt, ZA 14 pt, LW 10 – Auszeichnung in Caps

Kapitälchen im Schriftbild einer Sans Serif, deren Laufweite identisch ist mit der Laufweite des übrigen Textes. Die gemischte Schreibweise relativiert den Charakter der Auszeichnung.

Alles eine Frage der Ästhetik, findet Bendix, und lässt die Leine los. Hurtig stößt Fritz zu den übrigen, wo er quirlig dem Appell folgt. Wer wird den FROSCHMANN jagen – Bob oder Maximiliane? Und wieso wendet sich Viktor dem Foxterrier zu, während Britta zielführend die Rüben schält?

13 TheSerif Plain
Schriftgröße 10 pt, ZA 14 pt, LW 10 – Auszeichnung in Caps, LW 40

Caps im Schriftbild einer Slab, zusätzlich gesperrt und ohne Versal. Der Verzicht auf eine gemischte Schreibweise steigert die Auszeichnung des Wortes stärker als die zusätzliche Sperrung, da dem Wort bewusst ein wichtiger Teil seiner rhythmischen Struktur genommen wurde – alle Zeichen sind gleich hoch. Das fällt in der rhythmisch sehr agilen Kolumne deutlich ins Auge.

Die fetten Schnitte

[→ Seite 18, 1.2 Die Einzelformen der Buchstaben]

Neben den Kernschriften der Familie, der Geraden, der Kursive und den Kapitälchen, gibt es noch eine Reihe von übergewichtigen Anverwandten, die sich durch eine kräftigere Strichstärke hervortun. Sie sind erst später zur Familie gestoßen, die aufblühende Werbung im 19. Jahrhundert katalysierte ihre Entwicklung.

Sie sind von Hause aus mit einem dunklen Grauwert ausgestattet, denn neben dem Strichstärkenzuwachs werden die Binnenräume der Zeichen, das ›Licht‹ im Schriftbild, kleiner. Diese ›fetten‹ Schriften haben eine hohe plakative Wirkung, wodurch sie schnell wahrgenommen werden und klare, eindeutige Akzente in der Komposition setzen. **Ihre Kernkompetenz ist also eindeutig die Lautstärke.** Darum bieten sich die fetten Schnitte als Auszeichnungsschrift innerhalb eines Textes nicht an, dieser Sprung ist etwas zu offensiv.

Für die gezielte Hervorhebung einzelner Wörter innerhalb von Kolumnen hingegen sind sie bestens geeignet. Außerdem thronen sie gerne als Headline über dem Text oder ziehen auf Plakaten unser Auge auf sich.

Die Bezeichnungen der fetten Schnitte variieren von Hersteller zu Hersteller, ebenso wie der Grad der Strichstärkenzunahme. Daher kann eine Schriftwahl nie ohne ein tatsächliches Prüfen – am besten auf einem Papierausdruck – vorgenommen werden. Der Schriftschnitt ›Medium‹ kann bei einem Font erheblich fetter ausfallen als der Schnitt ›Bold‹ bei einem anderen. Ebenso kann sich der in der Grundschrift sichtbare Charakter und die Persönlichkeit einer Schrift durch den Strichstärkenzuwachs und das einhergehende Verkleinern der Binnenräume stark verändern – ein fetter Schnitt kann manchmal wie ein Fremdkörper in der Familie wirken.

Üblich sind folgende Termini für diese Schriftschnitte (in ansteigender Reihenfolge): Halbfett (Semibold, Demi, Medium) – Fett (Bold) – Extrafett oder Ultrafett (Heavy, Black, Extra Black, Ultra Black).

14 Franziska Pro
Schriftgröße 24 pt, LW 0
von oben nach unten:
Medium – Demibold – Bold – Extrabold – Black

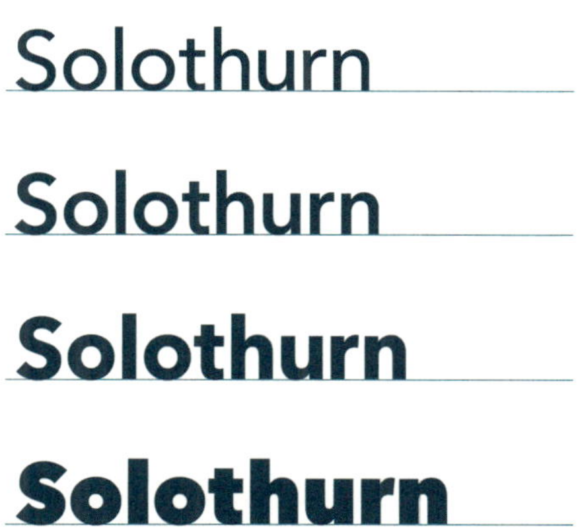

15 Avenir Next
Schriftgröße 24 pt, LW 0
von oben nach unten:
Medium – Demibold – Bold – Heavy

Besonders Schriften jüngeren Datums verfügen über ein breites Portfolio an Schnitten ›oberhalb‹ der Normalen. Die Franziska Pro hat 5 fein aufeinander abgestimmte kräftige bis fette Schnitte – die deutlich ältere Avenir Next immerhin noch 4. Sehr schön zu sehen ist der andere Charakter, den Schriften annehmen, wenn der Grundstrich stark anschwillt und die Binnenformen entsprechend abschmelzen.

Die leichten Schnitte

[→ Seite 174, 5.5 Kräftemessen in der Komposition *Der Tonwert*]

Ebenso wie die Strichstärke der Grundschrift zunehmen kann, gibt es natürlich auch Schriftschnitte, die leichter gezeichnet sind. Diese Tendenz findet sich allerdings ausschließlich bei serifenlosen oder serifenbetonten Schriften wieder – sowie bei modernen Antiquaschriften, die sich stark von den historischen Vorlagen abgrenzen und neue, eigenständige Interpretationen der Antiqua darstellen. **Der Einsatz leichter Schnitte ist immer dann empfehlenswert, wenn man in der Gestaltung auf sehr differenzierte Auszeichnungen und feine Abstufungen angewiesen ist.** In diesem Fall kann man mit einem leichten Schnitt als Grundschrift beginnen, um sich mehr Optionen bezüglich Hervorhebungen und Auszeichnungen offenzuhalten. Ebenso eigenen sich die leichten Schnitte gut als Headline- oder Diplayschriften.

Die leichten Schnitte sind ebenso gut lesbar wie die Normale und daher auch für den Satz längerer Texte geeignet. Es ist eine Geschmacksfrage, ob ein leichter Schnitt einen angenehmeren Grauwert im Schriftbild hat als die Grundschrift. Es hängt aber sicherlich auch sehr stark von dem betreffenden Font ab, denn die Schriftgestalter:innen weisen ihrem Font eine eigene Charakteristik zu – und dazu zählt auch die Strichstärke. Es gibt kein System zur objektiven Einstufung der Strichstärke und der entsprechenden Bezeichnung des Schnittes. Deshalb gilt für die leichten Schnitte dasselbe wie für die fetten Schnitte: Das Wortbild prüfen und nicht dem Schriftnamen vertrauen!

Folgende Bezeichnungen haben sich für die leichten Schnitte etabliert: Leicht, Extramager (Ultralight, Extra Light, Thin) und Mager (Light, Semilight).

17 Helvetica Neue LT Std
Schriftgröße 24 pt, LW 0
von oben nach unten:
Ultralight – Thin – Light – Roman

18 Franziska Pro
Schriftgröße 24 pt, LW 0
von oben nach unten:
Hairline – Thin – Light – Regular

Manche Schriftfamilien – wie die Neue Helvetica oder die Franziska Pro – verfügen aufgrund ihrer sehr differenzierten Ausführungen sogar über drei Schriftschnitte, die leichter sind als die Normale.
Die Helvetica ultralight hat durch den sehr feinen Strich einen fast schon edlen Charakter, der ihr eine ungetrübte Aktualität und Modernität seit einigen Jahrzehnten zusichert.
Bei der Antiqua Franziska Pro ist die Evolution der Serifen sehr schön zu beobachten: Sind sie im leichtesten – im ›hairline‹-Schnitt – optisch noch sehr dicht an der gleichen Strichstärke des Grundstriches, werden sie mit dessen Zunahme in der Stärke erkennbar differenzierter und spitzer zulaufend. So gewinnt die Schrift in den sehr leichten Schnitten einen anderen Charakter.

Schmale und breite Schriftschnitte

Bislang haben wir als Mittel der Differenzierung von Schriftschnitten über die Schriftlage und über die Strichstärke gesprochen. Es gibt aber noch die Option, eine Grundschrift schmaler werden zu lassen, bzw. sie zu verbreitern. Als Maß gilt hier der Kleinbuchstabe ›n‹. Entspricht dessen Dickte in etwa einem Halbgeviert, wird die Schriftbreite als ›normal‹ bezeichnet. Wird dieses Verhältnis zugunsten einer größeren Breite der Zeichen überschritten, wird der Schriftschnitt als ›breit‹ oder gar ›extrabreit‹ – im Englischen als ›extended‹ – bezeichnet. Die Zeichen dieser Schriften sind horizontal gestreckter und dadurch raumgreifender, weshalb sich breite Schriften nicht als Mengensatzschrift eignen, da sie wenig effizient sind. Sie eignen sich gut für Hervorhebungen und plakative Schlagworte – für bestimmte Publikationen (Kataloge, Prospekte) können sie durchaus sinnvoll sein.

Das Formprinzip von schmalen Schriften ist exakt gegenläufig zu den breiten Vertretern dieser Zunft: Ihre Grundform ist schmaler als beim Schriftschnitt ›normal‹ und dadurch sehr stark vertikal ausgerichtet. Deshalb wirkt sie nicht zeilenbildend und disqualifiziert sich als Satzschrift, da das Auge beim horizontalen Lesevorgang vertikaler Buchstabenformen stärker ›arbeiten muss‹, da die vertikaleren Zeichenformen unserer Konditionierung beim Lesen entgegenarbeiten.

Schmale Schriften empfehlen sich für den plakativen Einsatz – idealerweise, wenn wenig Platz zur Verfügung steht. Auch dann garantieren sie eine ausreichende Schriftgröße. Die Bezeichnungen für diese Schriften sind ›schmal‹ (condensed) und ›eng‹ (Ultra condensed, extra condensed, compressed, Poster).

19

19 Helvetica Neue Condensed
Schriftgröße 60 pt/24 pt, LW 0

Deutlich schmaler als die Normale – die Condensed der Helvetica Neue. Die Zeichenformen stehen auf einer schmaleren Grundform und sind deswegen vertikal gestreckter. Das ist effizient, wenn wenig Platz vorhanden ist – gerade die Schriftgröße kann aufgrund dieser geringeren Breite groß gehalten werden.

20

20 Helvetica Neue Roman
Schriftgröße 60 pt/24 pt, LW 0

Die Normale definiert sich über den Binnenraum der Minuskel ›n‹. Das lässt sich auch schnell überprüfen, indem man auf die Grundform des ›o‹ oder ›n‹ schaut: Diese sind annähernd quadratisch oder leicht hochformatig, also etwas weniger breit als hoch.

21

21 Helvetica Neue Extended
Schriftgröße 60 pt/24 pt, LW 0

Gestreckt – diesmal in die Horizontale – sind Schriften, die den Zusatz ›Extended‹ im Namen tragen. Die Grundform der Zeichen ist auf einem querformatigen Rechteck angelegt – also breiter als hoch. Diese Schriften sind demzufolge sehr raumgreifend, was die Wahl der Schriftgröße einschränken kann, da große Schriften dann sehr breit laufen.

Geschlossene Schriftsysteme und variables Generieren von Schriftschnitten

1957 erschien nach drei Jahren Arbeit die umfangreiche Schriftfamilie der Univers. Anders als es bislang den schriftgestalterischen Gepflogenheiten entsprach, plante Adrian Frutiger eine Schrift, die als geschlossenes System auf den Markt kam, also den kompletten Umfang an Schnitten mit ihrem Erscheinen zur Anwendung bereithielt und nicht nach und nach in ihrem Umfang erweitert wurde.

Der Gegenentwurf des geschlossenen Systems wurde erst durch die Digitalisierung der Fonts möglich und folgte dem Wunsch, sich nicht auf eine begrenzte Anzahl von Schnitten zu beschränken, sondern dem Benutzer der Schrift die Möglichkeit einzuräumen, beliebig viele Variationen einer Schrift zu generieren.

Das Prinzip dieser ›Multiple Master Fonts‹ sieht die Installation zweier oder mehrerer ›Master‹ als Endpunkte einer Achse vor (es sind nicht zwangsläufig die Endpunkte, die das ›Master‹ werden), die ein bestimmtes Gestaltungsmerkmal, z. B. Strichstärkenzuwachs, spiegeln. Zwischen diesen beiden Mastern kann der Anwender nun beliebig viele Zwischenstufen herstellen – ganz profan durch das Bedienen eines Reglers. Die meisten Multiple Master Fonts besaßen zwei Gestaltungsachsen: Neben dem Strichstärkenzuwachs besaßen sie eine weitere Achse für die Buchstabenbreite. Darüberhinaus konnten bestimmte Fonts die optische Größe und die Ausführung – also serifenlos oder mit Serifen – variabel einstellen.

Dieses Konzept der Schnittgenerierung durch den Anwender wurde nach einigen Jahren vom Anbieter (Adobe) nicht weiter verfolgt und weitestgehend vom Markt genommen – die heutigen Betriebssysteme unterstützen diese Systeme nur sehr abgespeckt, der zur Generierung der Varianten notwendige Adobe Type Manager ist in der Form nicht mehr verfügbar – die Multiple-Master-Idee hat sich also nicht durchgesetzt.

Hier stellt sich grundsätzlich die Frage, ob die Öffnung eines Schriftentwurfs und die Herstellung beliebig vieler Variationen auf Benutzerseite ein Zugewinn an gestalterischer Freiheit ist oder eher eine Überforderung.

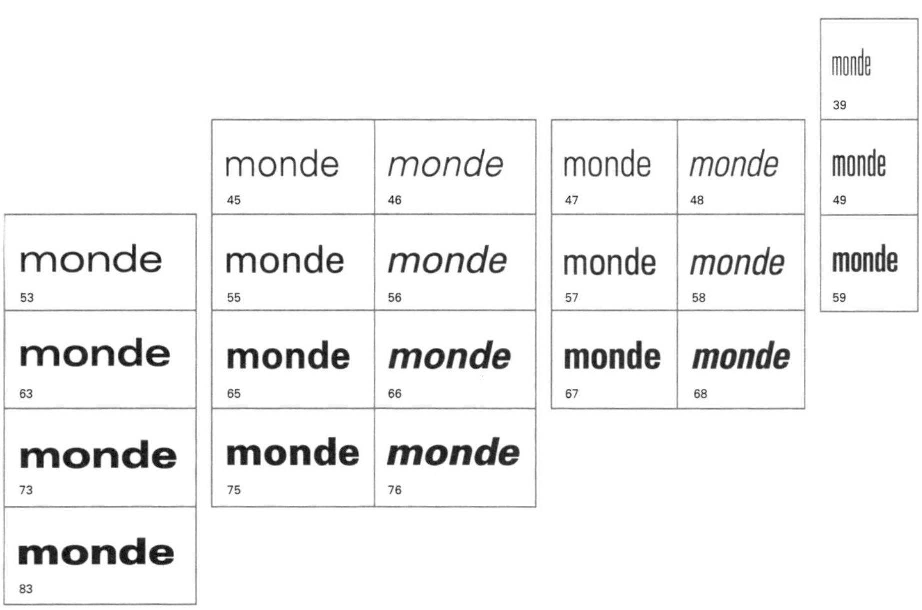

22 Die Univers – eine Systemschrift.

Ein wesentlicher Teil dieses Systems ist die logische und schematische Bezeichnung aller Varianten. Frutiger führte zur Benennung seiner Schriftschnitte, die alle erkennbar aufeinander aufbauten, ein eigenes zweistelliges Zahlensystem ein, wobei die Zehnerstellen die Strichstärke angeben. Der leichteste Schnitt bekam die ›4‹ zugewiesen, der fetteste Schnitt die ›9‹. Dazwischen folgten die Schnitte ›Normal‹, ›Halbfett‹, ›Fett‹ und ›Extrafett‹.
Die Einerstellen bildeten die Breite der Schriftschnitte ab, mit der feinen Unterscheidung, dass die kursiven Varianten stets die geraden Ziffern zugewiesen bekamen. Die breiten Schnitte erhielten die ›3‹ (›4‹ für die entsprechende Kursive), die ›normalen‹ die ›5‹ (›6‹), die schmalen die ›7‹ (›8‹) und die extraschmalen die ›9‹ (ohne Kursive).

Die hohe Menge an exzellenten Gestaltungsbeispielen, die mit wenigen Schriften und Schriftschnitten auskommen, unterstreicht eine Limitierung der Garnituren. Der auch heute andauernde Einsatz der Multiple-Master-Technologie im Type Design – fast alle gegenwärtig entstehenden Schriftfamilien mit umfangreichen Garnituren werden über das MM-Prinzip ausgearbeitet – beweist aber die hohe Qualität dieses Konzepts.

Open Type Variable Fonts

Variable Schriften generieren – anders als statische Schriftentwürfe – ihre Ausführungen aus nur einer einzigen Schriftdatei. Es ist also nicht, wie bei OpenType Fonts oder TrueType-Formaten nötig, für jeden Schriftschnitt eine Datei bereitzustellen, die einen eigenen Schriftentwurf des Type-Designers bereithält. Ein bestimmter Algorithmus interpoliert die verschiedenen Strichstärken, Schriftlagen oder Schriftbreiten aus nur einer einzigen Datei. Das ist kein revolutionär neuer Ansatz, sondern einer Wiederaufnahme der Multiple-Master-Font-Idee. Damit wird eine 30 Jahre alte Idee wiederaufgenommen, deren Zeit damals noch nicht gekommen war.

Auch das Grundprinzip der Variablen Fonts sieht verschiedene Achsen vor, aus denen konkrete Ausführungen generiert werden. Eine Achse könnte zum Beispiel die Strichstärke sein (oder Schriftbreite oder Schriftlage): Im Zentrum dieser Achse befindet sich die ›Normale‹, also der Regular-Schnitt; an den Eckpunkten setzen die entsprechenden Maximal-Ausführungen dieser Eigenschaft an – also Fett und Mager. Dazwischen können vom Algorithmus eine ungleich höhere Anzahl von Ausführungen generiert werden als es statische Schriften in ihrer Schriftfamilie abbilden. Nach wie vor gibt es Probleme in der Umsetzung spezifischer Buchstabenformen, die sich zum Beispiel in der Kursiven anders zeigen als in der Normalen.

Ein großes Potenzial der Variablen Fonts liegt in der responsiven Umsetzung digitaler Typografie – Mobiltelefone setzen andere Anforderungen an Lesbarkeit als große Monitore, Apps agieren anders als gedruckte Bücher. Hier kann der Algorithmus ziel- und bedarfsgenau liefern.

Die Kooperation der führenden Schriftenhersteller (Adobe, Apple, Google und Microsoft) lässt darauf schließen, dass in diesem erneuten Anlauf dem zunehmenden Streben nach ePublishing Rechnung getragen wird: Das Anpassen einer Schriftbreite an die Breite einer Kolumne stellt einen relevanten Mehrwert dar – die Berücksichtigung der Ausgabeformate erst recht: Neben dem Bildschirm sind das Smartphone, das Tablet und mittlerweile auch die Armbanduhr Projektionsflächen von Typografie.

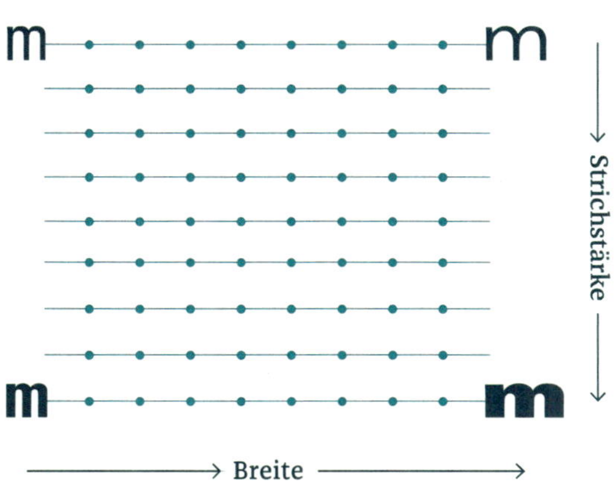

22 Schematisches Modell einer Multiple Master Matrix

Die vier Eckpunkte markieren jeweils zwei Master-Schnitte am Ende einer Designachse. In diesem Fall sind zwei Achsen, die über Regler ansteuerbar sind, vorgesehen: die Strichstärke und die Breite der Zeichen. Die Punkte auf den horizontalen Linien symbolisieren die generierten Varianten entlang der Achsen – das können ebenso deutlich mehr sein, als es das Schema aufzeigt.

2.4 Die Superfamilie – komplexe Familienverhältnisse

Manchmal haben Schriften mit demselben Formenkanon ganz unterschiedliche Ideen für ihren Umgang mit Serifen. Ein Trumpf für die Schriftmischung!

Jede Modifikation der ›Normalen‹, die die Schriftlage, die Strichstärke oder die Schriftbreite verändert, ist Teil des Familienzuwachses einer Schriftfamilie. Das grundlegende Prinzip im Umgang mit Serifen – und das schließt den Verzicht auf Endstriche genauso mit ein – bleibt bei allen Familienmitgliedern gleich.

Also haben alle Schriftschnitte einer Familie entweder Serifen oder sie haben keine und sind auf die lineare Form der Buchstaben reduziert. Oder aber sie besitzen durchgängig sehr ausgeprägte Serifen, die durch ihre Dominanz ein wesentlicher Bestandteil der Stilistik sind; dann spricht man von serifenbetonten Schriften.

Die Stilistik der Serifen (oder das Fehlen selbiger) ist ein mögliches Kriterium für eine Einteilung von Satzschriften, der sogenannten Klassifikation. Es gibt verschiedene Bezeichnungen für die Schriften dieser drei großen Gruppen:

Serifenschriften

Schriften, die mit Serifen ausgestattet sind, werden als Antiqua-Schriften bezeichnet. In der Praxis werden sie aber nur ›Antiqua‹ genannt. Dieser Name leitet sich aus dem Wort ›Antike‹ her und benennt damit das Vorbild dieser Schriften: die Schriften der Römer, die wiederum stark an die Buchstabenformen der Griechen angelehnt waren.[10]

Die Inschrift der Trajan-Säule in Rom wurde im Jahre 112 in einer reinen Majuskelschrift ausgeführt, der ›Capitalis Monumentalis‹, die zur Vorlage unserer heute noch relevanten Großbuchstaben wurde. Die durch den schrägen Einstieg des Meißels in den Stein ausgebildeten Serifen wurden als Stilelement übernommen, auch als das technisch gar nicht mehr notwendig war, weil der Meißel als Schreibwerkzeug nicht mehr relevant war und die Schriften für den Druck auf Papier als bewegliche Lettern aus Holz geschnitten oder aus einer Bleilegierung gegossen wurden.

Die Inschrift der Trajan-Säule auf dem Trajansforum verdeutlicht eindrucksvoll, dass die ›Capitalis Monumentalis‹ als Vorlage bezüglich Form und Stilistik nahezu unverändert in vielen bekannten und weit verbreiteten Antiqua-Alphabeten seit vielen hundert Jahren konserviert ist!

10 Die Schriften der Griechen weisen einen wesentlichen Unterschied zu den römischen Schriften auf: Sie sind mit einem anderen Werkzeug geschrieben – sie wurden in Ton geritzt. Entsprechend waren sie auf die lineare Form reduziert und besaßen keine Serifen. Siehe hierzu auch [→ Punkt 3] dieses Kapitels.

1 Inschrift der Trajansäule

Die römische Schrift als Vorlage unserer Versalien: In der Renaissance übernommen als Versalalphabet der Antiqua-Schriften, sind die Zeichen nahezu vollständig in Form und Proportion auch heute noch Vorlage zahlreicher Fonts – auch serifenloser oder serifenbetonter.

ABC

Handgloves

2 Sabon Roman
Schriftgröße 72 pt/26 pt, LW -10

Die von Jan Tschichold im Jahre 1967 gestaltete Sabon hat viele Zeichen der römischen Schrift nahezu identisch übernommen. Der Umgang mit den Serifen ist allerdings noch einmal deutlich ausgeprägter, da sie als ein Stilmittel stärker durchgestaltet wurden.

Serifenbetonte Schriften

Die Serifen können aber auch ein zentrales Gestaltungsmerkmal einer Schrift sein und weit über die Primärfunktion, das Auge von Buchstabe zu Buchstabe zu führen, sogar stilistischer Protagonist und daher Namenspatron sein: Dann spricht man von einer serifenbetonten Schrift oder auch von einer ›Egyptienne‹.

Dieser Name stammt aus dem frühen 19. Jahrhundert, als die seinerzeit als plakative Werbeschriften neu entwickelten Alphabete mit auffällig dominanten Serifen einen griffigen Namen brauchten. Ägyptisch waren sie zwar nicht im stilistischen Sinne, aber das Land war nicht zuletzt durch die Streifzüge Napoleons in aller Munde und eignete sich als griffiger Name. Heute werden die serifenbetonten auch als ›Slab-Serif‹ bezeichnet – oder kurz ›Slabs‹.[11]

11 Slabs – englische Bezeichnung für ›Platten‹ oder ›Brammen‹ (dicke Stahlblöcke). ›Paving Slabs‹ sind Gehwegplatten – was durchaus zu den horizontalen Serifen passt!

ABC

3 Serifenbetonte Plakatschrift der 1920er Jahre

Diese sehr schmallaufende Serifenbetonte verfügt über beinahe schon abstrakte Serifen, die wie Klötze an die Buchstaben angefügt wurden. Dadurch stehen die Zeichen sehr stabil und kraftvoll im Format – was sie prädestiniert für einen Einsatz, bei dem große Schriftzüge Anwendung finden.

ABC

Handgloves

4 DIN next Slab Pro
Schriftgröße 72 pt/26 pt, LW -10

Die DIN Slab interpretiert die Serifen wiederum ganz anders: Durchgängig in derselben Stärke wie der Grundstrich, sind die Serifen weniger klobig und schwer, sondern muten eher technisch an, da ihnen jegliche Modulation fehlt.

Serifenlose Schriften

Der Verzicht auf Serifen und die Reduzierung auf die lineare Form der Lettern, also gewissermaßen die Reduzierung aufs Wesentliche, manifestieren sich in der Bezeichnung für diese Schrift: Die serifenlose Linear-Antiqua. Weitere Bezeichnungen für Schriften dieses Typus sind: Endstrichlose, Grotesk-Schriften oder Sans Serif (zu deutsch: ›ohne Serifen‹), kurz: ›Sans‹.

Dieses Stilprinzip sieht man bereits bei griechischen Inschriften, die in (weichen) Ton geritzt wurden und nicht mit dem Meißel in Stein gehauen wurden. Eine ähnliche Entwicklung wie die serifenbetonten Schriften ist auch bei den Serifenlosen zu beobachten: Der im frühen 19. Jahrhundert aufkeimende Bedarf an Werbeschriften ließ die Schriftgestalter:innen kreativ und mutig werden, denn der Verzicht auf Serifen war innovativ und gleichzeitig ungewöhnlich und mutete sonderbar an – ein Umstand, der zur Namensführung reichte: grotesk!

TIPP: Schriften, die als Bestandteil ihres Namens die Endung ›gothic‹ aufweisen, sind grundsätzlich serifenlos: Franklin Gothic, Trade Gothic, News Gothic.

ABC

Handgloves

5 Syntax LT Std
Schriftgröße 72 pt/26 pt, LW 0

Eine Serifenlose mit Renaissance-Charakter: Die 1969 von Hans Eduard Meier entworfene Syntax geht in ihrer Zeichnung und Stilistik bis zur römischen Lapidarschrift zurück, indem sie den Charakter der in Stein geritzten oder gemeißelten Schriften aufnahm. Die Striche schließen nicht horizontal mit der Grundlinie oder der x-Höhe ab – sie enden rechtwinklig zur Strichrichtung.

ABC

Handgloves

6 Akzidenz-Grotesk, ca. 1899
Schriftgröße 72 pt/26 pt, LW 0

›Sie ist das Werk von anonymen Schriftschneidern. Also Handwerkern, also Spezialisten, die von Berufs wegen und aus Erfahrung um die feinsten Nuancen und Gesetzmäßigkeiten wußten. Sie gaben der Akzidenz-Grotesk, was für eine Schrift das höchste Lob bedeutet: Die funktionale und formale Selbstverständlichkeit, die kurzfristige Moden überdauert.‹ Karl Gerstner, 1963

ABC

Hamburgefons

7 Comma Base, 2021
Schriftgröße 72 pt/26 pt, LW 0

Eine Sans mit stark moduliertem Strich und einer fast schon holzschnittartigen Stilistik – die Comma Base von Martin Majoor aus dem Jahr 2021. Sie greift den Trend auf, Serifenlose mit einem Strichstärkenunterschied auszustatten, den man sonst eher bei Serifenschriften antrifft. Eine echte Persönlichkeit, die zudem als ›Uniwidth‹ aufgebaut ist: Jeder Buchstabe hat in allen Schnitten dieselbe Dickte, ist also gleich breit.

ABC

Handgloves

8 Gitan Sans Medium, 2016
Schriftgröße 60 pt/26 pt, LW 0

Die Gitan Sans von Florian Runge folgt einer Stilistik, die an Meißel und Stein erinnert. Das nimmt ihr jegliche Kühle und Distanz. Der Formenkanon ist sehr klassisch, was sie gut lesbar macht und für den Einsatz in der Lesetypografie qualifiziert. Der Strichstärkenkontrast ist moderat, aber ein klar erkennbares, stilistisches Merkmal.

Manche Familien vergrößern aber ihren Radius an Verwandtschaft und weiten sich zu sogenannten Superfamilien[12] aus. Dann stoßen Schriften in den Verbund, die alle in ihrem Formenkanon identisch sind, aber als Serifenlose, Serifenbetonte oder als Antiqua daherkommen. Und manchmal noch in einer Mischform, als sogenannte ›Hybride‹, mit partiell zum Einsatz kommenden Serifen.

Die Erweiterung einer Schriftidee auf verschiedene stilistische Ausführungen hat für den Anwender große Vorteile: Eine wichtige schöpferische Tätigkeit im Feld einer typografischen Arbeit ist die Wahl einer Schrift oder – wenn eine Schriftmischung angebracht ist – mehrerer Schriften, die gut miteinander ›zusammenarbeiten‹. **Gerade das Mischen von Schriften erfordert nicht nur ästhetisches Gespür, sondern auch formale und stilistische Kenntnis der Schriften** – und sicherlich auch ein gewisses Maß an Erfahrung.

Mit dem Einsatz einer Superfamilie schaltet man die potenzielle Möglichkeit aus, dass die ausgewählten Fonts optisch und formal nicht gut harmonieren, da das Formprinzip und die Proportionen aller Schriften der Sippe gleich sind.

Die Idee, Schriften mit unterschiedlicher Serifeninterpretation, aber gleichem Formenkanon, gleicher Proportion der Buchstabenteile und gleichem Rhythmus als eine Superfamilie zusammenzufassen, entstand erstmals in den 30er Jahren des 20. Jahrhunderts. Der Holländer Jan van Krimpen entwarf eine Antiqua in fünf Schriftschnitten mit einer dazu korrespondierenden Grotesk.

Die Möglichkeiten der elektronischen Schriftgestaltung und das einhergehende leichtere Schaffen verschiedener Variationen ließ zahlreiche Superfamilien seit den 70er Jahren entstehen.

2001 als Corporate-Font Fedra Sans von Peter Bil'ak entwickelt, wurde die Sans-Familie bald zu einer Superfamilie[13] ausgebaut und für die Sprachen Griechisch, Kyrillisch, Arabisch und Hindi bereitgestellt. Andere Zeichen, gleiche Stilistik. Und durch die Fedra Serif wurde aus der Schriftfamilie 2002 eine Superfamilie.

12 Der im Englischen übliche Begriff der ›Superfamily‹ hat sich zunehmend auch im Deutschen durchgesetzt – die Superfamilie. Und meint exakt das ›Portfolio‹ an Eigenschaften, das bislang als Schriftsippe bezeichnet wurde: also Schriftschnitte mit unterschiedlicher Endstrichbehandlung, auf einem Formenkanon basierend und mit ähnlicher Formsprache für weitere, nicht-lateinische Schriftsysteme, wie indisch, chinesisch oder koreanisch.

13 Die Superfamilie ist aus der globalen Welt der Corporate Communication nicht mehr wegzudenken, zu groß ist der Bedarf auf Unternehmensseite. Für Type-Designer sind die Superfamilien somit ein wichtiges Betätigungsfeld geworden. Auch hier gibt es trotz der hohen Komplexität gute Schriften bei den Free-Downloads der Google-Fonts.

Handgloves
Handgloves
Handgloves
Handgloves

9 Fedra Sans Pro
Book – Medium – Bold – Book Italic (von oben nach unten)
Schriftgröße 26 pt, LW 0

Handgloves
Handgloves
Handgloves
Handgloves

10 Fedra SerifA
Book – Medium – Bold – Book Italic (von oben nach unten)
Schriftgröße 26 pt, LW 0

Afxg ABC abc gf

11 Fedra Sans Pro (links)
Fedra Serif A und B (übereinandergelegt)
Schriftgröße 60 pt, LW 0

Die Fedra Serif verfügt über zwei Ausführungen: Die Fedra Serif A orientiert sich in ihrem vertikalen Aufbau an der Fedra Sans. Diese beiden Schriften sind sehr fein aufeinander abgestimmt – in ihrer x-Höhe, der Versalhöhe und in der Oberlänge der Minuskeln. Eine Schriftmischung innerhalb der Fedra-Sippe, auch auf gleichen typografischen Ebenen – wie in Fließtexten beispielsweise –, wird durch die Einrichtung gleich hoher Buchstabenteile erheblich erleichtert – der Formenkanon beider Schriften ist ohnehin gleich. Die Fedra Serif ist durch eine größere Versalhöhe und ausgeprägtere Ober- und Unterlängen in ihrem Schriftbild etwas rhythmischer und somit stärker als ›Einzelgänger‹ ausgelegt.

14 Weitere Superfamilien jüngeren Datums sind die FF Yoga von Xavier Dupré aus dem Jahr 2009, die in einer Serifenlosen und einer Antiqua vorliegt, oder die Novel von Christoph Dunst, eine Superfamilie, die seit der ersten Ausführung 2008, der Antiqua, durch weitere Ausführungen in 2011 und 2014 ausgebaut wurde. Eine besondere Familiengeschichte erlebte die Palatino, die als Antiqua 1950 von Hermann Zapf entworfen und der 56 Jahre später eine serifenlose Ausführung an die Seite gestellt wurde. Diese entstand als Kooperation zwischen Hermann Zapf und Akira Kobayashi.

Superfamilien jüngeren Datums haben ihren Ursprung häufig in der Corporate Communication und besitzen neben der Serifenlosen und der Antiqua noch eine serifenbetonte Variante – wie die FF Nexus von Martin Majoor oder die FF Milo von Michael Abbink Ziel und Paul van der Laan. Ziel dieser komplexen Schriftsippen ist es, innerhalb einer typografischen Stilistik dem Anwender (oder dem Unternehmen, für dessen Erscheinungsbild sie entwickelt wurden) ein möglichst komplexes typografisches Portfolio an die Hand zu geben, das für viele Anwendungen im Kommunikationsdesign und der Corporate Language flexible Lösungen bereithält.[14]

Die Thesis von Luc de Groot verfügt neben diesem ›Dreigestirn‹ aus Antiqua, Sans und Slab über eine Hybridform aus Serifenloser und Serifenbetonter, also eine Mischform, die an einigen Stellen Serifen hat, an anderen eben nicht mehr, sowie über verschiedene Monospace-Versionen und eine Typewriter-Ausführung.

ABC xyz ABC xyz

12 Thesis
TheSans Plain – TheSerif Plain
(von links nach rechts)
Schriftgröße 60 pt, LW 0

Handgloves

Handgloves

Handgloves

Handgloves

13

13 Thesis
TheAntiqua Plain – The Mono Plain – TheMix – The Sans Typewrriter
(von oben nach unten)
Schriftgröße 20 pt, LW 0

ABC xyz ABC xyz

14 Noto Sans und Noto Serif
(von links nach rechts)
Schriftgröße 60 pt, LW 0

Die Noto-Schriftfamilie, die zwischen 2012 und 2014 entstanden ist, verfügt neben einer ›Serif‹ über eine ›Sans‹ (links) und weitere Schriftsysteme Europas, Afrikas, Asiens und indigener amerikanischer Sprachen. Weitere Sprachen sollen noch hinzukommen. Das Ziel dieses Fonts ist eine einheitliche Stilistik der großen Schriftsysteme herzustellen.

Handgloves
Handgloves
Handgloves
Handgloves
Handgloves

15 Noto Sans
Light – Plain – Italic – Bold – Bold Italic
(von oben nach unten)
Schriftgröße 20 pt, LW 0

Handgloves
Handgloves
Handgloves
Handgloves
Handgloves

16 Noto Serif
Light – Plain – Italic – Bold – Bold Italic
(von oben nach unten)
Schriftgröße 20 pt, LW 0

ტიპოგრაფია
Книгопечатание
मुद्रण
タイポグラフィ
타이 포 그래피

17 Noto Sans
Georgisch – Kyrillisch – Devanagari – Japanisch – Koreanisch
(von oben nach unten)
Schriftgröße 20 pt, LW 0

Handgloves
Handgloves
Handgloves
Handgloves
Handgloves

18 Noto Sans SemiCondensed
Light – Regular – Semibold – Bold – Black
(von oben nach unten)
Schriftgröße 20 pt, LW 0

Handgloves
Handgloves
Handgloves
Handgloves
Handgloves

19 Noto Sans Condensed
Light – Regular – Semibold – Bold – Black
(von oben nach unten)
Schriftgröße 20 pt, LW 0

Handgloves
Handgloves
Handgloves
Handgloves
Handgloves

20 Noto Sans ExtraCondensed
Light – Regular – Semibold – Bold – Black
(von oben nach unten)
Schriftgröße 20 pt, LW 0

Die simultane Arbeitsweise unseres Gehirns wird als ›parallele Buchstabenerkennung‹ bezeichnet.

S. 72, Der Vorgang des Lesens

Schmal laufende Schriften haben schmalere Binnenräume und brauchen deshalb auch weniger Raum zwischen den Worten.

S. 79, Der Aufbau einer Zeile

Blocksatz beendet eine Zeile nach einer fest vorgegebenen, metrisch definierten Länge, indem er die WZR in ihrer Breite modifiziert – Flattersatz berücksichtigt die sinngebende und den Satzbau betreffende Struktur des Textes.

S. 90, Der Zeilenumbruch

KAPITEL

3

Typografie
Die Zeile

3.1 Der Vorgang des Lesens

Von Protobuchstaben, neuronalem Recycling und der Fähigkeit unseres Gehirns, parallel mehrere wichtige Prozesse laufen zu lassen.

Beim Lesen wandert unser Blick in horizontaler Leserichtung über die Textzeile – in unserem Kulturkreis, dem Abendland, wird diese Bewegung von links nach rechts und von oben nach unten ausgeführt. Das Auge vollzieht dabei allerdings keine gleitenden, flüssigen Bewegungen, bei denen es Wort für Wort linear aufnimmt – nein, unser Blick ›arbeitet‹ sich mit sehr schnellen, ruckartigen Bewegungen durch eine Zeile. **Die ruckartigen Bewegungssprünge unserer Augen werden als ›Sakkade‹ bezeichnet.**

Während dieser Sakkaden nimmt unser Auge keine Informationen auf – wir sind für 20–35 Millisekunden kurzzeitig blind, um dann an einem bestimmten Punkt anzuhalten. Das wiederholt sich alle 7–9 Buchstaben. **Dann fixieren wir einen Bereich von ca. 18 Buchstaben – man spricht daher auch von Fixationen.**

Eine solche Fixation ist nur sehr kurz – etwa 0,3 Sekunden. Ihre Anzahl pro Sekunde lässt sich von unserem Gehirn nahezu kaum beeinflussen, sie schwankt zwischen drei und vier. Die Menge an Informationen, die wir während einer Fixation aufnehmen können, variiert hingegen schon. Ist das Auge am Ende der Zeile angelangt, wandert es durch einen ›Rückschwung‹ zum Anfangspunkt der Folgezeile.[1]

Sakkade, Fixation und Rückschwung – das sind die drei Eckpfeiler unseres Lesevorgangs, an denen unser Gehirn erstaunliche Leistungen parallel erbringt. Für diese Leistungen hat unser Gehirn Bereiche ›umgeschult‹, denn betrachten wir die Evolution des Menschen, dann ist der zeitliche Bereich, in dem wir Lesen und Schreiben können, extrem kurz. Die Aufgabenverteilung für unsere Neuronen war bereits vergeben, als wir anfingen, uns mit dem Erkennen von Buchstaben auseinandersetzen zu müssen.[2] Da wir in der linken Hirnhälfte über neuronale Strukturen verfügen, die dem Aufgabenbereich der Objekterkennung zugeordnet waren, die also Linien und durch Kreuzungen und Überlagerungen von Linien entstandene Formen erkennen können, wurde fortan dieser Teil des Gehirns angezapft, um sich mit dem Erkennen von Buchstaben auseinanderzusetzen. Man spricht deshalb auch von ›neuronalem Recycling‹.[3]

Die besondere Fähigkeit dieser Hirnregion wiederum hat die Schriften und Zeichenformen dahingehend beeinflusst, dass diese gewissermaßen optimiert wurden, um von uns bestmöglich erkannt zu werden.

1 Ein Vorteil bei den Abläufen des Lesevorgangs ist zweifelsfrei das Vorhandensein eines einheitlichen Anfangspunktes, der mit dem Vorgang des Rückschwungs aufgesucht wird. Das Auge an bestimmte Breiten und fixe Startpunkte einer neuen Zeile zu gewöhnen, erhöht den Lesekomfort. Deswegen ist eine glatte Satzkante links eindeutig hilfreicher als an der rechten Seite einer Kolumne.

2 Motor dieser ›Umschulung‹ ist die Fähigkeit des Menschen, sich an seine Umwelt anzupassen, wenn es zum Vorteil der Art ist.

3 An dieser Stelle sei der französische Wissenschaftler Stanislas Dehaene erwähnt, der sich intensiv mit der kognitiven Neurowissenschaft beschäftigt – dazu zählen auch alle neuronalen Prozesse des Lesevorgangs.

Was passiert bei einer Fixation?

Wenn unser Auge nach einer Sakkade anhält, um Informationen aufzunehmen, dann unterscheidet man drei Bereiche, die unser Blick erfasst:

1. Der zentrale Bereich, der sogenannte foveale Bereich, ist ein kleiner Ausschnitt von ca. 2–3 Buchstaben, die wir scharf sehen.

2. Der parafoveale Bereich liegt links und rechts vom Zentrum der Fixation und ist deutlich unschärfer. Hier können wir lediglich rhythmische Strukturen der Schrift erfassen, also die Ober- und Unterlängen der Zeichen, sowie die Länge von Wörtern. Diese Informationen werden aber bei der nächsten Fixation ebenfalls ›verwertet‹.

3. Der periphere Bereich, jenseits der 12 Buchstaben des parafovealen Bereichs, lässt nur noch Informationen über die WZR zu – mit dem positiven Effekt, dass hier der nächste Punkt für die kommende Fixation taxiert wird, der dadurch niemals zwischen den Wörtern liegt.

Gute 3 km durchwandern wir das Planetal, biegen dann scharf links ab, als wir an der Straße ankommen und erreichen nach weiteren 500 Metern Raben. Der Reisende sitzt mittlerweile etwas gelangweilt vor seinem Tipi, das Wetter ist stabil geblieben, das Internet hat Wort gehalten. Seine Laune hingegen scheint etwas abgesackt zu sein.

1 Clarendon LT Std
Schriftgröße 12 pt, LW 20

Beim Leseprozess füttern nur die Fixationen mit scharfen und erkennbaren Bildern unser Gehirn. Unser Auge springt 7–9 Zeichen weiter (Sakkade), um dann erneut zu arretieren (Fixation). Anders der Leseanfänger: Er arbeitet sich Buchstabe für Buchstabe durch die Zeile.

Die jeweils erste Fixation einer Zeile setzt nicht am ersten Buchstaben an, da wir 2–4 Buchstaben links der Fixation erfassen können – wenn auch unschärfer. Kurze Wörter, wie Artikel beispielsweise, sind von unserem Auge leichter zu erfassen, da sie in unserer Sprache häufig vorkommen.

Der Reisende sitzt mittler

Parafovealer Bereich | Zentrum | Parafovealer Bereich | Peripherer Bereich
2–4 Buchstaben | 2–3 Buchstaben | 12 Buchstaben

2 Clarendon LT Std
Schriftgröße 40 pt, LW 20

Das Zentrum der Fixation, der Schärfebereich, ist sehr klein, was durch die Beschaffenheit der Netzhaut, im Besonderen der Anordnung der Fotorezeptoren, bedingt ist. Durch die Sakkaden wird unser Lesetempo gebremst.

Wir könnten deutlich schneller lesen, wenn unser Auge nicht springen müsste, sondern die zu verarbeitenden Wörter an derselben Stelle hintereinander weg erscheinen würden. Wir könnten unser Lesetempo vervierfachen.

Bislang ging die Leseforschung davon aus, dass bei einer Fixation ein Abgleich von Grundformen, die wir für jeden Buchstaben durch das Lesenlernen abgespeichert haben, mit den erfassten Buchstaben geschieht. Uns vertraute Wortbilder, die wir anhand der Architektur ihrer Buchstabenteile (Textur aus x-Höhe und den Ober- und Unterlängen) gespeichert haben, helfen uns bei der Worterkennung. Das entspricht nicht mehr dem neuesten Stand der Wissenschaft, die nunmehr davon ausgeht, dass uns ganz bestimmte Merkmale an Buchstaben Auskunft geben, welcher Buchstabe gerade taxiert wird. Wir profitieren dabei von einem Formenfundus, den wir uns seit der Geburt angeeignet haben.

In unserer Umwelt nehmen wir durch visuelles Lernen bestimmte, wiederkehrende lineare Strukturen wahr. **Diese Strukturen weisen ähnliche grafische Muster auf wie einige unserer Buchstaben – wir verfügen also über einen Fundus an Protobuchstaben.** Und da wir uns in dem Teil des Gehirns befinden, das für die Objekterkennung zuständig ist, ist die Umschulung auf Lesen nicht besonders groß, denn unsere Protobuchstaben sind den Strukturen der Objekte in der Umwelt sehr ähnlich.

Die parallele Buchstabenerkennung

Unser Gehirn arbeitet bezüglich der Buchstabenerkennung auf drei Ebenen parallel und zeitgleich: zuerst werden die Merkmale der Zeichen erfasst, also Striche, runde Formen oder Schnittpunkte von Strichen. Bemerkenswert dabei ist, dass die Neuronen in unserer Großhirnrinde sehr konkrete Kernkompetenzen besitzen: Manche Gruppen sind ausschließlich für das Erkennen von waagerechten Strichen zuständig, manche für diagonale Striche oder Kurven. Man kann also durchaus von einer sehr stringenten Aufgabenteilung sprechen.

Die Neuronen der Merkmalebene sind mit allen Neuronen der Buchstabenebene verbunden und können über eine Intensivierung dieser Verbindung ein Votum abgeben. Wird ein Merkmal erfasst, gibt das entsprechende Neuron an alle in Frage kommenden Buchstabenneuronen, die dieses Merkmal in ihrem Buchstaben wiedererkennen, eine Information. Dann wird die nächste Ebene informiert, die Wortebene, und dort die Wörter in den Fokus genommen, die diesen Buchstaben enthalten. Das geschieht mit allen Buchstaben eines Wortes zeitgleich – das Wort kristallisiert sich nach eben dieser Methode heraus.

Bislang haben die Ebenen nur in eine Richtung gearbeitet, aber die Buchstaben- und die Wortebene können auch in entgegengesetzter Richtung kommunizieren: Das findet immer dann Anwendung, wenn falsche Buchstaben, oder nicht eindeutig zu klärende Lettern erneut abgefragt werden müssen. Dann sendet die Wortebene Vorschläge an die Buchstabenebene und der noch ausstehende Informationsaustausch findet statt.

Die simultane Arbeitsweise unseres Gehirns wird als ›parallele Buchstabenerkennung‹ bezeichnet. Das Prinzip basiert auf der gleichzeitigen Erfassung und Verarbeitung aller Buchstaben eines Wortbildes durch die drei Erkennungsebenen: Merkmalebene, Buchstabenebene und Wortebene.

3 Nicht nur unser Alphabet basiert auf spezifischen Grundformen, sondern alle Schriftsysteme weltweit verfügen über diesen Basisfundus, der sich nahezu identisch und unabhängig vom Sprachraum zusammensetzt. Dabei sind auch eben jene Grundformen in den Schriftsystemen quantitativ am stärksten vertreten, mit denen wir in unserer Umwelt am häufigsten konfrontiert sind. Die L und die T-Form scheinen mit dem rechtwinkligen Aufeinandertreffen von senkrechten und horizontalen Strichen allgegenwärtig in unserer Umwelt – die diagonalen Striche der X-Form dagegen seltener. Die tatsächliche Größe eines Zeichens ist für sein Erfassen sekundär – seine Ausrichtung hingegen nicht. Ist das Zeichen stärker als 40 Grad gedreht, wechselt die Zuständigkeit unter den verarbeitenden Neuronen.

4 Anders als lange angenommen, operiert unser Gehirn nicht mit bestimmten Buchstabenschablonen in der Erkennung der Lettern, sondern fokussiert die jeweils wichtigsten Schlüsselmomente eines Zeichens. Die Verbindungsstellen von Strichen sind dabei essentiell für das Erkennen, ebenso die Strichenden und die horizontalen Striche. Die individuelle Persönlichkeit einer Schrift, die sich im Vorhandensein oder Weglassen von Serifen, einer Modulation in der Strichstärke oder einem handwerklichen Duktus zeigt, ist für die Identifikation der Zeichen nicht wichtig. Die Antiqua hat also gegenüber der Sans keinen Vorteil hinsichtlich einer besseren Lesbarkeit. Elementar ist die eindeutige Ausbildung der grundlegenden Charakteristika und Merkmale – nur dann ist eine Schrift für uns gut lesbar.

5 Die für die Buchstabenerkennung so wichtigen Merkmale liegen mehrheitlich in der oberen Buchstabenhälfte. Das gilt für Kleinbuchstaben genauso wie für Versalien. Serifen sind, ebenso wie die Modulation des Striches, hilfreich als Merkmal zur weiteren Abgrenzung gegenüber anderen Zeichen, wenn die ›Sichtverhältnisse‹ nicht optimal sind. Sie können weitere Informationen zur Differenzierung liefern.

3.2 Der Aufbau einer Zeile

Das horizontale Wechselspiel aus Wortbildern und Weißräumen

4 Unter ›Ausschließen‹ verstand man im Bleisatz das Austreiben der Zeilen innerhalb einer Kolumne auf die gleiche Breite. Das geschieht über unterschiedlich breite WZR. Im Bleisatz wurde das Ausschließen über das Einbringen von Material wie Spatien erreicht, das zwischen zwei Worte gesetzt wurde, um diese weiter auseinanderzutreiben. Normalerweise wurden alle WZR einer Zeile im gleichen Maße erweitert; im Handsatz gab es klare Regeln, an welchen Stellen vorrangig erweitert oder reduziert werden sollte, um ein optimal lesbares Ergebnis zu erreichen.

Mit der Aneinanderreihung von Wörtern zur Zeile kommt auf die Typograf:innen eine weitere gestalterische Herausforderung zu: Ein dem Lesevorgang möglichst zuträgliches ›Verfugen‹ von Wortbildern und Wortzwischenräumen zu einer gut lesbaren, horizontalen Einheit, für die es ein paar klare Spielregeln gibt.

Mit dieser eher technischen Anforderung wachsen aber auch die Möglichkeiten für die Gestalter:innen, die nunmehr komplexere Textmenge rhythmisch zu steuern: Das einzelne Wort wird durch das Wechselspiel von Ober- und Unterlängen und die Dominanz der linearen, senkrechten Buchstabenteile sehr stark vertikal rhythmisiert – in der Textzeile reihen sich nun unterschiedlich lange Wörter aneinander und akzentuieren die Zeile in ihrer horizontalen Ausdehnung: Schwarze Wortbilder unterschiedlicher Länge wechseln sich mit weißen Wortzwischenräumen ab, die ebenso – wenn auch in geringerem Maße – unterschiedlich breit sein können.

Der Reisende sitzt mittlerweile gelangweilt
vor seinem Tipi, das Wetter ist stabil geblieben,
das Internet hat Wort gehalten. Seine Laune

1 Helvetica Neue Linotype Std 55 Roman
Schriftgröße 10 pt, ZA 13 pt, LW 20 (nicht ausgeschlossen)[4]

Keine Zeile gleicht der anderen – verschiedene Wortlängen formen unterschiedlich breite Zeilen, die optisch nahezu gleich große WZR aufweisen, da die Zeilen nicht ›ausgeschlossen‹ sind.

Der Reisende sitzt mittlerweile gelangweilt vor
seinem Tipi, das Wetter ist stabil geblieben, das
Internet hat Wort gehalten. Seine Laune allerdings

2 Helvetica Neue Linotype Std 55 Roman
Schriftgröße 10 pt, ZA 13 pt, LW 20 (ausgeschlossen)

Ein Mittel der Dynamisierung ist durch die jetzt gleichlangen Zeilen weggefallen. Die WZR sind innerhalb einer Zeile gleich groß, variieren aber von Zeile zu Zeile, die dann jeweils über verschieden große WZR verfügen.

Jede Zeile wird dadurch zu einem Unikat mit einem ganz eigenen Rhythmus. Der Rhythmus einer Zeile wird durch die gewählte Schrift, deren Charakter und Architektur maßgeblich gesteuert: Die Schrift muss das Auge horizontal führen können – sie sollte also ›zeilenbildend‹ sein. Bislang ging man davon aus, dass diese ›Begabung‹ besonders Schriften mit Serifen erfüllen, denn die Endstriche führen durch ihre horizontale Ausrichtung das Auge von Wort zu Wort. Das allerdings zweifeln Neurowissenschaftler in jüngerer Zeit an.[5]

Schriften, die über optisch stark wahrnehmbare senkrechte Kompositionsprinzipien verfügen – zum Beispiel schmallaufende Schriften und solche mit einem sehr deutlichen Strichstärkenunterschied – wirken der horizontalen Bewegung des Auges beim Lesen spürbar entgegen, sind also nicht zeilenbildend. Immer wieder ist das Auge versucht, den senkrechten Linien und vertikal aufstrebenden Formen zu folgen: Der Lesefluss wird empfindlich gestört.

Die gute Zurichtung einer Schrift und eine entsprechend eingerichtete Laufweite sind weitere wichtige Positionen, die einen unmittelbaren Einfluß auf die Lesbarkeit eines Textes haben. Die Laufweite regelt den gleichmäßigen Abstand der Buchstaben zueinander, der je nach Schriftgröße etwas enger oder weiter sein sollte: Die Lesegrade von 9 pt bis 12 pt werden grundsätzlich in ihrer Laufweite etwas erhöht – das verhindert ein optisches Ineinanderfließen der Buchstaben. Ab einer Schriftgröße von ca. 14/16 pt verzichtet man darauf, den Abstand der Zeichen zu vergrößern. Mit der zunehmenden Schriftgröße wachsen auch die Abstände der Zeichen zueinander und lassen das Wortbild manchmal etwas löchrig wirken. Qualitätsschriften verfügen daher über eigens zugerichtete Displaygrade, die dieser Tendenz entgegenwirken.

Die klare Abgrenzung der Buchstaben innerhalb eines Wortes ist für das Erfassen eines Wortbildes während der Fixation eine wichtige Grundvoraussetzung. Das Prinzip der klaren Trennung verstärkt sich in der Zeile bei der Aneinanderreihung von Wörtern noch weiter: Gerät der Raum zwischen den Wörtern zu klein, sind diese nicht ausreichend getrennt und ›fließen‹ zusammen. Und ist der WZR zu groß, kann das Auge die horizontale Bewegung nicht flüssig fortführen und aus der Zeile ›rutschen‹.

5 Gegenwärtig geht die Leseforschung davon aus, dass einzig unsere Sozialisation bezüglich Serifenschriften – nahezu jeder Roman und jede Zeitung ist in einer Antiqua gesetzt – für ein besseres Erfassen eines Textes verantwortlich ist. Wir sind schlicht und ergreifend daran gewöhnt, lange Texte in einer Serifenschrift präsentiert zu bekommen.
Als Anfang des 20. Jahrhunderts die Umstellung im Zeitungsdruck von der Fraktur zur Antiqua vollzogen wurde, gab es eine Reaktion seitens der Leser, die die Veränderung nach einer Sozialisation mit der Fraktur gut verbildlicht: Mit der neuen Schrift meinten die Leser 20 Minuten länger zu brauchen, um ihre Zeitung zu lesen.

Der Reisende sitzt mittlerweile etwas gelangweilt
vor seinem Tipi, das Wetter ist stabil geblieben, das
Internet hat Wort gehalten. Seine Laune allerdings

3 Stempel Garamond LT Pro
Schriftgröße 19 pt, ZA 24 pt, LW 0, WZR ein Achtelgeviert

Die WZR sind deutlich zu klein – die Wörter werden nicht mehr ausreichend getrennt, die Zeile verschwimmt zu einem langen Wort. Bestimmte Zeichenkombinationen weisen größere Weißräume auf (›rw‹) als mancher WZR.

Der Reisende sitzt mittlerweile etwas gelangweilt
vor seinem Tipi, das Wetter ist stabil geblieben,
das Internet hat Wort gehalten. Seine Laune aller-

4 Stempel Garamond LT Pro
Schriftgröße 19 pt, Laufweite 0, WZR ein Halbgeviert

Die WZR sind deutlich zu groß. Die Wörter verbinden sich nicht mehr flüssig zu einer Zeile und wirken isoliert. Bestimmte WZR sind größer als der Zeilenabstand, was die Hierarchie der Lesetypografie auf den Kopf stellt.

6 Neben dem WZR, der hier im Blickpunkt dieses Kapitels als wichtiges Regulativ des Satzbildes steht, ist die Silbentrennung ein nicht minder wichtiger Faktor für guten Blocksatz. Eine ausreichend hohe Anzahl von Trennungen in Folge, sowie die Einstellung für die Länge von Vor- und Nachsilbe und des zu trennenden Wortes überhaupt, sind die Parameter, die in der entsprechenden Einstellung im Absatzformat zu hinterlegen sind.

[→ Seite 92, 3.4 Der Zeilenumbruch *Die passende Anzahl an Worttrennungen untereinander*]

Die Breite der WZR ist also für den Lesevorgang sehr wichtig und hängt im Wesentlichen von der gewählten Satzmethode ab, denn Blocksatz und Flattersatz arbeiten ganz unterschiedlich mit dem Raum zwischen den Wörtern: **Ist der WZR im Flattersatz – er heißt deshalb Flattersatz, weil die Zeilen unterschiedlich lang sind und deswegen den Eindruck des ›Flatterns‹ erwecken – grundsätzlich gleich groß, wird im Blocksatz der WZR als flexible Größe zum Erreichen gleich langer Zeilen und der beidseitig glatten Satzkanten eingesetzt.** Mehrere Zeilen untereinander ergeben so ein blockhaftes, rechteckiges Satzbild.

Die Satzprogramme – allen voran InDesign – bieten den Gestalter:innen die Möglichkeit, die WZR in ihrer Breite zu verändern: Es kann ein ›optimaler‹ WZR angegeben werden, der nicht zwangsläufig 100 % betragen muss – das würde sowohl der Größe entsprechen, die der Type-Designer im Font für die Breite der WZR eingerichtet hat, als auch dem Wert, den InDesign in der entsprechenden Palette als Voreinstellung einsetzt. Erscheint dieser als ›optimal‹ voreingestellte WZR im Schriftbild zu klein oder zu groß, kann er beliebig verändert werden.

Auch unabhängig von der Satzmethode beeinflussen die Formen der Zeichen den Raum zwischen den Wörtern, wenn auch in geringerem Maße: Endet ein Wort mit einer offenen oder runden Buchstabenform und nicht mit einem senkrechten Strich, addiert sich dieses ›Fleisch‹ zu dem in der Schrift eingerichteten WZR. Beginnt das folgende Wort ebenfalls mit einer offenen oder runden Buchstabenform, addiert sich weiterer Raum dazu.

Auch wenn wir an dieser Stelle zuerst den horizontalen Aufbau der Zeile betrachten, steht der WZR immer in einem direkten Verhältnis zum Abstand der Zeilen zueinander, dem Durchschuss. Und da wir von links nach rechts und von oben nach unten lesen, ist die Zeile in ihrer gesamten, horizontalen Breite als Einheit aufzufassen – erst dann folgt mit der darunterstehenden Zeile die nächste Einheit. Und diese Hierarchie muss sich unbedingt in der Ausdehnung der horizontalen Weißräume (der WZR) und der senkrechten Weißräume (dem Durchschuss) wiederfinden: **Der WZR muss in jedem Falle kleiner sein als der Zeilenabstand.**

UMSETZUNG IN INDESIGN Das Verändern des WZR ist eine Option, die unter ›Abstände‹ in der Absatzpalette des Programms zu finden ist. Idealerweise sollte man diese Einstellung allerdings in den eingerichteten Absatzformaten vornehmen, da sie eine grundlegende Voreinstellung ist, die das Satzbild maßgeblich beeinflusst.[6] Indesign bietet hier eine Toleranzzone an, die über drei Eingabewerte zu steuern ist: Der optimale Wert (mittig), ein minimaler und ein maximaler Wert. Letztere stellen eine Grenze dar, gewissermaßen die Extreme, die vom Programm nicht unterschritten werden. Diese Toleranzeinstellung greift aber ausschließlich in der Blocksatzmethode, da hier ein Ausschließen der Zeilen über die flexible Größe des WZR notwendig ist. Wir diktieren also einen Von-bis-Wert, der beim Erstellen gleich langer Zeilen zugrundegelegt wird.

Ganz anders arbeitet das Prinzip des Flattersatzes: Hier sind die Zeilen genau so lang, wie die Typograf:innen es durch den händisch auszuführenden Umbruch möchten. Indesign arbeitet bei dieser Satzmethode mit dem im Font hinterlegten WZR – denn der ist Teil der Schriftgestaltung und der Architektur und den Proportionen des Fonts entsprechend vom Schriftgestalter eingerichtet. Wenn dieser WZR nicht optimal erscheint, kann auch er über die Funktion ›Abstände‹ modifiziert werden. Dann müssen alle drei Werte – minimal, optimal und maximal – mit demselben Wert unter oder über der 100 %-Marke belegt sein.

Der Reisende sitzt mittlerweile etwas gelangweilt vor seinem Tipi, das Wetter ist stabil geblieben,

rR e e mT i, d sW lg

5 Stempel Garamond LT Pro
Schriftgröße 19 pt/32 pt, ZA 24 pt, Laufweite 0

Faktisch betrachtet, steht zwischen den abgebildeten Zeichen immer der gleiche Raum. Die den jeweiligen Zeichen eigene Architektur lässt diesen WZR aber optisch unterschiedlich groß erscheinen. Die Minuskel ›r‹ hat rechts des Grundstrichs einen großen Weißraum und deswegen eine relativ geringe Nachbreite. Der WZR steht also recht eng am Fähnchen des ›r‹. Rechts des WZR folgt die Majuskel ›R‹ mit verhältnismäßig viel Weißraum links des Grundstrichs – dieser addiert sich optisch noch zusätzlich in den Raum zwischen den beiden Zeichen. Die in der Zurichtung des Fonts eingerichteten Vor- und Nachbreiten der Buchstaben können nicht vollständig die durch die Architektur der Zeichen entstehenden Räume ausgleichen. Satzzeichen, wie Punkt und Komma, erweitern optisch den WZR merklich – sie sind zu klein und zudem nur auf der Schriftgrundlinie positioniert.

Der Reisende sitzt mittlerweile etwas gelangweilt vor seinem Tipi, das Wetter ist stabil geblieben, das Internet hat Wort gehalten. Seine Laune hingegen scheint etwas abgesackt zu sein. Der Naturparkbus ist pünktlich in der Spur. Wir reden wenig auf der Fahrt, im Radio läuft

6 Helvetica Neue LT Std
Schriftgröße 9,5 pt, ZA 12,5 pt, LW 20

Die WZR sind zu groß – teilweise sind sie optisch gleich groß wie der Raum zwischen den Zeilen. Das Auge wird nicht mehr souverän horizontal geführt und kann mitten in der Zeile in die Folgezeile rutschen. Zudem greift der optische Umstand dass die WZR bei sehr kurzen Wörtern (letzte Zeile) noch größer wirken.

Der Reisende sitzt mittlerweile etwas gelangweilt vor seinem Tipi, das Wetter ist stabil geblieben, das Internet hat Wort gehalten. Seine Laune hingegen scheint etwas abgesackt zu sein. Der Naturparkbus ist pünktlich in der Spur. Wir reden wenig auf der Fahrt, im Radio läuft

7 Helvetica Neue LT Std
Schriftgröße 9,5 pt, ZA 12,5 pt, LW 20

Die WZR sind angemessen groß – das Auge wird ohne ›Ablenkungen‹ bis zum Zeilenende geführt, wo dann der Rückschwung einsetzt. Der Zeilenabstand ist der Hierarchie der Lesetypografie entsprechend größer als die WZR.

UMSETZUNG IN INDESIGN Wenn bei Überschriften oder im Flattersatz gesetzten Zeilen WZR schmaler gemacht (›unterschnitten‹) werden sollen, um z.B. ein Wort noch in die Zeile zu bekommen, gibt es eine typografisch bewährte Reihenfolge an Schritten, nach der die Gestalter:innen vorgehen können:
1. Die WZR nach Satzzeichen (Punkt, Komma, Semikolon) können schmaler gehalten werden als ›normale‹ WZR aufgrund deren geringen optischen ›Gewichts‹.
2. Vor Versalien mit offenen Formen und entsprechend viel ›Fleisch‹ können WZR etwas ausgedünnt werden – optisch bleibt der WZR immer noch ausreichend groß. Generell können die WZR vor Versalien aufgrund der größeren Vorbreiten leicht unterschnitten werden.
3. Die WZR nach den Kleinbuchstaben ›y‹ und ›r‹ können unterschnitten werden.
4. Die WZR nach den Kleinbuchstaben ›l‹, ›k‹, ›h‹ und ›b‹, sowie nach ›d‹ und ›t‹ können ebenfalls reduziert werden.

Der optimale WZR

Die gute Nachricht gleich vorweg: Die Wortzwischenräume sind – ebenso wie die Zeichen – Teil der Schriftgestaltung und werden vom Type-Designer in ihrer Breite festgelegt. Dadurch ist gewährleistet, dass die Breite des WZR in einem gesunden Verhältnis zur Architektur der Lettern und der ›normalen‹ Laufweite des Fonts steht. **Jeder Schriftschnitt eines Fonts verfügt über explizit ›angepasste‹ WZR,** weil diese sich – unter anderem – in ihrer Breite an der Strichstärke einer Schrift und somit auch an der Größe ihrer Binnenräume ausrichten.

Der optimale WZR in der Normalen – beim ›Roman‹-Schnitt – entspricht der Dickte des kleinen ›i‹, bzw. der Breite des Binnenraums der Minuskel ›n‹. Das entspricht ca. einem Viertel- bis einem Drittelgeviert.

8 Neue Haas Unica Pro, Regular; Schriftgröße 72 pt

Im Schnitt ›Regular‹ einer Schrift sind die Dickte des ›i‹ und der Binnenraum des ›n‹ annähernd gleich.

DeriReisendeisitztimittlerweileietwas gelangweiltivoriseinemiTipi,idasiWetterististabiligeblieben,idasiInternetihatiWort gehalten. Seine Laune hingegen scheint etwas abgesackt zu sein.

9 Neue Haas Unica Pro
Schriftgröße 18 pt, ZA 23 pt, LW 0

Dieser Raum – die Dickte des ›i‹ – fügt sich sehr homogen als Abstand zwischen die Wörter. Er entspricht der Breite eines WZR. Und der ist ebenso in seiner Breite abhängig von den Binnenräumen und Punzen einer Schrift: Je größer die Weißräume in den Zeichen, desto größer sind auch die WZR.

10 Neue Haas, Bold
Schriftgröße 72 pt

Im Schnitt ›Bold‹ sind die Dickte des ›i‹ und der Binnenraum des ›n‹ nicht mehr gleich – durch den Strichstärkenzuwachs wird das ›i‹ absolut sehr viel breiter.

Der Reisende sitzt mittlerweile etwas gelangweilt vor seinem Tipi, das Wetter ist stabil geblieben, das Internet hat Wort gehalten. Seine Laune hingegen scheint etwas abgesackt zu sein.

11 Neue Haas Unica Pro
Schriftgröße 18 pt, ZA 23 pt, LW 0

Fette Schriften haben kleinere Binnenräume – und die sind wiederum verantwortlich für die Laufweite und die WZR einer Schrift. Da die beiden Bezugsgrößen für den WZR – die Dickte der Minuskel ›i‹ und der Binnenraum der Minuskel ›n‹ – bei den fetten Schnitten in ihrer Breite divergieren, orientieren sich die WZR mit zunehmender Strichstärke eher am Binnenraum des kleinen ›n‹. Ein fetter Schriftgrad hat also kleinere WZR als ein magerer.

Die Art der Schrift (das Formprinzip) – schmallaufend oder weitlaufend –, der Schriftschnitt – fett oder mager – und die Schriftgröße stehen in einem direkten Verhältnis zur Breite des WZR. Daher sind individuelle Anpassungen des WZR in der Praxis durch die Typograf:innen legitim und im Sinne der hier schon zitierten mikrotypografischen Hygiene sogar notwendig.

Folgende Positionen beeinflussen die Breite des WZR:

Schmallaufende Schriften haben schmalere Binnenräume und brauchen deshalb auch weniger Raum zwischen den Worten. Der Abstand der Zeichen innerhalb eines Wortes ist ebenfalls etwas geringer.

Der Reisende sitzt mittlerweile etwas gelangweilt vor seinem Tipi, das Wetter

Der Reisende sitzt mittlerweile etwas gelangweilt vor seinem Tipi, das Wetter

12 Univers 55 Roman / Univers 57 Condensed
Schriftgröße 18 pt, ZA 23 pt, LW 0

Die Binnenräume zweier Schriften, die derselben Schriftfamilie angehören, fügen sich sehr homogen als Maß für die WZR in die Schrift ein. Die schmallaufende Univers 57 hat einen sichtbar schlankeren Formenkanon – und der ist nun einmal für alle Zeichen eines Fonts gültig; auch für den WZR.

Breitlaufende Schriften verhalten sich diesbezüglich genau gegensätzlich: **Die größeren Punzen bedingen einen größeren Zeichenabstand und dadurch auch größere WZR.**

Der Reisende sitzt mittlerweile etwas gelangweilt vor seinem Tipi, das Wetter

13 Univers 53 Extended
Schriftgröße 18 pt, ZA 23 pt, LW 0

Die Binnenräume der Helvetica Neue 53 Extended sind über 20 % breiter als die der ›Normalen‹ – entsprechend modifiziert sind auch die WZR in diesem Zeichensatz. Die Relationen bleiben so gewahrt und die Schrift wirkt ausgeglichen und konsequent durchgearbeitet.

Magere und leichte Schriftschnitte Analog zu den kleiner werdenden Binnenräumen und WZR bei fetten Schriften, verhält es sich bei den mageren gegenläufig: Die WZR sind breiter als bei der ›Normalen‹, da auch die Binnenräume größer sind.

Der Reisende sitzt mittlerweile etwas gelangweilt vor seinem Tipi, das Wetter

14 Univers 45 Light
Schriftgröße 18 pt, ZA 23 pt, LW 0

Rund 15 % größer als bei der ›Normalen‹ – der Univers 55 – ist der Binnenraum der Minuskel ›n‹ der Univers 45 – der Grauwert der Wortbilder ist heller, entsprechend größer ist der WZR.

Kursive Schrift, die innerhalb eines Textes als Auszeichnung eingesetzt wird, ragt aufgrund ihrer kursiven Architektur in die WZR hinein. Das fällt besonders auf, wenn auf kursive Schrift wieder ein Wort aus einer aufrecht stehenden Schrift folgt. **In solchen Fällen wird der WZR ein wenig erweitert.**

Der Reisende sitzt *gelangweilt* vor seinem
Der Reisende sitzt *gelangweilt* vor seinem

15 Neue Haas Unica Pro
Schriftgröße 18 pt, ZA 23 pt, LW 0

Im oberen Text ist die kursive Auszeichnung mit einem Standard-WZR ›verfugt‹ – die besondere Architektur der Kursive wird nicht berücksichtigt. Die schräggestellten Lettern verringern den Raum zwischen den Wörtern. Im unteren Beispiel sind die beiden WZR, die das kursiv ausgezeichnete Wort umgeben, um ein 1/24-Geviert erweitert worden und sind nun optisch den anderen WZR angeglichen.

Versalzeilen werden zumeist angesperrt – die WZR wirken dann oft zu klein.

DER REISENDE SITZT GELANGWEILT
DER REISENDE SITZT GELANGWEILT

16 DIN Mittelschrift
Schriftgröße 16 pt, LW 100

Die in der oberen Zeile verwendeten ›normalen‹ WZR sind aufgrund der stark gesperrten Wörter etwas knapp – sie strukturieren die Zeile besser, wenn sie zusätzlich spationiert werden (untere Zeile) – hier um den Wert 50.

Der WZR und die Anverwandten

Neben den WZR, die über die Leertaste abrufbar sind, gibt es weitere Weißräume, die eine Zeile oder Wortgruppen in ihren Abständen unterteilen. Sie verfügen allesamt über bestimmte Eigenschaften für eine jeweilige typografische Anwendung, ihre Größe verhält sich dabei immer proportional zur Schriftgröße.

Die verschiedenen WZR, Weißräume und Abstände haben allesamt ihre funktionale Berechtigung in der Typografie – eine saubere Mikrotypografie ist ohne die Kenntnis der entsprechenden Verwendung aber nicht möglich.

Alles Wissenswerte zu Weißräumen und Abständen im Satzprogramm InDesign folgt hier zusammengefasst:

1. **WZR sind im Blocksatz die flexible Größe für das Satzprogramm, um im Blocksatz glatte Satzkanten zu erzeugen.** Zeilen, die unterschiedlich viele Zeichen oder Wörter abbilden, werden durch eine Ausdehnung oder Verkleinerung der WZR auf die gleiche Zeilenbreite ›ausgetrieben‹.

2. **WZR können ›geschützt‹ sein.** Das verhindert zwar nicht, dass sie im Blocksatz in ihrer Größe verändert werden können, aber Wörter, die durch ein geschütztes Leerzeichen getrennt werden, werden beim Zeilenumbruch – also am Ende einer Zeile – nicht auseinandergerissen.

3. Es gibt typografische Konstellationen, bei denen ein WZR zu groß oder zu klein wäre; in diesem Falle greift man auf einen Festabstand zurück, der einen bestimmten Anteil eines Geviertes ausmacht. **Ein Geviert ist in jeder Schriftgröße unterschiedlich, weil es die Höhe des Schriftkegels in horizontaler Ausdehnung ist:** Ein Geviert einer 10 pt-Schrift ist also 10 pt breit!

Die kleinste Geviertеinheit in Indesign ist das 1/24-Geviert – die größte entsprechend ein ganzes Geviert. Besonders häufig wird das Achtelgeviert gebraucht: es ist schmaler als ein WZR, wirkt aber ausreichend trennend, ohne zu ›entzweien‹.

Alle aus einem Geviert errechneten Weißräume sind zudem geschützt – also nicht trennbar – und fest: Ihre Größe variiert also auch im Blocksatz nicht.

UMSETZUNG IN INDESIGN Ein häufiger Fehler in der beruflichen Praxis ist die Verwendung doppelter WZR als größere Festabstände in Manuskripten, die gestalterisch umgesetzt werden müssen. Hier kann über die ›Suchen-und-Ersetzen-Funktion‹ in InDesign ein Suchfilter eingesetzt werden, der den richtigen Festabstand im Dokument an den ›aufgespürten‹ Stellen einsetzt. Diese Suche kann auf Textabschnitte und ganze Dokumente – sogar auf alle Dokumente – angewendet werden.

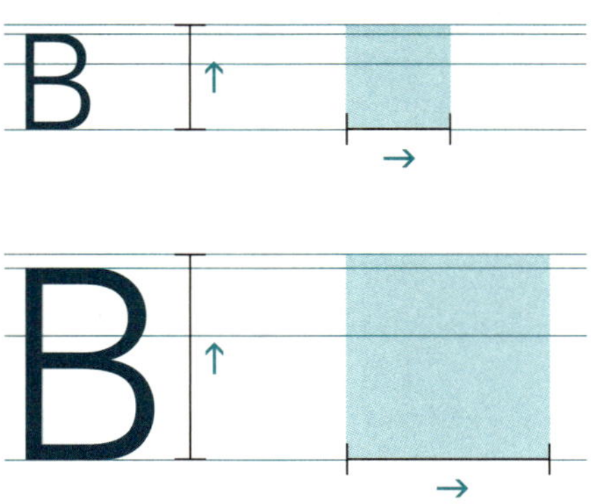

17 Univers 45 Light
Schriftgröße 36 pt/72 pt

Die Kegelhöhe eines Buchstabens ist seine nominelle Größe. Diese vertikale Größe definiert das Geviert in seiner horizontalen Ausdehnung – in der entsprechenden Schriftgröße. Das Geviert ist der größte feste Zwischenraum, den wir in InDesign anwählen können

Im 16. Jahrhundert brandschatzten die Spanier die heutige Kreisstadt, etwa 100 Jahre später waren es die Schweden, die im Dreißigjährigen Krieg die Stadt nahezu vollständig zerstörten.

Im 16. Jahrhundert brandschatzten die Spanier die heutige Kreisstadt, etwa 100 Jahre später waren es die Schweden, die im Dreißigjährigen Krieg die Stadt nahezu vollständig zerstörten.

18 Helvetica Neue LT Std
Schriftgröße 10 pt, ZA 14 pt, LW 10

An den markierten Stellen ist ein WZR als Abstand zu groß, da er die Zusammengehörigkeit aus Ziffer und nachfolgendem Wort nicht abbildet. Der Abstand wäre identisch mit den WZR im Text und würde sich nicht abheben. An dieser Stelle wählt man das kleinere Achtelgeviert – es trennt die beiden Begriffe ausreichend, grenzt sie aber nicht voneinander ab.

3.3 Die Zeilenlänge

Die Länge einer Zeile entscheidet, wie wir einen Text aufnehmen und verarbeiten. Sie muss dem Charakter und Wesen eines Textes gerecht werden.

7 Der ›1. Umbruch‹ ist ein feststehender Begriff in der Buchgestaltung, der den kompletten ersten Seitenaufbau eines Werkes beschreibt. Dieser 1. Umbruch geht dann ins Lektorat zur Korrektur. Der erste Korrekturlauf bezieht sich dann nicht nur auf textliche Änderungen, sondern auch auf gestalterische Positionen, wie den Bildstand zum Beispiel. Alle folgenden Arbeitsstände werden dann als erster, zweiter oder dritter Korrekturlauf bezeichnet.

8 ›Lineares Lesen‹ bezeichnet das Lesen von Texten, die Zeile für Zeile, Seite für Seite konsumiert werden – also hintereinander weg.

Die Zeilenlänge gibt die Anzahl an Buchstaben und Wörtern vor, die das Auge beim Lesevorgang horizontal zu erfassen hat, bevor es mit dem Rückschwung zum Anfangspunkt der nachfolgenden Zeile ›wandert‹. **Wird eine Zeile nach einer bestimmten Länge beendet und in der Folgezeile weitergeführt, spricht man von ›umbrechen‹.** In der typografischen Praxis wird die Gesamtheit aller Zeilenumbrüche eines Textes als ›Umbruch‹[7] bezeichnet.

Für die richtige Länge einer Zeile sind nicht allein gestalterische Fragen maßgeblich – sie ist ein Instrument der Lesetypografie und muss daher an den Anforderungen des Textes und der Art und Weise, wie ein Text gelesen werden soll, ausgelotet werden. Wie bei allen gestalterischen Aufgaben spielt der Charakter des Inhalts die tragende Rolle bei dessen Formgebung. Und Textarten sind vielschichtig, die Möglichkeiten sie zu setzen und grafisch abzubilden ebenso.
Das erfordert eine typografische Lösung, die der Art und der Struktur des Textes gerecht wird. Nur dann wird er ›artgerecht‹ gelesen und auch verstanden werden.

[→ Seite 70, 3.1 Der Vorgang des Lesens]

Ein erzählender Text – wie ein Roman – wird linear[8] gelesen und meist zur Unterhaltung, seine Lektüre darf den Leser nicht belasten. Er wird daher in kürzeren Zeilen besser aufgenommen werden können als ein wissenschaftlicher Text, bei dem davon auszugehen ist, dass der Leser ein unbedingtes, ein professionelles Interesse am Inhalt hat: Er ist gewissermaßen etwas ›belastbarer‹ und verliert daher weniger schnell die Lust am Text.

Die einzelne Zeile ist – isoliert betrachtet (und gelesen) – auch bei einer entsprechenden Länge von 10–12 Wörtern natürlich noch keine Überforderung für das Auge. Aber sie addiert sich mit weiteren Zeilen zu einer Kolumne und die Häufung von vielen langen Zeilen führt beim Auge zu Übermüdung. Und beim Leser zum Verlust des Interesses am Text.

Schon der (ungelesene) Anblick von zu wenig strukturierten Kolumnen mit langen Zeilen führt Untersuchungen zufolge zur ›Ablehnung‹ eines Textes – seit dem Aufkommen der Neuen Medien in zunehmendem Maße.

Ist eine Zeile wiederum zu kurz gehalten, muss das Auge häufiger den Anfangspunkt der Folgezeile finden, durch den sogenannten Rückschwung – was das Erfassen eines längeren Textes, der linear gelesen werden soll, erschwert.

Eine Zeitung wiederum muss einem völlig anderen ›Konsumverhalten‹ genügen: Die Entscheidung, ob man einen Artikel weiterliest, trifft der Zeitungsleser meist nach den ersten Zeilen – ein schnelles Erfassen des Textes ist also notwendig und Teil des ›typografischen Anforderungsprofils‹. Kürzere Textzeilen eignen sich dazu weitaus besser und erlauben ein schnelles ›Überfliegen‹ des Textes.

Zacharias und Sylvia schippern träge von Sylt nach Vancouver. Ein Mix aus Astern und Hyazinthen lässt die Herzen der Samariter höher schlagen. Nimmer, sagte Fjodor, bevor er schwankend der Reling folgte. Und was macht Norbert? Lässt flink Sägespäne im Akkord verpuffen. Alles eine Frage der Ästhetik, findet

1 Roboto Slab
Schriftgröße 9 pt, ZA 13 pt, LW 10, Satzbreite 162,5 mm

Zu lange Zeilen sind für einen schönen Umbruch hilfreich, weil ausreichend Silben und Wörter zur Verfügung stehen – der Lesbarkeit aber ist eine solch breite Zeile abträglich. Besonders wenn viele breite Zeilen sich zu Kolumnen türmen. Das ermüdet das Auge und erschwert lineares Lesen.

Zacharias und Sylvia schippern träge von Sylt nach Vancouver. Ein Mix aus Astern und Hyazinthen lässt die Herzen der Samariter höher schlagen. Nimmer, sagte Fjodor, bevor er schwankend der Reling folgte. Und was macht Norbert? Lässt flink Sägespäne im Akkord verpuffen. Alles eine Frage der Ästhetik, findet Bendix, und lässt die Leine los. Hurtig stößt Fritz zu den

2 Roboto Slab
Schriftgröße 9 pt, ZA 13 pt, LW 10, Satzbreite 56 mm

Kurze Zeilen sind für linear zu lesende Texte nicht immer folgerichtig: Unser Auge hat viele Rückschwünge zu meistern – der Lesevorgang wird etwas unruhig. Das kann bei bestimmten Textarten, die kurz und vielleicht sogar nur einmal gelesen werden sollen, passen – bei nachhaltigen Texten sollte eine Zeilenlänge gewählt werden, die einen hohen Lesekomfort ermöglicht.

Vancouver/Kanada Ein Mix aus Astern und Hyazinthen lässt die Herzen der Samariter höher schlagen. Nimmer, sagte Fjodor, bevor er schwankend der Reling folgte. Und was macht Norbert? Lässt flink Sägespäne im Akkord verpuffen. Alles eine Frage der Ästhetik, findet Bendix, und lässt die Leine los. Hurtig stößt Fritz zu den übrigen, wo er quirlig dem Appell folgt. Wer wird den Froschmann jagen – Bob oder

3 Concorde Roman
Schriftgröße 10 pt, ZA 14 pt, LW 10, Satzbreite 79,5 mm

Die Zeilen sind relativ kurz – im Schnitt ca. 45–48 Zeichen – und sind alle auf die gleiche Breite ausgetrieben. Die eher geringe Zeilenlänge ermöglich ein schnelles Erfassen des Textes. Der Preis dafür sind große und unregelmäßige WZR. Solche Zeilen sind nicht nach ästhetischen Aspekten zu beurteilen, sondern eher nach pragmatischen.

Dann gibt es Textarten, bei denen die Zeilenlänge ein fester Bestandteil des Inhalts ist: Ein Gedicht darf niemals anders umbrochen werden als es der Autor vorsieht – das würde die Sprache und die Struktur des Gedichtes verfälschen.

Heimkommen mit Hunger im Bauch.
Ich flieh aus der U-Bahn. Zurückbleiben!
Leben zum Privatgebrauch.
Die Stadt flieht hinter die Fensterscheiben.

4 ›Auf Dich, mein geliebtes Berlin II‹ von Hans-Eckardt Wenzel (1. Strophe) (Mitteldeutscher Verlag Halle, Leipzig 1984)

Die Zeilenlänge als Bestandteil eines literarischen Konzepts – der Umbruch des Textes ist durch den Autor vorgegeben. Die Zeilen sind abgeschlossene Einheiten und ihrer Aussage entsprechend unterschiedlich lang.

9 Eine ›Lesart‹ beschreibt die Art und Weise, wie wir einen Text erfassen. Nicht immer wird vom Anfang bis zum Ende hintereinander weg gelesen.

Der Buchgestalter und Typograf Hans Peter Willberg hat sich ausführlich mit den Lesarten[9] der Buchtypografie beschäftigt. Er differenziert in seiner ›Lesetypo‹ sehr genau die unterschiedlichen Persönlichkeitsmerkmale der Lesarten, die sich auch auf den Aufbau einer Zeile und den Umbruch eines Textes auswirken.

Im Ergebnis definiert Willberg acht verschiedene Lesarten mit unterschiedlichen Schlüsseleigenschaften. Und gibt den Gestalter:innen entsprechende Möglichkeiten an die Hand, die jeweilige Textart im Sinne des bestmöglichen Verständnisses zu setzen und zu gestalten. Willberg differenziert folgende Lesarten:

1. Lineares Lesen
Es wird hintereinander weg, vom Anfang bis Ende, gelesen – Beispiel: Roman

2. Informierendes Lesen
Der Text wird grob erfasst – ›überflogen‹ – um herauszufinden, ob es lohnt, an bestimmten Stellen intensiver zu lesen – Beispiel: Sachbuch, Tageszeitung

3. Differenzierende Typografie
Der komplexe Text ist in sich stark strukturiert und differenziert gesetzt – Beispiel: Wissenschaftliche Bücher

4. Konsultierendes Lesen
Es werden bestimmte Teile eines Textes aufgesucht und dann gelesen – Beispiel: Lexikon

5. Selektierendes Lesen
Der Text ist in verschiedene inhaltliche Ebenen gegliedert, die sowohl zusammenhängend als auch isoliert gelesen werden können – Beispiel: Schulbuch/Fachbuch

6. Typografie nach Sinnschritten
Die Zeilenlänge und der Umbruch sind Teil der inhaltlichen Aussage – Beispiel: Gedicht/Überschriften/Leseanfänger

7. Aktivierende Typografie
Der Text ist ›lesefördernd‹ gesetzt – Beispiel: Magazin

8. Inszenierende Typografie
Der Text greift in seiner Gestaltung den Inhalt auf – Beispiel: Künstlerbuch

Folgende Fragen sollten bei der Wahl der Zeilenlänge Berücksichtigung finden:

1. Welcher Art ist der zu lesende Text?
Wird der Text ›linear‹ – also Zeile für Zeile und Seite für Seite gelesen? Oder wird der Text so gegliedert, dass der Leser bestimmte Passagen durch ein schnelles Überfliegen auswählt, die für ihn von Interesse sein könnten? Gibt es sogar eine nicht zu vernachlässigende Kopplung von Inhalt und Zeilenlänge?

2. Welche Zeilenlänge kann dem Leser den optimalen Lesevorgang bei dieser Textart ermöglichen?
Zu lange Zeilen ermüden das Auge, zu kurze erfordern zu viele ›Rückschwünge‹ des Auges zur nachfolgenden Zeile. Beide Optionen wirken ›leselusttötend‹. Die Formgebung des Textes – und dazu zählt die Länge einer Zeile in erheblichem Maße – soll den Lesevorgang unterstützen.

3. Wie sind die ökonomischen Rahmenbedingungen?
Gibt es eine wirtschaftliche Notwendigkeit, die Zeilenlänge möglichst effizient aufzubauen? Gegebenenfalls darf ein bestimmter Seitenumfang nicht überschritten werden – ›volle‹ Seiten mit langen Zeilen bilden viel Text ab: Die Seite wird optimal genutzt.[10]

Wer lange Zeilen als Mittel einsetzt, sollte aber folgenden Umstand berücksichtigen: Der einen Text umgebende Weißraum schafft ein harmonisches und notwendiges Gegengewicht zum Grauwert der Schrift. Das wertet die Gestaltung kompositorisch auf und strukturiert die Seite rhythmisch.

4. Gibt es formale Vorgaben bezüglich der Zeilenlänge durch die Satzart?
Beim Flattersatz entscheidet entweder der Verfasser bereits vor der Gestaltung über die Länge einer Zeile – wie bei Gedichten – oder die Typograf:innen, die den Text setzen. Dabei gelten bestimmte typografische und ästhetische Regeln, nach der eine Zeile umbrochen oder das Ausgangswort einer Zeile getrennt werden darf.

Die Blocksatzmethode sollte nur bei linear zu lesenden Texten angewendet werden: Das Schriftbild mit jeweils gleich langen Zeilen unterstützt einen ruhigen, komfortablen Lesevorgang.

Allerdings setzt die Blocksatzmethode die WZR als Regulativ für das Erreichen der glatten Satzkanten bei durchweg gleich langen Zeilen ein. Dazu wird vom Satzprogramm eine bestimmte Anzahl von WZR gebraucht, um ein gutes Satzbild zu produzieren und ›Löcher‹ in der Zeile zu vermeiden. Das sind gemessen an der Schriftgröße und dem Durchschuss optisch zu große Weißräume.

Je länger die Zeile, desto besser wird die Blocksatzqualität, weil dem Programm mehr WZRS zur Verfügung gestellt werden. Die Last wird gewissermaßen auf mehrere Schultern verteilt.[11]

10 In der beruflichen Praxis der Buchgestaltung werden Manuskripte von den Gestalter:innen einer Umfangsberechnung unterzogen. Idealerweise wird ein Umfang angestrebt, der eine effiziente Nutzung des Papiers – der Bögen – anstrebt. Man kann auch halbe und Viertelbögen drucken, das kann die Kostenseite allerdings beeinflussen. Deshalb wird die Textmenge auch unter ökonomischen Aspekten umbrochen – und das betrifft Positionen wie Schriftgröße, Zeilenabstand und Satzspiegelgröße. Also durchaus auch die Zeilenbreite. Besonders bei umfangreichen Werken wirkt sich die Zeilenbreite auf den Seitenumfang aus: Bereits eine 2%ige Verlängerung der Zeile – also 102 mm statt 100 mm – spart bei einem Gesamtumfang von 800 Seiten ganze 16 Seiten (einen Bogen) ein.

11 Für fremdsprachliche Texte gelten etwas einfachere Regeln: Nur wenige Sprachen haben so wenige WZR wie die deutsche Sprache – und viele WZR, bedingt durch ein Mehr an kurzen Wörtern, ermöglichen eine bessere Blocksatzqualität.

Die Zeilenlänge in der Praxis

[→ Seite 252, 7.1 Der Satzspiegel]

Die Länge einer Zeile wird metrisch angegeben, weil sie Teil des Layouts ist. Sie kann identisch mit der Breite des Satzspiegels sein (der Satzspiegel ist die Fläche einer Seite, die für die Gestaltung genutzt und bedruckt wird). Das betrifft vor allem linear zu lesende Texte wie belletristische Texte (Erzählungen, Romane, etc.) oder wissenschaftliche Texte.

Ilja Ehrenburg
Das bewegte Leben des Lasik Roitschwantz
Die Andere Bibliothek, 2016,
Format: 210 × 280 mm

—

1

MAN KANN BEHAUPTEN, daß das ganze bewegte Leben Lasiks mit einem unvorsichtigen Seufzer begann. Es wäre besser gewesen, er hätte nicht geseufzt!

Aber man weiß noch nicht, von welchem Lasik die Rede ist. Es gibt viele Lasiks — schon allein jenen Lasik Rochenstein, der im Klub »Roter Durchbruch« den Zaren Paul verkörpert und dabei unnatürlich gegrunzt hatte; oder den Lasik Ilmanowitsch, den Sekretär des Bezirkskomitees, einen Vielfraß, wie es deren wenige gibt. Hat der nicht ohne jede Angst vor einer Säuberungsaktion in der Partei im vorigen Jahr Mazze mit Eiern gefressen und sich dabei noch, der Frechdachs, auf die Gesundheitsbehörde berufen, weil doch der Nährwert groß sei? Und außerdem würden keine Gase gebildet!

So gibt es auch in Odessa jemanden des Namens Lasik. Ich hatte dort einen Vortrag über französische Literatur zu halten. Wie das so der Brauch ist, türmten sich die Fragezettel. Da war zu lesen: »welcher Klasse gehören Sie an« und »erzählen Sie uns lieber von der Expedition des Genossen Koslow« und »steh Rede, du Hundesohn, für wieviel Pfund du gekauft bist« — und auch so ein Zettel: »Schapiro, schau mal her, Lasik schläft bereits«. Mein Name ist zwar

11

5 Buchseite eines Romans: Die Zeilen entsprechen der Breite des Satzspiegels, der – gemessen an der Breite der Seite – recht schmal ist. Eine Zeile kann maximal 60 Zeichen aufnehmen – sie verfügt über unterschiedlich breite WZR, da InDesign die WZR heranzieht, um die Zeile auf die gleiche Breite auszutreiben.

Eine Zeile kann aber auch in der Gestaltung einer Seite einen relativen Anteil der Satzspiegelbreite annehmen, wenn die Gestalter:innen den Satzspiegel durch ein typografisches Raster unterteilt haben. Dabei wird der Satzspiegel in gleich breite Textspalten unterteilt, die jeweils durch einen Festabstand – den sogenannten Zwischenschlag – voneinander getrennt sind. Diese Einteilung ermöglicht das Abbilden von Texten mit kürzerer Zeilenlänge innerhalb des Satzspiegels.

[→ Seite 268, 7.3 Das Spaltenraster]

Ina Nettekoven
Das Stundenbuch der Herzogin Philippa von Geldern
Deutscher Kunstverlag, 2022
Format: 210 × 280 mm

Philippa von Geldern, Herzogin von Lothringen, Königin von Sizilien

Eine Prinzessin aus Geldern

Das 15. Jahrhundert, in das die Protagonistin dieses Buches hineingeboren wurde, war das große Jahrhundert der Entdeckungen und Umwälzungen. Als Philippa von Egmond im Jahr 1467 als Zwillingsschwester ihres Bruders Karl in Grave[1] geboren wurde, war Europa in Sorge. Man befürchtete das baldige Ende der Welt. Schon seit Anbeginn der Christenheit hatte man die Wiederkehr des Erlösers erwartet, und je länger dieses Warten dauerte, desto überzeugter wurde man, dass er über die sündige Menschheit strenges Gericht halten würde. So hatte es das letzte Buch des Neuen Testamentes, die Offenbarung des Johannes, angekündigt und also erwartete die Menschheit das Endgericht um das Jahr 1500 nach Christi Geburt. Die düsteren Zeichen, dass dieses schreckliche Ereignis unmittelbar bevorstand, mehrten sich und seitdem Johannes Gutenberg zu Mainz den beweglichen Letterndruck erfunden hatte, war es auch möglich, die Kunde von den unheilverkündenden Vorzeichen, den Beweisen für die Verderbtheit der Menschen, und vom Zorn Gottes schnell zu verbreiten.

Die Mentalität der Menschen dürfte damals nicht viel anders als heute gewesen sein. Die Vorgänger der »Regenbogenpresse« verkauften sich gut. Flugblätter, die von unheilverkündenden Sternenkonstellationen berichteten, von Meteoriten, von der Mehrung von Geburten missgebildeter Kreaturen, stießen auf großes Interesse und fanden reißenden Absatz. Berühmt geworden ist in diesem Zusammenhang beispielsweise ein Schwein mit einem Kopf, zwei Zungen, vier Ohren, zwei Leibern und acht Beinen, das im elsässischen Landser das Licht der Welt erblickte. Der Humanist und Dichter Sebastian Brant hatte das missgebildete Tier vorgeblich mit eigenen Augen gesehen und brachte einen künstlerisch wenig überzeugenden

1 Albrecht Dürer, Die vier apokalyptischen Reiter, Nürnberg 1511 (Erstausgabe 1498)

13

6 Buchseite eines Sachbuchs: Die Zeilen entsprechen nicht der Breite des Satzspiegels – sie wären deutlich zu lang. Die Zeilenlänge ist also immer mit dem Format der Seite abzustimmen. Die hier abgebildete Zeilenbreite nimmt ca. 50–54 Zeichen auf – alle Zeilen sind gleich breit und haben unterschiedlich große WZR.

[→ Seite 128, 4.4 Flattersatz]
[→ Seite 120, 4.3 Blocksatz]

Die Typograf:innen bestimmen entsprechend der Textart, der Satzmethode – Flattersatz oder Blocksatz – und dem Wesen der Publikation eine Zeilenbreite, indem sie die Anschläge (dazu zählen alle Buchstaben, die WZR und die Satzzeichen) einer Zeile durchzählen und daraus Rückschlüsse auf die Anzahl der Worte treffen können.

Heiratsmarkt, richtig, da war doch was:

10 20 30 39

In der typografischen Praxis haben sich folgende Zeilenlängen für bestimmte Anwendungen bewährt:

30–40 Anschläge pro Zeile (4–5 Wörter)

Wenn eine Seitengestaltung schmale Textspalten vorsieht – die Gründe dafür sind im Wesen und Charakter des Inhalts und der Publikation begründet – kann mit derlei kurzen Zeilen gesetzt werden. Das Auge benötigt zur Erfassung des Textes viele Rückschwünge, der Inhalt ist zumeist in kürzere, abgeschlossene Abschnitte unterteilt.

Derart kurze Zeilen sollten ausschließlich im Flattersatz abgesetzt werden – für die Blocksatzmethode stehen zu wenig WZR zur Verfügung.

Als untere Grenze für Blocksatz gelten 45 Zeichen pro Zeile. Verteilen sich diese Anschläge auf sehr wenige Wörter, was bei langen Fachbegriffen oder wissenschaftlichen Termini durchaus der Fall sein kann, wird die Satzqualität löchrig. Dann sollten breitere Zeilen gewählt werden.

Hurtig stößt Fritz zu den übrigen, wo er quirlig dem Appell folgt. Wer wird den Froschmann jagen – Bob oder Maximiliane? Und wieso wendet sich Viktor dem Foxterrier zu, wenn Britta zielführend die Rüben schält? Rhabarber schmeckt wohlig und frisch zugleich. Am besten kurz vor Xanten in die Eisen gehen.

7 Neue Haas Unica Pro
Schriftgröße 10 pt, ZA 14 pt, LW 10,
Satzbreite 58,5 mm

Die kurzen Zeilen sind unterschiedlich lang, verfügen über gleich große WZR – im Schnitt 3–5 – und haben neben der glatten linken Satzkante eine schön bewegte rechte Kante. Sind aus gestalterischen Gründen schmale Kolumnen gewünscht, können die Zeilen auf keinen Fall auf die gleiche Breite ausgetrieben werden, da so wenige WZR nicht ausreichen, um ausgewogene Räume zu erzeugen.

Hurtig stößt Fritz zu den übrigen, wo er quirlig dem Appell folgt. Wer wird den Froschmann jagen – Bob oder Maximiliane? Und wieso wendet sich Viktor dem Foxterrier zu, wenn Britta zielführend die Rüben schält? Rhabarber schmeckt wohlig und frisch zugleich. Am besten kurz vor Xanten in die Eisen gehen.

8 Neue Haas Unica Pro
Schriftgröße 10 pt, ZA 14 pt, LW 10,
Satzbreite 58,5 mm

Die Zeilen bilden dieselben Worte ab wie die Abb. 7 – das Satzbild ist allerdings löchrig und nicht ausgeglichen. Zwischen den Wörtern klaffen zu große Räume, die den Rhythmus der Zeilen sehr stören.

Diese Kolumne hat sehr kurze Wörter, die auch mehr WZR als lange Wörter generieren – wie man in diesem Text und seinen Zeilen bestens beobachten kann. Vor allem, wenn man die ersten drei Zeilen betrachtet, die deswegen schön laufen und ein überaus ausgeglichenes Wortbild haben und einen sehr schönen Grauwert.

9 Neue Haas Unica Pro
Schriftgröße 10 pt, ZA 14 pt, LW 10,
Satzbreite 58,5 mm

Neben der faktischen Breite einer Zeile, die sich an einer bestimmten Anzahl an Zeichen bemessen lässt, spielt die Verteilung dieser Zeichen auf eine entsprechende Anzahl von Wörtern eine gewichtige Rolle.
Die Zeilen, die mehrere kurze Wörter abbilden, haben auch entsprechend mehr WZR zur Verfügung als solche, die aus wenigen, aber sehr langen Wörtern bestehen. Und diese WZR braucht das Satzprogramm – früher der Setzer –, um gleiche Zeilenbreiten zu erzeugen.

60–70 Anschläge pro Zeile (das entspricht in etwa 8–10 Wörtern)
Der Text kann ›ermüdungsfrei‹ hintereinander weg gelesen werden, weil die Zeilen nicht zu lang sind. Sie sind aber lang genug, um ausreichend inhaltliche Substanz zu transportieren, ohne dass das Auge in zu hohem Maße durch Rückschwünge die nachfolgende Zeile finden muss, um weiterzulesen.

Die Zeilenlänge von 8–10 Wörtern ist geeignet, um Leser an einen Text zu binden, die den Text nicht zwingend lesen müssen, ihn aber gerne lesen wollen.

Sowohl Flatter- als auch Blocksatz kann diese Zeilenlänge sehr gut typografisch aufbauen und abbilden.

70–80 Anschläge pro Zeile (das entspricht in etwa 10–12 Wörtern)
Eine solch lange Zeile gilt als ›volle Zeile‹ und ist nur für Texte geeignet, deren Leser ein sehr hohes – möglicherweise berufliches – Interesse haben, den Text auch zu lesen, da der Lesekomfort nicht sehr hoch ist. Diese Zeilenbreite wird fast immer im Blocksatz abgebildet.

Ein Mix aus Astern und Hyazinthen lässt die Herzen der Samariter höher schlagen. Nimmer, sagte Fjodor, bevor er schwankend der Reling folgte. Und was macht Norbert? Lässt flink Sägespäne im Akkord verpuffen. Alles eine Frage der Ästhetik, findet Bendix, und lässt die Leine los.

Ein Mix aus Astern und Hyazinthen lässt die Herzen der Samariter höher schlagen. Nimmer, sagte Fjodor, bevor er schwankend der Reling folgte. Und was macht Norbert? Lässt flink Sägespäne im Akkord verpuffen. Alles eine Frage der Ästhetik, findet Bendix, und lässt die Leine los.

10 Neue Haas Unica Pro
Schriftgröße 10 pt, ZA 14 pt, LW 10

Bei einer angestrebten Zeilenlänge von 60–70 Zeichen sind die WZR in beiden Absätzen annähernd gleich. Der obere Absatz geht allerdings in seinem Zeilenumbruch auf die Bedeutung der Wörter und Satzteile ein, was sehr unterschiedlich lange Zeilen zur Folge hat.

Im unteren Absatz sind die Zeilen auf die gleiche Breite ausgetrieben – im Ergebnis haben die ersten vier Zeilen nahezu die gleiche Zeichenanzahl. Bei klassischen ›Lesezeilen‹ dieser Breite kann die relativ hohe Anzahl an Zeichen (und damit auch Silben) auch bei ausgetriebenen Zeilen die WZR sehr dicht am Optimum aufbauen.

Ein Mix aus Astern und Hyazinthen lässt die Herzen der Samariter höher schlagen. Nimmer, sagte Fjodor, bevor er schwankend der Reling folgte. Und was macht Norbert? Lässt flink Sägespäne im Akkord verpuffen. Alles eine Frage der Ästhetik, findet Bendix, und lässt die Leine los.

11 Neue Haas Unica Pro
Schriftgröße 10 pt, ZA 14 pt, LW 10

Ist die Zeilenbreite auf bis zu 12 Wörter ausgelegt – bei kurzen Wörtern können es auch bis zu 13 oder 14 sein –, ist ein ruhiges Satzbild wichtig, um den ohnehin schon herausfordernden Leseprozess nicht noch ermüdender zu machen. Sind alle Zeilen gleich breit, kann sich das Auge auf die langen Zeilen besser einstellen. Das Satzbild hat bei dieser Zeilenbreite eine gute Qualität, da viele Optionen für Trennungen oder Umbrüche zur Verfügung stehen.

3.4 Der Zeilenumbruch

Das Finale am Zeilenende: typografische Entscheidungen zwischen semantischer Richtigkeit und einer ästhetischen Satzkante

12 Die Semantik beschäftigt sich mit der Bedeutung der Zeichen. Diese Zeichen können aber auch ganze Wörter oder Sätze sein. Somit ist die Semantik für den Umbruch einer Zeile von hoher Bedeutung: Wird semantisch getrennt, beeinhaltet das eine Berücksichtigung der Bedeutung der Wörter und der Silben. Umbrüche und Trennungen, die die Bedeutung eines Wortes entfremden, sind demnach zu vermeiden.

[→ Seite 104, 4.1 Die Kolumne]

Wenn man über Zeilenumbrüche und Worttrennungen spricht, ist eine Trennung (diesmal eine inhaltliche) vom nachfolgenden Themenblock über den Aufbau der Kolumne kaum möglich. Um es mit einem Gleichnis zu beschreiben: Die Zeile ist gewissermaßen ein Protagonist in einem Stück, das ›Kolumne‹ heißt. Sie hat es daher auch verdient, dass ihre darstellerische Leistung gesondert – also losgelöst vom ›großen Ganzen‹ – gewürdigt wird. Und zu der darstellerischen Leistung der Zeile gehört auch, wie sie den Schlussakkord meistert: den Umbruch.

Beim Thema Zeilenumbruch (und damit zwangsläufig beim Thema Trennungen) gilt es, zwei grundlegend unterschiedliche Herangehensweisen und typografische Gestaltungsmodelle zu thematisieren, denn Blocksatz und Flattersatz behandeln das Trennen von Wörtern, das Zeilenende, sehr unterschiedlich.

Blocksatz beendet eine Zeile nach einer fest vorgegebenen, metrisch definierten Länge, indem er die WZR in ihrer Breite modifiziert – Flattersatz berücksichtigt die sinngebende und den Satzbau betreffende Struktur des Textes: Die Semantik[12] findet im Flattersatz eine höhere Relevanz; die Zeilenlänge und ihr Umbruch berücksichtigen die Bedeutung und die Zusammenhänge der Satzteile.

Man kann den Themenbereich des Zeilenumbruchs und der Trennungen sehr schlüssig über typografische Regeln vermitteln – am Ende werden die Gestalter:innen zu Regisseur:innen und damit zu Formgeber:innen der Kolumne. Besonders beim Flattersatz muss eine ästhetisch stabile und inhaltlich stimmige Flatterzone ausgebildet werden. Das kann uns kein Satzprogramm abnehmen.

Dieses Kapitel beschäftigt sich mit dem Beenden einer Zeile, dem Umbruch, und behandelt deswegen vornehmlich das Thema Worttrennung – im Blocksatz und im Flattersatz. Grundlegende Fragestellungen zu diesen beiden Satzmethoden und der einhergehenden Architektur der Kolumne fokussiert der folgende Kapitelkomplex ›4 Die Kolumne‹.

Der Zeilenumbruch im Blocksatz

Worttrennungen und Zeilenlänge

Kurze Zeilen müssen häufiger mit einer Trennung beendet werden. Je länger eine Zeile ist, desto größer ist die Möglichkeit, ihren Umbruch ohne Worttrennung durchzuführen. Bestimmte Textarten (z.B. wissenschaftliche Texte) haben einen hohen Anteil an sehr langen Wörtern, wie Fachbegriffe oder zusammengesetzte Wörter – die Zeilenlänge sollte daher so gewählt werden, dass ausreichend Anschläge und WZR untergebracht werden können.

[→ Seite 110, 4.2 Form und Gestalt der Kolumne]

Mikrobakterielle Enzymresistenzen sind selbstredend populärwissenschaftliche Scharlatanerie, die uns aufs Allertrefflichste veranschaulichen, dass ausufernde, zusammengesetzte Fachterminibelegexemplare die durchaus strapazierfähige Zeilenbreite von 60–70 Zeichen lahmlegen können – zumindest in Bezug auf mehrere Worttrennungen am Zeilenende, die aber keine heilige Kuh der Typografie sind.

1 Officina Serif
Schriftgröße 10 pt, ZA 14 pt, LW 20, Zeilenbreite 100 mm

Die gewählte Zeilenbreite ist ausreichend und optimal für lineares Lesen, dennoch können sehr lange Wörter zu vielen Worttrennungen führen. Die verwendete Officina Serif ist bereits eine eher schmallaufende Schrift, die platzsparend abbildet.

Genau, diese Zeilen sind kürzer und kommen doch mit weniger Trennungen aus als das Beispiel linkerhand. Es ist also auch immer eine Frage des Manuskripts und der darin verwendeten Wörter und Begriffe, die die gewählte Zeilenbreite in einem guten Lichte erscheinen lassen. Gerade mal eine Worttrennung! Hurrah!

2 Officina Serif
Schriftgröße 10 pt, ZA 14 pt, LW 20, Zeilenbreite 79,5 mm

Obwohl eine geringere Zeilenbreite zur Verfügung steht, bedarf es weniger Worttrennungen als im Beispiel links. Der Einfluss der Länge der vorkommenden Wörter auf den Umbruch ist erheblich.

Worttrennungen als Mittel für ein gutes Satzbild

Trennungen behindern den Lesefluss weitaus weniger als zu große Räume zwischen den Wörtern. Der Lesevorgang benötigt eindeutige Wortbilder und klar definierte Wortzwischenräume – diese könnten nämlich während der Fixation die Anzahl an aufgenommenen Zeichen reduzieren.

Wir können im Satzprogramm festlegen, an welcher Stelle des Wortes getrennt werden darf. Je kürzer die zugelassenen Vorsilben, desto mehr Trennungen sind möglich. Aber Vorsicht: Ganz kurze Vorsilben (2 Buchstaben) sind nur bei sehr schmalen Kolumnen vorgesehen!

[→ Seite 122, 4.3 Blocksatz *Blocksatz und seine Voreinstellungen*]

Wer wird den Froschmann jagen – Bob oder Maximiliane? Und wieso wendet sich Viktor dem Foxterrier zu, während Britta zielführend die Rüben schält? Rhabarber schmeckt wohlig und frisch zugleich. Am besten kurz vor Xanten in die Eisen gehen. Ein probates Mittel, seufzte Richard.

3 Akzidenz Grotesk Plain
Schriftgröße 10 pt, ZA 14 pt, LW 10, Zeilenbreite 79,5 mm

Das Satzbild – besonders in der ersten und fünften Zeile – ist ohne Worttrennungen löchrig und unruhig. Die WZR sind teilweise größer als der Zeilenabstand. Die Zeilen sind zu kurz (ca. 45 Zeichen), um ohne Trennungen auszukommen.

Wer wird den Froschmann jagen – Bob oder Maximiliane? Und wieso wendet sich Viktor dem Foxterrier zu, während Britta zielführend die Rüben schält? Rhabarber schmeckt wohlig und frisch zugleich. Am besten kurz vor Xanten in die Eisen gehen. Ein probates Mittel, seufzte Richard.

4 Akzidenz Grotesk Plain
Schriftgröße 10 pt, ZA 14 pt, LW 10, Zeilenbreite 79,5 mm

Deutlich ausgeglichener ist das Satzbild mit zugelassenen Trennungen. Die erste und fünfte Zeile haben nunmehr sehr gleichmäßige WZR und ähnlich viele Zeichen/Silben in einer Zeile, was einen stimmigen Grauwert ermöglicht.

Die passende Anzahl an Worttrennungen untereinander
Im Blocksatz gesetzte Zeilen haben eine höhere Toleranz bezüglich Trennungen von Ausgangswörtern: Die glatten Satzkanten und die immer gleich langen Zeilen wirken beruhigend auf unser Auge. Dieses Gefüge wird durch mehrere Trennungen hintereinander nicht gestört: **Ein geschlossenes Satzbild zu Lasten mehrerer Trennungen untereinander ist typografisch großen Löchern durch breite WZR im Satzbild vorzuziehen.**

Besonders heimtückisch sind eher schmalere Spal-
ten mit entsprechend wenig Anschlägen in den Zei-
len, die ein Manuskript abbilden sollen, das über-
wiegend aus langen, verschachtelten
Wortgebilden besteht, nicht selten auch zahlreiche
Fachbegriffe und Fremdwörter beinhaltend.

5 Akzidenz Grotesk Plain
Schriftgröße 10 pt, ZA 14 pt, LW 10, Zeilenbreite 79,5 mm

Die Satzqualität nach der dritten Zeile ist ungenügend – die WZR sind deutlich zu groß. Die in InDesign getroffene Voreinstellung von 3 Trennungen in Folge verhindert die in der 4. Zeile notwendige Trennung.

Besonders heimtückisch sind eher schmalere Spal-
ten mit entsprechend wenig Anschlägen in den Zei-
len, die ein Manuskript abbilden sollen, das überwie-
gend aus langen, verschachtelten Wortgebilden auf-
gebaut ist, nicht selten auch zahlreiche Fachbegriffe
und Fremdwörter beinhaltend.

6 Akzidenz Grotesk Plain
Schriftgröße 10 pt, ZA 14 pt, LW 10, Zeilenbreite 79,5 mm

Vier Trennungen in Folge sind deutlich besser zu akzeptieren als ein schlechtes Satzbild aufgrund zu großer WZR. Die druckenden und die nichtdruckenden Teile stehen hier in einem gesunden Verhältnis.

Worttrennungen und Semantik
Worttrennungen dürfen nie sinnentstellend sein. Manchmal können Trennungen ein Wortteil am Ende einer Zeile isolieren, das dann eine neue Bedeutung hat. **Wer nach Wortteilen trennt, nicht nach Sprechsilben, ist auf der richtigen Seite.** Zusammengesetzte Wörter sollten immer an den Wortfugen getrennt werden.

Wenn Worttrennungen am Zeilenende ausschließ-
lich Sprechsilben berücksichtigen, können sinnent-
stellte Wortschöpfungen entstehen, die dann isoliert
am Zeilenende Rätsel aufwerfen. Das wäre dann ein
Verstoß in recht erheblichem Maße gegen den Urin-
stinkt des Typografen!

7 Neutra Text Book
Schriftgröße 10 pt, ZA 13,5 pt, LW 20, Zeilenbreite 79,5 mm

Wer eine Zeile aufs Papier bringt, zeichnet für die Gestaltung und die passende Vermittlung der Botschaft verantwortlich. Diese Verantwortung wurde in diesem Absatz gleich zweimal vernachlässigt – die Missachtung der Wortfugen zur Trennung und das weitere Anhängen einzelner Sprechsilben an den Wortstamm weist grundsätzlich vertrauten Wörtern eine neue, unbekannte Bedeutung zu.

Gesamtpa|ket Gesamt|paket
Lieferser|vice Liefer|service
Zechprell|erei Zech|prellerei
Klimaan|lage Klima|anlage

8 Neue Haas Unica Pro Regular
Schriftgröße 14 pt, LW 10

Ein kleiner Schritt für die Worttrennung – ein großer Schritt für die Bedeutung des Wortes! Ein ›Gesamtpa‹ oder eine ›Klimaan‹ am Zeilenende wirft so manche Frage auf und hemmt das Textverständnis.

Als wir gegen 22.00 Uhr die Musik lauter stellten, be-
trat ein aufgebrachter und auf Einhaltung der Hausord-
nung pochender Herbergsvater den Mehrzweckraum.
›Werte Gäste, ich bitte Sie, das ist doch kein Tanzsa-
lon! Bedenken Sie, dass der Raum nicht als Frittenbu-
de genutzt werden soll!‹

Als wir gegen 22.00 Uhr die Musik lauter stellten, be-
trat ein aufgebrachter und auf Einhaltung der Haus-
ordnung pochender Herbergsvater den Mehrzweck-
raum. ›Werte Gäste, ich bitte Sie, das ist doch kein Tanz-
salon! Bedenken Sie, dass der Raum nicht als Fritten-
bude genutzt werden soll!‹

9 Corporate S Regular
Schriftgröße 10 pt, ZA 13,5 pt, LW 20, Zeilenbreite 79,5 mm

In drei Fällen wurden zusammengesetzte Wörter nicht an den Wortfugen getrennt – das Anhängen einzelner Silben verfremdet die Wörter. Wie im rechten Absatz zu sehen ist, ist der Platz für eine semantisch korrekte Worttrennung durchaus vorhanden. Kurze Silben sind eigentlich fast immer in die Folgezeile – oder noch in die Ausgangszeile – integrierbar. Die Berücksichtigung der Wortfugen beim Setzen erfordert ein ›Mitlesen‹ der Zeilen durch die Gestalter:innen.

Hausord|nung	Haus|ordnung
Tanzsa|lon	Tanz|salon
Frittenbu|de	Fritten|bude

UMSETZUNG IN INDESIGN Die angesprochenen Positionen, die das Zeilenende im Blocksatz steuern und ausformen, sind allesamt in der Palette Absatz zu finden. Die Einstellungen für die Silbentrennung regulieren folgende Parameter:

1. Wieviele Buchstaben darf das Wort haben, das getrennt werden soll?
Hier ist die Zeilenbreite zu berücksichtigen – je breiter die Zeile, desto geringer ist die Toleranz. Nur bei sehr kurzen Zeilen sind Trennungen von kurzen Wörtern (5 Buchstaben) akzeptiert.

2. Wieviele Zeichen entfallen dabei auf die kürzeste Vor- bzw. Nachsilbe?
Als kurze Vorsilben gelten 2 Buchstaben – und das auch nur bei sehr kurzen Zeilen. Besser: Trennungen nach Silben mit 3 Buchstaben. Die grammatikalisch richtige Trennung nach nur einem Zeichen ist in jedem Fall zu vermeiden.

3. Wieviele Trennungen untereinander sind erwünscht?
InDesign arbeitet in der Grundeinstellung mit einer maximalen Anzahl von 3 Trennungen in Folge. Das kann beliebig verändert werden – ein Limit von 5 Trennungen ist ein heute durchaus tolerierter ›Kunstgriff‹.

4. Dürfen auch großgeschriebene Wörter getrennt werden?
Das sollte in der Voreinstellung zugelassen werden.

5. Wie verhält es sich mit dem Trennverhalten, wenn das Wort über zwei Spalten läuft?
Wenn vermeidbar, erhöht das die typografische Qualität. Auch eine Frage des Leidensdrucks. Und der Manuskriptbeschaffenheit.

6. Darf das letzte Wort eines Absatzes getrennt werden?
Hier hat die Ausgangszeile als Betroffene starkes Mitspracherecht: Eine Trennung an dieser neuralgischen Position verhindert eine ausreichende Zeilenlänge. Also bitte vermeiden! Es sei denn, es handelt sich um den ›Oberweserdampf-schiffahrtsgesellschaftskapitän‹.

Mit diesen Einstellungen können die Gestalter:innen das Satzbild ästhetisch, semantisch und mikrotypografisch justieren.

Der Zeilenumbruch im Flattersatz

[→ Seite 128, 4.4 Flattersatz]

Die Zeile im Flattersatz nötigt den Typograf:innen mehr Aufmerksamkeit ab. Das Satzbild mit seinen unterschiedlich langen Zeilen sollte eine bewusst gestaltete ›Flatterzone‹ erhalten, damit keine ›unschönen‹ Formen entstehen. Als guter Rhythmus hat sich das Wechselspiel aus langen und kurzen Zeilen bewiesen. Allerdings muss man wissen, dass die Worttrennungen und das Umbruchverhalten der Zeilen einem stärkeren typografischen Regelkatalog unterliegen, der die ästhetische Ausformung der Flatterzone beeinflusst.

Alles eine Frage der Ästhetik, findet Bendix, und lässt die Leine los. Hurtig stößt
Fritz zu den übrigen, wo er quirlig dem Appell folgt. Wer wird den Froschmann jagen –
Bob oder Maximiliane? Und wieso wendet sich Viktor dem Foxterrier zu, während
Britta zielführend die Rüben schält? Rhabarber schmeckt wohlig und frisch zugleich.

10 Akzidenz-Grotesk
Schriftgröße 10 pt, ZA 14 pt, LW 10, Zeilenbreite 127,5 mm

Der Wechsel einer langen und einer kurzen Zeile ist nicht nur rhythmisch stimmig – er verhindert zudem das Herausbilden dominanter Formen innerhalb der Kolumne, die vom Inhalt ablenken. Unsere Wahrnehmung würde einer Formgebung der Kolumne eine entsprechende inhaltliche Bedeutung zuweisen, die nicht vorhanden ist.

Flattersatz und Worttrennungen

[→ Seite 128, 4.4 Flattersatz *Trennungen im Flattersatz*]

Im Flattersatz werden Trennungen, die sehr kurze Silben (2 Zeichen) am Zeilenende verursachen, vermieden. Auch hier gilt zwar: Wenn die Zeilen kurz sind, steigt die Toleranz bezüglich Worttrennungen. Die Entscheidung für Flattersatz impliziert auch immer ein stärkeres Lesen des Inhalts und ein Erkennen der semantischen Struktur. Und ein Erhalten dieser Struktur.

Folgezeilen sollten nie mit einer kurzen Silbe (2 Zeichen) beginnen. Letzteres übrigens gilt für beide Satzverfahren, denn bevor zwei Anschläge in eine neue Zeile verschoben werden, sollte man versuchen, sie noch in die Ausgangszeile zu integrieren. Das ist fast immer möglich!

Ebenso werden im Flattersatz sehr kurze Wörter mit 2–3 Buchstaben am Zeilenende vermieden. Bestimmte und unbestimmte Artikel werden also niemals vom Substantiv entkoppelt und solitär ans Zeilenende gesetzt – die kurzen Wörter sind rhythmisch sehr unruhig und stören das Satzbild.

Die grammatikalisch zwar richtige Trennung nach dem Anfangsbuchstaben sollte unbedingt vermieden werden: Ein isoliert stehender Buchstabe am Ende einer Zeile aus rhythmisch ausgewogenen Wortbildern wirkt wie ein Fremdkörper – und bietet dem Auge nicht ausreichend Möglichkeit, anhand eines Wortteiles oder einer Silbe auf den Sinn des gesamten Wortes zu schließen.

Doch dieser Moment währt nicht lange. Genau-
er gesagt, bis ein jugendlicher Mopedfahrer die spür-
bare Melancholie aufmischt und für einen dieser ty-
pischen brandenburgischen Momente sorgt. Der
Reiz, auf einem nicht angemeldeten Zweirad durch die
Natur zu brettern, scheint überall gleich groß zu sein. A-
soziales Gehabe muss das aber nicht gleich sein!

Doch dieser Moment währt nicht lange. Genauer
gesagt, bis ein jugendlicher Mopedfahrer die spür-
bare Melancholie aufmischt und für einen dieser
typischen brandenburgischen Momente sorgt.
Der Reiz, auf einem nicht angemeldeten Zweirad
durch die Natur zu brettern, scheint überall gleich
groß zu sein. Asoziales Gehabe muss das aber
nicht gleich sein!

11 Akzidenz-Grotesk
Schriftgröße 10 pt, ZA 14 pt, LW 10, Zeilenbreite 83,5 mm

Kurze Silben und Wörter am Zeilenende, bzw. am Anfang der Folgezeile, sind rhythmisch unschön, wie an verschiedenen Beispielen zu sehen: Der in der 1. Zeile vorgenommene Umbruch lässt die 2. Zeile mit einer kurzen Silbe beginnen – ohne Not. Die 3. Zeile endet wiederum mit einer solchen kurzen Silbe – die Geschlossenheit der Zeile geht dadurch verloren. Die in der 5. und 6. Zeile am Zeilenende stehenden bestimmten Artikel hätten nicht von den Substantiven getrennt werden müssen. Auch hier werden zusammengehörende Einheiten auseinandergezogen. Das isoliert am Zeilenende stehende Versal-A in Zeile 6 reißt die Geschlossenheit der Zeile vollständig auf – inhaltlich ist es auch nicht notwendig, nach einem Punkt noch eine neue Zeile beginnen zu lassen, wenn wenig Raum zur Verfügung steht. Deutlich besser im Umbruch – inhaltlich, semantisch und rhythmisch – ist das Beispiel rechts.

Erzwungene Worttrennungen

Das Divis – der Trennstrich – darf niemals händisch eingefügt werden, wenn das Programm an der gewünschten Stelle keine Worttrennung anbietet. Dieses würde vom Programm als reguläres Zeichen angesehen werden und auch dann stehenbleiben, wenn der Umbruch sich ändert. **Über die Tastenkombination Apfel+Shift+Divis setzen wir Trennstriche, die auch wieder vom Programm herausgenommen werden,** wenn die Worttrennung vom Zeilenende wieder in die Zeile rutscht.

Doch dieser Moment währt nicht lange. Genauer gesagt, bis ein jugendlicher
Mopedfahrer die spürbare Melancholie aufmischt und für einen dieser typischen
brandenburgischen Momente sorgt. Der Reiz, auf einem nicht angemel-deten
Zweirad durch die Natur zu brettern, scheint überall auf der Welt gleich groß zu sein.

12 Adobe Caslon Pro
Schriftgröße 10 pt, ZA 14 pt, LW 10, Zeilenbreite 79,5 mm

Das Divis kann durch Trennungen automatisch vom Programm gesetzt – aber auch händisch über die Tastatur abgerufen werden. Und genau das darf nicht passieren, denn es bleibt bei Änderungen – meist nach Korrekturen in den Zeilen darüber – in der Zeile stehen!

Die schwarzen Schafe unter den Zeilen – ›Waisenkinder‹[13], ›Schusterjungen‹ und zu kurze Ausgangszeilen

13 Der heute in der deutschen Sprache verwendete Terminus ›Waisenkind‹ – eine Adaption des im Englischen bei Setzern gebräuchlichen ›Orphins‹ – ist weniger drastisch als der jahrhundertelang unter den meist männlichen Setzern gebräuchliche Begriff ›Hurenkind‹.

In den bereits angesprochenen Vergleich von der Zeile als Hauptdarsteller in einem Stück könnte man noch zwei Nebendarsteller einflechten, die in der Typografie, speziell in der Buchgestaltung, sehr unbeliebt sind, beinahe sogar den Bad-Cop-Status innehaben: die ›Waisenkinder‹ und die ›Schusterjungen‹.

Ein ›Waisenkind‹ ist eine Ausgangszeile eines Absatzes – also einer inhaltlich zusammenhängenden und abgeschlossenen Einheit – und gleichzeitig die erste Zeile einer neuen Kolumne oder neuen Seite.

Es ist inhaltlich bedenklich, die erste Zeile einer neuen Einheit (Kolumne, Seite) mit einem ›Schlussakkord‹ zu beginnen. Man könnte von einer Fehlbesetzung sprechen. Um mal wieder unseren Vergleich heran zu ziehen.

Gestalterisch ist das Aufeinandertreffen einer (kürzeren) Ausgangszeile eines Absatzes und einer eingezogenen Zeile des folgenden Absatzes unglücklich – beide scheren aus der gewohnten Satzbreite aus. Das stört das harmonische Gesamtbild einer Seite.

Wird eine Kolumne oder gar eine Seite mit einer Zeile beendet, die einen neuen Absatz einleitet, wird eben diese Zeile als ›Schusterjunge‹ bezeichnet. Auch hier treffen zwei sich widersprechende inhaltliche Positionen aufeinander: Der Beginn eines neuen Gedanken und das Ende einer Einheit.

Gestalterisch ›kippt‹ eine Kolumne oder eine Seite und mutet instabil an, weil das ›Fundament‹ aus einer kürzeren Zeile und einer eingezogenen Zeile besteht.

Der Startschuss im falschen Moment – Der ›Schusterjunge‹

Wenn man über Zeilenumbrüche und Worttrennungen spricht, ist eine Trennung (diesmal eine inhaltliche) vom nachfolgenden Themenblock über den Aufbau der Kolumne kaum möglich. Um es einmal mit einem Gleichnis zu beschreiben: Die Zeile ist gewissermaßen ein Protagonist in einem Theaterstück das ›Kolumne‹ heißt. Sie hat es daher auch verdient, dass ihre darstellerische Leistung gesondert, also losgelöst vom ›großen Ganzen‹, gewürdigt wird. Und zu der darstellerischen Leistung der Zeile gehört auch, wie sie den Schlussakkord meistert: den Umbruch. Wir müssen beim Thema Zeilenumbruch (und damit zwangsläufig beim Thema Trennungen) zwei grundlegend unterschiedliche Herangehensweisen und typografische Modelle der Gestaltung berücksichtigen, denn Blocksatz und Flattersatz behandeln das Trennen von Wörtern, das Zeilenende, sehr unterschiedlich. Der Blocksatz beendet eine Zeile nach einer fest vorgegebenen, metrisch definierten Länge, indem er die WZR in ihrer Breite modifiziert – der Flattersatz berücksichtigt die sinngebende und den Satzbau betreffende Struktur des Textes. Die Semantik findet im Flattersatz eine höhere Relevanz; die Zeilenlänge und ihr Umbruch berücksichtigen die Bedeutung und die Zusammenhänge der Satzteile. Man kann den Themenbereich des Zeilenumbruchs und der Trennungen sehr schlüssig über typografische Regeln vermitteln – schlussendlich werden die Gestalter:innen zu Regisseur:innen und damit zu Formgeber:innen der Kolumne.

Besonders beim Flattersatz muss eine ästhetisch stabile und inhaltlich stimmige Flatterzone ausgebildet werden. Das kann uns kein Satzprogramm abnehmen. Dieses Kapitel beschäftigt sich mit dem Beenden einer Zeile, dem Umbruch, und behandelt deswegen vornehmlich das Thema Worttrennung – im Blocksatz und im Flattersatz. Grundlegende Fragestellungen zu diesen beiden Satzmethoden und der einhergehenden Architektur der Kolumne fokussiert der folgende Kapitelkomplex ›1.4 Die Kolumne‹. In den bereits angesprochenen Vergleich von der Zeile als Protagonist in einem Theaterstück könnte man noch zwei Nebendarsteller einflechten, die in der Typografie, speziell in der Buchgestaltung, sehr unbeliebt sind, beinahe sogar den Bad-Cop-Status innehaben: Es ist die Rede von den ›Waisenkindern‹ und den ›Schusterjungen‹. Ein ›Waisenkind‹ ist eine Ausgangszeile eines Absatzes – also einer inhaltlich zusammenhängenden und abgeschlossenen Einheit – und gleichzeitig die erste Zeile einer neuen Kolumne oder neuen Seite. Es ist inhaltlich bedenklich, die erste Zeile einer neuen Einheit (Kolumne, Seite) mit einer ›Schlussszene‹ zu beginnen. Gestalterisch ist das Aufeinandertreffen einer (kürzeren) Ausgangszeile eines Absatzes und einer eingezogenen Zeile des folgenden Absatzes unglücklich – beide scheren aus der gewohnten Satzbreite aus. Das stört das harmonische Gesamtbild einer Seite. Man könnte von einer Fehlbesetzung sprechen. Um mal wieder unseren Vergleich heranzuziehen. Wird eine Kolumne oder gar eine Seite mit einer Zeile beendet, die einen neuen Absatz einleitet, wird diese Zeile als ›Schusterjunge‹ bezeichnet.

13 Neue Haas Unica Pro
Schriftgröße 5,5 pt, ZA 8,5 pt, LW 10, Zeilenbreite 58,5 mm

Eine Möglichkeit der Vermeidung von Schusterjungen ist das (vertretbare) Ändern der Umbrüche im betreffenden Absatz (oder weiter zurückliegender Absätze), um entweder eine Zeile zu sparen oder die Ausgangszeile so aufzufüllen, dass sie abermals umbricht. Vorsicht: Das Satzbild sollte nicht löchrig werden!

Statt Schlussakkord ein unfreiwilliger Opener – das ›Waisenkind‹

Wenn man über Zeilenumbrüche und Worttrennungen spricht, ist eine Trennung (diesmal eine inhaltliche) vom nachfolgenden Themenblock über den Aufbau der Kolumne kaum möglich. Um es einmal mit einem Gleichnis zu beschreiben: Die Zeile ist gewissermaßen ein Protagonist in einem Theaterstück, das ›Kolumne‹ heißt. Sie hat es daher auch verdient, dass ihre darstellerische Leistung gesondert, also losgelöst vom ›großen Ganzen‹, gewürdigt wird. Und zu der darstellerischen Leistung der Zeile gehört auch, wie sie den Schlussakkord meistert: den Umbruch. Wir müssen beim Thema Zeilenumbruch (und damit zwangsläufig beim Thema Trennungen) zwei grundlegend unterschiedliche Herangehensweisen und typografische Modelle der Gestaltung berücksichtigen, denn Blocksatz und Flattersatz behandeln das Trennen von Wörtern, das Zeilenende, sehr unterschiedlich. Der Blocksatz beendet eine Zeile nach einer fest vorgegebenen, metrisch definierten Länge, indem er die WZR in ihrer Breite modifiziert – der Flattersatz berücksichtigt die sinngebende und den Satzbau betreffende Struktur des Textes. Die Semantik findet im Flattersatz eine höhere Relevanz; die Zeilenlänge und ihr Umbruch berücksichtigen die Bedeutung und die Zusammenhänge der Satzteile. Man kann den Themenbereich des Zeilenumbruchs und der Trennungen sehr schlüssig über typografische Regeln vermitteln – schlussendlich werden die Gestalter:innen zu Regisseur:innen und damit zu Formgeber:innen der Kolumne. Besonders beim Flattersatz muss eine ästhetisch stabile und inhaltlich stimmige Flatterzone ausgebildet werden – das kann kein Satzprogramm!

Dieses Kapitel beschäftigt sich mit dem Beenden einer Zeile, dem Umbruch, und behandelt deswegen vornehmlich das Thema Worttrennung – im Blocksatz und im Flattersatz. Grundlegende Fragestellungen zu diesen beiden Satzmethoden und der einhergehenden Architektur der Kolumne fokussiert der folgende Kapitelkomplex ›1.4 Die Kolumne‹. In den bereits angesprochenen Vergleich von der Zeile als Protagonist in einem Theaterstück, könnte man noch zwei Nebendarsteller einflechten, die in der Typografie, speziell in der Buchgestaltung, sehr unbeliebt sind, beinahe sogar den Bad-Cop-Status innehaben: Es ist die Rede von den ›Waisenkindern‹ und den ›Schusterjungen‹: Ein ›Waisenkind‹ ist eine Ausgangszeile eines Absatzes – also einer inhaltlich zusammenhängenden und abgeschlossenen Einheit – und gleichzeitig die erste Zeile einer neuen Kolumne oder neuen Seite. Es ist inhaltlich bedenklich, die erste Zeile einer neuen Einheit (Kolumne, Seite) mit einer ›Schlussszene‹ zu beginnen. Gestalterisch ist das Aufeinandertreffen einer (kürzeren) Ausgangszeile eines Absatzes und einer eingezogenen Zeile des folgenden Absatzes unglücklich – beide scheren aus der gewohnten Satzbreite aus. Das stört das harmonische Gesamtbild einer Seite. Man könnte von einer Fehlbesetzung sprechen. Um mal wieder unseren Vergleich heranzuziehen. Wird eine Kolumne oder gar eine Buchseite mit einer Zeile beendet, die einen neuen Absatz einleitet, wird diese Zeile als ›Schusterjunge‹ bezeichnet.

13 Neue Haas Unica Pro
Schriftgröße 5,5 pt, ZA 8,5 pt, LW 10, Zeilenbreite 58,5 mm

Die Ausgangszeile ist zu lang, um sie durch Umbruchänderungen in den Absatz ›einzuarbeiten‹. Auch hier sollte man in vorigen Absätzen Zeilen einsparen oder austreiben. Die Idee dahinter: das ›Waisenkind‹ entweder durch Kürzung in die linke Spalte zu ziehen oder ihr innerhalb der Spalte noch eine Zeile voranzustellen.

Die Ausgangszeile als optischer Stabilitätsfaktor

Wenn man über Zeilenumbrüche und Worttrennungen spricht, ist eine Trennung (diesmal eine inhaltliche) vom nachfolgenden Themenblock über den Aufbau der Kolumne kaum möglich. Um es einmal mit einem Gleichnis zu beschreiben: Die Zeile ist gewissermaßen ein Protagonist in einem Theaterstück das ›Kolumne‹ heißt. Sie hat es daher auch verdient, dass ihre darstellerische Leistung gesondert, also losgelöst vom ›großen Ganzen‹, gewürdigt wird. Und zu der darstellerischen Leistung der Zeile gehört auch, wie sie den Schlussakkord meistert: den Umbruch. Wir müssen beim Thema Zeilenumbruch (und damit zwangsläufig beim Thema Trennungen) zwei grundlegend unterschiedliche Herangehensweisen und typografische Modelle der Gestaltung berücksichtigen, denn Blocksatz und Flattersatz behandeln das Trennen von Wörtern, das Zeilenende, sehr unterschiedlich. Der Blocksatz beendet eine Zeile nach einer fest vorgegebenen, metrisch definierten Länge, indem er die WZR in ihrer Breite modifiziert – der Flattersatz berücksichtigt die sinngebende und den Satzbau betreffende Struktur des Textes. Die Semantik findet im Flattersatz eine höhere Relevanz; die Zeilenlänge und ihr Umbruch berücksichtigen die Bedeutung und die Zusammenhänge der Satzteile. Man kann den Themenbereich des Zeilenumbruchs und der Trennungen sehr schlüssig über typografische Regeln vermitteln – schlussendlich werden die Gestalter:innen zu Regisseur:innen und damit zu Formgeber:innen der Kolumne. Ganz besonders betrifft das den Flattersatz.

Hier muss eine ästhetisch stabile und inhaltlich stimmige Flatterzone ausgebildet werden. Das kann uns kein Satzprogramm abnehmen. Dieses Kapitel beschäftigt sich mit dem Beenden einer Zeile, dem Umbruch, und behandelt deswegen vornehmlich das Thema Worttrennung – im Blocksatz und im Flattersatz. Grundlegende Fragestellungen zu diesen beiden Satzmethoden und der einhergehenden Architektur der Kolumne fokussiert der folgende Kapitelkomplex ›1.4 Die Kolumne‹. In den bereits angesprochenen Vergleich von der Zeile als Protagonist in einem Theaterstück, könnte man noch zwei Nebendarsteller einflechten, die in der Typografie, speziell in der Buchgestaltung, sehr unbeliebt sind, beinahe sogar den Bad-Cop-Status innehaben: Es ist die Rede von den ›Waisenkindern‹ und den ›Schusterjungen‹: Ein ›Waisenkind‹ ist eine Ausgangszeile eines Absatzes – also einer inhaltlich zusammenhängenden und abgeschlossenen Einheit – und gleichzeitig die erste Zeile einer neuen Kolumne oder neuen Seite. Es ist inhaltlich bedenklich, die erste Zeile einer neuen Einheit (Kolumne, Seite) mit einer ›Schlussszene‹ zu beginnen. Gestalterisch ist das Aufeinandertreffen einer (kürzeren) Ausgangszeile eines Absatzes und einer eingezogenen Zeile des folgenden Absatzes unglücklich – beide scheren aus der gewohnten Satzbreite aus. Das stört das harmonische Gesamtbild einer Seite. Man könnte von einer Fehlbesetzung sprechen. Um mal wieder unseren Vergleich heranzuziehen. Wird eine Kolumne oder gar eine Seite mit einer Zeile beendet, die einen neuen Absatz einleitet, wird diese Zeile als

13 Neue Haas Unica Pro
Schriftgröße 5,5 pt, ZA 8,5 pt, LW 10, Zeilenbreite 58,5 mm

Eine sehr kurze Ausgangszeile am Fuße einer Seite oder einer Kolumne bringt die Doppelseite aus dem Gleichgewicht: Die linke Kolumne scheint zu kippen. Ausgangszeilen sollten ein Mindestmaß an Gewicht im Kontext der Ausgewogenheit einbringen.

3.5 Der Zeilenabstand

Alles andere als eine Standardeinstellung, denn: Jeder Font führt sein Eigenleben.

14 Der tradierte Begriff für einen Satz, bei dem die Zeilen sehr eng stehen, ist ›kompress‹. Stehen die Zeilen eher weit auseinander, spricht man von ›splendid‹, also ›leuchtend‹, da das Weiß stärker durchschlägt. Der normale, im Sinne von nicht auffallend eng oder weit stehende Zeilenabstand, wird als ›durchschossen‹ bezeichnet.

Der Zeilenabstand bezeichnet den Raum, der zwischen zwei Schriftzeilen liegt – gemessen wird dabei von Schriftgrundlinie zu Schriftgrundlinie. Anders als der Durchschuss, der ausschließlich den Raum zwischen Kegelhöhe und darüberstehender Schriftgrundlinie beschreibt, ist der Zeilenabstand also immer ein Wert, der höher ist als der Wert der Schriftgröße.

Es gibt keine absoluten Werte (oder Faktoren) für einen optimalen Zeilenabstand, die universell zu einem bestimmten Font oder einer konkreten Schriftgröße passen, sowie es auch keine absolute ›Norm‹ in der Schriftgröße gibt und die Schriften unterschiedlich groß sind.

InDesign suggeriert uns, dass die Einstellung des Zeilenabstands ein zu vernachlässigender Automatismus ist und legt als Voreinstellung den 1,2-fachen Wert der Schriftgröße zugrunde. Dieser in der Steuerungspalette in Klammern stehende Wert berücksichtigt allerdings nicht die Voraussetzungen und Eigenschaften, die darüber entscheiden, wieviel Abstand zwischen den Zeilen der gewählten Schrift wirklich angemessen ist. Die Gestalter:innen müssen also selbst festlegen, mit welchem Raum die Zeilen zu einer Kolumne verfugt werden müssen.[14] Der Schlüssel dazu liegt im Font selbst, in seiner Architektur und in der angestrebten Satzbreite. Die Parameter, die den Zeilenabstand beeinflussen, sind also folgende:

[→ Seite 104, 4.1 Die Kolumne – ein typografisches Gebäude in Grau]

Die Zeilenbreite

Kurze Zeilen benötigen einen geringeren Zeilenabstand als lange Zeilen. Der Weißraum links und rechts der Kolumne addiert sich bei kurzen Zeilen stärker in deren Grauwert – längere Zeilen schirmen die Kolumne deutlicher ab und lassen sie stärker als eigenständigen Gestaltungskörper wahrnehmen.

Eine zu geringe optische Trennung der Zeilen kann überdies beim Rückschwung im Zuge des Lesevorgangs dazu führen, dass das Auge in der Zeile verrutscht und lineares Lesen somit erschwert.

[→ Seite 20, 1.3 Der vertikale Aufbau der Buchstaben]

Der vertikale Aufbau der Buchstaben

Hier ist das Verhältnis der Mittelhöhe zur Oberlänge entscheidend: Schriften mit großen Mittelhöhen und entsprechend kleinen Oberlängen brauchen einen größeren Zeilenabstand, da mit den kurzen Oberlängen der ›natürliche Abstandhalter‹ fehlt – lange Oberlängen garantieren einen stabilen Weißraum oberhalb der Mittelhöhe. Außerdem lassen große Mittelhöhen eine Schrift optisch auch größer wirken – übereinandergestapelt brauchen diese Zeilen dann auch mehr Raum zwischen Kegelhöhe und Schriftgrundlinie.

Ausgeprägte Unterlängen sind ebenfalls ein Argument, um Schriftzeilen mit einem größeren Zeilenabstand auszustatten, das kommt allerdings seltener bei Schriften vor als große Mittelhöhen.

Lassen sich mikrotypografische Relationen wie der Zeichenabstand und die WZR noch in einen direkten Zusammenhang mit der Größe der Binnenräume einer Schrift setzen – je kleiner die Punzen, desto enger stehen die Zeichen zueinander – lässt der Strichstärkenzuwachs eines Fonts nur bedingt Rückschlüsse auf einen angemessenen Zeilenabstand zu: **Eine gefettete Schrift wirkt nicht ›heller‹ – im Sinne von magerer –, wenn die Zeilen besonders weit auseinandergestellt sind.** Es fällt aber dadurch deutlicher auf, dass das Verhältnis der (auch schmaleren) WZR und des Zeilenabstands in keinem gesunden Verhältnis mehr stehen.

[→ Seite 17, 1.2 Die Einzelformen der Buchstaben *Die Binnenformen*]

Ein anderes Extrem ist der gegenteilige Fall: Unterschreitet der Zeilenabstand den WZR, kann das Satzbild optisch nicht funktionieren. **Zwischen den Zeilen muss immer mehr Raum sein als zwischen den Wörtern einer Zeile, um die Hierarchie nicht zu kippen.**

[→ Seite 78, 3.2 Der Aufbau einer Zeile *Der optimale WZR*]

Und wieso wendet sich Viktor
dem Foxterrier zu, während
Britta zielführend die Rüben
schält? Rhabarber schmeckt

1 FedraSerif A
Schriftgröße 14 pt, ZA 18,2 pt, LW 10

Der Zeilenabstand beschreibt den Raum zwischen Grundlinie und Grundlinie. Anders der Durchschuss, der ›nur‹ den Raum zwischen Kegelhöhe und Grundlinie meint – hier sind es 4,2 pt (ZA minus Kegelhöhe).

Und wieso wendet sich Viktor
dem Foxterrier zu, während Britta
zielführend die Rüben schält?
Rhabarber schmeckt wohlig und

Und wieso wendet sich Viktor dem Fox-
terrier zu, während Britta zielführend
die Rüben schält? Rhabarber schmeckt
wohlig und frisch zugleich. Am besten
kurz vor Xanten in die Eisen gehen.
Ein probates Mittel, seufzte Richard.

2 Roboto Regular
Schriftgröße 14 pt, ZA 19,6 pt, LW 10 (oben)
Schriftgröße 11 pt, ZA 15,4 pt, LW 10 (unten)

Die Mittelhöhe der Roboto ist sehr groß – optisch wird so dem Zeilenabstand Weißraum genommen.

Und wieso wendet sich Viktor
dem Foxterrier zu, während
Britta zielführend die Rüben
schält? Rhabarber schmeckt

Und wieso wendet sich Viktor dem Fox-
terrier zu, während Britta zielführend
die Rüben schält? Rhabarber schmeckt
wohlig und frisch zugleich. Am besten
kurz vor Xanten in die Eisen gehen. Ein
probates Mittel, seufzte Richard.

3 Stempel Garamond LT Pro Regular
Schriftgröße 14 pt, ZA 19,6 pt, LW 10 (oben)
Schriftgröße 11 pt, ZA 15,4 pt, LW 10 (unten)

Die niedrige Mittelhöhe der Garamond ist einem größeren Durchschuss zuträglich – die Schrift wirkt deutlich kleiner als die Roboto.

Satzbreite und Zeilenabstand

Olaf radelt flott entlang der Seilschaft, die Beete wuchern üppig am Polar. Und nichts kann Astrid bremsen, deren Wiesel flink und flott auf dem Alabaster wuselt. Immer landeinwärts, murmelt Cäsar, bevor Raps uns die Sicht nimmt. Und das am Freitag!

Olaf radelt flott entlang der Seilschaft, die Beete wuchern am Polar. Und nichts kann Astrid bremsen, deren Wiesel flink und flott auf dem Alabaster wuselt. Immer landeinwärts, murmelt Cäsar, bevor Raps uns noch die Sicht nimmt. Und das am Freitag! Wenn Dimitri nicht den Dachs gesehen hätte, entpuppt sich das Ganze als Husarenstück. Flattern erst die Maiglöckchen im Nachtfrost der Sonnenwende, achtet Vadim erst recht auf die Etikette.

4

Olaf radelt flott entlang der Seilschaft, die Beete wuchern üppig am Polar. Und nichts kann Astrid bremsen, deren Wiesel flink und flott auf dem Alabaster wuselt. Immer landeinwärts, murmelt Cäsar, bevor Raps uns die Sicht nimmt. Und das am Freitag!

Olaf radelt flott entlang der Seilschaft, die Beete wuchern am Polar. Und nichts kann Astrid bremsen, deren Wiesel flink und flott auf dem Alabaster wuselt. Immer landeinwärts, murmelt Cäsar, bevor Raps uns noch die Sicht nimmt. Und das am Freitag! Wenn Dimitri nicht den Dachs gesehen hätte, entpuppt sich das Ganze als Husarenstück. Flattern erst die Maiglöckchen im Nachtfrost der Sonnenwende, achtet Vadim erst recht auf die Etikette.

5

Olaf radelt flott entlang der Seilschaft, die Beete wuchern üppig am Polar. Und nichts kann Astrid bremsen, deren Wiesel flink und flott auf dem Alabaster wuselt. Immer landeinwärts, murmelt Cäsar, bevor Raps uns die Sicht nimmt. Und das am Freitag!

Olaf radelt flott entlang der Seilschaft, die Beete wuchern am Polar. Und nichts kann Astrid bremsen, deren Wiesel flink und flott auf dem Alabaster wuselt. Immer landeinwärts, murmelt Cäsar, bevor Raps uns noch die Sicht nimmt. Und das am Freitag! Wenn Dimitri nicht den Dachs gesehen hätte, entpuppt sich das Ganze als Husarenstück. Flattern erst die Maiglöckchen im Nachtfrost der Sonnenwende, achtet Vadim erst recht auf die Etikette.

6

Olaf radelt flott entlang der Seilschaft, die Beete wuchern üppig am Polar. Und nichts kann Astrid bremsen, deren Wiesel flink und flott auf dem Alabaster wuselt. Immer landeinwärts, murmelt Cäsar, bevor Raps uns die Sicht nimmt. Und das am Freitag!

Olaf radelt flott entlang der Seilschaft, die Beete wuchern am Polar. Und nichts kann Astrid bremsen, deren Wiesel flink und flott auf dem Alabaster wuselt. Immer landeinwärts, murmelt Cäsar, bevor Raps uns noch die Sicht nimmt. Und das am Freitag! Wenn Dimitri nicht den Dachs gesehen hätte, entpuppt sich das Ganze als Husarenstück. Flattern erst die Maiglöckchen im Nachtfrost der Sonnenwende, achtet Vadim erst recht auf die Etikette.

7

FedraSerifA, Book,
Schriftgröße 9 pt, LW 10
4 ZA 10,8 pt
5 ZA 11,7 pt
6 ZA 12,6 pt
7 ZA 13,5 pt

Setzt man den Zeilenabstand zur Schriftgröße in Bezug, ist die obere Lösung mit einem ZA von 120 % der Schriftgröße (Automatischer ZA InDesign) bei dieser Schrift deutlich zu eng – und zwar in beiden Satzbreiten (4).
Ist in Beispiel 6 der ZA bei der schmalen Kolumne schon akzeptabel, hat die breitere Kolumne erst bei 150 % der Schriftgröße einen stimmigen Grauwert (7). Dass grundsätzlich der ZA bei diesem Font sehr hoch angesetzt werden muss, ist dessen Architektur geschuldet: Die Mittelhöhe ist sehr hoch, die Oberlängen entsprechend niedrig.

Olaf radelt flott entlang der Seilschaft, die Beete wuchern üppig am Polar. Und nichts kann Astrid bremsen, deren Wiesel flink und flott auf dem Alabaster wuselt. Immer landeinwärts, murmelt Cäsar, bevor Raps uns die Sicht

Olaf radelt flott entlang der Seilschaft, die Beete wuchern am Polar. Und nichts kann Astrid bremsen, deren Wiesel flink und flott auf dem Alabaster wuselt. Immer landeinwärts, murmelt Cäsar, bevor Raps uns noch die Sicht nimmt. Und das am Freitag! Wenn Dimitri nicht den Dachs gesehen hätte, entpuppt sich das Ganze als Husarenstück. Flattern erst die Maiglöckchen im Nachtfrost der Sonnenwende, achtet Vadim erst recht auf die Etikette. Flohsamen und Schattenmorellen wären wichtig, unkte Ulla unlängst. Dann zerbrach der Teller, nicht der Krug.

8

Olaf radelt flott entlang der Seilschaft, die Beete wuchern üppig am Polar. Und nichts kann Astrid bremsen, deren Wiesel flink und flott auf dem Alabaster wuselt. Immer landeinwärts, murmelt Cäsar, bevor Raps uns die Sicht

Olaf radelt flott entlang der Seilschaft, die Beete wuchern am Polar. Und nichts kann Astrid bremsen, deren Wiesel flink und flott auf dem Alabaster wuselt. Immer landeinwärts, murmelt Cäsar, bevor Raps uns noch die Sicht nimmt. Und das am Freitag! Wenn Dimitri nicht den Dachs gesehen hätte, entpuppt sich das Ganze als Husarenstück. Flattern erst die Maiglöckchen im Nachtfrost der Sonnenwende, achtet Vadim erst recht auf die Etikette. Flohsamen und Schattenmorellen wären wichtig, unkte Ulla unlängst. Dann zerbrach der Teller, nicht der Krug.

9

Olaf radelt flott entlang der Seilschaft, die Beete wuchern üppig am Polar. Und nichts kann Astrid bremsen, deren Wiesel flink und flott auf dem Alabaster wuselt. Immer landeinwärts, murmelt Cäsar, bevor Raps uns die Sicht

Olaf radelt flott entlang der Seilschaft, die Beete wuchern am Polar. Und nichts kann Astrid bremsen, deren Wiesel flink und flott auf dem Alabaster wuselt. Immer landeinwärts, murmelt Cäsar, bevor Raps uns noch die Sicht nimmt. Und das am Freitag! Wenn Dimitri nicht den Dachs gesehen hätte, entpuppt sich das Ganze als Husarenstück. Flattern erst die Maiglöckchen im Nachtfrost der Sonnenwende, achtet Vadim erst recht auf die Etikette. Flohsamen und Schattenmorellen wären wichtig, unkte Ulla unlängst. Dann zerbrach der Teller, nicht der Krug.

10

Olaf radelt flott entlang der Seilschaft, die Beete wuchern üppig am Polar. Und nichts kann Astrid bremsen, deren Wiesel flink und flott auf dem Alabaster wuselt. Immer landeinwärts, murmelt Cäsar, bevor Raps uns die Sicht

Olaf radelt flott entlang der Seilschaft, die Beete wuchern am Polar. Und nichts kann Astrid bremsen, deren Wiesel flink und flott auf dem Alabaster wuselt. Immer landeinwärts, murmelt Cäsar, bevor Raps uns noch die Sicht nimmt. Und das am Freitag! Wenn Dimitri nicht den Dachs gesehen hätte, entpuppt sich das Ganze als Husarenstück. Flattern erst die Maiglöckchen im Nachtfrost der Sonnenwende, achtet Vadim erst recht auf die Etikette. Flohsamen und Schattenmorellen wären wichtig, unkte Ulla unlängst. Dann zerbrach der Teller, nicht der Krug.

11

Stempel Garamond LT Pro
Schriftgröße 9 pt, LW 10
8 ZA 10,8 pt
9 ZA 11,7 pt
10 ZA 12,6 pt
11 ZA 13,5 pt

Die Garamond mit ihrer niedrigen Mittelhöhe erreicht bereits deutlich früher einen gut temperierten Grauwert – nämlich bei einem Zeilenabstand, der ca. 130 % der Schriftgröße beträgt (9). Bereits der in Abb. 10 zum Einsatz kommende ZA von 140 % der Schriftgröße wirkt bei der schmalen Flattersatzkolumne etwas luftig. Die breitere Blocksatzkolumne verträgt diesen ZA sichtbar besser. Die Abb. 11 zeigt, dass der ZA des 1,5-fachen der Schriftgröße bei der Garamond mit ihren ausgeprägten Oberlängen zu ›splendid‹ ist.

Wir sprechen von Grauwert und meinen die Relation aus den schwarzen, linearen Formen der Buchstaben und ihren umgebenden Weißräumen.

S. 104, Die Kolumne – ein typografisches Gebäude in Grau

Anders als beim Blocksatz lässt der Flattersatz unterschiedlich lan Zeilen zu, da der Umbruch sich an zusammengehörigen Satzteiler und Sinnschritten orientiert.

S. 128, Flattersatz

KAPITEL

4

Typografie
Die Kolumne

4.1 Die Kolumne – ein typografisches Gebäude in Grau

Stabilität und Statik – eine Mischkalkulation aus druckenden und nichtdruckenden Teilen

1 Eine Kolumne ist eine in einem Gestaltungsraster vorkommende Spalte, die für Schrift vorgesehen ist. Wörtlich aus dem Lateinischen übersetzt, heißt ›Columna‹ Säule, woraus sich die stark vertikale Form einer Satzspalte ableiten lässt. In der Praxis wird sowohl die im Raster eingerichtete Spalte als auch das ›Textgebäude‹ aus vielen Zeilen als Kolumne bezeichnet.

Buchstaben bilden Worte, Worte bilden Zeilen, und Zeilen addieren sich zu Kolumnen[1]. Dieses einfache und folgerichtige Prinzip der typografischen Gestaltung deutet neben dem Hinweis auf die logischste Kausalkette der textverarbeitenden Gestaltung auf eine weitere schöpferische Tätigkeit der Typograf:innen hin: Das saubere Verfugen des Werkstoffs Buchstabe zu einem Wort und dessen Aneinanderreihung zu einer Zeile sind schöpferische Tätigkeiten, die auf Kenntnissen der Mikrotypografie aufbauen. Mit dem Schichten von Zeilen zu einer Kolumne werden Typograf:innen zu Architekt:innen – der Buchstabe ist ihr Werkstoff, das Wort ihr Baustein und die Kolumne eine tragende Mauer. Die Doppelseite ist das fertigzustellende Bauwerk, das sie nach den Gesetzmäßigkeiten der ›typografischen Statik‹ ähnlich dem Prinzip ›Stein auf Stein› errichten. Doch ist die Statik eines Bauwerks nur bedingt vergleichbar mit der Statik einer Kolumne.

Schwarze und weiße Teile addieren sich zu einem Grauwert

[→ Seite 49, 2.2 Laufweite und Lesbarkeit *Laufweite und Strichstärke*]

Wir sprechen von Grauwert und meinen die Relation aus den schwarzen, linearen Formen der Buchstaben und ihren umgebenden Weißräumen. Dabei spielen Faktoren wie Zeilenabstand und Laufweite eine wichtige Rolle, aber eben auch die Strichstärke, die sich maßgeblich über die Schriftschnitte ansteuern lässt.

Fette Schriftschnitte lassen das Satzbild zu dunkel und die Zeichen für das Auge schwer differenzierbar werden: Die kräftigen Striche verändern die Binnenformen der Buchstaben – sie laufen zu. Die Zeichen verlieren ihre charismatischen Einzelformen, die unser Auge zur Differenzierung der Lettern so dringend braucht – die Buchstaben werden uniformer.

Mit der Verkleinerung der Binnenformen dominiert dann das Schwarz der sichtbaren, linearen Formen einer Schrift über das ›schrumpfende‹ Weiß innerhalb und zwischen den Zeichen (bei fetten Schriften stehen die Buchstaben grundsätzlich enger zueinander, weil die Bezugsgröße – die Binnenräume – kleiner wird): Das Schriftbild wird merklich dunkler.

In der Typografie spricht man daher vom ›Grauwert‹ einer Schrift oder eines Schriftbildes – also von einem Tonwert, der sich aus den schwarzen, druckenden Teilen der Buchstaben und den weißen, nichtdruckenden Räumen und Binnenformen der Zeichen im Auge mischt.

Dieser Grauwert ist das Produkt konkreter Faktoren und ein Regulativ für die Satzqualität. Ist er ›stimmig‹, wird die Lesbarkeit eines Textes erhöht. Ist das Schriftbild überdies noch mikrotypografisch richtig durchgearbeitet, gilt die Kolumne als ›stabil‹. Stabilität im typografischen Sinne ist also untrennbar mit dem Grauwert einer Schrift verbunden – Grund genug, das Thema Grauwert im Zuge der Stabilität einer Kolumne stärker zu fokussieren. Folgende Faktoren beeinflussen den Grauwert:

Die Satzschrift (Schriftart und Schriftschnitt)
Schriften mit offenen, großen Binnenformen trimmen den Grauwert in Richtung Helligkeit – eine große Mittelhöhe trägt ebenso dazu bei. Ein kräftiger Grundstrich lässt eine Schrift stabil auf dem Papier stehen; für den Satz einer größeren Textmenge kann dieser Grauwert aber bereits zu dunkel sein. Daher ist bei den kräftigen Schriften die Ausgangsschrift – die ›Normale‹ (Regular, Roman) – als Satzschrift schon zu ›dunkel‹. Dann reicht ein magerer Schnitt (Light) schon aus.

[→ Seite 54, 2.3 Die Schriftschnitte]

Wahlweise wollen Witzbolde nichts weiter als maximale Lachsalven. Die Stimmung zeugt von vollmundiger Heiterkeit – gemessen am Stand der Sonne: Ein Schatten ihrer selbst! Olaf radelt flott entlang der Seilschaft, die Beete wuchern üppig am Polar. Und nichts kann Astrid bremsen, deren Wiesel flink und flott auf dem Alabaster wuselt. Immer landeinwärts, murmelt Cäsar, bevor Raps uns die Sicht nimmt. Und das schon Freitag! Wenn Dimitri nicht den Dachs gesehen hätte, entpuppt sich das Ganze als Husarenstück. Flattern erst die Maiglöckchen im Nachtfrost der Sonnenwende, achtet Vadim erst recht auf die Etikette. Flohsamen und Schattenmorellen wären wichtig, unkte Ulla unlängst. Dann zerbrach der Teller, nicht der Krug.

1 Univers 55 Roman
Schriftgröße 10 pt, ZA 14 pt, LW 10, Satzbreite 81,5 mm

Der Grauwert ist kraftvoll, aber dabei nicht zu schwer. Das Schriftbild ist präzise, eindeutig und ausdrucksstark. Die Präsenz auf weißem Papier ist stabil, ohne dabei zu dunkel oder kräftig zu sein. Damit qualifiziert sich dieser Grauwert für längere Texte, da er nicht zu leicht ist und im Druck deswegen nicht zu ›spitz‹ gerät.

Wahlweise wollen Witzbolde nichts weiter als maximale Lachsalven. Die Stimmung zeugt von vollmundiger Heiterkeit – gemessen am Stand der Sonne: Ein Schatten ihrer selbst! Olaf radelt flott entlang der Seilschaft, die Beete wuchern üppig am Polar. Und nichts kann Astrid bremsen, deren Wiesel flink und flott auf dem Alabaster wuselt. Immer landeinwärts, murmelt Cäsar, bevor Raps uns die Sicht nimmt. Und das schon Freitag! Wenn Dimitri nicht den Dachs gesehen hätte, entpuppt sich das Ganze als Husarenstück. Flattern erst die Maiglöckchen im Nachtfrost der Sonnenwende, achtet Vadim erst recht auf die Etikette. Flohsamen und Schattenmorellen wären wichtig, unkte Ulla unlängst. Dann zerbrach der Teller, nicht der Krug.

2 Univers 65 Bold
Schriftgröße 10 pt, ZA 14 pt, LW 0, Satzbreite 82,5 mm

Die Präsenz auf dem Papier ist eine andere: Der Grauwert ist massiv und sehr dunkel. Für kurze Texte, Einleitungen oder Einstiegspassagen kann das wirkungsvoll sein – für längere Strecken Lesetypografie ist das Schriftbild zu laut und aufdringlich.

Die Laufweite und die Zurichtung

[→ Seite 46, 2.2 Laufweite und Lesbarkeit]

Die Laufweite regelt den grundsätzlichen Abstand aller Zeichen zueinander: Stehen die Zeichen zu eng, berühren sich gar, ist der Helligkeit bringende Weißraum zwischen den Zeichen – relativ und absolut – weniger vertreten als die schwarzen Lettern. Eine leichte Erhöhung der Laufweite kann in kleinen Graden bis hin zu den Lesegrößen hilfreich sein – das entscheidet die Zurichtung der Schrift – weil sich bei kleinen Abbildungsgrößen die ›hellen‹ Weißräume ohnehin optisch verdichten und Schriften dunkler wirken.

[→ Seite 32, 1.5 Der Buchstabenabstand]

Die Zurichtung einer Schrift ist ein ganz wesentlicher Faktor für einen gleichmäßigen Grauwert, unabhängig, ob er hell oder dunkel ist. Sie regelt die homogene Verteilung der druckenden und nichtdruckenden Teile eines Fonts und ist daher die Grundvoraussetzung für eine Eignung als Satzschrift. Ist die Zurichtung der Schrift nicht akribisch durchgearbeitet, entstehen im Satzbild der Kolumne durch zu eng stehende Buchstabenpaare dunkle Flecken und durch zu große Abstände zwischen einzelnen Paaren weiße Löcher.

Zacharias und Sylvia schippern träge von Sylt nach Vancouver. Ein Mix aus Astern und Hyazinthen lässt die Herzen der Samariter höher schlagen. Nimmer, sagte Fjodor, und folgte schwankend der Reling. Und was macht Norbert? Lässt flink Sägespäne im Akkord verpuffen. Alles eine Frage der Ästhetik, findet Bendix, und lässt die Leine los. Hurtig stößt Fritz zu den übrigen, wo er quirlig dem Appell folgt.

3 Univers 55 Roman
Schriftgröße 10 pt, ZA 14 pt, LW -25,
Satzbreite 59,5 mm

Die durch die Reduzierung der LW sehr kompakten Wortbilder einerseits und die schmalen WZR verdunkeln den Grauwert der Kolumne – einige Zeichenkombinationen stehen dabei so eng, dass sie sich fast berühren.

Zacharias und Sylvia schippern träge von Sylt nach Vancouver. Ein Mix aus Astern und Hyazinthen lässt die Herzen der Samariter höher schlagen. Nimmer, sagte Fjodor, und folgte schwankend der Reling. Und was macht Norbert? Lässt flink Sägespäne im Akkord verpuffen. Alles eine Frage der Ästhetik, findet Bendix, und lässt die Leine los. Hurtig stößt Fritz zu den übrigen, wo er quirlig dem Appell folgt.

4 Univers 55 Roman
Schriftgröße 10 pt, ZA 14 pt, LW 0,
Satzbreite 59 mm

Der Grauwert ist stimmig, die Wortbilder rhythmisch und präzise und die WZR in einem gesunden Verhältnis zu den linearen Formen der Zeichen.

Zacharias und Sylvia schippern träge von Sylt nach Vancouver. Ein Mix aus Astern und Hyazinthen lässt die Herzen der Samariter höher schlagen. Nimmer, sagte Fjodor, und folgte schwankend der Reling. Und was macht Norbert? Lässt flink Sägespäne im Akkord verpuffen. Alles eine Frage der Ästhetik, findet Bendix, und lässt die Leine los. Hurtig stößt Fritz zu den übrigen, wo er quirlig dem Appell folgt.

5 Univers 55 Roman
Schriftgröße 10 pt, ZA 14 pt, LW 20
Satzbreite 60 mm

Die Erhöhung der LW um 20 Einheiten hellt den Grauwert deutlich auf. Das Schriftbild setzt weniger Akzente mit stimmigen Wortbildern, das Verhältnis aus druckenden und nicht druckenden Teilen gerät schwammig – es fehlt die Trennschärfe.

Hyazinthe

6 Univers 55 Regular
Schriftgröße 30 pt, LW -40
entspricht dem Grauwert von Abb. 3)

Was passiert bei einer starken Reduzierung der Laufweite? Die eng gesetzten Zeichen verdichten den Grauwert des Wortbildes – die umgebenden Weißräume werden reduziert.

Hyazinthe

7 Univers 55 Regular
Schriftgröße 30 pt, LW -15
(entspricht dem Grauwert von Abb. 4)

Die Gewichtung der druckenden und nichtdruckenden Teile ist ausgewogen. Der Grauwert ist gut temperiert – die Trennschärfe zwischen den Zeichen ist klar definiert.

Hyazinthe

8 Univers 55 Regular
Schriftgröße 30 pt, LW 10
(entspricht dem Grauwert von Abb. 5)

Der Grauwert wird heller, das Wortbild weniger präzise konturiert.

Der Wortzwischenraum

Ähnlich wie die Laufweite ist der WZR eine Größe, die – ausreichend breit – Helligkeit ins Schriftbild bringt und überdies mit der so wichtigen Aufgabe ausgestattet ist, den Worten innerhalb einer Zeile genügend Abstand zueinander einzuräumen. Ist der WZR nicht ausreichend breit – der optimale WZR entspricht der Dickte des kleinen ›i‹, bzw. der Breite des Binnenraums der Minuskel ›n‹ – kann das Auge die einzelnen Worte nicht mehr gut voneinander trennen. Und der Grauwert des Schriftbildes gerät zu dunkel.

[→ Seite 78, 3.2 Der Aufbau einer Zeile *Der optimale WZR*]

Zacharias und Sylvia schippern träge von Sylt nach Vancouver. Ein Mix aus Astern und Hyazinthen lässt die Herzen der Samariter höher schlagen. Nimmer, sagte Fjodor, und folgte schwankend der Reling. Und was macht Norbert? Lässt flink Sägespäne im Akkord verpuffen. Alles eine Frage der Ästhetik, findet Bendix, und lässt die Leine los. Hurtig stößt Fritz zu den übrigen, wo er quirlig dem Appell folgt.

9 Univers 55 Roman
Schriftgröße 30 pt, LW 10, ZA 14 pt, WZR 70 %

Die WZR sind deutlich zu klein – die optische Trennung der Wörter ist nicht eindeutig genug. Optisch verschmelzen sie zu Wortketten, was den Lesevorgang erheblich erschwert. Der Grauwert der Kolumne ist dadurch zu dunkel.

Zacharias und Sylvia schippern träge von Sylt nach Vancouver. Ein Mix aus Astern und Hyazinthen lässt die Herzen der Samariter höher schlagen. Nimmer, sagte Fjodor, und folgte schwankend der Reling. Und was macht Norbert? Lässt flink Sägespäne im Akkord verpuffen. Alles eine Frage der Ästhetik, findet Bendix, und lässt die Leine los. Hurtig stößt Fritz zu den übrigen, wo er quirlig dem Appell folgt.

10 Univers 55 Roman
Schriftgröße 30 pt, LW 10, ZA 14 pt, WZR 100 %

Die WZR sind sehr ausgewogen: Sie trennen die Wortbilder und stabilisieren als Weißraum die Mischkalkulation des Grauwerts.

Zacharias und Sylvia schippern träge von Sylt nach Vancouver. Ein Mix aus Astern und Hyazinthen lässt die Herzen der Samariter höher schlagen. Nimmer, sagte Fjodor, und folgte schwankend der Reling. Und was macht Norbert? Lässt flink Sägespäne im Akkord verpuffen. Alles eine Frage der Ästhetik, findet Bendix, und lässt die Leine los. Hurtig stößt Fritz zu den übrigen, wo er quirlig dem Appell folgt.

11 Univers 55 Roman
Schriftgröße 30 pt, LW 10, ZA 14 pt, WZR 130 %

Die WZR sind um ein Drittel erweitert – die größeren Weißräume isolieren die Wörter zu stark. Der Grauwert wird durch den höheren Anteil an Weiß zwar heller, aber die großen WZR wirken bei nicht erweiterter Laufweite der Schrift störend.

---

ein. Es ist

12 Univers 55 Roman
Schriftgröße 30 pt, WZR 70 %

Die WZR sind schmaler als der Binnenraum der Minuskel ›n‹ – in dieser Größe ein ebenfalls angemessener WZR.

ein. Es ist

13 Univers 55 Roman
Schriftgröße 30 pt, WZR 100 %

Die WZR entsprechen dem Binnenraum der Minuskel ›n‹ und trennen die Wortbilder angemessen und eindeutig.

ein. Es ist

14 Univers 55 Roman
Schriftgröße 30 pt, WZR 130 %

Die WZR übersteigen ihre Referenzgröße merklich – der Effekt ist kontraproduktiv, da die Trennung der Wörter sehr stark ist.

2 Als Stege bezeichnet man die weißen, eine Kolumne oder einen Satzspiegel umgebenden Flächen. Besonders in der Gestaltung von Buch- oder Magazinseiten findet dieser Begriff Anwendung [→ Seite 128, 4.4 Flattersatz]

3 Die ›Bleiwüste‹ ist ein tradierter Begriff aus der Zeit, als der Bleisatz noch den Buchdruck beherrschte. Die Wüste als Sinnbild für Ödnis und Gleichförmigkeit wurde gerne als Vergleich herangezogen, wenn zuviel Text das Papier erschlagen hat.

Die Zeilenlänge

Lange Zeilen sind – das liegt in der Natur der Sache – ›dunkler‹ als kurze Zeilen, weil sich der Weißraum rechts und links der Zeile, bzw. Kolumne, weniger aufhellend in den Grauwert einbringt.

Somit erfahren die Stege[2] links und rechts der Kolumne eine besondere Bedeutung: Sie steuern von außen den Grauwert merklich und geben der Kolumne Halt im Layout der Seite. Sie sind allerdings auch kein Freibrief für zu lange Zeilen. Geraten Textzeilen zu lang, wirkt ihr Stapeln zur Kolumne wie ein typografischer Brandbeschleuniger: Das Gebäude aus den langen Zeilen wird zu dunkel – der Begriff ›Bleiwüste‹ bekommt seinen Sinn[3].

Das Auge kann nur eine limitierte Anzahl an Zeichen ermüdungsfrei erfassen – die Textart ist hier maßgeblich. Selbst Texte mit einer sehr hohen Toleranz bezüglich der Wortanzahl pro Zeile – die wissenschaftlichen Texte – vermeiden mehr als 10–12 Wörter pro Zeile. Das entspricht in etwa 70–80 Zeichen.

Zacharias und Sylvia schippern träge von Sylt nach
Vancouver. Ein Mix aus Astern und Hyazinthen
lässt die Herzen der Samariter höher schlagen.
Nimmer, sagte Fjodor, bevor er schwankend
der Reling folgte. Und was macht Norbert? Lässt
flink Sägespäne im Akkord verpuffen. Alles eine
Frage der Ästhetik, findet Bendix, und lässt
die Leine los. Hurtig stößt Fritz zu den übrigen,
wo er quirlig dem Appell folgt. Wer wird den
Froschmann jagen – Bob oder Maximiliane? Und
wieso wendet sich Viktor dem Foxterrier zu,
während Britta zielführend die Rüben schält?
Rhabarber schmeckt wohlig und frisch zugleich.
Am besten kurz vor Xanten in die Eisen gehen.
Ein probates Mittel, seufzte Richard.

15 Univers 55 Roman
Schriftgröße 9,5 pt, ZA 13,3 pt, LW 0

Die Zeilenbreite beträgt im Mittel 5–8 Wörter – das entspricht in etwa 45–50 Anschlägen. Die Weißräume zu beiden Seiten beeinflussen den Grauwert sichtbar.

Zacharias und Sylvia schippern träge von Sylt nach Vancouver. Ein Mix aus Astern und Hyazinthen
lässt die Herzen der Samariter höher schlagen. Nimmer, sagte Fjodor, bevor er schwankend der Reling
folgte. Und was macht Norbert? Lässt flink Sägespäne im Akkord verpuffen. Alles eine Frage
der Ästhetik, findet Bendix, und lässt die Leine los. Hurtig stößt Fritz zu den übrigen, wo er quirlig
dem Appell folgt. Wer wird den Froschmann jagen – Bob oder Maximiliane? Und wieso wendet sich
Viktor dem Foxterrier zu, während Britta zielführend die Rüben schält? Rhabarber schmeckt wohlig und
frisch zugleich. Am besten kurz vor Xanten in die Eisen gehen. Ein probates Mittel, seufzte Richard.

16 Univers 55 Roman
Schriftgröße 10 pt, ZA 10 pt, LW 10

Der Grauwert der sehr breiten Zeilen (90–100 Zeichen) erscheint dunkler als noch bei Abb. 15 – der umgebende Weißraum beeinflusst den Grauwert weniger.

Der Zeilenabstand

Neben dem Weißraum, der den Grauwert des Satzbildes in horizontaler Richtung beeinflusst, dem WZR und den Stegen, ist der Zeilenabstand für den Grauwert im worteigenen Sinne tonangebend. Hier gilt die Faustregel: **Je länger die Zeile, desto größer muss der Zeilenabstand sein.** Anders formuliert: Je dunkler eine Zeile, desto mehr Weißraum darüber und darunter benötigt sie, um die Addition aus schwarzen und weißen Teilen zu einem verträglichen Ergebnis zu führen.

Das richtige Maß für das Verhältnis von Schriftgröße und Zeilenabstand kann nur auf dem Papier geprüft werden, da jede Schrift – geschuldet der Diskrepanz zwischen nomineller und optischer Schriftgröße – unterschiedlich groß ausfällt und über eine individuelle Relation von Mittel- zu Oberlänge verfügt.

Auch hier gilt eine Faustregel: **Je größer die Mittelhöhe einer Schrift, desto größer sollte der Zeilenabstand eingestellt werden.**[4]

4 Da die x-Höhe einer Schrift die optische Größe einer Schrift massgeblich steuert, bleibt auch bei nahezu kompressem Satz die Lesbarkeit gewährleistet – die einhergehend großen Binnenformen und Punzen lassen uns die Zeichen auch dann noch mühelos erkennen, wenn die Zeilen sehr eng zueinander gestellt sind. Dennoch gilt, dass Schriften mit einer großen Mittelhöhe und relativ kleineren Oberlängen etwas mehr Weiß oberhalb des Kegels zur darüberstehenden Schriftgrundlinie brauchen, als solche mit großen Oberlängen und niedrigeren Mittelhöhen.

[→ Seite 26, 1.3 Der vertikale Aufbau der Buchstaben *Die x-Höhe als Taktgeber des Zeilenabstands*]

Zacharias und Sylvia schippern träge von Sylt nach Vancouver. Ein Mix aus Astern und Hyazinthen lässt die Herzen der Samariter höher schlagen. Nimmer, sagte Fjodor, bevor er schwankend der Reling folgte. Und was macht Norbert? Lässt flink Sägespäne im Akkord verpuffen. Alles eine Frage der Ästhetik, findet Bendix, und lässt die Leine los. Hurtig stößt Fritz zu den übrigen, wo er quirlig dem Appell folgt. Wer wird den Froschmann jagen – Bob oder Maximiliane? Und wieso wendet sich Viktor dem Foxterrier zu, während Britta zielführend die Rüben schält? Rhabarber schmeckt wohlig und frisch zugleich. Am besten kurz vor Xanten in die Eisen gehen. Ein probates Mittel, seufzte Richard.

17 Univers 55 Roman
Schriftgröße 10 pt, ZA 12 pt, LW 10

Die Kolumnenbreite ist eher moderat. Und dennoch ist der Zeilenabstand deutlich zu gering. Die hier eingerichteten 120% der Schriftgröße – die übrigens der Einstellung ›automatischer Zeilenabstand‹ von InDesign entsprechen – reichen nicht aus, um der Univers Regular ausreichend Weißraum zwischen den Zeilen bereitzustellen. Der Grauwert ist daher zu dunkel und das Schriftbild der Kolumne zu ›kompress‹ – also zu eng und dicht aufeinanderfolgend.

Zacharias und Sylvia schippern träge von Sylt nach Vancouver. Ein Mix aus Astern und Hyazinthen lässt die Herzen der Samariter höher schlagen. Nimmer, sagte Fjodor, bevor er schwankend der Reling folgte. Und was macht Norbert? Lässt flink Sägespäne im Akkord verpuffen. Alles eine Frage der Ästhetik, findet Bendix, und lässt die Leine los. Hurtig stößt Fritz zu den übrigen, wo er quirlig dem Appell folgt. Wer wird den Froschmann jagen – Bob oder Maximiliane? Und wieso wendet sich Viktor dem Foxterrier zu, während Britta zielführend die Rüben schält? Rhabarber schmeckt wohlig und frisch zugleich. Am besten kurz vor Xanten in die Eisen gehen. Ein probates Mittel, seufzte Richard.

18 Univers 55 Roman
Schriftgröße 10 pt, ZA 13,5 pt, LW 10

Die gleiche Kolumne – allerdings mit einem größeren Zeilenabstand versehen. Gemessen an der Schriftgröße beträgt er 135% der Kegelhöhe, was die Univers deutlich besser und ruhiger in Szene setzt. Das Schriftbild ist ausgeglichen und besser lesbar, da die Zeilen ausreichend getrennt sind, ohne dabei zu weit auseinanderzustehen.

4.2 Form und Gestalt der Kolumne

Wie funktionale und inhaltliche Aspekte das Erscheinungsbild einer Textgestaltung konstruktiv bestimmen.

[→ Seite 82, 3.3 Die Zeilenlänge]

Neben den mikrotypografischen Einstellungen, die einen stabilen Grauwert in der Kolumne erzeugen, muss deren ›Architekt‹ auch bestimmte Aspekte berücksichtigen, die die Form und Gestalt der Satzspalte beeinflussen. Es sind ähnliche Überlegungen wie beim Bau eines Hauses, bei dem der Architekt die Rahmenbedingungen seines Bauwerks prüft und in die Planung mit einbezieht: Wie viele Menschen werden in dem Haus wohnen? Welchem Zweck dient das Gebäude? In welche Umgebung wird das Haus gebaut?

Ganz ähnliche Gedanken greifen auch bei der typografischen Gestaltung einer Kolumne:

Welcher Art des Lesens soll die Gestaltung dienen?

[→ Seite 84, 3.3 Die Zeilenlänge *Die Lesarten*]

Es sind – wie immer bei guten gestalterischen Lösungen – die inhaltlich-funktionalen Aspekte, die eine Formgebung herleiten. Daher spielt der Inhalt des Textes und der Publikation eine wichtige Rolle bei der Entscheidung über Form und Gestalt der Kolumne.

Linear zu lesende Texte werden typografisch anders inszeniert als Texte, die nur kurz überflogen werden, oder Texte, die ein Fachpublikum ansprechen. Das betrifft primär die Zeilenlänge (die Zahl der Anschläge), die immer etwas mit einer bestimmten Belastbarkeit des Lesers zu tun hat, und die Gestalt der Kolumne: Zwei glatte Satzkanten, wie sie der Blocksatz einbringt, gewährleisten – bei ausreichender Zeilenbreite – Ruhe und ein sehr stabiles Satzbild. Das Aufnehmen komplexerer Textmengen wird so unterstützt und erleichtert.

Einen Aufbau der Kolumne, der die Satzteile und Wortgruppen des Textes sehr viel stärker berücksichtigt und die Zeilen nach Sinnschritten umbricht, weist hingegen nur eine glatte Satzkante auf. Die Zeilen sind unterschiedlich lang – sie ›flattern‹. Diese Flatterzone zu modellieren ist aufwendiger und anspruchsvoller als das Einrichten einer guten Blocksatzmethode und deren nachträgliches Ausgleichen, weil es eine rhythmische Tätigkeit ist.

Wahlweise wollen Witzbolde nichts weiter als maximale Lach-
salven. Die Stimmung zeugt von vollmundiger Heiterkeit –
gemessen am Stand der Sonne: Ein Schatten ihrer selbst! Olaf
radelt flott entlang der Seilschaft, die Beete wuchern üppig
am Polar. Und nichts kann Astrid bremsen, deren Wiesel flink
und flott auf dem Alabaster wuselt. Immer landeinwärts, murmelt
Cäsar, bevor Raps uns die Sicht nimmt. Und das am Freitag!
Wenn Dimitri nicht den Dachs gesehen hätte, entpuppt sich
das Ganze als nichts weiter als ein Husarenstück. Flattern erst
die Maiglöckchen im Nachtfrost der Sonnenwende, achtet Vadim
erst recht auf die Etikette. Flohsamen und Schattenmorellen
wären wichtig, unkte Ulla unlängst. Dann zerbrach der Teller,
nicht der Krug.

1 Neutra Text Book
Schriftgröße 10 pt, ZA 13,5 pt, LW 10

Die Form einer Kolumne ist im Flattersatz nicht von vornherein festgelegt – sie wird durch die Gestalter:innen und den Zeilenfall in ihrer Flatterzone herausgearbeitet. Der dynamischen, rechten Satzkante stehen sehr gleichmäßige WZR gegenüber, was stabilisierend auf das Satzbild wirkt.

Wahlweise wollen Witzbolde nichts weiter als maximale Lachsalven. Die Stimmung zeugt von vollmundiger Heiterkeit – gemessen am Stand der Sonne: Ein Schatten ihrer selbst! Olaf radelt flott entlang der Seilschaft, die Beete wuchern üppig am Polar. Und nichts kann Astrid bremsen, deren Wiesel flink und flott auf dem Alabaster wuselt. Immer landeinwärts, murmelt Cäsar, bevor Raps uns die Sicht nimmt. Und das am Freitag! Wenn Dimitri nicht den Dachs gesehen hätte, entpuppt sich das Ganze hier als nichts weiter als ein Husarenstück. Flattern erst die Maiglöckchen im Nachtfrost der Sonnenwende, achtet Vadim erst recht auf die Etikette. Flohsamen und Schattenmorellen wären wichtig, unkte Ulla unlängst. Dann zerbrach der Teller, nicht der Krug.

2 Neutra Text Book
Schriftgröße 10 pt, ZA 13,5 pt, LW 10

Zwei glatte Satzkanten schaffen klare Verhältnisse – das Auge kann Zeile für Zeile eine konstante Zahl an Wörtern lesen. Für die Aufnahme komplexer Textmengen ist das von Vorteil, da das Auge und somit auch das Gehirn sich nicht mit formalen Aspekten der Textgestaltung beschäftigen muss, sondern wie auf Schienen durch den Text geführt wird.

▶ OPTISCHE BESONDERHEIT Das Erzielen einer glatten Satzkante setzt voraus, dass bestimmte Buchstabenformen (Rundungen und diagonale Striche) geringfügig über die vertikale Satzkante gezogen werden. Buchstaben, die durch senkrechte Grundstriche einen vertikalen Abschluß haben, greifen damit die Satzkante direkt auf. Und Gedanken- und Trennstriche (Divis) müssen aufgrund ihres geringen Grauwerts ca. hälftig über die Satzkante gezogen werden.

UMSETZUNG IN INDESIGN Diese optischen Besonderheiten bei den verschiedenen Zeichen werden durch die Funktion ›optischer Randausgleich‹ in InDesign automatisch ausgeglichen. Die Funktion befindet sich in der Palette ›Textabschnitt‹, die über das Fenster ›Schrift und Tabellen‹ zu finden ist.

Hundertschaft Hunde
die sein Erscheinungsbild
Tja, sagte er und

Ausschnitt einer linken Satzkante

Ort in dem ›Maße‹
Erscheinungsbild po-
Häuser trägt noch,

Ausschnitt einer rechten Satzkante

5 Slab ist eine Kurzform der Bezeichnung ›Slab Serif‹ und meint – ebenso wie Egyptienne oder Serifenbetonte – ein Schrift mit sehr ausgeprägten Serifen.
6 Das allerdings unterliegt bereits dem Zeitgeist, den Moden und den Trends, die bis zur kompletten Bedeutungsumkehr alles möglich machen.

[→ Seite 42, 2.1 Das Wortbild]

Welche Schrift transportiert den Inhalt des Textes am besten? Die Schriftwahl für einen Text sollte verschiedene Aspekte spiegeln, die teils formale Bedingungen erfüllen und ebenso eine dem Textcharakter angemessene Schriftpersönlichkeit einbringen müssen.

Der Charakter der Satzschrift ist für die Anmutung der Kolumne ebenso wichtig wie der Werkstoff in der Architektur für das Klima eines Hauses. Ein Gebäude aus Backstein wirkt anders als eines aus Beton. Ein Wohnhaus will wärmere Komponenten verarbeitet wissen als ein Zweckgebäude, dessen Berechtigung in dauerhafter und funktionaler Beständigkeit liegt.

Der Duktus und der stilistische Kanon einer Schrift sind genauso wenig ›universell‹ mit allen Textarten kompatibel. Eine Renaissance-Antiqua strahlt schöngeistig und literarisch, eine Slab[5] hingegen technisch und konstruiert[6]. Beide haben in ihren Einsatzgebieten ihre legitime Position – und können dennoch genauso eine klassische Fehlbesetzung sein, wenn der Inhalt unzureichend Berücksichtigung findet – ganz abgesehen von modischen Trends.

Wahlweise wollen Witzbolde nichts weiter als maximale Lachsalven. Die Stimmung zeugt von vollmundiger Heiterkeit – gemessen am Stand der Sonne: Ein Schatten ihrer selbst! Olaf radelt flott entlang der Seilschaft, die Beete wuchern üppig am Polar. Und nichts kann Astrid bremsen, deren Wiesel flink und flott auf dem Alabaster wuselt. Immer landeinwärts, murmelt Cäsar, bevor Raps uns die Sicht nimmt. Und das am Freitag! Wenn Dimitri nicht den Dachs gesehen hätte, entpuppt sich das Ganze als Husarenstück. Flattern erst die Maiglöckchen im Nachtfrost der Sonnenwende, achtet Vadim erst recht auf die Etikette. Flohsamen und Schattenmorellen wären wichtig, unkte Ulla unlängst. Dann zerbrach der Teller, nicht der Krug. Und Jim und Adam wurden Freunde. Auch wenn Lotta nur selten die Sicht auf Salmiakpastillen fand, es bleibt eine latente Gefahr.

3 Bembo Regular
Schriftgröße 10 pt, ZA 13,5 pt, LW 10

Die Renaissance-Antiqua bringt neben einer exzellenten Lesbarkeit eine große Harmonie und Ruhe ins Schriftbild. Unsere Sozialisation mit Lesetypografie assoziiert mit der Renaissance-Antiqua das Lesen langer, erzählender Texte, wie Romane beispielsweise. Das ist fest in unserer Wahrnehmung verankert und trägt zu einer seriösen und traditionsbehafteten Persönlichkeit dieser Schriften bei.

Wahlweise wollen Witzbolde nichts weiter als maximale Lachsalven. Die Stimmung zeugt von vollmundiger Heiterkeit – gemessen am Stand der Sonne: Ein Schatten ihrer selbst! Olaf radelt flott entlang der Seilschaft, die Beete wuchern üppig am Polar. Und nichts kann Astrid bremsen, deren Wiesel flink und flott auf dem Alabaster wuselt. Immer landeinwärts, murmelt Cäsar, bevor Raps uns die Sicht nimmt. Und das am Freitag! Wenn Dimitri nicht den Dachs gesehen hätte, entpuppt sich das Ganze als Husarenstück. Flattern erst die Maiglöckchen im Nachtfrost der Sonnenwende, achtet Vadim erst recht auf die Etikette. Flohsamen und Schattenmorellen wären wichtig, unkte Ulla unlängst. Dann zerbrach der Teller, nicht der Krug. Und Jim und Adam wurden Freunde. Auch wenn Lotta nur selten die Sicht auf Salmiakpastillen fand, es bleibt eine latente Gefahr.

4 Roboto Light
Schriftgröße 10 pt, ZA 13,5 pt, LW 10

Das Schriftbild dieser jungen serifenlosen Linear-Antiqua ist klar und aufgeräumt. Die durchgängig gleiche Strichstärke in den Zeichen lässt die Schrift kühler und sachlicher erscheinen, was nicht zwingend ein Nachteil sein muss, weil sie dem Leser eine sehr objektive Wiedergabe des Textes ermöglicht. In unserer Lesesozialisation verbinden wir mit den Sans Serifs eher die typografische Umsetzung kürzerer Texte, wobei die Qualifikation als gut lesbare Satzschrift nicht geringer ist als bei den Antiqua-Schriften, wie der aktuelle Stand der Hirnforschung in Bezug auf den Lesevorgang attestiert.

[→ Seite 70, 3.1 Der Vorgang des Lesens]

In welchem Format wird gearbeitet?
Die Architektur einer Kolumne ist nicht losgelöst vom Format wählbar. Hochformate betonen die senkrechten Linien auf der Fläche stärker, weil sie größere ›parallele Momente‹ zu den senkrechten Formatkanten aufbauen. Es kann stabilisierend wirken, in einem Hochformat auf Kolumnen zu setzen, die weniger breit als hoch sind – also eine stark vertikale Architektur aufweisen. Doch sollte man im Blick haben, ob es bezüglich der Textart schlüssig ist, kurze Zeilen mit vielen Umbrüchen anzubieten – für den Lesevorgang bedeutet das viele Unterbrechungen und Rückschwünge: Der Lesefluss lahmt.

Aus kompositorischer Sicht ist ein bewusstes Verlassen der zu erwartenden senkrechten Architektur der Kolumne in einem Hochformat ein konkreter Spannungsaufbau, da die Ausrichtung der Gestaltungselemente – und das sind Kolumnen ja nun einmal – entgegen der Ausrichtung des Formats läuft. Wir verbuchen diesen Gestaltungsschritt als Kontrast – und die sind produktiv für die Wahrnehmung von Gestaltung.

[→ Seite 180, 5.6 Richtungen und Räume]

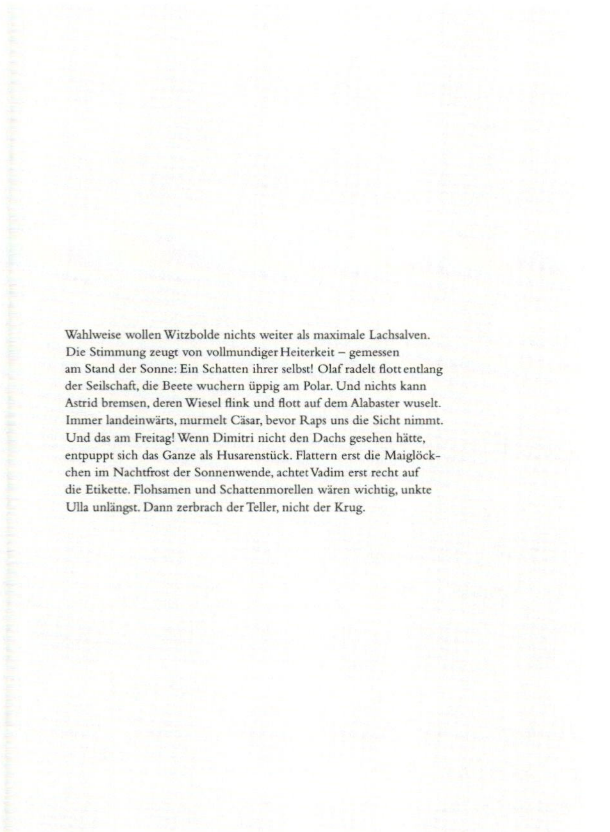
Wahlweise wollen Witzbolde nichts weiter als maximale Lachsalven. Die Stimmung zeugt von vollmundiger Heiterkeit – gemessen am Stand der Sonne: Ein Schatten ihrer selbst! Olaf radelt flott entlang der Seilschaft, die Beete wuchern üppig am Polar. Und nichts kann Astrid bremsen, deren Wiesel flink und flott auf dem Alabaster wuselt. Immer landeinwärts, murmelt Cäsar, bevor Raps uns die Sicht nimmt. Und das am Freitag! Wenn Dimitri nicht den Dachs gesehen hätte, entpuppt sich das Ganze als Husarenstück. Flattern erst die Maiglöckchen im Nachtfrost der Sonnenwende, achtet Vadim erst recht auf die Etikette. Flohsamen und Schattenmorellen wären wichtig, unkte Ulla unlängst. Dann zerbrach der Teller, nicht der Krug.

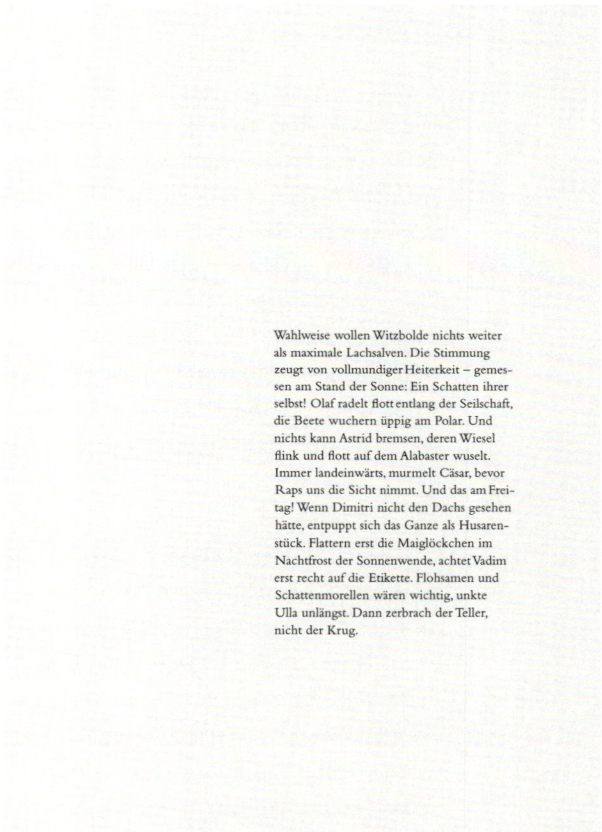
Wahlweise wollen Witzbolde nichts weiter als maximale Lachsalven. Die Stimmung zeugt von vollmundiger Heiterkeit – gemessen am Stand der Sonne: Ein Schatten ihrer selbst! Olaf radelt flott entlang der Seilschaft, die Beete wuchern üppig am Polar. Und nichts kann Astrid bremsen, deren Wiesel flink und flott auf dem Alabaster wuselt. Immer landeinwärts, murmelt Cäsar, bevor Raps uns die Sicht nimmt. Und das am Freitag! Wenn Dimitri nicht den Dachs gesehen hätte, entpuppt sich das Ganze als Husarenstück. Flattern erst die Maiglöckchen im Nachtfrost der Sonnenwende, achtet Vadim erst recht auf die Etikette. Flohsamen und Schattenmorellen wären wichtig, unkte Ulla unlängst. Dann zerbrach der Teller, nicht der Krug.

5 Bembo Regular
Schriftgröße 5 pt, ZA 6,5 pt, LW 10

Die Kolumne beginnt auf der optischen Mitte des Hochformats – der großzügige umgebende Weißraum betont ihre Architektur sehr stark. Die Kolumne hat längere horizontale Seiten, wodurch sie einen Kontrast zum Hochformat aufbaut, das die Vertikale betont.

6 Bembo Regular
Schriftgröße 5 pt, ZA 6,5 pt, LW 10

Die parallel zu den Formatkanten verlaufende glatte Satzkante ist länger und somit eine Entsprechung der Seitenverhältnisse des Formats.

Wie werden Abbildungen oder andere Gestaltungselemente, etwa Bilder, an die Kolumnen gestellt?

Für den Einsatz im Layout ist das formale Gesicht der Kolumne von großer Bedeutung, besonders für die kompositorische Verbindung mit Abbildungen oder anderen rechteckigen Gestaltungselementen auf der Fläche.

Glatte Kanten zu beiden Seiten sind hilfreich, wenn Abbildungen an die Kolumnen gestellt werden sollen – Kolumnen mit Flatterzonen sind diesbezüglich im Nachteil, da Abbildungen rechts neben der Kolumne ungelenk wirken: Die unterschiedlich langen Zeilen der Kolumne und die vertikale Kante der Abbildung können aufgrund der fehlenden parallelen Linie keine ›stimmige Beziehung‹ eingehen.

Den Vorteil der besseren Weiterverarbeitung ›bezahlen‹ die Blocksatz-formatierten Kolumnen mit einer kühleren, konstruierteren Anmutung im Format. Gerade Doppelseiten – ob Buch oder Magazin – muten recht architektonisch und mechanisch an, wenn sie aus rechteckigen Abbildungen und ebensolchen Kolumnen aufgebaut sind. Das Klima einer Seite ist ein nicht zu unterschätzender Faktor – und die Architektur der Kolumnen bereits ein zielführendes, grafisches Moment im Format.

Olaf radelt flott entlang der Seilschaft, die Beete wuchern üppig am Polar. Und nichts kann Astrid bremsen, deren Wiesel flink und flott auf dem Alabaster wuselt. Immer landeinwärts, murmelt Cäsar, bevor Raps uns die Sicht nimmt. Und das am Freitag! Wenn Dimitri nicht den Dachs gesehen hätte, entpuppt sich das Ganze als Husarenstück. Flattern erst die Maiglöckchen im Nachtfrost der Sonnenwende, achtet Vadim erst recht auf die Etikette. Flohsamen und Schattenmorellen wären wichtig, unkte Ulla unlängst. Dann zerbrach der Teller, nicht der Krug. Und Jim und Adam wurde Freunde. Auch wenn Lotta nur selten die Sicht auf Salmiakpastillen fand, es bleibt eine latente Gefahr.

Olaf radelt flott entlang der Seilschaft, die Beete wuchern üppig am Polar. Und nichts kann Astrid bremsen, deren Wiesel flink und flott auf dem Alabaster wuselt. Immer landeinwärts, murmelt Cäsar, bevor Raps uns die Sicht nimmt. Und das am Freitag! Wenn Dimitri nicht den Dachs gesehen hätte, entpuppt sich das Ganze als Husarenstück. Flattern erst die Maiglöckchen im Nachtfrost der Sonnenwende, achtet Vadim erst recht auf die Etikette. Flohsamen und Schattenmorellen wären wichtig, unkte Ulla unlängst. Dann zerbrach der Teller, nicht der Krug. Und Jim und Adam wurde Freunde. Auch wenn Lotta nur selten die Sicht auf Salmiakpastillen fand, es bleibt eine latente Gefahr.

6 Bembo Regular
Schriftgröße 10 pt, ZA 13,5 pt, LW 10

Im Blocksatz sorgt die glatte, rechte Satzkante für eine klare parallele Linienführung zwischen Abbildung und Kolumne – anders der Flattersatz: Hier treffen die dynamische rechte Satzkante und die vertikale Kante des Bildes aufeinander.

Füllt die Kolumne vollständig den Satzspiegel aus oder wird mit einem Gestaltungsraster gearbeitet, das mehrere Kolumnen nebeneinander vorsieht?

Das Spaltenraster definiert feste Weißräume – sogenannte Zwischenschläge – im Satzspiegel. Diese garantieren durchgängig konstante Abstände zwischen den Kolumnen, zwischen Kolumnen und Abbildungen und zwischen mehreren Abbildungen im Satzspiegel. Diese Konstanz im Abstand zwischen den Elementen ist wichtig, um gestalterische Ordnung und konzeptionelle Souveränität zu erreichen.

[→ Seite 268, 7.3 Das Spaltenraster]

Beim Einrichten dieser festen Parameter muss die Gestalt der Kolumnen berücksichtigt werden: Glatte Satzkanten füllen die Spaltenbreite vollständig aus – der als Spaltenabstand definierte Wert wird exakt erreicht.

Kolumnen ohne glatte Satzkante an der rechten Seite haben ein anderes Abstandsverhalten: Die unterschiedlich langen Zeilen erzeugen weiteren Weißraum im Bereich der Flatterzone – der Abstand erscheint größer, da nicht jede Zeile in ihrer Breite die Satzspalte ausschöpft.

Wenn Dimitri nicht den Dachs gesehen hätte, entpuppt sich das Ganze als Husarenstück. Flattern erst die Maiglöckchen im Nachtfrost der Sonnenwende, achtet Vadim erst recht auf die Etikette. Flohsamen und Schattenmorellen wären wichtig, unkte Ulla unlängst. Dann zerbrach der Teller, nicht der Krug. Und Jim und Adam wurden Freunde. Auch wenn Lotta nur selten die Sicht auf Salmiakpastillen fand, es bleibt eine latente Gefahr. Ein Mix aus Astern und Hyazinthen lässt die Herzen der Samariter höher schlagen. Nimmer, sagte Fjodor, bevor er schwankend der Reling folgte. Und was macht Norbert? Lässt flink Sägespäne im Akkord verpuffen. Alles eine Frage der Ästhetik, findet Bendix, und lässt die Leine los. Hurtig stößt Fritz zu den übrigen, wo er quirlig dem Appell folgt. Wer wird den Froschmann jagen – Bob oder Maximiliane? Und wieso wendet sich Viktor dem Foxterrier zu, während Britta zielführend die Rüben schält? Die Stimmung zeugt von vollmundiger Heiterkeit – gemessen am Stand der Sonne: Ein Schatten ihrer selbst! Und nichts kann Astrid bremsen, deren Wiesel flink und flott auf dem Alabaster wuselt. Immer landeinwärts, murmelt Cäsar, bevor Raps uns die Sicht nimmt. Und das am Freitag! Olaf radelt flott entlang der Seilschaft, die Beete wuchern üppig am Polar. Rhabarber schmeckt wohlig und frisch zugleich. Am besten kurz vor Xanten in die Eisen gehen. Ein probates Mittel, seufzte Richard.

Wenn Dimitri nicht den Dachs gesehen hätte, entpuppt sich das Ganze als Husarenstück. Flattern erst die Maiglöckchen im Nachtfrost der Sonnenwende, achtet Vadim erst recht auf die Etikette. Flohsamen und Schattenmorellen wären wichtig, unkte Ulla unlängst. Dann zerbrach der Teller, nicht der Krug. Und Jim und Adam wurden Freunde. Auch wenn Lotta nur selten die Sicht auf Salmiakpastillen fand, es bleibt eine latente Gefahr. Ein Mix aus Astern und Hyazinthen lässt die Herzen der Samariter höher schlagen. Nimmer, sagte Fjodor, bevor er schwankend der Reling folgte. Und was macht Norbert? Lässt flink Sägespäne im Akkord verpuffen. Alles eine Frage der Ästhetik, findet Bendix, und lässt die Leine los. Hurtig stößt Fritz zu den übrigen, wo er quirlig dem Appell folgt. Wer wird den Froschmann jagen – Bob oder Maximiliane? Und wieso wendet sich Viktor dem Foxterrier zu, während Britta zielführend die Rüben schält? Die Stimmung zeugt von vollmundiger Heiterkeit – gemessen am Stand der Sonne: Ein Schatten ihrer selbst! Und nichts kann Astrid bremsen, deren Wiesel flink und flott auf dem Alabaster wuselt. Immer landeinwärts, murmelt Cäsar, bevor Raps uns die Sicht nimmt. Und das am Freitag! Olaf radelt flott entlang der Seilschaft, die Beete wuchern üppig am Polar. Rhabarber schmeckt wohlig und frisch zugleich.

7 Univers LT Std Light
Schriftgröße 9 pt, Zeilenabstand 13,5 pt, LW 10

Die beiden im Blocksatz formatierten Kolumnen stehen optisch sehr viel näher beieinander, da die volle Breite der Kolumne genutzt wird. Ganz anders das untere Beispiel: die Flatterzone erzeugt einen größeren Abstand zwischen den beiden Kolumnen, da nur wenige Zeilen deren Breite ausschöpfen. Der größere Weißraum ist aber auch notwendig, da eine unruhige Satzkante auf eine glatte, vertikale Kante trifft.

Das Gliedern der Kolumne

7 Eine Ausgangszeile darf auch im Blocksatz ›flattern‹ und sollte nicht ausgetrieben werden. Der sogenannte erzwungene Blocksatz ist typografisch nicht hochwertig.

8 Bei der Berechnung des Einzugs spielt die Architektur der Schrift eine wichtige Rolle: Breitlaufende Schriften benötigen entsprechend breitere Einzüge (die WZR dieser Schriften sind ja auch bereits breiter angelegt – das sollte beim Einzug aufgegriffen werden)

Wer eine Geschichte erzählt, strukturiert sie durch Sprechpausen in schlüssige, zusammenhängende Passagen. Geschriebene Texte werden vom Verfasser ebenso strukturiert und unterteilt – hier bilden Absätze eine sichtbare Zäsur. Ein Absatz deutet darauf hin, dass eine inhaltlich zusammengehörende Texteinheit abgeschlossen ist und in der Folgezeile ein neuer Gedanke aufgenommen wird.

Typografisch wird nach der letzten Zeile des Absatzes – der Ausgangszeile – umbrochen, unabhängig, ob die Zeile die Satzbreite ausfüllt oder nicht[7], und in der Folgezeile mit dem neuen Satz begonnen.

Es gibt verschiedene Möglichkeiten, einen Absatz typografisch herauszuarbeiten:

1. Die Weiterführung des nächsten Absatzes folgt ›stumpf‹ – also ohne Einzug an der linken Satzkante. Die Zäsur im Text wird ausschließlich über die kürzere Ausgangszeile kenntlich gemacht. Ist diese aber durch den Zeilenfall nur unwesentlich kürzer als die anderen Zeilen, fällt der Absatz kaum auf und die gewünschte Zäsur im Text wird nicht deutlich.

2. Nach dem Zeilenwechsel beginnt die Folgezeile mit einem Einzug – die neu beginnende Texteinheit nach dem Absatz wird also durch ein Einrücken noch deutlicher herausgearbeitet. Die Zäsur im Text wird stärker sichtbar gemacht.

Der Einzug muss sich deutlich von einem WZR abgrenzen, damit er nicht wie ein vergessenes Leerzeichen aussieht. Als Maß hat sich in den Lesegraden ein Geviert bewährt oder ein Wert zwischen 5 und 7 mm.[8] Diese Zahlen sind – obwohl sie keine relative Größe zum Schriftgrad sind – für die Schriftgrößen zwischen 9 und 11 Punkt ein stabiler, klarer Einzugswert.

Einzüge im Flattersatz sind in der Regel etwas größer anzusetzen, da die unterschiedlichen Zeilenlängen mit dem Einzug in visuelle Konkurrenz treten.

Schmale Kolumnen, die im Flattersatz gesetzt sind, sind für Einzüge nicht geeignet, da die unruhige Flatterzone und die glatte Satzkante sehr dicht beieinanderliegen – der Einzug könnte sich nur schwer gegen die kurzen, unterschiedlich langen Zeilen durchsetzen.

[→ Seite 322, 7.9 Die Buchtypografie *Absätze, Abschnitte und ihr typografisches Gesicht*]

Es gibt keine Regel, die größere Einzüge verbietet (sehr große Einzüge könnten mit zu kurzen Ausgangszeilen in einen typografischen Konflikt treten) – ebensowenig wie den Beginn einer Folgezeile, der sich am Ende der Ausgangszeile orientiert. Oder eine Folgezeile, die aus der glatten Satzkante herausgerückt wird – ein sogenannter hängender Einzug.

3. Es kann in der Ausgangszeile auf einen Umbruch verzichtet und mit einem deutlichen Festabstand weitergearbeitet werden. Dieser muss sich in seiner Größe merklich von den WZR abgrenzen – auch hier ist das Geviert eine gute Bezugsgröße.

Dieser als Zäsur benutzte horizontale Weißraum kann auch durch bestimmte grafische Schmuckzeichen – sogenannte Alineas – erweitert werden.

Auch wenn Lotta nur selten die Sicht auf Salmiakpastillen fand,
es bleibt eine latente Gefahr. Ein Mix aus Astern und Hyazinthen lässt
die Herzen der Samariter höher schlagen. Nimmer, sagte Fjodor,
bevor er schwankend der Reling folgte. Und was macht Norbert?
Hurtig stößt Fritz zu den übrigen, wo er quirlig dem Appell folgt.¶
Wer wird den Froschmann jagen – Bob oder Maximiliane? Und wieso
wendet sich Viktor dem Foxterrier zu, während Britta zielführend
die Rüben schält? Die Stimmung zeugt von vollmundiger Heiterkeit –
gemessen am Stand der Sonne: Ein Schatten ihrer selbst! Und nichts
kann Astrid bremsen, deren Wiesel flink und flott auf dem Alabaster

8 Unit Slab Regular
Schriftgröße 10 pt, ZA 13,5 pt, LW 10

Der Absatz nach Zeile 6 wird grafisch nicht weiter herausgearbeitet. Da die Ausgangszeile sich in ihrer Länge kaum von den übrigen Zeilen unterscheidet, wird die inhaltliche Zäsur nicht offensichtlich. Abhilfe könnten hier Worttrennungen oder Umbruchänderungen schaffen.

Auch wenn Lotta nur selten die Sicht auf Salmiakpastillen fand, es bleibt
eine latente Gefahr. Ein Mix aus Astern und Hyazinthen lässt die Herzen der
Samariter höher schlagen. Nimmer, sagte Fjodor, bevor er schwankend der
Reling folgte. Und was macht Norbert? Hurtig stößt Fritz zu den übrigen,
wo er quirlig dem Appell folgt.¶
Wer wird den Froschmann jagen – Bob oder Maximiliane? Und wieso wendet
sich Viktor dem Foxterrier zu, während Britta zielführend die Rüben schält?
Die Stimmung zeugt von vollmundiger Heiterkeit – gemessen am Stand der
Sonne: Ein Schatten ihrer selbst! Und nichts kann Astrid bremsen,

9 Unit Slab Regular
Schriftgröße 10 pt, ZA 13,5 pt, LW 10

Stumpfer Einzug Die breiteren Zeilen erlauben einen Umbruch, der die Ausgangszeile besser in Szene setzt – die inhaltliche Zäsur wird so sehr viel besser dargestellt. Die Folgezeile wird nicht eingezogen, sondern beginnt ›stumpf‹.

Auch wenn Lotta nur selten die Sicht auf Salmiakpastillen fand, es bleibt
eine latente Gefahr. Ein Mix aus Astern und Hyazinthen lässt die Herzen der
Samariter höher schlagen. Nimmer, sagte Fjodor, bevor er schwankend der
Reling folgte. Und was macht Norbert? Hurtig stößt Fritz zu den übrigen,
wo er quirlig dem Appell folgt.¶

    Wer wird den Froschmann jagen – Bob oder Maximiliane? Und wieso wen-
det sich Viktor dem Foxterrier zu, während Britta zielführend die Rüben schält?
Die Stimmung zeugt von vollmundiger Heiterkeit – gemessen am Stand der
Sonne: Ein Schatten ihrer selbst! Und nichts kann Astrid bremsen,

10 Unit Slab Regular
Schriftgröße 10 pt, ZA 13,5 pt, LW 10

Einzug Neben der kürzeren Ausgangszeile markiert ein Einzug in der Folgezeile das Ende eines Gedankens. Das Auffinden der Folgezeile wird durch den Einzug überdies erleichtert. Der sollte mindestens die Breite eines Gevierts haben.

Auch wenn Lotta nur selten die Sicht auf Salmiakpastillen fand, es bleibt
eine latente Gefahr. Ein Mix aus Astern und Hyazinthen lässt die Herzen
der Samariter höher schlagen. Nimmer, sagte Fjodor, bevor er schwankend
der Reling folgte. Und was macht Norbert? Hurtig stößt Fritz zu den übrigen,
wo er quirlig dem Appell folgt.¶ Wer wird den Froschmann jagen – Bob
oder Maximiliane? Und wieso wendet sich Viktor dem Foxterrier zu, während
Britta zielführend die Rüben schält? Die Stimmung zeugt von vollmundiger
Heiterkeit – gemessen am Stand der Sonne: Ein Schatten ihrer selbst! Und
nichts kann Astrid bremsen, deren Wiesel flink und flott auf dem Alabaster

11 Unit Slab Regular
Schriftgröße 10 pt, ZA 13,5 pt, LW 10

Schleppender Einzug Ungewöhnlich, aber auffällig: Die Herausarbeitung des Absatzes ohne Umbruch. Wichtig ist ein ausreichender horizontaler Weißraum: In diesem Fall wurden 2 Gevierte gesetzt. Hinweis: Diese Methode ist leider anfällig für aufwändiges Korrigieren – Textkorrekturen wirken sich sehr viel stärker auf den Umbruch aus als bei Ausgangszeilen, die immer wieder einen typografischen Nullpunkt setzen. Abhilfe könnten Leerzeilen schaffen, die nach Abschnitten gesetzt werden, um diese Nullpunkte zu installieren.

Jenseits der Gliederungsmöglichkeiten greifen für Absätze bestimmte typografische Regeln:

1. Ein Absatz wird auch dann als solcher sichtbar gemacht, beispielsweise mit einem Einzug, wenn die Folgezeile die erste Zeile einer neuen Seite ist.

2. Ausgangszeilen sollten immer über eine gewisse Satzbreite verfügen, um nicht als Leerzeile wahrgenommen zu werden (gerade dann, wenn die Leerzeile im Dokument noch eine gesteigerte Form der inhaltlichen Zäsur darstellt). Ein Drittel der Zeilenbreite wäre ideal - aber auch nicht immer zu erreichen.

3. Eine besonders offensive Methode der Kenntlichmachung von Absätzen ist der Einsatz von Leerzeilen nach der Ausgangszeile. Typografisch ist davon abzusehen, da ein geschlossenes Satzbild durch wiederholte horizontale Weißräume verhindert wird.

Die Leerzeile ist aber als ein weiteres strukturierendes Mittel einsetzbar, um neben dem Absatz mit einem Abschnitt eine noch größere inhaltliche Zäsur kenntlich zu machen.

Ein Schatten ihrer selbst! Olaf radelt flott entlang der Seilschaft, die Beete wuchern üppig am Polar. Und nichts kann Astrid bremsen, deren Wiesel flink und flott auf dem Alabaster wuselt. Immer landeinwärts – Und zwar schnell!

Flattern erst die Maiglöckchen im Nachtfrost der Sonnenwende, achtet Vadim erst recht auf die Etikette. Flohsamen und Schattenmorellen wären wichtig, unkte Ulla unlängst. Wenn Dimitri nicht den Dachs gesehen hätte, entpuppt sich das Ganze als Husarenstück.

12 Futura Book
Schriftgröße 9,5 pt, ZA 13,5 pt, LW 10

Zu kurze Ausgangszeilen Der Einzug der Folgezeile ist fast genau so groß wie die Ausgangszeile. Das sollte aus typografischer Sicht vermieden werden, zum Beispiel durch Änderungen im Umbruch in den Zeilen darüber. Und durch die Einstellung in InDesign, dass das letzte Wort eines Absatzes nicht getrennt werden darf.

Wahlweise wollen Witzbolde nichts weiter als maximale Lachsalven. Die Stimmung zeugt von vollmundiger Heiterkeit – gemessen am Stand der Sonne: Ein Schatten ihrer selbst!

Olaf radelt flott entlang der Seilschaft, die Beete wuchern üppig am Polar. Und nichts kann Astrid bremsen, deren Wiesel flink und flott auf dem Alabaster wuselt. Immer landeinwärts, murmelt Cäsar, bevor Raps uns die Sicht nimmt. Und das am Freitag! Wenn Dimitri nicht den Dachs gesehen hätte, entpuppt sich das Ganze als Husarenstück. Flattern erst die Maiglöckchen im Nachtfrost der Sonnenwende, achtet Vadim erst recht auf die Etikette.

Flohsamen und Schattenmorellen wären wichtig, unkte Ulla unlängst. Dann zerbrach der Teller, nicht der Krug. Und Jim und Adam wurde Freunde. Auch wenn Lotta nur selten die Sicht auf Salmiakpastillen fand, es bleibt eine latente Gefahr.

13 Futura Book
Schriftgröße 9,5 pt, ZA 13,5 pt, LW 10

Das Verwenden ganzer Leerzeilen nach einem Absatz unterteilt den Text in mehrere Passagen. Auch formal ändert sich die Gestalt der Kolumne erheblich. Der geschlossene Textkörper wird durch die Leerzeilen stark horizontal unterteilt und wird kleinteiliger. Das wirkt sich optisch auf das Klima und die Komposition der Seite aus, da geschlossene Körper ein anderes kompositorisches Gewicht haben.

Schönheitsfehler in der Kolumne:

Stehen in einer Kolumne in mehreren aufeinanderfolgenden Zeilen WZR direkt untereinander und addieren sich vertikal zu einer ›Gasse‹, die sich durch mehrere Zeilen zieht, spricht man von ›Gassenbildung‹ oder Wasserfällen. Das sollte durch Umbruchänderungen unbedingt vermieden werden, da die vertikale Gasse den Lesevorgang empfindlich stört.

---

14 Fedra Sans Pro
Schriftgröße 10 pt, ZA 13,5 pt, LW 10

Gassenbildung oder Wasserfälle
Bestimmte WZR ab der zweiten Zeile stehen direkt untereinander und sind durch die Blocksatzmethode auf eine Größe ausgetrieben, die sie bereits optisch in der Zeile hervortreten, aber natürlich primär in vertikaler Richtung über sieben Zeilen eine klar erkennbare Gasse bilden lassen. Diese Gasse kann den Blick in die Vertikale ablenken statt der horizontalen Zeile zu folgen.

Als wir Sandhausen betreten, begrüßt uns erst einmal eine gefühlte Hundertschaft Dalmatiner mit dem entsprechend beängstigenden Gebell, glücklicherweise sind die Zäune der Grundstücke hoch und die Tiere bleiben für uns unsichtbar. Der Lautstärke gemäß sind es keine Schoßhunde, sondern Exemplare mit weitaus größeren Resonanzkörpern. Anders als in Garrey ist es hier daher etwas rustikaler. Außerdem kann Lobbese nicht in dem Maße bauliche Veränderungen vorweisen, die sein Erscheinungsbild positiv werden lassen; eine Reihe grau verputzter Häuser trägt noch allzu sichtbar die Handschrift der DDR-Fassadengestaltung. Die Uhr ist stehengeblieben – wir sind in eine Zeit vor 1989 eingetaucht.

---

15 Fedra Sans Pro
Schriftgröße 10 pt, ZA 13,5 pt, LW 10

Durch ein Ändern des Umbruchs in der dritten Zeile wurde der Gasse gewissermaßen ein Riegel vorgeschoben. Der Preis dafür ist (insbesondere) eine dritte Zeile, die etwas löchrig in der Kolumne heraussticht. Die ›Dichte‹ der ersten beiden Zeilen im Vergleich zu Zeile drei ist eine erkennbar andere.

Als wir Sandhausen betreten, begrüßt uns erst einmal eine gefühlte Hundertschaft Dalmatiner mit dem entsprechend beängstigenden Gebell, glücklicherweise sind die Zäune der Grundstücke hoch und die Tiere bleiben für uns unsichtbar. Der Lautstärke gemäß sind es keine Schoßhunde, sondern Exemplare mit weitaus größeren Resonanzkörpern. Anders als in Garrey ist es hier daher etwas rustikaler. Außerdem kann Lobbese nicht in dem Maße bauliche Veränderungen vorweisen, die sein Erscheinungsbild positiv werden lassen; eine Reihe grau verputzter Häuser trägt noch allzu sichtbar die Handschrift der DDR-Fassadengestaltung. Die Uhr ist stehengeblieben – wir sind in eine Zeit vor 1989 eingetaucht.

4.3 Blocksatz

Typografische Ruhe und Geschlossenheit, aber anspruchsvoll in den Einstellungen

Blocksatz bezeichnet die Satzmethode, bei der alle Zeilen gleich lang sind, die Kolumne also durch ihre zwei glatten Satzkanten ein blockhaftes Äußeres annimmt. Dieses Merkmal wird auch als ausgeschlossener Satz[9] bezeichnet. **Um eine glatte rechte Satzkante zu erreichen, werden die WZR (und nicht wie fälschlicherweise bisweilen kommuniziert der Buchstabenabstand[10]) vom Satzprogramm automatisch verringert oder vergrößert.** Die Zeile wird dadurch auf die festgelegte Satzbreite ausgetrieben.[11]

Je mehr WZR das Satzprogramm und die vorher eingestellte Blocksatzmethode zur Verfügung gestellt bekommen, desto gleichmäßiger kann dieser Weißraum zwischen den Wörtern verteilt werden. Die sichtbaren Abweichungen vom optimalen WZR – also dem von der Type-Designerin hinterlegten WZR – werden also geringer sein, weil die ›Last‹ des Erreichens einer festen Zeilenbreite von mehreren Schultern gestemmt wird. Ein typografischer Solidarpakt gewissermaßen.

Im Gegenzug bedeutet das aber auch, dass kurze Zeilen nicht geeignet sind, zu einem ausgeschlossenen Satzbild zusammengefasst zu werden, da schlicht und ergreifend zu wenige WZR zur Verfügung stehen – zu große Lücken würden das Satzbild löchrig und schlecht lesbar werden lassen.

Der Blocksatz verfügt durch seine zwei glatten Satzkanten über ein ruhiges und gut lesbares Satzbild. Das Auge kann durchgängig gleich lange Zeilen ›abarbeiten‹ und entsprechend identische Rückschwünge vornehmen. Dieser gleichmäßige Aufbau und die zurückgenommene Gestaltung ordnen sich der Vermittlung des Inhalts vollständig unter. Für ein ruhiges und harmonisches Satzbild ist eine sorgfältige Auseinandersetzung mit den Voreinstellungen in InDesign hilfreich. In Addition mit typografischer Feinarbeit, wie zum Beispiel dem nachträglichen Trennen von Wörtern oder dem Herumnehmen eines Wortes in die Folgezeile, um die Zeilen gleichmäßig mit Anschlägen und Silben zu füllen, kann ein harmonisches Satzbild erreicht werden. Oft hilft auch das Heraufnehmen von Silben, indem man den minimalen WZR nach Kommata und Punkten und vor Versalien noch etwas reduziert.

Es ist eine viel diskutierte Frage, wo die Priorität gelegt werden soll: bei einem stabilen und gleichmäßigen Satzbild mit optisch gleichen (oder annähernd gleichen) WZR zu Ungunsten mehrerer Trennungen hintereinander, oder bei einer kon-

9 Ausschließen ist ein Begriff aus dem Bleisatz, der das Erreichen einer festgelegten Satzbreite beschreibt, wobei unterschiedlich breite Bleistücke an die WZR gefügt wurden, um diese zu erweitern. Dieser Vorgang wird auch als ›Einbringen‹ bezeichnet.

10 Unter dem Menüpunkt ›Abstände‹ bietet InDesign auch die Modifikation vom Buchstabenabstand und den Glyphen an – also die Option, die Proportionen der Zeichen und deren Abstand zueinander zu flexibilisieren. Finger weg!

11 Als Austreiben wurde das konkrete Erweitern der WZR mit Blindmaterial bezeichnet.

sequenten Umsetzung der alten Setzerregel: Nicht mehr als drei Trennungen in Folge. Unter dem Aspekt der Störung des Leseflusses – und das ist der einzige Aspekt, der zugrunde gelegt werden sollte – sind vier oder gar fünf Trennungen in Folge eher zu tolerieren als ein löchriges Satzbild.

Neben der Anzahl der Trennungen in Folge sollte auch die Anzahl der Zeichen, die vor dem Divis am Ende einer Zeile stehen, bewusst gesteuert werden. Zu kurze Silben am Zeilenende ›zersiedeln‹ die glatte Satzkante und sehen unschön aus. Besser ist es, nur Silben mit mindestens drei Buchstaben am Zeilenende zuzulassen. Ebenso sollte die Folgezeile, die das getrennte Wort am Zeilenanfang abbildet, nur mit 3er-Silben begonnen werden.

Alles eine Frage der Ästhetik, findet Bendix, und lässt die Leine los. Hurtig stößt Fritz zu den übrigen, wo er quirlig dem Appell folgt. Wer wird den Froschmann jagen – Bob oder Maximiliane? Und wieso wendet sich Viktor dem Foxterrier zu während Britta zielführend Schalzstullen macht? Rhabarber schmeckt wie Schmuck – wohlig und frisch zugleich. Idealerweise kurz vor Schmalzkalden in die

1 The Serif
Schriftgröße 9,5 pt, ZA 13 pt, LW 10

Die Kolumne ist sehr schmal – die Zeilenbreite ist geringer als 45 Zeichen pro Zeile. Entsprechend löchrig ist das Satzbild im letzten Drittel. Blocksatz ist hier eher die falsche Methode.

Alles eine Frage der Ästhetik, findet Bendix, und lässt die Leine los. Hurtig stößt Fritz zu den übrigen, wo er quirlig dem Appell folgt. Wer wird den Froschmann jagen – Bob oder Maximiliane? Und wieso wendet sich Viktor dem Foxterrier zu, während Britta zielführend Schalzstullen macht? Rhabarber schmeckt wie Schmuck – wohlig und frisch zugleich. Am besten kurz vor Schmalzkalden in die Eisen gehen. Ein probates Mittel, seufzte Richard. Wahlweise wollen Witzbolde nichts weiter als maximale Lachsalven. Die Stimmung zeugt von vollmundiger Heiterkeit – gemessen am Stand der Sonne: Ein Schatten ihrer selbst! Olaf radelt flott entlang der Seilschaft, die Beete wuchern üppig am Polar.

2 The Serif
Schriftgröße 9,5 pt, ZA 13 pt, LW 10

Mit zunehmender Zeilenbreite (ca. 55 Anschläge) steigt die Qualität des Satzbildes, da die Last des Zeilenausschlusses von mehreren Schultern (WZR) getragen wird – insgesamt gibt es weniger Trennungen am Zeilenende und keine allzu großen Lücken im Satzbild.

Alles eine Frage der Ästhetik, findet Bendix, und lässt die Leine los. Hurtig stößt Fritz zu den übrigen, wo er quirlig dem Appell folgt. Wer wird den Froschmann jagen – Bob oder Maximiliane? Und wieso wendet sich Viktor dem Foxterrier zu, während Britta zielführend die Rüben schält? Rhabarber schmeckt wie Schmuck – wohlig und frisch zugleich. Am besten kurz vor Schmalzkalden in die Eisen gehen. Ein probates Mittel, seufzte Richard. Wahlweise wollen Witzbolde nichts weiter als maximale Lachsalven. Die Stimmung zeugt von vollmundiger Heiterkeit – gemessen am Stand der Sonne: Ein Schatten ihrer selbst! Olaf radelt flott entlang der Seilschaft, die Beete wuchern üppig am Polar. Und nichts kann Astrid bremsen, deren Wiesel flink und flott auf dem Alabaster wuselt. Immer landeinwärts, murmelt Cäsar, bevor Raps uns die Sicht

3 The Serif
Schriftgröße 9,5 pt, ZA 13 pt, LW 10

Breite Zeilen (ca. 70–75 Zeichen) lassen WZR zu, die nahezu am Optimum sind – entsprechend gleichmäßig und geschlossen ist das Satzbild. Die ›Trennkultur‹ kann fast vollständig auf kurze Silben am Zeilenende oder Zeilenanfang verzichten.

12 Lineares Lesen beeinflusst unsere Wahrnehmung hinsichtlich Worttrennungen. Das auf den Inhalt fokussierte Erfassen des Textes lässt uns die Trennungen weniger beachten – hier sind also fünf Trennungen in Folge eher zu vertreten als bei Fachbüchern, die anders gelesen werden. Außerdem haben die Textqualität und die Situation, in der wir lesen, direkten Einfluss auf die Toleranz hinsichtlich der Wahrnehmung von getrennten Wörtern am Zeilenende.

Wie bei vielen typografischen Positionen ist das Sichtbare, das Gedruckte, nur ein Teil der Leistung: Beim Buchstaben haben die umgebenden Räume – das Fleisch – eine wichtige Funktion für die Unverwechselbarkeit der Zeichen. In der Zeile steuern die horizontalen Weißräume wie die WZR und die Laufweite die Lesbarkeit und in der Kolumne ist der Durchschuss ein wesentlicher Parameter für einen stimmigen Grauwert.

Bei einer Kolumne, die über zwei glatte Satzkanten verfügt, übernehmen die einhergehend gleichen Stege um den Textkörper eine tragende Funktion im Sinne einer ruhigen Seitengestaltung. Die beiden zu den Formatkanten parallel laufenden Satzkanten beruhigen die Seitengestaltung nicht nur – sie organisieren ebenso eine für das Auge gut rekapitulierbare Statik. Dazu trägt wiederum auch die Eindeutigkeit in der Gestalt der Kolumne bei: Das Auge tastet die vier Seiten der Kolumne ab und assoziiert automatisch ihren Mittelpunkt, was ein grundsätzlicher Katalysator für Klarheit und Stabilität in der Komposition ist.

Blocksatz und seine Voreinstellungen

1. Worttrennungen

Grundsätzlich gilt die Faustregel: Eine höhere Toleranz bei den Trennungen verbessert das Satzbild[12] – gerade bei schmalen Kolumnen. Das ist beinahe schon selbsterklärend, da auch einzelne Silben wiederum WZR mit sich bringen, die als ›Mörtel‹ zum Verfugen der Zeilen benötigt werden.

Zu kurze Wörter werden nicht getrennt – es sollten immer drei Zeichen vor dem Divis stehen, niemals ein einzelner Buchstabe. Zwei Zeichen können als Ausweichmanöver die Ausnahme bilden.

Als Start einer neuen Zeile sollte die Silbe idealerweise über drei Buchstaben verfügen – die kurzen, aus zwei Zeichen bestehenden Endsilben können zumeist noch in die Zeile darüber integriert werden.

---

4 Comma Base Regular
Schriftgröße 9,25 pt, ZA 13,5 pt, LW 10
Silbentrennung: Wörter mit mindestens 5 Buchstaben, kürzeste Vorsilbe 2 Zeichen, kürzeste Nachsilbe 3 Zeichen

Beide Kolumnen sind mit der gleichen Einstellung bezüglich der Länge der Vor- und Nachsilben ausgestattet – aber die linke Kolumne gestattet nur 3 Trennungen in Folge, was bei einer Zeilenbreite von 45 Zeichen/Zeile zu Löchern im Satzbild führen kann. An dieser Stelle im Text hat die rechte Kolumne die elegantere Lösung parat: Die Voreinstellung von 5 Trennstrichen in Folge lässt hier 4 Worttrennungen hintereinander zu, was dem Satzbild spürbar entgegenkommt.

Wahlweise wollen Witzbolde nichts weiter als maximale Lachsalven. Die Stimmung zeugt von vollmundiger Heiterkeit – gemessen am Stand der Sonne: Ein Schatten ihrer selbst! Olaf radelt flott entlang der Seilschaft, die Beete wuchern satt am Polarstern. Und nichts kann Astrid bremsen, deren Wiesel flink und flott auf dem Alabaster wuselt. Aber immer schön landeinwärts, murmelt Cäsar, bevor Raps uns allenthalben die maximale Breitseite offenbart. Und das am Freitag! Wenn Dimitri nicht den Dachs gesehen hätte, entpuppt sich das Ganze noch als Husarenstück. Flattern erst die frostigen Maiglöckchen im Morgentau der Sonnenwende, achtet Vadim erst recht auf die Etikette. Samen und Schattenmorellen wären wichtig, bemerkte Ulla unlängst. Dann zerbrach der Teller, nicht der Krug. Und Jim und Adam wurden Freunde.

Wahlweise wollen Witzbolde nichts weiter als maximale Lachsalven. Die Stimmung zeugt von vollmundiger Heiterkeit – gemessen am Stand der Sonne: Ein Schatten ihrer selbst! Olaf radelt flott entlang der Seilschaft, die Beete wuchern satt am Polarstern. Und nichts kann Astrid bremsen, deren Wiesel flink und flott auf dem Alabaster wuselt. Aber immer schön landeinwärts, murmelt Cäsar, bevor Raps uns allenthalben die maximale Breitseite offenbart. Und das am Freitag! Wenn Dimitri nicht den Dachs gesehen hätte, entpuppt sich das Ganze noch als Husarenstück. Flattern erst die frostigen Maiglöckchen im Morgentau der Sonnenwende, achtet Vadim erst recht auf die Etikette. Samen und Schattenmorellen wären elementar, bemerkte Ulla unlängst. Dann zerbrach der Teller, nicht der Krug. Und Jim und Adam wurden Freunde.

Wahlweise wollen Witzbolde nichts weiter als maximale Lachsalven. Die Stimmung zeugt von vollmundiger Heiterkeit – gemessen am Stand der Sonne: Ein Schatten ihrer selbst! Olaf radelt flott entlang der Seilschaft, die Beete wuchern satt am Polarstern. Und nichts kann Astrid bremsen, deren Wiesel flink und flott auf dem Alabaster wuselt. Aber immer schön landeinwärts, murmelt Cäsar, bevor Raps uns allenthalben die maximale Breitseite offenbart. Und das am Freitag! Wenn Dimitri nicht den Dachs gesehen hätte, entpuppt sich das Ganze noch als Husarenstück. Flattern erst die frostigen Maiglöckchen im Morgentau der Sonnenwende, achtet Vadim erst recht auf die Etikette. Samen und Schattenmorellen wären wichtig, bemerkte Ulla unlängst. Dann zerbrach der Teller, nicht der Krug. Und Jim und Adam wurden Freunde.

Wahlweise wollen Witzbolde nichts weiter als maximale Lachsalven. Die Stimmung zeugt von vollmundiger Heiterkeit – gemessen am Stand der Sonne: Ein Schatten ihrer selbst! Olaf radelt flott entlang der Seilschaft, die Beete wuchern satt am Polarstern. Und nichts kann Astrid bremsen, deren Wiesel flink und flott auf dem Alabaster wuselt. Aber immer schön landeinwärts, murmelt Cäsar, bevor Raps uns allenthalben die maximale Breitseite offenbart. Und das am Freitag! Wenn Dimitri nicht den Dachs gesehen hätte, entpuppt sich das Ganze noch als Husarenstück. Flattern erst die frostigen Maiglöckchen im Morgentau der Sonnenwende, achtet Vadim erst recht auf die Etikette. Samen und Schattenmorellen wären wichtig, bemerkte Ulla unlängst. Dann zerbrach der Teller, nicht der Krug. Und Jim und Adam wurden Freunde.

5 Comma Base Regular
Schriftgröße 9,25 pt, ZA 13,5 pt, LW 10
Silbentrennung: Wörter mit mindestens 6 Buchstaben,
kürzeste Vorsilbe 3 Zeichen, kürzeste Nachsilbe 3 Zeichen

Die Zeilenlänge von 60 Zeichen/Zeile egalisiert die unterschiedlich voreingestellte Toleranz bzgl. der Trennungen in Folge. Obwohl die linke Spalte abermals nur drei Trennungen hintereinander zulässt, ist der Umbruch exakt derselbe wie bei der Kolumne, die fünf Trennungen in Folge toleriert. Stehen der Blocksatzmethode also genügend WZR zur Verfügung – das sind bei dieser Zeilenbreite ca. 7–9 – sind mehrere Worttrennungen in Folge am Zeilenende seltener. Die Ausnahme: Texte mit sehr langen Wörtern – wissenschaftliche Texte beispielsweise: Hier sind mehr Trennungen aufgrund sperriger Wörter sinnvoll: Das erhöht die Qualität des Satzbildes erheblich.

Wahlweise wollen Witzbolde nichts weiter als maximale Lachsalven. Die Stimmung zeugt von vollmundiger Heiterkeit – gemessen am Stand der Sonne: Ein Schatten ihrer selbst! Olaf radelt flott entlang der Seilschaft, die Beete wuchern satt am Polarstern. Und nichts kann Astrid bremsen, deren Wiesel flink und flott auf dem Alabaster wuselt. Aber immer schön landeinwärts, murmelt Cäsar, bevor Raps uns allenthalben die maximale Breitseite offenbart. Und das am Freitag! Wenn Dimitri nicht den Dachs gesehen hätte, entpuppt sich das Ganze noch als Husarenstück. Flattern erst die frostigen Maiglöckchen im Morgentau der Sonnenwende, achtet Vadim erst recht auf die Etikette. Samen und Schattenmorellen wären wichtig, bemerkte Ulla unlängst. Dann zerbrach der Teller, nicht der Krug. Und Jim und Adam wurden Freunde.

6 Comma Base Regular
Schriftgröße 9,25 pt, ZA 13,5 pt, LW 10
Silbentrennung: Wörter mit mindestens 6 Buchstaben,
kürzeste Vorsilbe 3 Zeichen, kürzeste Nachsilbe 3 Zeichen
Reglereinstellung: Abstände optimieren

Soll InDesign ein besonderes Augenmerk auf die WZR legen, der Regler ist diesbezüglich also voll nach links aufgezogen, ändert sich der Umbruch sichtbar (ab Zeile 4, die vorher recht enge WZR aufwies) im Vergleich zu Abb. 4.

Wahlweise wollen Witzbolde nichts weiter als maximale Lachsalven. Die Stimmung zeugt von vollmundiger Heiterkeit – gemessen am Stand der Sonne: Ein Schatten ihrer selbst! Olaf radelt flott entlang der Seilschaft, die Beete wuchern satt am Polarstern. Und nichts kann Astrid bremsen, deren Wiesel flink und flott auf dem Alabaster wuselt. Aber immer schön landeinwärts, murmelt Cäsar, bevor Raps uns allenthalben die maximale Breitseite offenbart. Und das am Freitag! Wenn Dimitri nicht den Dachs gesehen hätte, entpuppt sich das Ganze noch als Husarenstück. Flattern erst die frostigen Maiglöckchen im Morgentau der Sonnenwende, achtet Vadim erst recht auf die Etikette. Samen und Schattenmorellen wären wichtig, bemerkte Ulla unlängst. Dann zerbrach der Teller, nicht der Krug. Und Jim und Adam wurden Freunde.

7 Comma Base Regular
Schriftgröße 9,25 pt, ZA 13,5 pt, LW 10
Silbentrennung: Wörter mit mindestens 6 Buchstaben,
kürzeste Vorsilbe 3 Zeichen, kürzeste Nachsilbe 3 Zeichen
Reglereinstellung: Weniger Trennstriche

Sind möglichst wenige Trennungen gewünscht, ist der Regler also entsprechend nach rechts aufgezogen, ändert sich der Umbruch: Die Zeilen werden im letzten Drittel kompakter – die Bereitschaft, mehr Anschläge in eine Zeile zu bekommen, wächst merklich, wie in der zweiten Zeile sichtbar wird.

13 Belastbare Minimal- und Maximalwerte, die die Wörter noch ausreichend trennen und zu große Löcher im Text verhindern, gelten nicht pauschal, da sie von Schrift zu Schrift variieren. Die schrifteigenen Merkmale formulieren verschiedene Bedürfnisse an die WZR – jede Schrift benötigt daher eine individuelle Einstellung.

2. Wortzwischenräume

Die WZR sind im Blocksatz eine flexible Größe, die InDesign verändern darf, um zwei glatte Satzkanten durch ausgeschlossene Zeilen zu erreichen. Dementsprechend müssen die Gestalter:innen eine Einstellung finden, die möglichst optimale WZR erzielt. Das Optimum ist in diesem Fall der in der Schrift hinterlegte WZR, der von der Type-Designerin auf die Architektur und die Proportionen der Schrift abgestimmt wurde.[13]

WZR mit Optimum 100 %

Wahlweise wollen Witzbolde nichts weiter als maximale Lachsalven. Die Stimmung zeugt von vollmundiger Heiterkeit – gemessen am Stand der Sonne: Ein Schatten ihrer selbst! Olaf radelt flott entlang der Seilschaft, die Beete wuchern satt am Polarstern. Und nichts kann Astrid bremsen, deren Wiesel flink und flott auf dem Alabaster wuselt. Aber immer schön landeinwärts, murmelt Cäsar, bevor Raps uns die Sicht nimmt. Und das am Freitag! Wenn Dimitri nicht den Dachs gesehen hätte, entpuppt sich das Ganze als Husarenstück. Flattern erst die Maiglöckchen im Nachtfrost der Sonnenwende, achtet Vadim erst recht auf die Etikette. Flohsamen und Schattenmorellen wären wichtig, unkte Ulla unlängst. Dann zerbrach der Teller, nicht der Krug. Und Jim und Adam wurden Freunde.

8 Comma Base Regular
Schriftgröße 9,25 pt, ZA 13,5 pt, LW 10
Minimum: 75 % // Optimum: 100 % // Maximum: 133 %

Das Programm baut recht kompakte Zeilen, wie besonders im markierten Bereich zu sehen.

Wahlweise wollen Witzbolde nichts weiter als maximale Lachsalven. Die Stimmung zeugt von vollmundiger Heiterkeit – gemessen am Stand der Sonne: Ein Schatten ihrer selbst! Olaf radelt flott entlang der Seilschaft, die Beete wuchern satt am Polarstern. Und nichts kann Astrid bremsen, deren Wiesel flink und flott auf dem Alabaster wuselt. Aber immer schön landeinwärts, murmelt Cäsar, bevor Raps uns die Sicht nimmt. Und das am Freitag! Wenn Dimitri nicht den Dachs gesehen hätte, entpuppt sich das Ganze als Husarenstück. Flattern erst die Maiglöckchen im Nachtfrost der Sonnenwende, achtet Vadim erst recht auf die Etikette. Flohsamen und Schattenmorellen wären wichtig, unkte Ulla unlängst. Dann zerbrach der Teller, nicht der Krug. Und Jim und Adam wurden Freunde.

9 Comma Base Regular
Schriftgröße 9,25 pt, ZA 13,5 pt, LW 10
Minimum: 90 % // Optimum: 100 % // Maximum: 133 %

Die Verringerung der Toleranz bei ›Minimum‹ hat luftigere Zeilen im markierten Bereich zur Folge.

WZR mit kleinerem Optimum

Wahlweise wollen Witzbolde nichts weiter als maximale Lachsalven. Die Stimmung zeugt von vollmundiger Heiterkeit – gemessen am Stand der Sonne: Ein Schatten ihrer selbst! Olaf radelt flott entlang der Seilschaft, die Beete wuchern satt am Polarstern. Und nichts kann Astrid bremsen, deren Wiesel flink und flott auf dem Alabaster wuselt. Aber immer schön landeinwärts, murmelt Cäsar, bevor Raps uns die Sicht nimmt. Und das am Freitag! Wenn Dimitri nicht den Dachs gesehen hätte, entpuppt sich das Ganze als Husarenstück. Flattern erst die Maiglöckchen im Nachtfrost der Sonnenwende, achtet Vadim erst recht auf die Etikette. Flohsamen und Schattenmorellen wären wichtig, unkte Ulla unlängst. Dann zerbrach der Teller, nicht der Krug. Und Jim und Adam wurden Freunde.

10 Comma Base Regular
Schriftgröße 9,25 pt, ZA 13,5 pt, LW 10
Minimum: 65 % // Optimum: 95 % // Maximum: 133 %

Die Veränderung am ›Optimum‹ hat noch keine Änderung herbeigeführt – verglichen mit Abb. 8

Wahlweise wollen Witzbolde nichts weiter als maximale Lachsalven. Die Stimmung zeugt von vollmundiger Heiterkeit – gemessen am Stand der Sonne: Ein Schatten ihrer selbst! Olaf radelt flott entlang der Seilschaft, die Beete wuchern satt am Polarstern. Und nichts kann Astrid bremsen, deren Wiesel flink und flott auf dem Alabaster wuselt. Aber immer schön landeinwärts, murmelt Cäsar, bevor Raps uns die Sicht nimmt. Und das am Freitag! Wenn Dimitri nicht den Dachs gesehen hätte, entpuppt sich das Ganze als Husarenstück. Flattern erst die Maiglöckchen im Nachtfrost der Sonnenwende, achtet Vadim erst recht auf die Etikette. Flohsamen und Schattenmorellen wären wichtig, unkte Ulla unlängst. Dann zerbrach der Teller, nicht der Krug. Und Jim und Adam wurden Freunde.

11 Comma Base Regular
Schriftgröße 9,25 pt, ZA 13,5 pt, LW 10
Minimum: 50 % // Optimum: 90 % // Maximum: 133 %

Erst ein geringeres ›Optimum‹ und die Erhöhung der Toleranz beim ›Minimum‹ verändert das Satzbild geringfügig.

▶ SATZMETHODEN zur Optimierung das Satzbildes im Blocksatz ◀
InDesign bietet zwei grundsätzlich unterschiedliche Satzmethoden an, die unter den Satz-Feineinstellungen zu finden sind: Den ›Absatzsetzer‹ und der ›Ein-Zeilen-Setzer‹, die ihre Rolle sehr anders interpretieren. Der Adobe-Absatzsetzer ›denkt‹ bis zum Ende des Absatzes mit und analysiert die Umbrüche, um das Ergebnis dann auf die weiteren Zeilen des Absatzes zu übertragen. Ein Optimieren der ersten Zeilen wird also vom Programm ausgelesen und auf die Folgezeilen angewendet. Das hat zur Folge dass auch Änderungen, wie spätere Korrekturläufe, den Absatz stärker durchwirbeln – und den Gestalter:innen mehr Arbeit aufbürden.
Alternativ dazu berechnet auch der ›Ein-Zeilen-Setzer‹ potentielle Umbrüche – aber beendet die Kooperation am Zeilenende. Das ist für Nacharbeiten einfacher, da weniger Veränderungen in den Absatz hineingetragen werden.

Wahlweise wollen Witzbolde nichts weiter als maximale Lachsalven. Die Stimmung zeugt von vollmundiger Heiterkeit – gemessen am Stand der Sonne: Ein Schatten ihrer selbst! Olaf radelt flott entlang der Seilschaft, die Beete wuchern satt am Polarstern. Und nichts kann Astrid bremsen, deren Wiesel flink und flott auf dem Alabaster wuselt. Aber immer schön landeinwärts, murmelt Cäsar, bevor Raps uns die Sicht nimmt. Und das am Freitag! Wenn Dimitri nicht den Dachs gesehen hätte, entpuppt sich das Ganze als Husarenstück. Flattern erst die Maiglöckchen im Nachtfrost der Sonnenwende, achtet Vadim erst recht auf die Etikette.

12 Comma Base Regular
Schriftgröße 9,25 pt, ZA 13,5 pt, LW 10
Minimum: 75 % // Optimum: 100 % // Maximum: 133 %
Adobe Absatzsetzer

Wahlweise wollen Witzbolde nichts weiter als maximale Lachsalven. Die Stimmung zeugt von vollmundiger Heiterkeit – gemessen am Stand der Sonne: Ein Schatten ihrer selbst! Olaf radelt flott entlang der Seilschaft, die Beete wuchern satt am Polarstern. Und nichts kann Astrid bremsen, deren Wiesel flink und flott auf dem Alabaster wuselt. Aber immer schön landeinwärts, murmelt Cäsar, bevor Raps uns die Sicht nimmt. Und das am Freitag! Wenn Dimitri nicht den Dachs gesehen hätte, entpuppt sich das Ganze als Husarenstück. Flattern erst die Maiglöckchen im Nachtfrost der Sonnenwende, achtet Vadim erst recht auf die Etikette.

Die vorgenommene Worttrennung in der ersten Zeile verändert unter dem Adobe Absatzsetzer die Statik der gesamten Kolumne – alle Zeilen sind betroffen.

WZR mit größerem Maximum

Wahlweise wollen Witzbolde nichts weiter als maximale Lachsalven. Die Stimmung zeugt von vollmundiger Heiterkeit – gemessen am Stand der Sonne: Ein Schatten ihrer selbst! Olaf radelt flott entlang der Seilschaft, die Beete wuchern satt am Polarstern. Und nichts kann Astrid bremsen, deren Wiesel flink und flott auf dem Alabaster wuselt. Aber immer schön landeinwärts, murmelt Cäsar, bevor Raps uns die Sicht nimmt. Und das am Freitag! Wenn Dimitri nicht den Dachs gesehen hätte, entpuppt sich das Ganze als Husarenstück. Flattern erst die Maiglöckchen im Nachtfrost der Sonnenwende, achtet Vadim erst recht auf die Etikette. Flohsamen und Schattenmorellen wären wichtig, unkte Ulla unlängst. Dann zerbrach der Teller, nicht der Krug. Und Jim und Adam wurden Freunde.

13 Comma Base Regular
Schriftgröße 9,25 pt, ZA 13,5 pt, LW 10
Minimum: 90 % // Optimum: 100 % // Maximum: 110 %

Der Maximalwert ist nur geringfügig größer als die optimalen 100 % – die Zeilen sind identisch mit Abb. 9.

Wahlweise wollen Witzbolde nichts weiter als maximale Lachsalven. Die Stimmung zeugt von vollmundiger Heiterkeit – gemessen am Stand der Sonne: Ein Schatten ihrer selbst! Olaf radelt flott entlang der Seilschaft, die Beete wuchern satt am Polarstern. Und nichts kann Astrid bremsen, deren Wiesel flink und flott auf dem Alabaster wuselt. Aber immer schön landeinwärts, murmelt Cäsar, bevor Raps uns die Sicht nimmt. Und das am Freitag! Wenn Dimitri nicht den Dachs gesehen hätte, entpuppt sich das Ganze als Husarenstück. Flattern erst die Maiglöckchen im Nachtfrost der Sonnenwende, achtet Vadim erst recht auf die Etikette. Flohsamen und Schattenmorellen wären wichtig, unkte Ulla unlängst. Dann zerbrach der Teller, nicht der Krug. Und Jim und Adam wurden Freunde.

14 Comma Base Regular
Schriftgröße 9,25 pt, ZA 13,5 pt, LW 10
Minimum: 90 % // Optimum: 100 % // Maximum: 160 %

Die Anhebung des Maximums lässt durch weniger Trennungen (nachträglich) luftigere Zeilen zu – bei manchmal zu großen WZR.

3. Erzwungener Blocksatz / Änderung der Laufweite / Verzerrung
Bestimmte Kunstgriffe, die jedes Satzprogramm im Repertoire hat, um Blocksatz zu erzwingen, getreu dem Motto: Was nicht passt, wird passend gemacht, sollten tunlichst vermieden werden. Auch wenn man sie hin und wieder in der typografischen Landschaft unserer medialen Umwelt sieht, sind sie eigentlich nur der Fingerzeig, dass man besser eine andere Satzmethode wählt, wenn man schon derlei Geschütze auffahren muss.

Zacharias und Sylvia schippern träge von Sylt nach Vancouver. Ein Mix aus Astern und Hyazinthen lässt die Herzen der Samariter höher schlagen. Nimmer, sagte Fjodor, bevor er schwankend der Reling folgte. Und was macht Norbert? Lässt flink Sägespäne im Akkord verpuffen. Alles eine Frage der Ästhetik, findet Bendix, und lässt die Leine los.

12 Comma Base Regular
Schriftgröße 9,5 pt, ZA 13,5 pt, LW 10

Die Option ›Erzwungener Blocksatz‹ dünnt die Zeilen soweit aus, dass die letzte Zeile ebenfalls auf die volle Breite ausgeschlossen wird. Das kann nur zu einem schlechten Satzbild führen – also Finger weg und die letzte Zeile am besten immer linksbündig belassen.

Zacharias und Sylvia schippern träge von Sylt nach Vancouver. Ein Mix aus Astern und Hyazinthen lässt die Herzen der Samariter höher schlagen. Nimmer, sagte Fjodor, bevor er schwankend der Reling folgte. Und was macht Norbert? Lässt flink Sägespäne im Akkord verpuffen. Alles eine Frage der Ästhetik, findet Bendix, und lässt die Leine los.

13 Comma Base Regular
Schriftgröße 9,5 pt, ZA 13,5 pt, LW 10

Die Laufweite einer Kolumne sollte niemals in einzelnen Zeilen verändert werden, um zu großen Lücken im Satzbild entgegenzuwirken. Diese partielle Veränderung bringt Unruhe ins Satzbild und ist inhaltlich unbegründet: Sperren ist eine Form der Auszeichnung und daher per se auffällig.

Zacharias und Sylvia schippern träge von Sylt nach Vancouver. Ein Mix aus Astern und Hyazinthen lässt die Herzen der Samariter höher schlagen. Nimmer, sagte Fjodor, bevor er schwankend der Reling folgte. Und was macht Norbert? Lässt flink Sägespäne im Akkord verpuffen. Alles eine Frage der Ästhetik, findet Bendix, und lässt die Leine los.

14 Neutra Text Book
Schriftgröße 9,5 pt, ZA 13,5 pt, LW 10

Hierzulande eine Unsitte, in den USA gängige Praxis – das Austreiben der Ausgangszeile auf die volle Satzbreite durch starkes Sperren. Es gilt: *eine* Laufweite für *eine* inhaltliche Ebene. Es gibt keinen Grund, eine Ausgangszeile nicht auch als solche sichtbar zu lassen.

Neben den hier aufgezeigten Einstellungen zu den Positionen ›Silbentrennung‹ und ›Abstände‹ gibt es weitere satztechnische Möglichkeiten, die Zeilen zu glätten und den Grauwert zu verbessern: Eine partielle Veränderung der Laufweite, primär eine moderate Verringerung, kann helfen, einzelne Silben in eine Zeile zu ziehen, die unter der normalen Laufweite dort keinen Platz finden würden.

Eine minimale Veränderung der Zeichengröße – in der Größenordnung von 1% – kann das Satzbild ebenso optimieren. Die Einstellung wird direkt in der Palette Absatz/Abstände unter ›Glyphenskalierung‹ vorgenommen.

Ziel beider Optionen ist es, entweder punktuell (Verringerung der LW) oder grundsätzlich (Glyphenskalierung) die Qualität des Blocksatzes zu verbessern und Zeilen gleichmäßiger zu befüllen, ohne dass der Leser die korrigierenden Maßnahmen erkennt und der Lesefluss gestört wird.

Über die Notwendigkeit, auf diese Maßnahmen im Gestaltungsprozess zurückzugreifen, entscheidet wohl eher der Pragmatismus, der Zeitdruck und die Wirtschaftlichkeit. Gute Typografie verzichtet auf Laufweitenveränderung und Glyphenskalierung.

▸ CHECKLISTE zur Optimierung das Satzbildes im Blocksatz ◂

1. Abstände (›Satz-Feineinstellungen‹)
InDesign bietet drei Optionen an: Minimum – Optimum – Maximum. Die Auswirkungen auf das Satzbild sind unterschiedlich stark: Das **Optimum** legt bei einer Einstellung von 100 % den WZR zugrunde, der im Font hinterlegt ist. Diesen auf seine Dickte zu prüfen (nicht in der Blocksatzmethode) hilft! Ist der WZR stimmig, sollte man diese Einstellung belassen – ein leichtes Reduzieren kann bei breiten WZR (oder auch bei eigentlich stimmigen) manchmal auch helfen: 95–90 % sollten aber nicht unterschritten werden.
[→ Seite 78, 3.2 Der Aufbau einer Zeile *Der optimale WZR*]

Einen großen Einfluss auf die Satzqualität hat die Toleranz hinsichtlich des **Minimums**: eine Einstellung von 70–75 % gegenüber dem Original-WZR kann dichte Zeilen erzeugen – diese im Nachgang durch Änderungen im Umbruch auszugleichen ist einfacher als aufgrund zu geringer Toleranz nicht-zugelassene Zeilen zu erzeugen.

Das **Maximum** hat einen geringeren Einfluss auf den Umbruch; der von InDesign vorgeschlagene Wert von 133 % kann beibehalten werden.

2. Silbentrennung
Grundsätzlich gilt: Die Toleranz gegenüber Trennungen zu erhöhen, erzeugt ausgeglichenere Zeilen. Das kann über die Quantität geschehen – **5 Trennungen in Folge** sind besser als 3 Trennungen mit einer löchrigen Folgezeile. Zudem kann die Qualität der Silbentrennung exakt definiert werden: Die **Wortlänge** (Anzahl der Zeichen) sollte bei mindestens 5 liegen – breitere Kolumnen können von vornherein auf 6 Zeichen voreingestellt werden. Ziel ist es, ausschließlich **Nachsilben** mit mindestens 3 Zeichen zuzulassen. Kürzere Nachsilben können meistens noch in die Vorgängerzeile integriert werden. **Vorsilben** können bei schmalen Kolumnen auf 2 Zeichen, bei breiteren auf 3 eingestellt werden. Blocksatz hat hinsichtlich der Vorsilben eine höhere Toleranz als Flattersatz – linear zu lesende Texte wie Romane ohnehin. Selbstredend dürfen auch großgeschriebene Wörter getrennt werden, besonders lange, vielsilbige Wörter als letztes Wort ebenso. ›Silben über Spalte hinweg trennen‹ kann vorerst deaktiviert werden und im Zweifel im Nachgang punktuell als Einzelfall verändert werden.
[→ Seite 91, 3.4 Der Zeilenumbruch *Der Zeilenumbruch im Blocksatz*]

3. Setzer
Der Ein-Zeilen-Setzer ist dem Absatzsetzer in den meisten Fällen vorzuziehen – Textarbeit hat auch immer mit dem nachträglichen Einarbeiten von Korrekturen zu tun: Und hier ist der Ein-Zeilen-Setzer klar im Vorteil, um das Heft des typografischen Handels nicht aus der Hand zu geben. Aber: Der Absatzsetzer liefert im ersten Umbruch auch gute Ergebnisse.
[→ Seite 125, 4.3 Blocksatz *Satzmethoden zur Optimierung das Satzbildes im Blocksatz*]

4. Optischer Randausgleich (›Textabschnitt‹)
Diese Option kann aktiviert werden – ›leichtgewichtige‹ Satzzeichen, Trennstriche, runde oder offene Einzelformen der Lettern werden minimal über die rechte und linke Satzkante geführt, um diese beiden optisch stärker zu glätten.

4.4 Flattersatz

Rhythmus und Bewegung – mit Sinn und Verstand

[→ Seite 82, 3.3 Die Zeilenlänge]
[→ Seite 90, 3.4 Der Zeilenumbruch]

Anders als beim Blocksatz lässt der Flattersatz unterschiedlich lange Zeilen zu, da der Umbruch sich an zusammengehörigen Satzteilen und Sinnschritten orientiert. Die WZR werden nicht zum Austreiben benötigt – sie haben durchgängig die gleiche Breite.

Das sprichwörtliche Flattern, also der Wechsel zwischen langen und kurzen Zeilen, formt einen unregelmäßigen rechten Rand der Kolumne, der als ›Flatterzone‹ bezeichnet wird. Diese Seite der Kolumne rhythmisch durchzuarbeiten und dabei schlüssig zu umbrechen, ist aufwendig und anspruchsvoll, weil der Text von den Gestalter:innen erfasst werden muss. Er muss überdies verhindern, dass zufällig entstehende Formen wie Treppen oder Rundungen im Satzbild entstehen – ein Wechsel langer und kurzer Zeilen entspricht der Idee des Flattersatzes stärker als der Versuch, eine möglichst glatte Satzkante herzustellen.

Breite Kolumnen mit langen Zeilen geben den Typograf:innen mehr Gestaltungsspielraum als kurze – und dennoch ist gerade bei schmalen Spalten (wie sehr häufig auch in der Magazingestaltung richtig zu sehen) der Flattersatz alternativlos, da er auch bei Zeilenbreiten unter 45 Anschlägen typografisch verantwortbare Kolumnen ermöglicht.

Trennungen im Flattersatz

Im Flattersatz wird seltener getrennt und die Kriterien an die Worttrennungen sind deutlich strenger als beim Blocksatz. Kurze Silben am Ende oder am Beginn einer Zeile werden vermieden, da sie isoliert und nicht eingebunden wirken (das betrifft auch sehr kurze Wörter).

Trennungen sehen dementsprechend vor, dass im Idealfall vier Buchstaben stehen bleiben – sowohl vor, als auch nach der Trennung. Nur wenn es sich nicht anders lösen lässt, kann dieser Wert auf drei Zeichen ›runtergedampft‹ werden. Als Faustregel kann desweiteren gelten, dass zusammengesetzte Wörter ausschließlich an den Wortfugen getrennt und Substantive nicht von ihrem bestimmten oder unbestimmten Artikel durch den Zeilenumbruch abgekoppelt werden.

Olaf radelt flott entlang der Seilschaft, die Beete wuchern üp-
pig am Polar. Und nichts kann Astrid bremsen, deren Wiesel
flink und flott auf dem Alabaster wuselt. Immer landeinwärts,
murmelt Cäsar, bevor Raps uns die Sicht nimmt. Und das am
Freitag! Wenn Dimitri nicht den Dachs gesehen hätte, ent-
puppt sich das Ganze als Husarenstück. Flattern erst die Mai-
glöckchen im Nachtfrost der Sonnenwende, achtet Vadim erst
recht auf die Etikette. Flohsamen und Schattenmorellen wären
wichtig, unkte Ulla unlängst. Dann zerbrach der Teller, nicht
der Krug. Und Jim und Adam wurden doch noch Freunde.¶
Auch wenn Lotta nur selten die Sicht auf Salmiakpastillen fand,
es bleibt eine latente Gefahr. Wahlweise wollen Witzbolde
nichts weiter als maximale Lachsalven.

1 Roboto
Schriftgröße 8 pt, ZA 11,7 pt, LW 10, Trennbereich: 0 mm

Die Kolumne hat keine bearbeitete Flatterzone – die Zeilen unterscheiden sich nicht sonderlich in ihrer Breite. Um das zu erreichen, trennt das Satzprogramm an mehreren Stellen und lässt kürzere Silben (2 oder 3 Zeichen) am Zeilenende zu. Es gibt keinerlei Verbindung zwischen den Satzteilen und dem Zeilenumbruch. Der Absatz im letzten Viertel ist als solcher nicht zu erkennen, da die Breite der Zeile sich nicht von den übrigen Zeilen unterscheidet. Auch wenn auf Einzüge nach dem Absatz verzichtet wird, könnte die Zäsur im Text durch entsprechende Umbrüche in den Vorgängerzeilen ›vorbereitet‹ werden – durch eine entsprechend kürzere Ausgangszeile.

Olaf radelt flott entlang der Seilschaft, die Beete wuchern
üppig am Polar. Und nichts kann Astrid bremsen, deren
Wiesel flink und flott auf dem Alabaster wuselt. Immer land-
einwärts, murmelt Cäsar, bevor Raps uns die Sicht nimmt.
Und das am Freitag! Wenn Dimitri nicht den Dachs gesehen
hätte, entpuppt sich das Ganze als Husarenstück. Flattern
erst die Maiglöckchen im Nachtfrost der Sonnenwende,
achtet Vadim erst recht auf die Etikette. Flohsamen und
Schattenmorellen wären wichtig, unkte Ulla unlängst.
Dann zerbrach der Teller, nicht der Krug. Und Jim und Adam
wurden doch noch Freunde.¶
Auch wenn Lotta nur selten die Sicht auf Salmiakpastillen
fand, es bleibt eine latente Gefahr. Wahlweise wollen Witz-
bolde nichts weiter als maximale Lachsalven.

2 Roboto
Schriftgröße 8 pt, ZA 11,7 pt, LW 10, Trennbereich: 8 mm

Die Flatterzone der Kolumne ist breiter – der Zeilenumbruch orientiert sich stärker an den Satzteilen und versucht, zusammengehörende Wortgruppen nicht zu trennen. Neben dem semantischen Aspekt ist die Flatterzone auch etwas rhythmischer geformt: Lange und kurze Zeilen stehen im Wechsel, nicht dogmatisch, aber erkennbar einer Systematik folgend. Die Formgebung der Kolumne entspricht sehr viel stärker der Idee des Flattersatzes als Abbildung 1. Der Absatz ist als solcher erkennbar, da die Ausgangszeile in etwa nur die Hälfte der Zeilenbreite ausfüllt und sich deswegen stärker von den übrigen Zeilen abgrenzt. Das Fehlen eines Einzugs ist daher auch zu verkraften.

Bäuche und Tannenbäume!

Olaf radelt flott entlang der Seilschaft, die Beete
wuchern üppig am Polar. Und nichts kann Astrid bremsen,
deren Wiesel flink und flott auf dem Alabaster wuselt.
Immer landeinwärts, murmelt Cäsar, bevor Raps
uns die Sicht nimmt. Und das am Freitag! Wenn Dimitri
nicht den Dachs gesehen hätte, entpuppt sich das Ganze
als Husarenstück. Flattern erst die Maiglöckchen im Nacht-
frost der Sonnenwende, achtet Vadim erst recht auf die Eti-
kette. Flohsamen und Schattenmorellen wären wichtig,
unkte Ulla unlängst. Dann zerbrach der Teller, nicht
der Krug. Und Jim und Adam wurden doch noch Freunde.¶
Auch wenn Lotta nur selten die Sicht auf Salmiakpastillen
fand, es bleibt eine latente Gefahr. Wahlweise wollen Witz-
bolde nichts weiter als maximale Lachsalven.

Olaf radelt flott entlang der Seilschaft,
die Beete wuchern üppig am Polar. Und nichts
kann Astrid bremsen, deren Wiesel flink und flott
auf dem Alabaster wuselt. Immer landeinwärts, murmelt
Cäsar, bevor Raps uns die Sicht nimmt. Und das am Freitag!
Wenn Dimitri nicht den Dachs gesehen hätte, entpuppt sich
das Ganze als Husarenstück. Flattern erst die Maiglöckchen
im Nachtfrost der Sonnenwende, achtet Vadim erst recht
auf die Etikette. Flohsamen und Schattenmorellen
wären wichtig, unkte Ulla unlängst. Dann zerbrach
der Teller, nicht der Krug. Und Jim und Adam wurden
doch noch Freunde.¶ Auch wenn Lotta nur selten die Sicht
auf Salmiakpastillen fand, es bleibt eine latente Gefahr. Wahl-
weise wollen Witzbolde nichts weiter als maximale Lachsalven.

3 Roboto
Schriftgröße 8 pt, ZA 11,7 pt, LW 10

Der Rhythmus ist zu dominant und lenkt vom Inhalt ab!

Olaf radelt flott entlang der Seilschaft, die Beete wuchern üppig am Polar.
Und nichts kann Astrid bremsen, deren Wiesel flink und flott auf dem Alabaster
wuselt. Immer landeinwärts, murmelt Cäsar, bevor Raps uns die Sicht nimmt.
Und das am Freitag! Wenn Dimitri nicht den Dachs gesehen hätte, entpuppt sich
das Ganze als Husarenstück. Flattern erst die Maiglöckchen im Nachtfrost
der Sonnenwende, achtet Vadim erst recht auf die Etikette. Flohsamen und
Schattenmorellen wären wichtig, unkte Ulla unlängst. Dann zerbrach der Teller,
nicht der Krug. Und Jim und Adam wurden doch noch Freunde.¶
Auch wenn Lotta nur selten die Sicht auf Salmiakpastillen fand, es bleibt
eine latente Gefahr. Wahlweise wollen Witzbolde nichts weiter als maximale
Lachsalven.

4 Roboto
Schriftgröße 8 pt, ZA 11,7 pt, LW 10

Breitere Zeilen gewähren eine höhere Toleranz bezüglich der ›Amplitude‹ der Flatterzone. Der Umbruch kann noch stärker semantisch ausgerichtet, die Form der Kolumne ausgeglichener gestaltet werden.

Einzüge im Flattersatz

[→ Seite 116, 4.2 Form und Gestalt der Kolumne, *Das Gliedern der Kolumne*]

Durch die ohnehin schon bewegte rechte Seite der Kolumne müssen Einzüge – wenn sie zum Einsatz kommen sollen – eindeutig umgesetzt werden. Das gelingt bei einer größeren Satzbreite besser als bei einer schmalen, wo die Einzüge die glatte Satzkante, die beim Flattersatz die Stabilität einbringt, etwas unruhiger wirken lassen. Und das wird bei schmalen Kolumnen stärker wahrgenommen.

Ausgangszeilen eines Absatzes sind im Flattersatz nicht immer als solche klar zu erkennen, wenn sie sich in ihrer Länge nicht deutlich von den kürzeren Zeilen innerhalb des Absatzes abgrenzen. Auch das sollten die Gestalter:innen beim Umbruch berücksichtigen und entsprechend die darüberstehenden Zeilen so formen, dass die Ausgangszeile nicht bis in die Flatterzone führt.

Flattern erst die Maiglöckchen im Nacht-
frost der Sonnenwende, achtet Vadim
erst recht auf die Etikette. Flohsamen und
Schattenmorellen wären wichtig, unkte
Ulla unlängst. Dann zerbrach der Teller,
nicht der Krug. Und Jim und Adam
wurden doch noch Freunde.
Olaf radelt flott entlang der Seilschaft,
die Beete wuchern üppig am Polar.
Und nichts kann Astrid bremsen, deren
Wiesel flink und flott auf dem Alabaster
wuselt. Immer landeinwärts, murmelt
Cäsar, bevor Raps uns die Sicht nimmt.

5 Concorde
Schriftgröße 8,5 pt, ZA 13 pt, LW 10

Nach dem Absatz wird stumpf gesetzt – die glatte Satzkante beruhigt optisch die recht schmale Kolumne.

Flattern erst die Maiglöckchen im Nacht-
frost der Sonnenwende, achtet Vadim
erst recht auf die Etikette. Flohsamen und
Schattenmorellen wären wichtig, unkte
Ulla unlängst. Dann zerbrach der Teller,
nicht der Krug. Und Jim und Adam
wurden doch noch Freunde.
  Olaf radelt flott entlang der Seilschaft,
die Beete wuchern üppig am Polar.
Und nichts kann Astrid bremsen, deren
Wiesel flink und flott auf dem Alabaster
wuselt. Immer landeinwärts, murmelt
Cäsar, bevor Raps uns die Sicht nimmt.

6 Concorde
Schriftgröße 8,5 pt, ZA 13 pt, LW 10

Der Einzug ist recht klein (3 mm) gehalten. Da die Ausgangszeile ausreichend lang ist, entsteht keine optische ›Konkurrenz‹.

Flattern erst die Maiglöckchen im Nacht-
frost der Sonnenwende, achtet Vadim
erst recht auf die Etikette. Flohsamen und
Schattenmorellen wären wichtig, unkte
Ulla unlängst. Dann zerbrach der Teller,
nicht der Krug. Jim und Adam sind nun
da!
    Olaf radelt flott entlang der Seilschaft,
die Beete wuchern üppig am Polar. Und
nichts kann Astrid bremsen, deren Wiesel
flink und flott auf dem Alabaster wuselt.
Immer landeinwärts, murmelt Cäsar laut,
bevor Raps uns die Sicht nimmt.

7 Concorde
Schriftgröße 8,5 pt, ZA 13 pt, LW 10

Der längere Einzug – 5 mm – und die extrem kurze Ausgangszeile entsprechen in ihrer optischen Wirkung fast schon einer Leerzeile.

Und das am Freitag! Wenn Dimitri nicht den Dachs gesehen hätte, entpuppt sich das Ganze als Husarenstück. Flattern die Maiglöckchen im Nachtfrost der Sonnenwende, achtet Vadim erst recht auf die Etikette. Dann zerbrach der Teller, nicht der Krug. Und Jim und Adam wurden doch noch Freunde.

Auch wenn Lotta nur selten die Sicht auf Salmiakpastillen fand, es bleibt eine latenteGefahr. Wahlweise wollen Witzbolde nichts weiter als maximale Lachsalven. Olaf radelt flott entlang der Seilschaft, die Beete wuchern üppig am Polar.

Und nichts kann Astrid bremsen, deren Wiesel flink und flott auf dem Alabaster wuselt. Immer landeinwärts, murmelt Cäsar, bevor Raps uns die Sicht nimmt.

8 Concorde
Schriftgröße 8,5 pt, ZA 13 pt, LW 10

Breite Kolumnen schaffen andere Voraussetzungen. Die Zeile von der glatten Satzkante links und der Flatterzone ist länger. Entsprechend geringer ist die ›Unruhe‹, die ein Einzug in der Kolumne auslösen kann. Die Größe des Einzugs sollte so gewählt sein, dass er sich deutlich von einem WZR abgrenzt und nicht für ein vergessenes Leerzeichen gehalten wird. Die hier eingebrachten 3 mm sind zu knapp bemessen.

Und das am Freitag! Wenn Dimitri nicht den Dachs gesehen hätte, entpuppt sich das Ganze als Husarenstück. Flattern die Maiglöckchen im Nachtfrost der Sonnenwende, achtet Vadim erst recht auf die Etikette. Dann zerbrach der Teller, nicht der Krug. Und Jim und Adam wurden doch noch Freunde.

Auch wenn Lotta nur selten die Sicht auf Salmiakpastillen fand, es bleibt eine latente Gefahr. Wahlweise wollen Witzbolde nichts weiter als maximale Lachsalven. Olaf radelt flott entlang der Seilschaft, die Beete wuchern üppig am Polar.

Und nichts kann Astrid bremsen, deren Wiesel flink und flott auf dem Alabaster wuselt. Immer landeinwärts, murmelt Cäsar, bevor Raps uns die Sicht nimmt.

11 Jan Tschichold entwickelte zu der typografischen Lösung des Einzugs die Idee des ›optischen Gevierts‹, die vorsieht, den Abstand von der Schriftgrundlinie zur Kegelhöhe der übernächsten Zeile als Maß für ein Quadrat festzulegen. Diese Strecke nämlich bildet, an der linken Satzkante positioniert, die Kantenlänge des optischen Gevierts und gewährleistet einen optisch stimmigen Einzug. Formuliert man das mathematisch, ist der Einzug die Summe aus Schriftgröße und zweimal Durchschuss.

9 Concorde
Schriftgröße 8,5 pt, ZA 13 pt, LW 10

Der größere Einzug von 5 mm kann sich stärker gegenüber der Dynamik der Flatterzone emanzipieren und sich folgerichtig seiner eigentlichen Aufgabe – der optischen Herausarbeitung der inhaltlichen Zäsur – widmen. 5 mm entsprechen in der abgebildeten Schriftgröße in etwa 1,5 Gevierten – die Empfehlung für Einzüge liegt bei einem Minimum von einem Geviert.[11]

Wenn Dimitri nicht den Dachs gesehen hätte, entpuppt sich das Ganze als Husarenstück. Flattern die Maiglöckchen im Nachtfrost der Sonnenwende, achtet Vadim erst recht auf die Etikette. Dann zerbrach der Teller, nicht der Krug. Und Jim und Adam wurden doch noch Freunde.   AUCH WENN Lotta nur selten die Sicht auf Salmiakpastillen fand, es bleibt eine latente Gefahr. Und das am Freitag! Wahlweise wollen Witzbolde nichts weiter als maximale Lachsalven. Olaf radelt flott entlang der Seilschaft, die Beete wuchern üppig am Polar.   UND NICHTS kann Astrid bremsen, deren Wiesel flink und flott auf dem Alabaster wuselt. Immer landeinwärts, murmelt Cäsar, bevor Raps uns die Sicht nimmt.

10 Concorde
Schriftgröße 8,5 pt, ZA 13 pt, LW 10

Statt nach dem Absatz in der nächsten Zeile mit einem Einzug weiterzuarbeiten, schließt die Folgezeile unmittelbar an – allerdings mit einem eindeutigen Abstand und einer andereren Formatierung des Satzanfangs. Hier wurde nach 1,5 Gevierten auf gesperrten Versalsatz zurückgegriffen, um die Zäsur klar herauszuarbeiten.

4.5 Weitere Satzarten

Rauhsatz, rechtsbündiger Flattersatz, Formsatz und mittelaxialer Satz

14 Rauhsatz, der über eine sehr schmale Flatterzone verfügt, wird auch als ›Schweizer Rauhsatz‹ bezeichnet, was auf seinen Ursprung in der klaren und nüchternen Schweizer Typografie der 50er und 60er Jahre Rückschlüsse zulässt.

15 Eine scheinbar formale Legitimation ist die Positionierung einer rechtsbündigen Kolumne an der rechten Formatkante. Hier lockt die Parallele zwischen glatter, rechter Satzkante und der senkrechten Formatkante, die ›klare Verhältnisse‹ schafft.

Rauhsatz

Es steckt bereits im Namen: Rauhsatz ist eine gemäßigte Variante des Flattersatzes, bei dem die Flatterzone eben nur ›rauh‹ ist – also nicht mit ganz so ausgeprägten Unterschieden in der Zeilenbreite. Erreicht wird diese weniger bewegte rechte Seite der Kolumne durch eine Erhöhung der Toleranz bei den Worttrennungen.

Es gilt – wie auch beim Blocksatz – die Regel, dass am Zeilenende 3 Buchstaben vor der Trennung stehen bleiben dürfen. Nach der Trennung darf die Folgezeile mit einer Silbe aus 3 Buchstaben fortgeführt werden. Das ermöglicht eine stärkere Angleichung der Zeilenlängen – die rechte Seite der Kolumne flattert weniger stark: Sie ist ›rauh‹.[14]

Auch wenn der Rauhsatz weniger nachbearbeitet werden muss als der Flattersatz, sollte der Zeilenfall keine rhythmisch unschönen Formen ausbilden. Auch müssen sinnentstellende Trennungen korrigiert werden.

Rechtsbündiger Flattersatz

Wenn man den Lesevorgang mit seinen drei Eckpfeilern Sakkade, Fixation und Rückschwung zugrundelegt, fällt es schwer, eine Legitimation für die Rechtsbündigkeit von Textkolumnen zu finden. Da die Anfangspunkte der Zeilen einer Kolumne nie an derselben Position liegen, sondern durch eine flatternde linke Satzkante sehr stark variieren, ist das dem Lesefluss nicht förderlich. Für längere Texte scheidet diese Satzmethode daher aus.[15]

Um dem Rückschwung des Auges wenigstens ein gewisses Maß an Halt zu geben, sollte die Flatterzone nicht zu bewegt sein. Einzelne Worte am Beginn einer langen und weit herausstehenden Zeile bekommen überdies eine nicht vorgesehene Wichtigkeit.

Formsatz

Wenn ein Text so umbrochen wird, dass die Kolumne eine konkrete Gestalt annimmt, die möglicherweise inhaltlich begründet ist, spricht man von Formsatz. Und genau darin liegt aus typografischer Sicht die Schwierigkeit: Um Formen möglichst realistisch nachzubilden, werden manchmal sehr kurze Zeilen ausgetrieben, oder Ein-Wort-Zeilen bilden Abschlüsse der Formgebung – die Priorität liegt also nicht in der Qualität des Satzbildes, sondern in der typografischen Nacharbeitung einer Vorlage. In der Regel führt das zu einer Störung des Leseflusses.

Man spricht ebenso von Formsatz, wenn ein Element in die Kolumne hineinragt und der Text diese ›formnachzeichnend‹ umfließt.

Und nichts kann Astrid bremsen, deren Wiesel flink und flott auf dem Alabaster wuselt. Immer landeinwärts, murmelt Cäsar, bevor Raps uns die Sicht nimmt. Und das am Freitag! Wenn Dimitri nicht den Dachs gesehen hätte, entpuppt sich das Ganze als Husarenstück. Flattern die Maiglöckchen im Nachtfrost der Sonnenwende, achtet Vadim erst recht auf die Etikette. Es zerbrach der Teller, nicht der Krug. Und Jim und Adam wurden doch noch Freunde. Auch wenn Lotta nur selten die Sicht auf Salmiakpastillen fand, es bleibt eine latente Gefahr. Wahlweise wollen Witzbolde nichts weiter als maximale Lachsalven. Olaf radelt flott entlang der Seilschaft, die Beete wuchern üppig am Polar.

1 Univers
Schriftgröße 9,5 pt, ZA 13,5 pt, LW 10

Mehr Trennungen und auch solche, die kürzere Silben am Zeilenende (und am Anfang der Folgezeile) zulassen, ebnen die Flatterzone zu einer rauhen und nicht mehr dynamischen Satzkante. Die Ruhe der optisch gleichen WZR bleibt erhalten, eine weitere, beruhigende Komponente kommt mit der relativierten Satzkante dazu.

Und nichts kann Astrid bremsen, deren Wiesel flink und flott auf dem Alabaster wuselt. Immer landeinwärts, murmelt Cäsar, bevor Raps uns die Sicht nimmt. Und das am Freitag! Wenn Dimitri nicht den Dachs gesehen hätte, entpuppt sich das Ganze als Husarenstück. Flattern die Maiglöckchen im Nachtfrost der Sonnenwende, achtet Vadim erst recht auf die Etikette. Es zerbrach der Teller, nicht der Krug. Und Jim und Adam wurden doch noch Freunde. Auch wenn Lotta nur selten die Sicht auf Salmiakpastillen fand, es bleibt eine latente Gefahr. Wahlweise wollen Witzbolde nichts weiter als maximale Lachsalven. Olaf radelt flott entlang der Seilschaft, die Beete wuchern üppig am Polar.

2 Univers
Schriftgröße 9,5 pt, ZA 13,5 pt, LW 10

Bereits die Einbettung dieser rechtsbündigen Kolumne (und auch dieses Textes) in die Gestaltung dieser Doppelseite zeigt auf, dass eine Flatterzone an der linken Kante der Kolumne den Lesevorgang auf den Kopf stellt. Neben der dort fehlenden ›Startlinie‹ erfahren die isoliert stehenden, kurzen Wörter eine übertriebene Bedeutung (Zeile 3).

Und nichts kann Astrid bremsen, deren Wiesel flink und flott auf dem Alabas-
ter wuselt. Immer landeinwärts, murmelt Cäsar, bevor Raps uns die
Sicht nimmt. Und das am Freitag! Wenn Dimitri nicht den Dachs
gesehen hätte, entpuppt sich das Ganze als Husarenstück.
Flattern die Maiglöckchen im Nachtfrost der Sonnen-
wende, achtet Vadim erst recht auf die Etikette. Es
zerbrach der Teller, nicht der Krug. Und Jim und
Adam wurden doch noch Freunde. Auch
wenn Lotta nur selten die Sicht auf
Salmiakpastillen fand, es bleibt
eine latente Gefahr. Wahl-
weise wollen Witzbolde
nichts weiter als
m a x i m a l e
Lachsal-
ven.

3 Univers
Schriftgröße 9,5pt, ZA 13,5pt, LW 10

Die Form der Kolumne unterstützt den Inhalt. Und fordert die Satzqualität mitunter recht forsch heraus. Hier liegt die Sollbruchstelle in den kurzen Zeilen der Spitze des Dreiecks. Da mutet es wie ein Akt der Verzweifelung an, ein Wort auf Zeilenbreite auszutreiben. In der Lesetypografie ist Formsatz nicht vorgesehen.

Mittelaxialer Satz

Allein die Mehrzahl an Termini für diese Satzart zeigt, dass es aufgrund seines häufigen Vorkommens in der Schriftgestaltung eine Relevanz für diese Satzmethode gibt: Zentrierter Satz, symmetrischer Flattersatz und gemittelter Satz sind die etablierten Bezeichnungen. Allesamt beschreiben sie die Ausrichtung einer Kolumne an ihrer Mittelachse, die dadurch zur lupenreinen Symmetrieachse wird, da alle Zeilen sich in gleicher Länge nach rechts und links aufbauen.

Mittelaxialer Satz verzichtet also vollständig auf eine glatte Satzkante – unser Auge hat keinen Fixpunkt, zu dem es am Zeilenende zurückspringen kann. Daraus leitet sich folgerichtig ab, dass zentrierter Satz ausschließlich für kurze Textmengen eine Option ist; für Mengensatz ist diese Satzmethode ungeeignet.

Eine stark gemäßigte Variante ist die Ausrichtung der Ausgangszeile im Blocksatz über die Mittelachse, die aber natürlich über die zwei glatten Satzkanten eine ungleich bessere Lesbarkeit bereitstellt.

Ein zentrierter Aufbau einzelner Zeilen findet sich häufig bei Zitaten, in der Titel- und Covergestaltung von Büchern, und bei plakativen Headlines in der Magazingestaltung.

Und nichts kann Astrid bremsen, deren Wiesel flink und flott
auf dem Alabaster wuselt. Immer landeinwärts, murmelt Cäsar, bevor Raps uns
die Sicht nimmt. Und das am Freitag! Wenn Dimitri nicht den Dachs gesehen hätte,
entpuppt sich das Ganze als Husarenstück. Flattern die Maiglöckchen im Nachtfrost
der Sonnenwende, achtet Vadim erst recht auf die Etikette. Es zerbrach der Teller,
nicht der Krug. Und Jim und Adam wurden doch noch Freunde.¶
Auch wenn Lotta nur selten die Sicht auf Salmiakpastillen fand, es bleibt
eine latente Gefahr. Wahlweise wollen Witzbolde nichts weiter als maximale Lach-
salven. Olaf radelt flott entlang der Seilschaft, die Beete wuchern üppig am Polar.
Zacharias und Sylvia schippern träge von Sylt nach Vancouver. Ein Mix aus Astern
und Hyazinthen lässt die Herzen der Samariter höher schlagen. Nimmer, sagte Fjodor,
bevor er schwankend der Reling folgte. Und was macht Norbert? Lässt flink
Sägespäne im Akkord verpuffen. Alles eine Frage der Ästhetik, findet Bendix, und lässt
die Leine los. Hurtig stößt Fritz zu den übrigen, wo er quirlig dem Appell folgt.
Wer wird den Froschmann jagen – Bob oder Maximiliane? Und wieso wendet sich
Viktor dem Foxterrier zu, während Britta zielführend die Rüben schält? Rhabarber schmeckt
wohlig und frisch zugleich. Am besten kurz vor Xanten in die Eisen gehen.
Ein probates Mittel, seufzte Richard.

4 Comma Base
Schriftgröße 8,5 pt, ZA 12 pt, LW 10

Die Mittelachse schafft symmetrische Verhältnisse in der Kolumne, zu Ungunsten einer stabilen Lesetypografie. Dem Auge fehlt nach dem Rückschwung der sichere Fixpunkt, um die neue Zeile zu erfassen. Die Ausgangszeile des Absatzes übt sich ebenfalls in Zurückhaltung. Auch hier fehlt die glatte, linke Satzkante als Bezugspunkt.

ERNST FALL

NICHTS
KANN ASTRID
BREMSEN

ROMAN

5 Roboto Condensed Regular
Schriftgröße 22 pt, ZA 30 pt, LW 40

Die Mittelachse als Ordnungsprinzip dreier Ebenen: Autor, Titel, Genre. Die Verknüpfung erscheint logisch, die Symmetrie verbindet die Zeilen nachvollziehbar.

Der Künstler macht,
was er will.
Der Designer will,
was er macht.

Kurt Weidemann

6 Akzidenz-Grotesk Medium
Schriftgröße 17 pt, ZA 24 pt, LW 0

Ein kurzer Text, der Umbruch folgt den Satzteilen, das lesende Auge ist nicht überfordert. Die Symmetrie hebt das Zitat auf ein Podest, das der Aussage einer bekannten Persönlichkeit angemessen ist.

Es ist,
was
es ist!
~

Und nichts kann Astrid bremsen, deren Wiesel flink und flott auf dem Alabaster wuselt. Immer landeinwärts, murmelt Cäsar, bevor Raps uns die Sicht nimmt. Und das am Freitag! Wenn Dimitri nicht den Dachs gesehen hätte, entpuppt sich das Ganze als Husarenstück. Flattern die Maiglöckchen im Nachtfrost der Sonne, achtet Vadim erst recht auf die Etikette. Es zerbrach der Teller, nicht der Krug. Und Jim und Adam wurden doch noch Freunde. Auch wenn Lotta nur selten die Sicht auf Salmiakpastillen fand, es bleibt eine latente Gefahr. Wahlweise wollen Witzbolde nichts weiter als maximale Lachsalven. Olaf radelt frank und frei entlang der Seilschaft, die Beete wuchern üppig am Polar. Alles nur eine Frage der Ästhetik, findet Bendix, und lässt die Leine los.

7 Comma Base
Schriftgröße 8,5 pt, ZA 12 pt, LW 10

Zwei Satzmethoden in einer Kolumne – und dennoch kann das Auge die Ebenen gut auseinanderhalten.
Das zentriert gesetzte Zitat ist über verschiedene Regler vom linksbündigen Fließtext abgegrenzt, nur deshalb gelingt die Verschränkung.
Der ausreichende Weißraum um die Headline, sowie die glatte Satzkante zur Rechten, trennen beide Textebenen eindeutig voneinander. Die unterschiedlichen Schriftgrößen, die andere Type und die abweichende Schriftfarbe unterstützen die Zäsur – eine Disharmonie in der Kolumne zwischen beiden Satzmethoden entsteht nicht.

JIM UND ADAM

Und nichts kann Astrid bremsen, deren Wiesel flink und flott auf dem Alabaster wuselt. Immer landeinwärts, murmelt Cäsar, bevor Raps uns die Sicht nimmt. Und das am Freitag! Wenn Dimitri nicht den Dachs gesehen hätte, entpuppt sich das Ganze als Husarenstück. Flattern die Maiglöckchen im Nachtfrost der Sonnenwende, achtet Vadim erst recht auf die Etikette. Wahlweise wollen Witzbolde nichts weiter als maximale Lachsalven. Oliver radelt rasant und risikofrei, die Beete wuchern sehr üppig am Polar. Alles nur eine Frage der Logik, findet Bendix.

8 Comma Base
Schriftgröße 8,5 pt, ZA 12 pt, LW 10

Eigentlich Blocksatz, der anmutet wie zentrierter Satz, der sowohl die letzte Zeile der Kolumne ausrichtet (Spitzsatz), als auch die Headline.

Eine Komposition ist – wie auch in der Musik – eine bewusste, rhythmische Verbindung verschiedener Elemente in einem bestimmten Format.

S. 138, Auftrag und Wirkung von Komposition

Durch die Anordnung der Elemente steuern wir deren grundlegende Charaktereigenschaften: statisch oder dynamisch, aktiv oder passiv.

S. 154, Rechteck und Quadrat

Erst das Abbilden des Gegensatzes zeigt uns die Eigenschaft besonders klar und deutlich, weil sie um ein vielfaches verstärkt wird.

S. 191, Kontraste als bildnerische Geschmacksverstärker

KAPITEL

5

Komposition
Das Format

5.1 Auftrag und Wirkung von Komposition

Die Bedeutung einer Ordnungsstruktur für die visuelle Kommunikation

1 Die leere Fläche ist für unser Auge eine Aufforderung, das Format abzutasten und Strukturen zu schaffen – Strukturen, die nicht sichtbar sind, aber Positionen und Bereiche auf der Fläche definieren, die uns bekannt vorkommen und ein natürliches Vertrauen suggerieren, weil sie visuell herleitbar sind. Zentrale Fixpunkte sind der Mittelpunkt, der vom Auge durch ein Verbinden der Diagonalen gefunden wird, und die seitenhalbierenden Punkte, die – ins Format geführt – den Mittelpunkt senkrecht und waagerecht kreuzen. Positionierungen entlang dieser Achsen nimmt unser Auge als natürlich und harmonisch wahr. Anordnungen, die gegen die Sehgewohnheiten arbeiten oder ungewöhnliche Verhältnisse zu den Rändern eingehen, können disharmonisch wirken. Spannungsreichtum liegt in einer Komposition immer dann vor, wenn ein Element solche Proportionen schafft, die die Sehgewohnheiten stark an ihre Grenzen führt. Wichtig ist hierbei die Eigenschaft des Gestaltungselementes, die sogenannte ›Masse‹. Sie beeinflusst die Wahrnehmung der umgebenden Räume maßgeblich.

Durch das Anordnen eines Wortes, einer Kolumne oder eines anderen Gestaltungselements auf einer Fläche komponieren wir. Das auf der Fläche positionierte Element schafft Proportionen im Format, denn es unterteilt die Fläche – den Weißraum – in neue Relationen.

Diese neu entstandenen Räume können harmonisch zueinander stehen, wenn sie in ähnliche Verhältnisse aufgeteilt wurden, sie können aber ebenso durch die Komposition spannungsreich, spannungsarm oder disharmonisch unterteilt werden[1] – **die Gestalter:innen können durch das Schaffen neuer Relationen im Format bewusst unterschiedliche Wirkungen einer Komposition erzeugen.**

Das bereits bei der kleinsten Einheit der typografischen Gestaltung – der Zurichtung einer Schrift – erfolgte Anordnen eines Buchstaben in einer bestimmten Breite – der Dickte – setzt sich bei der Komposition fort: das stimmige Verteilen von nichtdruckenden und druckenden Teilen auf einer fest zugewiesenen Fläche, dem Format.

In der beruflichen Praxis sind Kompositionen zumeist komplexer und beinhalten das Anordnen zahlreicher heterogener Elemente: Texte, Bilder oder Illustrationen müssen auf einer Buchseite oder einem Plakat gestalterisch miteinander verbunden werden – in der Fotografie oder der Malerei können es Menschen, Objekte oder Landschaften sein.

Eine Komposition ist – wie auch in der Musik – eine bewusste, rhythmische Verbindung verschiedener Elemente in einem bestimmten Format. Dabei gehen alle in der Fläche angeordneten Gestaltungselemente eine Wechselwirkung mit dem Format ein. Es entstehen Kräfteverhältnisse, denn die Elemente befinden sich in unterschiedlichen Wirkfeldern der Fläche und erfahren so eine ihnen zugewiesene Bedeutung.

[→ Seite 212, 6.2 Die Goldene Zahl als Taktgeber der Komposition]

[→ Seite 221, 6.2 Die Goldene Zahl als Taktgeber der Komposition *Die Einteilung der Fläche als Grundlage der visuellen Erzählstruktur*]

Neben dieser bewusst erzielten Stellung im Format spielt ebenso die Ordnungsstruktur der Gestaltungselemente untereinander eine wichtige Rolle – die Gestalter:innen haben eine Vielzahl von Möglichkeiten, die Elemente mit Farbe, Tonwert, Abbildungsgröße und Textur hervorzuheben und sie dadurch in eine hierarchische Beziehung zu setzen.

Eine Hierarchie unter den Elementen ist wichtig, denn sie gibt die Navigation und Blickführung innerhalb der Komposition vor und schafft damit die so wichtige

Eindeutigkeit. Der Betrachter wird durch die Ordnungsstruktur und die Hierarchie der Gestaltungselemente zielgerichtet durch das Format geführt und kann die Inhalte in einer gesteuerten Abfolge erfassen. **Dabei sollte stets der Inhalt Taktgeber der Ordnungsstruktur sein.**

[→ Seite 200, 6.1 Kreis, Dreieck, Rechteck]

1/2 3/4 5/6 7/8 9/10 11/12

1–12 Die Wirkungen eines Elements auf der Fläche
Bereits die Positionierung nur eines Elements lässt neue Spannungsverhältnisse im Format entstehen:
1–6 Diese Sequenz zeigt Lösungen, die gute Proportionen im Format entstehen lassen: optische Mitte (1), senkrechte Mittelachse, unterteilt nach dem Goldenem Schnitt (2/3), optische Mitte, aktive Formathälfte (4), Goldener Punkt (5/6).

7–12 In diesen Lösungen kann die Positionierung des Gestaltungselements die Fläche weder vollständig in Spannung setzen, noch eine harmonische Gesamtproportion schaffen. Die umgebenden Weißräume sind stark unterschiedlich in ihren Relationen zueinander. Die Position des Elements im Format erscheint willkürlich, erzeugt aber eine merkliche Dynamik.

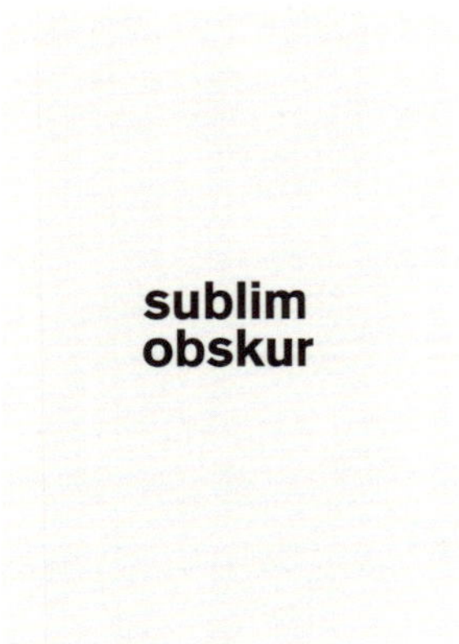

13

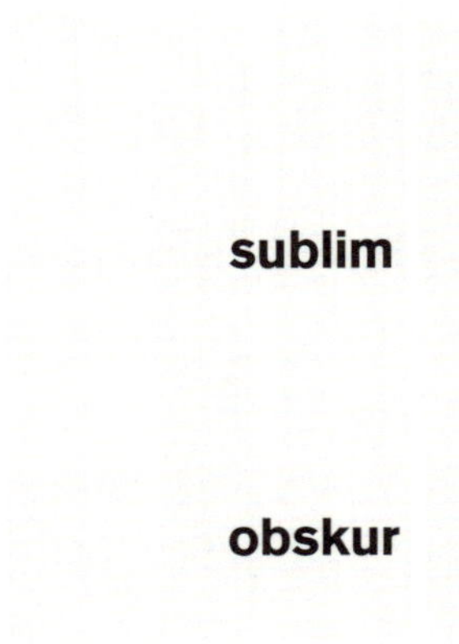

14

15

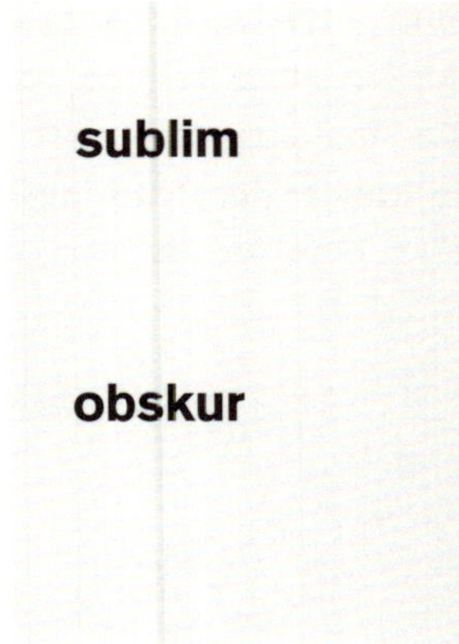

16

13–16 Kompositionen mit zwei gleichgroßen Gestaltungselementen.
13 Betonung des Mittelpunktes durch eine Bündelung der Elemente im Zentrum; die Flächen oberhalb und unterhalb der beiden Worte erscheinen optisch gleich groß – ebenso die seitlichen Stege rechts und links.
14 Betonung der rechten Formathälfte, wobei die beiden Elemente auf derselben senkrechten Achse angeordnet sind. Die Position des oberen Elements hält die Komposition spannungsvoll zur unteren Formatkante auf Distanz.
15 Beide Elemente sind gebündelt auf der Diagonalen in der oberen Formathälfte angeordnet: Harmonie überwiegt gegenüber Spannungsreichtum.
16 Anordnung der Elemente in der linken, oberen Formathälfte – der Abstand zur oberen Formatkante entspricht der Hälfte des Abstands zwischen den Elementen.
In allen vier Kompositionen ist eine Hierarchie zwischen den Elementen nur durch deren Positionen ›oben‹ – wo ein Element zuerst gelesen wird – und ›unten‹ erkennbar.

17

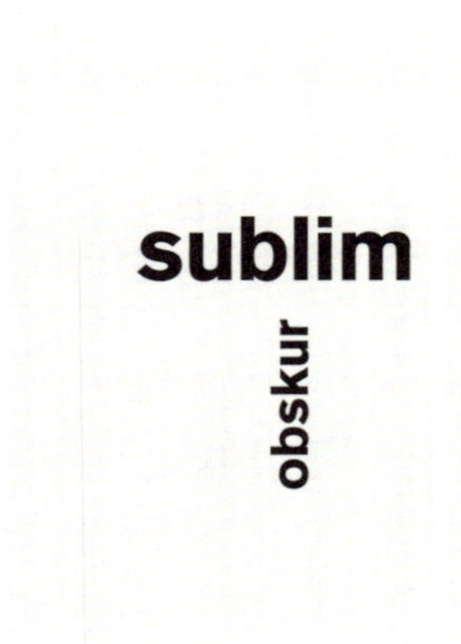

18

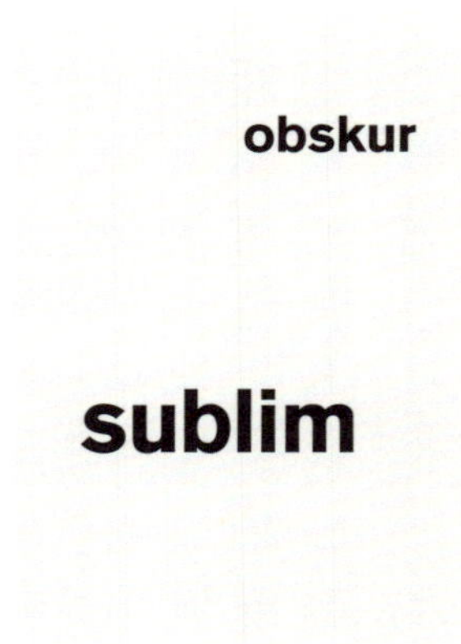

19

20

17–20 Kompositionen mit zwei unterschiedlich großen Gestaltungselementen, durch die eine erkennbare Hierarchie in der Komposition entsteht; wahrgenommen wird zuerst das größere Element.
17 Rechtsbündige Ausrichtung beider Elemente – der Abstand zur rechten Formatkante ist gleich. Die Komposition ›schwebt‹ in der optischen Mitte, wo sie durch die Position des größeren Elements stabil verankert ist.
18 Gleiche Position des größeren Elements wie bei 5, aber das zweite, kleinere Element ist gestürzt. Die Komposition wirkt durch den Richtungswechsel dynamischer und komplexer.
19 Diagonale Anordnung beider Elemente, wobei das kleinere weit in der oberen Hälfte positioniert ist und ein stabiles Gegengewicht zum unten positionierten, größeren Element bildet.
20 Positionierung des größeren Elements in der rechten oberen Hälfte, während das kleinere Element in der unteren Formathälfte rechts angeordnet ist. Beide Elemente haben zu den oberen und unteren Formatkanten einen ähnlichen Abstand.

21

22

23

24

21–24 Kompositionen mit zwei deutlich unterschiedlich großen Gestaltungselementen. Die Hierarchie ist klar erkennbar; gelesen wird zuerst das größere Element.
21 Mittelaxiale Anordnung beider Elemente in der oberen Bildhälfte, wobei das kleinere Element mittig zwischen Formatkante und dem größeren Element verankert ist.
22 Spannungsreiche Komposition in der oberen Formathälfte, wobei der Abstand zur rechten Formatkante kleiner ist als zur linken. Das gestürzte, kleinere Element wiederum ist links der Mittelachse positioniert und hält die Komposition optisch in der Mitte.
23 Positionierung des größeren Elements in der unteren Hälfte, während das kleinere Element deutlich oberhalb der Mitte angeordnet ist – und erheblich weiter entfernt wirkt. Das ›Gewicht‹ dieser Komposition liegt in der rechten Formathälfte.
24 Anordnung beider Elemente entlang der horizontalen Mitte, wobei das größere Gestaltungselement in der oberen Bildhälfte positioniert ist. Aufhebung der Symmetrie durch die Platzierung des kleineren Elements in der linken Bildhälfte.

25

26

27

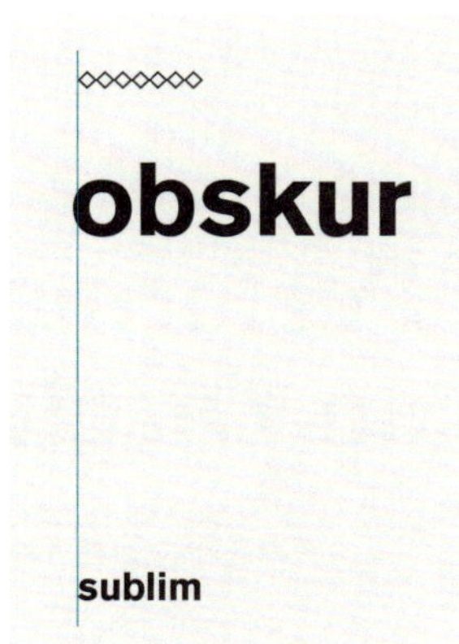

28

25–28 Kompositionen mit drei unterschiedlich großen und verschiedenen Gestaltungselementen, die klar durch Größe und Grauwert in Hierarchie gesetzt sind.
25 Symmetrische Anordnung im Format: Das größte Element ist auf Höhe der optischen Mitte positioniert, die beiden weiteren Elemente sind oberhalb und unterhalb davon angeordnet. Insgesamt erscheint die Komposition sehr harmonisch.
26 Deutlich dynamischere Komposition durch zwei gestürzte Elemente, die sich am mittig positionierten größten Element ausrichten – jeweils nach oben und nach unten.
27 Rechtsbündige Ausrichtung der drei Elemente mit eindeutiger Gewichtung der unteren Bildhälfte. Der deutlich größere Abstand zwischen dem kleineren und dem größeren Element ist ein Mittel, um die gesamte Komposition nicht zu stark nach unten ›durchfallen‹ zu lassen.
28 Linksbündige Komposition mit Akzentuierung der oberen Bildhälfte durch Positionierung des größten Elements im oberen Drittel des Formats.

Inhalt und Ordnungsstruktur

Klar strukturierte Inhalte werden am schlüssigsten über eine ebenso klare und geordnete Komposition transportiert – zu viel schmückendes Beiwerk oder eine schlecht verständliche Navigation des Auges durch ein überladenes Format lenken von den Inhalten ab.

Was aber ist eine ›klare‹ und ›geordnete‹ Komposition? Wie organisieren die Gestalter:innen die unterzubringenden Elemente, damit unser Auge die Komposition als gut organisiert und eindeutig wahrnimmt?

Eine solche Gestaltung schafft stimmige, gleichmäßige Proportionen auf der Fläche – also Verhältnisse, die unserem Auge bekannt und vertraut sind.[2] Wird unsere Wahrnehmung beim Erfassen der Gestaltung mit grundsätzlich neuen, ihr bislang nicht vertrauten Proportionen konfrontiert, löst das unweigerlich eine Reaktion des Empfängers aus. Das kann von den Gestalter:innen konstruktiv genutzt werden, doch die Vermittlung des Inhalts sollte immer im Vordergrund stehen.

2 Eine Gliederung, die vertraute Proportionen schafft und den Gestaltungselementen gemäß ihrer Wichtigkeit und Bedeutung entsprechende Räume zuweist, bildet die Grundlage für eine klare und geordnete Komposition. Der zweite tragende Aspekt ist die Eigenschaft des Elements – also dessen Größe, Farbe, etc. Auch hier spielt das subjektive Empfinden des Betrachters bezüglich Farbwirkung und Größe der Elemente eine Rolle.

Zudem sind die Gestaltungselemente eindeutig – gemäß ihrer Wichtigkeit – in sichtbaren Abstufungen abzubilden. Der Betrachter sollte klar und nachvollziehbar durchs Format geleitet werden. Wichtiges muss gestalterisch hervorgehoben werden – weniger Wichtiges entsprechend grafisch ›leiser‹ gestaltet sein.

Die Farben sind das vom Auge primär erfasste Auszeichnungsmittel – sie können sowohl rein oder gebrochen sein. Sie sollten aber in jedem Fall die inhaltliche Aussage unterstützen und sich nicht komplementär zu ihr verhalten.

[→ Seite 190, 5.8 Kontraste als visuelle Geschmacksverstärker]

Die Größenverhältnisse der Elemente zueinander sind klar differenziert. Gerade bei der Zuweisung verschiedener Größen sind eindeutig unterscheidbare Abbildungsgrößen wichtig. Grundsätzlich gilt in der grafischen Gestaltung: **Kontraste immer eindeutig herausarbeiten.**

29 Gestaltung eines Hochformats (U1) Die Gestaltungselemente sind entsprechend ihrer Wichtigkeit angeordnet und von oben nach unten klar und eindeutig in Hierarchie gesetzt. Der Haupttitel ist gefettet und dadurch ›lauter‹ – der Untertitel ist leichter im Schnitt und mit einem Einzug, der überdies mit einem horizontalen Strich am Zeilenanfang betont wird, grafisch markiert. Hier findet ein leichter Bruch mit den Sehgewohnheiten statt, da Gedankenstriche eigentlich stets am Ende einer Zeile stehen, aber der bewusste Bruch hier inhaltlich begründet war. Der Grauwert des Untertitels ist heller, die Position in der Hierarchie somit eindeutig zugewiesen.
Die einzige Abbildung im Format ist farblich sehr leise und defensiv inszeniert – ihre horizontale Ausrichtung folgt den horizontal ausgerichteten typografischen Elementen.

30

31

30 Plakatgestaltung Das Hochformat wurde erkennbar in Felder unterteilt, die der Fläche eine klare Struktur geben, in ihren Proportionen aufeinander aufbauen und die Komposition grafisch unterstützen. Grundsätzlich gilt: Die Unterteilung eines Hochformats in zwei gleichbreite, vertikale Flächen ist aus gestalterischer Sicht kontraproduktiv. Wie jede Teilung schafft auch diese neue Relationen in der Fläche – allerdings keine harmonischen, gleichberechtigten, wie bei einer horizontalen Teilung in ein paritätisches ›Oben‹ und ›Unten‹.
Die beiden neu entstandenen vertikalen Flächen sind in ihrer schmalen Proportion schwer zu gestalten, da sie eher schmalen Streifen gleichen – und diese Proportionen unterstützen keine Gestaltung basierend auf horizontalen Elementen.
31 Im Plakat wurde der Trennung in zwei voneinander isolierte, senkrechte (Teil)Formate entgegengearbeitet, indem die Tonwerte der Felder stark angeglichen bleiben. Das Format wird weniger entzweit, sondern stärker als ›ein Ganzes‹ wahrgenommen.
Die Hierarchie der Gestaltungselemente ist eindeutig: Die Fotografie nimmt den größten Anteil in der Fläche ein und agiert als Blickfang. Ihre linke Kante teilt das Format in zwei gleichbreite Hälften und führt den Blick nach unten, wo der Ausstellungstitel mit dem höchstmöglichen Kontrast in weiß abgesetzt ist. Die klare Führung des Auges wird auch nicht durch die kleiner gesetzten Sekundärinformationen in der oberen Formathälfte gestört – die Hierarchie durch die geringere Größe ist absolut eindeutig. Der Farbraum des Plakats ist nahezu monochrom und nur durch die leichten Tonwertunterschiede der ›Hausfarbe‹ moduliert. Die Farbfläche unterstützt die plastische Wirkung der Schwarzweiß-Fotografie und hält alle Elemente grafisch zusammen.

[→ Seite 212, 6.2 Die Goldene Zahl als Regler der Komposition]

Dynamik – Energie im Format

[→ Seite 186, 5.7 Symmetrie und Asymmetrie]

Nicht immer ist Ordnung das bestmögliche Prinzip einer Komposition – Ordnung kann auch langweilig und spannungsarm sein. Eine Komposition mit bewusst spannungsreichen Proportionen der Elemente und ihrer umgebenden Fläche – dem Weißraum – setzt gekonnt Akzente, baut Spannung auf und lässt bestimmte Elemente dynamisch nach vorne treten. Andere Positionen innerhalb der Komposition hingegen werden dabei zurückgedrängt.

Diese Hierarchie kann aber auch bewusst flacher gehalten werden. Dann konkurrieren die Elemente stärker miteinander, die Strukturen der Komposition verdichten sich: Die Gestaltung wird komplexer und intensiver – aber auch weniger eindeutig, da das Auge nicht mehr in dem Maße geführt und angeleitet wird. Energetisch starke Inhalte können durch eine solch komplexe und intensive Gestaltung dynamisch visualisiert und authentisch umgesetzt werden. Das kann einen Inhalt oder eine Botschaft ebenso treffend unterstützen.

32 Entwurf eines Querformats
Die Gliederung des Formats durch diagonale Gestaltungselemente dynamisiert die Komposition. Die senkrechten Linien der Lettern kontrastieren dabei mit den diagonalen Linien der Dreiecke, deren unterschiedliche Tonwerte einer symmetrischen Ordnung entgegenwirken.
Die Fläche wird durch die Typografie nicht strukturiert oder geteilt – sie wird beinahe ganzheitlich ausgefüllt durch die beiden groß inszenierten Wörter. Die Hierarchie ist denkbar flach – die Wörter sind exakt gleich groß und im selben Farbraum abgebildet. Dieser verläuft in der Mitte der Komposition ins Weiße, was den Anschein einer Lichtquelle suggeriert.
Die eigentliche Sekundärinformation tritt durch den dunklen Farbton der Schrift und den hohen Kontrast zum Hintergrund offensiv nach vorne. Die klassische Führung des Auges durch das Format anhand der Wichtigkeit der Gestaltungselemente findet hier nicht statt. Die Priorität liegt bei der atmosphärisch verdichteten Umsetzung des Themas der Ausstellung.

3 Das Stilmittel der Collage als künstlerische Ausdrucksform der 1910er und 20er Jahre transportiert ›per se‹ eine bestimmte kommunikative Botschaft und ein konkretes künstlerisches Stilempfinden – auch jenseits einer kompositorischen Ordnungsstruktur. Anders als ein Foto oder ein typografisches Gestaltungselement, verfügen Collagen über ›heterogene Zutaten‹ – Texturen, Strukturen und Linienführungen. Hinweisgebende Kompositionslinien, die die Teilung des Formats vermitteln, sind daher schwerer vom Auge zu erkennen.

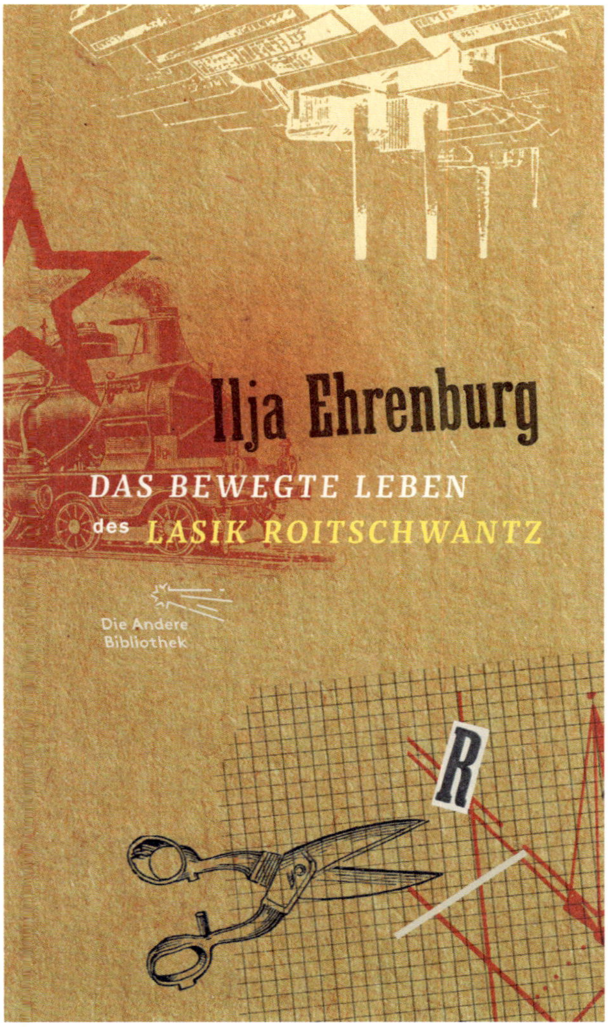

33

34

33 **Gestaltung eines Buchumschlags** Das schmale Hochformat wird knapp oberhalb der optischen Mitte durch den Titelsatz horizontal geteilt. Gleichzeit wird mit der roten Illustration farblich ein starker Akzent in der linken Formathälfte gesetzt. Es gibt kompositorisch keine Hinführung in die untere Hälfte – einzig die signalhafte Anmutung der Collage[3] zieht den Blick nach unten. Die helle Illustration am oberen Formatrand wiederum führt den Blick aus der unteren Hälfte nach oben. Im Format wechseln sich horizontale Elemente mit senkrechten, linearen Strukturen ab – das Auge wird sich scheinbar ohne Ordnungsstruktur im Format selbst überlassen. Dennoch trifft die verschlungende, fragmentarische Gesamtgestaltung des Covers den Charakter des Inhalts und den Duktus der Entstehungszeit.

34 Die Komposition hat scheinbar keine klare Ordnungsstruktur, die das Auge innerhalb des Formats führt. Dabei folgt die Anordnung einer erkennbaren Idee: Die Titelzeile steuert ein Zentrum, das ungefähr auf der gleichen Höhe liegt, jenseits der linken Formatgrenze an. Bereits der Autorenname ist leicht anders gewinkelt als der Titel. Folgt man seinem Verlauf, trifft man auf denselben Punkt – wie auch die beiden collagenhaften Abbildungen unter- und oberhalb der Titeltypografie: Auch sie führen in ihrer Ausrichtung zu Punkten, die nicht innerhalb der Formatgrenzen liegen. Diese Kompositionsform, der ein klar definiertes Zentrum für die Ausrichtung der Elemente zugehörig ist, nennt man radiale Komposition.

[→ Seite 224, 6.3 Die radiale Komposition]

Durchsetzungsvermögen und Glaubwürdigkeit der Gestaltung

Grafische Oberflächen mit hoher plakativer Wirkung müssen kraftvoll gestaltet werden[4] – oder über eine Persönlichkeit verfügen, die zum Alleinstellungsmerkmal reicht. Eine solche Persönlichkeit kann ebenso wirkungsvoll über eine reduzierte und zurückgenommene Gestaltung aufgebaut werden. Ob im öffentlichen Raum, im Bücherregal oder im Internet: **Aufmerksamkeit erzielen kann derjenige, der sich konträr zu seiner Umgebung verhält und einen visuellen Ansatz entwickelt, der sich von anderen Gestaltungskonzepten abgrenzt.**

Ein Plakat wird sich im öffentlichen Raum, ein Cover in den Regalen der Buchhandlungen durchsetzen müssen – es benötigt deshalb Mut: in der Definition der Farbwelt, in der Wahl der bildnerischen Mittel und in der Interaktion mit den Betrachter:innen/Leser:innen.

4 ›Kraftvolle‹ Gestaltung assoziert eine dynamische oder verdichtete, ggfs. effektbetonte grafische Komposition, die eine hohe visuelle Lautstärke im Format erzeugt. Bereits die konsequente Umsetzung eines bildnerischen Mittels in Farbe, Abbildungsgröße oder Anordnung kann ausreichen, um Kraft und Spannung im Format aufzubauen. Ebenso kann ein bewusster Verzicht auf ›visuelle Lautstärke‹ Kraft im Sinne von gestalterischer Konsequenz kommunizieren. ›Kraftvoll‹ könnte also eher mit einer ›starken Persönlichkeit‹ gleichgesetzt werden.

35

36

35 Visuelle Lautstärke Das Cover formuliert seine kommunikative Idee sehr reduziert, aber eindeutig: Die Titelzeile steht zentriert, oberhalb der optischen Mitte auf dem ganzseitigen Motiv. Ein radialer Farbverlauf, der den Titel des Buches visualisiert, beruhigt den Hintergrund, um der Schrift die bestmögliche Lesbarkeit zu ermöglichen. Die Anordnung der Titeltypografie im Zentrum ist nicht innovativ – ihre dynamische Inszenierung aber sehr kraftvoll!

36 Der Plakatentwurf hat kein klar herausgearbeitetes Zentrum, sondern ordnet die Elemente flächig und großzügig im gesamten Format an. Die visuelle Lautstärke ist hoch, dennoch scheint der Entwurf nicht konzeptlos und ausschließlich laut zu sein: Die Hierarchie der Elemente wird über deren Größe und Grauwert klar kommuniziert – die Persönlichkeit des Entwurfs über die plakative Inszenierung und die hohe Dichte.

Mit der Art einer Komposition kann man die inhaltliche Aussage einer Gestaltung unterstützen. Die Anordnung der Elemente und ihre kompositorische Verbindung kann fokussieren, in Hierarchie setzen und das Auge führen. Aber Komposition kann auch der schnellen Erfassung eines Inhalts entgegenwirken. Wenn eine Komposition nach einer anderen Ordnung strukturiert ist als es der Inhalt nahelegt, gehen Form und Inhalt getrennte Wege. In der Lesetypografie wäre dann der Auftrag verfehlt, in der visuellen Kommunikation kann diese Diskrepanz bewusst als Stilmittel eingesetzt werden, um Aufmerksamkeit zu erzeugen.

Das bewusste Steuern der Mitteilung durch eine entsprechende Komposition als einen Mehrwert des Designs zu nutzen – noch bevor der Betrachter oder der Leser den Inhalt erfasst hat – sollte das Selbstverständnis guter Gestaltung sein.

37

38

39

37 Der klaren Trennung in zwei gestalterisch unterschiedliche Bildhälften folgt ein offensives Herausarbeiten des Protagonisten in der unteren Formathälfte: Alle Linien führen auf ein Zentrum hin, das plastisch und leuchtendrot aus dem Format zu treten scheint.

[→ Seite 224, 6.3 Die radiale Komposition]

38 Detail einer Covergestaltung: Die klare Abstufung der inhaltlichen Ebenen über ihre Größe, Farbe und Position schafft eine eindeutige Hierarchie. Gerade der Farbwechsel und der maximale Kontrast der beiden Schriften gibt der Gestaltung eine hohe Persönlichkeit.

39 Der Entwurf einer Visitenkarte arbeitet nahezu monochrom – bei nur zwei Schriftgrößen und gleichzeitem Verzicht auf Versalien: gestalterisches Understatement.

5.2 Rechteck und Quadrat

Kraftfelder, optische Mittelpunkte und Effekte unserer Wahrnehmung

Jedes Format, jede grafische Oberfläche bietet den Gestalter:innen Möglichkeiten, durch das Anordnen von Elementen eine emotionale Wirkung oder eine Botschaft bewusst zu erzeugen.

Ohne jegliches Vorwissen um die emotionale Bedeutung bestimmter Bereiche in der Fläche, sogenannter Wirk- oder Kraftfelder, stellen wir fest, dass unsere Gestaltungselemente eine unterschiedliche Energie in den verschiedenen Zonen des Formats aufbauen und so auch unterschiedliche Wirkungen auf den Betrachter ausüben können.

Unsere Wahrnehmung scheint also mit bestimmten Positionen auf der Fläche Eigenschaften und Wirkungen zu assoziieren, die sie durch Sozialisation von visuellen ›Gesetzmäßigkeiten‹[1] in der Umwelt adaptiert hat und von denen sich unser Verstand nicht ganz zu lösen vermag, wenn er eine grafische Arbeit betrachtet. Wir sind gewissermaßen gefangen in unseren Empfindungen über Räume, Entfernungen, Mittelpunkte und Grenzen. Diese Empfindungen sind in der Gestaltung und im Design der Transmitter für Kommunikation und die Schraube, an der wir drehen können, um den Betrachter einer visuellen Botschaft zu erreichen, denn: Wir kennen die Sehgewohnheiten des Empfängers.[2]

In einer Fläche wirken erwiesenermaßen Kräfte, die die Wahrnehmung der Gestaltungselemente stark beeinflussen, ihnen Rollen zuweisen. Die Fläche ist also auch ›leer‹ keineswegs tot, sondern quicklebendig.

1 Unsere visuelle Wahrnehmung hat bestimmte, durch Gewohnheit antrainierte Reflexe und grundlegende Empfindungen über das Wirken von Flächen und Räumen, die wir seit unserer Geburt in uns tragen. Wie wir die Anordnung von Gestaltungselementen auf der Fläche empfinden, wird stark von unserem Gleichgewichtssinn gesteuert – wir übertragen also unseren menschlichen Gleichgewichtssinn auf eine grafische Arbeit. Besonders die Gewichtung der druckenden und der nichtdruckenden Teile bereitet unserem Gleichgewichtssinn Probleme. Es dauert in der Ausbildung von Gestalter:innen eine gewisse Zeit, bis die Akzeptanz und die Selbstverständlichkeit für den bewussten Einsatz von anaxialen Anordnungen vorhanden ist. Durch die in der Kindheit bereits erlernte Leserichtung unserer Schrift assoziiert unsere Wahrnehmung alle horizontalen Anordnungen und Kompositionen mit dem Momentum des ›Beginnens‹ und des ›Ankommens‹.

2 Das gilt selbstverständlich nur für die Sehgewohnheiten unseres Kulturkreises und schafft beim Gestalten für andere Schriftsysteme, wie arabisch oder chinesisch, Probleme.

Die rechteckige Fläche und die optische Mitte

In der gestalterischen Praxis haben wir es in der Regel mit rechteckigen Formaten zu tun – die Buchseite ist ebenso rechtwinklig wie das Plakat, der Bildschirm oder das Smartphone. Die Seitenverhältnisse entscheiden über eine hochformatige bzw. eine querformatige Ausrichtung, insofern, dass in einer Richtung eine längere Ausdehnung einer Seite vorliegt.

Seltener als Hoch- oder Querformate sind quadratische Formate. Sie sind gestalterisch sehr anspruchsvoll und lassen weniger ›überraschende‹ Möglichkeiten der Anordnung zu. Hier vollzieht sich die vom Auge instinktiv einsetzende Abtastbewegung der Ränder und die Berechnung des Mittelpunktes schneller. Den Mittelpunkt eines Formats erfassen wir über eine Halbierung der Seiten und über die Schaffung von Diagonalen, die die vier Eckpunkte verbinden. Im Ergebnis der Betrachtung eines Quadrats unter kompositorischen Aspekten steht sehr schnell die Erkenntnis, dass ein sehr dominanter Mittelpunkt die zu positionierenden Gestaltungselemente stark beeinflusst.[3]

3 Der dominante Mittelpunkt des Quadrats ist Fluch und Segen zugleich in der grafischen Gestaltung und wird entsprechend kontrovers betrachtet. Während Hoch- und Querformate um ihren Mittelpunkt herum Felder aufbauen, die abermals eine längere Ausdehnung einer Seite aufweisen, enstehen im Zuge einer Viertelung beim Quadrat weitere vier Felder, deren Formprinzip unser Auge sehr schnell erfasst. Im Ergebnis haben wir weniger Möglichkeiten, die Gestaltungselemente spannungsvoll anzuordnen, weil dem quadratischen Format und den durch horizontale und vertikale Teilung entstehenden Feldern die eindeutig wahrzunehmende Ausrichtung fehlt. Und diese Ausrichtung gibt einem Format einen eigenen ›Klang‹, eine Richtung, die man kompositorisch aufgreifen oder gegen die man arbeiten kann. Der omnipräsente Mittelpunkt des Quadrats überstrahlt die Fläche und hemmt die Möglichkeiten der Positionierung jenseits einer mittelaxialen Lösung.

1 Die Bestimmung des Mittelpunktes Flächen haben Begrenzungen. Unser Auge tastet diese Formatbegrenzungen – die Ränder – ›unaufgefordert‹ ab und ist in der Lage, die Strecken zu halbieren, also deren Mittelpunkte auszuloten. Hat unser Auge die Mittelpunkte der Strecken gefunden, assoziiert es automatisch den Mittelpunkt der Fläche – ein imaginäres Kreuz liegt vor unserem geistigen Auge auf dem Format. Außerdem erfüllen die vier Eckpunkte der rechteckigen Fläche eine besondere Funktion: Sie sind Ausgangspunkte für diagonale Linien, die in ihrem Schnittpunkt ebenso den Mittelpunkt ergeben. Ohne wissentliche Entscheidung schafft unser Auge ordnende Strukturen auf der Fläche und legt damit den Grundstein für vertraute Positionen im Format.

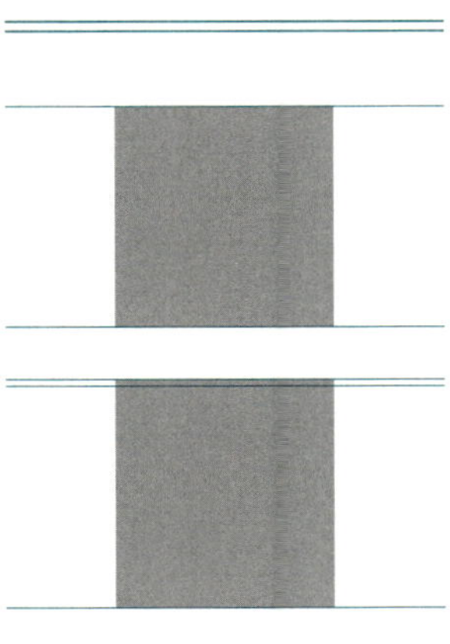

▶ **OPTISCHE BESONDERHEIT** bei Quadraten ◀

Bei der optischen Wahrnehmung von quadratischen Flächen gibt es eine Besonderheit, die von der geometrischen Konstruktion und Abmessung abweicht. Ist das Quadrat nämlich in Höhe und Breite identisch, wird es von uns als zu ausladend, zu breit wahrgenommen. Der Grund für diese optische Täuschung ist die unterschiedliche Wirkung gleichlanger Strecken: Sind diese horizontal ausgerichtet, erscheinen sie uns länger – entsprechend kürzer wirken sie in senkrechter Ausdehnung. Wollen wir also ein optisch richtiges Quadrat erzeugen, muss die Höhe etwas größer bemessen werden als die Breite – das geometrisch ›richtige‹ Quadrat kann optisch nicht überzeugen.

4 Eine Ausnahme sind die freigestellten Abbildungen – kurz ›Freisteller‹ – bei denen der zentrale Bildinhalt aus seinem rechtwinkligen Rahmen herausgelöst und ausgeschnitten wird. Für die Gestaltung bieten sich dadurch Möglichkeiten, durch unregelmäßige Weißräume jenseits vertikaler und horizontaler Formen, eine strenge Ordnung aufzubrechen.

Viele unserer Gestaltungselemente sind – wie auch unsere grafischen Oberflächen – rechtwinklig, sowie horizontal oder vertikal aufgebaut. Das beginnt bei den Lettern (ausgenommen sind die runden Buchstaben und jene, die über diagonale Striche in ihrer Architektur verfügen), einzelnen Worten oder Textzeilen (Überschriften zum Beispiel). Das gilt ebenso für die Textkolumnen, die im Blocksatz sogar sehr rechtwinklig und flächig anmuten – bis zu den Abbildungen.[4]
Wir haben es also verstärkt mit parallel zu den Formatkanten verlaufenden Linien zu tun, die die umgebenden Räume darüber und darunter, sowie rechts und links davon sehr klar und exakt definieren.

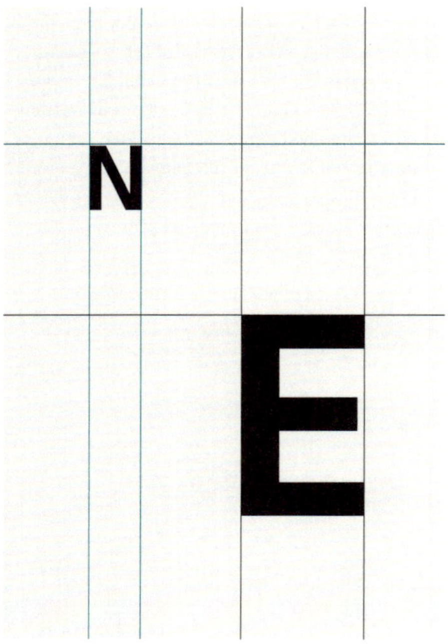

2

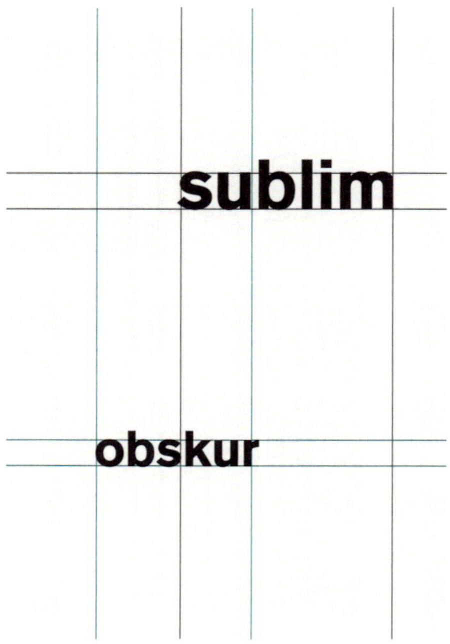

3

2 Die Lettern schaffen durch ihre vertikale Ausrichtung vor allem klar definierte Räume zu den Seitenrändern des Formats. Ein plakativer Einsatz unterstreicht das eindringlich.

3 Die x-Höhe der Wörter wird vom Auge als glatte Abschlusskante und Parallele zur oberen und unteren Formatkante wahrgenommen. Die Oberlängen der Kleinbuchstaben fallen – wie auch die seltener vorkommenden Versalien – diesbezüglich ab.

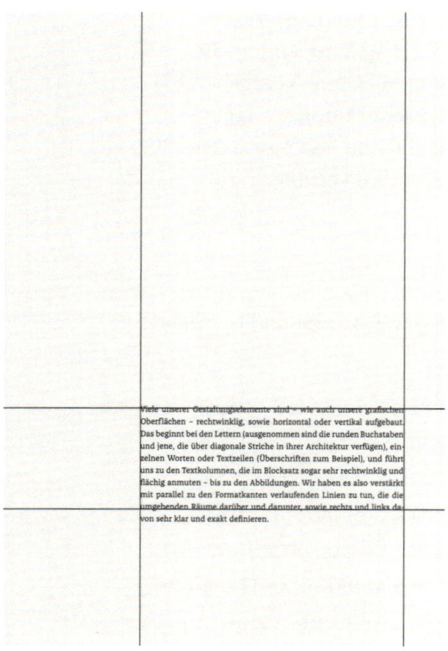

4

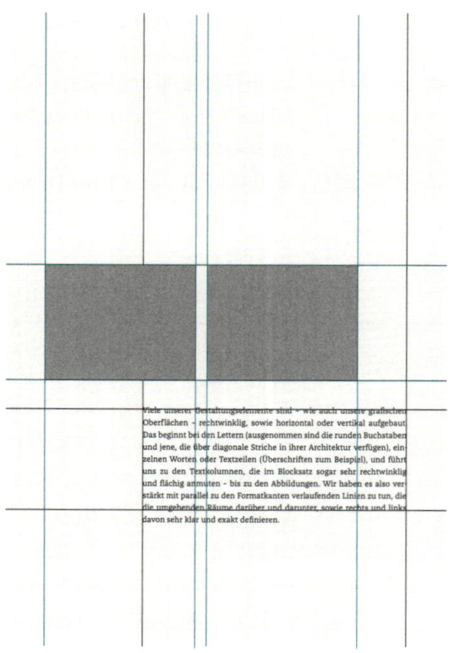

5

4 Die erste Zeile stellt optisch den horizontalen Abschluss der Kolumne dar.
Je nach Satzmethode haben wir überdies eine oder zwei glatte Satzkanten, die eine vertikale Parallele zu den seitlichen Formatkanten aufbauen.

5 Abbildungen sind zumeist rechtwinklig. Durch die augenscheinlichen Parallelen zu allen vier Seiten des Formats ist eine stabile Position in der Komposition leicht umsetzbar. Eine ästhetische Einordnung über die Verteilung der Weißräume können wir durch die klar abgesteckten Räume gut vornehmen.

Und so wie wir die Linien unserer Gestaltungselemente wahrnehmen, ›scannen‹ wir auch die Begrenzungen der Fläche, auf der wir die Elemente anordnen. **Mit der Erfassung der Seitenverhältnisse des Formats und seinen Eckpunkten ist unser Auge in der Lage, Abmessungen zu halbieren und den Mittelpunkt zu bestimmen.** Waagerechte Strecken sind dabei grundsätzlich einfacher in zwei gleiche Hälften zu teilen als senkrechte, da wir die beiden Teilstrecken direkt nebeneinander vergleichen und prüfen können.

Bei einer Senkrechten fällt das Ergebnis anders aus, weil hier die Schwerkraft wirkt – überall wo es ein ›Oben‹ und ein ›Unten‹ gibt, wird unsere Wahrnehmung von den Naturgesetzen beeinflusst. **Eine senkrechte Strecke unterteilen wir demnach nicht in zwei gleich hohe, sondern in zwei unterschiedlich hohe Teilstrecken, wobei die untere etwas länger ist.** Unser Auge scheint also stets einen Mittelpunkt zu taxieren, der etwas oberhalb der rechnerischen oder geometrischen Mitte liegt: in einer ›gesicherten‹, optischen Mitte.

[→ Seite 158, 5.3 Kandinskys Kompositionslehre]

Eine weitere Besonderheit bei der optischen Einordnung von Abmessungen ist die Tendenz, dass uns senkrechte Strecken – wenn sie gleich lang sind wie horizontale – kürzer erscheinen. Das wirkt sich besonders dann aus, wenn wir gleichlange Seitenverhältnisse in der Fläche antreffen – wie beim Quadrat.

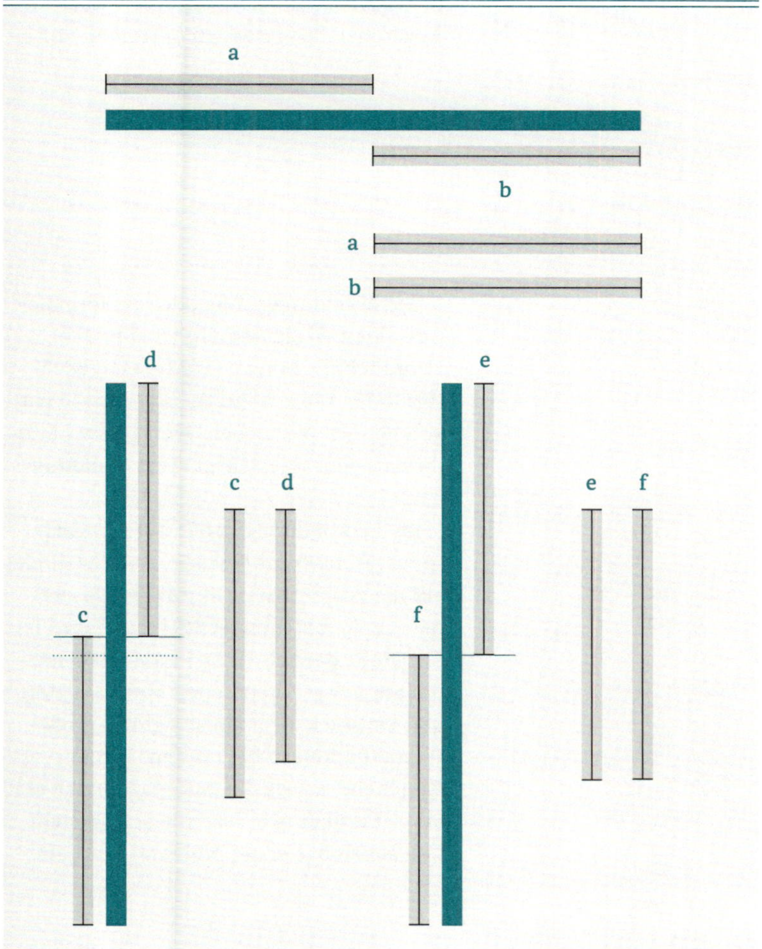

▶ OPTISCHE BESONDERHEIT bei Strecken ◀
Die Waagerechte – als Parallele zu unserem Horizont – bereitet unserer Wahrnehmung weniger Probleme in der Bemessung und Einschätzung von Längen und Strecken. Durch eine Teilung werden dem Auge unmittelbar die entstandenen Teilstrecken präsentiert und ein Soll-und-Ist-Vergleich kann vorgenommen werden. Unserer Wahrnehmung erscheinen die waagerechten Strecken grundsätzlich länger und deren Teilstrecken a und b erleben wir korrekt als exakt gleich lang. Hingegen nehmen wir eine Senkrechte als kürzer wahr – und deren Teilstrecken als verschieden lang. Hier greift der unserer Wahrnehmung innewohnende Impuls, gegen die Schwerkraft zu arbeiten – wir taxieren den Mittelpunkt einer Senkrechten also auf der optischen Mitte und nicht auf der geometrisch korrekten. Die untere Teilstrecke c erscheint uns länger, da wir den Mittelpunkt instinktiv etwas oberhalb der Mitte verortet haben. Bei einer exakt mittigen Teilung erscheint uns die untere Strecke f kürzer als als die obere Strecke e, obwohl beide Strecke genau gleich lang sind.

5 Die Unterteilung einer Fläche in ein ›Oben‹ und ein ›Unten‹ tritt optisch auch dann ein, wenn ein Element, das nicht über die ganze Breite geht, mittig platziert wird.

Was für senkrechte Strecken gilt, betrifft natürlich auch Flächen, wenn sie durch eine horizontale Linie halbiert werden: Wir sprechen daher von der ›optischen Mitte‹ und meinen damit eine für unser Auge gesunde (also der Schwerkraft entgegenwirkende) Proportion – nicht eine geometrische.

Um die optische Mitte wirksam zu finden, müssen die Eigenschaften des Gestaltungselements mit einbezogen werden: Ein schlichter Punkt wird auf der optischen Mitte anders anzuordnen zu sein als ein plakativ und groß inszeniertes Wort, das zu stark in die obere Formathälfte reichen würde, wenn wir es auf die optische Mitte stellen würden.[5]

Jedes Gestaltungselement hat also ein Gewicht, das für die Kraft im Format maßgeblich ist. Und dadurch die bildnerische Sprache wesentlich beeinflusst.

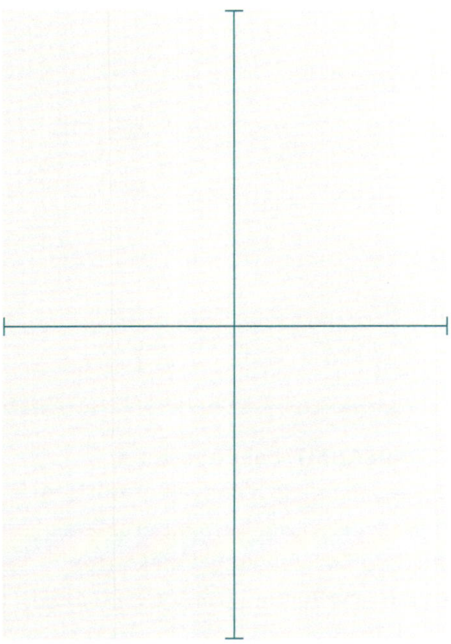

6

7

6 Der geometrische Mittelpunkt einer Fläche wird von unserer Wahrnehmung als zu tief sitzend empfunden. Das ist der Schwerkraft geschuldet, die auch im zweidimensionalen Raum – der Fläche – unsere Wahrnehmung beeinflusst und die uns die eigentlich geometrisch korrekte Mitte einer Fläche als zu weit unten wahrnehmen lässt.

7 Um dieser optischen Täuschung entgegenzuarbeiten, platziert man Gestaltungselemente etwas oberhalb der geometrischen auf einer gedachten, nach Augenmaß festgesetzten optischen Mitte.

8

9

8 Die Abbildungsgröße oder die formale Gestalt eines Elements spielen in der Kenntlichmachung der Mitte eine wichtige Rolle. Die x-Höhe der Schriftzeile wird von der geometrischen Mitte genau hälftig durchzogen – die Schrift steht eindeutig zu tief.

9 Ist die Abbildungsgröße eines Gestaltungselements groß genug, kann es direkt auf die geometrische Mitte gestellt werden. In dem hier abgebildeten Beispiel ist die Größe der Schrift nicht ausreichend, um auf der geometrischen Mitte platziert den Eindruck zwei optisch gleich großer Formathälften zu begründen. Dementsprechend wurde die Zeile sogar noch ein Stück darüber platziert: Die Schrift steht nun scheinbar in der Mitte des Formats.

Die obere und die untere Bildhälfte

[→ Seite 158, 5.3 Kandinskys Kompositionslehre]

Mit der Teilung einer Fläche in eine obere und eine untere Hälfte belegen wir diese Zonen mit unterschiedlichen Energien. Die untere Hälfte des Formats signalisiert unserer visuellen Wahrnehmung, dass hier die Gestaltungselemente stärker gebunden werden. Dabei agiert die untere Formatkante als ›Erdboden‹, der – bedingt durch die Schwerkraft – alles bewegliche anzieht und ›erdet‹.

Diese Energie überträgt sich auf alle Elemente, die wir in der unteren Bildhälfte anordnen – sie sind dann für unsere Wahrnehmung bereits von der Schwerkraft nach unten gezogen worden und erscheinen uns schwerer und unbeweglicher.

Das ist aus gestalterischer Sicht weder verwerflich noch grundsätzlich zu vermeiden, weil es im Ergebnis zu weniger hochwertiger Gestaltung führen könnte – die Komposition tendiert durch eine Belegung der unteren Bildhälfte in eine bestimmte Richtung: Sie wirkt statischer, weniger überraschend, da die Kräfteverhältnisse augenscheinlich geregelt sind, wie die Natur es vorlebt: Körper streben nach unten – sie werden von der Schwerkraft ›am Boden‹ verortet. Die Komposition entspricht nun in seinem ›Energiehaushalt‹ den Gesetzmäßigkeiten der Natur, das Auge wird nicht mit spannungsvollen Konstellationen ›überfordert‹.

Ein Wort, positioniert in drei unterschiedlichen Wirkfeldern des Formats:
10 In der oberen Bildhälfte platziert, steht das Wort stabil und emanzipiert, trotzt der Schwerkraft und erzeugt Spannung im Format.

11 An der Unterkante des Formats wirkt das gleiche Wort schwer und unbeweglich. Die Komposition gerät folglich statisch und spannungslos. Offensichtlich dominiert die im Format vorhandene Schwerkraft die Gestaltung.

12 Die Positionierung in der optischen Mitte des Formats vermittelt unserer Wahrnehmung Eigenschaften wie Stabilität, Kraft, Anmutung und Wichtigkeit. Das Wort wird nicht von der Schwerkraft erfasst und hält das gesamte Format in Spannung – die zentrale Position auf der Fläche erschließt sich dem Auge als folgerichtig, um die bestmögliche Aufmerksamkeit zu erfahren.

Werden die Gestaltungselemente in der oberen Bildhälfte angeordnet, muten sie leichter und spannungsvoller an. Sie scheinen der Schwerkraft zu widerstehen (oder leisten zumindest erfolgreich Widerstand) und halten ›emanzipiert‹ – ggfs. durch gelungene Komposition – ihre Position im Format.

Die Energie, die in der oberen Formathälfte nach außen getragen wird, ist stärker als in der unteren Formathälfte und belegt die Gestaltungselemente mit einer wahrnehmbaren Kraft. Diese Kraft kann sich dynamisch entwickeln, wenn die Elemente bewusst jenseits einer mittelaxialen Komposition angeordnet sind. Die Gestaltung gerät durch eine Anordnung der Elemente in der oberen Formathälfte mutiger und spannungsvoller.

Durch die Anordnung der Elemente steuern wir deren grundlegende Charaktereigenschaften: statisch oder dynamisch, aktiv oder passiv.

Allerdings besteht eine direkte Wechselwirkung zwischen der Position eines Gestaltungselementes im Format, seiner Größe und seinem durch eine Farbe oder Tonwert definierten Gewicht. Ein »schweres« Gestaltungselement, also ein besonders großes oder dunkles kann uns leichter erscheinen, wenn es in der oberen Bildhälfte verortet wird; je näher es an der unteren Formatkante angeordnet ist, desto »schwerer« wird es uns erscheinen.

Wir können uns also bewusst der Energien der Wirkfelder bedienen, um bestimmte, in ihrer Masse schwer zu integrierende Elemente mit entgegenläufigen Wirkungen zu versehen.

Die grundsätzlichen Tendenzen in der energetischen Wirkung der Gestaltungselemente sind innerhalb der Bildhälften aber unterschiedlich stark ausgeprägt; die Zonen knapp ober- und unterhalb der optischen Mitte verfügen noch nicht über die vollumfängliche Energie in der jeweiligen Ausprägung. Je näher wir den Extremen (obere und untere Formatkante) kommen, desto stärker wird die Tendenz. Die Bereiche unmittelbar an den Formatkanten lassen die Elemente dann sehr isoliert wirken, da die entstehenden Proportionen dann nicht mehr stimmig wirken.

13

14

13 Das Gestaltungselement ist in der unteren Hälfte angeordnet, hat dabei aber einen größeren Abstand zur optischen Mitte als zur unteren Formatkante. Die statische Wirkung des Elements auf die Komposition ist mäßig ausgeprägt – deren Wahrnehmung ist eher ruhig und unaufgeregt.

14 Der Abstand zur optischen Mitte des Formats ist zu groß, um zur Komposition noch etwas Dynamisches beizusteuern. Die statische Wirkung des Elements auf die Komposition ist maximal.

Hierarchien innerhalb der Komposition

Jede Komposition besitzt verschiedene Ebenen: Primäre Elemente besitzen die höchste Masse, also die größte visuelle Lautstärke und dominieren eine Gestaltung. In der zweiten und dritten Ebene der Hierarchie einer Komposition wirken ›leisere‹ Elemente unterschiedlich kraftvoll auf die Gestaltung – hier können die Gestalter:innen subtil auf die Energie des primären Elements Einfluss nehmen.

15

16

17

Das Gestaltungselement ist in allen drei Formaten stabil in der optischen Mitte angeordnet. Diese Position verkörpert Souveränität und Ruhe. Die weiteren Elemente besetzen stets unterschiedliche Wirkfelder im Format und beeinflussen dadurch auch die Wahrnehmung der beiden Wörter im Zentrum.

15 Die dreieckigen Flächen sind vollumfänglich in der oberen Formathälfte angeordnet – die Komposition wird als aktiv, lebendig und spannungsvoll wahrgenommen. Die aufstrebenden, diagonalen Linien und das optische Gewicht der Dreiecke dynamisiert die beiden Schriftzüge in der Mitte des Formats.

16 Die Anordnung der Dreiecke in der unteren Formathälfte beruhigt und erdet die Komposition – das große Dreieck nimmt dort einen erheblichen Anteil ein, aktiviert die untere Formatkante und verortet somit die Komposition für unsere Wahrnehmung ›unten‹.

17 Ausgeglichen besetzte Wirkfelder – entsprechend harmonisch ist auch die Wahrnehmung dieser Komposition. Die Verteilung der dunkleren Dreiecke ist so wohltemperiert, dass die optische Mitte als Ankerpunkt der Komposition unterstützt wird.

Die linke und die rechte Bildhälfte

Während der vertikale Bewegungsablauf eines Formats durch die Schwerkraft beeinflusst wird, wirken in der horizontalen Richtung der Fläche ähnliche Kräfte – einzig der ›Motor‹ dieser Kräfte ist ein anderer.

Aus der in der abendländischen Kultur geltenden Blick- und Leserichtung von links nach rechts erfährt der horizontale Bewegungsablauf eine konkrete Bedeutung für die Anordnung der Elemente. Durch das Lesen von links nach rechts und den permanenten Rückschwung des Blicks von rechts nach links zum Anfangspunkt der nächsten Zeile, assoziieren wir mit links Eigenschaften wie Stabilität[6] und Passivität. Der Blickrichtung in rechter, horizontaler Bewegung werden demnach Eigenschaften wie Aktivität, Bewegung und Aufbruch zugeordnet.

Im übertragenen Sinne steht die linke Formathälfte für Vergangenes (sie ist der Anfangspunkt), während die rechte Hälfte die Zukunft symbolisiert. **Ein Gestaltungselement wird in der rechten Formathälfte also dynamischer wirken als in der linken, in der es – ähnlich wie in der unteren Bildhälfte – stärker gebunden und unbeweglicher erscheint.** Diese Wirkweise kann statische Elemente dynamisieren oder unruhige Elemente erden.

6 In der Typografie fndet sich dieser Aspekt an elementarer Stelle wieder: Das Einrichten von ›stabilen Verhältnissen‹ innerhalb einer Textkolumne durch eine glatte, linke Satzkante garantiert einen sicheren Rückschwung, weil der Ausgangspunkt immer der gleiche ist. Eine Invertierung dieser Verhältnisse sieht die durchgängig festgelegte Position – die glatte Satzkante – am Zeilenende vor. Und definiert die Anfangspunkte der Zeile unregelmäßig. Diese rechtsbündige Formatierung destabilisiert einen flüssigen Lesevorgang, weil sie nicht unserer ›Lesesozialisation‹ entspricht.

18

19

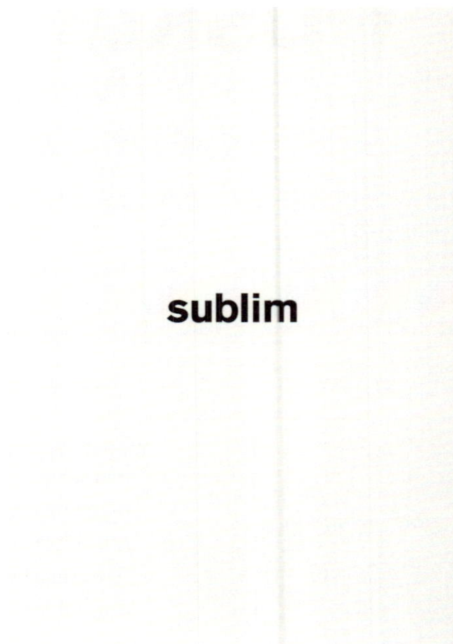

20

18 In unserem Kulturkreis – dem Abendland – wird unsere Blick- und Leserichtung auf die Anordnung von Elementen und ihrer Position im Format übertragen. Die linke Bildhälfte steht symbolhaft für den Anfang – aber auch für Vergangenheit und Unbeweglichkeit. Das hier angeordnete Wort wirkt zaghaft positioniert und wenig kraftvoll – die Komposition mutlos und wenig überraschend.

19 Die rechte Bildhälfte verkörpert als Kraftfeld eben jene Eigenschaften, für die unser Blick in horizontaler Richtung symbolhaft steht: Aufbruch, Dynamik, Zukunft. Das Wort wird – in der rechten Bildhälfte stehend – mit eben diesen Werten behaftet – bereits die Komposition mit nur einem Gestaltungselement wird kraftvoller und spannungsreicher.

20 An der Schnittstelle zwischen rechter und linker Bildhälfte wirken beide Kraftfelder in gleichem Maße auf das Wort. Die hier eingenommene Mitte im Format verkörpert auch den Einfluss beider Kräfte in einem ausgeglichenen Verhältnis. Die Komposition gerät sehr stabil, harmonisch und kraftvoll. Trotz fehlender Dynamik wirkt sie nicht kraftlos.

Das bewusste Steuern einer Komposition

Die verschiedenen Ebenen einer Gestaltung sind die Regler für ein ›Ansteuern‹ der Elemente in den unterschiedlichen Wirkfeldern. Grafischer Mehrwert entsteht, wenn die Kräfte der linken und rechten Bildhälfte gestalterisch gezielt angesprochen werden – sei es unterstützend oder entgegengesetzt, also anders als es die Position im Format erwarten lässt. Durch ihre Position in der rechten Bildhälfte können dynamisierte Elemente in ihrer Energie gemäßigt werden – entsprechend können Elemente in der linken Bildhälfte stärker aktiviert werden. Die Elemente, die weniger ›Masse‹ in die Komposition einbringen und dadurch nicht vordergründig agieren, können durch ihre Position im Format und ihr Kontrastverhalten die Gestaltung feinsinnig beeinflussen, den Blick lenken und punktuell Akzente oder Gegengewichte setzen.

21

22

23

Die primären Gestaltungselemente sind alle jeweils in der rechten Bildhälfte angeordnet – auf Höhe der optischen Mitte. Die Grundstimmung der Komposition ist dadurch aktiv und dynamisch.
21 Der Hintergrund ist zurückgenommen gestaltet – keiner der Kreise tritt durch sein Kontrastverhalten hervor und aktiviert eine Zone im Format. Die kleiner gesetzten Zeilen betonen die vertikale Mitte, die durch die große Schrift betonte rechte Formathälfte temperiert das Format daher nur gemäßigt dynamisch – aber gestalterisch entschlossen.
22 Die rechte Bildhälfte ist nun durch die Anordnung der kleinen Schriftblöcke stärker besetzt als die linke. Zudem ist der Hintergrund jetzt unregelmäßig ›ausgebaut‹, die rechts angeordneten Kreisformen sind kräftiger und kontrastieren stärker – dieser Entwurf ist deutlich offensiver und dynamischer.
23 Die Regler sind auf Gegengewicht eingestellt: Die kleinen Textblöcke belegen konsequent die linke Bildhälfte, deren Kreisformen bereits kräftiger gezeichnet sind. Der aktiven, rechten Hälfte werden gezielt Gewichte gegenübergestellt – das baut eine konstruktive Spannung innerhalb der Komposition auf.

5.3 Kandinskys Ideen zur Analyse der gestalterischen Elemente

Die moderne Kompositionslehre in der angewandten Kunst

Wenn wir über die Ausdrucksmöglichkeiten von Gestaltung auf einer zweidimensionalen Fläche sprechen, dürfen die Ideen Kandinskys zu den Grundfragen der Wirkung und der Kraftfelder in der Fläche nicht fehlen, die er in seinem 1926 erschienenen Buch »Punkt und Linie zu Fläche«[1] festhielt.

Wassily Kandinsky, vormals Professor an der Moskauer Universität und Gründer der Akademie für künstlerische Wissenschaften, wurde im Juni 1922 von Walter Gropius an das Staatliche Bauhaus in Weimar berufen. Im Fokus seiner Lehre standen übergeordnete Gestaltungsfragen, die – entwickelt aus den malerischen Disziplinen – in hohem Maße auch für die zunehmend wachsende angewandte Kunst Relevanz fanden.

Um Kandinskys Ideen zur Fläche zu verstehen, muss man zuvor einen Schritt zurückgehen: zur Linie. Gemäß Kandinsky ist die Linie »der größte Gegensatz zum malerischen Urelement – zum Punkt.« Und »die knappste Form der unendlichen Bewegungsmöglichkeit« – weil sie Abbild des sich bewegenden Punktes ist.

1 Kandinsky, Punkt und Linie zur Fläche; Beitrag zur Analyse der malerischen Elemente; Benteli Verlag Bern, 11. Auflage. 1926 erstmals erschienen als Band 9 der ›Bauhaus Bücher‹, Schriftleitung Walter Gropius und Laszlo Maholy-Nagy im Verlag Albert Langen, München.

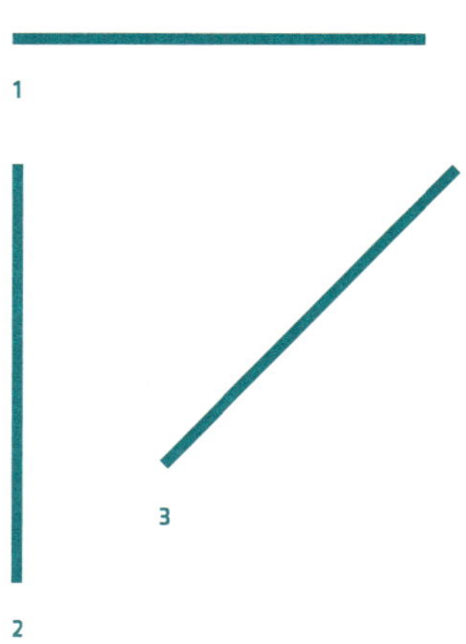

Kandinsky differenziert drei Formen der Geraden:
1 Die Horizontale, die den menschlichen Bewegungshorizont spiegelt. »Die Horizontale ist also eine kalte tragende Basis, die in verschiedenen Richtungen flach fortgesetzt werden kann. Kälte und Flachheit sind die Grundklänge dieser Linie, ...«
2 Die Vertikale, »bei der Flachheit durch Höhe ersetzt wird, und also auch Kälte durch Wärme.«
3 Die Diagonale, die eine »gleichmäßige Vereinigung von Kälte und Wärme« aufweist.

Da die Grundfläche von zwei vertikalen und zwei horizontalen Linien begrenzt wird, herrscht in ihr demnach ein von der Dominanz der jeweiligen Bewegungsrichtung der Linie bestimmtes Klima. Das kann, wie beim Querformat, ein kühles und distanziertes Klima sein, da hier die horizontalen Linien das Format bestimmen. Oder eben ein warmes. Das wäre entsprechend beim Hochformat der Fall, denn hier dominieren die senkrechten Linien. »So werden also die einzelnen Elemente von vornherein in eine kältere oder eine wärmere Atmosphäre hineingebracht, und dieser Zustand ist später durch die größte Anzahl von entgegengesetzten Elementen nicht mehr vollkommen zu beseitigen – eine Tatsache, die nie vergessen werden darf.«

Dieser Idee folgend, trifft Kandinsky bezüglich des Quadrats als Grundfläche einer Gestaltung nun folgende Aussage: »Die objektivste Form der schematischen Grundfläche ist das Quadrat – die beiden Paare der Grenzlinien besitzen die gleiche Kraft des Klanges. Kälte und Wärme sind relativ ausgeglichen.«

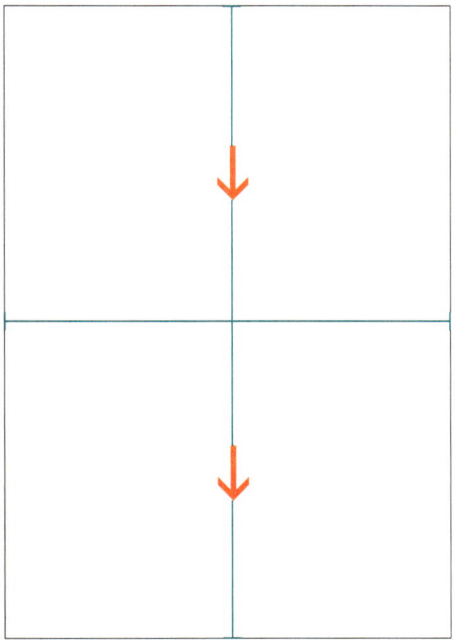

4

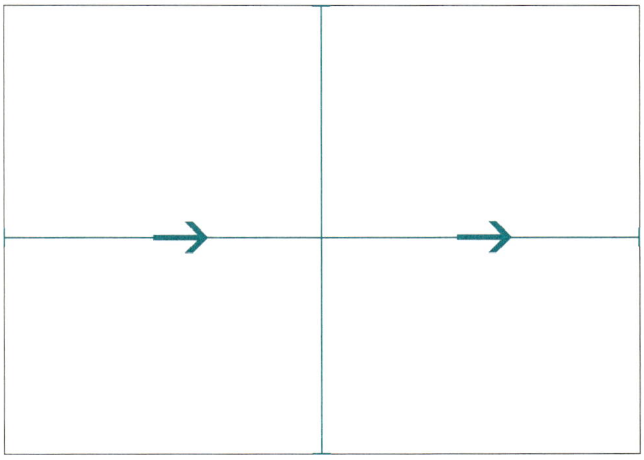

5

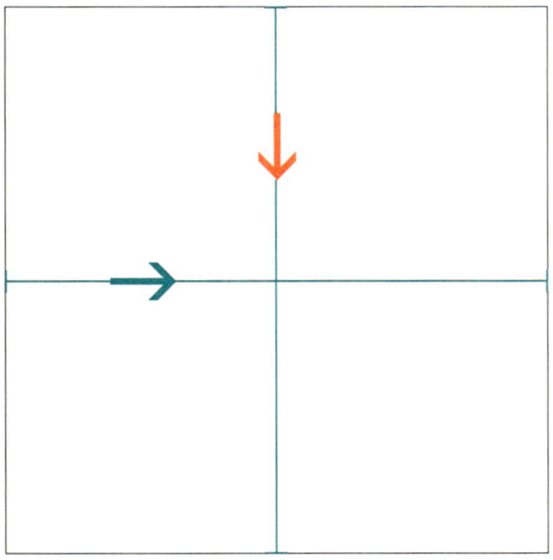

6

4 Das Hochformat transportiert durch die Dominanz seiner senkrechten Ausrichtung Wärme in die Fläche – die Gestaltungselemente verfügen also bereits über eine wahrnehmbare Tonalität bevor sie grafisch bearbeitet oder formatiert werden.
5 Die Horizontale trägt eine grundlegende Kälte ins Format und auf die Gestaltungselemente.
6 Einen paritätischen Umgang mit dem Wirken von Kälte und Wärme in der Fläche – und dem damit einhergehenden Grundklima – findet das Quadrat, die ›objektivste‹ Form einer Grundfläche.

Möglicherweise ist die ohnehin von vollständiger Harmonie geprägte Proportion des Quadrats eine Bürde für die Gestalter:innen, wenn sie bestrebt sind, anaxiale Spannung im Format zu erzeugen. Der unbewusst wahrgenommene Ausgleich des Warm- und Kaltempfindens durch die gleichlangen Seiten – Kandinsky weist hier der Grundfläche größte Objektivität zu – verkörpert große Harmonie. Zudem scheint der vom Auge sehr leicht zu taxierende Mittelpunkt im Format übermächtig und strahlt seine Ruhe auf alle Elemente ab – die fast schon greifbare Harmonie in der Fläche kompositorisch aufzubrechen, fordert den Gestalter:innen viel Geschick ab.

Bei der Betrachtung der vier Seiten einer Fläche spricht Kandinsky neben der warmen und kalten Ruhe der Vertikalen und Horizontalen noch von einem weiteren, ganz eigenen Klang, der von allen vier Seiten ausgeht und »der mit der Lage der Linie = Grenze unabänderlich und organisch verbunden ist.«.

Was Kandinsky mit dem Klang der vier Seiten eines Formats beschreibt, entspricht den in 5.2 bezeichneten Kraftfeldern, also den Bereichen einer Fläche, die den dort angeordneten Elementen eine gewissen Energie und Persönlichkeit verleihen, sie mit einer emotionalen Wirkung versehen.

Betrachten wir nun zunächst Kandinskys ›Oben‹ und das ›Unten‹ der Grundfläche: »Das ›Oben‹ erweckt die Vorstellung eines größeren Lockerseins, einer Befreiung, und schließlich der Freiheit. ... Das ›Unten‹ wirkt vollkommen entgegengesetzt: Verdichtung, Schwere, Gebundenheit.«

Es ist – so Kandinsky – ein legitimes gestalterisches Mittel, diese beiden sehr unterschiedlichen Klänge des ›Oben‹ und ›Unten‹ noch stärker herauszuarbeiten – mit dem Mittel der Komposition.

Wenn Schweres unten angeordnet wird und Leichtes oben (die Eigenschaft der Schwere ist über verschiedene Eigenschaften zu erreichen: Größe und Tonwert sind zwei davon), werden die Klänge der Seiten dadurch noch elementar verstärkt. Der ohnehin schon vorhandene Gegensatz zwischen der oberen und der unteren Horizontale wird dadurch essentiell verstärkt. Analog dazu können die Klänge des ›Oben‹ und ›Unten‹ durch ein entgegengesetztes Anordnen relativiert werden: Schweres nach oben, Leichtes nach unten.

In der Bewertung der rechten und linken Hälfte der Grundfläche bemüht Kandinsky einen Vergleich zwischen der Grundfläche, dem Menschen und den motorischen Fähigkeiten seiner Körperhälften – allerdings liegt diesem Vergleich die Ansicht zugrunde, die Fläche besäße ebenso »Körperhälften« und wir befinden uns bei der Betrachtung der Fläche »gegenüber«. Im Ergebnis meint Kandinsky, dass die Fläche ihre rechte »Körperhälfte« dort hat, wo wir ihre linke Hälfte verankern (weil wir sie nun einmal dort sehen).

Die Mehrzahl der Menschen schreibt mit der rechten Hand, hat in der rechten Körperhälfte bessere motorische Fähigkeiten. »Bei den Seiten der Grundfläche ist aber das Gegenteil der Fall. Das Links der GF erweckt die Vorstellung eines größeren Lockerseins, ein Gefühl der Leichtigkeit, der Befreiung, und schließlich der Freiheit. ...«

Kandinsky vergleicht das Anordnen von Elementen in der linken Bildhälfte demnach mit einer »Bewegung in die Ferne«: »Hierin befreit sich der Mensch aus seiner gewohnten Umgebung, er befreit sich von den auf ihm lastenden Gewohnheitsformen, die seine Bewegungen durch eine fast steinerne Atmosphäre hemmen. Und er atmet immer mehr und mehr Luft. Er geht auf ›Abenteuer‹.« Dem gegenüber ist die Anordnung von Gestaltungselementen in der linken Bildhälfte (also der rechten Körperhälfte der GF) gleichzusetzen mit einem »nach Hause kommen«. Kandinsky assoziiert damit eine »gewisse Müdigkeit«: »..., und ihr Ziel ist die Ruhe.«

Gemäß seiner Charakterisierungen der Bildhälften formuliert Kandinsky folgende »literarische« Ausdrücke für die vier begrenzenden Seiten einer Fläche: Himmel (oben), Ferne (rechts), Haus (links) und Erde (unten). (Abb.7)

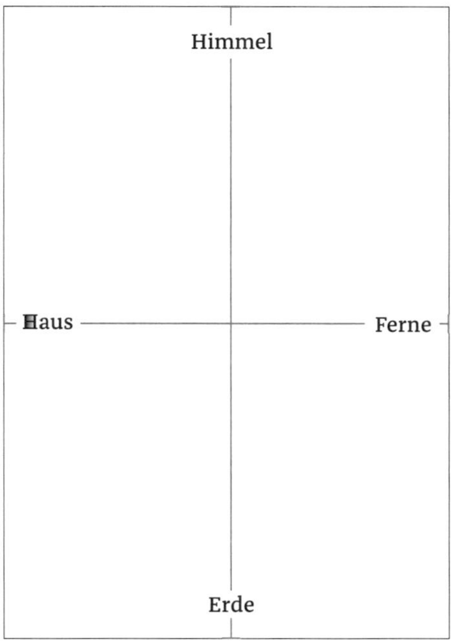

7

8

9

8 Die Gestaltungselemente folgen dem logischen Empfinden des ›oben‹ und ›unten‹, indem das schwere Element in der unteren Bildhälfte angeordnet ist.

9 Durch Positionierung des schweren Elements in der oberen Hälfte wird das natürliche Empfinden für die Gesetzmäßigkeiten der Fläche ›ausgehebelt‹.

5.4 Standortbestimmung im Format

Der Goldene Schnitt ist Teil unserer visuellen Sozialisation, ohne dass wir uns dessen bewusst sind. Und der Goldene Punkt liefert Lösungen.

[→ Seite 212, 6.2 Die Goldene Zahl als Regler der Komposition]

[→ Seite 219, 6.2 Die Goldene Zahl als Regler der Komposition *Das Konstruktionsprinzip des Goldenen Rechtecks als Steuerungsmodul für die Strukturierung einer Fläche*]

[→ Seite 221, 6.2 Die Goldene Zahl als Regler der Komposition *Die Einteilung der Fläche als Grundlage der visuellen Erzählstruktur*]

Um der leeren Fläche, gleich welchen Formats, Struktur und Proportion zu verleihen, strebt der Mensch seit jeher nach Möglichkeiten, aus der uns umgebenden Natur zu imitieren. Dort vorhandene Proportionen bei Blättern und Blüten werden als überaus harmonisch wahrgenommen. Aber wie kann man Harmonie in einer Formel aufgeschlüsselt und rekapitulierbar darstellen, um sie für Strecken, Flächen und Bauwerke anzuwenden – überall dort, wo man angenehme, als ›bewährt‹ ästhetisch wahrgenommene Proportionen installieren möchte?

Eine exakte zeitliche Verortung der Entdeckung dieses Prinzips ist schwer festzumachen – allerdings finden sich in den Schriften des griechischen Mathematikers Euklid aus dem 3. Jahrhundert v. Chr. Nachweise der Kenntnis des Goldenen Schnittes. Immer wieder wurde im Laufe der Jahrhunderte versucht, in Bauwerken, Gemälden und Schriften die Kenntnis und den Einsatz des Goldenen Schnittes nachzuweisen. Wirklich valide Beweise dazu gibt es allerdings nicht.

Wir wissen bereits, dass es im rechteckigen Format aktive und passive Bereiche gibt, also Zonen, die die zu positionierenden Gestaltungselemente mit unterschiedlichen Energien aufladen. Ebenso beeinflussen die obere und die untere Formathälfte durch die Schwerkraft eine Gestaltung in ihrer statistischen oder dynamischen Wirkung.

1 Die Natur liefert das Vorbild: Um eine optimale Nutzung des lebenswichtigen Sonnenlichts zu garantieren, sind bestimmte Blütenstände in der Pflanzenwelt, wie hier bei der Sonnenblume, versetzt ›gebaut‹ – im sogenannten Goldenen Winkel von 137,5°.

Diese Kenntnis mit dem Wissen um Positionen im Format zu kombinieren, die über Jahrhunderte ›evaluiert‹ als harmonisch wahrgenommen werden, kann das Problem der leeren Fläche und der sich ergebenden Unsicherheit, wo zu beginnen ist (hier haben Schriftsteller:innen und die Gestalter:innen eine nahezu ähnlich starke und Anfangshürde zu meistern), nahezu eliminieren.

Der Goldene Schnitt definiert, in welchem Verhältnis eine Strecke (oder Fläche) in zwei ungleiche Strecken unterteilt werden muss, um ein ästhetisch anmutendes Verhältnis zu erhalten. **Demnach soll die kleinere der beiden Strecken zur größeren das gleiche Verhältnis haben wie die größere Strecke zur gesamten Strecke.**

Die sogenannte ›Goldene Zahl‹ (1,618) definiert dieses Verhältnis in etwa auf 8:5 oder 5:3. Ganz exakt beträgt die Relation der längeren Strecke 61,8 % der Gesamtstrecke – was also auch das Verhältnis der kleineren Strecke zur größeren Strecke beschreibt. Die beiden Strecken – die Gesamtstrecke und die längere der beiden durch Unterteilung erhaltenen Strecken – können für eine Formatberechnung als Höhe und Breite dienen.

1 Der italienische Mathematiker Fibonacci definierte bereits 1202 eine Zahlenfolge, bei der die Summe zwei aufeinanderfolgender Zahlen jeweils die Folgende ergibt: 0, 1, 1, 2, 3, 5, 8, 13, 21, 34, 55, 89, 144, … Der Quotient zweier aufeinanderfolgender Zahlen nähert sich mit zunehmendem Zahlenwert der Goldenen Zahl an!

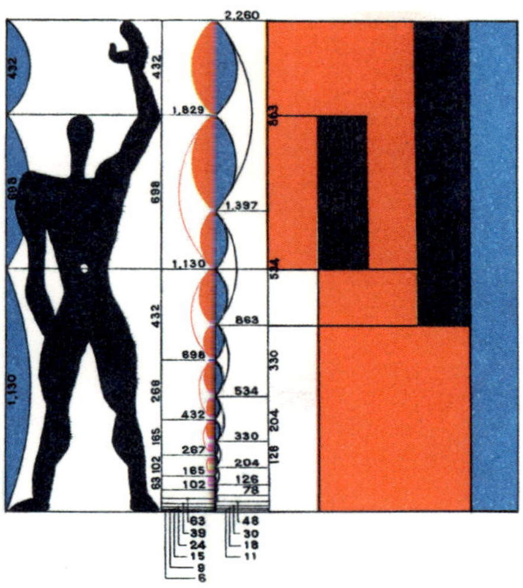

2

3

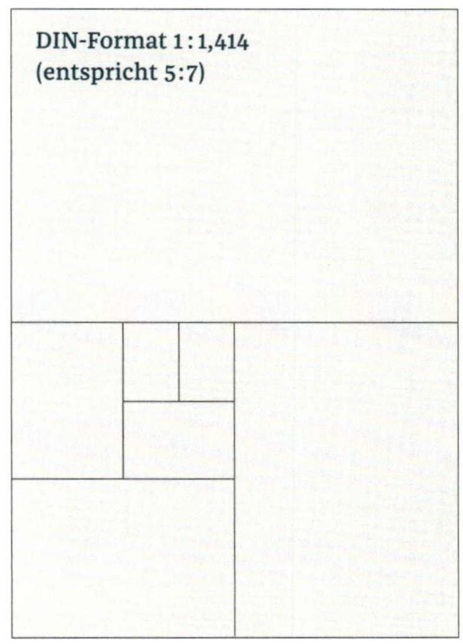

4

2 Der Schweizer Architekt und Architekturtheoretiker Le Corbusier beschäftigte sich intensiv mit der Anwendung des Goldenen Schnittes in der Baukunst. In dem von ihm entwickelten Modulor, einem Proportionssystem, das sich am menschlichen Körper orientiert, nimmt Le Corbusier das Körpermaß von 183 cm (entspricht 6 Fuß) als Ausgangsgröße seiner sogenannten ›Roten Reihe‹. Diese Zahlenfolge verjüngt sich im Verhältnis der Goldenen Zahl und stellt Parallelen zum menschlichen Körper her. Bereits die erste sich durch Anwendung des Goldenen Schnittes ergebende Zahl entspricht der Höhe des Bauchnabels:
183 – 113 – 70 – 43 – 27.
Anwendung fanden diese Proportionen unter anderem beim Bau des Klosters La Tourette: Die dortigen Räume entsprachen im Verhältnis von Raumhöhe zu Raumbreite dem Goldenen Schnitt.[1]

3 Ein Format, das in seinen Proportionen dem Goldenen Schnitt entspricht. Die Höhe ist das 1,618-fache der Breite, das Format ist schlanker als das nebenstehende DIN-Format. Als Bezugsgröße für die Berechnung dient das (sichtbare) Quadrat, dessen Kantenlänge mit der Goldenen Zahl multipliziert werden muss. Das Ergebnis definiert die längere der beiden Strecken – in unserem Fall die Höhe der Fläche.

4 Ein grundlegend anderes Seitenverhältnis weist das DIN-Format auf – hier ist die Wurzel aus 2 maßgeblich für die Proportionen. Sie definiert das Verhältnis der längeren Strecke zur kürzeren Strecke, also in etwa als das 1,414-fache, mit der besonderen Eigenschaft, dass diese Proportion bei der Teilung (oder Verdoppelung) stets erhalten bleibt.

Die Berechnung lässt sich ebenso mit Zirkel und Lineal durchführen (Euklid akzeptierte sogar nur dieses Konstruktionsverfahren):

Auf der Strecke AB wird an B mit der Hälfte dieser Strecke ein Lot gefällt – also die Hälfte der Strecke AB im rechten Winkel eingezeichnet. Nun erhält man den Punkt C. Dieser wird mit A verbunden. Mit dem Zirkel nimmt man am Punkt C die Strecke BC ab und bestimmt mit diesem Radius auf der Strecke AC den Punkt P. Mit dem Zirkel – nun in A angesetzt – übertragen wir die Strecke AP auf unsere Ausgangsstrecke AB, indem wir den Kreis durch die Strecke AP führen. Diese wird nun im Goldenen Schnitt geteilt. Die Strecke AD entspricht 0,618 % der Strecke AB.

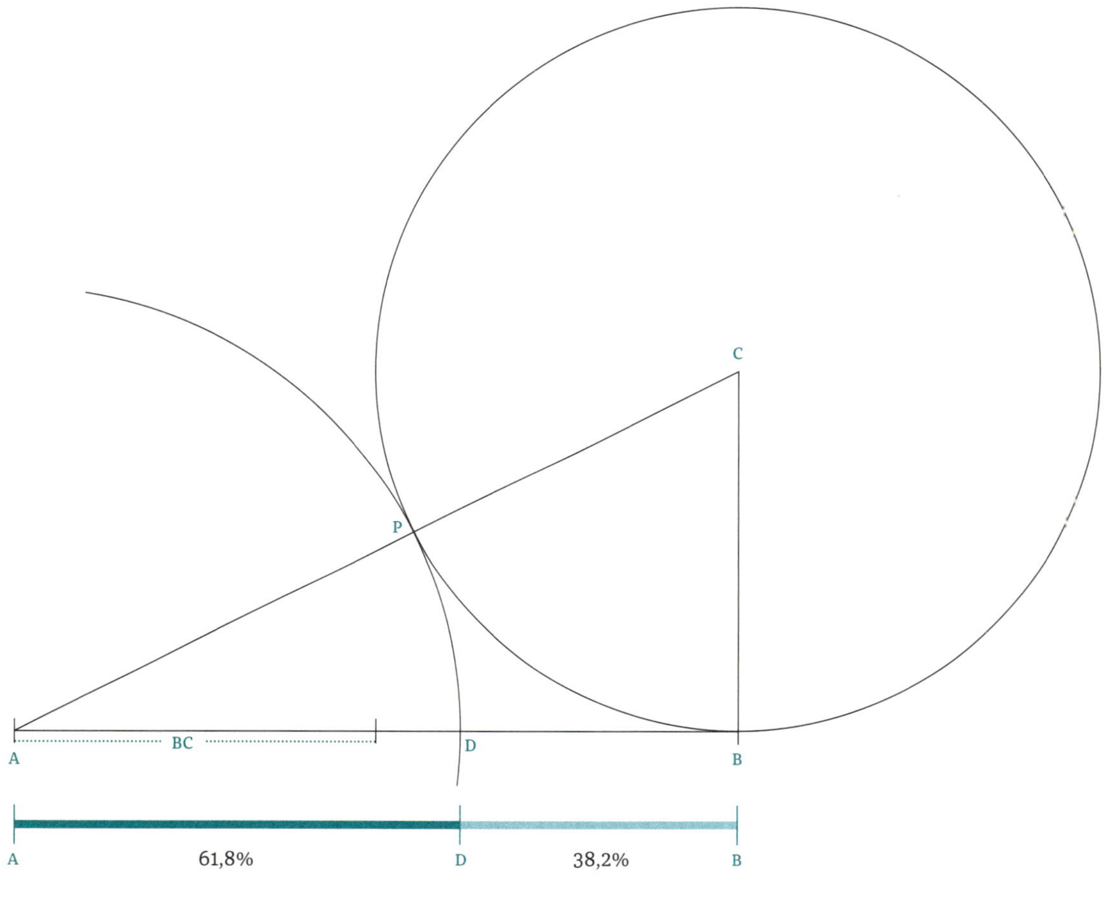

5 Statt einer Berechnung mit Zirkel und Lineal, hat sich in der täglichen Praxis die einfache Herleitung des Goldenen Schnittes über die Goldene Zahl bewährt: Wer eine Strecke – beispielsweise die Höhe eines zu gestaltenden Formats – nach den Proportionen des Goldenen Schnittes unterteilen muss, der multipliziert die Gesamtlänge mit dem Faktor 0,618 und erhält entsprechende Proportionen. Das Ergebnis dieser Multiplikation ist zugleich eine mögliche Formatbreite, wenn man die Ausgangszahl als Höhe eines frei zu wählenden Formats bestimmen möchte. Wählt man die vorliegende Strecke als Breite des angestrebten Formats aus, muss diese Strecke mit dem Faktor 1,618 multipliziert werden, um eine dem Goldenen Schnitt entsprechende Formathöhe zu erhalten.

Der Goldene Punkt

Wenden wir die ›Goldene Zahl‹ nun auf alle vier Seiten eines Formats an, indem wir jede der vier Strecken mit 0,618 multiplizieren, erhalten wir anhand der Schnittpunkte vier Positionen auf der Fläche, über die eine Gestaltung aufgebaut werden kann. Sinnvollerweise wählt man einen dieser Punkte aus und baut um dieses Zentrum herum die Komposition auf.

Die Einbeziehung eines zweiten, in der Hierarchie nachgestellten, Zentrums auf der Fläche in die Gestaltung ist durchaus vorstellbar – alle vier Goldenen Punkte gleichberechtigt kompositorisch einzubinden, hätte im Ergebnis eine spannungsarme Komposition.

[→ Seite 186, 5.7 Konstruktives Gleichgewicht und Ungleichgewicht im Format]

Eindeutigkeit ist ein wichtiges Kriterium für gutes Design – die kompositorische Herausarbeitung eines Bereichs im Format schafft diese Eindeutigkeit.

6 Die obere Bildhälfte hält zwei Goldene Punkte bereit, deren Position in Bezug auf Dynamik und Spannung unterschiedlich im Format wirken.
Die linke Position des Goldenen Punktes ist etwas weniger dynamisch, weil sie in der linken Formathälfte verankert ist.
Anders die Position in der rechten Formathälfte: Hier werden Eigenschaften wie Dynamik und Spannung stärker aufgebaut.

7 In der unteren Bildhälfte unterliegen die beiden Goldenen Punkte verstärkt den Gesetzmäßigkeiten der Schwerkraft – das Schaffen eines Gegengewichts in der oberen Bildhälfte kann dieser Tendenz gut entgegenwirken.

8

9

10

11

8 Ein eindeutiges Zentrum als Fixpunkt der Komposition: Die Fokussierung auf einen Punkt im Format, um den sich die Elemente anordnen, schafft klare Verhältnisse auf der Fläche. Man hat nicht den Eindruck, dass der Weißraum gestalterisch ungenutzt bleibt, da die Position des Bildzentrums sehr ausgewogen und stimmig ist.
9 Die Hinzunahme eines weiteren Goldenen Punktes in der unteren Bildhälfte schafft eine Bewegungslinie im Format: Das Auge wird durch die Komposition geführt. Die in der Hierarchie an Position 3 stehende Info folgt nicht dem Goldenen Punkt. Die Gestaltung gerät dadurch etwas weniger berechenbar, da unsere Wahrnehmung im Zuge des Erfassens der Komposition verhandene Abstände und Positionen abschätzen und auf weitere Elemente übertragen kann.
10 Ähnlich wie Entwurf 7 – allerdings ist hier das einzige Zentrum im Format in der unteren Bildhälfte verortet. Die Komposition wird ruhiger und steht weniger ›in Spannung‹ – die Wirkung der Schwerkraft lässt unsere Wahrnehmung den Entwurf als geerdeter empfinden.
11 Obgleich das Bildzentrum in der unteren Hälfte liegt, wird unser Blick durch die größere Masse dieser Elemente eben dorthin gelenkt. Unser Auge wird dann in die obere Bildhälfte geführt, also entgegen unserer Lesesozialisation.

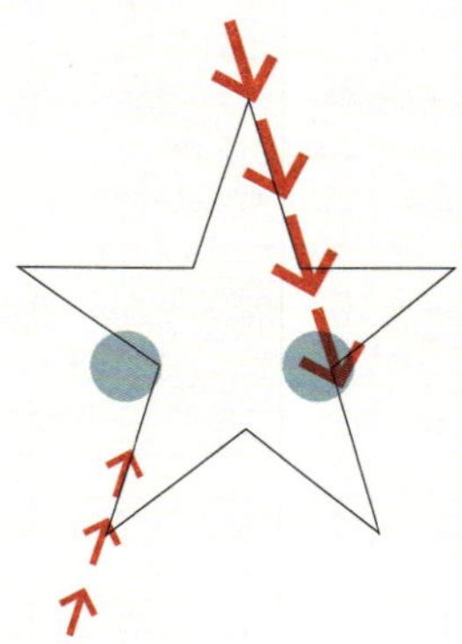

12

12 Sehr gekonnt und sensibel sind in dieser Komposition die beiden Goldenen Punkte herausgearbeitet. Sie sind gestalterisch die Schlüsselmomente dieses Plakats, da die beiden wichtigen Informationen, die jeweils durch eine stark gesperrte Textzeile sehr linear anmuten, auf diese beiden Punkte hinführen. Durch die Signalfarbe Rot in der Typografie werden die beiden Punkte zusätzlich hervorgehoben. Für die inhaltliche Bedeutung des Plakats sind die Punkte außerdem von hoher Wirkkraft, da hier visuelle Erkennungsmomente des angedeuteten Sterns im Hintergrund liegen.

Mayakovsky
Gestaltung: Uwe Loesch

5.5 Kräftemessen in der Komposition

Gestaltungselemente und ihr Gewicht. Von der ›Masse der Elemente‹

1 Wie so viele Prinzipien und Gesetzmäßigkeiten in der typografischen Kompositionslehre steht auch hier die Einzelletter mit der Verteilung der linearen, druckenden Teile innerhalb seiner Dickte als Prototyp der Gewichtung aus Schwarz und Weiß. Ein Zeichen, das durch einen vertikalen Strich einen sehr klaren Abschluß hat, braucht mehr Weißraum um sich als ein offenes Zeichen, also ein C oder ein W. Im Format fehlt uns die Kerning-Funktion der Satzprogramme, die den Abstand zwischen zwei Zeichen ausgleicht – hier muss unser Auge die Masse des Gestaltungselements einschätzen und entsprechend den umgebenden Weißraum kompositorisch einplanen.

Ganz instinktiv nimmt unser Auge bestimmte Eigenschaften der Elemente, die in einem Format positioniert werden, als ›schwer‹ (dominant) oder ›leicht‹ (unauffällig) wahr. Jedes Element, ob Textkolumne, Headline, Abbildung oder Hintergrundtextur, besitzt also ein ihr eigenes spezifisches Gewicht. Man könnte diese Eigenschaft auch als visuelle Lautstärke bezeichnen, die verschiedene gestalterische ›Ansprüche‹ bezüglich der Positionierung auf der Fläche stellt: Ein Element mit einem hohen Gewicht – eine große Headline in einem halbfetten oder fetten Schnitt beispielsweise – braucht einen größeren Weißraum um sich, kann also nicht ganz so dicht an der Formatkante angeordnet werden wie ein Element, das weniger ›Gewicht‹ aufweist. Ein zu geringer Weißraum signalisiert unserer Wahrnehmung nicht stimmige Proportionen zwischen dem Gewicht des Körpers und der umgebenden Räume, die so wichtig sind für das Gleichgewicht aus druckenden und nichtdruckenden Teilen.[1]

Ebenso verhält es sich mit der Wirkung der Schwerkraft: Das Gewicht eines Körpers wirkt hier wie ein Multiplikator – ein schweres Element wird von der Schwerkraft relativ stärker erfasst als ein ›Leichtgewicht‹.

Das ›Gewicht‹ eines Elementes – im Folgenden ›Masse‹ genannt – regelt aber auch seine Position in der Hierarchie der Gestaltungselemente einer grafischen Komposition: **Eine hohe Masse signalisiert unserem Auge eine große Wichtigkeit, denn je höher die Masse eines Körpers, desto schneller wird dieses Element vom Auge des Betrachters wahrgenommen.**

Die Gestalter:innen können also in ihren Kompositionen den Elementen bewusst bestimmte Massen zuweisen, sie auffälliger und dominanter, aber auch defensiver und unauffälliger werden lassen. Sie können sie sehr zielgenau in Hierarchie setzen und entsprechend den Zeitpunkt ihrer Wahrnehmung beeinflussen: Die Verteilung verschiedener Massen innerhalb einer Fläche ist ein wesentliches Instrument für die Gestalter:innen, die Führung des Auges durch das Format zu ›organisieren‹ – klar differenzierbare Massen innerhalb einer Komposition erreichen die so wichtige Eindeutigkeit im Format. Eindeutigkeit im Design wird vom Betrachter belohnt und leichter als gute Gestaltung wahrgenommen.

1

2

3

1 Das Element ist zu dicht an der Formatkante platziert. Seine Masse (Größe und Grauwert) signalisiert unserem Auge, dass der umgebende Raum empfindlich knapp ist. Ein optimales Maß an Weiß entspräche dem Zeilenabstand zwischen beiden Wörtern, der nicht größer als der Abstand zur oberen Kante sein sollte.
2 Das Verhältnis aus Zeilenabstand und dem Abstand zur Formatkante passt: Der Raum zwischen beiden Wörtern ist sichtlich kleiner als der Abstand des Elements zur Formatkante – die ›Einheit‹ und ihre Erkennbarkeit als ein zusammengehöriges Element bleibt gewahrt.
3 Der Verringerung der Masse durch einen helleren Grauwert entspannt das Abstandsverhältnis vom Gestaltungselement zur Formatkante und den ›Zugriff‹ der Schwerkraft. Verringert sich die Masse eines Elements, ändert sich das ›Prinzip seiner Weiterverarbeitung‹.
4 Die Masse der Gestaltungselemente ist maßgeblich für die Hierarchie innerhalb der Komposition. In diesem Entwurf sind die beiden Elemente paritätisch gewichtet, die Hierarchie ist flach. Durch zwei gleiche Massen baut sich eine noch gesunde Spannung im Format auf – weitere gleich große Elemente wären zu viel visuelle Konkurrenz.
5 Die Masse des oberen Wortes ist nun geringer als die Masse der Wortmarke – entsprechend eindeutig ist die Führung des Auges durchs Format organisiert.
6 Das obere Wort dominiert die Gestaltung durch seine hohe Masse – es ist visuell das höchste Gewicht im Format. Das mittig angeordnete Wort ordnet sich in der Hierarchie dahinter ein.

4

5

6

Was macht eine große Masse aus – wie werden Elemente ›massig‹?

Die Masse eines Körpers ergibt sich nicht ausschließlich aus einem ›Persönlichkeitsmerkmal‹ heraus – sie ist vielmehr die Summe verschiedener Faktoren, die die Gestalter:innen erkennen und einschätzen sollten, um ein Element seinem optischen Gewicht angemessen auf der Fläche zu positionieren.

Die Abbildungsgröße

Die ›schwergewichtigste‹ Eigenschaft eines Körpers ist seine Abbildungsgröße: Wird etwas groß abgebildet, dominiert es das Format und suggeriert Wichtigkeit. Hier ist abermals der Vergleich mit der Stimme selbsterklärend: Eine laute Stimme verschafft sich schneller Gehör als eine leise Stimme.

Überschriften werden zumeist größer gesetzt als Fließtexte (im Laufe dieses Kapitels werden dazu weitere, gestalterisch ähnlich wirksame Möglichkeiten gezeigt, die typografisch elegante Alternativen darstellen), und der Name auf einer Visitenkarte wird in der Regel größer ins Format gestellt als die nachfolgenden Kontaktdaten.

Das befriedigt die tradierten Seh- und Lesegewohnheiten, ist aber gestalterisch weder originell, noch schöpft es die grafischen Möglichkeiten der Differenzierung im Kommunikationsdesign im Entferntesten aus.

Wird die so wichtige Eindeutigkeit einer Gestaltung ausschließlich über unterschiedliche Abbildungsgrößen hergestellt, wären die Ergebnisse im Design unisono berechenbar, wenig innovativ und langweilig. Design darf aber der Motor für neue Lösungen sein. Manchmal auch für ungewöhnliche Lösungen.

[→ Seite 190, 5.8 Kontraste als visuelle Geschmacksverstärker]

Die Wirkung der Größe wird noch einmal verstärkt, wenn ihr kleinere Elemente oder Schriften gegenüber gestellt werden. Auch hier gilt: **Eindeutige Größenunterschiede bereichern das Design und ›befriedigen‹ das Auge – nicht klar herausgearbeitete Kontraste in der Größe wirken spannungsarm und uneindeutig.**

7 Eindeutige Dominanz in der Komposition durch Abbildungsgröße und Strichstärke, die zusätzlich durch die Anordnung der Elemente unterstützt wird.
8 Die Hierarchie wird nicht angegriffen, obwohl das ›schwere‹ Element im Format unten angeordnet ist und ihm andere typografische Elemente vorangestellt sind. Eine hohe Masse kann sich also entsprechend gegen fest verankerte Sehgewohnheiten durchsetzen.

7

8

Farbe

Die Wechselwirkung zwischen der Farbe eines Elements und seiner Masse ist erheblich komplexer und vielschichtiger als die Beziehung zwischen Größe und Masse eines Körpers:

Eine Farbe kann emotional aufladen, uns bewegen oder abstoßen. Sie kann Wärme ausstrahlen und eine gesamte Gestaltung beeinflussen – ebenso aber auch kühl und distanziert eine Komposition in eine strengere Anmutung bewegen. Dabei ist die Wahrnehmung und das Empfinden einer Farbe zu einem nicht unerheblichen Grad stark subjektiv – was zu einer großen Herausforderung in der Gestaltung und im Design werden kann, da jeder zur Farbwahl eine Meinung hat (also auch der Auftraggeber): Jede Farbe erzählt eine ganz eigene, persönliche Geschichte – und man kann sich nicht immer objektiv darüber einigen.

Eine Farbe kann schon allein für sich eine starke Wirkung erzielen – **im Zusammenspiel mit weiteren Farben in einem Format werden Wirkung und Kraft einer Farbe noch deutlich verstärkt.** Die Möglichkeiten sind für die Gestalter:innen schier unerschöpflich – die Gefahr der Überfrachtung einer Komposition mit Farbakzenten (hier kommt die bei Gestalter:innen so unbeliebte Bezeichnung ›bunt‹ ins Spiel) die um die Wahrnehmung des Betrachters oder Lesers buhlen, ist omnipräsent

Ein weißer Hintergrund lässt Farben stärker wirken – und dunkler, was nur folgerichtig ist, denn Weiß ist heller als jede andere Farbe (entsprechend gegenpolig ist die Wirkung eines schwarzen Hintergrundes: Die Farben wirken heller).

Die Bedeutung von Weiß für die Wahrnehmung einer Farbe kann mit der eines Geschmacksverstärkers verglichen werden: Weiß – das Mononatriumglutamat der Designer:innen!

---

9 Der Farbton der Wortmarke kontrastiert stärker zum Hintergrund und baut eine große Signalwirkung im Format auf. Die Hierarchie ist nunmehr wieder klarer.
10 Derselbe Entwurf in anderen Farben: Die Signalwirkung der Wortmarke ist deutlich verhaltener, da ihr Umfeld im selben Farbraum aufgebaut ist und die Kontrastwirkung fehlt. Dafür ist die Gesamt-Aufmerksamkeitswirkung deutlich gesteigert.

9

10

2 Polivalenz bezeichnet eine Universalität aufgrund verschiedener – wörtlich: vieler (›poly‹, griechisch) – Begabungen (›valere‹, lateinisch für ›Wert sein‹)
3 Neben dem ›Farbe-an-sich-Kontrast‹ nennt Johannes Itten weitere Farbkontraste: der ›Komplementärkontrast‹, der ›Kalt-Warmkontrast‹, der ›Farb- oder Helligkeitskontrast‹, der ›Qualitätskontrast‹, der ›Quantitätskontrast‹ und der ›Simultankontrast‹.

Neben den genannten Eigenschaften besitzt Farbe aber noch eine weitere ›Begabung‹ und qualifiziert sich so als ›polyvalentes‹[2] Tool in der grafischen Gestaltung – **sie wirkt räumlich und kann einer Komposition Tiefe und Dimensionalität verleihen.** Dieser Effekt entsteht in der Wechselwirkung mit benachbarten Farben und ist nicht ausschließlich mit dem Hell-Dunkel-Effekt zu erklären, der die Elemente in den Hinter- bzw in den Vordergrund treten lässt.

Jede Farbe verfügt überdies über eine ihr eigene ›Energie‹, die sie vor jeweils andere, bestimmte Farben hervortreten lässt – oder dahinter zurücktreten. Ein Kriterium dafür ist der Grad der Wärme: **Warme Farben treten optisch hervor, kalte treten zurück – derlei Kalt-Warm-Kontraste erzeugen eine Tiefenwirkung.**

Das Farbspektrum ist ein valides Instrument der Farbtheorie und schlüsselt konkrete Wirkzusammenhänge der Farben und ihre Hierarchien untereinander auf, was uns zuverlässig Auskunft über die Masse einer Farbe gibt: Es differenziert drei Ebenen: die Primärfarben, die Sekundärfarben und die Tertiärfarben.

Die im Zentrum des Spektrums stehenden drei Primärfarben Rot, Blau und Gelb sind sogenannte ›reine Farben‹ – sie können nicht aus den anderen Farben gemischt werden. Dieser Status räumt den Primärfarben bezüglich ihrer Masse eine hohe Wertigkeit ein – ebenso wie ihrem Kontrastverhalten, das durch ihre ihnen eigene, leuchtend-strahlende Kraft entsprechend hoch ist.

Johannes Itten, Lehrer am Bauhaus in Weimar und Farbtheoretiker, bezeichnet den Kontrast, den die drei Primärfarben miteinander eingehen, als einen sogenannten ›Farbe-an-sich-Kontrast‹ – ein Terminus, der ausdrückt, dass die hohe Intensität dieser Farben die notwendige Voraussetzung zur höchsten Kontrastbildung hat.[3]

Die in der zweiten Ebene stehenden Sekundärfarben sind jeweilige Ergebnisse aus dem Mischprozess zweier Primärfarben. Das aus Gelb und Blau entstehende Grün, das aus Gelb und Rot entstehende Orange und das sich aus Blau und Rot ergebende Violett werden im Spektrum in den äußeren Ring mit aufgenommen, ebenso wie die Primärfarben selbst. Die nun nebeneinanderliegenden Primär- und Sekundärfarben ergeben – zu gleichen Teilen gemischt – die Tertiärfarben.

Betrachten wir eine grafische Arbeit, beeinflusst sehr häufig das subjektive Empfinden des Farbklimas unseren ersten Eindruck – Farben besitzen also offensichtlich die Eigenschaft, sehr unmittelbar und sehr grundsätzlich zu wirken. Denn nicht selten missfallen Entwürfe einzig, weil die Farbwahl nicht passt.

Je intensiver eine Farbe, desto größer wird die Auffälligkeit des Gestaltungselementes – seine Masse. **Die reinen Farben verfügen über die größte Intensität, können einem Element in der Hierarchie der Wahrnehmung viel Gewicht verleihen – sie sind ein Faktor, um die Masse eines Körpers zu steigern.**

Die Wahrnehmung einer Farbe kann durch ihr Umfeld erheblich gesteigert werden, auch wenn die Farbe an sich nicht die höchste Intensität besitzt.

11–14 Sequenz von Farbpaaren, deren Kalt-Warm-Kontrast eine direkte Tiefenwirkung zur Folge hat, bei der die warme Farbe in den Vordergrund tritt.
15–18 Sequenz von Farbpaaren, die ihre räumliche Wirkung aus dem Hell-Dunkel-Kontrast ziehen – die Farbpaare sind bisweilen beide warm oder beide kalt.
19 Der Farbkreis von Johannes Itten aus dem Jahre 1961. Besonders daran ist die Umsetzung einer einfachen geometrischen Form, die alle relevanten Zusammenhänge der verwendeten 12 Farben aufzeigt. Itten hat überdies einen Verlauf von hell nach dunkel eingearbeitet und durch weitere geometrische Formen, die auf den Farbkreis zu legen sind, Verbindungen zwischen Farben sichtbar gemacht.
20/21 Farbe als Verstärker für die Masse eines Körpers. Die im Entwurf 20 verwendete Primärfarbe Rot gibt dem Wort mehr Gewicht, als das in 21 verwendete Magenta.
22/23 Die Kontrastwirkung zum grauen Hintergrund ist in Entwurf 22 deutlich höher. Die Tonwerte von Grau und Grün 23 sind zu nah beieinander.

11–14

15–18

19

20

21

22

23

Tonwert

In der Typografie nutzen wir die Möglichkeiten komplexer Schriftfamilien oder Sippen zur Differenzierung und Hervorhebung bestimmter Stellen – was dem Schaffen einer anderswertigen Masse gleichkommt.

Wir wählen fette Schriftschnitte, um den Grauwert bestimmter Textpassagen zu verdunkeln – mit dem Ziel, sie hervorzuheben. Die mageren Schnitte lassen Schrift leichter und heller wirken und sie gegenüber ›schwärzeren‹ Passagen in den Hintergrund treten.

Dieser Schritt – die Anwendung fetter und magerer Schnitte – deutet mit typografischen Mitteln an, was auch für grundlegende Bereiche des Designs und der Komposition gilt: **Die Veränderung des Tonwertes kann ein Element in den Vordergrund rücken oder defensiver werden lassen.** Dabei ist die Kontrastwirkung zu den benachbarten Elementen oder dem Hintergrund von hoher Bedeutung.

Als Tonwert bezeichnet man den Helligkeitswert einer Farbe – gewissermaßen seine Dichte. Wenn man eine Farbe in s/w umwandelt und sie auf einen Grauwert reduziert, bestimmt man ihren Tonwert.

Die Skala beginnt bei einem reinen Weiß – was 0% entspricht, weil es der hellste darstellbare Tonwert ist – und endet beim maximalen Dunkelwert 100% – was einem intensiven Schwarz entspricht (dem Tonwert mit der höchsten Dichte).

Der Farbton Gelb hat einen helleren Tonwert als Orange, der Farbton Preussisch Blau ist dunkler als ein reines Cyan, und Bordeauxrot wiederum hat einen dunkleren Tonwert als ein reines Magenta. Die Bedeutung der Tonwerte dieser Farben für ihren Einsatz in der Komposition greift mit der Kontrastwirkung zum Hintergrund: Der höchstmögliche Kontrast ist Schwarz auf Weiß – oder Weiß auf Schwarz.

Die Wahrnehmung eines schwarzen Gestaltungselements auf einer weißen Fläche ist ebenso wie die Lesbarkeit einer schwarzen Schrift auf weißem Papier durch den größtmöglichen Kontrast maximal. **Eine schwarze Headline wirkt also ›massiger‹ als eine graue, da der Kontrast größer ist.**

Zwei nebeneinander stehende Elemente mit gleicher Größe können problemlos in Hierarchie gesetzt werden, wenn eines von beiden dunkler abgebildet wird als das andere. Im Umkehrschluss kann der Hintergrund abgedunkelt werden, um den Kontrast zu einem Gestaltungselement zu reduzieren. Dadurch wird die Masse des Körpers reduziert – er wirkt leichter.

24 Tonwerte werden in der Typografie als Grauwert bezeichnet. Je fetter der Schriftschnitt, desto massiger (dunkler) wird die Kolumne und tritt in den Vordergrund, da ihre Masse zunimmt. Die unterschiedlichen Massen der beiden Kolumnen sind darunter in Tonwertflächen ›übersetzt‹.
25 Die Wortmarke in drei Stufen: Wird das untere Wort im Tonwert dunkler, wächst seine Masse und lässt es nach vorne treten.
26 Die Tonwertskala von 10% bis 100% – gut zu sehen ist das Anwachsen des Kontrasts zum benachbarten Weiß.
27 Gegenüberstellung eines Farbtons, aufgerastert in 10%-Schritten, und der ›Übersetzung‹ in die entsprechenden Tonwerte. Der Vollton Türkis ist – umgewandelt in einen Grauwert – weit von einem reinen Schwarz entfernt.
28 Das gleiche Element in zwei unterschiedlichen Tonwerten: Der dunkle Kreis besitzt die größere Masse und drängt den helleren Kreis in die zweite Ebene der Hierarchie.
29 Der Kontrast der beiden Kreise zum Hintergrund ist exakt gleich – der helle Kreis hat im Tonwert den gleichen Abstand zum Hintergrund wie der dunkle Kreis. Dennoch ist der helle Kreis etwas stärker in der Wahrnehmung: Helle Formen auf dunklem Grund ›überstrahlen‹ die Kanten leicht, was die Masse des Elements größer werden lässt.
30 Abermals haben beide Kreise den gleichen Abstand im Tonwert zum Hintergrund – nun allerdings in der größtmöglichen Spreizung: reines Weiß und eine ebensolches Schwarz. Hier greift das Überstrahlen beim weißen Kreis besonders deutlich.

Rhinow im Havelland, immer die Nase vorn, wenn es um Entwicklungen geht. Das macht uns neugierig, zumal uns der Blick auf die Landkarte sagt, dass im ›Ländchen Rhinow‹ auch bei der Namensgebung von Ortschaften innovativ getextet wird: Gespensterwald, Wassersuppe und Ohnewitz sind nur einige der regionalen Besonderheiten, bei deren Namensfindung man gerne dabei gewesen wäre.

Rhinow im Havelland, immer die Nase vorn, wenn es um Entwicklungen geht. Das macht uns neugierig, zumal uns der Blick auf die Landkarte sagt, dass im ›Ländchen Rhinow‹ auch bei der Namensgebung von Ortschaften innovativ getextet wird: Gespensterwald, Wassersuppe und Ohnewitz sind nur einige der regionalen Besonderheiten, bei deren Namensfindung man gerne dabei gewesen wäre.

24

25

26

27

28

29

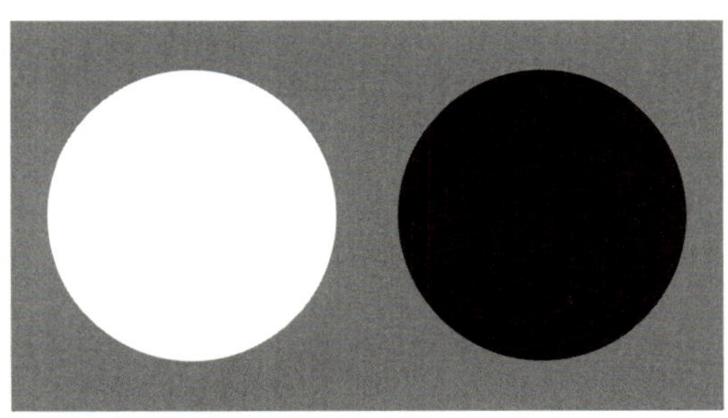

30

Textur und Oberflächenbeschaffenheit

Auszeichnungen innerhalb eines Textes können kursiv abgesetzt werden – das deutlich unterschiedliche Schriftbild der Kursive fällt auf inmitten der aufrecht stehenden Zeichen einer Zeile, ohne dabei die Zäsur, die Hervorhebung, zu groß werden zu lassen. Formal betrachtet haben wir die Größe und die Proportionen der Lettern nicht verändert, auch der Grauwert bleibt in etwa gleich – eben das qualifiziert die Kursive als ›leiseste‹ Auszeichnungsschrift im Portfolio der typografischen Möglichkeiten – aber wir haben die Gestalt der Buchstaben verändert.

Diese Veränderung (mit typografischen Mitteln) lässt sich auf weitere Gestaltungselemente übertragen, auch wenn die Modifikation dann eine andere Form annimmt: Wir können Elemente mit anderen Texturen (Beschaffenheit der Oberflächen) darstellen – eine strukturierte Fläche fällt auf, wenn die benachbarten Elemente zwar farbig, aber plan und unstrukturiert abgebildet sind. Ebenso verhält es sich mit der Verbindung verschiedener grafischer Sprachen innerhalb eines Formats – Illustration, Fotografie oder grafische Muster beispielsweise.[4]

Die Änderung der Gestalt eines Körpers, seiner Oberfläche, Formsprache oder Perspektive, lässt seine Masse wachsen. Diese Änderung funktioniert nur als Kontrast zu anderen, ähnlich gewichtigen Gestaltungselementen. Grundlegende Parameter, wie Größe, Farbe oder Tonwert, können unverändert bleiben – das Herausarbeiten einer sichtbaren Andersartigkeit ist Masse genug.

4 Meisterhaft für die homogene Verbindung unterschiedlicher Stile und Formsprachen sind die Collagen aus der Zeit des Dada und des Konstruktivismus: Das bewusste Kombinieren verschiedener bildnerischer Sprachen erzeugt eine visuelle Komplexität. Die Elemente verfügen über sichtbar unterschiedliche Massen, da sie unterschiedliche Ursprünge (grafische Techniken), Perspektiven und Oberflächenbeschaffenheiten aufweisen.

31 Die Wortmarke in zwei Stufen: Eine andere Textur schafft einen klaren Kontrast – ob dadurch die Masse erhöht wird, ist nicht immer gegeben. Hier spielen der Tonwert und die grafische Sprache der Textur eine wichtige Rolle. Im linken Beispiel (s/w) dominiert die untere Zeile die Wortmarke – rechts hingegen kann die untere Zeile sich durch eine andere Anmutung abgrenzen, ohne dabei aber an Dominanz zu gewinnen.

32 Vergleichbar mit einer Auszeichnung im Text ist die Hervorhebung eines Gestaltungselements durch eine andere Textur. Durch die quantitative Dominanz der Kreise mit glatter Oberfläche wird der Kontrast erheblich deutlicher und augenscheinlicher.

Rhinow im Havelland, immer die Nase vorn, wenn es um Entwicklungen geht. Das macht uns neugierig, zumal uns der Blick auf die Landkarte sagt, dass im ›Ländchen Rhinow‹ auch bei der Namensgebung von Ortschaften innovativ getextet wird: Gespensterwald, Wassersuppe und Ohnewitz sind nur einige der regionalen Besonderheiten, bei deren Namensfindung man

Rhinow im Havelland, immer die Nase vorn, wenn es um Entwicklungen geht. Das macht uns neugierig, *zumal uns der Blick auf die Landkarte sagt, dass im ›Ländchen Rhinow‹ auch bei der Namensgebung von Ortschaften innovativ getextet wird: Gespensterwald, Wassersuppe und Ohnewitz* sind nur einige der regionalen Besonderheiten, bei deren Namensfindung man gerne dabei gewesen wäre.

33 Schriftschnitte modulieren durch die Strichstärke den Grauwert – die Kursive schafft im Schriftbild eine neue Textur. Die fehlende senkrechte Ausrichtung der Zeichen zugunsten einer dynamischen Schräglage ist vergleichbar mit der Änderung der Oberflächenstruktur bei einem grafischen Gestaltungselement. Auch hier wird durch die Andersartigkeit und das Abgrenzen zum Umfeld ein Element in seiner Masse gesteigert.

34 Zwei gleiche geometrische Formen, zwei unterschiedliche Oberflächen, die – obwohl weitere geometrische Formen in einer der bereits verwendeten Texturen fehlen – bereits für bildnerische Tiefe und Variation sorgen. Die lineare Textur in der unteren Bildhälfte ist durch mehr Masse dominanter als die weiche, amorphe Textur in der oberen Bildhälfte.

5.6 Richtungen und Räume

Vom bewussten Einsatz von Linien und deren Wirksamkeit im Format

Linien – gemäß Kandinsky das Abbild des sich bewegenden Punktes – sind grundlegende gestalterische Mittel. Sie geben den Elementen Halt, der Gestaltung Stabilität und sind wirkungsvolle Eckpfeiler, um einer Komposition Struktur zuzuführen. Außerdem können sie – richtig eingesetzt – die Führung des Blickes unterstützen oder sogar lenken.

Senkrechte Linien verlaufen parallel zur rechten und linken Formatkante. Entsprechend gegenläufig verhält es sich bei den waagerechten Linien: Sie greifen die obere und die untere Formatkante auf und wirken in einem Querformat stabilisierend.

Ohne den aktiven Einsatz von Linien als gestalterische Mittel sind sie doch in den Gestaltungselementen Bestandteil und somit kompositorisch ›richtungsgebend‹: Ein Buchstabe ist durch die Dominanz der senkrechten Striche in seiner Architektur ein vertikales Element – als gesetzte Zeile wird er zu einer horizontalen Linie. Sehr schmallaufende Schriften, die sogenannten Condensed-Schriften, erschweren aufgrund ihrer stark vertikalen Betonung die Zeilenbildung, also die Fähigkeit, das Auge horizontal zu führen.

Die Kolumne, als komplexes Gebilde aus horizontalen Zeilen, hat durch die glatte Satzkante links[1], ggfs. durch eine weitere Kante auf der rechten Seite – wenn es sich um Blocksatz handelt – wiederum ein stark senkrecht arbeitendes, lineares Moment in sich. **Je schmaler die Kolumne, desto stärker überstrahlt die glatte Satzkante die kurzen horizontalen Zeilen – die Kolumne wird zu einem die Vertikale betonenden Gestaltungselement.**

Lange Zeilen, unabhängig ob Headline oder Kolumne, tendieren sehr stark zu einer Betonung der Horizontalen.

Bildkanten verlaufen ebenso parallel zu den Formatkanten: die Querformate stärker zur oberen und unteren, die Hochformate entsprechend zur rechten und linken Seite.

Es erscheint daher folgerichtig, in einem Hochformat verstärkt mit senkrechten linearen Formen zu gestalten (hochformatige Bilder, schmale, hohe Kolumnen), um möglichst viel Stabilität durch die parallelen Linien der Gestaltungselemente und der Formatkanten zu erzeugen.

1 An dieser Stelle findet nur die Linksbündigkeit als relevante Satzmethode ohne ausgetriebene Zeilen Erwähnung. Rechtsbündigkeit ist keine typografisch vertretbare Ausrichtung einer Kolumne, die für flüssiges, lineares Lesen gesetzt wurde.

Es hat sich in der gestalterischen Praxis aber bewiesen, die Richtung einer Komposition und die Positionierung der Elemente nicht zwangsläufig an der Formatausrichtung zu bemessen.

[→ Seite 190, 5.8 Kontraste als visuelle Geschmacksverstärker]

Horizontale Gestaltungselemente entfachen in einem Hochformat eine besondere Kraft. Das liegt darin begründet, dass die Anordnung von Elementen, deren Architektur gegenläufig zur Ausrichtung des Formats organisiert ist, den ersten Kontrast bildet, den man gestalterisch vornehmen kann, wenn man ein Element auf einer Fläche positioniert. Und diese spannungsvolle Anordnung im Format befriedigt unser Auge.

Kandinskys Ideen zum grundsätzlichen Klima der Formate besagt: In einem Hochformat bestimmen die vertikalen Linien das Format – und sie stehen für ein warmes Klima. Elemente, die in ihrer Ausrichtung nunmehr von horizontalen Linien bestimmt werden, wirken kühl. Dieser gestalterische Temperatursturz kann zweifelsfrei als bereicherndes Kontrastverhältnis und zielführender kompositorischer Schachzug bezeichnet werden.

[→ Seite 158, 5.3 Kandinskys Kompositionslehre]

1

2

↑ ↑ ↑

Zacharias und Sylvia schippern träge von Sylt nach Vancouver. Ein schöner Mix aus Astern und Hyazinthen lässt die Herzen vieler Samariter höher schlagen. Nimmer nie, sagte Fjodor, bevor er schwankend der Reling folgte. Und was macht Norbert? Lässt flink die Sägespäne im Akkord verpuffen. Alles eine Frage der Ästhetik, findet Bendix, und lässt die Leinen los. Hurtig geht Fritz zu den übrigen, wo er quirlig dem Appel folgt. Wer wird den Froschmann jagen – Bob oder Maximiliane? Und wieso wendet sich Viktor nur dem Foxterrier zu, während

→ → →

Zacharias und Sylvia schippern träge von Sylt nach Vancouver. Ein schöner Mix aus Astern und Hyazinthen lässt die Herzen vieler Samariter höher schlagen. Nimmer nie, sagte Fjodor, bevor er schwankend der Reling folgte. Und was macht Norbert? Lässt flink die Sägespäne im Akkord verpuffen. Alles eine Frage der Ästhetik, findet Bendix, und lässt die Leinen los. Hurtig geht Fritz zu den übrigen, wo er allzu quirlig dem Appell folgt. Wer wird den Froschmann jagen – Bob oder Maximiliane?

3

4

Jedes Gestaltungselement bringt durch seine Architektur eine konkrete Ausrichtung in die Komposition ein.
1 Die Einzelletter verfügt über eine vertikale Ausrichtung; Erst das mikrotypografisch saubere Verfugen zu einem Wort bildet ein horizontales Element heraus.
2 Die Zeichen der schmallaufenden Schriften gehen in ihrer Betonung der Senkrechten durch ein offensiveres Verhältnis von Höhe zu Breite noch einen Schritt weiter.
3 Die Kolumne kann unterschiedliche Ausrichtungen annehmen: Sehr schmallaufend gleicht der Lesevorgang einem Festival der Rückschwünge – deutlich kommoder für den Lesevorgang sind längere Zeilen.
4 Bei Abbildungen – hier im klassischen Bildformat 2:3 – ist durch einen zumeist dunklen Grauwert die Ausrichtung für eine Komposition besonders tragend.

Format und Element in der Interaktion

5

Die Ausrichtung der Elemente folgt der Formatausrichtung: Die senkrechten Linien dominieren die Gestaltung.

6

Die Ausrichtung der Elemente verläuft entgegengesetzt zur Formatausrichtung. Der Kontrast zwischen der senkrechten Formatausrichtung des Hochformats und der horizontalen Ausrichtung der Elemente erzeugt Spannung.

7

Die Ausrichtung der Elemente verläuft entgegengesetzt zur Formatausrichtung. Der Kontrast zwischen den horizontal dominierenden Formatkanten und den senkrechten Linien der Elemente erzeugt Spannung auf der Fläche.

8

Im Querformat kontrastieren die längeren, dominierenden Seiten der Elemente mit den kürzeren Kanten des Formats – entsprechend dominant sind alle im Format vorhandenen längeren Seiten, die parallel zueinander verlaufen.

Die Vielzahl von linearen Momenten in einer Gestaltung führt dazu, dass die Gestalter:innen eine gewisse Einheitlichkeit über die Gestalt und Form der Elemente schaffen und eine zu große Durchmischung von horizontalen und vertikalen Elementen in einem Format vermeiden sollte. Auch hier hilft es, die Gestaltungselemente entsprechend zu ›formatieren‹ und sich grundsätzlich für eine Kompositionsrichtung zu entscheiden, die aber an bestimmten Stellen gelockert werden darf. Diese Stellen können Elemente in einer Komposition sein, die über weniger Masse verfügen und in der Hierarchie weniger weit oben stehen. Wenn an diesen Momenten im Format Richtungswechsel vorgenommen werden, fallen diese nicht so sehr ins Gewicht. Die Ausrichtung der Elemente mit einer großen Masse dominieren die Richtung innerhalb einer Fläche.

Es ist wie beim Autofahren: Gleichzeitig Gas geben und bremsen führt zur Wirkungslosigkeit – die Betonung einer groben Hauptrichtung schafft abermals die bereits vielzitierte Eindeutigkeit: Eine Buch- oder Magazinseite wirkt konsequenter durchgestaltet, wenn nicht stets zwischen hoch- und querformatigen Abbildungen gewechselt wird. Und wenn die Gestalt der Kolumnen einem durchgängigen Kanon folgt, hat die Komposition eine klare, eindeutige Sprache und gestalterische Konsequenz.

Neben den Senkrechten und den Waagerechten wirken diagonale Linien in einem Format sehr dynamisch – eine ansteigende oder abfallende Diagonale verkörpert eine starke Bewegung und ist daher ein sehr aktives Moment im Format. Neben dieser energetischen Funktion erzeugen schräge Linien immer eine gewisse Räumlichkeit im Format. Angedeutete Perspektiven bilden spielerische Momente in einem Format und verstärken eine komplexe Bildtiefe.

9

Im Format sind zwei Elemente angeordnet, die unterschiedlichen Ausrichtungen folgen. Da beide Elemente über ähnliche Massen verfügen, wirkt die Gestaltung leicht unentschlossen und wenig eindeutig, weil sich die Elemente in ihrer Energie neutralisieren.

10

Im Format sind vier Elemente angeordnet. Die Abbildungen haben unterschiedliche Ausrichtungen und Proportionen. Im Ergebnis gerät die Komposition völlig spannungsarm und überladen. Das Format wurde ›befüllt‹ – aber nicht gestaltet.

Linien als Anker der Gestaltung

In der grafischen Gestaltung ist eine der grundlegenden Herausforderungen, verschiedene Elemente, wie Texte und Bilder, miteinander in Bezug zu setzen. Um diese kompositorisch zu verbinden, können die Gestalter:innen die vorhandenen waagerechten und senkrechten Linien in unseren Lettern, Zeilen und Kolumnen, aber auch die Vertikalen und Horizontalen in Abbildungen und Texturen beim Komponieren konstruktiv nutzen. Ein schlichtes ›Nebeneinanderplatzieren‹ oder ›Untereinanderstellen‹ von Elementen kann leblos und spannungsarm wirken. Ein Ausrichten untereinander an gemeinsamen senkrechten Begrenzungen ist naheliegend und schafft kompositorisch eine klare Verbindung, ist aber nicht immer originell.

Bei übereinander stehenden Wörtern, wie beim Titelsatz einer U1, können die senkrechten Linien in den Zeichen (Grundstrich, Schaft) aufgegriffen und gedanklich im Format weitergeführt werden. Der Weißraum zwischen den Wörtern, der Zeilenabstand, wirkt dabei nicht trennend. Die Komposition wird sogar noch wertvoller, da Linien auch über einen größeren Weißraum hinweg als Kompositionslinien erkannt und genutzt werden – und sich dann als echte Anker innerhalb einer Gestaltung beweisen können. Werden diese Linien an einer anderen Stelle im Format wieder aufgegriffen, werden schlüssige und ästhetisch nachvollziehbare Verbindungen zwischen den Gestaltungselementen hergestellt.

Die senkrechten Linien in unseren Buchstaben aufzugreifen und für die Ausrichtung weiterer Wörter zu nutzen, ist also zielführend – die klaren Abschlüsse der Lettern, die vertikalen Striche, lassen zudem ein sauberes Ausrichten zu.[2] Runde oder diagonal abschließende Zeichen unter senkrechte Linien zu stellen, erfordert ein stärkeres Augenmaß: Die runden Formen ragen stets ein Stück über die senkrechten Linien hinaus – ebenso die Diagonalen.

2 Die senkrechten Striche der Lettern sind eine Möglichkeit für die Ausrichtung untereinanderstehender Wörter oder Zeilen. Beim Ausrichten zweier Buchstaben kann die rechte oder die linke äußere Kante eines senkrechten Striches als Ausrichtung genutzt werden. Das mag in großen Schriftgrößen ›stufig‹ wirken – es kann aber auch als gestalterische Raffinesse aufgefasst werden. Die leichten Schriftschnitte verfügen durch ihre feinen Striche über diese Option nicht – hier sollten aufeinandertreffende senkrechte Linien zweier übereinanderstehender Wörter so angeordnet sein wie eine Weiterführung des Striches.

Foxterrier
Wisent
Ozelot
Yak

▸ OPTISCHE BESONDERHEIT bei Buchstaben ◂

Unsere Zeichen haben eine unterschiedliche Architektur, die in der kompositorischen Weiterverarbeitung unterschiedliche Anforderungen stellt. Manche Lettern besitzen einen klaren, vertikalen Grundstrich an ihrer linken ›Außengrenze‹ – ein Ausrichten mit anderen Elementen oder Kolumnen ist einfach. Andere Lettern haben einen Aufbau aus diagonalen Strichen oder runden Bögen. Die Ausrichtung mit weiteren Elementen muss dann nach optischen Gesetzmäßigkeiten erfolgen. Runde oder diagonale Abschlüsse der Zeichen werden über eine gedachte senkrechte Linie gezogen, um die fehlende Gerade zu kompensieren. Es muss also soviel ›Gewicht‹ über die senkrechte Achse gestellt werden, dass eine Balance hergestellt wird, die die fehlende ›klare Kante‹ auffängt. Die Option ›optischer Randausgleich‹ in InDesign erledigt das automatisch.

[→ Seite 111 und 298, 7.5 Das typografische Raster, Umsetzung in InDesign]

DIE PAPAGEIENALLEE
AM WANNSEE

Die Liebermann-Sammlung
der Kunsthalle Bremen zu Gast

11

PHO/
/ENI
CE/

PHO/
/ENI
CE/

12

Umkreise
Inkreise

13

Fundamente
| der Mathematik |

Verstehen, was wichtig ist.

14

11 Eine freie Anordnung zweier untereinanderstehender Zeilen ist kompositorisch ergiebiger und grafisch interessanter für unser Auge als eine klassische Linksbündigkeit. Sie stellt allerdings auch eine größere Herausforderung dar, da von den Gestalter:innen ein Erkennen möglicher Ausrichtungspunkte erwartet wird. Der WZR in der ersten Zeile wird durch das Versal ›P‹ beendet, das eine schlüssige Ausrichtung des Versal ›M‹ ermöglicht. Beide Buchstaben sind exakt an ihren linken Kanten untereinandergestellt – der WZR wird dadurch nicht zu wichtig und die linke Kante der zweiten Zeile (Versal-›A‹) agiert als Ausrichtung für die etwas abgerückten, kleineren Zeilen.
12 Ein Wort, umbrochen in drei Teile, losgelöst von der Silbentrennung: Der Ankerpunkt ist der Grundstrich des Versal-›H‹, an dessen rechter Seite jeweils das Versal-›E‹ der Folgezeilen ausgerichtet ist – um genau eine Strichstärke versetzt. Diesen Versatz braucht es, um die Buchstabenabstände der ersten und dritten Zeile in einer optisch stabilen Balance zu halten, wie man im rechten Entwurf sieht: Hier gerät die unterste Silbe zu eng.
13 Die beiden Wörter sind leicht versetzt zueinander gestellt – Ankerpunkt ist hier der mittlere Schaft der Minuskel ›m‹, der seine Fortführung in der Oberlänge der Minuskel ›k‹ findet. Die Besonderheit dieser Wortmarke sind dieselben Wortstämme. Ein direktes Untereinanderstellen der identischen Wortteile nimmt der Marke die Kraft; der leichte Versatz ist charaktervoll.
14 Die äußere Kante der Minuskel ›u‹ ist maßgeblich für die Ausrichtung des erheblich feineren senkrechten Striches der zweiten Zeile. Die Weiterführung dieser Achse bildet die linke Kante der etwas abgerückten Tagline, die mit einem Buchstaben beginnt, der über keine klar definierte senkrechte Kante verfügt. Das ›V‹ muss über die senkrechte Achse hinaus geführt werden, um optisch stabil zu sein.

Linien als Mittler zwischen den Elementen

[→ Seite 268, 7.3 Das Spaltenraster]

Abbildungen verfügen zumeist über klare Kanten – sowohl horizontal, als auch vertikal. Gilt es innerhalb eines Layouts, Text und Bild aneinander zu stellen, können die glatte Satzkante der Kolumne und die äußere Kante der Abbildung auf der selben vertikalen Achse positioniert werden. Wer vertraut ist mit einem Spaltenraster, dem erschließen sich weitere Möglichkeiten der Ausrichtung – auch solche Lösungen, die ein bewusstes, versetztes Anordnen untereinander zulassen.

Sollen Text und Bild nebeneinander angeordnet werden, ist die x-Höhe der Textzeilen für die Ausrichtung eines horizontal abschließenden Elementes geeignet; hier bilden die Zeichen eine optisch stabile Abschlusskante. Die Oberlängen und Versalien spielen – weniger anteilig im Schriftbild – keine tragende Rolle hinsichtlich einer klar definierten Kante.

15

16

15 Headline, Abbildung und Kolumne verfügen jeweils über eine glatte, senkrechte Kante, die sich zur Ausrichtung der Elemente gut eignet, da sie der Betrachterin eine klare, gut rekapitulierbare Ordnung und die Zusammengehörigkeit unterschiedlicher Elemente vermittelt.
16 Headline und Kolumne sind eingerückt – haben aber weiterhin Bezug zueinander, da die Ausrichtung an der derselben Linie auch die Zusammengehörigkeit gestalterisch herstellt. Der Einzug ›mischt‹ die Komposition etwas auf, die Elemente sind spannungsreicher und dynamischer zueinander gestellt.

▶ OPTISCHE BESONDERHEIT bei großen Schriften ◀
Bei größeren Schriften macht sich die Vorbreite des ersten Buchstabens störend bemerkbar, wenn die Textbox an derselben senkrechten Linie ausgerichtet wird wie die Abbildung. Die Funktion der intelligenten Hilfslinien forciert ein Einrasten an dieser Linie – berücksichtigt aber natürlich nicht, dass in der Textbox der erste Buchstabe aufgrund seiner sichtbaren Vorbreite einen ›natürlich Einzug‹ hat. Die Textbox muss entsprechend weiter nach links gerückt und der Buchstabe optisch an der Senkrechten ausgerichtet werden. Kleinere Schriften haben diese Situation nicht, da durch die geringere Größe die Vorbreite nicht störend ins Gewicht fällt.

17 Die Ausrichtung kann ebenso stimmig über Linien erfolgen, die nicht eindeutig sichtbar sind, da sie keine äußeren Kanten von Gestaltungselementen sind. In dieser Komposition erfolgt die Abstimmung von Headline und Kolumne über vertikale Linien im Bild, das die beiden typografischen Ebenen voneinander trennt. Diese Linien sind nicht vordergründig und erschließen sich erst beim genaueren Betrachten.

18 Der Mittelpunkt des Kreises steuert die Position der Abbildung, sein Radius die Breite. Die Kolumne ist so auf dem Kreis positioniert, dass ein gesundes Maß der Rundung über ihre glatte Satzkante reicht. Diese vertikale Satzkante mündet am Formatkopf in den vertikalen Buchstabenteilen. Insgesamt sind keine Kompositionslinien klar erkennbar – die Form des Kreises spielt eine Schlüsselrolle.

19 Die starke vertikale Achse, die die linke Satzkante in der linken Formathälfte installiert, wird von der Headline kreativ genutzt – das Versal-›O‹ bleibt rausgerückt. Die Kolumnen laufen über das Bild hinweg – somit wird die optisch unschöne Situation vermieden, dass die bewegte Flatterzone der Kolumne mit der klaren vertikalen Formatkante des Bildes kollidiert.

Zacharias und Sylvia schippern träge von Sylt nach Vancouver. Ein schöner Mix aus Astern und Hyazinthen lässt die Herzen vieler Samariter höher schlagen. Nimmer nie, sagte Fjodor, bevor er schwankend der Reling folgte. Und was macht Norbert? Lässt flink die Sägespäne im Akkord verpuffen. Alles eine Frage der Ästhetik, findet Bendix, und lässt die Leinen los. Hurtig geht Fritz zu den übrigen, wo er allzu quirlig dem Appell folgt. Wer wird den Froschmann jagen – Bob oder Maximiliane? Und wieso wendet sich Viktor nur dem Foxterrier zu, während

Zacharias und Sylvia schippern träge von Sylt nach Vancouver. Ein schöner Mix aus Astern und Hyazinthen lässt die Herzen vieler Samariter höher schlagen. Nimmer nie, sagte Fjodor, bevor er schwankend der Reling folgte. Und was macht Norbert? Lässt flink die Sägespäne im Akkord verpuffen. Alles eine Frage der Ästhetik, findet Bendix, und lässt die Leinen los. Hurtig geht Fritz zu den übrigen, wo er allzu quirlig dem Appell folgt. Wer wird den Froschmann jagen – Bob oder Maximiliane? Und wieso wendet sich Viktor nur dem Foxterrier zu, während

▶ **OPTISCHE BESONDERHEIT** bei linksbündigen Kolumnen ◀

Linksbündig gesetzte Kolumnen haben eine unregelmäßige Flatterzone und keine glatte rechte Satzkante. Entsprechend treffen hier – ist die Kolumne links von einer Abbildung angeordnet – deren klare, vertikale Kante und die ›bewegte‹, unruhige Flatterzone mit ihren verschieden langen Zeilen aufeinander. Gestalterisch ist das nicht optimal. Besser ist bei einer Anordnung ›nebeneinander‹, die Kolumne rechts von der Abbildung anzuordnen. Dann stehen die glatte linke Satzkante und die vertikal abschließende Abbildung parallel zueinander. Damit wird auch ein Einhalten der gleichen Abstände – man spricht vom Zwischenschlag – zwischen den Elementen leichter.

[→ Seite 114, 4.2 Form und Gestalt der Kolumne, Wie werden Abbildungen oder andere Gestaltungselemente, etwa Bilder, an die Kolumnen gestellt?]

5.7 Symmetrie und Asymmetrie

Konstruktives Gleich- und Ungleichgewicht

1 Der Begriff Symmetrie stammt aus dem Altgriechischen (Symmetria) und verbindet die beiden Wörter ›syn‹ (zusammen) und ›metron‹ (Maß) – was etwas freier übersetzt Gleichmaß oder Ebenmaß meint.

Symmetrie[1] ist ohne Zweifel der Inbegriff für Ordnung, Stabilität und Ruhe. Und ebenso eindeutig ist auch die Wirkung dieser Stabilität und Ordnung auf den Betrachter: Eine symmetrische Komposition beruhigt und erdet – ihre ordnende Klarheit assoziiert Eigenschaften, die die Symmetrie als Ausdrucksform für Selbstbewusstsein, Kraft und Autorität qualifiziert – bis hin zur Macht.

Die Symmetrie fordert uns nicht heraus, komplexe gestalterische Intentionen zu rekapitulieren (als Betrachter oder Leser) oder Entscheidungen über Gewichtungen und Spannungsfelder zu treffen (als Gestalter:innen): Wir finden uns schnell zurecht in der Organisation des Formats und in der Verteilung der Gewichte, die – häufig über eine senkrechte Achse gespiegelt – vom Auge leicht erkennbar ist. **Die Symmetrie ist selbsterklärend – und das gibt Sicherheit.** In der Bildenden Kunst, in der Architektur und in der grafischen Gestaltung.

Kompositorisches Gespür ist nicht notwendig, um sie zu erfassen – das macht sie zugänglich und deswegen demokratisch – wobei sich der demokratische Gedanke hier nur auf den leichten Zugang zur Gestaltung bezieht und nicht auf die inhaltliche Botschaft des Designs. Symmetrische Gestaltung findet sich besonders häufig in der Kommunikation zur Verkörperung von Macht und Erhabenheit wieder – schon Otl Aicher befand die Mittelachse und die einhergehende Symmetrie als undemokratisch und als Symbol einer Machtherrschaft.

Aber auch diejenigen Gestalter:innen, die die künstlerisch-gestalterische Arbeit als Auftrag ansehen, eine Mitteilung gestalterisch kreativ, herausfordernd und überraschend umzusetzen, sehen die Symmetrie kritisch.

Fühlen wir uns bei symmetrischen Ordnungen und Kompositionen so sicher und gut aufgehoben, weil die sehr zugängliche und assoziierbare Komposition unsere Phantasie entlastet?

Oder rührt die Sicherheit der Symmetrie daher, dass uns diese Anordnung aus der Natur sehr stark vertraut ist? Unser eigener Körper ist, wenn auch (zum Glück) nicht nach dem Prinzip der reinen, der vollkommenden Symmetrie gebaut, an einer senkrechten Achse gespiegelt. Die rechte Körperhälfte gleicht der linken. Wie bei einem Blatt oder bei einem Schmetterling.

Die symmetrische Komposition

Eine Komposition ist dann symmetrisch, wenn ihre Elemente entlang einer Achse oder eines definierten Punktes so angeordnet sind, dass im Format zwei gleiche Seiten entstehen, die einander entsprechen.

Diese Entsprechung muss nicht absolut sein – die ›vollkommene‹ oder ›perfekte‹ Symmetrie ist schwer umzusetzen und aus gestalterischer Sicht auch nicht zwingend anzustreben – Abweichungen bereichern das symmetrische Prinzip, weil sie eine klare geordnete Struktur (in unterschiedlicher Stärke) intelligent aufbrechen. Das macht den Entwurf reicher, ergiebiger (auch hier greift wieder das Kontrastprinzip[2]), und zeugt von einem bewussten und souveränen Umgang mit bildnerischen Mitteln.

Ein weiterer Effekt der symmetrischen Komposition ist die Verbindung auch sehr heterogener Gestaltungselemente zu einer erkennbar zusammengehörigen Einheit. Die Spiegelung entlang einer Achse und das entstehende identische Abbild führen uns diese Einheit sehr plakativ vor Augen.

Ein wichtiger Steuerungsmoment in der symmetrischen Komposition ist die Spiegelung über eine Linie oder einen Punkt, denn dieser Linie oder diesem Punkt ordnet unser Auge eine starke kompositorische Kraft zu.

Es gibt senkrechte und waagerechte Symmetrieachsen, es können sogar beide in einer Komposition vorkommen. Die Spiegelung über einen Punkt lässt freiere Gestaltungen zu, da hier die zur Orientierung so hilfreiche Achse reduzierter und gewissermaßen abstrakter ist. **Symmetrieachsen müssen nicht senkrecht oder waagerecht sein – sie können aus dem Zentrum des Formats gerückt werden oder auch diagonal gekippt sein.**

2 Die nicht vollkommene Symmetrie setzt – zumeist unbewusst – eine Abweichung in einer homogenen Strukur. Und dieser Kontrast hat auf unsere Wahrnehmung und die ästhetische Einordnung einer Komposition ebenso eine bereichernde Wirkung.

1

2

3

1 Obwohl die Wortmarke nicht symmetrisch aufgebaut ist, besitzt die Komposition eine erkennbar senkrechte Achse und wird in zwei baugleiche Hälften gespiegelt.
2 Die horizontale Symmetrieachse unterteilt die Komposition in ein nahezu gleiches ›oben‹ und ›unten‹. Die Kolumnen bleiben in ihrer Masse als Gestaltungselement in beiden Hälften gleich, obwohl die Lesbarkeit durch ein horizontales Spiegeln bewusst aufgehoben wird.
3 Punkt statt Linie – die Spiegelung über den Mittelpunkt belebt die Komposition durch eine besondere Ausrichtung.

Diese Abweichungen aus einer vollkommenen Symmetrie können über verschiedene Regler ausgelöst werden:

4 Abweichung in der Anordnung Die Symmetrie wird durch ein Anordnen der beiden Kolumnen in der linken Bildhälfte verschoben – die Linksbündigkeit arbeitet überdies durch unterschiedliche Satzkanten der Symmetrie entgegen.

5 Abweichung in der Farbe In der Form und Anordnung der Elemente bleiben ›oben‹ und ›unten‹ gleich – die Farben grenzen die beiden Hälften bewusst voneinander ab. Besonders der Verlauf in der großen Fläche begleitet stufenlos den Farbwechsel.

6 Abweichung in der Form Die über den Mittelpunkt gespiegelte Komposition bildet zwei geometrische Formen ab – wird eine davon signifikant modifiziert, arbeitet sie der Symmetrie entgegen.

4

5

6

7

8

7 Abweichung in der Quantität Die linke Bildhälfte wird durch die höhere Anzahl geometrischer Formen dominanter. Die Abweichung bewegt sich in der gleichen grafischen Sprache – die Komposition bleibt weiterhin stabil.

8 Abweichung in der Textur Verschiedene Texturen derselben geometrischen Form grenzen die obere von der unteren Hälfte ab – die grafische Sprache der Oberflächen ist dabei maximal unterschiedlich.

Asymmetrie im Format

Ein gezieltes Aufbrechen einer symmetrischen Ordnung oder das grundsätzliche Komponieren jenseits einer Symmetrie wird als Asymmetrie bezeichnet. Kompositorisch liegt dabei das Bestreben zugrunde, eine ausgeglichene gestalterische Ordnung im Format zu organisieren, die ihre Kraft und Spannung aus den Persönlichkeitsmerkmalen der Gestaltungselemente schöpft. **Folgt die asymmetrische Gestaltung einem bewussten Verteilen der Gestaltungselemente – unter gezielter Berücksichtigung der jeweiligen Masse eines Körpers – ist die Komposition ebenso ausgewogen wie eine symmetrische.** Einzig, sie erreicht diese Ausgewogenheit durch eine andere Stabilität unter den Gestaltungselementen als es bei der symmetrischen Komposition der Fall ist.

Da die asymmetrische Kompositionsform sehr stark auf einem Umgang mit druckenden und nichtdruckenden Teilen, bzw. mit einem gezielten Einsatz des Weißraums arbeitet, ist eine souveräner Umgang mit der ›Masse‹ der Gestaltungselemente wichtig. Asymmetrie meint nicht ausschließlich ein ›aus-der-Symmetrieachse-Rücken‹, sondern das bewusste Einsetzen von unterschiedlichen Massen, um spannungsreiche und dennoch ausgeglichene Kompositionen zu erhalten. Die Gestalter:innen müssen im Wesentlichen zwei Aufgaben kompositorisch meistern, die die Symmetrie durch ihre ganz eigene Ordnung bereitstellt: Die Navigation des Auges durch das Format gemäß der Wichtigkeit der Gestaltungselemente muss kompositorisch herausgearbeitet werden – ebenso wie die Zusammengehörigkeit von Elementen, die durch die der Symmetrie eigenen Spiegelung von Hälften bereits vorgenommen wird.

9

10

9 Die Komposition ist in ihrer Gesamtheit in der rechten Bildhälfte verortet – dennoch ist die linke Seite des Formats nicht ›leer‹, im Sinne von ungestaltet. Der Raum gibt den in der rechten Hälfte des Formats positionierten Gestaltungselementen Halt und die nötige ›Bühne‹, ihre Wirkung über Form und Farbe in der Komposition zu entfalten.

10 Das Format ist – anders als im Entwurf 9 – recht gleichmäßig mit Elementen durchgestaltet. Das Vorhandensein gleicher geometrischer Formen suggeriert einen symmetrischen Ansatz, der sich aber über keine Achse bestätigen lässt.

5.8 Kontraste als visueller Geschmacksverstärker

Gegensätze schaffen Eindeutigkeit

1 Ein Kontrast ist erst eindeutig, wenn sich die Abbildungsgrößen klar voneinander abgrenzen. Besonders bei typografischen Ebenen wie Überschriften, die sich aus strukturierenden Gründen unterscheiden und dabei eine hierarchische Ordnung aufbauen müssen, ist ein eindeutiger Unterschied der Schriftgröße notwendig.

Die Wahrnehmung eines gestalterischen Entwurfs ist zu einem guten Teil subjektiv. Seit unserer frühen Kindheit lernen wir Sehgewohnheiten und visuelle Sprachen, zu denen wir uns hingezogen fühlen – wir entwickeln ein ästhetisches Ideal, unseren Geschmack.

Das sinnliche Erfassen eines grafischen Entwurfs und seine subjektive Bewertung betrifft verschiedene Ebenen einer Gestaltung: Farben – besonders natürlich in Kombination mit weiteren Farben –, Formen, Abbildungsgrößen und Proportionen, sowie die stets unterschätzte Beschaffenheit von Oberflächen.

Neben diesen eher subjektiv bewerteten Positionen einer grafischen Gestaltung gibt es übergeordnete bildnerische Mittel, die unser Auge nachweislich ›beglücken‹, ihm gewissermaßen ›visuelles Futter‹ geben. Das erreicht besonders eindrucksvoll das kontrastreiche Arbeiten, weil Kontraste in der Gestaltung ein sehr klares und einfaches Mittel der Bildsprache nutzen, um einen grafischen Entwurf zu bereichern: Ihre Leistung ist es, den Charakter und die Eigenschaft eines Gestaltungselementes durch eine klare, manchmal sogar durch maximale Abgrenzung oder gar durch Schaffung eines Gegensatzes visuell herauszuarbeiten und dadurch eine hohe Eindeutigkeit zu schaffen. Und diese ist – das wissen wir – ein leistungsstarker Multiplikator für die Akzeptanz von grafischer Gestaltung.

Ein großes Element erscheint uns um so größer, wenn ihm kleine Elemente gegenüber gestellt werden[1]**. Eine warme Farbe optimiert ihre Farbwirkung besonders stark im Zusammenspiel mit kalten Farben** – in direkter Nachbarschaft von Rot und Magenta wird Orange erheblich weniger auffallen und seine Strahlkraft nicht voll entfalten können. Im Zusammenspiel mit einem dunklen Blau aber schon. Und runde Elemente bestätigen ihren besonderen Status innerhalb einer Komposition besonders gut, wenn sie mit rechteckigen Formen und Elementen kombiniert werden – wobei ein rundes Gestaltungselement bereits durch seine Platzierung in einem rechtwinkligen Format einen Kontrast bildet. Diese Interaktion mit dem Format ist die grundlegendste Form des Kontrastes.

[→ Seite 168, 5.5 Kräftemessen in der Komposition]

Wir können Kontraste einsetzen, indem wir das Prinzip der klaren oder sogar maximalen Abgrenzung auf zwei oder mehrere Gestaltungselemente anwenden und sie in ihrer unterschiedlichen Ausprägung in einer Komposition ›aufeinanderprallen‹ lassen.

Kontrast der Größe

Groß und Klein im direkten Miteinander liefern Abbilder in verschiedenen Maßstäben – das spiegelt ein vom Intellekt zu hinterfragendes Kräfteverhältnis der Gestaltungselemente. **Erst das Abbilden des Gegensatzes zeigt uns die Eigenschaft besonders klar und deutlich, weil sie um ein Vielfaches verstärkt wird.** Kompositorisch erzeugen Gegensätze der Größe komplexe, spannungsreiche Gestaltungen und bildnerische Tiefe.[2] Dieser Kontrast kann sich aber auch über einen Gegensatz der Menge aufbauen. Wenn von einem Element viele im Format vorhanden sind, von einem weiteren Element wenig, dann spricht man vom **Kontrast der Menge**. Eine hohe Quantität steht gleichrangig zu einer großen Abbildungsgröße.

2 Die bildnerische Tiefe entsteht durch die Gegenüberstellung von groß und klein. Und diese Eigenschaften assozieren nah und fern, da wir Dinge, die weit entfernt sind, nun mal als kleiner wahrnehmen.

1

2

1 Was ist wichtig und warum ist es das? Der Kontrast der Größe erzeugt Kraft im Format, setzt die Elemente in Hierarchie und schafft eine organische und plakative Komposition, die als Ganzes selbst noch zu einem Gegensatzpaar wird: Die großen Ziffern kontrastieren maximal zu den kleinen Zeilen.

2 Die Gestaltung basiert auf stark unterschiedlich großen Rechtecken – im Zentrum das kleinste, dessen Umriss sich durch die Anordnung der Schrift artikuliert. Die Schrift selbst kontrastiert zudem noch in ihrer Größe zueinander.

Kontrast der Farben

Eine besondere Bedeutung und Wirksamkeit unter den bilderischen Mitteln hat der Farbkontrast, denn er besitzt neben der angestrebten kompositorischen Bereicherung die Aufgabe, Aufmerksamkeit zu erregen und Lesbarkeit zu organisieren. Ohne ausreichende Kontraste wird unsere Schrift nicht lesbar. Es gilt: Je größer der Kontrast, desto besser ist ein Text zu lesen. Das vielzitierte ›Schwarz-auf-Weiß‹ ist der größtmögliche Abstand und erzeugt die beste Lesbarkeit.[3]

Aber nicht alle Farbkontraste sind der Lesbarkeit zuträglich: Das ›Flirren‹ von Grün und Orange verhindert eine gute Lesbarkeit – die Tonwerte sind zu dicht beieinander und können durch den fehlenden Kontrast keine Trennschärfe aufbauen.

Wohl kein anderer Kontrast beeinflusst den Grad der Empfindung und Wahrnehmung einer Gestaltung so sehr wie der Farbkontrast – und die Mittel der Kontrastierungen sind vielschichtig: der **Kalt-Warm-Kontrast** arbeitet mit den verschiedenen Wirkweisen von Farbe: Muten sie warm an, dann sind sie

3 Diese Gesetzmäßigkeit bezieht sich auf ein Schwarz als Farbe der druckenden, linearen Zeichen auf weißem Grund. Eine Umkehrung ins Negative – weiße Zeichen auf schwarzem Grund – wirken unruhiger durch den Effekt der ›Überstrahlung‹.

3

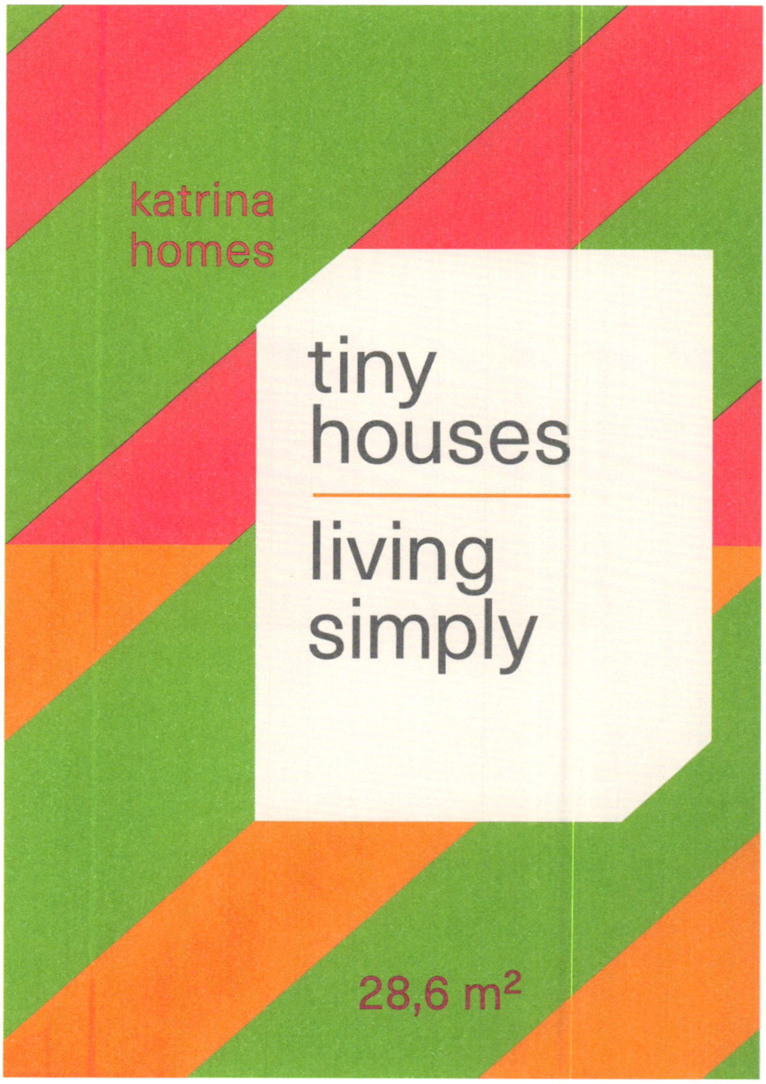

4

3 Das Aufeinandertreffen einer warmen und einer kalten Farbe lässt die beiden so unterschiedlichen Charaktereigenschaften noch stärker hervortreten: Das Gelb strahlt durch den kalten Hintergrund noch wärmer und kann – obwohl es quantitativ den geringeren Anteil an der Gesamtkomposition hat – der Dominanz einer kalten Farbe widerstehen. Der Intensität einer Primärfarbe kann hier vollends punkten.
4 Dynamisches Aufeinandertreffen von Sekundär- und Tertiärfarben – die weiße Fläche als farblicher Nullpunkt verstärkt die Kraft der Kontraste zudem.

auf der rechten Seite des Farbkreises zu finden – kalte Farben entsprechend links im Farbkreis.

Der **Farbe-an-sich-Kontrast** entsteht, wenn Primärfarben aufeinandertreffen, Qualitätskontraste funktionieren über die Sättigung – also die Reinheit – einer Farbe: **Treffen reine Farben auf gebrochene Farben derselben Farbwelt, setzen sie sich diesen gegenüber durch.** Und sind bestimmte Farben flächenmäßig – also quantitativ – stärker vertreten, dann spricht man von einem **Quantitätskontrast**.

Der wohl stärkste Kontrast in seiner plakativen und energetischen Wirkung ist der **Komplementärkontrast**, der die sich im Farbkreis gegenüberliegenden Komplementärfarben nebeneinanderstellt. Im Ergebnis verstärken diese Farben ihre Wirkung und Intensität.

5

6

5 Gelb und Violett liegen sich in Ittens Farbkreis gegenüber und bilden damit ein Komplementärpaar. Aber anders als Grün/Rot und Orange/Blau erreichen beide Farbtöne im Zusammenspiel noch eine gute Lesbarkeit, die durch genug Kontrast im Tonwert gesichert ist – es gibt also kein ›Flirren‹ zweier Tonwerte, die zu nah beieinander liegen.

6 Die drei Primärfarben in einer Komposition aus der einfachsten Grundform. Im Ergebnis klar, eindeutig und von hoher Persönlichkeit.

Kontrast der Form und Gestalt

Vieles, was uns umgibt, ist aus Formen wie Kreis, Rechteck oder Dreieck aufgebaut – unsere Umwelt ist also reich an geometrischen Formen.

Unsere Wahrnehmung hat einen intensiven und nachhaltigen Lernprozess hinter sich. Und dieser Lernprozess lässt uns die geometrischen Formen in ihrem Aufbau als selbstverständlich betrachten. Es liegt nahe, diese Grundformen als tragende Säulen in der grafischen Gestaltung zu nutzen: Unsere Formate sind nahezu ausnahmslos rechteckig, Teile unserer Buchstaben hingegen rund. Wir stapeln Textzeilen zu rechteckigen Kolumnen und ein grundlegendes Kompositionsprinzip sieht vor, die Elemente so anzuordnen, dass sie sich zu einem Dreieck formieren.

Wie schon bei Farben oder den Abbildungsgrößen gilt der Grundsatz: Durch das Aufeinanderprallen mit einer anderen geometrischen Form treten die Eigenarten und Merkmale einer Form stärker hervor – **wir zeigen den Gegensatz und betonen dadurch die andere Form.**

7

8

7 Das Dreieck ist die einfachste Figur auf der Ebene, die von Linien begrenzt wird. In ihm domininieren die spitzen Winkel, das Kantige – dem gegenüber steht das Rechteck, als hochformatige Grundfläche, und als Formprinzip der schmallaufenden Schrift.

8 Der Kreis, die geometrische Form ohne Winkel, die ohne Anfang und Ende auskommt. Die kompositorische Verbindung mit einem Quadrat in einem abermals rechteckigen Format lässt die Persönlichkeitsmerkmale dieser drei geometrischen Formen plakativ in den Vordergrund treten.

Kontrast der Ausrichtung

In jeder Komposition herrschen Bewegungen, führen Linien und Richtungen unser Auge durchs Format. Und diese Richtungen und Linien assoziieren ganz unterschiedliche Werte und Strömungen. Eine aufsteigende Diagonale steht für Positives, für Wachstum und Aktivität. Führt sie von links oben nach rechts unten, symbolisiert sie einen Niedergang, einen Abstieg – ist also deutlich negativ behaftet.

Kreisrunde Bewegungen wirken end- und rastlos, horizontale Linien dagegen sehr statisch und ruhig – ganz wie der Horizont, das Sinnbild schlechthin für Ferne und Entfernung. Und der senkrechten Linie werden Eigenschaften zugeschrieben, die sich am Menschen orientieren, der ebenso ›aufrecht‹ steht.

[→ Seite 158, 5.3 Kandinskys Kompositionslehre]

9

10

9 Unser Auge nimmt die Führung der eher leisen, linearen Strukturen auf und registriert deren unterschiedliche Ausrichtungen. Die horizontale Zeile in der Bildmitte und die vertikalen Teile der Ziffern – wie bei der 1 – komplettieren die möglichen Ausrichtungen.

10 Der Hintergrund als lineares Gitter unterschiedlicher Richtungen kontrastiert in sich – und grenzt sich von dem rein horizontalen, typografischen Vordergrund ab.

Kontrast der Oberflächenbeschaffenheit

Wir können auch in der zweidimensionalen Gestaltung den Oberflächen eine Struktur zuweisen, die eine besondere Haptik assoziiert. Oder durch den Einsatz von Mustern, Rastern und Texturen[4] die Elemente mit weiteren Persönlichkeitsmerkmalen ausstatten. Diese Persönlichkeitsmerkmale grenzen die Elemente von anderen Gestaltungselementen ab, besonders wenn die Differenzierung über unterschiedliche Darstellungstechniken innerhalb der Textur durchgeführt wird.

Texturen können feinsinnig, grobkörnig, fließend, linear, geometrisch, rund, eckig, spitz, plastisch, dimensional, flach, technisch, digital und analog sein – wahrscheinlich ließe sich diese Liste auch noch weiter verlängern. In der Sache bleibt die Oberflächenbeschaffenheit ein sehr individuelles und eher sensibles Instrument der Kontrastierung.

4 Strukturen können digital durch Aneinanderreihungen grafischer Elemente wie Punkte, Linien oder weiterer geometrischer Formen problemlos in InDesign oder Illustrator konstruiert werden – das Einbetten von fotografierten Papier-, Holz- oder anderer Oberflächen organischer oder technischer Materialität unterstützt die Sensorik eines Entwurfs. Auch Schriften schaffen in ihrer linearen Struktur Texturen, wenn sie klein gesetzt sind. Gedruckte Medien wie Kataloge oder Bücher werden beim Lesen in den Händen gehalten – unterschiedliche Papiere bereichern dann die Haptik. Und können durch ihre eigene, jeweils unterschiedliche Materialität gewinnbringend kontrastieren.

11

12

11 Die Ziffern besitzen eine andere Textur als der Hintergrund. Der Kontrast sorgt für eine subtile Abgrenzung der Ziffern auf der farblich ähnlichen Fläche – und steigert dabei die Bildtiefe.
12 Deutlich klarer kontrastiert der organische Hintergrund der Schrift zum glatten, digital angelegten Fond des Formats und gibt dieser typografischen Lösung ein angemessenes visuelles Äquivalent.

13

14

13 Das Plakat arbeitet mit einer klaren Aufteilung des Formats: Ein ›Oben‹, das zeitlos in schwarz-weiß erzählt, konrastiert zum farbigen ›Unten‹, das viel himmelblau zeigt und einen leuchtendroten Farbakzent besitzt. Zudem setzt der Entwurf den Kontrast der Ausrichtung ein: Die aufrecht sitzenden Damen im ›Oben‹ betonen die Vertikale, während die Ampel als diagonale Linie das ›Unten‹ dominiert.

Nur Geduld!

14 Breite Pinselstriche in alle Richtungen zeichnen ein Bild der tobenden See – der Kontrast der Ausrichtung als Mittel für hohen Wellengang, der Hell-Dunkel-Kontrast als gestalterisches Mittel, der Farbe nicht vermissen lässt.

Moby Dick
Gestaltung: Paula Troxler

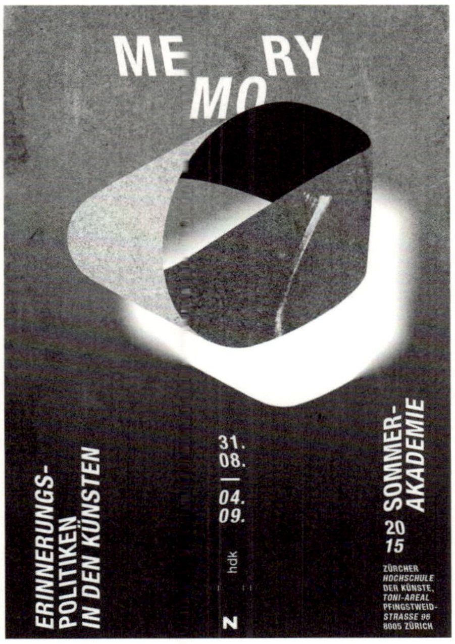

15

16

15 Die Qualität dieses Plakats ist die kluge Verknüpfung unterschiedlicher Texturen (Kontrast der Oberflächenbeschaffenheit). Das leuchtende Weiß, unscharf konturiert, tritt als ästhetischer Nullpunkt ins Format – Hier lassen sich die strukturierte Flächen im direkten Vergleich einordnen und wertschätzen. Der in der Schrift durch die gegenläufigen Neigungswinkel und die horizontalen und vertikalen Schriftzeilen verankerte Kontrast der Ausrichtung dynamisiert die Typografie.

Memory
Gestaltung: Rahel Arnold

16 Der Verzicht auf eine Satzschrift zugunsten einer zeichnerischen Lösung, bei der die Lettern hell aus einer Bleistiftschraffur hervortreten, funktioniert über zwei Kontrastpaare: Hell-und-Dunkel und die stets unterschiedlichen Texturen, die sich in den Buchstabenzwischenräumen wiederfinden. Schwer zu lesen, das mag sein, aber eine starke Persönlichkeit!

Jazz Willisau
Gestaltung: Niklaus Troxler

Wenden wir also das Goldene Verhältnis der Seitenlängen von 1:1,618 auf die Abstände der Elemente zueinander oder zu den Formatkanten an, werden wir diese Anordnung als ästhetisch empfinden.

S. 213, Die Goldene Zahl als Taktgeber der Komposition

Die Anordnung der Elemente entlang einer Achse – sei es vertikal, horizontal oder diagonal, ist selbsterklärend, auch für Nicht-Gestalter:innen-Augen.

S. 228, Die axiale Komposition

Ein Qualitätsmerkmal bei Fonts für den digitalen Einsatz ist das Hinting – also das Einbetten sogenannter ›Hinweise‹ in den Schriften.

S. 245, Typografische Gestaltung für digitale Oberflächen

KAPITEL

6

Komposition
Die Kompositionsprinzipien

6.1 Kreis, Dreieck, Rechteck – Die geometrische Figur als Ordnungsprinzip der Komposition

In der Malerei wird seit Jahrhunderten die inhaltliche Bedeutung eines Werkes durch die Anordnung der Bildinhalte gesteigert.

1 In der Geometrie wird zwischen dem Goldenen Dreieck erster und zweiter Art unterschieden. Gleichschenklig sind beide, den Unterschied machen die Winkel im Dreieck: Das Dreieck erster Art ist ein spitzwinkliges Dreieck und hat die Winkel 72°/72°/36°. Das Dreieck zweiter Art hingegen ist stumpfwinklig – seine Winkel betragen 36°/36°/108°.

Jede geometrische Figur hat eine eigene Persönlichkeit. Entsprechend ihres Aufbaus und ihrer Konstruktion verkörpert sie Eigenschaften und Werte, die sich zumeist über viele Jahrhunderte etabliert haben. Ordnen wir die Elemente auf der Fläche nach dem Schema einer geometrischen Figur an, übernehmen wir diese Eigenschaften für unsere Komposition.

Gerät die Gestaltung eines Formats komplexer und vielschichtiger, ist die geometrische Projektionsfläche, nach der die Ordnungsstruktur aufgebaut ist, für den Betrachter nicht immer sofort erkennbar. Dennoch ist ihm die Organisation nach eben einem bestimmten, ihm erlernten Schema kognitiv vertraut – die Anordnung der Elemente erscheint logisch, das Kräfte- und Spannungsverhältnis begründet.

Die Eigenschaften, die auf die geometrischen Figuren projiziert werden, folgen zumeist dem Prinzip ihrer Konstruktion. Dabei haben Winkel, Eck- und Mittelpunkte und deren Funktion für den geometrischen Körper eine hohe Symbolkraft und Bedeutung.

Der Kreis symbolisiert Unendlichkeit und Zeitlosigkeit – sein Mittelpunkt ist von allen Punkten auf der Kreislinie gleichermaßen weit entfernt, das prädestiniert ihn für Werte wie Vollkommenheit und Einheitlichkeit.

Ganz anders das Dreieck: Seine klare Ordnung und die harmonische Verbindung der drei Eckpunkte rückten das Dreieck von jeher in den Kontext der Religiosität. Die Dreieckskomposition, also die Anordnung der Elemente an den assoziierten Eckpunkten eines Dreiecks oder eine entsprechende Formgebung eines zentralen Bildthemas hat in der Malerei eine jahrhundertelange Tradition – wobei das assoziierte Dreieck zumeist nicht auf seiner Spitze steht, sondern eine Seite parallel zur unteren Bildkante verläuft. Das stabile Fundament und die aufstrebende Form unterstreichen eine gefestigte Ordnung und eine beinahe greifbare Harmonie.

Es gibt, ähnlich wie es Goldene Rechtecke gibt, ebensolche Proportionen auch bei Dreiecken. Hier regelt die Goldene Zahl die Länge von Grundseite und Schenkel: Das Goldene Dreieck ist ein gleichschenkliges Dreieck, bei dem also zwei Seiten gleich lang sind.

Die Kreiskomposition

Neben der symbolischen Unendlichkeit transportiert der Kreis - als Sinnbild des Rades - auch eine deutlich wahrnehmbare Dynamik. Das Fehlen von Geraden und Winkeln verhindert Stagnation. Alles bleibt im Fluß, der dauerhafte Antrieb findet seine visuelle Analogie in der Kreisform.

1

2

1 Floral Still Life, Hans Bollongier, 1639
2 Heilige Sippe, Geertgen tot Sint Jans, 1490
3 Kreidefelsen auf Rügen, Caspar David Friedrich, 1818
4 Anbetung der Könige, Pieter Aertsen, 1560

3

4

Vier Gemälde aus vier Jahrhunderten, die die Kreiskomposition sehr unterschiedlich interpretieren: Bollongiers Stillleben (1) bildet das zentrale Bildthema - den Blumenstrauß - in der Form eines Kreises ab. Im Gemälde ›Heilige Sippe‹ (2) ist ein Teil der Personen in einem Halbkreis angeordnet, eine weitere Gruppe im Bildhintergrund schließt die Komposition zu einem etwas abgeflachten Kreis. Caspar David Friedrich (3) ordnet die drei Personen in seiner Komposition so an, dass sie sich mit den Bäumen und dem Verlauf des Bildvordergrunds zu einem Kreis verbinden und unterstützt so gestalterisch die inhaltliche Bildidee. Bei der ›Anbetung der Könige‹ (4) ist die Gruppe ebenfalls kreisförmig angeordnet, allerdings leicht aus der Mitte verschoben.

5

6

5 Die Komposition ist auf die Abbildung zweier ineinander verschränkter, farbiger Kreise reduziert. Durch deren transparente Darstellung entsteht mit der farblich abgesetzten Schnittmenge eine weitere geometrische Form im Zentrum der Gestaltung, die sich in der Hierarchie weiter hinten anordnet. Durch die Fokussierung der Bildidee auf die beiden Kreise gerät neben deren symmetrischer Anordnung im Format der Kontrast der runden Kreisform zur rechteckigen Fläche zur Leitidee dieser Komposition.
Die Typografie bricht die symmetrische Anordnung der Komposition wohltuend auf, da sie ein deutliches Gewicht auf die linke Bildhälfte legt.

6 Die Kreisform findet in diesem Entwurf Anwendung als Ordnungsstruktur der Typografie. Die Umsetzung der textlichen Informationen folgt der Formgebung des Leitmotivs – einer Wasseroberfläche, auf der sich durch Regentropfen kreisförmige Ringe bilden. Damit werden die beiden ›Erzählformen‹ – die textliche unddie visuelle Ebene – stärker verbunden. Der Einsatz verschiedener Schriftgrößen innerhalb eines Kreislaufs erhöht die Dynamik, das typografische Drehmoment gewissermaßen, und, wie alle Kontraste, die Tiefe des Entwurfs.

7

8

7 Der Kreis als zentrales Gestaltungselement zitiert in diesem Entwurf das wesentliche Merkmal der Illustration – die kreisrunden Formen der Augenringe. In der Hierarchie sind die linearen, kreisrunden Buchstabenformen dominanter als die dahinterliegende Zeichnung. Dadurch verfestigt sich beim Betrachter stärker der Eindruck der Kreiskomposition, obwohl die feinen Linien der Illustration und ihre akribisch durchgestalteten Flächen der Komposition eine hohe Komplexität und bildnerische Tiefe verleiht.

8 Die Gestaltung der textlichen Ebene ignoriert die kreisrunde Form des Leitmotivs, das im Format nicht vollständig sichtbar ist und nur ein Ausschnitt eines Kreises ist. Innerhalb des Kreises sind weitere geometrische Figuren abgebildet, die in einen wirkungsvollen Kontrast mit dem Kreis treten.

Die Dreieckskomposition

Die Bedeutung von geometrisch begründeten Ordnungsstrukturen – insbesondere der in der Bildenden Kunst etablierten Dreieckskomposition – ist im Kommunikationsdesign eine andere, weitaus geringere, da die Kommunikationsprozesse heute auch grundlegend andere sind als im Mittelalter oder der Renaissance. Und da in der heutigen Zeit kaum bis keine Verbindungen zwischen Design und Religion bestehen – eine gewünschte und auch vom Auftraggeber eingeforderte Nähe zwischen inhaltlicher Inszenierung und Formgebung nach kirchlichen Werten ist heute in unserem Kulturkreis kein Thema mehr. Weder in der Bildenden Kunst, noch in der grafischen Gestaltung.

Zudem sind die Sehgewohnheiten der Zielgruppe ungleich komplexer und belastbarer. Wir verarbeiten in der täglichen, beruflichen Praxis sehr oft rechteckige Elemente (Bilder, Kolumnen) – das sind grundlegend andere Voraussetzungen, als es das malerische Arbeiten mit sich bringt. Aber eine Komposition nach nachvollziehbaren, uns vertrauten geometrischen Strukturen aufzubauen, ermöglicht eine schlüssige und aufgrund unserer Sozialisation logische Verbindung der Elemente im Format. Und ist die formale Vermittlung der visuellen Botschaft, die Ordnungsstruktur der grafischen Komposition, für den Empfänger verständlich, wird der kommunikative Mehrwert gesteigert.

9

10

9 Self Portrait, Ferdinand Bol, 1669
10 Portrait of a Couple as Isaac and Rebecca, Rembrandt van Rijn, 1665–1669
11 Das Frühstück im Grünen, Édouard Manet, 1863

11

Die Möglichkeiten der kompositorischen Anordnung nach der Dreiecksform lassen sich entsprechend der Bildthematik steuern: Das Portrait aus dem Jahre 1669 (9) bildet den Protagonisten in klassischer Dreiecksform ab. In Rembrandts Portrait eines Paars (10) werden zwei Menschen in sitzender Position, einander zugewandt, so dargestellt, dass ihre fließenden Gewänder in Form eines Dreiecks abschließen. Manets Gruppe (11), von denen drei im Bildvordergrund in Dreieckskonstellation sitzen, bildet sogar mit weiteren Bildelementen und der vierten Person im Hintergrund diagonale Linien, die abermals Dreiecke formen.

12 Die Typografie folgt in ihrer Anordnung dem Dreieck – was durch den Zeilenfall möglich ist. Die längste Zeile als unteren Schenkel des Dreiecks zu nehmen, ist inhaltlich durch die Bedeutung des Satzes stimmig – ebenso wie das kürzeste Wort ›un‹ (einer) isoliert in die erste Zeile zu stellen. Die in ihrer Architektur stark unterschiedlichen Schriften dynamisieren die Dreieckskomposition, die kleineren Zeilen arbeiten einer zu dominanten Symmetrie entgegen.

13 Die Gestalt des zentralen Bildelements hat die Form eines Dreiecks – das wird offensiv als Ordnungsprinzip des Entwurfs genutzt. Die Positionierung im Zentrum des Formats verankert die Komposition in der symmetrischen Anordnung – die anderen, kleineren typografischen Elemente sind unregelmäßig um das statische Zentrum des Entwurfs angeordnet – ebenso in Dreiecksform – und brechen mit der symmetrischen Ordnung. Ebenso agieren die beiden Buchstaben, die hinter dem Versal ›A‹ liegen, B und C. Deutlich geringer im Tonwert und somit schwächer im Kontrast zum Hintergrund, verlassen sie durch ihre Architektur die Symmetrie und bereichern die Komposition um mehr Dynamik und Variation.

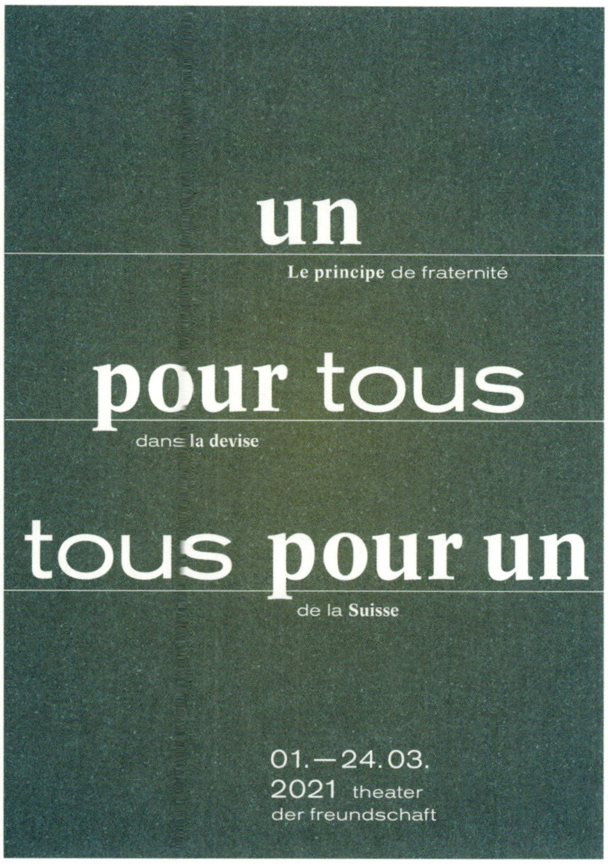

12

13

14

15

14 Die Dreiecksform steht auf der Spitze – das stabile Fundament und die einhergehende Statik weichen einer höheren Spannung und Dynamik in der Komposition. Neben den beiden dreieckigen Bildformaten gibt es mit der Positionierung der beiden schwarzen Linien ein weiteres Dreieck, dessen linker Eckpunkt jenseits der Formatgrenze liegt.

15 Die Komposition folgt einem im Hintergrund sichtbaren Dreieck, dessen Spitze die linke Formatkante berührt und somit die horizontale Blickrichtung im Format betont. In der oberen Bildhälfte ist ein weiteres, weniger prominentes Dreieck angeordnet, das gegenläufig ausgerichtet ist und dadurch entsprechend die Energie der Gestaltung verstärkt.

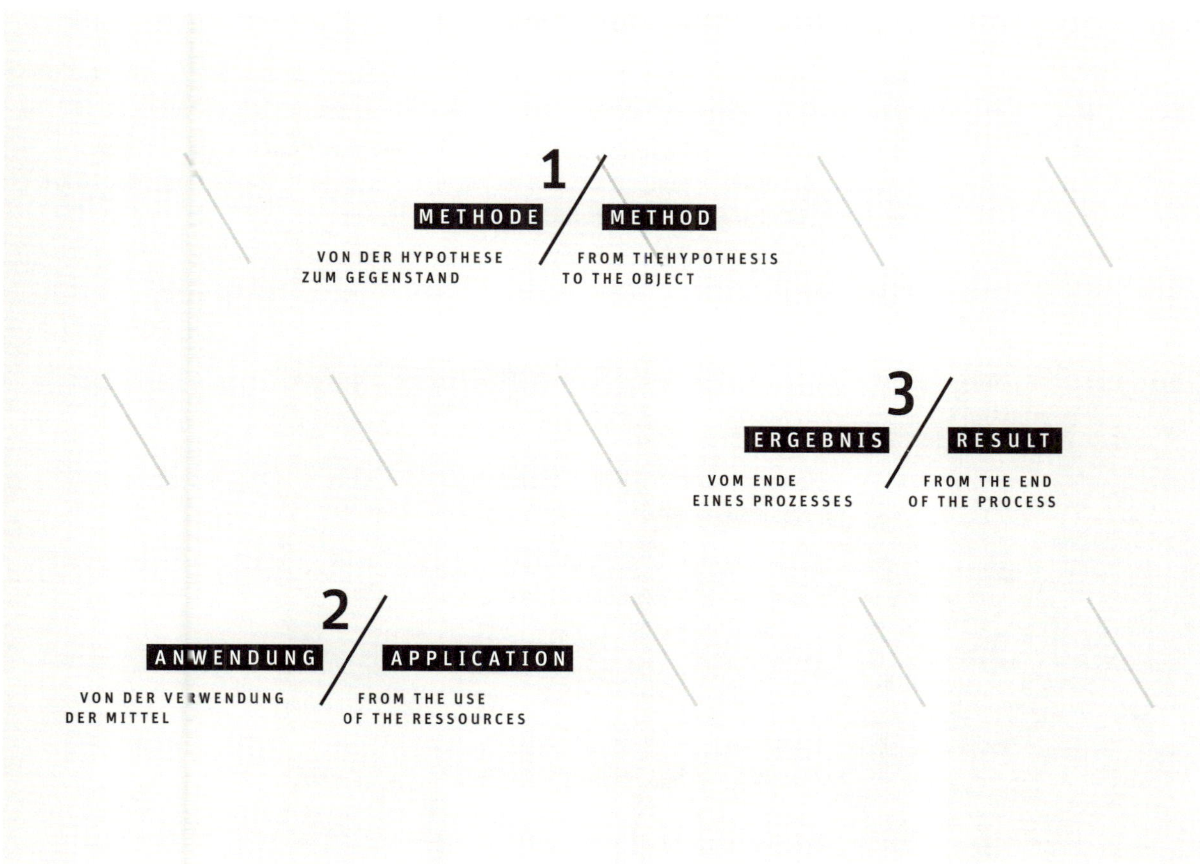

16

17

16 Die Anordnung der Elemente ist über drei Punkte im Format aufgebaut, die sich zu einem Dreieck verbinden lassen. Diese Anordnung visualisiert die inhaltliche Verbindung der drei Positionen ›Methode – Anwendung – Ergebnis‹ – das Funktionieren als geschlossener Kreislauf mit entsprechenden Wirkzusammenhängen. Dabei wird den Ziffern die wichtige Funktion zuteil, die Leserichtung zu steuern, da die Anordnung auch eine andere Option zulässt. Die diagonale Linie, die zur visuellen Trennung von Deutsch und Englisch dient, ist gleichzeitig ein lineares Fragment eines Dreiecks. Somit finden sich formale Zitate des Dreiecks in allen Elementen dieses Entwurfs.

17 Das Dreieck als Blaupause einer Ordnungsstruktur, die immer wieder verschachtelte räumliche Momente zulässt und geometrische Körper andeutet, wie den Würfel in der unteren Bildhälfte. In sich geschlossene Dreiecke sind so positioniert, dass sich weitere Dreiecke in Verbindung mit anderen diagonalen Linien ergeben oder sie einen räumlichen Körper erschaffen. Die sehr grafische Bildsprache steuert die Ausrichtung und Anordnung der Schrift, deren Schriftgrundlinien parallel zu den Schenkeln der Dreiecke verlaufen.

Die Rechteckskomposition

Das Rechteck kommt in seiner strengen, mathematisch anmutenden Konstruktion in seiner Grundform in der Natur nicht vor – das schränkt von vornherein den Interpretationsspielraum spürbar ein. Werden Elemente in rechteckiger Form angeordnet, signalisiert das eine klare, nüchterne Kompositionsidee, stark auf die Funktion ausgerichtet und eindeutig begrenzt.

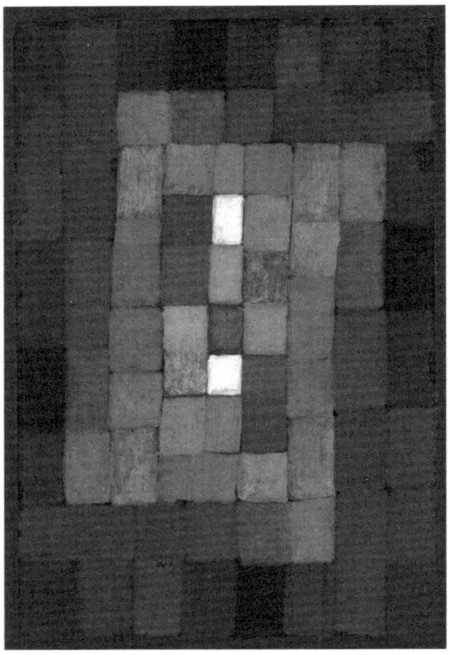

18

19

18 Statisch-dynamische Steigerung, Paul Klee, 1923
19 Komposition
Piet Mondrian, 1921

18 Die ›Statisch-dynamische Steigerung‹ von Paul Klee unterteilt das Format in unterschiedlich große Rechtecke, die sich farblich zum Bildzentrum aus einer Monochromie lösen und zu einer komplexeren Farbwelt aus Primär- und Sekundärfarben steigern. Finden im äußeren ›Ring‹ aus Rechtecken dunkle Brauntöne Verwendung – Klee spricht in dieser Hinsicht von ›statischen Rechtecken‹ – steigert sich die Komposition hin zu leuchtenden, reinen Farben in der Formatmitte. Das Ergebnis dieser Progression bezeichnet Klee als ›dynamische Rechtecke‹. Das Format ist zwar ähnlich einem Gestaltungsraster klar in statische, rechteckige Einheiten unterteilt, erfährt aber durch den gezielten Einsatz von Farbe eine zum Zentrum hin wachsende Dynamisierung, obwohl die Formen, die Rasterfelder, unverändert bleiben.

19 Mondrians ›Komposition‹ vermeidet strikt Gegenständliches zugunsten von abstrakter, kubistischer Formgebung. Die Reduzierung auf horizontale und vertikale Linien und der konsequente Verzicht auf diagonale oder geschwungene Linien soll die subjektive Wahrnehmung zurückdrängen und Kunst stärker über objektive Parameter definieren: Eine Farbe (Blau) steht einer Nicht-Farbe (Schwarz) gegenüber, als unterschiedlich große rechteckige Fläche, und beide halten einander in einem Spannungsverhältnis oder im Gleichgewicht. In diesem Entwurf positioniert Mondrian rechts oben im Format ein großes rotes Rechteck, das aufgrund seines Farbwertes und der Größe eine hohe Masse aufweist. Dem gegenüber stellt er als Gegengewicht (unten statt oben, linke Bildhälfte statt rechte) eine kleinere schwarze Fläche.

20

21

22

Foto: Gerd Danigel

20 Die Wortmarke ›Neo‹ ist durch eine horizontal gespiegelte, zweite Zeile in der Gestalt eines Quadrats aufgebaut. Der gewählte Font unterstreicht durch seine kräftigen, konstruierten Serifen den geometrischen Charakter der Marke – inhaltliche Bedeutung und formale Gestalt der Marke gehen in dieselbe Richtung: eben NEU.
21 In diesem Entwurf gibt das lineare Quadrat den diagonal versetzten Zeichen eine klare und gebundene Form, die Gestaltung kommuniziert Ordnung und Struktur.
22 Das Quadrat als Sonderform des Rechtecks ist in einem rechteckigen Hochformat angeordnet und strukturiert die Gestaltung klar und eindeutig. Die oberhalb angeordnete Textzeile – die Headline – kann durch den Rhythmus der Groß- und Kleinbuchstaben eine zu dominante Statik verhindern. Spannung erfährt die Gestaltung durch die Position des Quadrats im Hochformat: deutlich stärker in der unteren Bildhälfte verortet, was dem grundsätzlichen kompositorischen Bemühen widerspricht, ein Element weiter oben im Format zu verankern, um der Schwerkraft entgegenzuwirken.

23

24

23 Die Anordnung der Elemente ist streng rechtwinklig – entweder horizontal oder vertikal, also gestürzt. Die Gestaltung sieht einen Innenbereich vor, der durch den kräftigen, linearen Kasten markiert wird, und einen schmalen Randbereich, rund um den linearen Kasten, der typografische Elemente abbildet. Dabei wird die obere Formathälfte eindeutig stärker betont – hier sind mehr Elemente angeordnet als in der unteren Hälfte. Der lineare Kasten agiert innerhalb der Komposition als wichtigstes Ordnungsinstrument, da er den Elementen innerhalb des Formats ihre Position zuweist. Die kräftige Strichstärke lässt die rechten Winkel sehr stark in den Vordergrund treten. Deutlich feiner in der Komposition verankert, ist das durch den Farbwechsel von Rot auf Schwarz erkennbare Rechteck, das seine obere Begrenzung durch zwei nicht vollständig durchgezogene, horizontale Striche erhält.

24 Weniger plakativ als stärker in der Lesetypografie verankert, arbeitet dieser Entwurf mit Elementen, die ihrerseits selbst einen quadratischen Kanon aufweisen, wie die beiden ineinander verschränkten Kolumnen, oder mit Elementegruppen, die mithilfe von Linien einen quadratischen Kanon aufbauen. Der unterschiedliche Grauwert der Kolumnen, bzw. die deutlich größere (und schmallaufendere) Schrift des Headlineblocks stellt verschiedene Tonwerte der Gestaltungselemente innerhalb der Komposition her, schafft somit eine klare Hierarchie, und erzeugt einen ausreichend starken Kontrast, der der Gestaltung Tiefe und Komplexität verleiht. Neben den rechteckigen, druckenden Elementen, sind auch die nichtdruckenden Bereiche, die umgebenden Weißräume, so aufgebaut, dass hier rechteckige Flächen entstehen, manchmal sogar, wie oben links im Entwurf, ein lupenreines Quadrat.

25

Fotos: Gerd Danigel

26

25 Die Komposition basiert auf drei querformatigen Rechtecken, die, ähnlich wie in einem Fotoalbum, im Format angeordnet sind. Die kompositorische Verbindung der Rechtecke zueinander wird über unterschiedliche Regler erzielt: Die kleineren Bilder in der unteren Formathälfte überlappen – halten aber wiederum Abstand zum größeren Bild in der oberen Hälfte. Hier agiert die Plakattypografie als verbindendes Element, deren weiße Titelzeile direkt auf dem Foto angeordnet ist und nicht in den Räumen neben oder unter den Bildern. Die ruhige, fast unspektakuläre Komposition ergibt bei diesem Plakat durchaus Sinn, da es visuell drei ›Geschichten‹ erzählt, auf die sich die Betrachterin einlassen soll: Das allein fordert. Und dieses Einlassen steht hier im Vordergrund – nicht eine dynamische oder gar hyperaktive Gestaltung.

26 Das Format ist über ein Raster aus quadratischen Rasterfeldern aufgebaut – 5 Felder in der Breite, 7 in der Höhe. Die verwendeten Quadratgrößen sind entsprechend Mehrfache des ›Ur-Quadrats‹ – dabei sind die größeren Quadrate auch mit kräftigeren, diagonalen Linien befüllt und suggerieren bereits das ›Mehr‹ an Größe. Alle Felder weisen verschiedene Richtungen ihrer diagonalen Linien und Farben auf, was den Entwurf weniger geometrisch-streng erscheinen lässt und ihm Tiefe und Komplexität zuträgt. Die vier schwarzen Quadrate, die die Headline ›Form‹ ergeben, markieren die Eckpunkte des größten Quadrats. Obwohl die diagonalen Linientexturen sehr markant sind, können sie nicht die rechteckige Ordnungsstruktur dieses Entwurfs kaschieren, dafür bauen die (sichtbaren) und sich ergebenden Quadrate eine stabile kompositorische Beziehung zueinander auf.

6.2 Die Goldene Zahl als Taktgeber der Komposition

Sie ist ein Universalinstrument für Gestalter:innen.
Und nicht nur, um Formate zu strukturieren.
Eine Hommage an die ›Goldene Zahl‹.

Jede Komposition ist ein komplexer Dialog. Ein Dialog der Gestaltungselemente untereinander, ein Dialog mit den sie umgebenden Weißräumen und dem Format – und schlussendlich ein Dialog zwischen der Ordnungsstruktur und dem Betrachter. Deshalb sprechen wir von visueller Kommunikation und meinen den Dialog der bildnerischen Mittel mit dem Empfänger.

Die Gestalter:innen können diese Dialoge moderieren, ihnen Struktur und Persönlichkeit geben, da sie die Charaktereigenschaften und das ›Temperament‹ der Protagonisten – der Gestaltungselemente – (er)kennen. Und sie können die Hauptdarsteller grafisch ›ins rechte Licht rücken‹ (oder auch ins gestalterische Abseits), da ihnen die Wirkfelder des Formats und deren energetische Aufladungen vertraut sind.

Im Kapitel ›2.1.3 Betrachtungen zur Fläche‹ haben wir uns mit den unterschiedlichen Energien und Kräften in den verschiedenen Zonen eines Formats befasst. Dieses Wissen kann den Dialog der Elemente und das Entwickeln einer Ordnungsstruktur befeuern, da dieser Fixpunkt entsprechend seiner energetischen Aufladung bewusst taxiert werden kann. **Je nachdem, wo der Fixpunkt im Format angeordnet wird, kann die grundsätzliche Stimmung der Komposition gesteuert werden.**

Dieser Fixpunkt kann das Zentrum der Komposition werden – er kann aber ebenso als ›Einstieg‹ in die Erzählstruktur[1] einer Komposition agieren, von dem das Auge durchs Format geführt wird.

Unabhängig von der konzeptionellen Idee einer Komposition – die Gestalter:innen müssen eine ästhetische und gestalterisch schlüssige Verbindung der Gestaltungselemente aufbauen – eine komplexe Komposition muss viele Einzelteile in Einklang bringen und zu einem großen Ganzen werden lassen. Und das sollte immer der inhaltlichen Botschaft des zu gestaltenden Mediums und der vermuteten Blickfolge des Betrachtenden folgen.

Intuitives Komponieren oder geometrische Berechnung?

Seit Jahrhunderten wird künstlerisch gestaltet und komponiert – in der Bildenden Kunst, der Architektur und im Design. Immer wieder gelang es in der Analyse von Kunstwerken, bestimmte geometrische Denkweisen im Umgang mit Proportionen und Anordnungen nachzuweisen – und sehr häufig ließen sich die Relationen des Goldenen Schnitts als gestalterisches Grundprinzip erkennen.

1 Auch visuelle Kompositionen haben eine Erzählstruktur, denn grafische Kompositionen können, ebenso wie es die Sprache vermag, ein Auge durch ein Format führen. Eine gute Ordnungsstruktur leitet den Blick durch die Komposition, schafft Verdichtungen (in der sprachlichen Ebene entspricht das dem detaillierten Beschreiben) und Räume (Andeutungen).

Diese Proportionslehre und ihre Auffassung über Verhältnisse von Seitenlängen, Formaten und geometrischen Körpern ist dem Menschen aus der Natur (Pflanzen, Insekten) und durch die Anatomie seines eigenen Körpers unbewusst vertraut, so dass sie immer wieder als harmonisch und ästhetisch wahrgenommen wird.

[→ Seite 162, 5.4 Standortbestimmung im Format]

Es liegt also nahe, diese ›mathematische‹ Denkweise auch in der typografischen Gestaltung dort einzusetzen, wo sie eine inhaltliche Idee und ihre visuelle Umsetzung konstruktiv unterstützt und verbessert.

Wie aber kann die Proportionslehre des Goldenen Schnitts neben der uns vertrauten Berechnung eines Formats nach den Goldenen Proportionen in der gestalterischen Praxis auf eine Komposition angewendet werden?

Die Unterteilung einer Strecke nach den Goldenen Proportionen kann ebenso eine Strecke innerhalb des Formats sein – beispielsweise der Abstand zweier Elemente zueinander. **Wenden wir also das Goldene Verhältnis der Seitenlängen von 1:1,618 auf die Abstände der Elemente zueinander oder zu den Formatkanten an, werden wir diese Anordnung als ästhetisch empfinden.** Wir können die Goldene Relation eines Formats also invertieren, indem wir sie im Binnenverhältnis eines Formats anwenden: in der Ordnungsstruktur der Elemente.

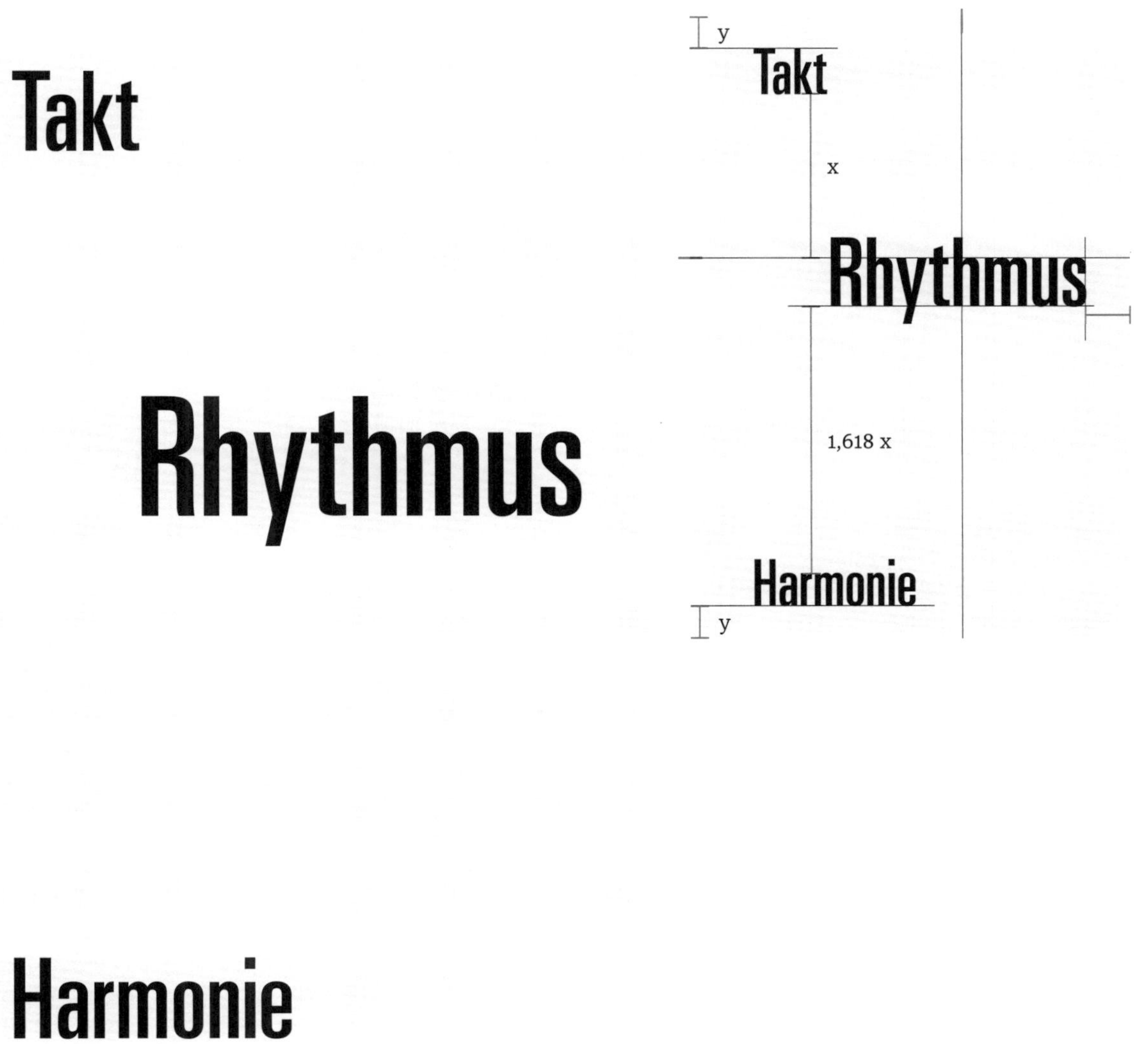

1

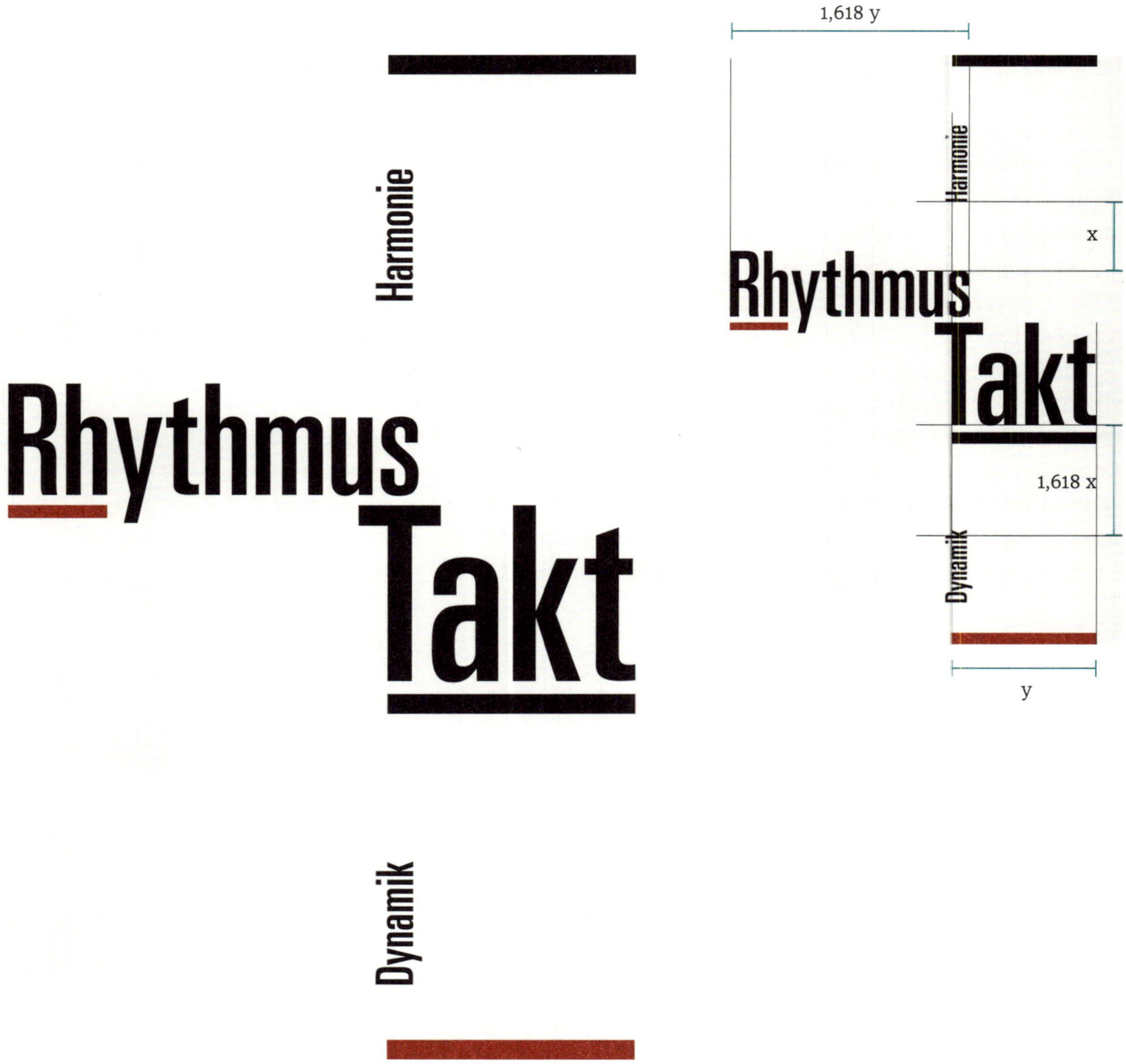

2

1 (Abb. Seite 213) Diese Komposition arbeitet sehr stark mit den Goldenen Proportionen in der Festlegung des Mittelpunktes und den Abständen zu den umgebenden, sekundären Gestaltungselementen: Die größte Masse im Format ist mit dem Goldenen Punkt koordiniert – die Mittelhöhe des Wortes ›Rhythmus‹ aliniert mit der horizontalen ›Goldenen‹ Linie, ebenso wie der Grundstrich der Minuskel ›h‹, die mit ihrer Oberlänge ein starkes optisches Gewicht im Wort aufweist und entlang der senkrechten ›Goldenen‹ Linie verläuft. Da das optische Gewicht der Komposition oberhalb der horizontalen Mitte liegt, beträgt der Abstand zum unteren Gestaltungselement das 1,618-fache des Abstands zum oberen, das eine geringere Masse aufweist (nur 4 Zeichen). Beide sekundären Elemente haben die gleichen Abstände zu den Formatkanten, die wiederum ihrer x-Höhe entsprechen. Während unten die Schriftgrundlinie als Begrenzungslinie eingesetzt wird, ist der Abstand zur oberen Formatkante an der Versalhöhe des Wortes ›Takt‹ abgenommen: Von den vier Zeichen des Wortes verfügen drei über Oberlängen – sie bilden hier die optische Größe des Wortes und dessen vertikalen Abschluss. Der Abstand des Wortes ›Rhythmus‹ zur linken Formatkante entspricht ebenso der x-Höhe des Wortes, da unser Auge diesen als vertraut und schlüssig wahrnimmt.

2 In diesem Entwurf finden sich die Proportionen des Goldenen Schnitts in verschiedenen Ebenen wieder: Die beiden zentralen Gestaltungselemente – die Worte ›Takt‹ und ›Rhythmus‹ – entsprechen in ihrer Breite ›y‹ dem Verhältnis 1:1,618, wobei die der unterschiedlichen Schriftgröße geschuldete abweichende Kegelhöhe dieses Prinzip der ästhetischen Harmonie wirksam aufbricht. Die Abstände der kleineren Elemente ›Harmonie‹ und ›Dynamik‹ – beide sind gestürzt und in ihrer Mittelhöhe am Grundstrich des ›T‹ ausgerichtet – zu den beiden großen Elementen sind ebenso nach den Goldenen Proportionen aufgebaut. Der größten Masse im Entwurf, dem Wort ›Takt‹, das unterhalb der optischen Mitte angeordnet ist, ist ein grafisches Gegengewicht an der oberen Formatkante gegenübergestellt, damit die gesamte Komposition nicht zu stark in der unteren Formathälfte gebunden wird und dadurch an Spannung verliert.

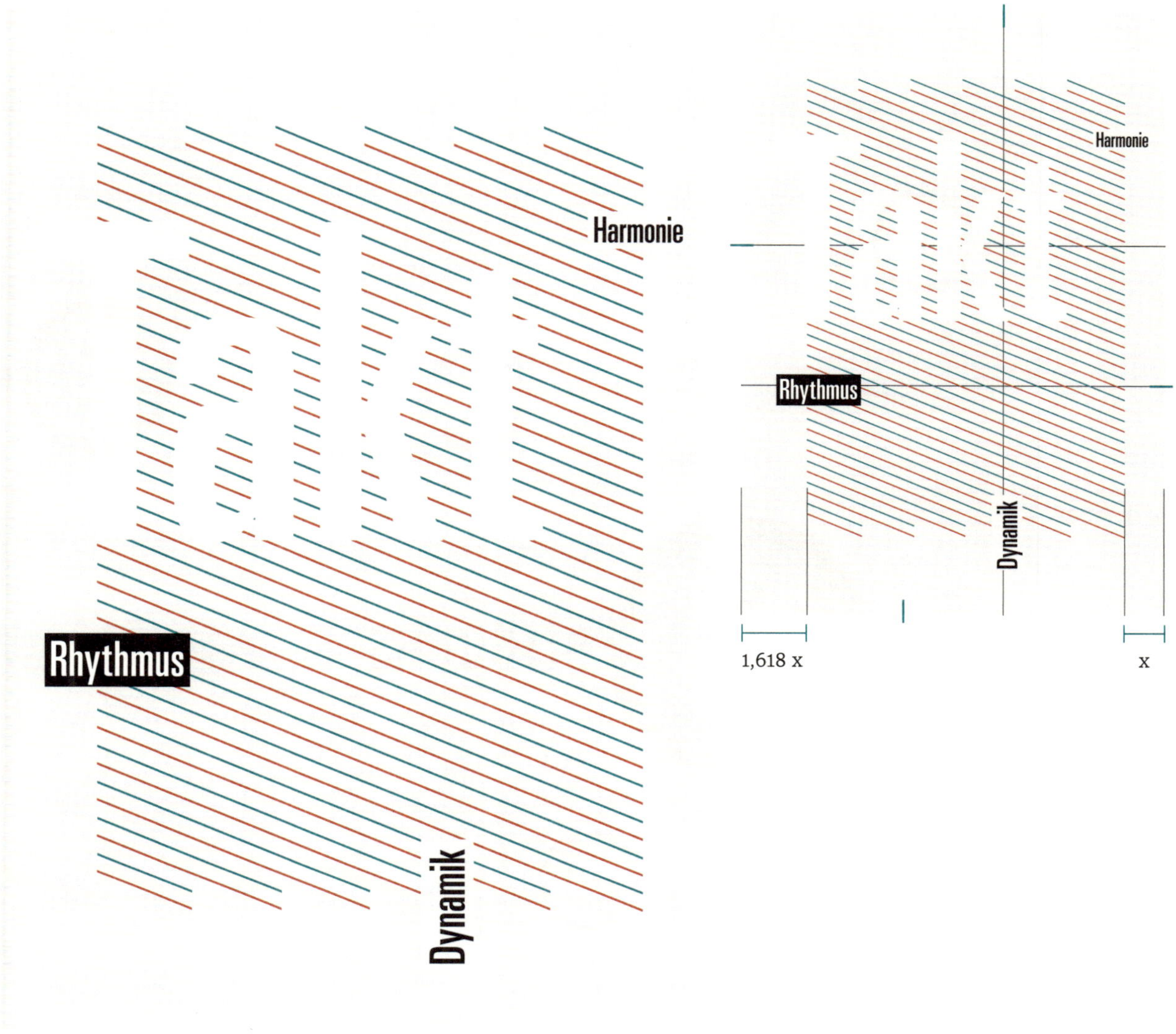

3

[→ Seite 168, 5.5 Kräftemessen in der Komposition]

[→ Seite 158, 5.3 Kandinskys Kompositionslehre]

3 Dieser Entwurf ist in seiner Anlage leicht asymmetrisch. Die farbige, lineare Fläche ist so im Format angeordnet, dass die Stege zur linken und rechten Seite den Goldenen Proportionen entsprechen. Dadurch wird das zentrale Gestaltungselement deutlicher in der rechten Bildhälfte verortet, wo es eine stärkere Dynamik aufbauen kann. Die kleineren, sekundären Elemente sind allesamt in ihrer Position im Format entweder mit den Goldenen Punkten, zumindest aber mit den hinführenden Linien koordiniert. Die zweitgrößte Masse im Format, das auf schwarzem Grund stehende Wort ›Rhythmus‹, agiert als natürliches Gegengewicht zu der nach rechts versetzten Fläche und verstärkt den asymmetrischen Charakter der Komposition. Um ein ›Abstürzen‹ der Komposition nach unten zu vermeiden, ist die lineare Fläche – ähnlich wie der Satzspiegel einer Buchseite – näher an der oberen Formatkante positioniert.

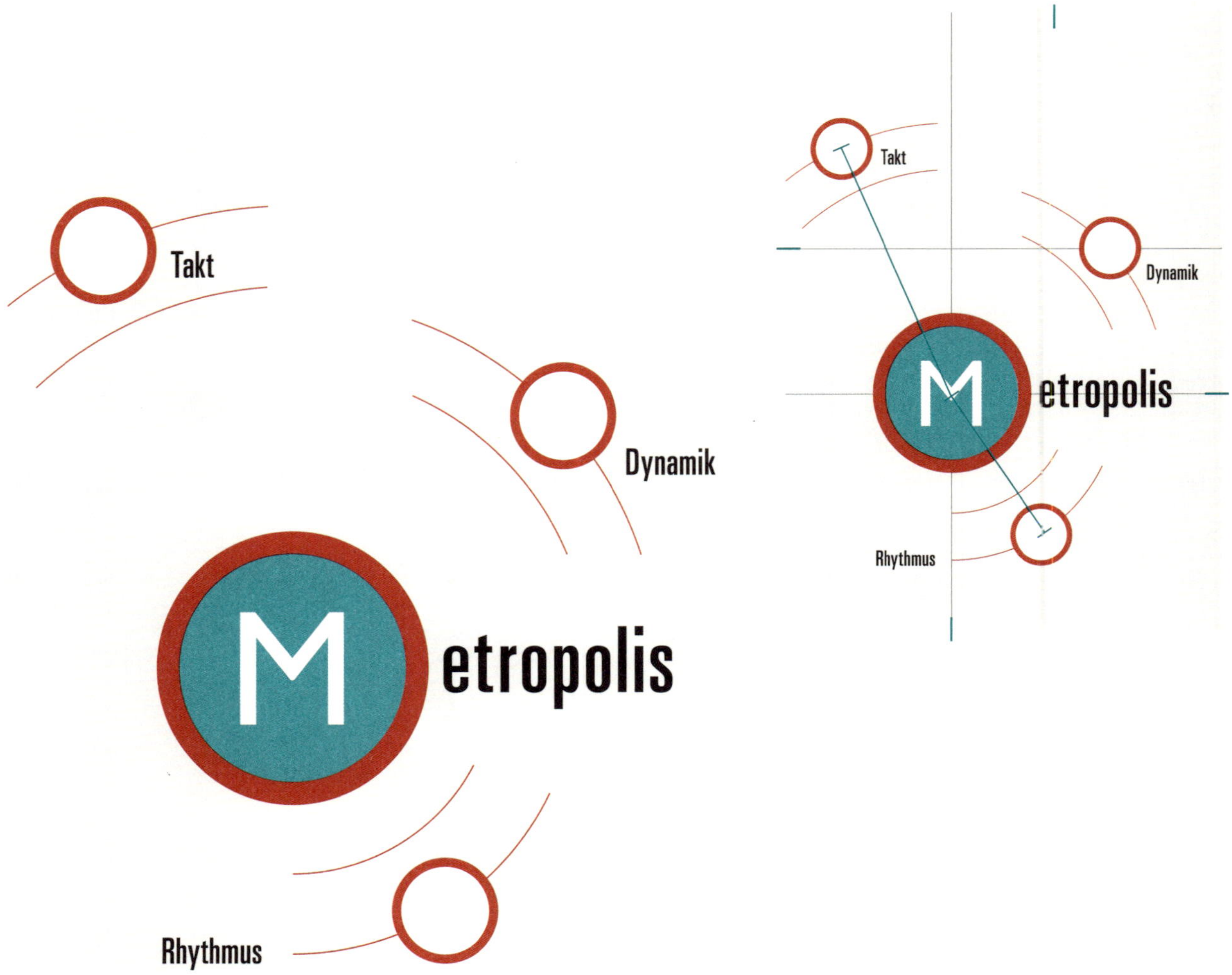

4

[→ Seite 190, 5.8 Kontraste als visuelle Geschmacksverstärker]

4 Die Verbindung von kreisförmigen Elementen und dem rechteckigen Format bereichert diese Komposition durch eine hohe Dynamik – bedingt durch den starken Kontrast der runden und eckigen Formen. Diese Dynamik wird auch nicht durch die etwas statischere untere Bildhälfte gemindert, in der die Komposition ihr Zentrum hat. Dieser Mittelpunkt – die größte Masse im Format – ist auf einem Goldenen Punkt angeordnet. Die unterschiedlichen Abstände zu den kleineren Kreisen, die wie Satelliten um das Zentrum schwirren, variieren; auch hier sind zwei Kreise in ihrem Abstand den Goldenen Relationen nachempfunden, der dritte Kreis ist auf der horizontalen, Goldenen Linie angeordnet, die in der oberen Bildhälfte liegt.

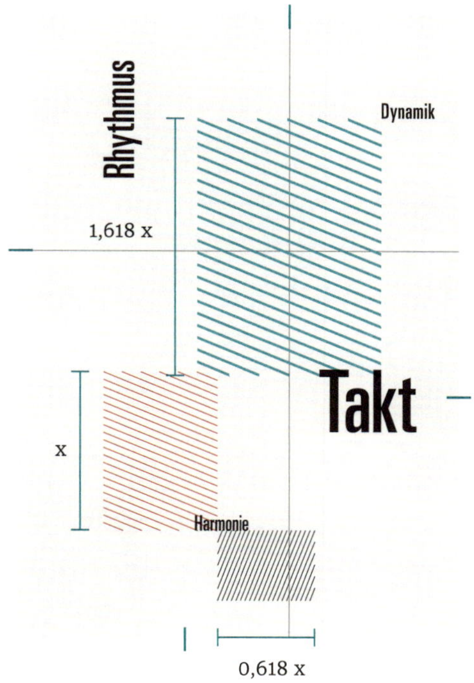

5

[→ Seite 165, 5.4 Standortbestimmung im Format *Der Goldene Punkt*]

[→ Seite 178, 5.6 Richtungen und Räume I

5 Die Goldene Zahl als Multiplikator der Größenverhältnisse der Elemente: Die drei Rechtecke beziehen sich in ihrer Größe auf das jeweilig darunterstehende – um den Faktor 1,618 skaliert. Das größte Rechteck hat seinen Mittelpunkt auf dem Goldenen Punkt; das Hochformat dieser größten Masse gibt – unterstützt durch das darunterstehende Hochformat – die Ausrichtung der Komposition vor: vertikal. Das entspricht der Architektur der Buchstaben, der sehr schmallaufenden Grotesk. Das horizontale Wortbild ›Takt‹, ebenfalls eine hohe Masse innerhalb der Komposition, agiert als selbstbewusster Ausreißer im Format – seine waagerechte Ausrichtung kontrastiert zu den beiden senkrecht ausgerichteten Rechtecken.

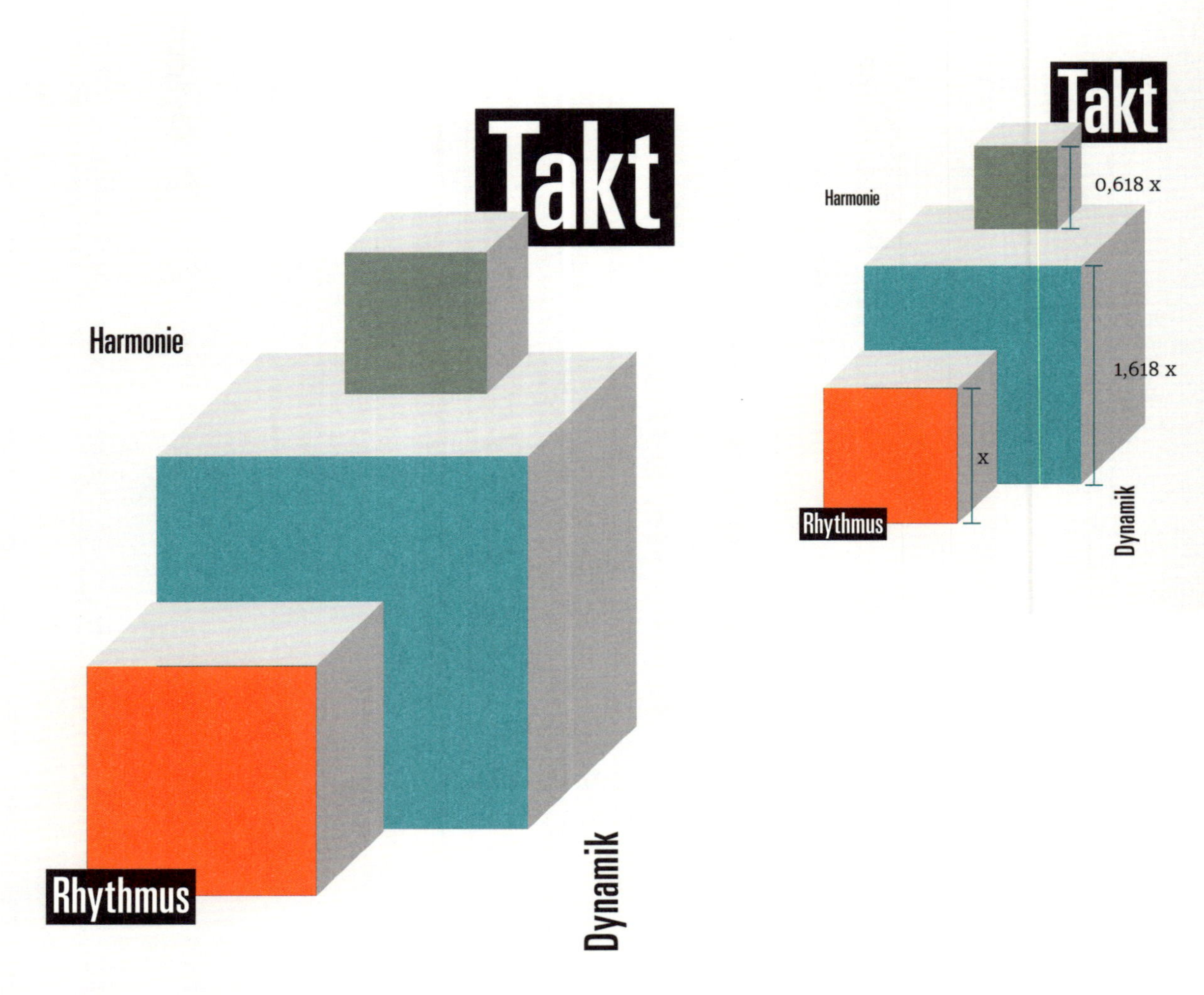

6

6 Räumlichkeit als Gestaltungskonzept – aus Flächen werden Würfel, die in ihren Größenverhältnissen die Goldene Zahl als Regulativ aufweisen. Ausgehend vom lachsroten Würfel ist der blaue Würfel, der versetzt dahinter angeordnet ist, 1,618 mal größer – der kleine graue Würfel ist entsprechend auf eine Größe von 0,618 verkleinert. Dieses Prinzip der räumlichen Abbildung und Anordnung wird in der Inszenierung der Typografie ebenfalls aufgegriffen: Die beiden Begriffe ›Rhythmus‹ und ›Takt‹ sind so an die Würfel gestellt, dass sie den Eindruck des ›Hintereinander-Stapelns‹ aufnehmen. Dass das größere ›Schild‹ (Takt) dabei im Hintergrund angeordnet ist und das kleinere Wort ›Rhythmus‹ im Vordergrund steht, täuscht unser Auge hinsichtlich seiner Erwartung und Gewohnheit von Größenverhältnissen.

Das Konstruktionsprinzip des Goldenen Rechtecks als Steuerungsmodul für die Strukturierung einer Fläche

Wenn wir ein Goldenes Rechteck erzeugen, indem wir ein Quadrat als Grundform ansetzen und die Strecke AB als Radius eines Kreisbogens definieren, entsteht durch den Punkt C ein weiteres Rechteck, das zusammen mit unserem Quadrat ein Goldenes Rechteck ergibt.

Dieses Prinzip der Konstruktion kann beliebig oft weitergeführt werden, um im bestehenden Goldenen Format weitere Rechtecke und Quadrate zu erzeugen. Gleichzeitig strukturieren wir eine Fläche in harmonische Proportionen, unterteilen sie in Felder, die wir kognitiv als angenehm und ästhetisch empfinden. Diese Unterteilung, das Schaffen von Räumen, können wir als ein Gestaltungsraster ansehen und einer Komposition zugrunde legen. Mit unterschiedlichen Farbflächen, Tonwerten oder Strukturen belegt, gibt dieses Raster dem Format eine grafische Struktur, die wir vielleicht nur unbewusst wahrnehmen, sie aber immer als angenehm empfinden werden.

Die Unterteilung des Formats und die Erzeugung Goldener Rechtecke muss dabei nicht unbedingt so weit fortgeführt werden, dass das Raster kleinteilig wird. Bereits die einfache Unterteilung in Quadrat und Rechtecke schafft eine Relation im Format, die harmonisch anmutet.

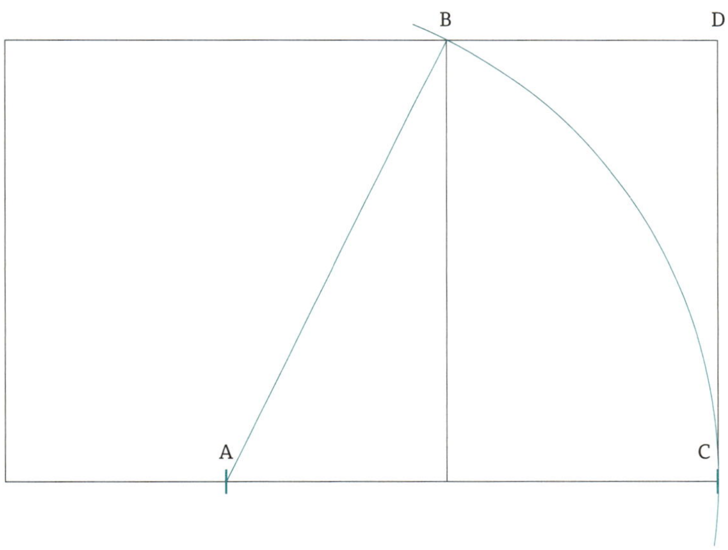

7 Durch Teilung der Kantenlänge *a* eines Quadrats erhält man den Mittelpunkt A des zu zeichnenden Kreises, sowie dessen Radius, die Strecke AB. Der Schnittpunkt des Kreises auf der weitergeführten Kantenlänge *a* ergibt den Punkt C, der der neue Eckpunkt des Goldenen Rechtecks ist. Durch Fällen eines Lots erhalten wir den letzten noch fehlenden Eckpunkt als Schnittpunkt mit der weitergeführten Kantenlänge, auf der Punkt B liegt.

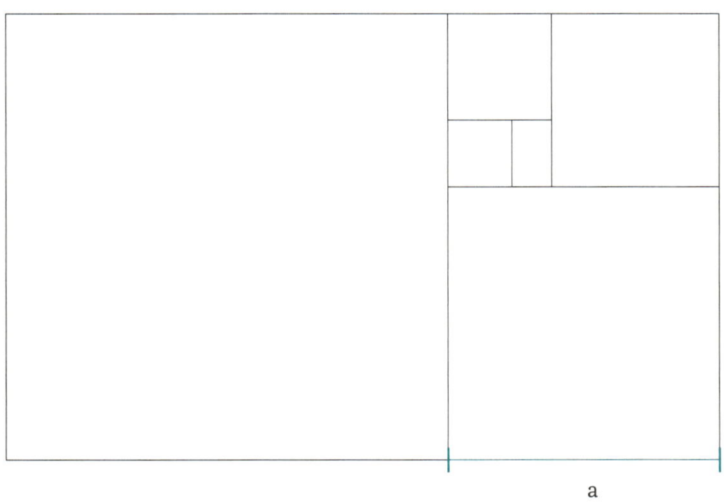

8 Ohne Zirkel kann dieses Konstruktionsprinzip weitergeführt werden: Das Goldene Rechteck ist bereits vorhanden, die Abmaßung des Quadrats muss noch bestimmt werden. Da die Kantenlänge *a* bekannt ist, ergeben sich die weiteren drei Kantenlängen automatisch.

Dieses Raster, das aus dem Konstruktionsprinzip des Goldenen Rechtecks erzeugt wurde, wird durch in die Quadrate eingezeichnete Viertelkreise zu einer Goldenen Spirale. Ordnen wir nun die durch Konstruktion erzeugten Quadrate so an, dass deren Eckpunkte sich berühren und sie spiralförmig angeordnet sind, stehen die Quadrate nicht nur in ihren Größenverhältnissen Golden zueinander, sondern auch in ihrer kompositorischen Ordnungsstruktur.

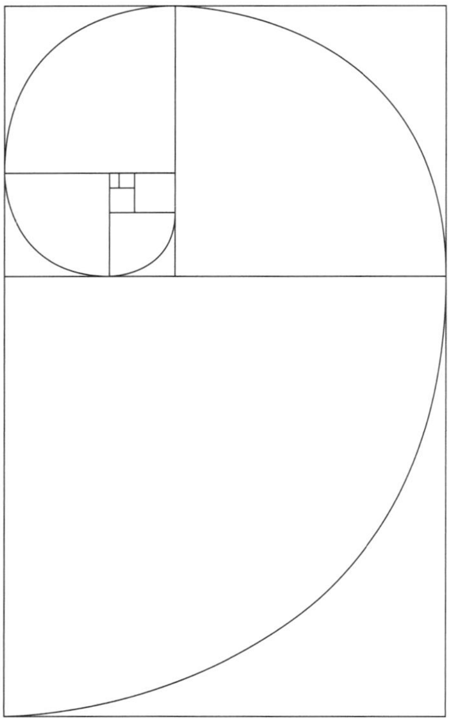

9

9 Die Anordnung der Quadrate nach dem Prinzip der Spirale verbindet zwei gestalterische Vorteile: Die Quadrate differieren in ihrer Größe in den Verhältnissen der Goldenen Proportionen – die Zunahme der Proportionen erfolgt für den Betrachter nach einem ästhetisch schlüssigen Prinzip, was der Form der Spirale, die in der Natur beispielsweise beim Gehäuse der Nautilus vorkommt, so etwas wie eine ›ästhetische Glaubwürdigkeit‹ verleiht. Zudem ist die Spiralform eine geeignete visuelle Analogie, die in einer Gestaltung bestimmte Zusammenhänge von Elementen grafisch zu transportieren vermag. Sie symbolisiert Wachstum, Verdichtung oder Fokussierung.

10 Sind die Goldenen Quadrate entsprechend angeordnet, können sie variabel innerhalb eines Formats eingesetzt werden und bilden dort eine eigene, in sich stimmige Erzählstruktur.

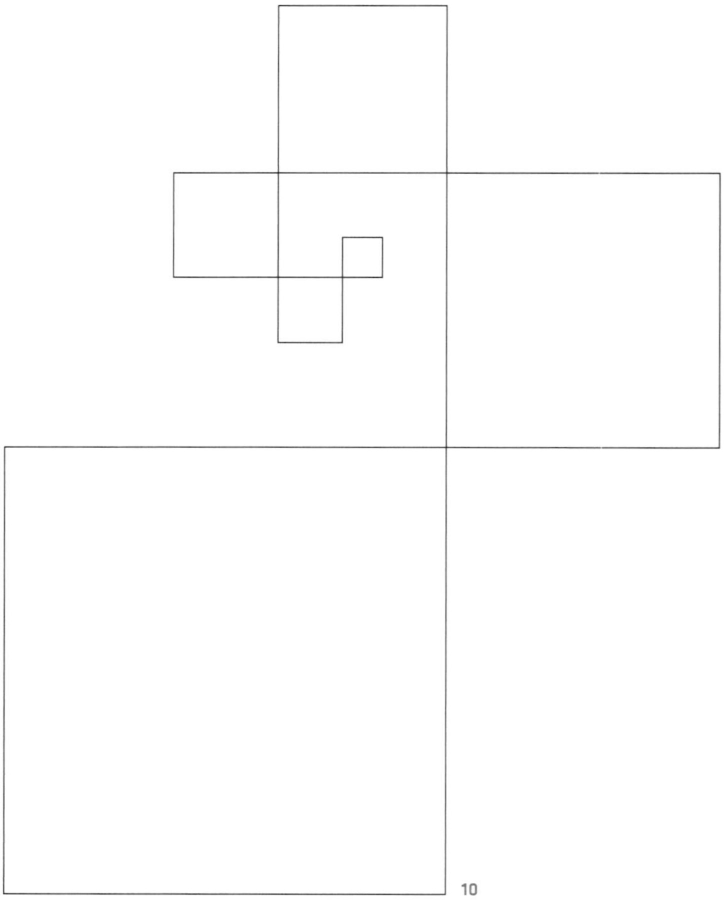

10

Die Einteilung der Fläche als Grundlage der visuellen Erzählstruktur

11

11 Die Unterteilung eines Formats schafft Möglichkeiten, eine Komposition zu strukturieren und der visuellen Erzählstruktur klare Felder zuzuweisen. Die einfachste Umsetzung der Unterteilung nach dem Konstruktionsprinzip des Goldenen Rechtecks zeigt dieses Hochformat: Die Einteilung in Quadrat und Rechteck wird für die Abbildung der verschiedenen visuellen Ebenen genutzt. Das Quadrat bildet das Gemälde ab, das farbige Rechteck darunter die Typografie. Die klare Trennung der beiden Flächen wird durch die Titelzeile ›Johannes Vermeer‹, die sich in unterschiedlichen Größen auf beiden Flächen erstreckt, kompensiert. Der Farbton der Fläche ist dem Gemälde entnommen – auch das unterstützt die Verbindung von Rechteck und Quadrat zu einer grafischen Oberfläche.

12 Das Querformat nutzt die Einteilung des Rechtecks in ein weiteres Quadrat und Rechteck für seine Erzählstruktur: Das große und das kleine Quadrat werden als Bildformate genutzt, das farbige Rechteck bildet die Typografie ab. Die Unterteilung in drei ›Einheiten‹ wirkt nicht etwa auseinandertreibend, sondern lässt das Gestaltungsprinzip – die Unterteilung eines Formats in unterschiedlich große Einheiten – klarer erkennen. Der Farbton der Fläche, der sich erkennbar im großen Bild wiederfindet, agiert auch hier als grafische Klammer.

11 Johannes Vermeer, Dienstmagd mit Milchkrug, 1660
Rijksmuseum, Amsterdam

12 Johannes Vermeer
Straße in Delft, 1658
Rijksmuseum, Amsterdam
Johannes Vermeer,
Der Liebesbrief, 1669–1670
Rijksmuseum, Amsterdam

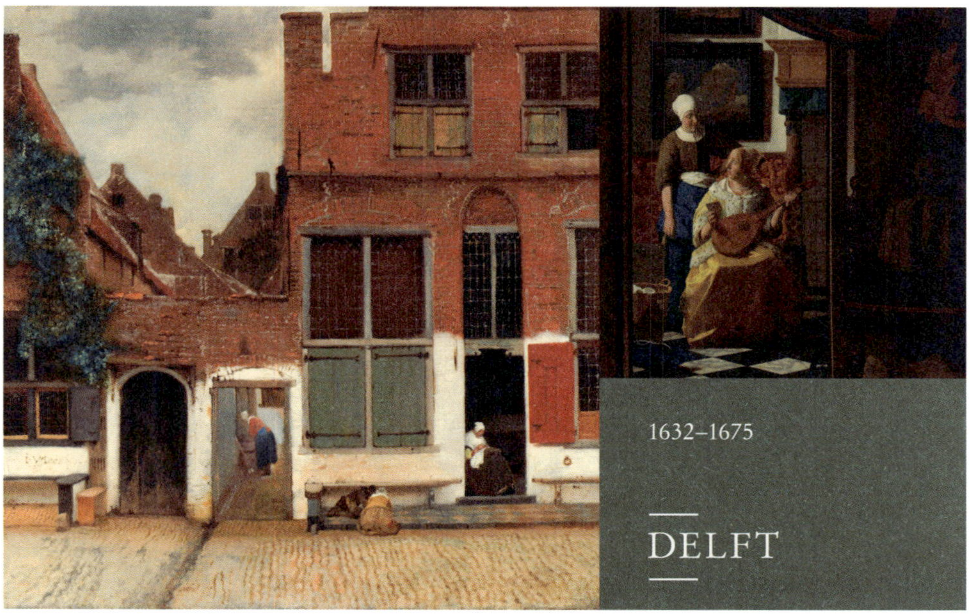

12

13

14

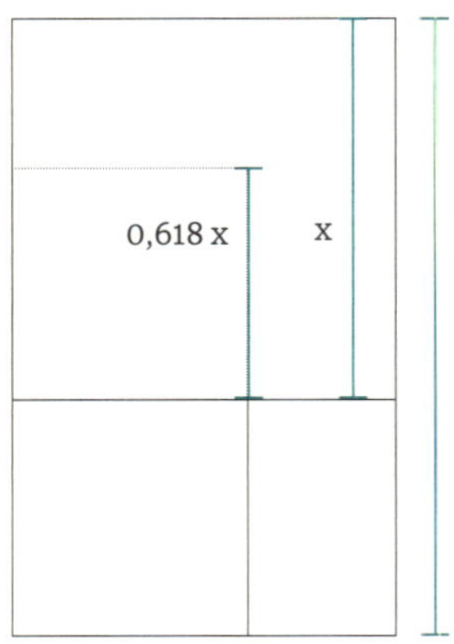

13 Die leuchtende Farbgebung markiert exakt die Felder des Konstruktionsprinzips, dessen geometrische Unterteilung der grafischen Idee dieses Entwurfs entspricht. Die strenge Unterteilung wird durch die klaren, warmen Farben aufgebrochen – der Entwurf bleibt taufrisch und dynamisch. Eine kleine Modifikation bricht die ansonsten so klare Adaption dieses Konstruktionsprinzips auf – die Spiegelung des unteren Quadrats, das sich somit im oberen, größeren Quadrat ›baugleich‹ wiederfindet und zu diesem im Goldenen Verhältnis 1:1,618 steht.

14 Ohne die typografischen Elemente wird die Ordnungsstruktur der Fläche zum Protagonisten der Komposition: Die Bildausschnitte agieren trotz sehr unterschiedlicher Bildsprachen absolut harmonisch, die Anordnung scheint schlüssig und folgerichtig. Das Format droht nicht durch die Binnenstruktur kleinteilig und gestalterisch willkürlich anzumuten. Die neu hinzugekommenen kleinsten Quadrate brechen mit der Idee, dass die unterschiedlich großen Quadrate nur einmal im Format vorhanden sind.

15

16

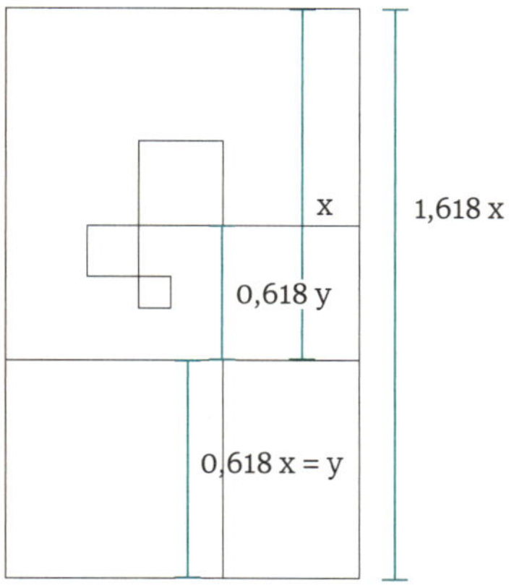

15 Die Goldene Spirale führt die Komposition durch das Format – die Typografie folgt dieser Linie. Die kleiner werdenden Quadrate finden sich in den ebenso kleiner werdenden Schriftzügen wieder (auch wenn hier nicht derselbe, Goldene Skalierungsfaktor angewendet wurde). Die Farbwelt ist homogen: Rot – Orange – Gelb, allesamt warme Farben, die im Zusammenspiel eine starke Kraft und hohe Energie im Format erzeugen.

16 Diese Komposition ist ohne typografische Elemente aufgebaut – sie verschränkt spiralenförmig Bilder miteinander und schafft eine eigene visuelle Erzählstruktur. Im Format existiert darüberhinaus noch eine weitere bildliche Geschichte – die der Vögel, die einer ganz anderen Anordnung folgt. Diese beiden Erzählstrukturen kontrastieren sehr wirksam zueinander und verhindern eine zu große Strenge im Entwurf aufgrund zu dominanter geometrischer Formen.

6.3 Die radiale Komposition

Die Festlegung auf ein kompositorisches Zentrum schafft Kraft und Dynamik im Format: Radialsysteme

1 Radial, vom lateinischen *Radius* (der Abstand vom Mittelpunkt eines Kreises zu dessen Kreislinie). Radial meint das geradlinige Ausgehen von einem zentralen Punkt.

Radiale Kompositionen[1] arbeiten nach einem sehr einfachen und doch äußerst kraftvollen Gestaltungsprinzip: **Im Format wird ein Zentrum festgelegt, das entweder als solches grafisch markiert wird, oder im folgenden Kompositionsprozess visuell herausgearbeitet wird.** Von diesem Zentrum strahlen alle weiteren Elemente ins Format – die Anordnung muss dabei nicht in einer 360°-Fächerung erfolgen, also ähnlich der einer Blüte, deren Blätter rundherum wachsen und automatisch eine symmetrische Ordnungsstruktur eingehen.

Gerade die asymmetrisch aufgebauten Radialkompositionen erzeugen eine große Kraft auf der Fläche, da die das Zentrum umgebenden Räume unregelmäßig sind und der Gestaltung mehr Optionen bieten, sich in diesen Räumen visuell zur Geltung zu bringen.

Die Bündelung in einem Zentrum und das Ausstrahlen in verschiedene Richtungen ist bei aller visuellen Kraft und grafischen Qualität dem Lesevorgang nicht zuträglich und fordert dem Betrachter mehr Konzentration und Kreativität ab, da die einzelnen ›Strahlen‹ – das können Textzeilen genauso sein wie einzelne Schlagwörter oder grafische Elemente – eine hohe Autonomie besitzen. Die uns vertraute Leserichtung von links nach rechts, der Rückschwung zum selben Anfangspunkt fällt bei radialen Kompositionen weg. Deswegen sind sie nicht für alle Medien und Gestaltungen geeignet, besonders komplexe Inhalte sind schwer abzubilden. Doch dieser innovative Ansatz, linear aufzunehmende Informationen abstrakter und individueller umzusetzen, die Idee, einer Gestaltung die Kraft eines (Epi)Zentrums zu geben – das ist durchaus eine inhaltliche Botschaft – qualifiziert die radiale Komposition besonders für grafische Arbeiten, die klar und wirkungsvoll kommunizieren sollen.

Eine besondere Herausforderung für die Gestalter:innen ist es, die einzelnen textlichen Ebenen innerhalb der radialen Anordnung in Hierarchie zu setzen – was soll vom Betrachter zuerst wahrgenommen werden, welche Information schließt sich dem an? Der Einsatz von unterschiedlichen Ton- und Farbwerten als Regler für Kontraste und die Einbindung von grafischen Elementen wie Linien, Flächen und Formen kann den radialen Kompositionen Struktur und Tiefe verleihen.

1

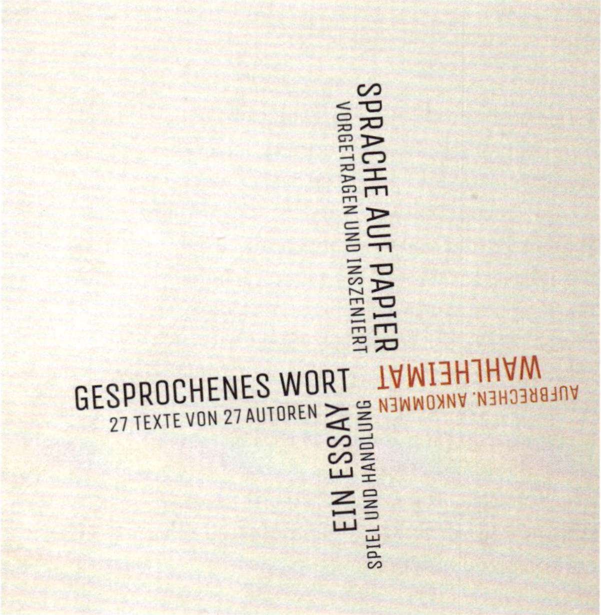

2

1 Das Format ist klar in zwei Bereiche strukturiert: Der obere Bereich zeigt das Motiv und die von einem grafisch herausgearbeiteten Zentrum ausstrahlende Schriftzeile ›RADIAL‹. Die grafische Markierung geschieht über drei lineare Kreise, deren Schnittmenge in ihrem Zentrum den Buchstaben ›R‹ abbildet. Diese Schnittmenge fokussiert einen Bereich im Bild, der sich bei der gezeigten Perspektive als Ausgangspunkt für die radiale Ordnungsstrukur im Format inhaltlich und formal sehr gut eignet. Die weiteren, in einem Winkel von 43° abstrahlenden Zeichen, werden zunehmend größer, was den radialen Charakter der Anordnung noch verstärkt – der Grundlinienversatz der Titelzeile steigert den dynamischen Aspekt der Komposition zudem erheblich.
Die untere Hälfte des Entwurfs arbeitet ausschließlich mit einer farbigen, leuchtendgelben Fläche und sehr reduzierter Typografie. Die sechs an der unteren Formatkante angeordneten Begriffe, sind – wenn auch nicht im selben Winkel – ebenso diagonal gestellt, wie die Titelzeile in der oberen Bildhälfte. Das verbindet beide Entwurfshälften und suggeriert dem Betrachter, dass auch im Format weiter entfernte Gestaltungselemente visuell im Fahrwasser der radialen Komposition schwimmen.
2 Der Brennpunkt dieser typografischen Komposition ist ausschließlich und sehr klar durch die Anordnung der vier Textstränge herausgearbeitet – es gibt keine Unterstützung durch ein Leitmotiv. Die im strengen, rechtwinkligen Aufbau zueinander stehenden Zeilen sind in ihrer Leserichtung so aufgebaut, dass der Betrachter den Text zum Brennpunkt hin erfasst; entsprechend ist eine Zeile – der Titel – um 180 Grad gedreht. Durch ihre Markierung in roter Farbe wird ein Anfangspunkt in der Hierarchie der Informationen fixiert. Die gesamte Komposition gleicht den Flügeln einer Windmühle, die leichte Winkelung unterstreicht diesen Charakter noch.

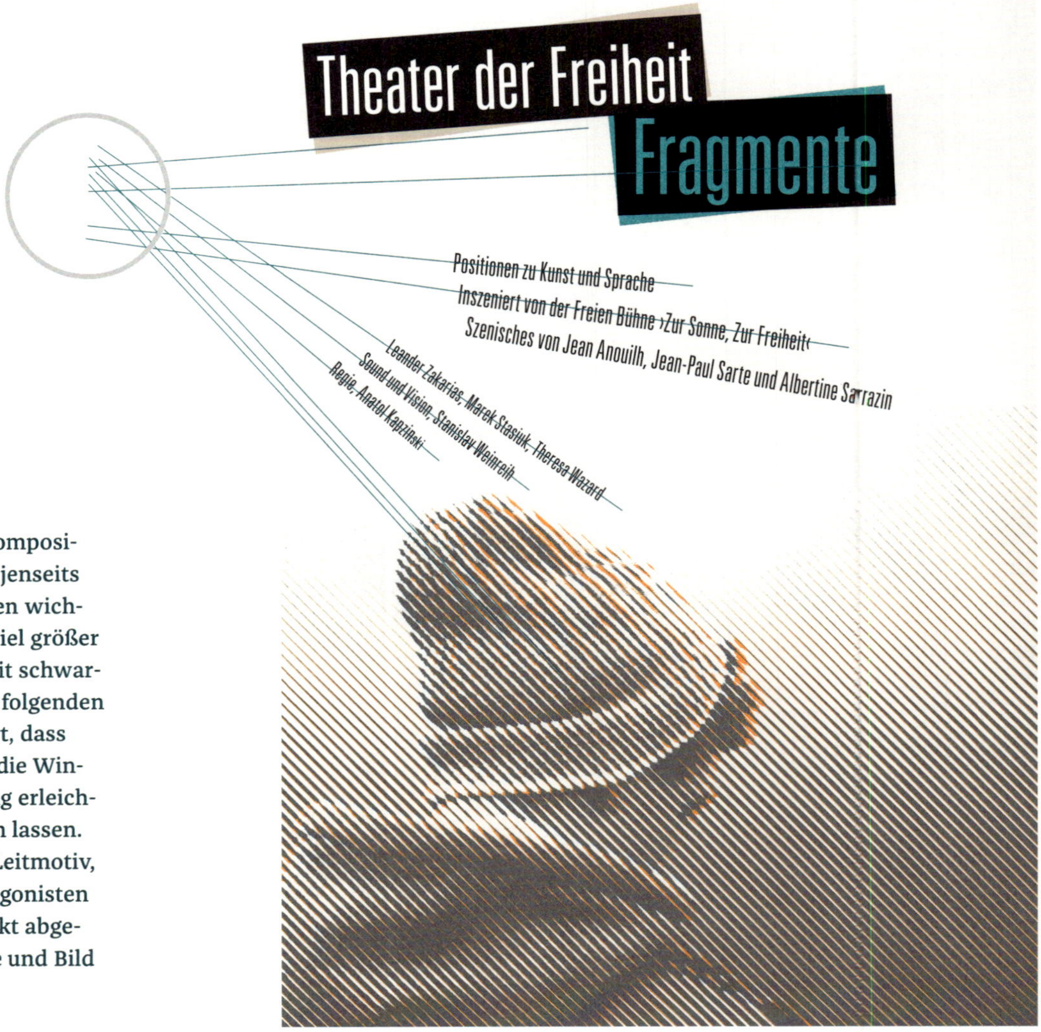

3

3 Der Brennpunkt der radialen Komposition liegt außerhalb des Formats, jenseits der linken Formatkante. Die beiden wichtigsten Informationen sind sehr viel größer abgebildet und zudem grafisch mit schwarzen Kästen hinterlegt. Die beiden folgenden Textgruppen sind so hierarchisiert, dass sowohl die Schriftgröße als auch die Winkelung der Zeilen den Lesevorgang erleichtern, bzw. etwas schwerer werden lassen. Die Winkelung der Bildlinien im Leitmotiv, sowie die Blickrichtung des Protagonisten sind ebenfalls mit dem Brennpunkt abgestimmt und verbinden Typografie und Bild wirkungsvoll miteinander.

4

4 In diesem Entwurf folgt nicht nur die Typografie einem Fluchtpunkt, der außerhalb des Formats liegt, sondern auch alle Linien im Bild – sowie die weißen Punkte, deren zunehmende Größe die fliehenden Linien noch unterstützt. Rechte Winkel sind in der Gestaltung nicht vorgesehen – die Dynamik des Bildes findet sich in allen Teilen der Gestaltung wieder.

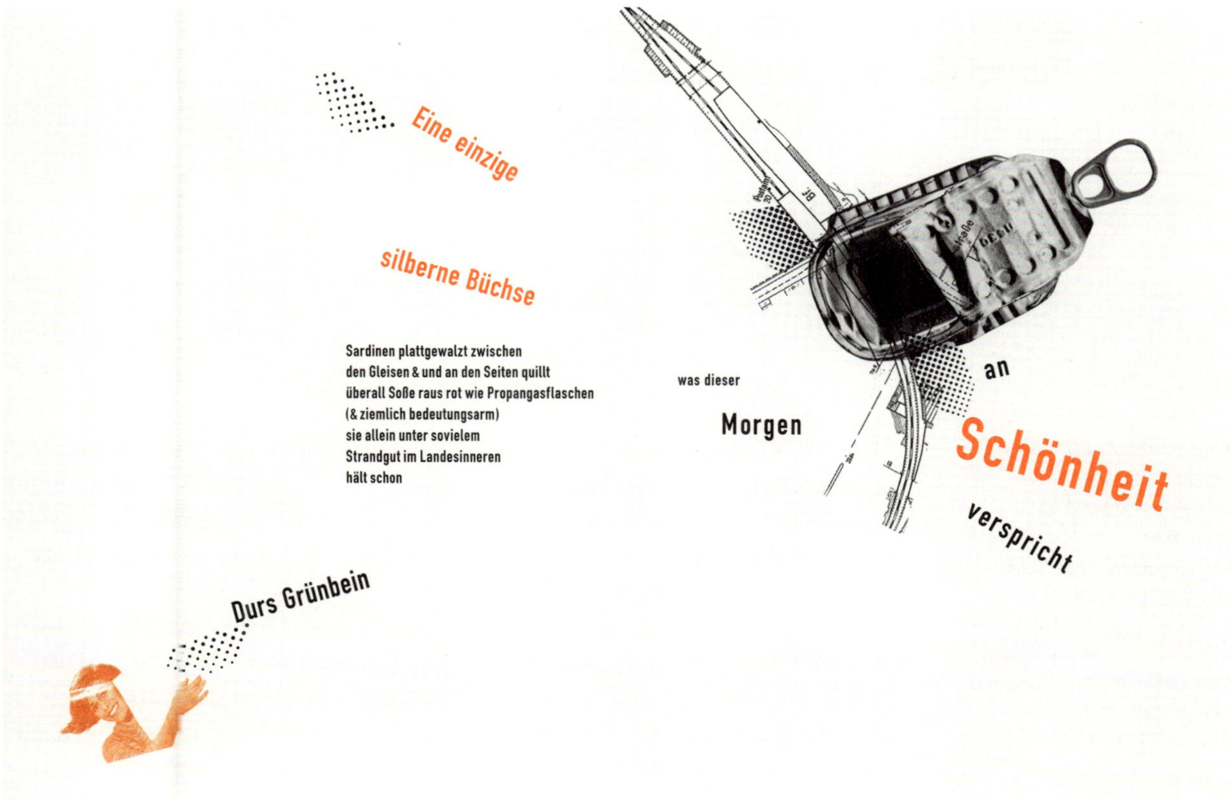

5

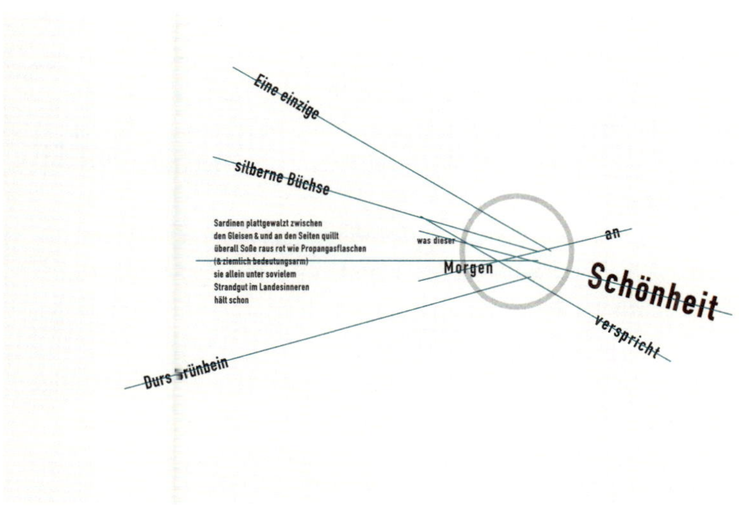

›Eine einzige Büchse Sardinen …‹, aus:
Durs Grünbein, Grauzone morgens. Gedichte.

5 Der zentrale Brennpunkt ist im Format angeordnet – im Zentrum der Komposition. Das Bild, das Schrift und Illustration zusammen entwickeln, entspricht genau dem, was der Text erzählt. Diese inszenierende Typografie verstärkt Sinn und Duktus eines Textes und nimmt dabei selbst illustrative Züge an.

6.4 Die axiale Komposition

Achsen in der Gestaltung vermitteln Ordnung, Richtungen und Prinzipien einer Komposition. Und sie führen das Auge wie auf Schienen durchs Format.[1]

In der Gestaltung gibt es bestimmte Muster, die uns helfen, eine Ordnungsstruktur, eine Proportion oder ein Format in ihrer Organisation oder ihrem Aufbau als schlüssig zu erfassen. Das Quadrat zum Beispiel gehört dazu, da es mit seinen vier gleichlangen Seiten dem Betrachter adhoc seinen Mittelpunkt preisgibt – schneller als ein Hoch- oder Querformat es vermag.[2]

Eine Komposition mit einer klar erkennbaren axialen Ordnungsstruktur, also einer Anordnung, die entlang einer bestimmten Achse organisiert ist, erschließt sich dem Betrachter ebenso schnell und erscheint konsequent und harmonisch organisiert. Die Kräfteverhältnisse innerhalb einer axialen Komposition sind leicht zu rekapitulieren – bei der symmetrischen Komposition darüberhinaus am einfachsten. **Die Anordnung der Elemente entlang einer Achse – sei es vertikal, horizontal oder diagonal, ist selbsterklärend,** auch für Nicht-Gestalter-Augen. Das kann ein Vorteil sein, weil es den Zugang zu einem Design für den Betrachter öffnet, aber auch schnell die gestalterische Rezeptur preisgibt. Kompositorische Raffinesse und überraschende Momente bleiben bei einer stoischen Einhaltung der axialen Ordnung immer dann aus, wenn Abweichungen und Ausnahmen fehlen. Ein gezieltes Verlassen der Struktur, eine erkennbare Abweichung von der Regel bereichert die Gestaltung, weil sie unser Harmonieverständnis herausfordert und Reizpunkte setzt.

Nehmen wir beispielsweise ein Gestaltungselement aus einer mittelaxialen Anordnung heraus und platzieren es bewusst in einer anderen Zone im Format, brechen wir die offensichtliche Regel auf und wirken einer Monotonie entgegen.

Eine streng axial angeordnete Typografie beispielsweise kann weitere, ›unruhige‹ Gestaltungselemente sehr wirkungsvoll beruhigen: Wenn die visuelle Ebene eine hohe Energie freisetzt, der Komposition viel Dynamik zuführt, darf die Typografie als ein anderer Regler der Gestaltung mit klarer Ordnung gegensteuern.

Im Ergebnis kontrastiert die lineare Struktur der Zeichen mit ihrer eindeutigen Organisation mit der emotional wahrgenommenen Bildebene – das steigert die Bildwirkung.

1 In der Landschaftsarchitektur spricht man bezeichnenderweise von ›Sichtachsen‹ – sie führen den Blick zu einem zentralen Punkt einer Landschaftsgestaltung.
2 Flächen haben Begrenzungen. Unser Auge tastet diese Formatbegrenzungen, die Seiten, ›unaufgefordert‹ ab und ist in der Lage, die Strecken zu halbieren, und deren Mittelpunkte auszuloten. Hat unser Auge die Mittelpunkte der Strecken gefunden, assoziiert es automatisch den Mittelpunkt der Fläche.

[→ Seite 148, 5.2 Rechteck und Quadrat]

[→ Seite 186, 5.7 Symmetrie und Asymmetrie]

1

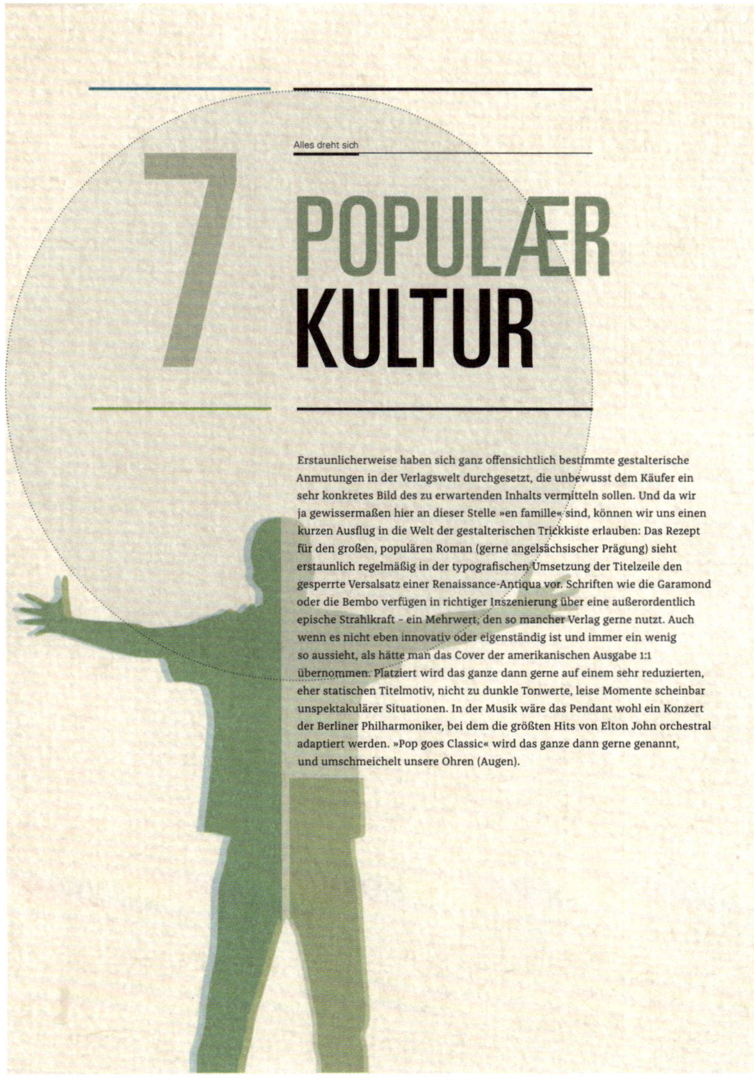

2

1 Die mittelaxiale Ausrichtung erzeugt in der Anordnung unterschiedlich großer und komplexer Textebenen ein hohes Maß an Ruhe, Klarheit und Ordnung im Format. Die einfachste Ordnungsstrukter – InDesign formatiert sie auf Wunsch automatisch –, und doch liefert sie grundsätzlich Gestaltungen ab, die sichtbar einem Plan folgen und sich in ihrer Organisation jedem Betrachter erschließen. Dieser Entwurf bildet wenig Text ab, daher kommt dem Font eine besonders hohe Bedeutung zu, denn seine Zeichen müssen eine hohe plakative Wirkung entfalten – hier folgen sie in ihrem vertikalen Aufbau der Ausrichtung des Formats. Der moderate Kontrast des Farbtons der Typografie zum Bildhintergrund verbindet beide Ebenen sichtbar – und stärkt das erzählerische Moment bei diesem Coverentwurf. Eine besondere Bedeutung erfährt der im Motiv angeschnittene Baum und die Bank, nicht nur, weil sie sich trennscharf aus der weißen Winterlandschaft absetzen, sondern zudem aus der mittelaxialen Anordnung ausbrechen und die rechte Bildhälfte betonen.

2 Jenseits der vertikalen Mitte des Formats ist dieser Entwurf aufgebaut. Alle typografischen Elemente sind linksbündig gesetzt und erzeugen damit eine klare, vertikale Linie in der Komposition. Gestalterisch fügt es sich gut, dass der auf zwei Zeilen umbrochene Titel ›Populær Kultur‹ mit Lettern beginnt, die über einen klaren vertikalen Strich verfügen, der die Achse kraftvoll unterstreicht. Das Bildmotiv greift diese axiale Struktur durch einen Farbwechsel wirkungsvoll auf. Der Kontrast der Flatterzone zur linken, glatten Satzkante unterstützt diese in ihrer erkennbaren Funktion als gestalterische Achse für alle Elemente im Format.

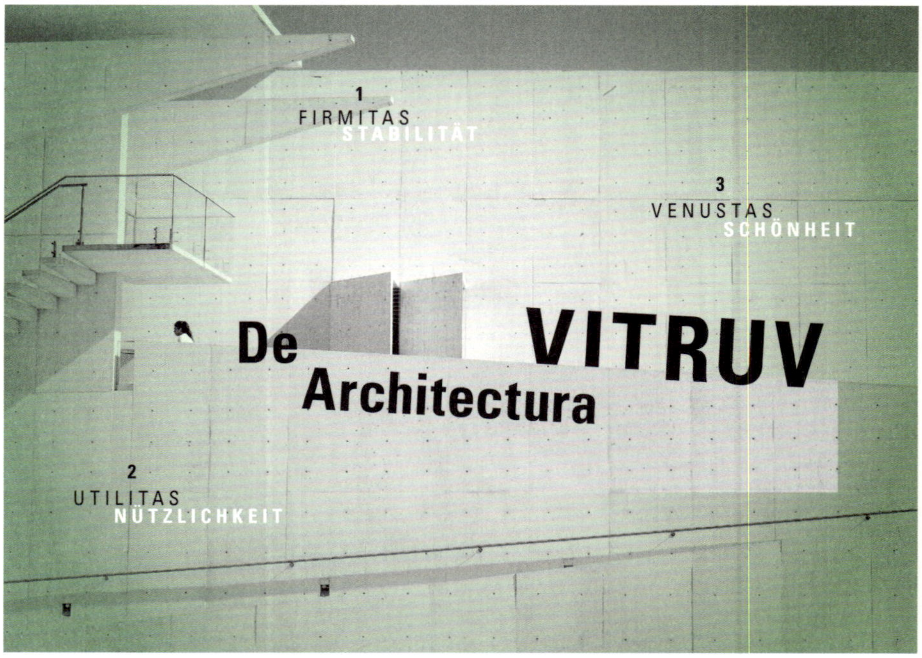

3

[→ Seite 186, 5.7 Symmetrie und Asymmetrie]

3 Die zentrale gestalterische Achse dieser Komposition verläuft leicht diagonal von der linken zur rechten Bildkante, ist dabei direkt aus dem Motiv entnommen und steuert die Ausrichtung der Headline. Wird Schrift auf einem Bild angeordnet, kann das Motiv selbst wichtige Kompositionslinien vorgeben.
Die Headline folgt der Bilddiagonalen, gruppiert sich um sie herum und suggeriert dem Betrachter, dass bestimmte Zeichen dahinter angeordnet sind und vom Motiv teilweise verdeckt werden. Die kleineren Zeilen sind wie umherschwirrende Satelliten um das Bildzentrum angeordnet, ignorieren dabei die diagonale Ausrichtung der Titelzeile und verlaufen horizontal. Das arbeitet einer zu stark radialen Komposition entgegen.

4

5

4 Die diagonal, fast vertikal verlaufende Kompositionsachse unterteilt das Hochformat in unterschiedlich breite Zonen und gibt dem Format eine schlüssige und dynamische Grundstruktur. Die Schrift organisiert sich in ihrer Ausrichtung entlang dieser zentralen Achse – das zeigt sich in der Winkelung der Titelzeilen und an den eben nicht vollständig gestürzten kleineren Zeilen. Das Motiv im Hintergrund ist ebenfalls im gleichen Winkel ausgerichtet, den die Neigung der zentralen Achse im Format installiert hat.

5 Der Entwurf ist rein typografisch, die Lautstärke seiner gestalterischen Idee sichtbar zurückgenommen. Die Anordnung der einzelnen Textebenen folgt drei Gestaltungsachsen, die gemeinsame Schnittpunkte besitzen.
Die Hierarchie der einzelnen typografischen Ebenen erfolgt über die Schriftgröße und die Ausrichtung. Die Titelzeile ist in Blau abgesetzt und signalisiert die höchste Wichtigkeit in der Reihenfolge der Informationen. An Position 2 ist die ebenfalls leicht diagonal angeordnete, kleiner gesetzte Zeile – sie kooperiert stärker mit unserem antrainierten horizontalen Lesevorgang. Die fast schon gestürzte Zeile – sie ist die einzige Zeile in Schwarz – ordnet sich in der Hierarchie ganz hinten ein.

6.5 Formatgrenzen

Die vier Seiten eines Formats sind in Funktion und Bedeutung für eine Komposition elementar: Sie sind Begrenzungen, Richtungen, Start- und Zielpunkte – Fundament oder Firmament. Und müssen dabei nicht immer gerade sein.

[→ Seite 138, 5.1 Auftrag und Wirkung von Komposition]

Wir können mit der Positionierung der Gestaltungselemente deren Wirkung steigern, ihre Wahrnehmung durch den Betrachter und einhergehend die Erzählstruktur und die Strahlkraft der gesamten Komposition steuern –, wenn wir sie in ein Spannungsverhältnis mit den Formatkanten setzen.

Wir sprechen gerne davon, Grenzen zu durchbrechen oder zu überwinden – genau das können wir mit unserer Gestaltung in gleichem Maße tun, wie wir mit ihr die Formatgrenzen berücksichtigen und sogar betonen, indem wir zum Beispiel die Satzspiegelkanten parallel zu den Formatkanten errichten. Der umgebende Weißraum schafft Ruhe, der sichtbare Abstand zu den Formatkanten Harmonie oder Disharmonie – das entscheidet der Abstand zu den druckenden Teilen.

Positionieren wir eine Abbildung mit genügend umgebendem Weißraum im Format, wird sie ihre Bildwirkung voll entfalten können – der Weißraum agiert dabei wie ein Passepartout. Ist die Abbildung aber unmittelbar an der Formatkante angeordnet, ist die Wirkung auf die gesamte Komposition eine andere: **Die Gestaltung wird dynamisiert, da die Formatgrenze unmittelbar in die Komposition einbezogen wird.** Die scheinbare Vergrößerung des Formats und das offensive Einbeziehen der Formatkante, was wie eine Öffnung der abschließenden Seiten aufgenommen wird, kann einer gestalterischen Monotonie oder zu großer Statik entgegenwirken, muss aber gestalterisch schlüssig vermittelt werden. Bei Arbeiten, die nur aus einer (Vorder)Seite bestehen, wie ein Plakat beispielsweise, ist das leichter zu vermitteln und schneller als bildnerisches Mittel zu erfassen. In einer Publikation mit vielen Doppelseiten stellt sich der Betrachterin die Frage, wann die Abbildungen den Satzspiegel verlassen und an der Formatkante positioniert werden dürfen – ab einer bestimmten Größe oder dürfen nur Hoch- oder Querformate angeschnitten werden? Hier müssen die Gestalter:innen eine klare Regel definieren. Und auch einhalten.

Werden Bilder oder andere Gestaltungselemente angeschnitten und nicht vollständig im Format abgebildet, lässt uns der Bildausschnitt glauben, die Elemente seien scheinbar ins Format getreten. Die Komposition wird stark dynamisiert und in ihrer Anmutung sequenzhafter und abstrakter. Der Verzicht auf die vollständige Bildinformation fordert das Vorstellungsvermögen des Betrachters stärker heraus. Ein primäres oder sekundäres Gestaltungselement anzuschneiden (und es so scheinbar in Bewegung zu versetzen) erzeugt eine starke, künstlerische Spannung im Format, da der Betrachter zur Interpretation aufgefordert wird.

1

2

1 Die Plakatheadline ist sehr groß und frei umbrochen zweizeilig im Format angeordnet. Hierbei übertreten die Buchstaben die linke und die rechte Formatgrenze und sind nicht vollständig im Format sichtbar: Die angeschnittenen Zeichen werden zu abstrakten Formen, der Lesevorgang wird herausfordernder. Und dennoch gelingt das Erfassen des Wortes, da die sichtbaren Zeichenfolgen bestimmte sinngebende Wortteile assoziieren lassen. Das Aufbrechen der Formatgrenzen lässt die Gestaltung größer und dynamischer werden – die Headline bewegt sich scheinbar horizontal durch das Format.

2 Das Leitmotiv – ein freigestellter Stuhl – ist angeschnitten in der rechten Formathälfte angeordnet. Das Einbeziehen der rechten Formatkante dynamisiert das eher statische Motiv und die Komposition, da die aktivere, die rechte Formathälfte eine starke Betonung erfährt. Der Betrachter hat keinerlei Verlust an visueller Information, aber einen Mehrwert an bildnerischen Mitteln.

Formatgrenzen und Ordnungsstrukturen

3 Das Kompositionsprinzip und der Umgang mit den Formatgrenzen lassen sich durch die rechteckige Anordnung der Elemente sofort erfassen. Der Weißraum betont wie ein Passepartout die parallel zu den Formatkanten angeordneten Elemente.

4 Die größte Masse innerhalb der Komposition öffnet durch die Verbindung mit der Farbfläche die rechte Formatgrenze. Die Harmonie bei den Weißräumen wird merklich aus dem Gleichgewicht gebracht, die rechte Formathälfte stärker betont – das Kompositionsprinzip wird an einer Seite aufgebrochen.

5 Der Entwurf arbeitet mit einer symmetrischen Anordnung bei den beiden großen Elementen – mit der Positionierung der kleineren Elemente bricht das symmetrische Prinzip auf.

6 Die Symmetrie wird aufgelöst, indem das Bild an die linke Formatkante gerückt und die Komposition dadurch geöffnet wird – das betont die ohnehin stärkste Masse im Format. Die Komposition hat nun ein anderes Prinzip mit dem Weißraum und der Formatgrenze.

Ordnungsstrukturen und Bilder

7 Die Komposition arbeitet nun mit einem weiteren, kleinen Bild, das die rechteckige Anordnung der Elemente innerhalb des Formats und die homogenen umgebenden Weißräume klar erkennen lässt.

8 Beide Bilder werden an den Formatkanten angeordnet und verlassen die bisherige Ordnungsstruktur. Die Bilder werden somit aktiver und autonomer und ›sprengen‹ die immer noch vorhandene rechteckige Komposition innerhalb des Formats.

9 Die Dreieckskomposition aus zwei kleinen und einem großen Bild dominiert diesen Entwurf, der vollständig innerhalb des Formats verortet ist.

10 Zwei Bilder sind nunmehr an den Formatkanten angeordnet – die Ordnungsstruktur ändert sich. Der große Schriftzug ist nun weiter nach links positioniert – das klammert die beiden Formathälften zu einer weiterhin erkennbaren Einheit.

Das Anschneiden von typografischen Elementen

Die obere und die untere Formatkante

11 Dieser Entwurf bezieht die untere Formatgrenze als Gestaltungsprinzip der Typografie und der Komposition ein. Die im Wort MONOTONAL vorkommenden Buchstaben wären nicht vollständig lesbar, wären sie über die obere Formatkante hinaus gezogen worden, daher kommt nur die untere Kante in Frage, um die Headline angeschnitten zu zeigen. Die Bilder hingegen sind exakt gegenläufig positioniert: an der linken und rechten Formatgrenze.

Die linke und die rechte Formatkante

12 Die rechte und die linke Formatkante schneiden die Wortteile der Headline an. Dazu greift noch die untere Kante ›aktiv‹ in die Gestaltung ein, da hier die letzte Silbe der Headline mit ihrer Schriftgrundlinie angeordnet ist. Dadurch wird ein anderer Umgang mit dem umgebenden Weißraum definiert, der zu den beiden weiter oben positionierten Silben kontrastiert – denn hier ›durchschneiden‹ die Formatkanten die Zeichen offensiv.
Die Komposition assoziiert in der oberen Formathälfte einen rangezoomten Ausschnitt – der Umgang mit dem untersten Gestaltungselement bricht da sichtbar aus.

[→ Seite 72, 3.1 Der Vorgang des Lesens, *Die parallele Buchstabenerkennung*]

Das Anschneiden oder Modifizieren der Formatgrenzen

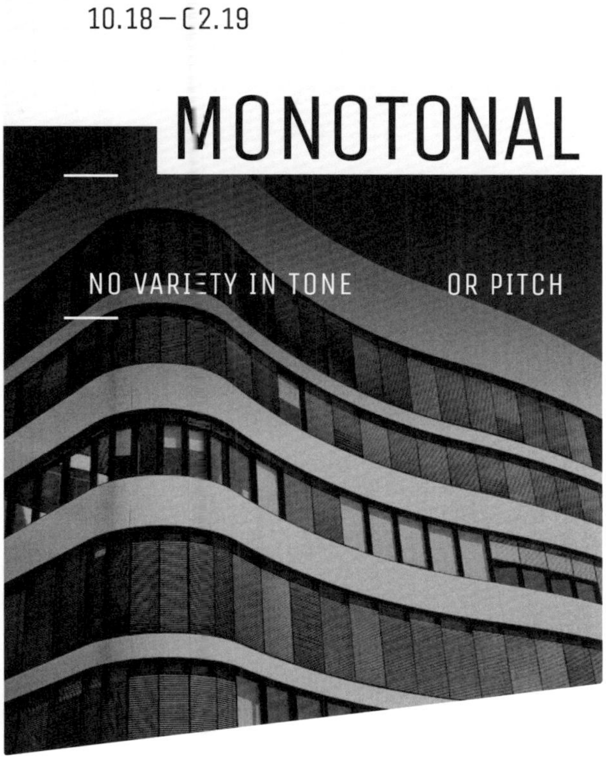

Die schräg angeschnittene Formatkante
13 Weniger kostspielig in der Produktion als zu vermuten wäre, ist die schräge Formatkante eine Lösung, die andere Voraussetzungen schafft. Unsere tradierten Sehgewohnheiten assoziieren Rechtecke als Standard in der grafischen Gestaltung. Die Rahmenbedingungen grundlegend zu ändern, dynamisiert eine Komposition, da sie völlig neue Verhältnisse der Gestaltungselemente zu den Formatkanten aufsetzt. In diesem Entwurf wird die Basis des Formats, die untere Grenze, modifiziert und somit der Zone, die den Elementen Schwere und Statik zuweist, eine kraftvolle, bewegliche Energie zugewiesen.

Die abgerundete Ecke
14 Eine einzelne abgerundete Ecke in einem Rechteck agiert wie ein Systemsprenger. Die nicht erfüllte Erwartung von vier rechten Winkeln fordert die Sehgewohnheit des Betrachters heraus. Und bietet eine neue visuelle Lösung, weil die Scharfkantigkeit des rechten Winkels einer weichen, organischen Linienführung weicht. Die sich auch im Leitmotiv in der Architektur des Hauses wiederfindet.

6.6 Die Taktgeber der Gestaltung

Farbe, Tonwerte und Kontraste steuern wie Schalthebel eine Komposition in ihrer Wirkung und ihrer Ästhetik – grafische Elemente wie Flächen, Rahmen und Linien können die Gestaltung strukturieren und eine Ruhezone für die Typografie herstellen.

Farbe, Tonwerte und Kontraste

Farbe unterstützt die bildnerische Tiefe und beeinflusst die ›Stimmung‹ einer Arbeit, die der Betrachter emotional wahrnimmt – der Verzicht auf Farbe hingegen erzeugt eine grundsätzlich andere Bildsprache, deren Kraft sich über Kontraste und Tonwerte definiert. Der Umfang an Tonwerten reguliert die Kontrastschärfe einer Gestaltung: Harte Kontraste, also die Reduzierung auf wenige Tonwerte, schaffen Eindeutigkeit und Trennschärfe innerhalb des Designs. Sie können eine Gestaltung aber auch »verflachen«. Die maximale Ausprägung, Schwarz und Weiß, schraubt den Kontrast nach ganz oben – und damit einhergehend auch die Wucht und Eindeutigkeit der Gestaltung.

Kontraste der Größe, der Farbe und der Formen können die visuelle Lautstärke und die Eindeutigkeit einer Komposition bezüglich ihrer Wahrnehmung regeln. Insofern kommt den Kontrasten und den bildnerischen Mitteln, die den Blick des Betrachters auf sich ziehen, immer dann eine besondere Bedeutung zu, wenn eine Gestaltung sich beispielsweise im öffentlichen Raum gegen andere visuelle Impulse durchsetzen muss. Unsere Umwelt ist voller visueller Signale und Reflexe, die unsere Bereitschaft ermüden, auf weitere visuell agierende Medien zu reagieren.

Schrift und Bild als Symbiose beim ›Gesamtkunstwerk Plakat‹[1]

Befreit vom (engen) Korsett der Lesetypografie agiert Schrift in großen Formaten nach einem liberaleren Regelkatalog – mikrotypografische Standards aber wie der Abstand der Zeichen zueinander bleiben dennoch essentiell und müssen den teils beachtlichen Schriftgrößen angepasst werden.

Die Hierarchie der Informationsebenen ist maßgeblich für das ›Erscheinungsbild‹ der Typografie: Größe, Schriftschnitt und der Kontrast zum Hintergrund steuern die Lautstärke einer Schrift. Ihre Interaktion mit dem Plakatmotiv entscheidet über das gestalterische Klima des Entwurfs – Schrift und Bild können eng miteinander verwoben sein oder getrennt voneinander im Format stattfinden. Ein Schriftzug kann neben seiner inhaltlichen Aussage auch formal einen starken Bezug zum Motiv aufbauen – die Lettern erfahren durch die Größe der »Bühne« eine andere Wahrnehmung: Sie werden besonders stark als grafische Zeichen wahrgenommen.

1 In der jahrhundertelangen Tradition der Aushänge und öffentlichen Bekanntmachungen hat sich das Plakat nicht zuletzt auch durch die stete Weiterentwicklung der Druck- und Reproduktionstechniken bis hin zu digitalen und interaktiven Displays zu einer künstlerischen Ausdrucksform emanzipiert und ist in seinem kommunikativen Auftrag und seinen gestalterischen Möglichkeiten zu einem außerordentlich komplex zu erfassenden Medium entwachsen. Das kommerzielle Werbeplakat, das großflächig im öffentlichen Raum Produkte oder Unternehmen, Leistungen oder Ideologien nach außen trägt, folgt einzig dem Gedanken der wirkungsvollsten Kenntlichmachung. Der gestalterische und ästhetische Anspruch ordnet sich, ebenso wie die konzeptionelle ›Verpackung‹ der Botschaft, der erfolgreichen Verbreitung unter. Und mittlerweile heißt das klassische Werbeplakat heute ›Out of home media‹, ist längst digital und bietet zumeist Bewegtbild.
Anders als das künstlerisch anspruchsvolle Plakat, das sein Selbstverständnis aus der ästhetischen und gestalterischen Qualität zieht und nicht aus der Bekanntmachung von Inhalten. Vielleicht steht diese Interpretation des Plakats sogar in direkter Erbfolge des Gemäldes und ist dessen zeitgemäße Weiterführung.

[→ Seite 168, 5.5 Kräftemessen in der Komposition *S. 171, Farbe; S. 174, Tonwert*]

[→ Seite 190, 5.8 Kontraste als visuelle Geschmacksverstärker]

1

2

3

Tonwertumfang und Bildtiefe

1 Die Gestaltung zieht ihre Kraft aus dem Zusammenspiel von Bild und Schrift, von linearen Elementen und räumlicher Wirkung. Der Verzicht auf Farbe wird durch einen komplexen Tonwertumfang kompensiert, einen gezielten Einsatz verschiedener Texturen, räumlicher Elemente und flacher, linearer Strukturen. Dadurch wird eine hohe bildnerische Tiefe und Kontrastreichtum erzeugt. Die Hierarchie unter den Elementen ist sichtbar flach: Die Titelzeile und das Leitmotiv sind nahezu gleich stark in ihrer Masse.

2 Die Kontraste des Entwurfs wurden verstärkt, der Tonwertumfang reduziert. Das erhöht die Klarheit und Eindeutigkeit – der Entwurf erscheint wuchtiger, weniger differenziert. Der Grauwert der Titelzeile ist durch den fetteren Schnitt dunkler geworden, die Hierarchie der Elemente zugunsten der Typografie neu aufgestellt.

3 Die Invertierung der Tonwerte verändert den Entwurf vollständig: Der Hintergrund profitiert von der Kraft des Schwarz, kann aber immer noch durch die graue Fläche eine Ebenenhaftigkeit und Tiefe aufbauen. Alle linearen Strukturen, auch die Typografie, profitieren von dem Effekt, dass weiße Elemente vor schwarzem Hintergrund ihre eigenen Kanten überstrahlen – sie treten plastisch aus dem schwarzen Hintergrund hervor, die Schrift leuchtet. Der Entwurf ist ebenso komplex wie Abb. 1, aber deutlich kraftvoller und dynamischer.

4

5

6

4 Die mittleren Tonwerte sind nicht mehr vorhanden, die visuelle Lautstärke ist merklich erhöht. Das Überstrahlen lässt den fetten Schriftschnitt der Titelzeile noch stärker in den Vordergrund treten als in der baugleichen, aber komplementären Abb. 2. Das Fehlen der grauen Fläche im Hintergrund reduziert nicht nur die Tiefe im Entwurf, sondern vermindert auch den visuell so wertvollen Effekt des Durchleuchtens, der der Abb. 3 eine beinahe schon screenhafte Anmutung verleiht.
5 Die Hinzunahme von nur einer Farbe im Bildhintergrund vergrößert die Bildtiefe. Der Entwurf wird komplexer und wärmer als die schwarz-weiße Umsetzung.
6 Der Hintergrund, die linearen und die typografischen Elemente im Vordergrund werden in ihrer Farbwelt weiter ausgebaut und steigern die bildnerische Tiefe merklich. Die nunmehr farbige Titeltypografie ist kräftiger im Schriftschnitt, aber weniger kontrastreich, da der Farbverlauf die Zeilen stärker in den Hintergrund einbettet.

Abbildungen ›Variables Sitzmöbel‹
© Sammlung DDR Museum, Berlin

7

8

7 Der kühle Farbton des Hintergrunds rückt das Plakat in eine sachlich-aufgeräumte Atmosphäre. Die warme Farbe der Typografie und der linearen Elemente kann diese Tendenz nicht vollständig kompensieren.
8 Die Farbwelt des Plakats ist nicht nur warm und leuchtend, sondern auch enorm kraftvoll und emotional. Die Hierarchie der Elemente ist durch die hohe Masse des Titels wieder klar ausgebildet.

9

9 Die Hierarchie im Entwurf hat sich neu aufgestellt: Die Headline nimmt nun deutlich mehr Raum ein, unterteilt das Format in eine obere und untere Hälfte und bricht die ehemals vertikale Ordnungsstruktur des Plakatentwurfs auf.
10 Das Bild ist durch seine mit einer Textur gefüllte Fläche seiner Dimensionalität und Bildtiefe beraubt. Dennoch gewinnt das Plakat durch den Kontrast aus der ornamentalen Struktur und der klaren Strenge der linearen Zeichen.

10

Flächen und Rahmen als Verstärker der Gestaltung

2 Flächen gewinnen zudem noch an grafischer Raffinesse, wenn sie nicht ›erwartungsgemäß‹ ins Format eingepasst sind – also nicht alle Seiten parallel zu den Formatkanten verlaufen. Flächen können ebenso leicht angewinkelt ins Format gestellt werden.

[→ Seite 226, 6.3 Die radiale Komposition, *Abb. 4*]

Mitunter sind Bilder sehr dynamisch in ihrem Bildaufbau oder zu unruhig in den Tonwertkontrasten, um der Typografie einen beruhigten Bereich einzuräumen, der notwendig ist, um die Schrift gut lesbar in der Komposition zu positionieren. Flächen oder Texturen, die selbstbewusst auf dem Motiv angeordnet sind, stellen einen Ruheraum für die Titeltypografie her und können eine fruchtbare Symbiose mit dem Motiv eingehen – sie können mit Transparenzen, Verläufen oder Texturen dem Entwurf Ordnung, Kraft, Tiefe und Dimensionalität verleihen[2]. Und sie können farblich kontrastieren oder sich homogen in die Farbwelt des Titelmotivs einfinden.

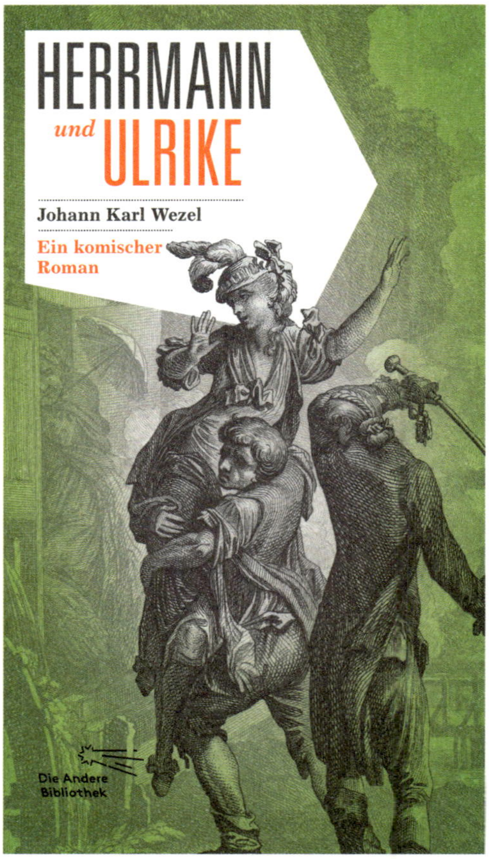

11 Das gesamte Format wird eingerahmt – das Motiv tritt durch die linke Formatkante in den Entwurf ein, der durch seinen Aufbau eine nicht ganz eindeutige Hierarchie in der Komposition installiert (das Erfassen des Titels und der Jahreszahl geschieht fast simultan und lässt uns das, was hier wichtig ist, gleichzeitig erfassen). Der Rahmen hat in der Komposition eine wichtige Funktion: Er bringt mit seinem offensiven Farbverlauf Strahlkraft und Energie in den schwarz-weißen Entwurf ein und klammert die sehr heterogenen Gestaltungselemente zu einer geschlossenen Oberfläche.

Die Schönsten Deutschen Bücher 2017
Stiftung Buchkunst

12 Ein aufrührerischer Roman seiner Zeit braucht ein kontroverses Cover. Der Bruch zwischen Bildinhalt und visueller Ansprache vollzieht sich in der Farbwelt, leuchtendgrün und orange, und im typografischen Klima – die ultraschlanke Serifenlose holt das Cover ins Hier und Jetzt. Die Fläche, mit ihrer unregelmäßigen Form, verbindet dabei die typografische Ebene mit der Bildwelt.

Johann Karl Wezel, Herrmann und Ulrike
Die Andere Bibliothek

13 Ein Hochformat in schmale, vertikale Streifen zu unterteilen, führt selten zu guten Ergebnissen – in diesem Fall sind die drei von links nach rechts schmaler werdenden Streifen fächerartig aufgebaut und addieren sich wiederum zu einem Gesamtbild. Der streng vertikalen Ordnungsstruktur setzt die blaue, horizontale Fläche einen Kontrast in der Ausrichtung entgegen – die zudem die drei Flächen zu einem Ganzen verbindet.

David Mitchell, Die Knochenuhren
Rowohlt Verlag
Gestaltung: Anzinger und Rasp, München

14 Das schlanke Format wird durch eine horizontale Linie oberhalb der optischen Mitte in ein Oben und ein Unten geteilt – die Symmetrieachse, die nicht linear herausgearbeitet wurde, sondern durch die mittelaxiale Ausrichtung der Typografie erkennbar wird, unterstützt die Aufteilung des Formats. Die beiden Ebenen ›Autor‹ und ›Titel‹ sind paritätisch gewichtet, farblich eher unaufgeregt und kontrastieren nicht allzu stark mit der türkisfarbenen Fläche. Die große Fläche schafft auf dem crèmefarbenen Hintergrund einen Rahmen, der die Gestaltung anhebt – und steuert mit ihren abgerundeten Ecken ein feines Zitat der Kreisformen der Clarendon bei.

Rolf Dieter Brinkmann, Vorstellung meiner Hände
Rowohlt Verlag
Gestaltung: Anzinger Wüschner Rasp, München

15 Linie statt Fläche – das könnte das gestalterische Credo dieser Komposition sein, die durch die konsequente Verwendung der gleichen Linienstärke eine homogene Textur in allen Teilen des Formats vorhält. Der Entwurf lässt viel Weiß zu, selbst in der Titelzeile, was die farbigen Linien stärker leuchten lässt. Die Symmetrie in der Anordnung der Schrift wird immer wieder aufgebrochen durch die unregelmäßige Anordnung der Kreise und der vertikalen Liniengruppen an Formatkopf und Fuß.

Ingo Schulze, Peter Holtz
Büchergilde Gutenberg
Gestaltung: Marion Blomeyer

6.7 Typografische Gestaltung für digitale Oberflächen

Das Entwerfen mit Schrift für digitale Anwendungen funktioniert anders – die Gesetze der Lesbarkeit gelten aber genauso. Die Dynamik digitaler Geräte fordert den Gestalter:innen andere Kompositionsmethoden ab.

Schrift im Web

Eine gedruckte Schrift ist wie in Stein gemeißelt: finalisiert und von Dauer. Das Schriftbild ist mit der Belichtung fixiert, die Position im Format unverrückbar festgelegt. Das Druckergebnis entspricht dem Entwurf am Bildschirm: In seiner Größe, der Laufweite und dem Zeilenabstand. Und in seinen Proportionen zum festgelegten Endformat.

Für die Umsetzung des Entwurfs stehen den Gestalter:innen die Fonts zur Verfügung, die sie auf dem Computer installiert haben und die beim Schreiben der Druckdatei einmalig abgefragt werden: Alle mikrotypografischen Einstellungen sind dann für den Druckvorgang finalisiert. **Und genau diese Finalisierung, das unumstößlich fertige Ergebnis, fehlt bei digitalen Anwendungen:** Anders als das ›statische‹ Papier sind die sehr dynamisch und haben ein erhebliches Mitspracherecht auf die Gestaltung. Sogar auf die Interpretation des Fonts. Und neben den unterschiedlichen Bildschirmgrößen und -Auflösungen, den verschiedenen Browsern und Betriebssystemen haben zudem noch die User:innen die Möglichkeit, Schriftgrößen eigenhändig zu verändern und die Gestaltung zu beeinflussen.

[→ Seite 20, 1.3 Der vertikale Aufbau der Buchstaben]

Dabei bleibt das Prinzip der Lesetypografie am Bildschirm gleich: Kontrast, Klarheit und stabile, offene Einzelformen eignen sich besser als Schriften mit geringer x-Höhe, die wenig ›Licht‹ im Buchstaben zulassen und das Erfassen der Zeichen erschweren. Eindeutige Kontraste der Schriftfarbe zum Hintergrund sind bei Bildschirmen noch wichtiger als bei typografischer Gestaltung auf Papier, da die Qualität des Monitors und die umgebenden Lichtverhältnisse den Lesevorgang stark beeinträchtigen können.

Die Selbstverständlichkeit der gewünschten Schriftwahl unterliegt bei der Gestaltung von Websites der Frage, welches Schriftformat von den Geräten genauso interpretiert und dargestellt wird, wie es die Designer:innen vorsehen. Es ist noch nicht lange her, da wurde die Gestaltung von Webseiten auf den überschaubaren Vorrat global verfügbarer Systemfonts reduziert, die sogenannten Web Safe Fonts. Diese waren auf den meisten Rechnern installiert und mussten nicht erst aus einer Cloud geladen werden, was hinsichtlich der Ladegeschwindigkeit ein großer Vorteil war – der Nachteil war die überschaubare Auswahl an Schriften.[1]

1 Neben den Web Safe Fonts, also Schriften, die aufgrund ihrer globalen Verfügbarkeit auf nahezu allen Systemen vorinstalliert sind, spricht man von Webfonts – also von Schriften, die für HTML-basierte Seiten vorgesehen sind. Wird eine Seite im Web aufgerufen, die einen Webfont einsetzt, wird dieser von einer externen Quelle geladen, da er nicht im System lokal hinterlegt ist.

Mittlerweile interpretieren die Browser nahezu durchgängig die auch im Print üblichen Formate OTF (Open Type Format) oder TTF (True Type Format), die direkt im Hauptverzeichnis des Webspace abgelegt und nicht extra geladen werden müssen.

Neben der technischen Umsetzbarkeit und der richtigen Interpretation seitens der Anwendungen ist die Web-Lizensierung der Schriftart ein wichtiger Punkt: Die Anzahl der Aufrufe – im Web verfügbare Lesetypografie ist nicht auf eine vorher festgelegte Auflage reduziert – beeinflusst die Nutzung und die Nutzungsgebühr einer Schrift. Aber auch hier gibt es lizenzfreie Schriften guter Qualität bei Google Fonts und Adobe Fonts.

Darstellungsqualität am Bildschirm

Ein Qualitätsmerkmal bei Fonts für den digitalen Einsatz ist das Hinting – also das Einbetten sogenannter ›Hinweise‹ in den Schriften, um diese auch an schlecht aufgelösten Bildschirmen oder in kleinen Schriftgraden in ihren Charakteristika stabil zu interpretieren.[2] Diese Anweisungen können z. B. die Punzen davor bewahren, optisch ›zuzulaufen‹ oder – falls eine ›Antiqua-Schrift‹ im Einsatz ist – die Serifen stabil zu halten. Ist das Hinting manuell im Type-Design-Prozess durchgeführt und im Font hinterlegt worden, ist die Qualität hinsichtlich der Bildschirmtauglichkeit ungleich höher als beim automatisierten Hinting – einem Verfahren, das von einer Software generiert wird.

2 Die meisten Schriften sind mit ihren perfekt durchgerechneten Kurven auf eine hohe Auflösung, wie der Offset-Druck sie umsetzen kann, angewiesen. Monitore verfügen mit ihren 72–96 dpi über eine deutlich niedrigere Auflösung und sollen diesen Schriften in ihrer Darstellung aber gerecht werden.

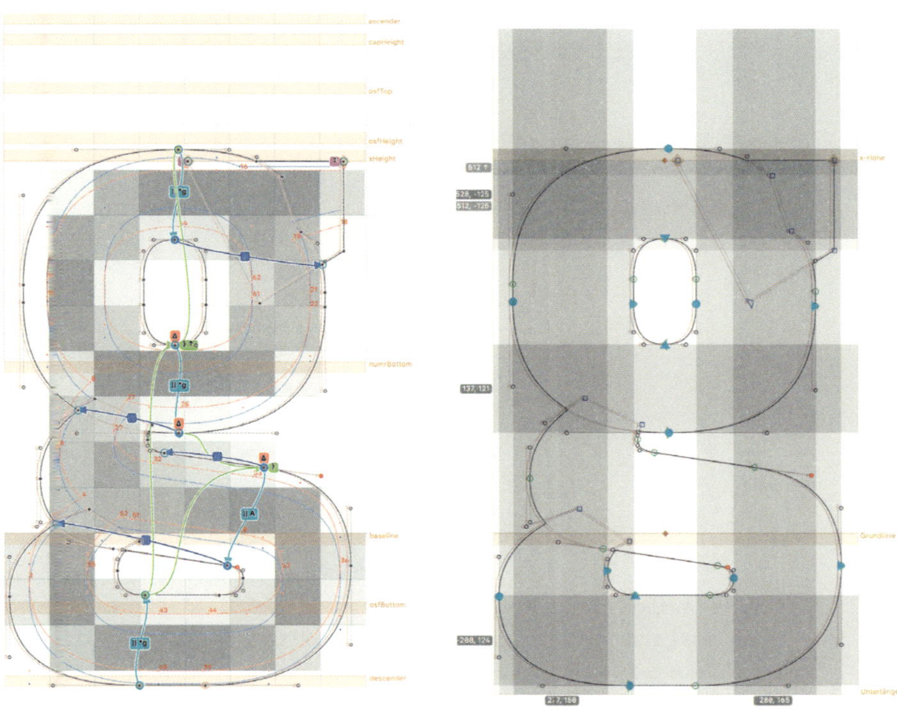

1 Hinting für einen TrueType- (links) und einen PostScript-Font (rechts): Die Sinews Sans von Jakob Runge. Das ›Hinten‹ für TrueTypes ist komplexer und bietet den Type-Designer:innen mehr Möglichkeiten, Instruktionen zu platzieren. Diese können als ›Stems‹ (hier als hellblaue Linien zu sehen) oder als Interpolationen dafür sorgen, dass die Punze beim ›g‹ offen gehalten wird, indem die Vektoren anders ›gebogen‹ werden, um dann ideal in Pixel zu rastern. Und: TrueType bietet in der Schriftsoftware auch eine Pixelvorschau an. Das PostScript-Hinting verbindet gesetzte Outline-Punkte zu den im Hintergrund liegenden grauen Balken und sorgt so für eine einheitlichere Rasterung – im Print wie im Screen. Der Rasterizer hat nun deutlich mehr Interpretationsmöglichkeiten.

3 Das Hinting kann durch weitere Methoden des Kantenglättens (Anti-Aliasing und Subpixel-Rendering – unter Windows ClearType) ergänzt werden. Die Form der Zeichen bleibt dabei erhalten, die Schrift erscheint aber leicht unscharf. Viele Betriebssysteme haben das Hinting mit Anti-Aliasing und Subpixel-Rendering standardmäßig aktiviert, um Schriften bestmöglich darzustellen.

[→ Seite 28, 1.4 Die Schriftgröße, *Die Schriftgrade*]

Das für die Bildschirmdarstellung so notwendige Hinting ist eine Position, die von den jeweiligen Geräten unterschiedlich interpretiert wird. Anders als bei einer gedruckten Schrift ist die Darstellung des Fonts an den verschiedenen Bildschirmen also niemals gleich – je nach ›Qualifikation‹ der vom User genutzten Hardware (Screen) und der Software (Browser) wird die Darstellung beeinflusst.[3]

Jahrzehnte nachdem der Bleisatz im Auflagendruck keine Rolle mehr spielt, entwickeln Schriftgestalter:innen über Fonteditoren digital hinterlegte Anweisungen in ihren Schriften, die die Lesbarkeit in kleinen Graden verbessern – ganz ähnlich den Ausführungen von Bleisatz-Schriften, deren Architektur für kleine Schriftgrade angepasst wurde, um das Schriftbild offen und gut lesbar zu halten.

Gestaltung für variable Geräte – Typografie und Layout unter dynamischen Voraussetzungen

Es ist wie auf hoher See: Die Gestaltung für Bildschirmanwendungen hat wenig festen Boden unter den Füßen. Eine auf Papier gedruckte Komposition wird grundsätzlich für und in ein bestimmtes, statisches Format entworfen – entsprechend klar definiert sind die Abstände zu den Formatkanten, die Einteilung in eine obere und untere, eine rechte und linke Formathälfte. Ein grafischer Entwurf für digitale Anwendungen agiert anders – und variabler:

2 Der Aufbau für querformatige Monitore sieht vor, dass eine Menüleiste über die gesamte Fensterbreite geht, während der Content schmaler läuft. Zu beiden Seiten wird das Contentfenster von hellgrauen Stegen eingefasst – es erhält gewissermaßen ein ›Passepartout‹.

er definiert Standards für sich stets ändernde Formatgrößen – sogar Formatverhältnisse. Denn eine Internetseite beispielsweise wird auf querformatigen Monitoren gelesen, genauso wie auf hochformatigen Smartphones oder Tablets. Hier sollte die Gestaltung eine belastbare Lösung anbieten, wie sich ein Layout neu aufbaut, wie sich die Umbrüche der Display-Typografie ändern, wenn die Inhalte gestapelt werden und wenig Platz in der horizontalen Ausdehnung haben.
Ohne dabei den Charakter und das Corporate Design der Seite zu verlassen.
Gestaltung wird zunehmend zur Definition für sich ändernde Voraussetzungen.
Auch wenn die meisten Monitore horizontal ausgerichtet sind, ihre Größe und die der Browserfenster, die jeder User unterschiedlich weit aufzieht, sind nahezu immer unterschiedlich. Die Anordnung des Contents, der Schrift und der Bilder, brauchen eine Anweisung, wie bei maximaler Breite des Browserfensters mit dem gewonnenen Raum umzugehen ist – immerhin ändert sich in diesem Moment das Format grundlegend und damit einhergehend die rhythmische Struktur der Komposition.

3 Das Browserfenster ist nicht vollständig auf Monitorbreite aufgezogen – das System erkennt die Größe und weist eine bestimmte, vorher im Stylesheet definierte Proportion für die Höhe der Menüleiste und die Größe der dort angeordneten typografischen Elemente zu – sowie eine Breite für das Contentfenster. Letzteres entscheidet auch darüber, wieviel vom Inhalt in vertikaler Richtung sichtbar ist im Browser.

4 Bei aufgezogener Breite des Fensters und einhergehenden neuen Proportionen des Formats ändern sich die Parameter: Das Contentfenster wird größer, die Stege nehmen in Relation stärker zu. In vertikaler Richtung ist dadurch auch weniger Content im Fenster zu sehen – es muss also gescrollt werden.

4 Cascading Style Sheets, kurz CSS, ist eine Beschreibungssprache, in der Gestaltungsanweisungen für inhaltliche Ebenen festgelegt werden – für die Bildschirmdarstellung, die Darstellung auf Papier oder die Umsetzung in Sprache. Das setzt voraus, dass der Inhalt und seine Form technisch voneinander getrennt beschrieben werden können. Die Inhalte werden z. B. in HTML gegliedert und in CSS in ihrem Erscheinungsbild und ihrer Position im Layout definiert.

Ein proportionales Anwachsen der Gestaltungselemente in ihrer Größe hätte bei großen Monitoren riesige Schriftgrade zur Folge, was die Sehgewohnheiten und die Ästhetik der Lesetypografie aus dem Gleichgewicht bringt und eine übersteigerte visuelle Lautstärke erzeugt.

Im CSS[4], einer weltweit verbreiteten Beschreibungssprache für HTML-basierte Seiten, können über verschiedene Stylesheets, also Formatvorlagen für bestimmte inhaltliche Ebenen – in etwa vergleichbar mit den Absatz- und Zeichenformaten in InDesign –, auch unterschiedliche Schriftgrößen hinterlegt werden. Diese greifen dann, wenn das System über sogenannte Touchpoints erkennt, dass die Größe des Endgeräts oder des Browserfensters sich geändert hat. Im Ergebnis definieren die Gestalter:innen für verschiedene Monitorgrößen entsprechende Schrift- und Bildgrößen. Die Gestaltungselemente wachsen also nicht proportional stufenlos, sondern ›springen‹ auf eine höhere, vorher definierte Größe, wenn die Bildschirmgröße sich ändert. Das verhindert auch, dass es übermäßig große Abbildungsgrößen gibt, die unförmig anmuten – gerade für die Lesetypografie ist diese ›Notbremse‹ wohltuend.

Das Format im Format, ein definiertes Contentfenster, bleibt in seinen Proportionen konstant und wächst ›in Stufen‹ mit – zu Gunsten größer werdender Stege rechts und links, die die gewachsene Breite des Fensters auffangen. Das verschafft

5 Der Content orientiert sich in seiner Größe an der zur Verfügung stehenden Breite des Browserfensters. Im Ergebnis gerät die Schrift unverhältnismäßig groß – die Ansprache der Texte ist zu laut und erschlägt den Leser. Zudem fehlt die beruhigende und auch die Bildwirkung unterstützende passepartouthafte Wirkung der seitlichen Stege. Hier folgen gedruckte und digitale Gestaltung den gleichen optischen Gesetzmäßigkeiten: Eine maximale Abbildungsgröße hat nicht immer auch die bestmögliche Bildwirkung – umgebender Weißraum unterstützt ein Bild in seiner visuellen Kraft.

6 Das Smartphone als schmalster Screen stapelt die Inhalte untereinander. Das Logo ist nun – gemessen an den anderen Elementen – größer und das Leitmotiv hat die gleiche Breite wie das Textmodul. Im Entwurf für querformatige Monitore war das unter der Menuleiste stehende Leitmotiv noch doppelt so breit. Die geringe Breite des schmalen Smartphone-Displays definiert neue Proportionen.

der Gestaltung, den Abständen und umgebenden Räumen zwischen den Gestaltungselementen Konstanz und stabilisiert das Design. Und ähnelt in seiner Methodik ein Stück weit der Bedeutung von Format, wie sie für auf Papier gedruckte Gestaltung gilt.

Das Definieren von Positionen im Format, das nur zwei fixe Seiten kennt – oben und links – erfordert Lösungen von den Gestalter:innen, die immer berücksichtigen sollten, dass die Dynamik des Formats der Gestaltung nicht ihre Stabilität nimmt: Variable Formate brauchen – anders als statische Formate, die über vier definierte Formatkanten verfügen – ›Verhaltensregeln‹ für die Anordnung ihrer Elemente.

Da das Auge die rechte Formatkante eines Browserfensters als flexibel begreift, steigt auch die Toleranz hinsichtlich der Lösungen und Veränderungen der Elemente. Aber genauso wie die Gestaltung die Veränderungen des Formats als eine Neudefinition der Proportionen und deren Wirkzusammenhänge begreift, kann die Gestaltung bestimmte Einstellungen als unverrückbar definieren und so ein grafisches Gesicht fixieren. In der Typografie ist es besonders naheliegend, den Display-Größen neben einem konstanten Schriftbild stets gleiche Umbrüche zu geben, um hier der wechselnden Größe der Bildschirme, der Browser und deren individuell gewählten Fenstergrößen entgegenzuwirken.

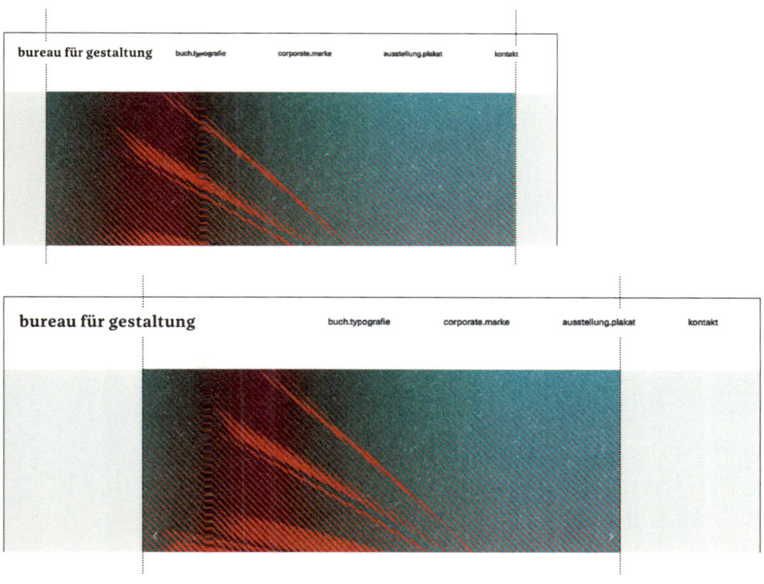

7 Die Anordnung der Schrift in der Menüleiste ändert sich mit der Breite des Fensters. Die Wortmarke ist mit einem Festabstand zur linken Kante angeordnet, die vier Menüpunkte orientieren sich an der rechten Kante. Entsprechend nimmt der Raum zwischen diesen beiden Ebenen zu oder ab. Die Gestaltung hat die vertikalen Kanten des Bildes darunter nicht als Kompositionslinien ins Layout der Menüleiste einbezogen. Ihre Dynamik kann ungeachtet der Position und der Breite des Contentfensters stattfinden – und erscheint immer glaubwürdig.

8 Die Priorität bei den plakativen Textmodulen liegt exakt bei den zu sehenden Zeilenumbrüchen der Neue Haas Grotesk, die als OTF-Font im Hauptverzeichnis der Seite hinterlegt wurde. Die festgelegte und sich stets mitverändernde Breite der Textbox blockiert bei unterschiedlich großen Bildschirmen andere Zeilenumbrüche.

Die Typografie ist also im eigentlichen Sinne keine ausschließlich schwarze Kunst – sie ist vielmehr eine schwarz-weiße Kunst, denn erst das Weiß setzt das Schwarz in ein spannungsreiches Feld.

S. 252, Der Satzspiegel

Der bewusste Einsatz von Weißräumen innerhalb des Satzspiegels kann eine Seitengestaltung spannender und kraftvoller machen.

S. 256, Der Satzspiegel

Schnittpunkte von horizontalen und vertikalen Kompositionslinien ergeben wichtige Positionen im Format, denn sie markieren Punkte, zu denen unser Blick geleitet wird.

S. 305, Der Kompositionsvorgang

KAPITEL

7

Komposition
Das Layout

7.1 Der Satzspiegel

Die bedruckte und die unbedruckte Fläche stehen im permanenten Dialog in der grafischen Gestaltung.

Die Dinge wiederholen sich. Und im Kleinen zeigt sich oft, was für das große Ganze ebenso gilt. In der Typografie – der schwarzen Kunst – gilt, dass der Buchstabe weitaus mehr ist als seine sichtbaren Formen. Das umgebende Weiß beeinflusst nicht nur die Ästhetik und die Formgebung der Zeichen, es steuert auch die Lesbarkeit der Schrift in hohem Maße. **Die Typografie ist also im eigentlichen Sinne keine ausschließlich schwarze Kunst – sie ist vielmehr eine schwarz-weiße Kunst, denn erst das Weiß setzt das Schwarz in ein spannungsreiches Feld.**

Dieses Prinzip überträgt sich in der typografischen Gestaltung auf die Fläche, die in ihrem Format eine konstante, statische Größe ist und mit den flexiblen Gestaltungselementen zu einer grafischen Oberfläche inszeniert werden muss. Eine Buchseite ist gut durchgearbeitet, wenn das Verhältnis und die Abstimmung ihrer Elemente einer gestalterischen Idee folgt und diese kompositorisch und handwerklich sauber umgesetzt sind. Und wenn die Elemente – Kolumnen, Überschriften, Bildlegenden und Abbildungen – mit dem umgebenden Weiß des Papiers ›konstruktiv‹ in Beziehung treten.

Es gibt verschiedene Gründe, warum ein weißer Rand um die bedruckte Fläche sinnvoll und eben ›wertsteigernd‹ ist. Unser Blick wird auf das Wesentliche gelenkt, wie ein Passepartout beim Bild: Der Inhalt, den es zu erfassen gilt, wird von einem weißen Rahmen eingefasst. Dabei beruhigt die unbedruckte Fläche das lesende Auge und lässt den Gestaltungselementen den Raum, den sie brauchen, um ästhetisch und visuell optimal zur Geltung zu kommen. Und natürlich ist ein Buch auch ein physischer Körper, den wir aufschlagen und in den Händen halten. Und dabei sollten unsere Finger nichts verdecken, was unser Auge erfassen soll.

Das Einrichten eines weißen Randes um die druckenden Elemente ist also notwendig und der erste gestalterische Schritt im Arbeitsprozess der Buchgestaltung.[1] **Die Fläche, die von diesem Rand umgeben wird und die alle sichtbaren Teile abbildet, nennen wir den Satzspiegel.** Die sichtbaren Teile sind vor allem die Kolumnen und alle weiteren typografischen Parameter wie Überschriften und Legenden, sowie alle Arten von Abbildungen – Fotos, Grafiken, Illustrationen und Tabellen.

Die umgebenden Ränder bezeichnet man als Stege – man spricht dabei vom Bund- und Außensteg zu beiden Seiten des Satzspiegels, sowie vom Kopf- und Fußsteg oberhalb und unterhalb des Satzspiegels.[2]

1 Auch wenn die Einrichtung des Satzspiegels der erste gestalterische Schritt ist – das Festlegen der Fläche, die die druckenden, sichtbaren Gestaltungselemente abbildet, ist auch immer das Ergebnis einer Berechnung, wieviel eine Seite abzubilden hat. Manchmal dürfen bestimmte Seitenumfänge nicht überschritten werden – das können die Gestalter:innen über die Schriftwahl und die Schriftgröße ebenso steuern wie über die Größe der Stege. Manchmal gibt es für die Gestaltung keine andere Möglichkeit, als das umgebende Weiß auf ein technisch notwendiges Minimum einzurichten – wer jemals ein Schulbuch daraufhin durchgeblättert hat, wird dies bestätigt finden. Ganz konträr kann es aber auch gehen: Dann ›darf‹ der Satzspiegel gerne ›unwirtschaftlich‹ sein – so manch schmales Manuskript erfährt dadurch eine stattliche, verkaufsfördernde Rückenstärke.

2 Früher waren die Stege im worteigenen Sinne in Blei gegossen. Heute gilt, dass im Einzelfall auch über die imaginären Grenzen gegangen werden darf, wenn das Ergebnis besser aussieht.

Das Einrichten eines Satzspiegels, also einer konstanten, zu bedruckenden Fläche ordnet die Gestaltung, weil eine feste Größe innerhalb des Formats geschaffen wird. Und das ist für den Leser gerade bei umfangreichen Büchern sehr hilfreich.

Bestimmte technische Umstände in der Produktion von Büchern können die im Entwurf vorgesehenen Stege empfindlich beeinflussen: Das Aufschlagverhalten eines Buches kann den optisch und ästhetisch notwendigen Weißraum im Bund aufzehren. Das Aufschlagen eines Buches ist wiederum von verschiedenen Faktoren abhängig: Primär sicherlich von der Art und der Qualität der Bindung, aber ebenso vom Seitenumfang – und somit von der Dicke des Buchblocks. Die Grammatur des Papiers spielt ebenso eine Rolle – je dicker das Papier, desto stärker ist der materialbedingte Widerstand beim Aufschlagen der Seiten.[3]

ANMERKUNGEN

3 Aber nicht nur das Papiergewicht beeinflusst das Aufschlagverhalten: Auch das Volumen des Papiers, die Faserlänge und die Laufrichtung. Immer gilt: Ein Blindmuster mit Originalpapier schafft Klarheit.

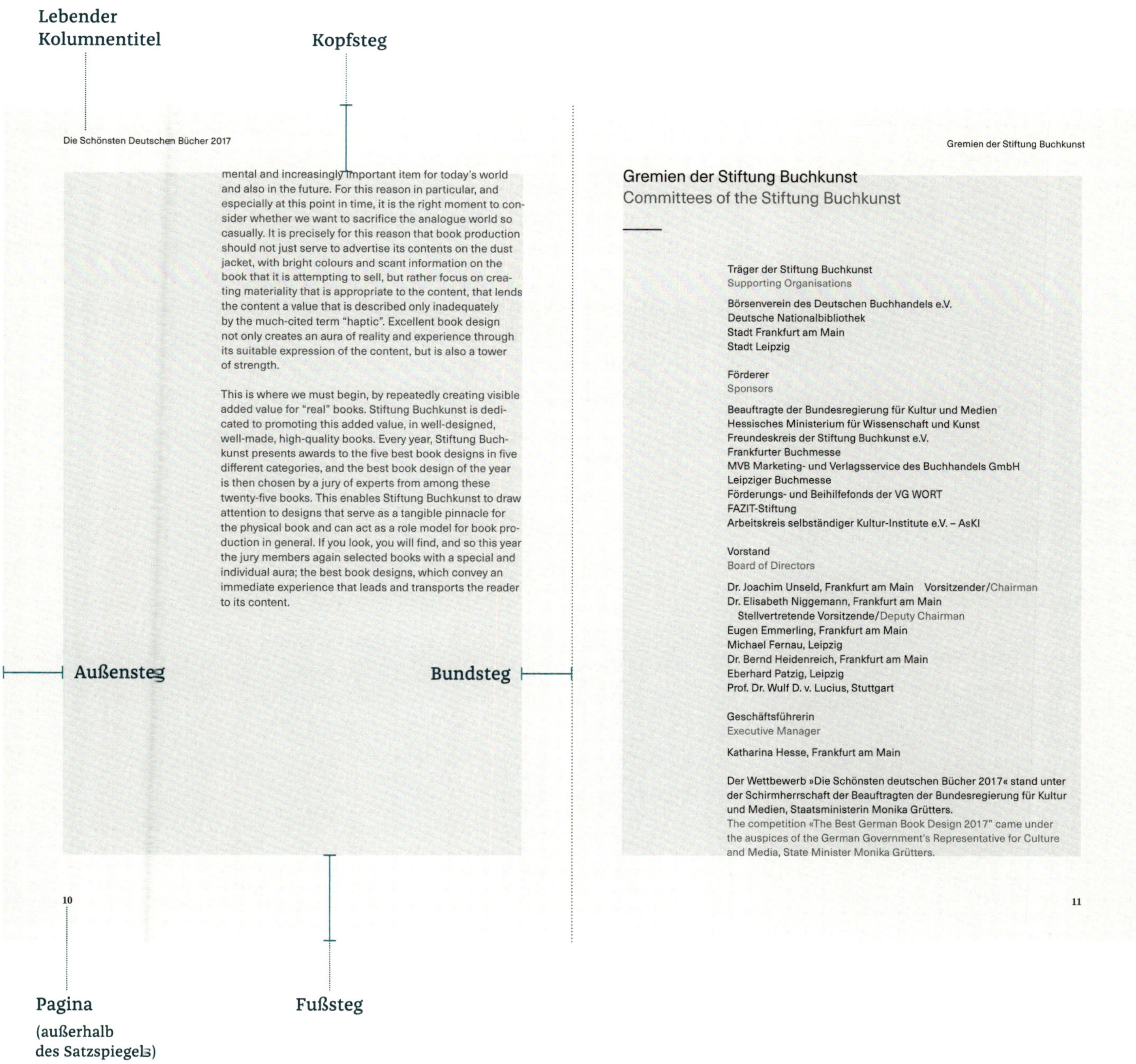

Die Proportionen des Satzspiegels

Unser Auge erfasst beim Aufschlagen des Buches die Proportionen der Seite – der Leser bewertet den Satzspiegel als eine weitere rechteckige Fläche innerhalb dieses Formats nach ästhetischen Maßstäben, da beide Flächen in Beziehung zueinander gesetzt werden. Diese Beziehung kann harmonisch oder spannungsreich sein. Das liegt im Ermessen der Gestalter:innen und ist eine kreative Entscheidung, die die Wirkung und das ›Klima‹[4] des Buches sehr stark prägt. Sie sollte dem Charakter des Buches entsprechen und den Inhalt bestmöglich transportieren.

4 Verschiedene Faktoren – hier als Buchklima bezeichnet – beeinflussen die Wahrnehmung eines Buches durch den Leser: Format und Material – die Haptik –, die Farbwelt und die Gestaltung sind Positionen, die ein Grundgefühl vermitteln, wenn wir ein Buch in die Hand nehmen und die allesamt in den Gestaltungs- und Herstellungsprozess einer Buchgestaltung einfließen sollten.

Ein komplexer Roman, der linear gelesen werden soll, benötigt Ruhe und Stabilität in der Gestaltung – ein Bildband ›funktioniert‹ visuell grundlegend anders. Also ist es schlüssig, bei einem Roman die Proportionen des Satzspiegels denen der Buchseite anzupassen oder sie zumindest nachzuempfinden, um einen dynamischen Kontrast zwischen den druckenden und den nichtdruckenden Teilen zu vermeiden. Die harmonische Abstimmung zweier tragenden Positionen der Seitengestaltung gewährleistet ein flüssiges Erfassen des Inhalts.

Neben der Position des Satzspiegels im Format und seinem Umgang mit umgebenden Weißräumen, den Stegen, spielt die eigentliche Größe – bezugnehmend auf das Format der Seite – eine wichtige Rolle: Sehr große Satzspiegel lassen wenig umgebenden Raum zu, können aber viel Inhalt abbilden, kleine Satzspiegel erlauben mehr Spielraum in ihrer Anordnung im Format.

Der wirtschaftliche Zwang (und mittlerweile auch der berechtigte Wunsch nach einer nachhaltigeren und umweltschonenderen Produktion) der Buchherstellung kann ein effizientes Ausnutzen der Seite einfordern: Soll ein angestrebter Seitenumfang aus Kostengründen nicht überschritten werden, muss eine gewisse Zeichenzahl oder Anzahl von Abbildungen auf einer Buchseite untergebracht werden. Der Lesekomfort einer zu vollen Seite ist nicht zu vergleichen mit dem einer wohltemperierten Buchseite, deren Stege ästhetische Proportionen der ›schwarzen‹ und der ›weißen‹ Teile anstreben.

1 Die Proportionen des Satzspiegels entsprechen denen der Buchseite – beide Rechtecke stehen in einem harmonischen Verhältnis; die Seite strahlt Ruhe aus.

2 Der Satzspiegel tendiert zum optischen Quadrat. Die neuen Proportionen stellen den Satzspiegel spannungsvoller ins Format.

3 Der schlanke Satzspiegel unterstreicht die Vertikale im Format – beide Rechtecke haben damit eine ähnliche Formensprache.

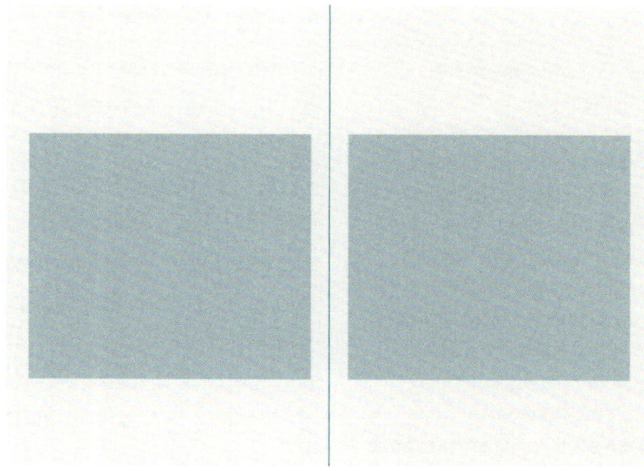

4 Der Satzspiegel als Querformat im Hochformat: Die unterschiedlichen Ausrichtungen führen zu einem Kontrast, der eine sichtbare Spannung auf der Seite aufbaut.

5 Sind die Bundstege gleich groß wie die äußeren Stege, werden die Satzspiegel der Doppelseite auseinandergetrieben. Der Weißraum im Bund wird dann zu groß.

6 Der obere Steg ist größer als der untere Steg – die Positionierung wirkt etwas kraftlos, weil die Schwerkraft ganz offensichtlich den Satzspiegel nach unten gezogen hat.

7 Der Satzspiegel ist so groß, dass kein ausreichender Weißraum auf der Seite mehr Platz findet. Wird nun mit entsprechend vielen Gestaltungselementen gearbeitet, entsteht der Eindruck zu voller Seiten.

8 Der Satzspiegel ist deutlich in der unteren Formathälfte verankert – das ›erdet‹ die Gestaltungselemente. Und lenkt die Komposition in eine mutige, atypische Richtung.

Der Satzspiegel – eine sehr dynamische Oberfläche

In der Entwurfsphase eines Layouts für ein Buch oder ein Magazin wird – wie auch auf der vorherigen Seite zu sehen – der Satzspiegel meist als graue Fläche dargestellt, um die Relationen zu den umgebenden Weißräumen zu prüfen und die Größe und die Proportionen zum gewählten Seitenformat sichtbar werden zu lassen. Das suggeriert uns, dass der Satzspiegel eine gleichmäßig strukturierte Fläche ist, die innerhalb ihrer Ausmaße homogen vom gleichen Grauwert durchzogen wird. Dabei ist genau das eigentlich nur bei reinen Textbänden der Fall, deren Satzspiegel mit einer Kolumne ›befüllt‹ ist und sich der wahrgenommene Grauwert ganz klassisch aus Schriftart, Schriftschnitt, Laufweite und Durchschuss aufbaut.

Bereits Werke mit sehr unterschiedlichen Texthierarchien erfahren durch dominante Auszeichnungen, zahlreiche und stark voneinander abweichende Schriftgrößen mit entsprechend heterogenen Abständen – weitere Weißräume – zwischen den verschiedenen textlichen Ebenen eine gewisse Streuung im Grauwert. Kommen erst Bilder und ein mehrspaltiges Raster zum Einsatz, wird die so statisch anmutende Fläche des Satzspiegels sehr stark dynamisiert.

Der bewusste Einsatz von Weißräumen innerhalb des Satzspiegels kann eine Seitengestaltung spannender und kraftvoller machen – besonders wenn im Format vorherrschende Symmetrien kompositorisch aus dem Gleichgewicht gebracht werden und die Seitengestaltung somit weniger statisch und traditionell wirkt.

[→ Seite 186, 5.7 Symmetrie und Asymmetrie]

Den Abbildungen (Fotos, Grafiken oder Illustrationen) mit ihren sehr unterschiedlichen Tonwertskalen wird bei der Modellierung des Satzspiegels eine besondere Rolle zuteil: Mit ihrer höheren Masse dominieren sie die Seitengestaltung – die im Tonwert zumeist leichteren Kolumnen treten optisch hinter die Bilder zurück. Und diese unterschiedlichen Massen im Satzspiegel formulieren entsprechend individuelle Ansprüche gegenüber den Abständen und den umgebenden Weißräumen.[5]

Eine wirklich treffende und schlüssige Entwicklung des Satzspiegels setzt eine Kenntnis des kompletten ›Materials‹ voraus – also aller Abbildungen und typografischen Parameter. Nur dann kann die Relation der druckenden und nichtdruckenden Teile grafisch zufriedenstellend zugewiesen werden.

5 Grundsätzlich lässt sich keine ›je-desto-Beziehung‹ aus der Masse – also der Summe aus Größe, Tonwert und Kontrast zum Hintergrund – eines Gestaltungselements und dem umgebenden Weißraum herstellen. Der einfache Grundsatz, ein ›massiges‹ Gestaltungselement braucht stets viel Weißraum um sich herum, verhindert ungewöhnliche, spannungsreiche Verhältnisse aus druckenden und nicht druckenden Teilen auf einer Seite. Eine Komposition kann ihre Spannung genau daraus aufbauen, dass ein zentrales Gestaltungselement ungewöhnlich viel oder eben auch wenig umgebenden Weißraum zugewiesen bekommt.

Normalerweise finden sich innerhalb des Satzspiegels zahlreiche Akzentuierungen und Verdichtungen – die einheitliche Darstellung als homogene, graue Fläche spiegelt meist nicht das zu erwartende Ergebnis der Seitengestaltung wider. Diese Verdichtungen innerhalb des Satzspiegels schaffen Anziehungspunkte für den Blick der Lesenden beim Abtasten der Seite, die mit der Blickführung der Augen in ein spannendes Verhältnis treten: Die Sozialisation in der westlichen Welt lässt das Auge in einem Format links oben den Anfangspunkt assoziieren, das Lesen folgt – anders als in der arabischen Welt, in China und Japan – einer primären (von links nach rechts) und einer sekundären (von oben nach unten) Leserichtung.

9

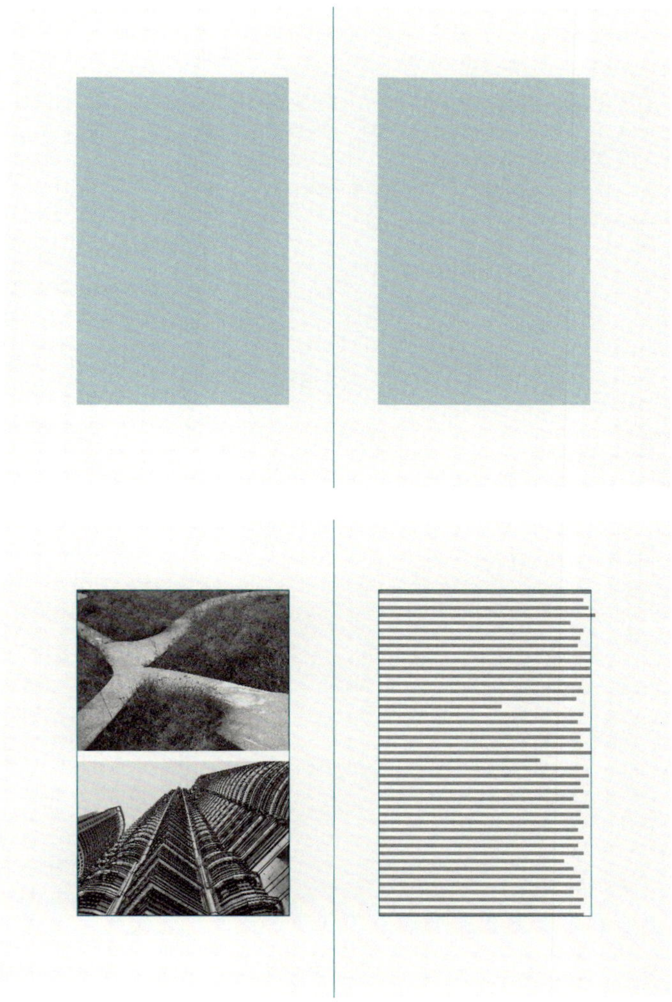

10

9 Der Satzspiegel nimmt einen großen Teil der Seite ein – die Stege sind verhältnismäßig klein. In der oberen Miniatur erscheint das Verhältnis aus druckenden und nicht druckenden Teilen wenig variabel, da nur die äußeren Stege Weißraum in die Seitengestaltung einbringen. Die untere Miniatur zeigt, dass das Kompositionsprinzip nicht vorsieht, den Satzspiegel formatfüllend mit Gestaltungselementen zu besetzen. Die umgebenden Stege sind somit nicht alleinige Träger von Weißraum – innerhalb des Satzspiegels werden bewusst Flächen und Spalten ›offen‹ belassen, die ausreichend Weißraum in die Komposition einbringen. Diese Methode öffnet den Satzspiegel an verschiedenen Stellen hin zu den Stegen – diese wirken in der tatsächlichen Seitengestaltung großzügiger. Die Abbildungen sind in ihrem Gewicht, ihrer Masse, stark unterschiedlich. Das kann diese Kompositionsmethode gut auffangen und ›massigen‹ Gestaltungselementen – wie auf der linken Seite angeordnet – entsprechend Weißraum zur Verfügung stellen.

10 Ein anderer Satzspiegel – ein anderes Gestaltungsprinzip: Die umgebenden Stege sehen in der oberen Miniatur sehr großzügig aus, da in der Skizze der Satzspiegel mit einem hellen Grau dargestellt wurde – was eine geringe Masse symbolisiert. In der Seitengestaltung sehen wir, dass der Satzspiegel auch vollständig mit Abbildungen besetzt werden kann. Verfügen diese dann über eine hohe Masse, ist das umgebende Weiß keineswegs zu groß, sondern steigert die Bildwirkung. Die rechte Seite ist ausschließlich mit Schrift belegt, in diesem Fall ohne Headlines höherer Masse. Die gewählte Satzmethode ist linksbündiger Flattersatz, die den Außensteg optisch größer werden lässt. Das ist den unterschiedlich langen Zeilen geschuldet, die die sogenannte Flatterzone bilden – die Satzmethode ist auch eine Position, die die Wahl des richtigen Satzspiegels beeinflusst.

Die Konstruktion des Satzspiegels

Die Position des Satzspiegels im Format zu bestimmen, ist im worteigenen Sinne ein weites Feld – manche Erklärungsmodelle kommen bisweilen sehr mathematisch daher und sind nicht zwingend zielführender als die intuitiven Vorgehensweisen, bei denen man sich die grundlegenden Proportionen der Stege zu Grunde legt. Es gibt aber dennoch sehr klassische Methoden, das richtige Verhältnis der druckenden Teile und des umgebenden Weißraumes zu treffen. Nahezu jede Gestaltungstheorie hat hierzu eine Lösung und ein Erklärungsmodell – die bewährtesten sind im Folgenden dargestellt.

Grundsätzlich gibt es zwei elementare optische Gesetzmäßigkeiten, die bei der Konstruktion des Satzspiegels zugrunde gelegt werden müssen, um ein typografisch und visuell belastbares Layout zu entwerfen: Wie bereits bei der Taxierung der optischen Mitte einer Fläche beschrieben, erfasst die Schwerkraft unseren Blick beim Betrachten einer grafischen Oberfläche und lenkt ihn nach unten. Alle Gestaltungselemente müssen demzufolge leicht versetzt oberhalb der geometrischen Mitte positioniert werden, sollen sie optisch zentral entlang der senkrechten Achse im Format stehen. Genauso verhält es sich bei der Konstruktion des Satzspiegels: Der Kopfsteg ist schmaler als der Fußsteg anzusetzen – der Satzspiegel wird also nicht rechnerisch mittig platziert, sondern zum oberen Seitenrand hin versetzt. Das Verhältnis dieser beiden Weißräume beträgt in der traditionellen Buchgestaltung 1:2 oder 1,5:2,5 und stabilisiert das Layout dahingehend, dass die druckenden Teile nicht ›nach unten durchfallen‹.

[→ Seite 148, 5.2 Rechteck und Quadrat]

Eine weitere optische Besonderheit liegt in der Tatsache, dass der Leser Doppelseiten wahrnimmt – und die Gestalter:innen nicht Einzelseiten ins Auge fassen dürfen. Dementsprechend interagieren nicht nur die Gestaltungselemente der rechten und linken Seite, sondern auch deren umgebende Weißräume. Die Bundstege beider Seiten addieren sich folglich zu einem Weißraum, der die Satzspiegel trennt – der Bund agiert dabei als Symmetrieachse. Diese Trennung soll optisch greifen, ohne aber beide Seiten auseinanderzutreiben. Die Gestaltungselemente streben also auf der horizontalen Achse zum Bund – der Symmetrieachse der Doppelseite. Auch hier gibt es in der klassischen Buchgestaltung ein ›wohltemperiertes‹ Verhältnis als Richtwert für die Einteilung der Bund- und Außenstege: 1:2.

Dieser Relation folgend sind die Außenstege in der Theorie genauso groß wie der Weißraum zwischen beiden Satzspiegeln – in der Praxis wird dieser Weißraum durch das Aufschlagverhalten des Buches reduziert. Die Frage nach der Art der Bindung ist bei der Satzspiegelpositionierung also elementar, die Berücksichtigung der Papierstärke als einflussnehmende Größe folgerichtig ebenso.

Diese beiden optischen Gesetzmäßigkeiten sind Eckpfeiler der Buchgestaltung und gewährleisten, dass die Weißräume einer Seite, die Stege, gegen den Uhrzeigersinn und vom Bund ausgehend größer werden.

Sind die Satzspiegel der Doppelseite unisono nach rechts oder links versetzt – die Deckungsgleichheit der Satzspiegel auf Vorder- und Rückseite ist nun nicht mehr gegeben – wird das Prinzip der Symmetrie in der Seitengestaltung aufgehoben. Das kann eine sehr positive ›Grundstimmung‹ im Aufbau der Doppelseiten entstehen lassen. Es bedarf aber nicht zwingend dieser asymmetrischen Positionierung der Satzspiegel, um ›gegen‹ eine zu dominante Symmetrie zu gestalten: Durch eine Komposition, die bewusst bestimmte Felder des Satzspiegels weiß lässt, können die Gewichte auf der Seite so positioniert werden, dass ein Ungleichgewicht der Massen entsteht und eindeutige Schwerpunkte auf der Doppelseite herausgearbeitet werden.[6]

6 Siehe hierzu auch Kapitel 7.3 ›Das Spaltenraster‹, in dem Lösungen aufgezeigt werden, wie Gestaltungselemente im Raster unregelmäßig positioniert werden können, ohne dass die Doppelseite aus dem Gleichgewicht gerät.

[→ Seite 268, 7.3 Das Spaltenraster]

11 Der Bund übernimmt die Funktion der Symmetrieachse und erzeugt ein harmonisches Grundklima in der Doppelseitengestaltung.

12 Die Grundstimmung auf der Doppelseite ist nicht disharmonisch, aber das Auge registriert eine andere Organisation der Seite – und eine Abweichung der Sehgewohnheit. Dem Bund wird eine andere Funktion zuteil: Er agiert abgrenzender und nicht mehr so verbindend wie als Symmetrieachse.

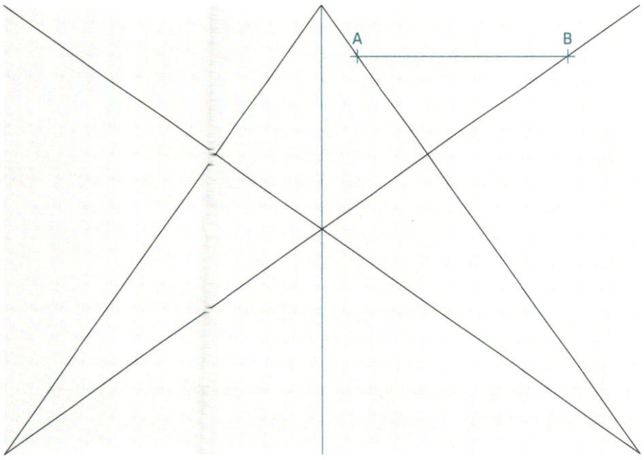

13 Die Konstruktion eines in seiner Proportion mit der Buchseite identischen und symmetrisch positionierten Satzspiegels kann über folgende Methode durchgeführt werden, bei der man sich der Blatt- und der Doppelseitendiagonalen bedient: Die äußeren, unteren Eckpunkte der Doppelseite werden über diagonale Linien mit den oberen Eckpunkten der jeweils anderen Seite verbunden. Von denselben Ausgangspunkten zieht man außerdem eine Diagonale zum oberen Eckpunkt der gleichen Seite. Wir haben nunmehr vier diagonale Linien auf der Doppelseite, die sich in drei Punkten schneiden.
Nun folgt die Konstruktion des (variablen) Satzspiegels über die Blattdiagonale, auf der ein beliebiger Punkt A fixiert wird. Von diesem Punkt wird eine Horizontale nach außen zum Blattrand gezogen, die die Doppelseitenhorizontale an einem Punkt B schneidet.

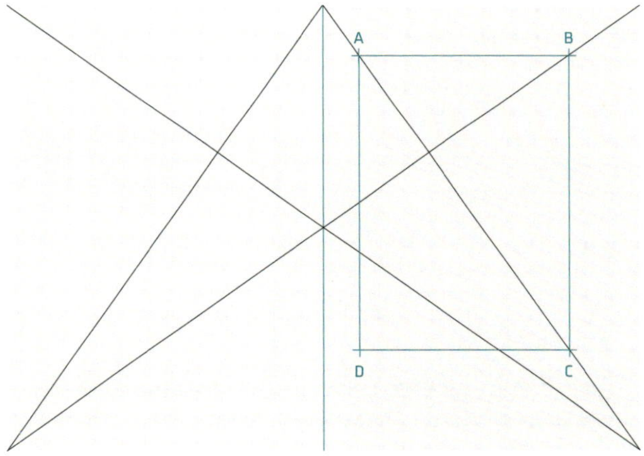

14 Von diesen beiden Punkten werden jeweils senkrechte Linien zur unteren Formatkante gezogen – auch hier ergibt sich ein weiterer Schnittpunkt mit der Blattdiagonalen, der nunmehr den dritten Eckpunkt unseres Vierecks markiert. Mittels einer weiteren Horizontalen durch diesen unteren Eckpunkt erhalten wir den noch ausstehenden letzten Punkt des Satzspiegels. Hier wird bereits sichtbar, dass diese Konstruktionsmethode heute unüblich große Fußstege bedeutet.
Diese Konstruktionsmethode lässt verschieden große Satzspiegel zu – je nachdem an welchem Punkt auf der Blattdiagonalen gestartet wird: Je näher dieser Punkt an der oberen, inneren Ecke der Einzelseite liegt, desto größer wird der Satzspiegel, der immer die gleichen Proportionen der Einzelseite haben wird.

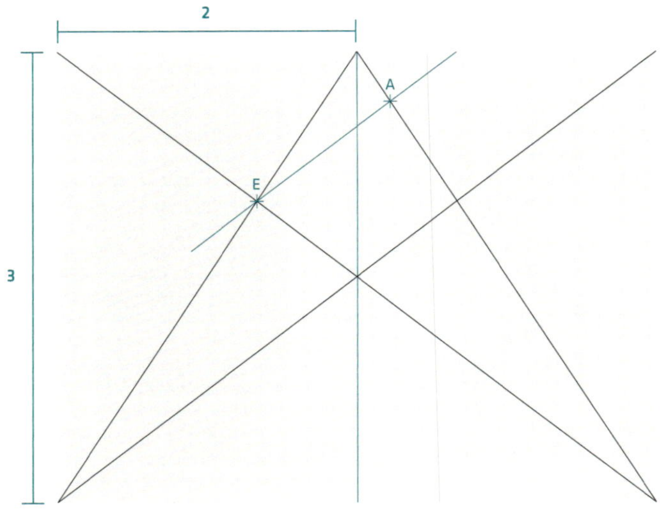

15

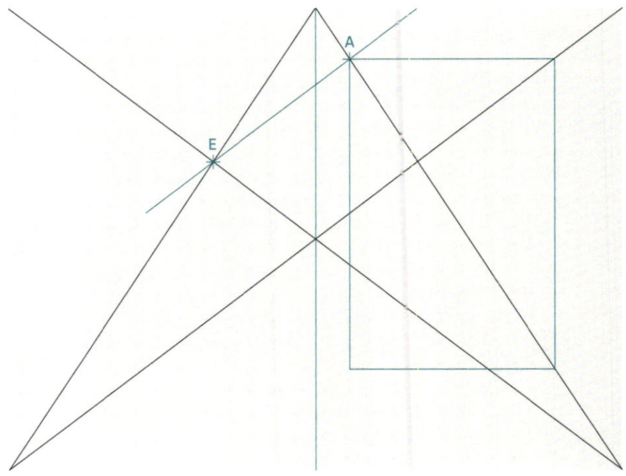

16

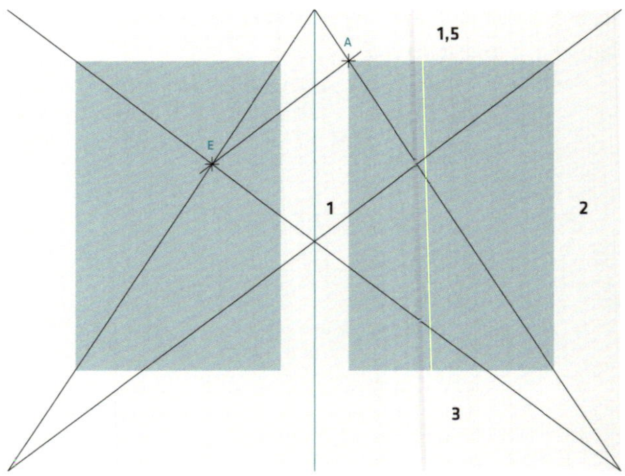

17

15 Eine Variante dieser Konstruktionsmethode erzeugt einen klar definierten Satzspiegel, dessen Proportionen vom gewählten Seitenformat abhängig sind. Diese Methodik setzt dann ein, wenn die vier Diagonalen konstruiert sind und nimmt den Schnittpunkt der Blatt- und Doppelseitendiagonalen als Ausgangspunkt.

16 Hier wird jetzt – ausgehend vom Schnittpunkt E – eine Parallele zur Doppelseitendiagonalen gezogen, die das obere Drittel der Blattdiagonale drittelt, also ein Neuntel der gesamten Diagonale definiert. Dieser Schnittpunkt mit der Blattdiagonalen ist der Eckpunkt A des nun zu konstruierenden Satzspiegels (nach der auf S. 139 geschilderten Methode), der sich abermals aus den Schnittpunkten der zu errichtenden Horizontalen und Vertikalen ergibt.

17 Ist das Papierformat im Seitenverhältnis 2:3 gewählt, (Breite: Höhe) ergeben sich Stege um den Satzspiegel in der Relation 1:1,5:2:3. Bei einem Seitenformat im Goldenen Schnitt wird der konstruierte Satzspiegel in seiner Höhe der Breite der Buchseite entsprechen.

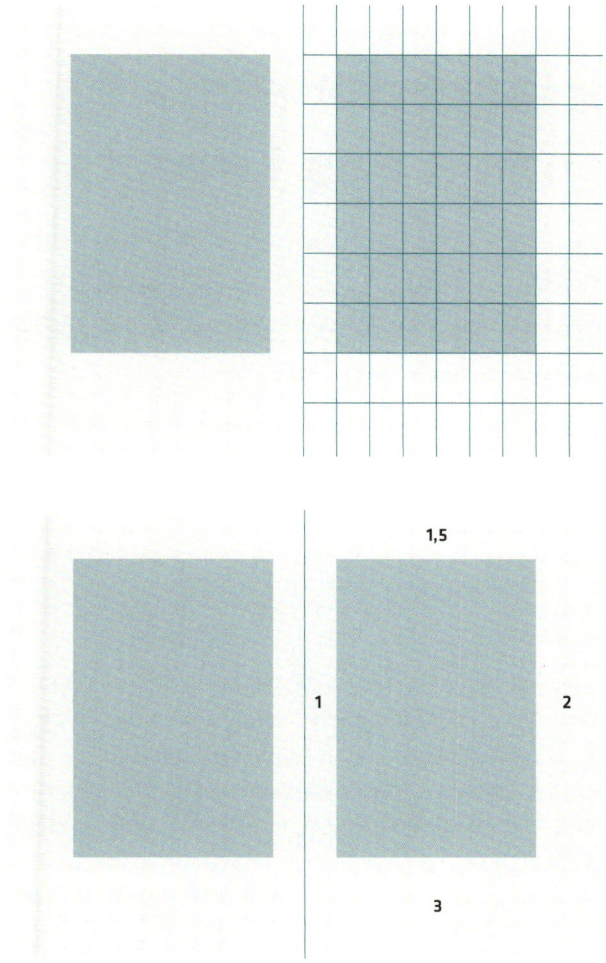

18

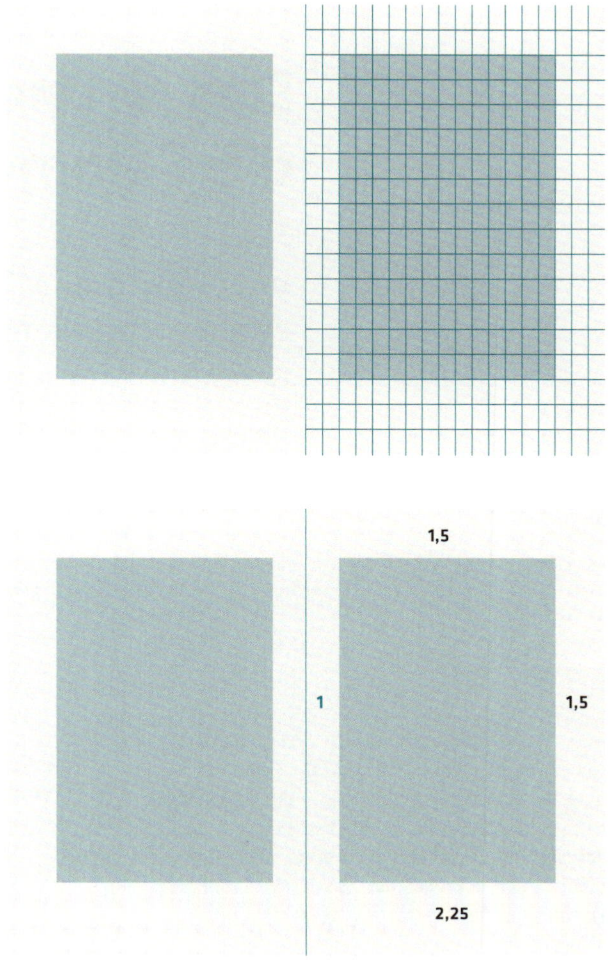

19

18 Eine praxisnahe und am Rechner schnell durchführbare, weniger mathematische Konstruktionsmethode bedient sich eines stark verkleinerten Moduls, einer Miniatur der Seite. Die Seite wird in eine bestimmte Anzahl dieses Moduls eingeteilt – je kleiner die Grundeinheit, also das Modul gewählt wird, desto feiner kann man die Relationen der Stege zuweisen. In diesem Beispiel wurde eine Einheit gewählt, deren Breite ein gutes Maß für den Bundsteg ergibt und die Höhe eines Moduls – der Buchseite entsprechend 2:3 – einen belastbaren Kopfsteg. Durch eine einfache Verdoppelung ergeben sich die klassischen Proportionen 1:1,5:2:3.

19 Wenn man von den klassischen Proportionen abweichen möchte, ist ein feineres ›Modulraster‹ gut geeignet, um kleinschrittig die entsprechenden Proportionen festzulegen. Bei identischem Bund- und Kopfsteg wie im Beispiel **18** sind der Außen- und der Fußsteg etwas beschnitten worden, ohne die grundlegenden Gesetzmäßigkeiten zu kippen: Der Bundsteg bleibt kleiner als der Außensteg und der Kopfsteg ebenso kleiner als der Fußsteg. Einzig die Proportionen verändern sich.

7.2 Das Grundlinienraster – die Feinmechanik des Layouts

In einer Komposition aus Abbildungen und Kolumnen erfährt der Zeilenabstand des Fließtextes eine besondere Bedeutung: Er wird zur Bezugsgröße aller Elemente.

1 Der Zeilenabstand ist neben der Schriftgröße die einzige Position, die in Punkt (pt) angegeben wird – die Maße des Satzspiegels und der Rasterspalten werden metrisch angegeben. Berechnet man die Höhe eines Satzspiegels, multipliziert man die Anzahl der Zeilen mit dem Zeilenabstand. Das kann direkt in die Steuerungstabelle eingegeben werden – das Ergebnis wird von InDesign dann metrisch ausgewiesen.

2 Im Entwurfsprozess kann die horizontale Verbindung der linken und der rechten Seite durch ein Hinzufügen von Hilfslinien unterstützend sichtbar gemacht werden. Die aus der Linealskala herauszuziehenden Hilfslinien sind dann besonders wirksam, wenn sie in der umgebenden Arbeitsfläche ›losgelassen werden‹: Dann sind sie auf beiden Seiten und der Arbeitsfläche sichtbar. Das Anordnen der Elemente auf der gleichen Höhe oder das Markieren von kompositorisch wichtigen horizontalen Achsen kann so besser umgesetzt werden.

Vergleicht man das Gestalten innerhalb des Satzspiegels mit einem Koordinatensystem, übernimmt das Grundlinienraster die Funktion der y-Achse im System ›Satzspiegel‹: **Es teilt den Satzspiegel in feine horizontale Einheiten ein, um den Elementen eine bestimmte Höhe zuzuweisen.** Und da wir uns im Bereich der typografischen Komposition bewegen, hat das Grundlinienraster auch eine typografische Bezugsgröße – es orientiert sich an der Grundschrift einer gestalterischen Arbeit, und zwar an ihrem Zeilenabstand. Und der wird nicht metrisch bestimmt, sondern in ›pt‹ (Punkt) angegeben.

Das Raster vermaßt also alle Gestaltungselemente in ihrer Höhe über ein Mehrfaches des Zeilenabstands, der von Schriftgrundlinie zu Schriftgrundlinie gemessen wird.[1] Die Einheit ›Zeilenabstand‹ erschließt sich dem Auge als schlüssige Systematik, da unser Auge Leerzeilen innerhalb einer Kolumne als eine sinnvolle Größe für Abstände erfasst und begreift. Ein Mehrfaches der Leerzeile begreift das Auge dann als folgerichtig. Und der Zeilenabstand ist das Ergebnis eines Findungsprozesses im Zuge einer grafischen Arbeit hinsichtlich guter Proportionen der Schriftgröße – gemeint ist die hier am stärksten vertretene Schrift, die Grundschrift – und dem trennenden horizontalen Weißraum. Wenn dieser ›gestalterische Nullpunkt‹ stimmig ist, werden die Gestalter:innen ihn für alle Elemente der Komposition als Blaupause ansetzen.

Neben der Zuweisung der Höhe eines Gestaltungselements erfüllt das Grundlinienraster einen weiteren, kompositorisch wichtigen Zweck: **Es erleichtert mit seinen horizontalen Linien ein passgenaues Ausrichten der Elemente auf gleicher Höhe – und das übergreifend auf beiden Seiten.**[2]

Das ist gestalterisch deswegen von so hoher Bedeutung, da die Komposition einer Doppelseite nie als isolierte Gestaltung zweier Einzelseiten betrachtet werden darf, sondern immer ›ganzheitlich‹. **Die Anordnung eines Elements auf der linken Seite hat gestalterisch klare Konsequenzen für die rechte Seite.**

Ein schöner Mix

Zacharias und Sylvia schippern träge von Sylt nach Vancouver. Ein schöner Mix aus Astern und Hyazinthen lässt die Herzen vieler Samariter höher schlagen. Nimmer, sagte Fjodor, bevor er schwankend der Reling folgte. Und was macht Norbert? Lässt flink Sägespäne im Akkord verpuffen. Alles eine Frage der Ästhetik, findet Bendix, und lässt die Leinen los. Hurtig stösst Fritz zu den übrigen, wo er allzu quirlig dem Appell folgt. Wer wird den Froschmann jagen – Bob oder Maximiliane? Und wieso wendet sich Viktor nur dem Foxterrier zu, während Britta zielführend die Rüben schält? Rhabarber schmeckt wohlig und auch frisch zugleich. Am besten kurz vor Xanten in die Eisen gehen. Ein probates Mittel, seufzte Richard. Wahlweise wollen Witzbolde nichts weiter als maximale Lachsalven. Die Stimmung zeugt von vollmundiger Heiterkeit – gemessen am Stand der Sonne: Ein Schatten ihrer selbst! Olaf radelt flott entlang der Seilschaft, die Beete wuchern üppig am Polar.

Und nichts kann Astrid bremsen, deren Wiesel flink und flott auf dem Alabaster wuselt. Immer landeinwärts, murmelt Cäsar, bevor Raps uns die Sicht nimmt. Und das am Freitag! Wenn Dimitri nicht den Dachs gesehen hätte, entpuppt sich das Ganze als Husarenstück. Flattern erst die Maiglöckchen im Nachtfrost der Sonnenwende, achtet Vadim erst recht auf die Etikette. Zacharias und Sylvia schippern träge von Sylt nach Vancouver. Ein schöner Mix aus Astern und Hyazinthen lässt die Herzen vieler Samariter höher schlagen. Nimmer, sagte Fjodor, bevor er schwankend der Reling folgte. Und was macht Norbert? Lässt flink Sägespäne im Akkord verpuffen. Alles eine Frage der Ästhetik, findet Bendix, und lässt die Leinen los. Hurtig stösst Fritz zu den übrigen, wo er allzu quirlig dem Appell folgt. Wer wird den Froschmann jagen – Bob oder Maximiliane? Und wieso wendet sich Viktor nur dem Foxterrier zu, während Britta zielführend die Rüben schält? Rhabarber schmeckt wohlig und auch frisch zugleich. Am besten kurz vor Xanten in die Eisen gehen. Ein probates Mittel, seufzte Richard.

Nichts kann Astrid bremsen

Wahlweise wollen Witzbolde nichts weiter als maximale Lachsalven. Die Stimmung zeugt von vollmundiger Heiterkeit – gemessen am Stand der Sonne: Ein Schatten ihrer selbst! Olaf radelt flott entlang der Seilschaft, die Beete wuchern üppig am Polar. Und nichts kann Astrid bremsen, deren Wiesel flink und flott auf dem Alabaster wuselt. Immer landeinwärts, murmelt Cäsar, bevor Raps uns die Sicht nimmt. Und das am Freitag! Wenn Dimitri nicht den Dachs gesehen hätte, entpuppt sich das Ganze als Husarenstück. Flattern erst die Maiglöckchen im Nachtfrost der Sonnenwende, achtet Vadim erst recht auf die Etikette.

Zacharias und Sylvia schippern träge von Sylt nach Vancouver. Ein schöner Mix aus Astern und Hyazinthen lässt die Herzen vieler Samariter höher schlagen. Nimmer, sagte Fjodor, bevor er schwankend der Reling folgte. Und was macht Norbert? Lässt flink Sägespäne im Akkord verpuffen. Alles eine Frage der Ästhetik, findet Bendix, und lässt die Leinen los. Hurtig stösst Fritz zu den übrigen, wo er allzu quirlig dem Appell folgt. Wer wird den Froschmann jagen – Bob oder Maximiliane? Und wieso wendet sich Viktor nur dem Foxterrier zu, während Britta zielführend die Rüben schält? Rhabarber schmeckt wohlig und auch frisch zugleich. Am besten kurz vor Xanten in die Eisen gehen. Ein probates Mittel, seufzte Richard. Wahlweise wollen Witzbolde nichts weiter als maximale Lachsalven.

24

Immer landeinwärts, murmelt Cäsar

Ein schöner Mix aus Astern und Hyazinthen

Zacharias und Sylvia schippern träge von Sylt nach Vancouver. Ein schöner Mix aus Astern und Hyazinthen lässt die Herzen vieler Samariter höher schlagen. Nimmer, sagte Fjodor, bevor er schwankend der Reling folgte. Und was macht Norbert? Lässt flink Sägespäne im Akkord verpuffen. Alles eine Frage der Ästhetik, findet Bendix, und lässt die Leinen los. Hurtig stösst Fritz zu den übrigen, wo er allzu quirlig dem Appell folgt. Wer wird den Froschmann jagen – Bob oder Maximiliane? Und wieso wendet sich Viktor nur dem Foxterrier zu, während Britta zielführend die Rüben schält? Rhabarber schmeckt wohlig und auch frisch zugleich. Am besten kurz vor Xanten in die Eisen gehen. Ein probates Mittel, seufzte Richard. Wahlweise wollen Witzbolde nichts weiter als maximale Lachsalven. Die Stimmung zeugt von vollmundiger Heiterkeit – gemessen am Stand der Sonne: Ein Schatten ihrer selbst! Olaf radelt flott entlang der Seilschaft, die Beete wuchern üppig am Polar.

Und nichts kann Astrid bremsen, deren Wiesel flink und flott auf dem Alabaster wuselt. Immer landeinwärts, murmelt Cäsar, bevor Raps uns die Sicht nimmt. Und das am Freitag! Wenn Dimitri nicht den Dachs gesehen hätte, entpuppt sich das Ganze als Husarenstück. Flattern erst die Maiglöckchen im Nachtfrost der Sonnenwende, achtet Vadim erst recht auf die Etikette. Zacharias und Sylvia schippern träge von Sylt nach Vancouver. Ein schöner Mix aus Astern und Hyazinthen lässt die Herzen vieler Samariter höher schlagen. Nimmer, sagte Fjodor, bevor er schwankend der Reling folgte. Und was macht Norbert? Lässt flink Sägespäne im Akkord verpuffen. Alles eine Frage der Ästhetik, findet Bendix, und lässt die Leinen los. Hurtig stösst Fritz zu den übrigen, wo er allzu quirlig dem Appell folgt. Wer wird den Froschmann jagen – Bob oder Maximiliane? Und wieso wendet sich Viktor nur dem Foxterrier zu, während Britta zielführend die Rüben schält? Rhabarber schmeckt wohlig und auch frisch zugleich. Am besten kurz vor Xanten in die Eisen gehen. Ein probates Mittel, seufzte Richard.

25

1 Das Grundlinienraster unterteilt den Satzspiegel in horizontale Einheiten, die exakt dem Zeilenabstand der Grundschrift entsprechen. Der Fließtext läuft also durchweg passgenau im Raster – andere Schriftgrößen wie Headlines oder Bildunterschriften laufen nicht exakt im Raster, weil sie einen anderen, ihrer Größe entsprechenden Zeilenabstand haben.
In der Höhe ist der Satzspiegel also immer ein Vielfaches des Zeilenabstands, und da man beim Einrichten des Satzspiegels noch nicht den Zeilenabstand der Grundschrift wusste, muss die Höhe des Satzspiegels nachträglich mit dem Grundlinienraster synchronisiert werden – durch eine Modifikation des Fußstegs. Die letzte Zeile des Grundlinienrasters und des Satzspiegels sind deckungsgleich.

Auch wenn im gezeigten Beispiel keine Unterteilung in Rasterfelder stattfindet, sondern eine eher einfache Form des Satzspiegels abgebildet ist, werden zwei Besonderheiten sichtbar: Die visuelle Hervorhebung der horizontal verlaufenden Schriftgrundlinien erleichtert ein Positionieren der Elemente auf der gegenüberliegenden Seite – die Wahrnehmung der Doppelseite gelingt dadurch besser. Darüberhinaus ist der Zeilenabstand der Grundschrift nun die Grundeinheit für alle Weißräume, die horizontal zwischen den Elementen liegen.
In unserem Fall ist die kleinste Einheit genau eine Leerzeile – sie kann als ein Mehrfaches vergrößert, aber nicht unterschritten werden.

Das Einrichten des Grundlinienrasters

Obwohl wir bei der Gestaltung einer Seite verschiedene typografische Ebenen unterschiedlicher Größe einsetzen (z.B. Fließtext, Überschriften und Bildlegenden), hinterlegen wir bei der Erstellung des Grundlinienrasters nur einen Zeilenabstand: den des Fließtextes. Der Fließtext ist anteilig auf den Seiten in der Regel am stärksten vertreten. Es gibt typografische Formate auf der Seite, die größer sind als die Grundschrift – die Überschriften beispielsweise – und ebenso Schriften, die kleiner gesetzt werden als die Brotschrift – wie die Legenden. Entsprechend verfügen diese Schriften auch über einen anderen Zeilenabstand, denn der sollte bei allen verwendeten Schriften optisch einem gleichen Verhältnis entsprechen.[3] Die ›Zusammenarbeit‹ der anderen Schriftgrößen jenseits der Laufschrift mit dem Grundlinienraster wird hier in diesem Kapitel noch erläutert.

Hat sich in der Entwurfsphase eine Schrift als Grundschrift herauskristallisiert, werden die Größe und ein passender Zeilenabstand festgelegt.[4] Das Grundlinienraster wird dann auf diesen Zeilenabstand eingerichtet.

Die letzte Zeile des Rasters sollte mit der Unterkante des Satzspiegels abschließen – eine nachträgliche Feineinstellung des Fußstegs ist immer dann notwendig, wenn man nicht von vornherein die Satzspiegelhöhe in einer bestimmten Zeilenanzahl definiert und – metrisch umgerechnet – mit dem Format und dem Kopfsteg verrechnet hat.

Für den Beginn des Rasters im Satzspiegel gibt es verschiedene Optionen: Die erste Grundlinie des Rasters kann als ganze Zeile folgen – dann würde oberhalb der Kegelhöhe noch der Durchschuss sichtbar sein.[5] Alternativ kann die erste Grundlinie der Kegelhöhe der Laufschrift entsprechen oder der Mittelhöhe. Wie wir im Kapitel über den vertikalen Aufbau der Buchstaben gelernt haben, ist die Mittelhöhe die optische Höhe einer Zeile, da hier die meisten druckenden Teile verdichtet sind. Die Versalien und die Oberlängen der Gemeinen sind anteilig nicht ausreichend vertreten, um die optische Wahrnehmung zu beeinflussen.

3 Der Grauwert des Fließtextes kann so etwas wie eine Blaupause für alle weiteren Textebenen einer grafischen Arbeit sein. Dann sollten diese einer ähnlichen Relation von druckenden und nichtdruckenden Teilen folgen. Setzt man den Zeilenabstand des Fließtextes mit seiner Schriftgröße in ein Verhältnis, können die Gestalter:innen diese Relation auf alle weiteren Schriftgrößen übertragen. Oder aber, man strebt aus einem bewusst abweichenden Verhältnis aus Schriftgröße und Zeilenabstand eine typografische Spannung an. So erhöhen kompakt gesetzte Überschriften neben dem Groß/Klein-Kontrast die Spannung und Dynamik der Doppelseite, da sie das Verhältnis aus schwarzen, druckenden Teilen und den umgebenden nicht druckenden Teilen bewusst anders interpretieren.

4 Der Zeilenabstand muss in Abstimmung mit der angepeilten Kolumnenbreite festgelegt werden und sollte auf Papier geprüft werden. Soll mit schmalen Kolumnen im Layout gearbeitet werden, kann der Zeilenabstand kleiner gehalten werden.

5 Wird diese Variante gewählt, muss bei einem direkten Nebeneinander von Kolumne und Abbildung die obere Kante der Abbildung etwas heruntergesetzt werden, um die Bildung einer Stufe zu vermeiden.

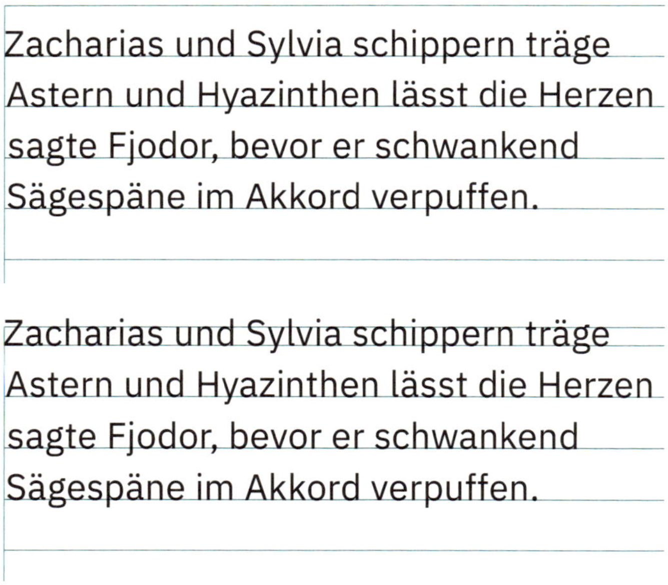

2 Eine ganze Leerzeile ist für den Beginn im Satzspiegel zu viel. Die x-Höhe als optische Kante des Satzspiegels eignet sich sehr gut – die Oberlängen und Versalien ragen aus dem Satzspiegel heraus.

UMSETZUNG IN INDESIGN Unter den Voreinstellungen des Menüfeldes ›InDesign‹ findet sich der Punkt ›Raster‹, der drei wesentliche Einstellungen für die exakte Einrichtung des Grundlinienrasters anbietet: den Anfang, den Nullpunkt der Zählung (obere Formatkante oder oberer Textrand, was der Satzspiegelkante entspricht) und die ›Einteilung‹, die die Frequenz des Rasters regelt.
Möchte man beispielsweise das Raster nur im Satzspiegel angezeigt haben, wählt man ›Oberer Textrand‹ aus – entsprechend würde die obere Formatkante gewählt werden, wenn das Raster durch die gesamte Seite läuft. Soll die Versalhöhe der Laufschrift im Satzspiegel mit der oberen Kante synchronisiert werden, wird die Schriftgröße als ›Anfang‹ eingegeben – der Zeilenabstand regelt dann die Frequenz des Rasters. Wird die Mittelhöhe als obere Abschlusskante gewünscht, muss sie vorab vermessen und als ›Anfang‹ festgelegt werden.

Varianten des Grundlinienrasters – das Halbzeilenraster

Das Arbeiten mit einem Ganzzeilenraster, also mit einer Einteilung, die auf den ganzen Zeilenabstand zurückgreift, hat den Vorteil, dass die Weißräume stets eine Leerzeile oder ein Mehrfaches einer Leerzeile ausmachen. Das erleichtert das exakte Ausrichten der Elemente wenn sie nebeneinander positioniert werden, weil sie nicht durch kleinere Abstände ›aus dem Rhythmus‹ gebracht werden – also aus dem Raster fallen. Bei nebeneinander angeordneten Kolumnen werden die Zeilen grundsätzlich auf ›Augenhöhe‹ laufen, denn selbst eingeschobene Leerzeilen verschieben die folgenden Zeilen immer um eine ganze Einheit.

Durch das Arbeiten mit einem Grundlinienraster werden alle Zeilen der Grundschrift auf einer identischen Höhe jeder Buchseite angeordnet – **sie stehen also auf Vorder- und Rückseite des Papiers exakt übereinander.** Das verhindert, dass bei dünnen oder wenig opaken[6] Papieren die Zeilen versetzt durchscheinen und in den Zwischenräumen sichtbar werden.

Diese identische Anordnung der Grundschrift auf jeder Buchseite wird als **Registerhaltigkeit** bezeichnet.

Bei komplexeren gestalterischen Arbeiten sind feinere Weißräume als Abstände zwischen den Gestaltungselementen notwendig – beispielsweise können so Zäsuren unterschiedlich stark gesetzt werden, da die Größe eines Abstands auch eine Aussage über die Zugehörigkeit der Elemente trifft.

Daher kann das Grundlinienraster auch ›feiner‹ eingestellt werden, sofern die Einteilung der Linien in einem logisch nachvollziehbaren Zusammenhang zum Zeilenabstand steht. Die Hälfte dieses Wertes ist sowohl nachvollziehbar als auch ästhetisch folgerichtig: Unser Auge kann Halbierungen und Verdoppelungen optisch herleiten und entsprechend als stabil empfinden. Das Verwenden der halben Leerzeile, also eines halben Zeilenabstands, ist die erste Wahl für kleinere Abstände und Weißräume in einer typografischen Arbeit. In der Voreinstellungsoption ›Raster‹ wird demnach unter der Option ›Einteilung‹ die Hälfte des Zeilenabstands eingetragen. Das erzeugt dann in der Umsetzung die doppelte Anzahl an horizontalen Linien – das Raster wird engmaschiger und feiner.

Diese Methode kann selbstverständlich auch mit Viertelzeilen umgesetzt werden – doch sind dann die vielen horizontalen Linien im Dokument eher ein Handicap im Gestaltungsprozess als eine Erleichterung.

6 Die Opazität ist die Lichtundurchlässigkeit eines Materials. Ist ein Papier opak, lässt es also wenig Transparenz zu: Der Effekt des Durchscheinens ist kaum vorhanden.

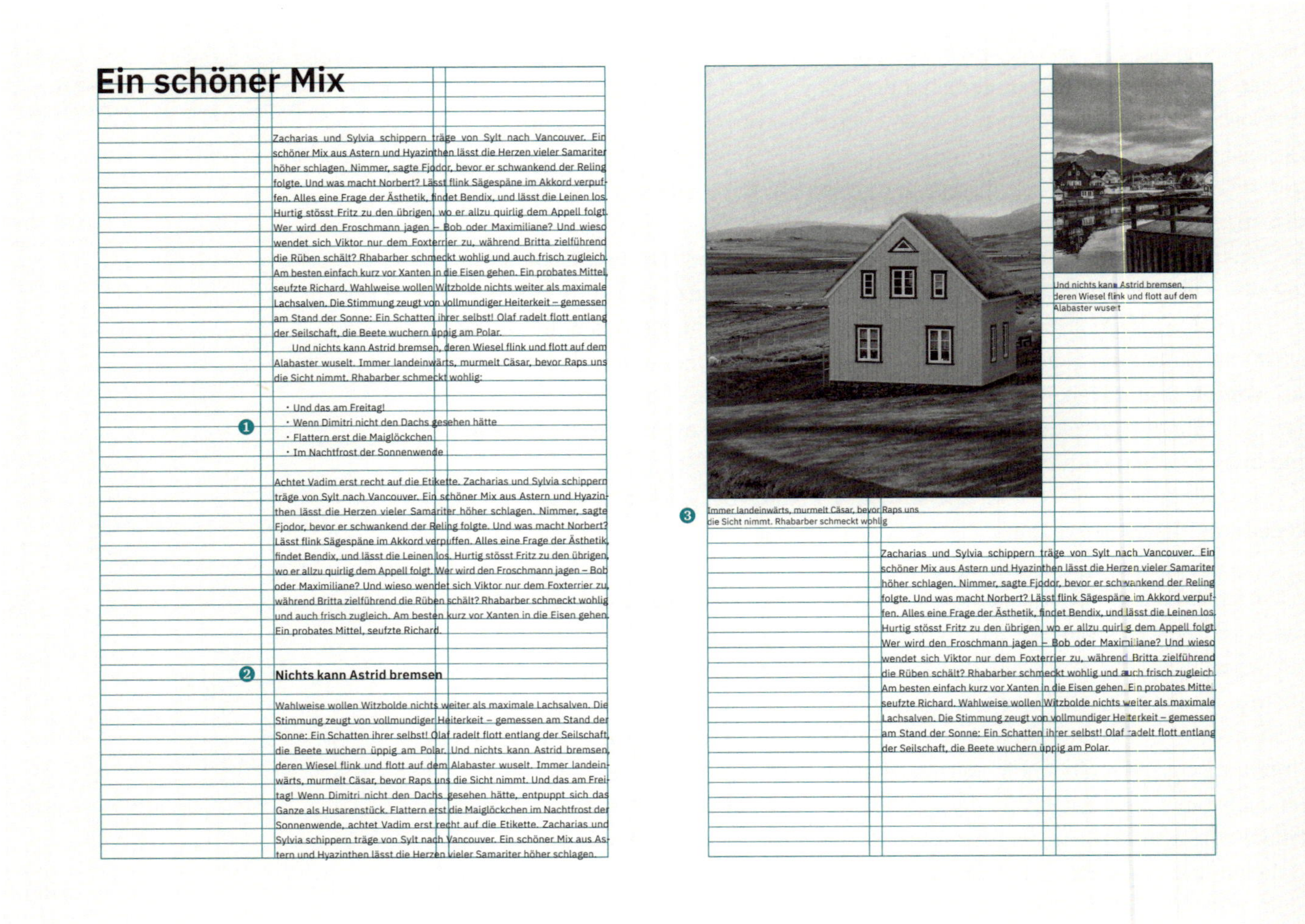

2 Das Raster mit ganzen Leerzeilen liefert eine klare, wenn auch eingeschränkte Methodik für den Einsatz von horizontalen Abständen. Verschoben wird immer in ganzen Einheiten, um ein exaktes ›Nebeneinander‹ von Kolumnen zu erreichen. Das aber markiert auch die etwas limitierte Variabilität, denn Arbeiten mit feineren Weißräumen unterhalb einer ganzen Leerzeile ist nicht möglich. Die eingeschobene Aufzählung ❶ auf der linken Seite ist durch ganze Leerzeilen abgegrenzt – das suggeriert dem Leser einen Einschub, der inhaltlich zu beiden Teilen des Textes ähnlich positioniert ist und zu keinem Textabschnitt eine stärkere Zugehörigkeit besitzt. Die Zwischenüberschrift ❷ sollte sichtbar dem nachfolgenden Text zugeordnet sein. Die kleinste Einheit ist die Leerzeile – der Abstand darüber besteht also aus zwei Leerzeilen, um kenntlich zu machen, dass hier eine Zäsur stattfindet, die durch eine neue Überschrift eingeleitet wird.
Die Bildunterschriften ❸ stehen direkt in der Folgezeile unter dem Bild. Das funktioniert gut, da die Schrift keine besonders hohen Oberlängen hat, die ›raumgreifend‹ wirken und zu dicht ans Bild ragen würden.

Im mehrspaltigen Raster sind ganze Leerzeilen das Mittel, um nebeneinanderstehende Kolumnen im Raster miteinander abzustimmen. Sie strukturieren klar und eindeutig, können aber bei mehreren, aufeinanderfolgenden inhaltlichen Zäsuren das Schriftbild schnell zersiedeln. Feinere Abstufungen bei Abständen bedient das Ganzzeilenraster nicht.

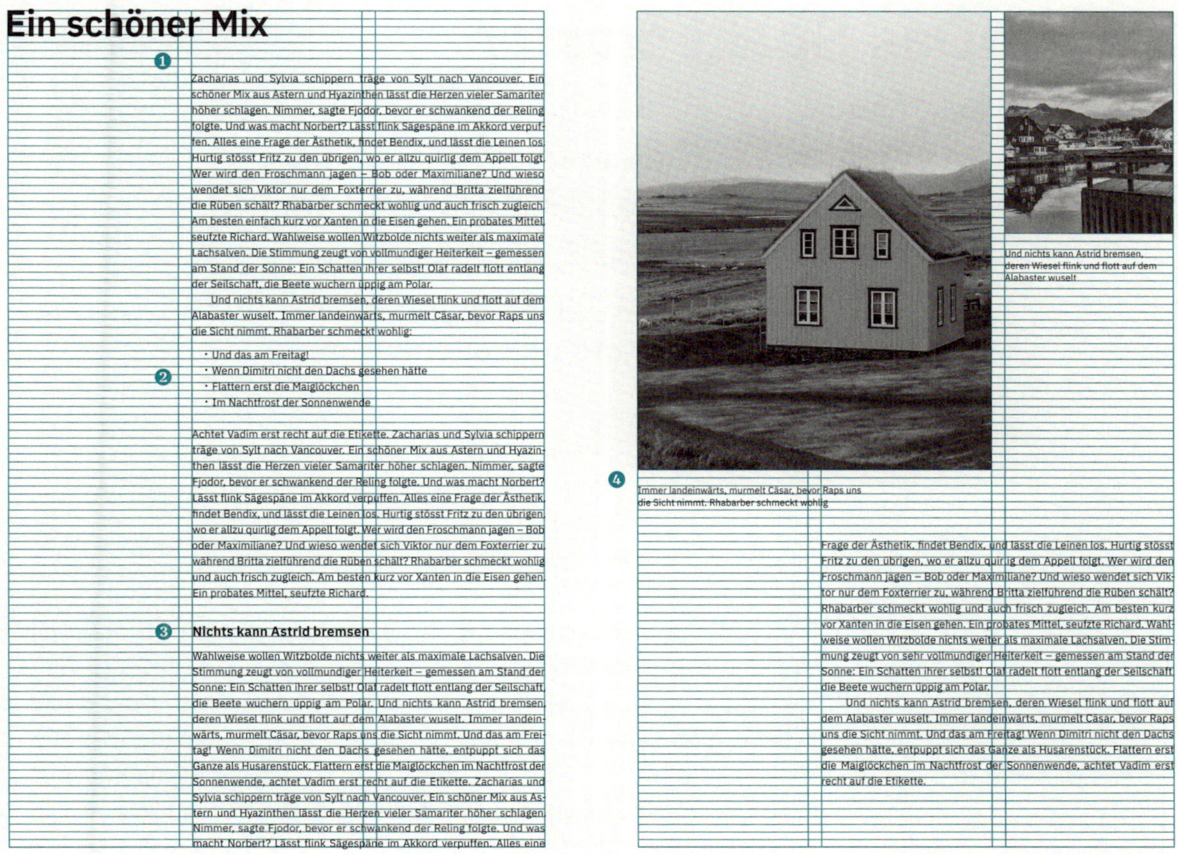

3 Das Grundlinienraster ist auf halbe Leerzeilen eingestellt, entsprechend verdichtet ist der Satzspiegel, da nunmehr doppelt so viele horizontale Linien sichtbar sind. Damit ist eine feinere Differenzierung jetzt besser möglich. Die kleinste Einheit hat sich – im Vergleich zum Ganzzeilenraster – halbiert.
Der Textanfang ist um eine halbe Leerzeile näher an die Überschrift herangerückt ❶. Diese steht – wie auch im Ganzzeilenraster – nicht auf einer Grundlinie, sondern ist so im Satzspiegel eingepasst, dass die Versalien mit dessen Oberkante abschließen. Die deutlich größere Schrift der Headline darf das Raster ignorieren. Da sie über der Kolumne steht, gibt es keinen direkten ›horizontalen Vergleich‹ mit der Grundschrift.
Die eingerückte Aufzählung ❷ hat nun unterschiedliche Abstände zum umgebenden Text: Der Abstand danach ist größer, beträgt nun eine ganze Leerzeile, während der Text darüber durch eine halbe Leerzeile näher an den eingerückten Zeilen steht. Diese Markierung suggeriert eine Zugehörigkeit zum davor stehenden Text und eine inhaltliche Zäsur danach. Die Zwischenüberschrift ❸ ist auf eine halbe Zeile an das neue Unterkapitel herangerückt, darüber stehen nun 1,5 Leerzeilen – im Vergleich zum Ganzzeilenraster eine immerhin dreimal so große Relation, ohne dabei raumgreifender zu sein. Gerade darin zeigt sich der Vorteil feinerer Nuancen im Grundlinienraster: Kleinere Weißräume durch feinere Abstände zersiedeln den Text weniger – das Satzbild bleibt geschlossener und es passen mehr Zeilen in eine Spalte.
Die Bildunterschriften ❹ haben eine halbe Zeile Abstand zugewiesen bekommen, was bei langen Legenden besser entzerrt und auch Schriften mit hohen Oberlängen für diese Position zulässt.

Während im Ganzzeilenraster der Text automatisch auf der Satzspiegelunterkante ›landet‹, kann im Halbzeilenraster durchaus ein Versatz um eine halbe Zeile eintreten. Zwei nebeneinanderstehende Kolumnen würden dann nicht mehr ›Zeile halten‹. Entweder wird das Flattern der Kolumne zur Satzspiegelunterkante akzeptiert – das ist bei einspaltigen Layouts absolut vertretbar – oder die halben Zeilen werden als Abstand so eingesetzt, dass sich im Idealfall stets eine gerade Anzahl an halben Zeilen zu ganzen Zeilen addieren und dadurch Linie gehalten wird. Bei zweispaltigen Layouts ist ein Versatz zwischen beiden Kolumnen kaum zu vermeiden.

7.3 Das Spaltenraster

Die Unterteilung des Satzspiegels in vertikale Rasterspalten schafft eine klare Struktur für den Gestaltungsprozess. Das Spaltenraster ist als Vorstufe des typografischen Rasters ein zielführendes und variables Feature im Seitenaufbau.

Das Spaltenraster ist gewissermaßen eine abgespeckte Version vom Schweizer Original, dem typografischen Raster. Es verzichtet auf Rasterfelder mit einer festen Zuweisung in Höhe, Breite und Position im Satzspiegel (mit der gestalterischen Freiheit, dass sich auch mehrere Rasterfelder zu einer Abbildungsgröße addieren können). Die Einteilung des Satzspiegels, der durch das Grundlinienraster bereits feine horizontale Einheiten aufweist, erfolgt beim Spaltenraster ausschließlich in vertikaler Richtung.

Wie es der Name bereits suggeriert, steht bei dieser Methode als Ergebnis ein Satzspiegel, der in eine unterschiedliche Anzahl gleichgroßer Spalten eingeteilt ist, die jeweils von einem Festabstand, dem Zwischenschlag, getrennt werden. Eine Kolumne, oder ein anderes Gestaltungselement, kann dabei die Breite einer einzigen Rasterspalte annehmen – sie kann sich aber auch, wenn diese entsprechend schmal sind, über mehrere Spalten erstrecken, um eine entsprechende Zeilenlänge zu erreichen.

Die Höhe der im Raster positionierten Elemente wird von den Gestalter:innen festgelegt. Das geschieht vorrangig nach einem vorher definierten Prinzip, das die Elemente in ihrer Größe vereinheitlicht – und in Feinabstimmung mit dem Grundlinienraster.

Der Verzicht auf bereits vom Raster festgelegte Höhen darf nicht zu einer Inflation von Abbildungsgrößen[1] führen – das verwässert die Klarheit und die gestalterische Konsequenz einer grafischen Arbeit. Zu viele Bildgrößen in einer Publikation assoziieren wenig gestalterische Methodik und erwecken den Eindruck der konzeptionellen Willkür beim Betrachter. **Buchgestaltung ist auch immer das Einhalten bestimmter Prinzipien, auch über die typografische Ebene hinaus.** Ein schlüssiges Konzept über den Einsatz von Abbildungen, deren Proportionen und Größen Voraussetzung für ein stimmiges Gesamtbild eines Buches sind, das einer eindeutigen und sichtbaren Gestaltungsidee folgt.

Das Spaltenraster ist also nur scheinbar ein Schweizer Raster ›light‹ – denn die durch weniger ›Manschetten‹ gewonnene gestalterische Freiheit fordert ein sehr stabiles Konzept der Gestalter:innen und ein Wissen um klar definierte Prinzipien, wie der Seitenaufbau aus heterogenen Elementen organisiert wird. Zudem kann auf das Überlagern verschiedener Raster zur Steigerung der Variabilität verzichtet werden – eine hohe Anzahl an Spalten bietet gleichviel Optionen.

1 Der Aspekt des Bildkonzepts ist explizit im gleichnamigen Kapitel erklärt – insbesondere die Frage, wieviel verschiedene Abbildungsgrößen in einer Publikation empfehlenswert sind und wie deren Umgang mit dem Satzspiegel/Spaltenraster auszusehen hat.

Vom Umgang mit dem Raster

Die ersten Ansätze angehender Gestalter:innen beim Entwerfen mit dem Raster zeigen zumeist sehr konkret, welche Probleme im Verständnis und im Umgang mit dieser Gestaltungssystematik vorherrschen: Wer noch keine Erfahrung hat, mit einem Raster typografisch zu gestalten, dem fällt das Entwickeln eines klaren Konzepts für die ›Inszenierung‹ der Elemente schwer – insbesondere die Festlegung der Größen und die Abstände der Gestaltungselemente zueinander, sowie der Umgang mit dem Weißraum innerhalb des Satzspiegels. Die wichtigsten ›Bedienungshilfen‹ im Umgang mit dem Spaltenraster hier nun zusammengefasst:

1. Der Satzspiegel muss nicht vollständig mit Gestaltung befüllt werden.
Wie auch die Lettern ihren Rhythmus nur im Zusammenspiel mit dem umgebenden Weiß entwickeln, unterstützt Weißraum auch die Gestaltungselemente im Format, die er umgibt. Die bewusste Reduzierung auf wenige Elemente suggeriert eine klare Fokussierung – und hebt die Bedeutung.

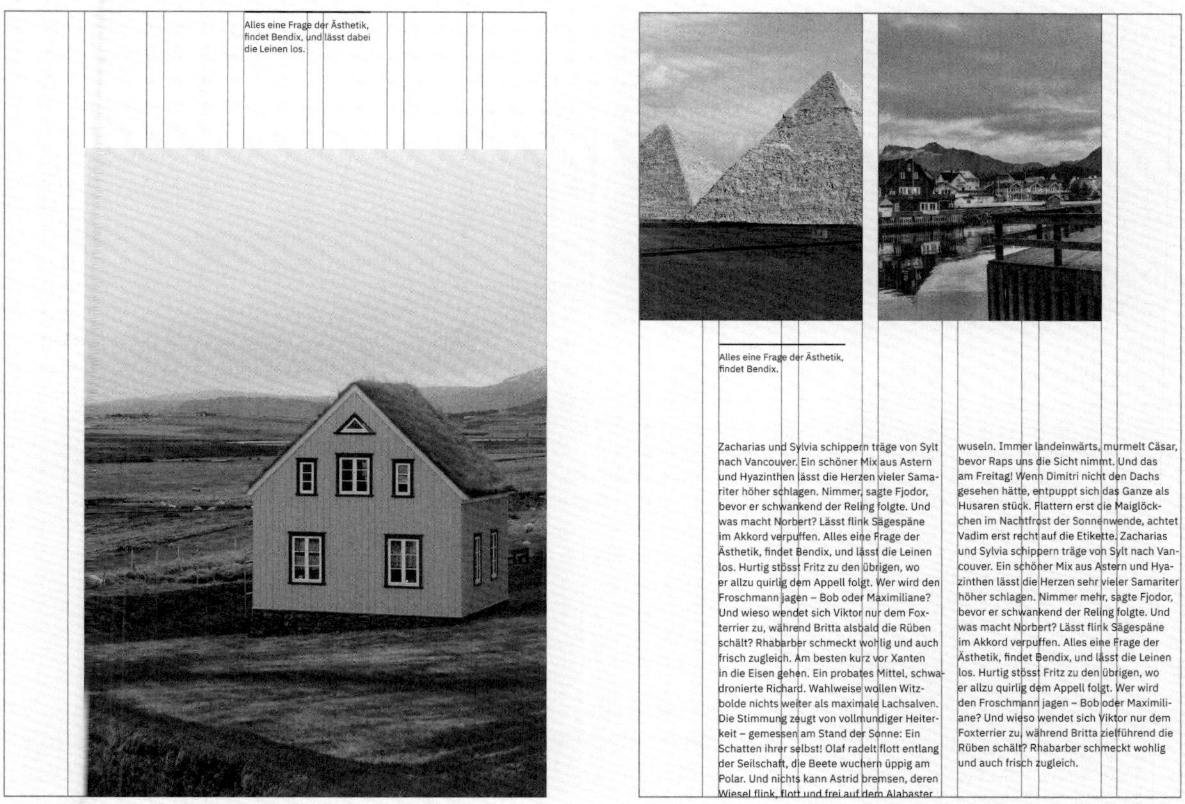

1 Die Gestaltung räumt den Elementen viel Platz ein. Das steigert die Wirkung der Bilder und lässt kompositorisch mehr Möglichkeiten zu, die Fläche spannungsvoll und asymmetrisch zu strukturieren, als ein voller Satzspiegel. Das bewusste Zuweisen großer Räume steht im kraftvollen Kontrast zu den kleineren Abständen zwischen nebeneinander stehenden Elementen, die durch den Zwischenschlag geregelt sind.

2. Die Breite einer Kolumne oder einer Abbildung entspricht nicht zwangsläufig der Breite einer Rasterspalte. Bilder und Kolumnen dürfen die Breite mehrerer Rasterspalten annehmen, denn gerade belastbare Raster sehen eine hohe Anzahl Spalten vor, die für sich genommen als Richtgröße zu schmal wären.

2

3

2 Das einfachste mögliche Raster mit einer Einteilung in zwei Spalten schafft auch nur zwei Abbildungsgrößen. Die Variationen in der Breite sind also sehr limitiert, wobei die Abbildungsgröße, die sich über die gesamte Breite erstreckt, bei größeren Formaten für Textkolumnen nicht in Frage kommt, da die Zeilen zu breit gerieten. Das zu erwartende Layout ist deshalb sehr berechenbar, statisch und wenig raffiniert.

3 Erheblich mehr Optionen bietet ein Raster mit einer höheren Anzahl von Rasterspalten – in diesem Falle sieben. Nun stehen der Gestaltung durch feinere Abstimmungen mehr mögliche Breiten zur Verfügung – Bilder und Kolumnen sind immer breiter als eine einzelne Rasterspalte. Das die Elemente umgebende Weiß kann zudem deutlich variabler moduliert werden. Das ist gerade bei Gestaltungskonzepten, die wenige Abbildungsgrößen vorsehen, eine Möglichkeit, verschiedene Seitenstrukturen zu entwickeln und der Publikation dadurch gestalterische Tiefe zu verleihen.

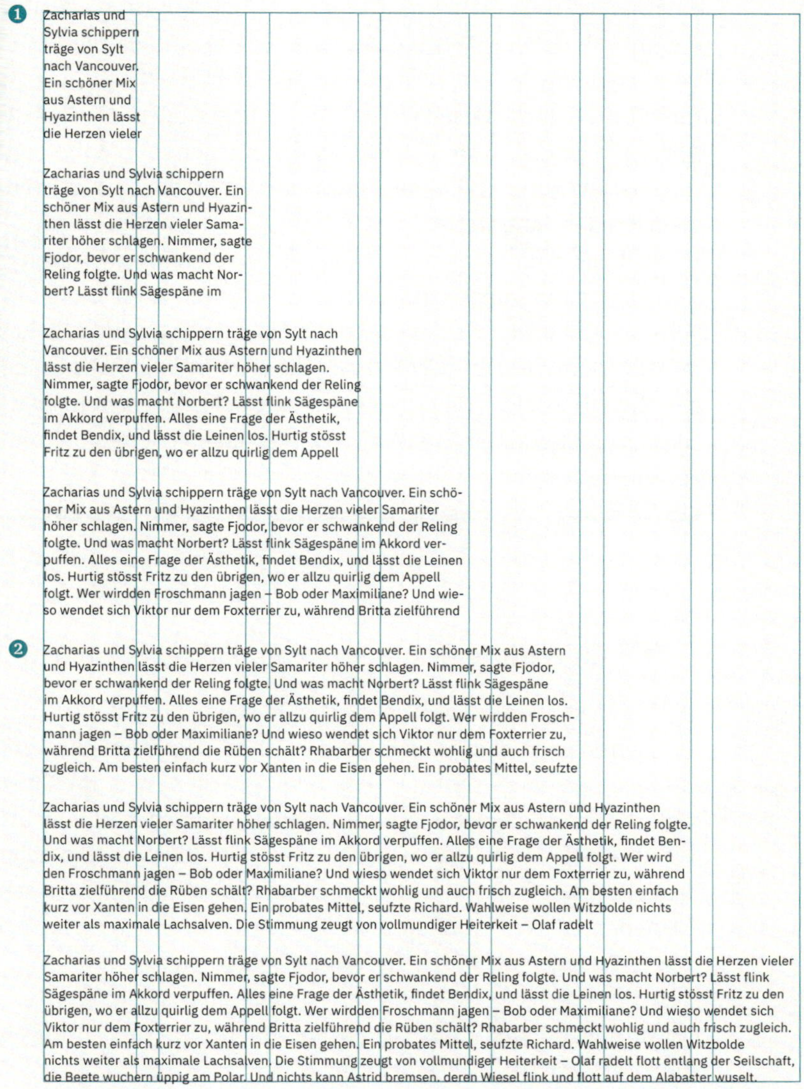

4

4 Angewendet auf Textkolumnen zeigt das 7-spaltige Raster, dass nicht alle potentiellen Breiten auch belastbare Lesetypografie erzeugen: ❶ Eine einzelne Rasterspalte ist nicht breit genug, um ausreichend Wörter pro Zeile aufzunehmen. Die Lektüre wird zu einem sich ständig wiederholenden Rückschwung. Ganz anders die Kolumnenbreiten jenseits von vier Rasterspalten – ❷ hier geraten die Zeilen zu lang, das Lesen wird mühevoll. Neben der eigentlichen, primären Funktion – dem Lesevorgang – agiert eine Textkolumne auch immer als Gestaltungselement, dessen Proportionen im Kontext der Seitengestaltung zu betrachten sind. Die hier abgebildeten Kolumnen jenseits der Vier-Spalten-Breite haben ein Seitenverhältnis, das sich stark von den Proportionen unterscheidet, die unser Auge als ästhetisch empfindet. Durch diese ungewöhnlichen Relationen sind solche Kolumnen in ihrer Wirkung auf das Gesamtgefüge einer typografischen Komposition entsprechend dominant.

[→ Seite 82, 3.3 Zeilenlänge]

UMSETZUNG IN INDESIGN Die Einteilung des Rasters wird direkt beim Einrichten eines neuen Dokuments vorgenommen. Relevant ist die Position ›Spalten‹, wo wir die Anzahl und den Abstand der Rasterspalten definieren. InDesign bietet uns als Voreinstellung für den Spaltenabstand – den Zwischenschlag – 4,233 mm an. Dieser funktioniert grundsätzlich in den Leseschriftgraden. Als Richtwert empfehle ich 5 mm, die genug Abstand zwischen den Elementen schaffen und für eine klare Abgrenzung sorgen, aber die Zusammengehörigkeit zweier benachbarter Elemente visuell nicht untergraben.
Entscheidend für einen ausgewogenen Abstand ist die Satzmethode: Im Blocksatz formatierte Kolumnen benötigen mehr Abstand zueinander als linksbündig gesetzte Kolumnen, da die Flatterzone ein gewisses zusätzliches Maß an Weißraum beisteuert. Außerdem beeinflussen die jeweilige Satzschrift und ihr Formprinzip den Zwischenschlag: Sehr breit laufende Schriften haben nicht nur größere WZR, sondern als Kolumne ›verarbeitet‹ sollte auch hier ein größerer Spaltenabstand eingestellt werden.

Die Einteilung des Rasters als Taktgeber der Gestaltung

Bei der Einteilung des Satzspiegels in Rasterspalten stellen wir – zunächst sicher unbewusst – die Weichen für grundlegende Prinzipien unserer Seitengestaltung. Mit einer gewissen Routine werden wir gezielt bestimmte Einstellungen in der Wahl unseres Spaltenrasters vornehmen – auch hier ist eine umfängliche Kenntnis des umzusetzenden Manuskripts in Text und Bild wichtig, denn insbesondere die Belastbarkeit des Rasters, seine Flexibilität bezüglich verschiedener inhaltlicher Ebenen, möglicher Abbildungsgrößen und Positionen im Satzspiegel können durch eine entsprechende Beschaffenheit gesteuert werden.

Bestimmte Merkmale des Rasters weisen unserer Gestaltung eine entsprechende Tonalität zu. Eine hohe Bedeutung dabei hat der gestalterische Umgang mit der Symmetrieachse, die jedes aufgeschlagene Buch durch den Bund in sich trägt, und die die linke und rechte Seite zu einem Format verbindet. Wir können die Symmetrie als Gestaltungsidee aufgreifen und durch eine Einteilung des Satzspiegels in eine gerade Anzahl von Spalten unterstützen. Entscheiden wir uns außerdem für ein eher grobes Raster, mit beispielsweise nur zwei Spalten, wird der Seitenaufbau stark symmetrisch bleiben – schlussendlich auch, weil uns das Raster mit seinen wenigen Optionen ein ›Ausscheren‹ aus der Symmetrie sehr schwierig macht.

Das wiederum können wir bewusst als gestalterische Leitidee ansteuern, indem wir den Satzspiegel in deutlich mehr Spalten unterteilen – eine ungerade Anzahl schafft zudem noch die Möglichkeit, mit unregelmäßigen Proportionen einer asymmetrischen Kompositionsidee auf der Doppelseite Raum und Form zu geben. Diese unregelmäßigen Proportionen betreffen nicht nur die Form der Gestaltungselemente, also die Größe von Abbildungen und Kolumnen, sondern auch den sie umgebenden Weißraum.

Sprechen wir bei einer Schrift von Rhythmus, meinen wir das Zusammenspiel der druckenden und nichtdruckenden Teile. Dieses rhythmische Steuerungsprinzip findet sich auf der Seite in gleicher Form wieder: Durch das Positionieren der druckenden Teile im Format schaffen wir Räume, die die Wirkung der Elemente sehr stark beeinflussen. Eine Abbildung, die ein gesundes Maß an Weißraum um sich verbucht, hat eine viel höhere visuelle Präsenz und Strahlkraft, als wenn sie zwischen Kolumnen eingebaut ein Element von vielen ist. Der umgebende Weißraum räumt ihr eine regelrechte Bühne ein – die Inszenierung auf der Doppelseite wird eine völlig andere. Die Wirkung auf die Komposition ebenso.

Die Entscheidung für ein feines Raster, also eines mit einer hohen Anzahl an Rasterspalten, schafft deutlich mehr und feinere Abstufungen an Breiten und Proportionen, sowie Positionen im Format und lässt uns einen kleinschrittigen und sensibleren Umgang mit der visuellen Lautstärke und gestalterischen Raffinesse umsetzen.

Im Epizentrum der Buchgestaltung

Wohl keine andere Position im weiten Feld der Buchgestaltung polarisiert ähnlich stark, wie die gestalterische Richtung des Buchcovers. Ob Schutzumschlag oder kaschierte Buchdecke, ob Klappenbroschur oder Paperback – die U1 ist und bleibt die primäre grafische Oberfläche eines Buches, seine visuelle Quintessenz und der optische Vorbote seines Inhalts.

Der Umstand, ein absatzförderndes Instrument zu sein, macht es dem Buchcover nicht immer leicht, ästhetisch gewandet und typografisch sauber elaboriert das Licht der Buchhandelswelt zu erblicken. Bisweilen werden doch etwas zu vehement die Weichen auf Ellbogeneinsatz (zu laute, unsensible Typografie) und Durchsetzungsvermögen (uninspirierte, stereotype Bildwelten) bei dem Sprössling gestellt, initiiert durch eine sehr ambitionierte Patchworkfamilie aus Marketingfachleuten, Vertriebsspezialisten, Verlagsherstellern und Art Direktoren. Und das ist manchmal auch durchaus nachvollziehbar, ist doch das gedruckte Buch in seinem Absatz alles andere als ein Selbstläufer. Das lässt die Branche dann mitunter auch etwas dünnhäutig werden und jedes Instrument zum besseren Absatz akribisch durchleuchten und intensiv ausloten. Gestalter, und nur für diese Zunft kann ich sprechen, treten daher die Reise zur Präsentation ihrer Coverentwürfe durchaus gerne mit einem akribisch vorbereiteten Portfolio an Argumenten an, um etwaig aufkommende Änderungsvorschläge wie Federbälle abzuschmettern. Der Spagat zwischen Dienstleistung und künstlerischem Ehrenkodex ist nicht immer leicht – ein gesundes Maß an professioneller Distanz zum Projekt kann da durchaus nützlich sein. Auch im Sinne der eigenen Zufriedenheit und Gesundheit. Ebenso wie ein profundes Verständnis für den herausgebenden Verlag, der ja immerhin mit diesem Buch sein Geld verdienen muss. Allen jungen, hochmotivierten Nachwuchsgestaltern sei an dieser Stelle aber gesagt, dass sich eine solche Berufsauffassung beinahe automatisch einstellt im Laufe einer jahrelangen Praxis. Und dennoch: Als Designer steht man in der Pflicht, die bestmögliche gestalterische Lösung argumentativ voller Überzeugung zu vertreten. Das Vermitteln seiner gestalterischen Ideen und Beweggründe gegenüber dem Auftraggeber ist nahezu ebenso wichtig, wie die grundlegende Fähigkeit, anspruchsvolles, stimmiges Design auf den Weg zu bringen.

In der Wahrnehmung der Gestalter ist das mitunter elegische Diskutieren über einen Entwurf nicht immer dem Ergebnis zuträglich, aber – berechtigterweise – ein wesentlicher Bestandteil des Berufsbildes des Designers. Denn so manch konstruktive Auseinandersetzung zwischen den beteiligten Parteien mutiert dabei zum sprichwörtlichen Tauziehen um Punktgrößen, die Transparenz der visuellen Botschaften und Farbräume – alles im Sinne eines möglichst effizienten und erfolgsmaximierenden Flächennutzungsplans dieser zentralen Oberfläche.

Erstaunlicherweise haben sich dabei ganz offensichtlich bestimmte gestalterische Anmutungen in der Verlagswelt durchgesetzt, die unbewusst dem Käufer ein sehr konkretes Bild des zu erwartenden Inhalts vermitteln sollen. Und da wir ja gewissermaßen hier an dieser Stelle »en famille« sind, können wir uns einen kurzen Ausflug in die Welt der gestalterischen Trickkiste erlauben: Das Rezept für den großen, populären Roman (gerne angelsächsischer Prägung) sieht erstaunlich regelmäßig in der typografischen Umsetzung der Titelzeile den gesperrte Versalsatz einer Renaissance-Antiqua vor. Schriften wie die Garamond oder die Bembo verfügen in richtiger Inszenierung über eine außerordentlich epische Strahlkraft – ein Mehrwert, den so mancher Verlag gerne nutzt. Auch wenn es nicht eben innovativ oder eigenständig ist und immer ein wenig so aussieht, als hätte man das Cover der amerikanischen Ausgabe 1:1 übernommen. Platziert wird das ganze dann gerne auf einem sehr reduzierten, eher statischen Titelmotiv, nicht zu dunkle Tonwerte, leise Momente scheinbar unspektakulärer Situationen. In der Musik wäre das Pendant wohl ein Konzert der Berliner Philharmoniker, bei dem die größten Hits von Elton John orchestral adaptiert werden. »Pop goes Classic« wird das ganze dann gerne genannt.

Abbildung linke Seite
Das Buch als ganzes – Ein Erscheinungsbild
Abbildung rechte Seite
Aussen und Innen sollten nicht getrennte Wege gehen

Der etwas schüchterne kleine Bruder dieser Coverlösung verzichtet auf die bedeutungsschwangeren Versalsatzzeilen und bedient sich typografisch eher im Barock. Kritisch hierbei ist sicherlich das weiterhin offensive Sperren der aus Groß- und Kleinbuchstaben gesetzten Titelzeile – wer Tschichold verinnerlicht hat, der weiß um diese Gefahr. Aber so manches Dogma der letzten Jahrzehnte darf ruhigen Gewissens gelockert werden, ob die feinsinnigen Kleinbuchstaben einer Antiqua eine hohe Laufweite vertragen, liegt dann im jeweiligen Auge des Betrachters.

Die deutsche Gegenwartsliteratur hingegen wird nach wie vor weitaus unemotionaler in serifenloser Schlichtheit nach außen getragen – das erinnert an die Bände von Grass und Lenz aus den 70er Jahren, die mitunter auf Bildmotive verzichteten, den Namen plakativ aber sachlich absetzen und das Werk erst dahinter einreihten. Ein gestalterischer Ansatz, der augenscheinlich gerne nach wie vor adaptiert wird. Ist der Autor allerdings noch im juvenilen Alter, spiegelt sich das im offensiven Farbraum der Gesamtgestaltung wider.

Und findet sich auf dem Buchumschlag eine »lustige« Schreibschrift oder Stempelschrift wieder, bereits digital von Haus aus mit künstlichen Gebrauchsspuren modifiziert, handelt es sich in der Regel um eine Publikation kürzerer Halbwertzeit. Unterhaltsliteratur nennt man das dann wohl. Wer sich als Typograf oder Buchgestalter mal in den Internet-Portalen der kostenlos downloadbaren Freefonts umgesehen hat, wird staunen, wie groß das stetig wachsende Angebot »phantasievoller« Displayfonts ist. Dass bei den überwiegend kurzlebigen Zeitgeistschriften jede Menge minderwertig geschnittene und schlecht zugerichtete Fonts dabei sind, fordert das kritische Auge der Designer heraus. Aber wer Qualität sucht, wird ohnehin nicht hier recherchieren.

Dass es auch anders geht, zeigen die vielen exzellent gestalteten Bücher, die sich in diesem Wettbewerb wiederfinden, und das schließt ausdrücklich auch die Titel ein, die es nicht immer auf die vorderen Plätze schaffen. Auch die größeren deutschen Publikumsverlage zeigen immer wieder innovative und durchaus designorientierte Lösungen, die nicht auf eine hochgetaktete oder stereotype Gestaltung und eine vordergründig laute typografische Inszenierung setzen: »Es muss das Gesamtbild stimmen, dann passt so etwas auch!« meint Konstanze Berner, Art Directorin vom C.H. Beck-Verlag in München. »Es gibt manchmal die Sorge der Lesbarkeit bei Anzeigen oder in Verzeichnissen – die kommt aber dann eher vom Verleger.«

Anders als bei der weniger plakativen Innengestaltung eines Buches, bei der es zumeist um die richtige Wahl der Satzschrift und Grauwerte und Weißräume geht, verlässt die U1 die objektiv bewertbare Ebene und wagt sich auf das bisweilen sehr rutschige Glatteis der subjektiven Wahrnehmung. Auch ohne typografische Kenntnis und kompositorisches Grundwissen hat jeder eine Meinung zur Wirkung

5 Die Einteilung des Satzspiegels in ein 2-spaltiges Raster unterstützt einen symmetrischen Gestaltungsansatz, da sich die Komposition unweigerlich am Bund ›spiegelt‹. Das ist durch die Reduzierung auf nur zwei mögliche Breiten fast unumgänglich, da sie nahezu gleiche Abbildungsgrößen der Elemente schafft. Und für diese ›baugleichen‹ Elemente stehen im Raster dann noch die gleichen Positionen zur Verfügung. Eine Rasterspalte nimmt die Hälfte des Satzspiegels ein – das ist ein hoher Anteil, der keinen Spielraum für feine Abstufungen lässt. Eine Spalte nicht zu befüllen, um die Symmetrie aufzulockern, schafft zwar viel Weißraum, kostet aber auch viel nutzbare Fläche. Die symmetrische Komposition ist klar, überschaubar und sehr klassisch. Das Auge wird nicht mit gestalterischer Raffinesse gefüttert und hat sofort die kompositorische Idee erfasst.

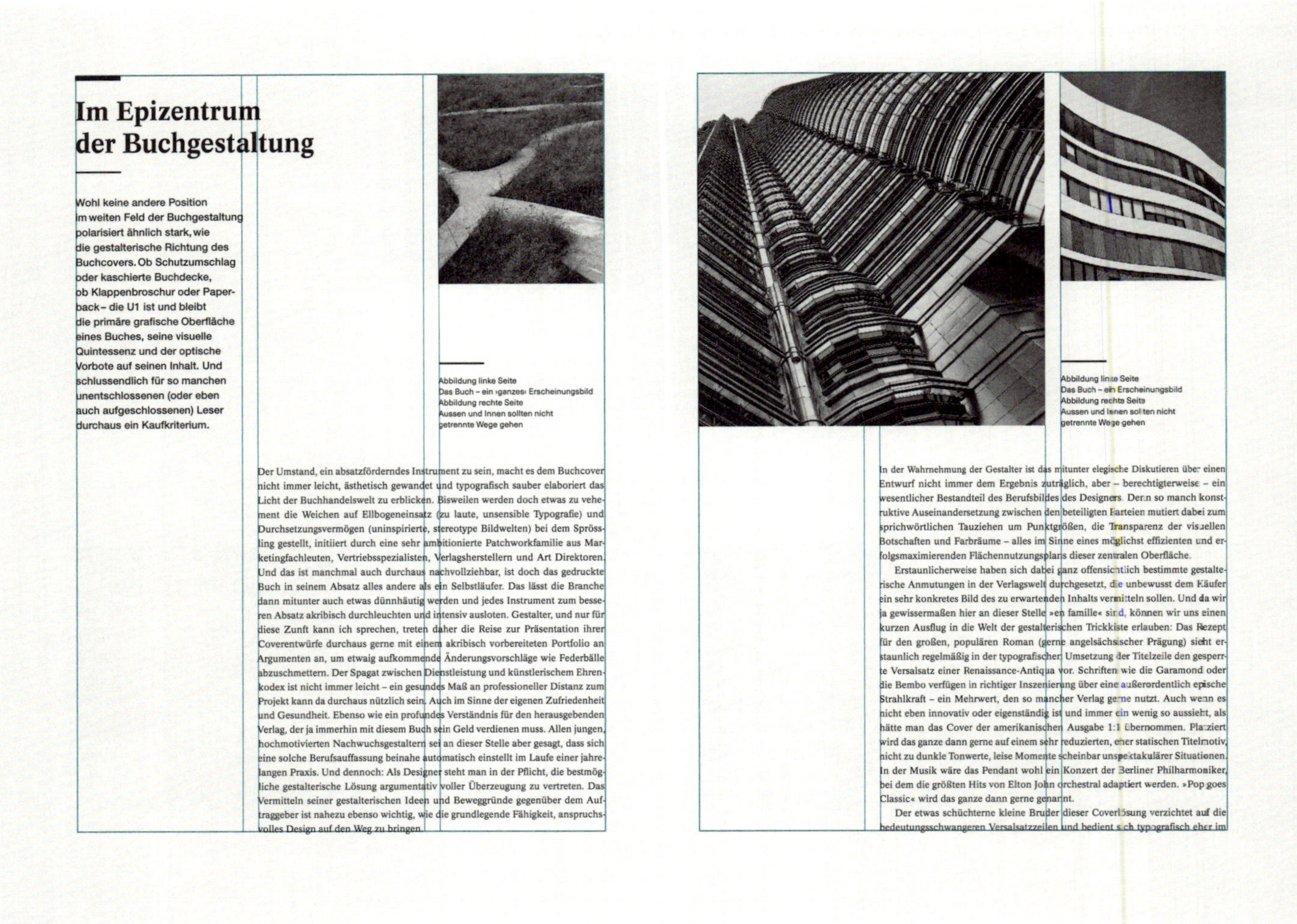

Im Epizentrum der Buchgestaltung

Wohl keine andere Position im weiten Feld der Buchgestaltung polarisiert ähnlich stark, wie die gestalterische Richtung des Buchcovers. Ob Schutzumschlag oder kaschierte Buchdecke, ob Klappenbroschur oder Paperback – die U1 ist und bleibt die primäre grafische Oberfläche eines Buches, seine visuelle Quintessenz und der optische Vorbote auf seinen Inhalt. Und schlussendlich für so manchen unentschlossenen (oder eben auch aufgeschlossenen) Leser durchaus ein Kaufkriterium.

Abbildung linke Seite
Das Buch – ein ›ganzes‹ Erscheinungsbild
Abbildung rechte Seite
Aussen und Innen sollten nicht getrennte Wege gehen

Der Umstand, ein absatzförderndes Instrument zu sein, macht es dem Buchcover nicht immer leicht, ästhetisch gewandet und typografisch sauber elaboriert das Licht der Buchhandelswelt zu erblicken. Bisweilen werden doch etwas zu vehement die Weichen auf Ellbogeneinsatz (zu laute, unsensible Typografie) und Durchsetzungsvermögen (uninspirierte, stereotype Bildwelten) bei dem Sprössling gestellt, initiiert durch eine sehr ambitionierte Patchworkfamilie aus Marketingfachleuten, Vertriebsspezialisten, Verlagsherstellern und Art Direktoren. Und das ist manchmal auch durchaus nachvollziehbar, ist doch das gedruckte Buch in seinem Absatz alles andere als ein Selbstläufer. Das lässt die Branche dann mitunter auch etwas dünnhäutig werden und jedes Instrument zum besseren Absatz akribisch durchleuchten und intensiv ausloten. Gestalter, und nur für diese Zunft kann ich sprechen, treten daher die Reise zur Präsentation ihrer Coverentwürfe durchaus gerne mit einem akribisch vorbereiteten Portfolio an Argumenten an, um etwaig aufkommende Änderungsvorschläge wie Federbälle abzuschmettern. Der Spagat zwischen Dienstleistung und künstlerischem Ehrenkodex ist nicht immer leicht – ein gesundes Maß an professioneller Distanz zum Projekt kann da durchaus nützlich sein. Auch im Sinne der eigenen Zufriedenheit und Gesundheit. Ebenso wie ein profundes Verständnis für den herausgebenden Verlag, der ja immerhin mit diesem Buch sein Geld verdienen muss. Allen jungen, hochmotivierten Nachwuchsgestaltern sei an dieser Stelle aber gesagt, dass sich eine solche Berufsauffassung beinahe automatisch einstellt im Laufe einer jahrelangen Praxis. Und dennoch: Als Designer steht man in der Pflicht, die bestmögliche gestalterische Lösung argumentativ voller Überzeugung zu vertreten. Das Vermitteln seiner gestalterischen Ideen und Beweggründe gegenüber dem Auftraggeber ist nahezu ebenso wichtig, wie die grundlegende Fähigkeit, anspruchsvolles Design auf den Weg zu bringen.

Abbildung linke Seite
Das Buch – ein Erscheinungsbild
Abbildung rechte Seite
Aussen und Innen sollten nicht getrennte Wege gehen

In der Wahrnehmung der Gestalter ist das mitunter elegische Diskutieren über einen Entwurf nicht immer dem Ergebnis zuträglich, aber – berechtigterweise – ein wesentlicher Bestandteil des Berufsbildes des Designers. Denn so manch konstruktive Auseinandersetzung zwischen den beteiligten Parteien mutiert dabei zum sprichwörtlichen Tauziehen um Punktgrößen, die Transparenz der visuellen Botschaften und Farbräume – alles im Sinne eines möglichst effizienten und erfolgsmaximierenden Flächennutzungsplans dieser zentralen Oberfläche.

Erstaunlicherweise haben sich dabei ganz offensichtlich bestimmte gestalterische Anmutungen in der Verlagswelt durchgesetzt, die unbewusst dem Käufer ein sehr konkretes Bild des zu erwartenden Inhalts vermitteln sollen. Und da wir ja gewissermaßen hier an dieser Stelle »en famille« sind, können wir uns einen kurzen Ausflug in die Welt der gestalterischen Trickkiste erlauben: Das Rezept für den großen, populären Roman (gerne angelsächsischer Prägung) sieht erstaunlich regelmäßig in der typografischen Umsetzung der Titelzeile den gesperrte Versalsatz einer Renaissance-Antiqua vor. Schriften wie die Garamond oder die Bembo verfügen in richtiger Inszenierung über eine außerordentlich epische Strahlkraft – ein Mehrwert, den so mancher Verlag gerne nutzt. Auch wenn es nicht eben innovativ oder eigenständig ist und immer ein wenig so aussieht, als hätte man das Cover der amerikanischen Ausgabe 1:1 übernommen. Plaziert wird das ganze dann gerne auf einem sehr reduzierten, eher statischen Titelmotiv, nicht zu dunkle Tonwerte, leise Momente scheinbar unspektakulärer Situationen. In der Musik wäre das Pendant wohl ein Konzert der Berliner Philharmoniker, bei dem die größten Hits von Elton John orchestral adaptiert werden. »Pop goes Classic« wird das ganze dann gerne genannt.

Der etwas schüchterne kleine Bruder dieser Coverlösung verzichtet auf die bedeutungsschwangeren Versalsatzzeilen und bedient sich typografisch eher im

6 Die Erweiterung des Rasters von zwei auf drei Spalten verändert das Gefüge der Elemente auf der Fläche elementar: Die Grundordnung ist nunmehr nicht strikt paritätisch und ausgewogen – die Unterteilung des Satzspiegels im Verhältnis 1:2 schafft unregelmäßige Größenverhältnisse und Proportionen. Und da bei einem dreispaltigen Raster die einzelne Rasterspalte einen entsprechend hohen Anteil an der Gesamtbreite des Satzspiegels hat, ist der horizontale Versatz bei einer Nicht-Belegung klar und eindeutig – wie auf der Doppelseite zu sehen: Die beiden Abbildungen belegen die ersten beiden Rasterspalten, die darunterstehende Kolumne die mittlere und rechte Spalte. Dieser Einzug ist gestalterisch kraftvoll und schafft Möglichkeiten, um weitere Elemente in den gewonnenen Räumen zu positionieren. Einhergehend wachsen auch die grundsätzlich möglichen Positionen, um Elemente auf der Fläche anzuordnen – ebenso wie die Option, unregelmäßige Weißräume auf der Fläche zu erzeugen. Die überstrahlende Ruhe und Klarheit der paritätischen Unterteilung des Satzspiegels weicht also einer höheren Spannung und Dynamik – die Gestaltung der Doppelseite folgt nun einer anderen kompositorischen Idee. Der Bund als zentrale Achse kann kreativ genutzt und die Elemente gezielt asymmetrisch angeordnet werden – oder aber auch symmetrisch.

7 Das 4er-Raster ist eine konstruktive Weiterentwicklung des 2er-Rasters, da es sowohl der symmetrischen Gestaltungsidee zuarbeitet – es kann stoisch wie ein 2er-Raster genutzt werden – als auch Möglichkeiten zur Schaffung unregelmäßiger Proportionen und asymmetrischer Seitenaufteilung kreiert. ❶ Die Nicht-Belegung einer Spalte erzeugt dann ein 3er-Raster, das unregelmäßige Proportionen im umgebenden Weißraum erzeugt.

Das bewusste Aufeinanderprallen von Elementen, die nebeneinander stehend die volle Satzbreite ausfüllen, wie die beiden im Entwurf auf der rechten Seite stehenden Abbildungen ❷, und solchen, die den Satzspiegel nur zu dreiviertel ausfüllen, wie die darunterstehende Kolumne, erzeugt eine kraftvolle Komposition, die weitaus spielerischer und ausgefeilter anmutet als das 2er-Raster es ermöglichen könnte.

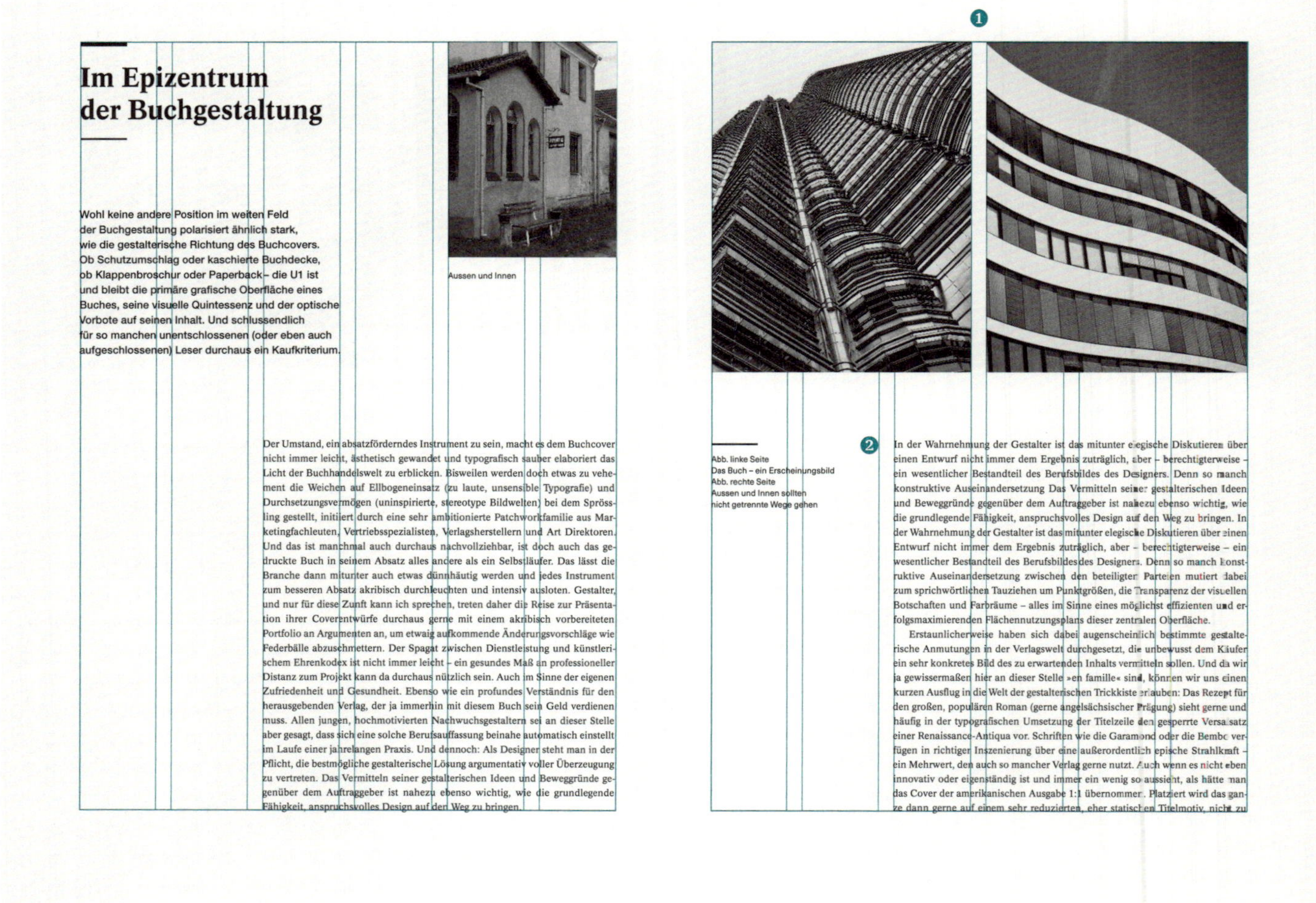

8 Sechs Rasterspalten scheinen, wie auch das vierspaltige Raster, eine symmetrische Komposition zu begünstigen – andererseits ist das Raster bereits ausreichend differenziert, um den Elementen sichtbar unterschiedliche Breiten zuzuweisen. Und verschiedene Breiten der druckenden Teile erzeugen ebenso verschiedene Räume der nichtdruckenden Teile. Und das wirkt einer symmetrischen Komposition entgegen.

Das direkte Aufeinandertreffen einer symmetrischen Gestaltung ❶ und einer asymmetrischen Aufteilung des Satzspiegels ❷ auf derselben Buchseite ist kompositorisch betrachtet wertsteigernd – das Abstimmen zweier gestalterischer Achsen bildet einen anspruchsvollen Kompositionsprozess ab. Neben der Variabilität zwischen Symmetrie und Asymmetrie ist zudem das gewachsene Portfolio an möglichen Breiten der Elemente (und entsprechend unterschiedlicher Weißräume) ein Pluspunkt dieses Rasters.

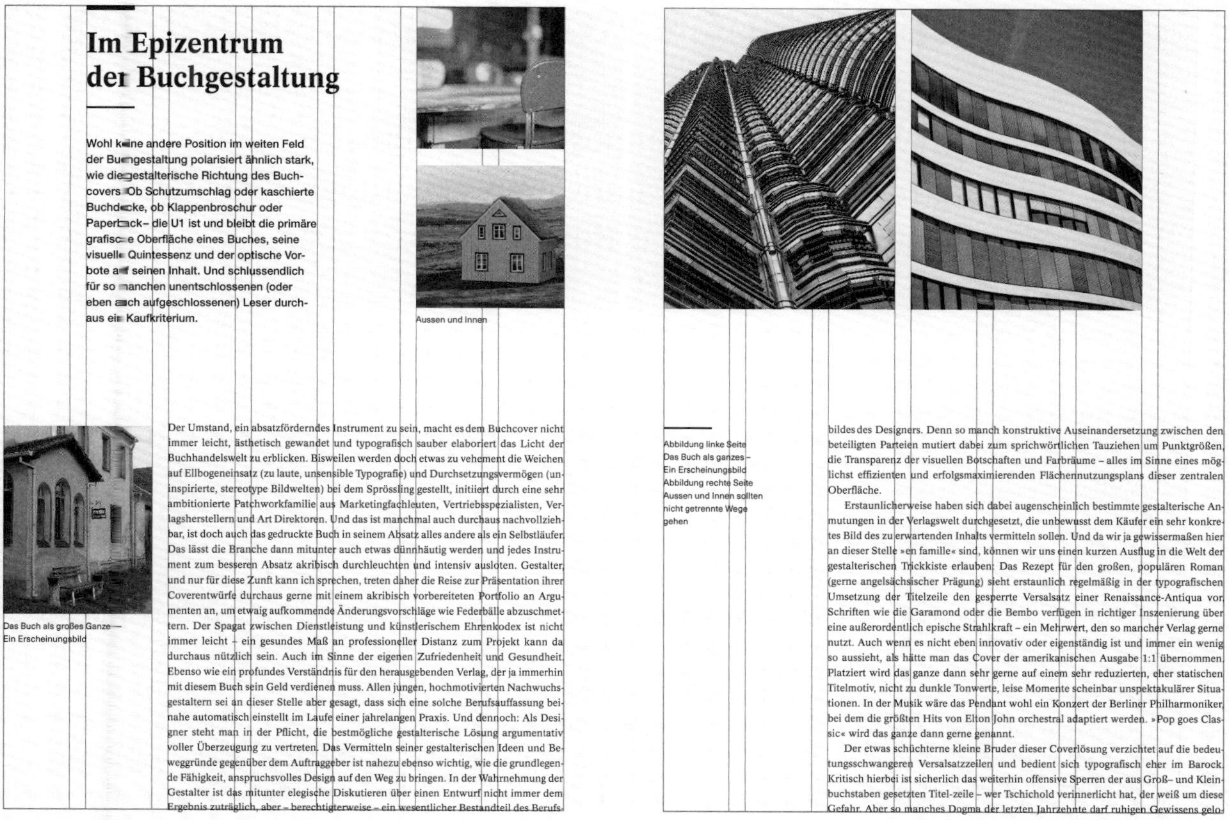

9 Sieben Rasterspalten geben den Gestalter:innen eine hohe Freiheit – hinsichtlich der Größe der Gestaltungselemente, ihrer Position im Satzspiegel und dem umgebenden Weißraum. Die Anordnung von zwei gleichgroßen Elementen nebeneinander im Satzspiegel lässt aufgrund der ungeraden Zahl von Spalten (mindestens) eine Rasterspalte unbelegt und vergrößert optisch einen Steg – entweder den Bundsteg oder den Außensteg. Wenn dann – wie auf der rechten Seite – ein Teil der weiteren Gestaltung auf der Seite über die volle Satzspiegelbreite geht, wird der Außensteg unterschiedlich breit. Das Einbeziehen der vertikalen Stege, die unterschiedliche Modulation der Breite schafft Variation, die Komposition wird vielschichtiger und ausgefeilter. Und spannender.

7.4 Das richtige Kompositionsprinzip

Die Leitidee einer Komposition ist immer inhaltlich begründet – die Beziehung der Gestaltungselemente zueinander steuert das Kompositionsprinzip

1 Der rhythmische Aufbau eines Buches meint die bewusste Variation im Seitenaufbau über einen komplexen Umfang: Das dramaturgische Mittel des Gestalters ist primär die Interaktion aus Bild und Text. Dabei ist die Menge der Abbildungen ein wichtiges Steuerungsmittel – viele Bilder lassen die Doppelseite emotionaler und weniger intellektuell anmuten. Das kann punktuell als Kontrast zu textlastigen Seiten eingesetzt werden – ebenso wie die Abbildungsgröße und die kompositorische Anordnung. Neben der Interaktion der sprachlichen und der visuellen Ebene ist die typografische Sprache ein gutes und feinsinniges Mittel, um insbesondere textlastige Seiten – wenn es der Inhalt zulässt – mit Auszeichnungen und Stilmitteln zu strukturieren.

Waren die Gestalter:innen beim Verfugen eines Wortes und beim Schichten vieler Zeilen zur Kolumne bereits als Baumeister:innen gefragt, die den Rhythmus steuern und für die Persönlichkeit und Größe der Schrift den optimalen Grauwert herausarbeiten, kommt nun eine weitere Herausforderung auf sie zu: Sie werden zu Statiker:innen, die die Gewichte ausloten und die für die Elemente entsprechend ihrer zugewiesenen Rolle und ihrer Masse im Gebäude ›Doppelseite‹ eine Position finden. Das alles geschieht nach einem übergeordneten Gestaltungsprinzip, das für die gesamte Publikation entwickelt werden und auch konsequent eingehalten werden muss. Selten ist die Doppelseite eine isoliert zu gestaltende Oberfläche, deren Kompositionsidee von einer gestalterischen Nachhaltigkeit entkoppelt ist – die Doppelseite ist Teil einer komplexen Dramaturgie.

Das Text-Bild-Verhältnis

Jede Publikation hat ihre eigene Idee und ihren eigenen Auftrag. Steht die Erfassung des Textes im Vordergrund und haben die Abbildungen eine eher untergeordnete, unterstützende Rolle, wird primär der Intellekt angesprochen. Diese Gewichtung ist ein Auftrag an die Gestaltung, der natürlich genauso gegenteilig formuliert sein kann: Dominieren die Bilder, wird die Publikation sehr viel stärker emotional aufgenommen, da die Bildwelten unser visuelles, sinnliches Empfinden ansprechen. In beiden Fällen muss die Gestaltung ein Prinzip finden, das über eine komplexe Strecke die Aufmerksamkeit hoch hält und das ›Drehbuch‹ für die Seitengestaltung an bestimmten Punkten eine stärkere Dynamik entwickelt als an anderen Stellen. Diese Dynamik kann darin bestehen, dass manche Seiten ›lauter›, also spannungsvoller und kontrastreicher, umgesetzt sind, als andere. Es bleibt also nicht einzig bei der Entwicklung des Rhythmus der Doppelseite, dem sich die Architekt:innen – die Buchgestalter:innen – gegenüber sehen. Sie müssen überdies ein genauso schlüssiges Konzept für den Rhythmus der Publikation[1] entwickeln. Wie schon an anderer Stelle betont: **Design ist nicht nur das Entwickeln einer Idee, sondern auch das Einhalten und Variieren dieser Idee über eine lange Strecke.**

Mit dem Gestaltungsraster sind bereits die Eckpfeiler für wesentliche Gestaltungsprinzipien gelegt: Mögliche Abbildungsgrößen und Positionen im Format sind jetzt abrufbar – die Einrichtung des Spaltenrasters installiert ein klar definiertes Ordnungssystem und lässt die notwendige gestalterische Flexibilität zu. Die nun folgende schöpferische Entscheidung im Gestaltungsprozess der Publikation ist ein exaktes Definieren des Text-Bild-Verhältnisses. Dabei stehen zwei Fragen im Zentrum: Wie ist das quantitative Verhältnis aus Textmenge und Abbildungen – wieviele Abbildungen stehen welcher Textmenge gegenüber?

Diese Frage ist von grundsätzlicher Bedeutung, da die Gestalter:innen planen müssen, ob auf jeder Doppelseite Abbildungen vorkommen. Das wiederum hat eine unmittelbare Bedeutung für die mögliche Abbildungsgröße. Wenige Bilder können großzügiger inszeniert werden innerhalb einer Publikation, auch um den visuellen Anteil im Buch etwas anzuheben. Sind viele Bilder unterzubringen, kann das zu Lasten der Abbildungsgröße gehen. Das entscheidet der angestrebte Umfang und die Toleranz gegenüber dem wirtschaftlichen Nutzen der Seite.

Das Verhältnis von Text und Bild ist niemals eines ohne Interaktion dieser beiden Elemente. Auch hier gilt: Man kann niemals nicht kommunizieren – und diese Interaktion ist ein primäres Steuerungsmodul für die Gestaltung. Stehen Text und Bild isoliert[2] voneinander, agieren sie stärker gegensätzlich, denn jedes Element bekommt seine Bühne im Format. Ganz anders bei einer direkten Text-Bild-Verschränkung, bei der sich Text und Bild unmittelbar aufeinander beziehen.

Die Wechselwirkung von Text und Bild, die Kenntlichmachung ihrer inhaltlichen Verbindung und die Gewichtung untereinander sind richtungsweisend für das Kompositionsprinzip einer Publikation – nur dann kann die statische Berechnung ein stabiles und ästhetisch anspruchsvolles Gebäude ›Doppelseite‹ errichten.

2 Die hier angesprochene Isolation von Text und Bild bezieht sich auf ein Nebeneinander auf der Doppelseite – z. B. linke Seite Text, rechte Seite Bild – nicht etwa auf einen vom Text abgetrennten Bildteil. Ein solcher Katalogteil findet sich häufig bei wissenschaftlichen Büchern, deren inhaltliche Struktur eine solche Trennung zulässt. Überdies können zusammenhängende Bildstrecken auf einem anderen Papier gedruckt werden als der Textteil – gestrichene Papiere haben Vorteile bei der Bildwiedergabe. Ggfs. muss dadurch nicht das gesamte Buch farbig gedruckt werden, sondern nur die Bögen des Abbildungsteils.

1

2

3

4

▶ OPTISCHE BESONDERHEIT ◀

Bei der optischen Wahrnehmung von Abbildungen gelten durchaus vergleichbare Gesetzmäßigkeiten hinsichtlich ihres ›visuellen Gewichts‹ – ihrer Masse – wie bei Textkolumnen. Definiert sich der Grauwert einer Kolumne über die individuelle Architektur des Fonts, den Schriftschnitt, die Laufweite und den Zeilenabstand, erreichen Abbildungen ihr ›Gewicht‹ neben der Größe, die sie im Format einnehmen, primär über den Tonwert. Es gilt: je dunkler, desto massiger. Und das ist für eine Komposition durchaus von Bedeutung, denn eine Abbildung mit einer hohen Masse besetzt in der Hierarchie einer Gestaltung eine andere Position: Sie ist dominanter in der Wahrnehmung (Abb. 1 und 2). Darauf kann die Komposition eingehen, indem sie diese Dominanz als Taktgeber einer Hierarchie unterstützt oder dieser entgegenarbeitet. Neben dem Tonwert entscheidet auch die Farbe über die Masse und die Wahrnehmung einer Abbildung. Reine Farben sind gebrochenen Farben in ihrer Wahrnehmung überlegen und steigern die Lautstärke von Abbildungen (3). Treffen mehrere reine Farben in einem Bild aufeinander, wird die Wahrnehmung des Betrachters dadurch stark angezogen – hier greift der sogenannte ›Farbe-an-sich-Kontrast‹. Stark aufgehellte oder aufgerasterte Farben (4) verlieren an Intensität und Lautstärke. Gegen Volltöne oder reine Farben können sie sich nicht durchsetzen.

[→ Seite 314, 7.8 Das Bildkonzept]

16

Vor Xanten in die Eisen

Abbildung linke Seite Stahlträger bei Xanten

Der Umstand, ein absatzförderndes Instrument zu sein, macht es dem Buchcover nicht immer leicht, ästhetisch gewandet und typografisch sauber elaboriert das Licht der Buchhandelswelt zu erblicken. Bisweilen werden doch etwas zu vehement die Weichen auf Ellbogeneinsatz (zu laute, unsensible Typografie) und Durchsetzungsvermögen (uninspirierte, stereotype Bildwelten) bei dem Sprössling gestellt, initiiert durch eine sehr ambitionierte Patchworkfamilie aus Marketingfachleuten, Vertriebsspezialisten, Verlagsherstellern und Art Direktoren. Und das ist manchmal auch durchaus nachvollziehbar, ist doch das gedruckte Buch in seinem Absatz alles andere als ein Selbstläufer. Das lässt die Branche dann mitunter auch etwas dünnhäutig werden und jedes Instrument zum besseren Absatz akribisch durchleuchten und intensiv ausloten. Gestalter, und nur für diese Zunft kann ich sprechen, treten daher die Reise zur Präsentation ihrer Coverentwürfe durchaus gerne mit einem akribisch vorbereiteten Portfolio an Argumenten an, um etwaig aufkommende Änderungsvorschläge wie Federbälle abzuschmettern. Der Spagat zwischen Dienstleistung und künstlerischem Ehrenkodex ist nicht immer leicht – ein gesundes Maß an professioneller Distanz zum Projekt kann da durchaus nützlich sein. Auch im Sinne der eigenen Zufriedenheit und Gesundheit. Ebenso wie ein profundes Verständnis für den herausgebenden Verlag, der ja immerhin mit diesem Buch sein Geld verdienen muss. Allen jungen, hochmotivierten Nachwuchsgestaltern sei an dieser Stelle aber gesagt, dass sich eine solche Berufsauffassung beinahe automatisch einstellt im Laufe einer jahrelangen Praxis. Und dennoch: Als Designer steht man in der Pflicht, die bestmögliche gestalterische Lösung argumentativ voller Überzeugung zu vertreten. Das Vermitteln seiner gestalterischen Ideen und Beweggründe gegenüber dem eigenen Auftraggeber ist nahezu ebenso wichtig, wie die grundlegende Fähigkeit, anspruchsvolles Design auf den Weg zu bringen. In der Wahrnehmung der Gestalter ist das mitunter elegische Diskutieren über einen Entwurf nicht immer dem Ergebnis zuträglich, aber – berechtigterweise – ein wesentlicher Bestandteil des Berufsbildes des Designers. Denn so manch konstruktive Auseinandersetzung zwischen den beteiligten Parteien mutiert dabei zum sprichwörtlichen Tauziehen um Größen, die Transparenz der visuellen Botschaften und Farbräume, alles im Sinne eines möglichst effizienten und erfolgsmaximierenden Flächennutzungsplans dieser Oberfläche.

17

5

16

Vor Xanten in die Eisen

Abbildung linke Seite Stahlträger bei Xanten

Der Umstand, ein absatzförderndes Instrument zu sein, macht es dem Buchcover nicht immer leicht, ästhetisch gewandet und typografisch sauber elaboriert das Licht der Buchhandelswelt zu erblicken. Bisweilen werden doch etwas zu vehement die Weichen auf Ellbogeneinsatz (zu laute, unsensible Typografie) und Durchsetzungsvermögen (uninspirierte, stereotype Bildwelten) bei dem Sprössling gestellt, initiiert durch eine sehr ambitionierte Patchworkfamilie aus Marketingfachleuten, Vertriebsspezialisten, Verlagsherstellern und Art Direktoren. Und das ist manchmal auch durchaus nachvollziehbar, ist doch das gedruckte Buch in seinem Absatz alles andere als ein Selbstläufer. Das lässt die Branche dann mitunter auch etwas dünnhäutig werden und jedes Instrument zum besseren Absatz akribisch durchleuchten und intensiv ausloten. Gestalter, und nur für diese Zunft kann ich sprechen, treten daher die Reise zur Präsentation ihrer Coverentwürfe durchaus gerne mit einem akribisch vorbereiteten Portfolio an Argumenten an, um etwaig aufkommende Änderungsvorschläge wie Federbälle abzuschmettern. Der Spagat zwischen Dienstleistung und künstlerischem Ehrenkodex ist nicht immer leicht – ein gesundes Maß an professioneller Distanz zum Projekt kann da durchaus nützlich sein. Auch im Sinne der eigenen Zufriedenheit und Gesundheit. Ebenso wie ein profundes Verständnis für den herausgebenden Verlag, der ja immerhin mit diesem Buch sein Geld verdienen muss. Allen jungen, hochmotivierten Nachwuchsgestaltern sei an dieser Stelle aber gesagt, dass sich eine solche Berufsauffassung beinahe automatisch einstellt im Laufe einer jahrelangen Praxis. Und dennoch: Als Designer steht man in der Pflicht, die bestmögliche gestalterische Lösung argumentativ voller Überzeugung zu vertreten. Das Vermitteln seiner gestalterischen Ideen und Beweggründe gegenüber dem eigenen Auftraggeber ist nahezu ebenso wichtig, wie die grundlegende Fähigkeit, anspruchsvolles Design auf den Weg zu bringen.

In der Wahrnehmung der Gestalter ist das mitunter elegische Diskutieren über einen Entwurf nicht immer dem Ergebnis zuträglich, aber – berechtigterweise – ein wesentlicher Bestandteil des Berufsbildes des Designers. Denn so manch konstruktive Auseinandersetzung zwischen den beteiligten Parteien mutiert dabei zum sprichwörtlichen Tauziehen um Größen, die Transparenz der visuellen Botschaften und Farbräume, alles im Sinne eines möglichst effizienten und erfolgsmaximierenden Flächennutzungsplans dieser Oberfläche.

17

6

7

5 Text und Bild sind klar getrennt, wobei das Bild einen höheren Anteil (satzspiegelfüllend) an der Doppelseite einnimmt als der Text. Dennoch wird ein gestalterischer Bezug zwischen beiden Seiten aufgebaut, da die Abbildung den Außensteg ebenso als Weißraum ›respektiert‹ wie die Kolumnen auf der rechten Seite. Das Format wird also auch bei ganzseitigen Bildern nie voll ausgeschöpft.
6 Zwar sind Text und Bild immer noch getrennt, aber durch die deutliche Vergrößerung der Headline wächst auf der Textseite der visuelle Anteil. Beide Seiten haben nunmehr plakative Elemente – das stellt eine Verbindung her zwischen Text und Bild. Die kompositorische Verschränkung der textlichen Elemente auf der rechten Seite ist gestalterisch aufwendiger als im ersten Beispiel, was die visuelle Ebene der Textseite aufwertet – die Komposition lässt die rechte Seite verspielter werden und tritt mit dem Bild in Konkurrenz.
7 Die Hinzunahme von Bildern auf der rechten Seite verbindet die textliche und die bildliche Ebene – ein klarer Bezug zwischen beiden Ebenen wird nun auch gestalterisch sichtbar. Die stark unterschiedlichen Bildgrößen setzen die visuelle Ebene in Hierarchie – der Betrachter erfasst sofort die unterschiedliche Wichtigkeit der Bilder. Dennoch ist die ›Brückenfunktion‹ der beiden kleinen Abbildungen für die Text-Bild-Verschränkung notwendig und wichtig.

Abbildung linke Seite
Stahlträger bei Xanten
Abb. oben links
Vinyl als Kulturgut
Abb. oben rechts
Textur vor Xanten
Abb. unten links
Eine Frage der Ästhetik
Abb. unten rechts
An die Leinen!
Vor Xanten
in die Eisen
16
17

8

Vor Xanten
in die Eisen
Stahlträger bei Xanten
Vinyl als Kulturgut
Eine Frage der Ästhetik
16
17

9

10

8 Text und Bild sind auf der Doppelseite klar getrennt: nicht in ein ›links‹ und ›rechts‹, sondern in ein ›oben‹ und ›unten‹. Die Gestaltung sieht eine stärkere Gewichtung der Bilder vor – ihnen wird ein größerer Raum zugewiesen. Zudem ist der Grauwert der Kolumnen leichter als der Grauwert der Bilder. Die Bildunterschriften schaffen eine subtile Verbindung der formal und kompositorisch getrennten Ebenen.

9 Text und Bild sind nicht mehr getrennt voneinander in der Komposition, sondern direkt verschränkt. Dafür kann es klare inhaltliche Anweisungen geben – Abbildungen müssen unmittelbar an der entsprechenden Textstelle gezeigt werden. Die gestalterische Herausforderung bei dieser Methode ist die Beibehaltung einer kompositorischen Linie. Das Beispiel zeigt drei Bilder, die innerhalb der zwei nebeneinanderstehenden Kolumnen jeweils auf unterschiedlichen Höhen positioniert sind. Entsprechend unruhig gerät die Organisation der Elemente, da Abbildungen grundsätzlich aufgrund ihrer hohen Masse und der einhergehenden gestalterischen Dominanz auch über sehr dominante horizontale und vertikale Kanten verfügen. Ein Abgleich der horizontalen Kanten, also ein Anordnen auf der gleichen waagerechten Linie, hat in diesem Beispiel nicht stattgefunden.

10 Eine weitere Form der Text-Bild-Verschränkung ist das Platzieren von Text direkt auf der Abbildung, vorausgesetzt diese wird entsprechend groß abgebildet. Problematisch dabei: Schrift auf unruhigem Hintergrund ist schlecht lesbar. Auch große Schriften brauchen einen ruhigen Hintergrund. Diese Form der Verschränkung von textlicher und visueller Ebene ist sehr plakativ und gibt der Doppelseite einen sehr magazinhaften Charakter.
In diesem Beispiel ist die Headline auf beide Seiten aufgeteilt, was diese grafisch klammert und den Verzicht auf Bilder auf der rechten Seite kompensiert – zumindest, was die Verbindung der linken und rechten Seite betrifft.

7.5 Das typografische Raster – klare Verhältnisse im Format

Die ordnende Hand der Raster-Typografie hält eine Systematik bereit, die noch über das Spaltenraster hinausgeht – und dabei klare Ordnung mit hoher Variabilität vereint.

1 Es existieren verschiedene Versionen von Bezeichnungen für ›Das Raster‹. Zum einen ist die Frage des richtigen Artikels mit der hier verwendeten Schreibweise beantwortet – die Schweizer mögen es uns nachsehen. Zum anderen gibt es im Berufsstand der Typograf:innen eine enge Kopplung des Begriffs ›Raster‹ mit der Methodik, die sich rechteckiger Rasterfelder bedient – also in horizontaler und vertikaler Richtung ›denkt‹. In diesem Buch findet der Begriff ›typografisches Raster‹ seinen Einsatz, wenn von der Methode mit Feldern gesprochen wird. Die Einteilung des Satzspiegels in vertikale Spalten wird entsprechend als Spaltenraster bezeichnet.

Wenn ein Land in seinem künstlerischen Schaffen eine bestimmte ästhetische Linie repräsentiert, dann steht die Schweiz in ihrem typografischen Schaffen für ihre klare, lesbare und sehr geordnete Gestaltung. Wir sprechen von ›Schweizer Typografie‹ und meinen den Einsatz serifenloser Schriften (die Reduzierung auf die lineare, sachliche Form der Buchstaben legt nahe, dass Schmuckelemente auf einer ›Schweizer Oberfläche‹ auch nicht gerne gesehen sind), die Zugrundelegung eines grafischen Rasters[1] bei der Erstellung von Layouts und die asymmetrische Komposition von grafischen Oberflächen.

Der Schweizer Stil ist in den 60er-Jahren des 20. Jahrhunderts berühmt geworden – stellvertretend für die bekannten Schweizer Gestalter:innen, die das Raster in seiner Verbreitung etabliert haben, sind Richard Paul Lohse, Emil Ruder, Karl Gerstner und Josef Müller-Brockmann.

Das Raster: Von der Idee, eine Ordnung zu finden

Eine Buchseite bildet sehr heterogene Gestaltungselemente ab, die sich in ihrer Masse – also ihrer Größe und ihrem Grauwert – sowie ihrer grafischen Sprache, dem visuellen Klang, unterscheiden. Und ebenso wie sich der Inhalt eines Werkes strukturieren lässt, kann auch die Gestaltung der verschiedenen grafischen Elemente strukturiert und geordnet werden. Das Ziel dieser Methodik ist, eine klare Ordnung im Format und eine erkennbare Systematik über die komplette Länge des Werkes zu schaffen.

Das Komponieren der Seiten und das einhergehende Positionieren der Gestaltungselemente im Format kann schlüssig und rekapitulierbar organisiert werden: Indem der Satzspiegel in eine bestimmte Anzahl von gleich- oder unterschiedlich großen Feldern unterteilt wird, horizontal und vertikal, werden feste formale Strukturen und klare Regeln über die Größen von Abbildungen und Textkolumnen, sowie deren Abstände zueinander, definiert. Die Gestaltungselemente können dabei die Größe eines Rasterfeldes zugewiesen bekommen – genauso ist es aber auch möglich, dass ein Element die Größe mehrerer Rasterfelder einnimmt.

1

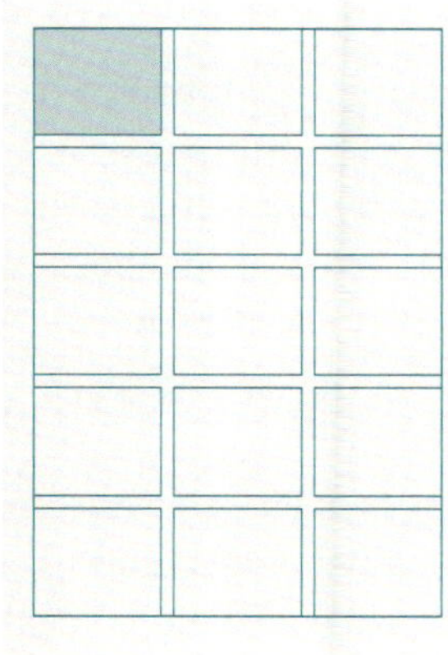

2

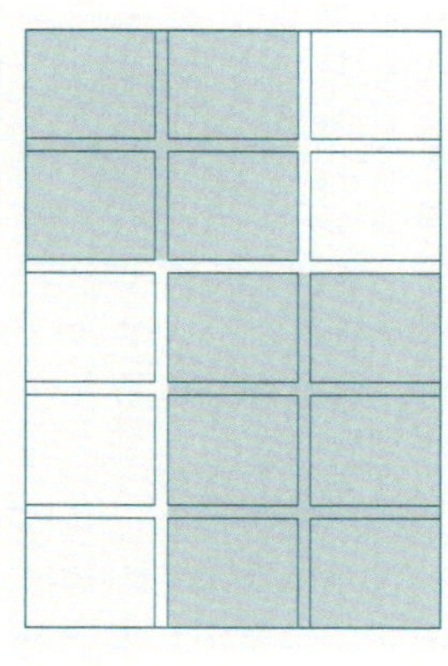

3

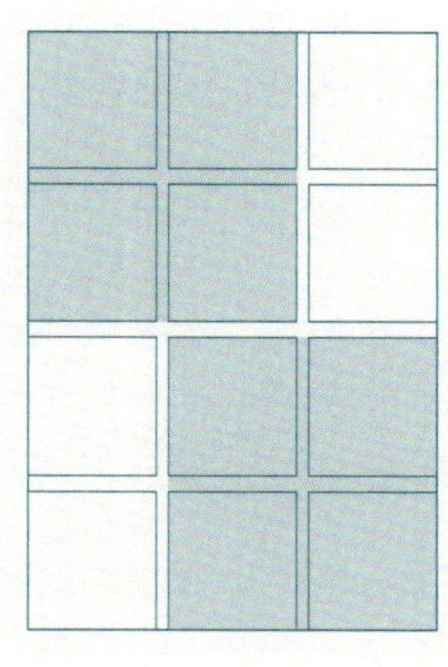

4

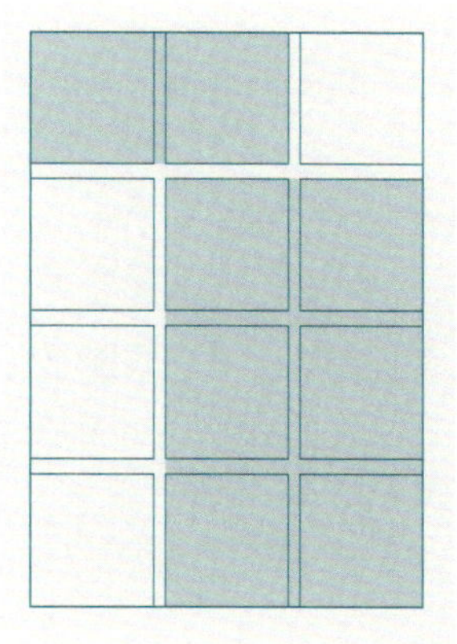

1 Das einzelne Rasterfeld ist im System die kleinste Einheit – und gleichzeitig der Multiplikator für größere Einheiten, deren Größe sich dem Betrachter dann als folgerichtig erschließen.
2 Dabei müssen die Rastereinheiten nicht quadratisch sein – wie beim Raster auf S. 303.

3 Die nun hochformatigen Rasterfelder gliedern den Satzspiegel vertikal in eine gerade Anzahl an Feldern. Die Felder erzeugen jetzt leichter gleichhohe Einheiten.
4 Ein Rasterfeld führt dann in horizontaler Verbindung mit weiteren zu schwierigeren Proportionen.

Das Raster trifft neben der Festlegung von verschiedenen, aufeinander aufbauenden Abbildungsgrößen der Elemente auch eine Aussage über deren mögliche Position im Satzspiegel. Jedes Rasterfeld entlang der x- und der y-Achse ist ein potentieller Anfangspunkt für eine Kolumne oder eine Abbildung, sofern die links davon in horizontaler Richtung zur Verfügung stehende Fläche noch ausreichend Abbildungsgröße garantieren kann.

Je feiner ein Raster aufgebaut ist – also je kleiner die Rasterfelder eingerichtet werden – desto mehr Optionen hat die Gestalterin beim Positionieren der Elemente, und verfügt über mehr potentielle Abbildungsgrößen. Das wiederum erweitert das Portfolio genormter Größen der Elemente – die Systematik wird komplexer und lässt die klar rekapitulierbare Ordnung etwas weiter in den Hintergrund treten.

Das Gestaltungsraster liegt jeder Buchseite zugrunde, die Belegung der Rasterfelder kann aber von Seite zu Seite variieren. So wird dem Auge eine ausreichend ordnende Struktur vermittelt, die bei aller Einheitlichkeit variabel und belastbar bleibt. Das Auge wird gleiche oder aufeinander aufbauende Abbildungsgrößen registrieren und dahinter ein klares System erkennen.

Einen größeren Spielraum erfahren Gestaltung und Rhythmus, wenn mit verschiedenen Rastern innerhalb eines Buches gearbeitet wird. Diese sollten das Format in Rasterfelder unterteilen, die von der Größe und den Proportionen der anderen Raster abweichen. Das schafft mehr Optionen und eine höhere Variabilität in der Abbildung und der Positionierung der Elemente. Außerdem wird durch eine Erhöhung der festgelegten Größen das Raster als ein dogmatisches Korsett für die Gestaltung weniger erkennbar werden: **Ein Raster aus nur vier Feldern ist deutlich ›grobmotorischer‹ und unflexibler als eines mit 36 Rasterfeldern.**

Damit ein Raster dem Inhalt und Wesen der Publikation gerecht wird, sollte der Gestalterin das komplette Material in Wort und Bild vorliegen, denn wie so oft bestimmt das schwächste Glied der Kette die Parameter. Wenn überraschend auf der letzten Seite aufgrund technischer Gegebenheiten eine bestimmte Abbildungsgröße eingefordert wird, die das Raster eigentlich nicht bereithält, ist im Vorfeld bei der Einrichtung der Rasterfelder nicht ›bedarfsgerecht‹ gearbeitet worden. Das Raster wird in seiner Konsequenz also ›aufgeweicht‹.

Die Konstruktion des Rasters

Nach der Festlegung des Satzspiegels und der Wahl einer Satzschrift im richtigen Zeilenabstand – das Grundlinienraster ist demzufolge eingestellt – trifft die Gestalterin die Entscheidung, in wieviele Spalten der Satzspiegel unterteilt werden soll. Die Spalten geben die Breite der Rasterfelder vor und sollten belastbar sein hinsichtlich der angestrebten Proportionen und Größen der Gestaltungselemente. Auch wenn die Kolumnen und Abbildungen sich über mehrere Rasterfelder erstrecken – das einzelne Feld ist die formale Blaupause des Gestaltungsrasters.

Ebenso wie die Anzahl der Spalten ist deren Unterteilung in Felder eine Aussage über die Feinheit des Rasters. Die Felder werden zuerst durch horizontale Linien markiert – der spätere Abstand zwischen den Feldern ist noch nicht berücksichtigt. Angemessen und in der Praxis bewährt hat sich eine Leerzeile.

Die exakte Höhe der Felder erhält man, indem man zuerst die abstandhaltenden Leerzeilen zwischen allen Feldern aus der Gesamthöhe des Satzspiegels abzieht. Da die Höhe des Satzspiegels immer einem Vielfachen des Zeilenabstands entspricht, also einer exakten Anzahl von Zeilen, sollte die sich jetzt ergebende Anzahl der Textzeilen durch die angestrebte Zahl der Rasterfelder teilbar sein: Im Beispiel ist die Höhe des Satzspiegels 59 Zeilen – daraus sollen vier gleichgroße Felder unterteilt werden. Vier Felder brauchen insgesamt drei Leerzeilen Abstand – es bleiben 56 Zeilen. Jedem Feld wird also eine Höhe von 14 Zeilen zugewiesen.

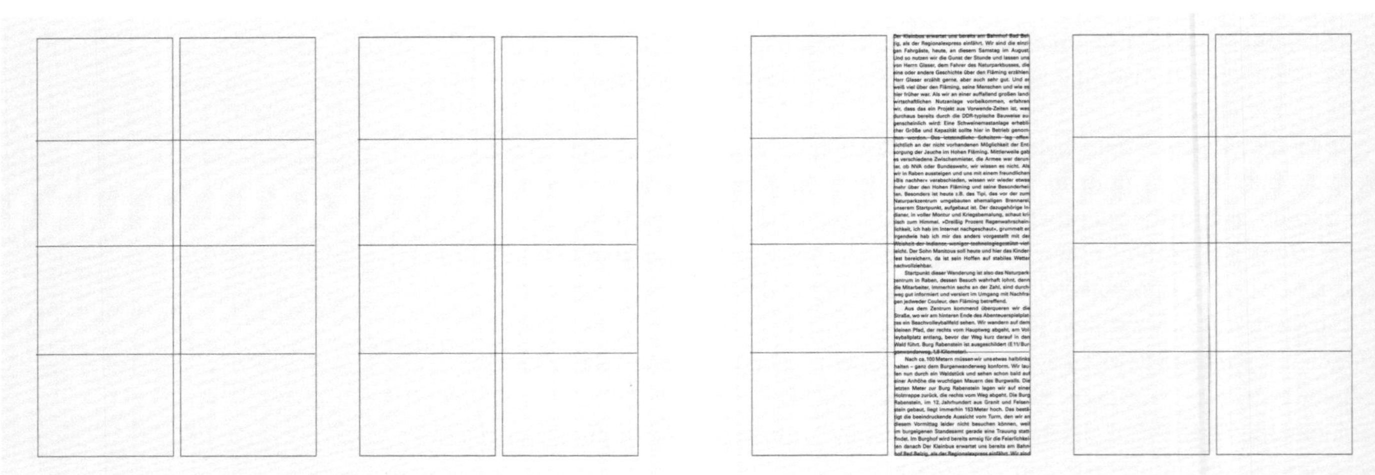

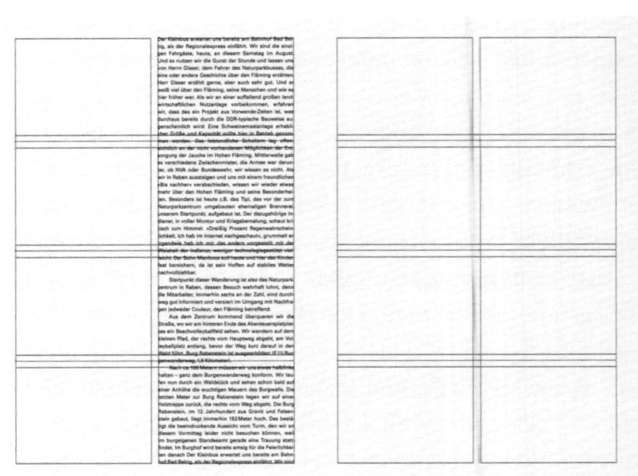

5 Bevor das Raster mit seinen Feldern finalisiert wird, werden diese durch Linien in den bereits vertikal strukturierten Satzspiegel eingezeichnet. Lässt sich nach Abzug der benötigten Leerzeilen die Anzahl der Textzeilen durch die Anzahl der Felder teilen, können diese dann final eingezeichnet werden. Dabei beginnt der Zwischenschlag an der Grundlinie der letzten Zeile eines Feldes und endet an der Mittelhöhe der übernächsten Schriftzeile. Diese markiert dann die obere Seite des nächsten Rasterfeldes.

Ist die Anzahl der Textzeilen, die nach Abzug der ›abstandhaltenden‹ Leerzeilen übriggeblieben sind, nicht durch die gewünschte Zahl von Rasterfeldern teilbar, sollte die Gesamthöhe des Satzspiegels korrigiert werden. Das geschieht durch Hinzunahme oder Reduzierung von Schriftzeilen. Die ursprünglich auf der Seite definierten Stege werden also bis zur ›Inbetriebnahme‹ des Layouts noch verändert und optimiert.

Bei der Konstruktion des Rasters treffen drei verschiedene Prozesse der Seitengestaltung aufeinander: **Das Einrichten des Satzspiegels**, die **Wahl der Laufschrift** in der richtigen Größe und im angemessenen Zeilenabstand, und **die Unterteilung des Satzspiegels in Spalten und Felder**. Diese Prozesse bedingen einander, was dazu führt, dass vorgenommene Entscheidungen auch rückwirkend nachjustiert werden müssen. Besonders die Höhe des Satzspiegels bedarf einer Nachbesserung, wenn Schriftgröße, Zeilenabstand und Anzahl der Textzeilen von den Gestalter:innen definiert wurden.

Die Abstände zwischen den Rasterfeldern sind faktisch größer als eine Leerzeile – die Felder sind mit den Textzeilen so abgestimmt, dass grundsätzlich die Mittelhöhe an der Oberkante eines Feldes abschließt – nicht etwa die Kegelhöhe. Die Unterkante des Rasterfeldes aliniert dann mit der Schriftgrundlinie. Nur so wird ein wirkliches Alinieren der Gestaltungselemente erreicht.[2]

2 Andere Konstruktionsmethoden des Rasters lassen das Rasterfeld mit der Kegelhöhe der ersten Zeile beginnen – die Unterkante markiert entsprechend die Unterlänge einer Textzeile. Das führt zu sichtbaren Ungenauigkeiten, wenn eine Kolumne neben einem gleichgroßen Bild steht: Der oberen und unteren Bildkante stehen nicht entsprechende ›horizontale Abschlüsse‹ der Textzeilen gegenüber.

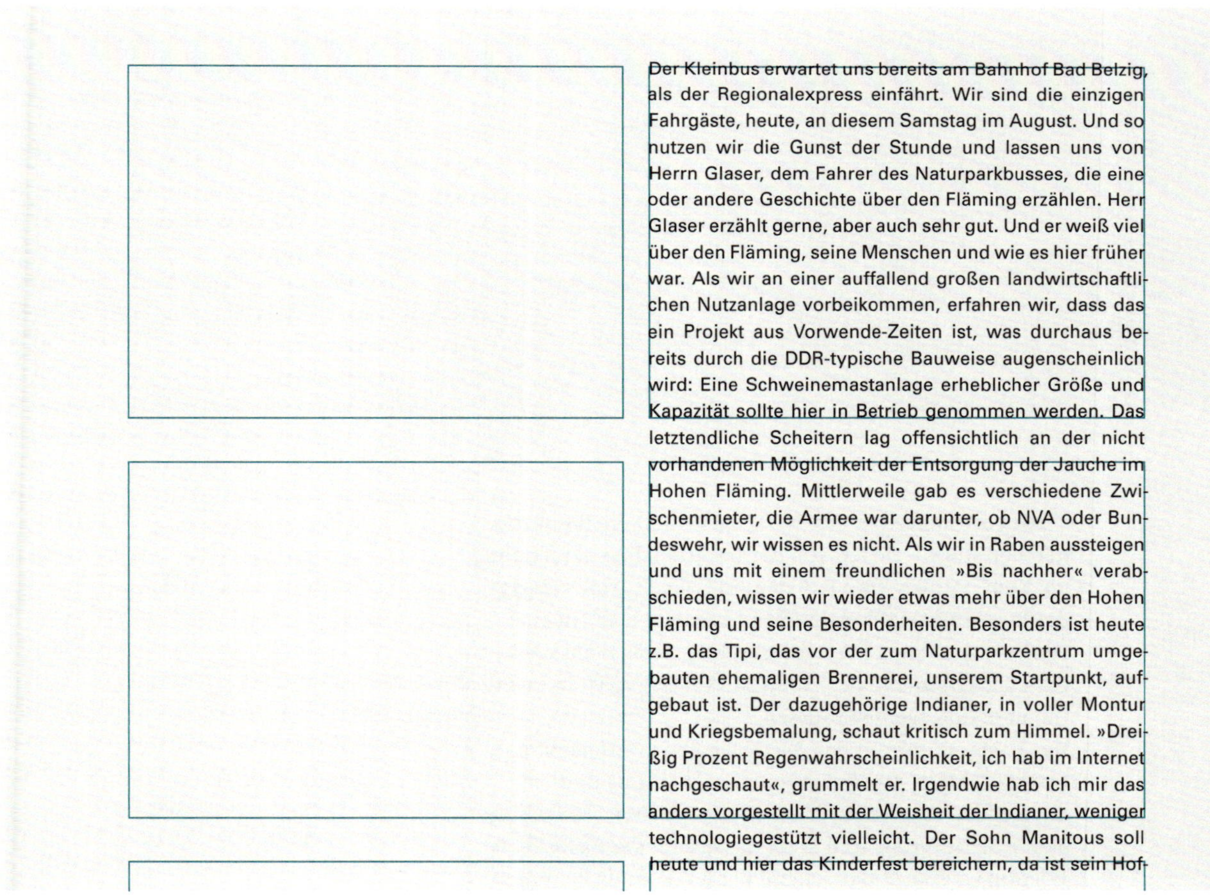

6 Das fertige Raster: Die horizontalen Abstände sind größer als eine Leerzeile, da sich der Weißraum oberhalb der Mittelhöhe und ein Durchschuss optisch zur Leerzeile addieren.

Die Befüllung des Rasters

Beim Gestalten mit dem Raster gilt grundsätzlich: Die Größe des Satzspiegels ist nicht als verbindlicher Auftrag zu verstehen, den Satzspiegel auch vollständig zu befüllen.

7 Die Positionierung des Satzspiegels und die Proportionen der Stege weichen von der traditionellen Berechnung ab: Kopf-, Außen- und Fußsteg sind gleich groß – einzig der Bundsteg ist schmaler. Das Layout ist also auf eine starke Ausnutzung der Seite ausgelegt, was nicht heißt, dass die Seiten und der große Satzspiegel vollständig mit Inhalt befüllt werden müssen.
Das Raster unterteilt den Satzspiegel in zwölf hochformatige Felder – drei in horizontaler Richtung und vier in vertikaler. Das Maß für die Breite des Zwischenschlags ist die Schriftgröße und nicht die Anzahl der Rasterfelder. Wichtig ist eine entsprechend klare Trennung zwischen zwei Kolumnen oder Abbildungen durch ausreichenden Weißraum.

1 Ein probates Mittel

Nur wenige Kilometer von der Landesgrenze Brandenburgs zu Sachsen-Anhalt entfernt liegt die Ortschaft Raben.

Der Kleinbus erwartet uns bereits am Bahnhof von Bad Belzig, als der Regionalexpress einfährt. Wir sind die einzigen Fahrgäste, heute, an diesem Samstag im August. Und so nutzen wir die Gunst der Stunde und lassen uns von Herrn Glaser, dem Fahrer des Naturparkbusses, die eine oder andere Geschichte über den Fläming erzählen. Herr Glaser erzählt gerne, aber auch sehr gut. Und er weiß viel über den Fläming, seine Menschen und wie es hier früher war. Als wir an einer auffallend großen landwirtschaftlichen Nutzanlage vorbeikommen, erfahren wir, dass das ein Projekt aus Vorwende-Zeiten ist, was durchaus bereits durch die DDR-typische Bauweise augenscheinlich wird: Eine Schweinemastanlage erheblicher Größe und großer Kapazität sollte hier in Betrieb genommen werden. Das letztendliche Scheitern lag offensichtlich an der nicht vorhandenen Möglichkeit der Entsorgung der Jauche im Hohen Fläming. Mittlerweile waren es verschiedene Zwischenmieter, die Armee war darunter, ob NVA oder Bundeswehr, wir wissen es leider nicht. Als wir in Raben aussteigen und uns mit einem freundlichen »Bis nachher« verabschieden, wissen wir wieder deutlich mehr über den Hohen Fläming und seine Besonderheiten. Besonders ist heute z.B. das Tipi, das vor der zum Naturparkzentrum umgebauten ehemaligen Brennerei, unserem Start, aufgebaut ist. Der dazugehörige Indianer, in voller Montur und Kriegsbemalung, schaut kritisch zum Himmel. »Dreißig Prozent Regenwahrscheinlichkeit, ich hab im Internet nachgeschaut«, grummelt er. Irgendwie hab ich mir das anders vorgestellt mit der Weisheit der Indianer, weniger technologiegestützt vielleicht. Der Sohn Manitous soll heute und hier das Kinderfest bereichern, da ist sein Hoffen auf stabiles Wetter nachvollziehbar.

Startpunkt dieser Wanderung ist also das Naturparkzentrum in Raben, dessen Besuch wahrhaft lohnt, denn die Mitarbeiter, immerhin sechs an der Zahl, sind durchweg gut informiert und versiert im Umgang mit Nachfragen jedweder Couleur, den Fläming betreffend.

Aus dem Zentrum kommend überqueren wir die Straße, wo wir am hinteren Ende des Abenteuerspielplatzes ein Beachvolleyballfeld sehen. Wir wandern auf dem kleinen Pfad, der rechts vom Hauptweg abgeht, am Volleyballplatz entlang, bevor der Weg kurz darauf in den Wald führt. Burg Rabenstein ist ausgeschildert (Burgenwanderweg, 1,8 Kilometer). Nach ca. 100 Metern müssen wir uns halblinks halten – ganz dem Burgenwanderweg konform. Wir laufen nun durch ein Waldstück und sehen schon bald auf einer Anhöhe die wuchtigen Mauern des Burgwalls. Die letzten Meter zur Burg Rabenstein legen wir auf einer Holztreppe zurück, die rechts vom Weg abgeht. Die Burg Rabenstein, im 12. Jahrhundert aus Granit und Felsenstein gebaut, liegt immerhin 153 Meter hoch. Der Kleinbus erwartet uns bereits am Bahnhof Bad Belzig, als der Regionalexpress einfährt. Wir sind die einzigen Fahrgäste, heute, an diesem Samstag im August. Und so nutzen wir die Gunst der Stunde und lassen uns von Herrn Glaser, dem Fahrer des Naturparkbusses, die eine oder andere Geschichte über den Fläming erzählen. Herr Glaser erzählt gerne, aber auch sehr gut. Und er weiß viel über den Fläming, seine Menschen und wie es hier früher war. Als wir an einer auffallend großen landwirtschaftlichen Nutzanlage vorbeikommen, erfahren wir, dass das ein Projekt aus Vorwende-Zeiten ist, was durchaus bereits durch die DDR-typische Bauweise augenscheinlich wird: Eine Schweinemastanlage erheblicher Größe und großer Kapazität sollte hier in Betrieb genommen werden. Das letztendliche Scheitern

Abbildung oben
Scheune entlang der Wegstrecke
Abbildung unten
Labyrinth

lag offensichtlich an der nicht vorhandenen Möglichkeit der Entsorgung der Jauche im Hohen Fläming. Mittlerweile waren es verschiedene Zwischenmieter, die Armee war darunter, ob NVA oder Bundeswehr, wir wissen es nicht.

Als wir in Raben aussteigen und uns mit einem freundlichen »Bis nachher« verabschieden, wissen wir wieder deutlich mehr über den Hohen Fläming und seine Besonderheiten. Besonders ist heute z.B. das Tipi, das vor der zum Naturparkzentrum umgebauten ehemaligen Brennerei, unserem Startpunkt, aufgebaut ist. Der dazugehörige Indianer, in voller Montur und Kriegsbemalung, schaut kritisch zum Himmel. »Dreißig Prozent Regenwahrscheinlichkeit, ich hab im Internet nachgeschaut«, grummelt er. Irgendwie hab ich mir das anders vorgestellt mit der Weisheit der Indianer, weniger technologiegestützt vielleicht. Der Sohn Manitous soll heute und hier das Kinderfest bereichern, da ist sein Hoffen auf stabiles Wetter nachvollziehbar.

Startpunkt dieser Wanderung ist also das Naturparkzentrum in Raben, dessen Besuch wahrhaft lohnt, denn die Mitarbeiter, immerhin sechs an der Zahl, sind durchweg gut informiert und versiert im Umgang mit Nachfragen jedweder Couleur, den Fläming betreffend. Aus dem Zentrum kommend überqueren wir die Straße, wo wir am hinteren Ende des Abenteuerspielplatzes ein Beachvolleyballfeld sehen. Wir wandern auf dem kleinen Pfad, der rechts vom Hauptweg abgeht, am Volleyballplatz entlang, bevor der Weg kurz darauf in den Wald führt. Burg Rabenstein ist ausgeschildert (Burgenwanderweg, 1,8 Kilometer). über den Fläming erzählen. Herr Glaser erzählt gerne, aber auch sehr gut. Und er weiß viel über den Fläming, seine Menschen und wie es hier früher war. Als wir an einer auffallend großen landwirtschaftlichen Nutzanlage vorbeikommen, erfahren wir, dass das ein Projekt aus Vorwende-Zeiten ist, was durchaus bereits durch die DDR-typische Bauweise augenscheinlich wird: Eine Schweinemastanlage erheblicher Größe und großer Kapazität sollte hier in Betrieb genommen werden.

Abbildung links
Windmühle in Borne
Abbildung oben
Labyrinth in Borne, unweit Belzig
Abbildung unten
Tourismusoffensive

8 Die Komposition wirkt durch das grobe Raster mit wenigen potentiellen Abbildungsgrößen klar und plakativ – dem System fehlen aber die subtilen Nuancen. Die Breiten der Bilder und der Textkolumne stehen in einem Verhältnis von 1:2 zueinander, auf der rechten Seite entsprechen sich Text- und Bildbreite sogar. Eine feine Abstufung der Elemente ist nicht möglich. Und wenn seitens des Gestaltungsrasters eine subtile Kompositionsidee schwer umzusetzen ist, da es nur wenige Größen und Positionen im Satzspiegel gibt, kann die Komposition über klare und eindeutige Regler aufgebaut werden: Das Aushebeln der Symmetrieachse ›Bund‹ ist ein solcher Regler und die jeweilige Positionierung der Textkolumne in der rechten Fomathälfte ein kraftvolles, gestalterisches Statement. Ebenso der Einsatz des Groß-Klein-Kontrasts bei den Bildgrößen: Das Fehlen der Möglichkeit zu kleinschrittigen Abstufungen hinsichtlich der Bildgrößen führt durch das direkte Aufeinandertreffen von stark unterschiedlichen Größen zu einer spannungsvollen Komposition.
Ein weiteres wichtiges Merkmal dieser Doppelseite sind die klar herausgearbeiteten Kompositionsachsen (horizontal und vertikal), die auf der rechten Seite an einem Punkt zusammentreffen, der eine Rasterfeldbreite aus der Mittelachse – dem Bund – verschoben ist.

9 Die Unterteilung des Satzspiegels in ein Gestaltungsraster erfolgt über 32 querformatige Rechtecke – vier in der Breite und acht in der Höhe des Satzspiegels. Das schafft eine größere Flexibilität im rhythmischen Umgang mit den Gestaltungselementen als das Raster aus 12 Feldern, das in den Abbildungen 7 und 8 erläutert wurde. Da das querformatige Rechteck in seinen Proportionen von denen des Satzspiegels abweicht, ist der Rhythmus der Gliederung bereits etwas spannungsvoller.

10 Die Befüllung des Rasters nutzt die hohe Anzahl an verschiedenen Größen für die Festlegung der Gestaltungselemente und die gesteigerten Möglichkeiten der Positionierung. Die Bilder verharren nicht in der querformatigen Grundform des Rasterfeldes, sondern addieren sich mit weiteren Feldern zu hochformatigen bzw. fast quadratischen Formaten. Die Textkolumnen, die sich grundsätzlich über eine Breite von zwei Feldern erstrecken, sind klar hochformatig ausgerichtet. Auf der rechten Seite folgt ihre Anordnung der klaren Struktur zweier gleichbreiter Elemente nebeneinander, wie es Gestaltungsraster mit einer geraden Anzahl horizontaler Felder nahelegen. Die Überschrift und der Einstiegstext agieren versetzt zur Hauptkolumne – das feine Raster lässt den Versatz einer Rasterfeldbreite zu ❶. Das verbindet die links neben der Kolumne stehenden Bilder schlüssig mit dem Text, eine zu starke senkrechte Kraftlinie zwischen Text und Bildern wird dadurch vermieden. Der kompositorische Aufbau der Seite wird so etwas feinsinniger und verschlüsselter – er folgt keinem ganz schlichten ›Rezept‹. Die äußere Kolumne auf der rechten Seite beginnt nicht auf der gleichen Höhe wie die beiden anderen Kolumnen, sie startet versetzt, um ein Rasterfeld tiefer ❷. Kompositorisch erfüllen die Bildunterschriften im Aufbau der Seite eine wichtige Funktion: Nicht unmittelbar am Bild stehend, sind sie auf der rechten Seite an der Satzspiegeloberkante angeordnet – links an der äußeren Seite. Die kräftige, schwarze Linie oberhalb der BUs zitiert die horizontale Ausrichtung der Headline und des Einführungstextes – in beiden Fällen ›schließen‹ sie eine Komposition aus verschiedenen Bildformaten ❸.

11 Durch die Überlagerung zweier unterschiedlicher Raster potenzieren sich die Möglichkeiten: Das drei- und vierspaltige Raster bringen ihre ganz eigene Aufteilung ein – in der Addition entstehen dabei durch die Überlagerungen neue Felder und damit Größen und Proportionen. Das schafft deutlich gewachsene Möglichkeiten in der Zuweisung von Größen und der Positionierungen der Elemente im Format. Besonders die horizontale Ausdehnung der Gestaltungselemente ist gewachsen, da zu den vier potentiellen Breiten drei weitere hinzugekommen sind. Diese ergeben sich nicht rechnerisch als Vielfaches der Rasterfelder aus Abb. 7 und 9, sondern stellen eine ›echte‹ Variation in der Proportion dar.
In der Höhe sind die Relationen gleich geblieben, da die acht Felder in der Höhe aus Raster 9 deckungsgleich mit den vier Feldern von Raster 7 angeordnet sind. Aber es stehen dem Kompositionsprozess deutlich mehr Breiten zur Verfügung.

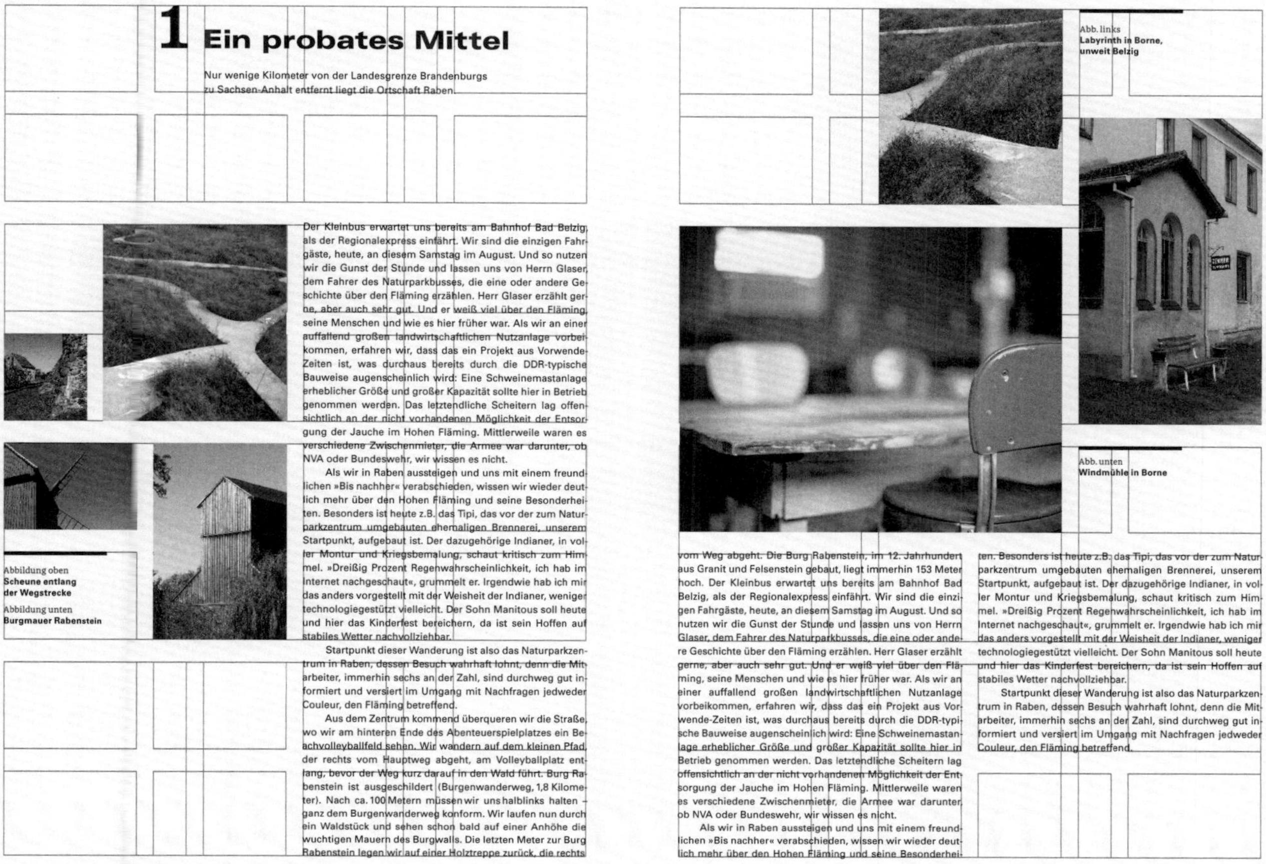

12 Die gestiegenen Möglichkeiten bei der Befüllung des Rasters lassen die Komposition in der Präsentation ihrer Bilder variabler werden – sechs verschiedene Bildgrößen bei sieben Abbildungen sind Zeugnis einer komplexen Systematik, die der Gestaltung nur noch wenige Grenzen setzt – aber eben auch dazu einlädt, eine grundsätzliche Gestaltungslinie des Buches aus den Augen zu verlieren. Die individuelle Gestaltung der Doppelseite steht immer auch dem Konzept des Ganzen gegenüber. Die linke und die rechte Seite haben – anders noch als bei den Rastern 7 und 9 – weniger Gemeinsamkeiten: Die Kolumne läuft einheitlich breit, beginnt auf der rechten Seite aber zugunsten eines großen Bildes deutlich tiefer – das verzahnt die Kolumnen stärker mit den Abbildungen. Den Bildunterschriften wird in dieser Komposition eine stärkere Funktion als verbindendes Element zwischen rechter und linker Seite zuteil.
[→ Seite 314, 7.8 Das Bildkonzept]

Die vorherigen Beispiele zeigen, dass innerhalb einer Doppelseite unterschiedliche Raster mit verschiedenen Aufteilungen zum Einsatz kommen können. In den Beispielen verfügen die eingesetzten Raster über nur eine Modulgröße, durch das Überlagern potentieren sich die zur Verfügung stehenden Abbildungsgrößen der Gestaltungselemente erheblich. Bereits die Überlagerung einfacher Rasterstrukturen kreiert eine genügende Anzahl von Größen und baut ein variables und belastbares Gestaltungsraster auf.

Das einfachste Raster besteht aus vier Feldern. Legen wir die Proportionen eines hochformatigen Rechtecks für das Rastermodul zugrunde, ergeben sich beim 4-er Raster vier Abbildungsgrößen in den Proportionen 1:1 und 1:2 (quer- oder hochformatig) und 2:2. Durch die hochformatige Grundform sind zwei Rasterfelder übereinander allerdings sehr gestreckt und verlassen die uns vertrauten und ästhetisch bewährten Proportionen von Abbildungen – nicht aber von Kolumnen.

Bereits die Hinzunahme eines dritten Rasterfeldes in horizontaler und vertikaler Richtung ergibt eine 9-er Anordnung. Dieses Raster bietet neun Abbildungsgrößen mit folgenden Proportionen: 1:1, 1:2, 1:3, 2:3 und 3:3. Werden diese beiden Raster – das 4-er und das 9-er – übereinandergelegt und kombiniert genutzt, ergeben sich bereits 25 Abbildungsgrößen – die Zahl möglicher Proportionen steigt auf sieben.

13 Das einfache und völlig unrhythmische 4-er Raster: Hier mit hochformatigen Rasterfeldern, die mit dem DIN-Format der Seite harmonisieren. Das 4-er Raster bietet zumindest für Abbildungen nur eine einzige ästhetisch belastbare Proportion: das 1:1 und das 1:2 im Querformat. Die Proportion 1:2 im Hochformat ist eigentlich nur für Kolumnen umsetzbar.

14 Bereits die Erweiterung um ein Rasterfeld in horizontaler und vertikaler Richtung schafft reale Alternativen an Abbildungsgrößen, deren Proportionen ästhetisch standhalten. Für Kolumnen sind – zumindest vertikal – die Proportionen 1:2 und 1:3 geeignet. Abbildungen haben mit dem 2:3-Format eine weitere Option hinzugewonnen. Zudem schafft diese Erweiterung auch die Option, Elemente horizontal verschoben zu platzieren, also z. B. das erste Rasterfeld frei zu lassen.

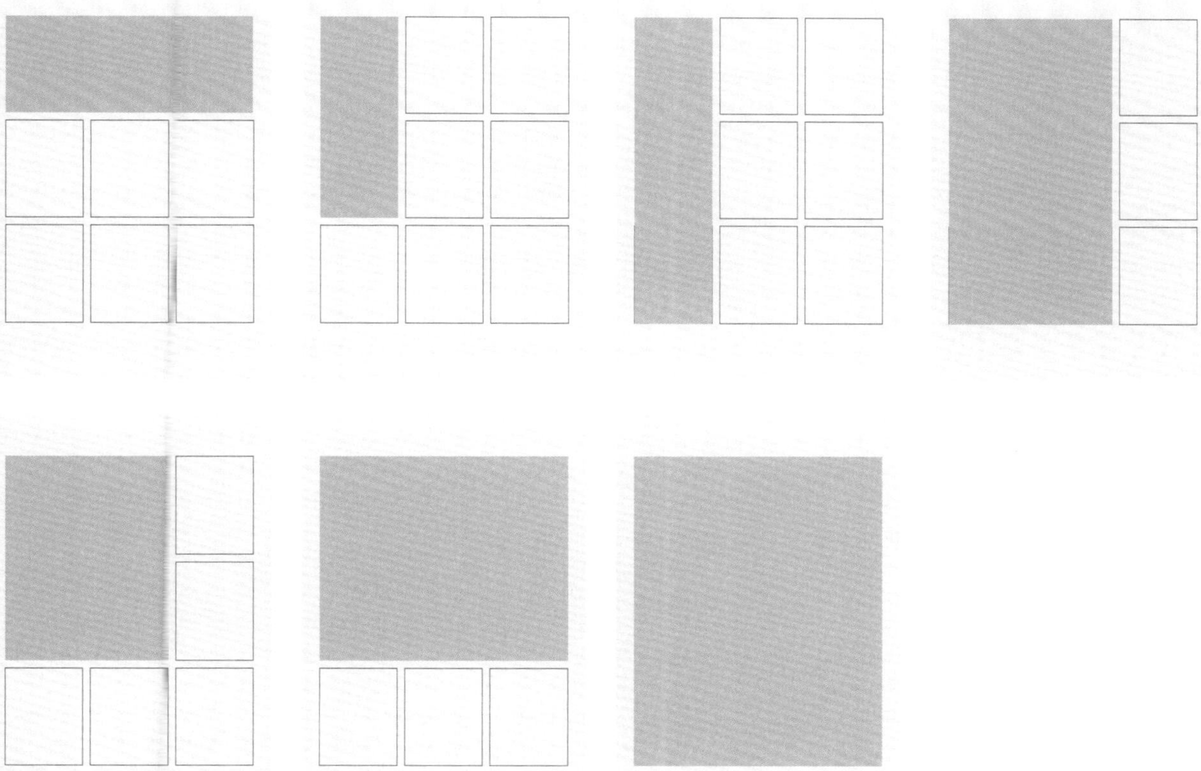

Im Sinne der kompositorischen Möglichkeiten und der gestalterischen Freiheit ist das Kombinieren unterschiedlicher Raster durch Überlagerung durchweg gewinnbringend – die Klarheit der Seitenstruktur allerdings geht durch den Zugewinn an Möglichkeiten etwas verloren. Eine höhere Anzahl an Abbildungsgrößen lässt das reduzierte und sehr rekapitulierbare Gestaltungsprinzip stärker in den Hintergrund treten – die Überlagerung verschieden großer Rasterfelder hat auch unterschiedlich große Weißräume zwischen den Elementen zur Folge. Diese können unser Auge überfordern und gestalterische Willkür vermuten lassen.

Eine Möglichkeit, eine hohe Trefferquote an ästhetisch relevanten Abbildungsgrößen zu erreichen, ist die Festlegungung einer ästhetischen Proportion für das einzelne Rastermodul. Dieses erzeugt dann auch in der Stapelung vertraute Proportionen und visuell belastbare Felder für Abbildungen und Kolumnen.

15 Das Rasterfeld im Querformat (ca. 2:3) schafft ästhetisch belastbare Quer- und Hochformate, ohne auf die Kombination mit weiteren Rasterfeldern in anderen Größen/ Proportionen zurückgreifen zu müssen.

Unterschiedlich große Felder in einem Raster

Bislang haben wir Gestaltungsraster untersucht, die allesamt nur eine Proportion als Prototypen ihres Rasters verwendet haben – erst die Kombination mit weiteren Rastern unterschiedlicher Proportionen steigerte die Möglichkeiten und Variationen. Es ist aber genauso praktikabel und auch im Sinne der Schweizer Idee, **bereits innerhalb eines Rasters unterschiedlich große und anders proportionierte Felder anzulegen**, wenn die Sichtung des Materials und die gestalterische Struktur eine solche Vermittlung der Elemente nahelegen. Diese Raster könnten für bestimmte Publikationen geeignet sein, die eine Vielzahl gleich großer Abbildungen und begleitender Textmengen abbilden – wie Kataloge oder Bildbände. Dann sind bestimmte Rasterfelder für sehr konkrete Elemente vorgesehen.

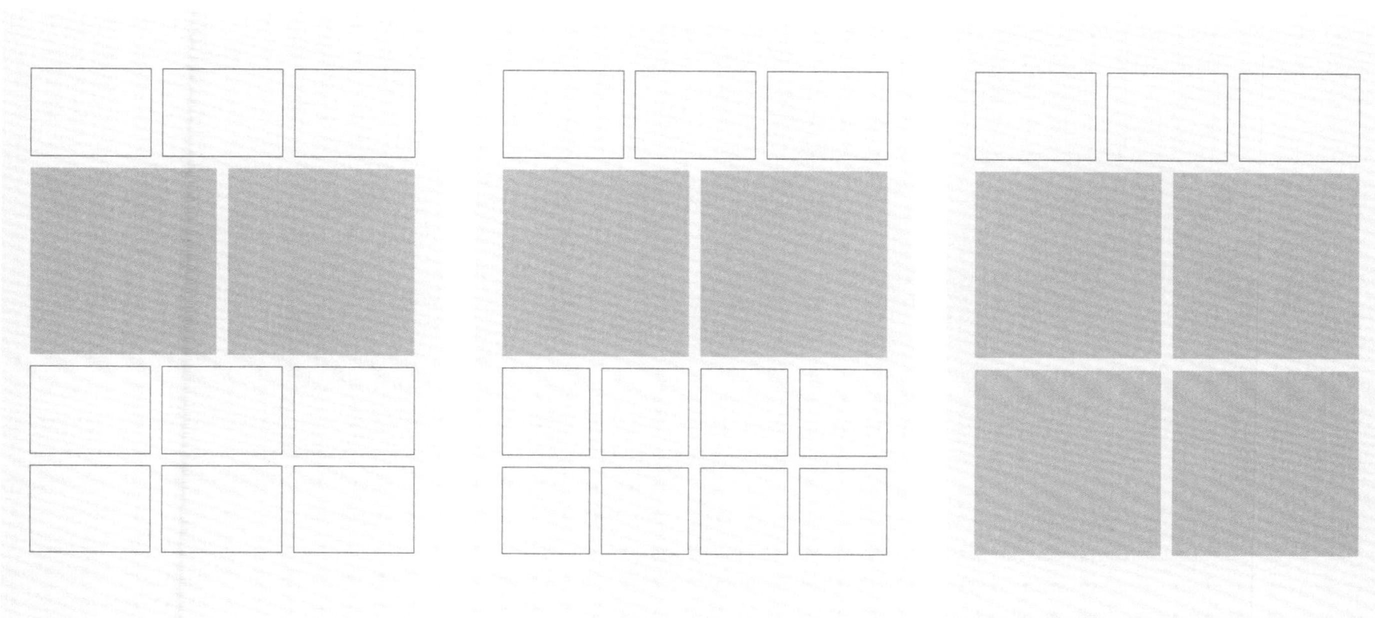

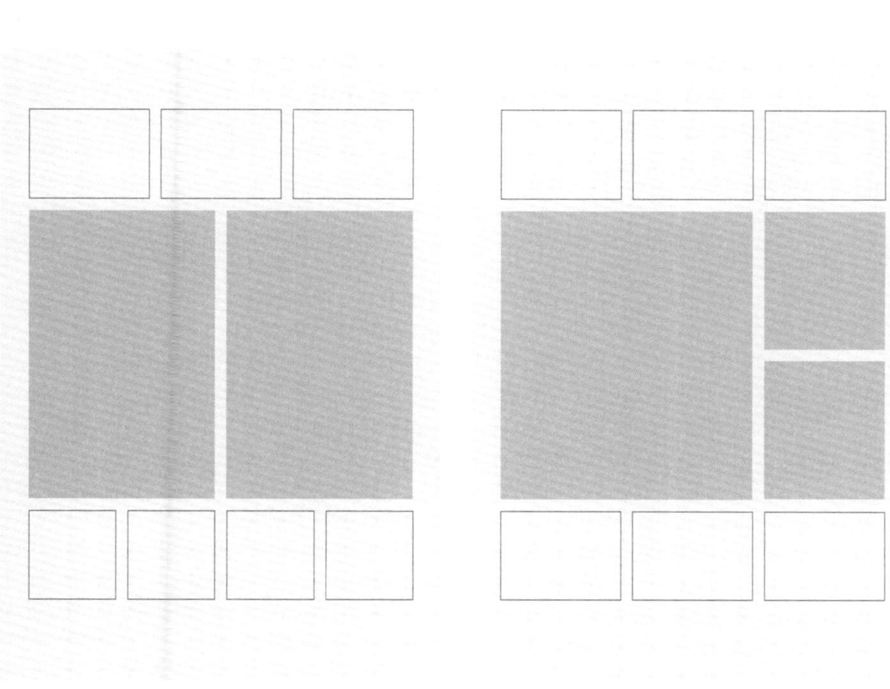

16 Die Rasterfelder sind stärker an die Gestaltungselemente gekoppelt, die sie abbilden – sie sind somit ein deutlicher Vorgriff auf das Layout der Seite. Die größeren, blau markierten Felder sind für Abbildungen vorgesehen, die immer auf der gleichen Höhe stehen und von darüber und darunter stehenden Textkolumnen eingefasst werden. Optional können diese Felder auch noch für kleinere Abbildungen genutzt werden.

Das typografische Raster und das Einpassen der Kolumnen

Abbildungen verfügen über klare Abgrenzungen – horizontale und vertikale Kanten machen das Einpassen ins Raster leicht. Die gestalterische Herausforderung besteht hier vordergründig im Festlegen ästhetischer Bildproportionen. Oder – wenn die Abbildung kein rechteckiges Format besitzt – im Finden einer optisch stabilen Lösung, die runde Formen oder freigestellte Bildausschnitte so ins Raster einpasst, dass sie räumlich stimmig und ästhetisch ›integriert‹ sind.

[→ Seite 111, 4.2 Form und Gestalt der Kolumne *Optische Besonderheit/Umsetzung in InDesign*]

Eine Kolumne ist in ihrer Architektur und ihrer räumlichen Begrenzung etwas anspruchsvoller, da die einzelnen Zeilen durch das Wechselspiel aus Ober- und Unterlängen sehr rhythmisch aufgebaut sind. Außerdem besitzen nur Kolumnen, die im Blocksatz gesetzt sind, eine glatte Satzkante, die nach dem Einarbeiten ins Raster mit der Kante des Rasterfeldes synchron läuft.

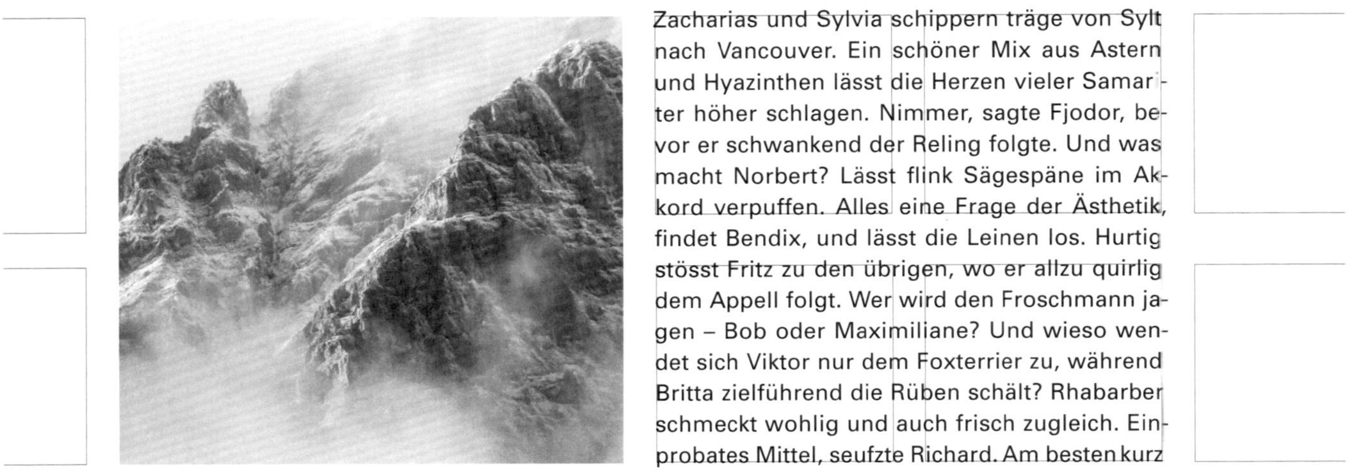

17 Das Bild und die Blocksatzkolumne belegen passgenau vier Rasterfelder – die Kolumne besitzt durch die beiden glatten Satzkanten ein ebenso rechteckiges Format.

18 Die Flatterzone füllt nur mit ihren längsten Zeilen die Satzbreite aus – aber sie wirkt der Statik entgegen. Der Zwischenschlag rechts der Flatterzone wird größer.

19 Das Rasterfeld hat die Höhe von sieben Zeilen – das entspricht bei einem Zeilenabstand von 11,65 Punkt einer Höhe von 81,55 Punkt. Die obere Kante des Feldes und die Mittelhöhe sind miteinander abgestimmt – die Schriftgrundlinie der siebten Zeile schließt exakt mit der Unterkante des Feldes ab.

20 Gestalterisch herausfordernd ist die Abstimmung der horizontalen und vertikalen Abstände der Rasterfelder. Im Beispiel ist der horizontale Abstand sichtbar größer und erscheint dadurch unrhythmisch.

21 Ein Angleichen des vertikalen Abstands kann zu luftig wirken. Besonders, wenn kleinere Gestaltungselemente diese unstimmige Situation deutlich sichtbar werden lassen.

22 Die Verringerung des Zeilenabstands erzeugt optisch bessere Relationen zwischen den horizontalen und vertikalen Abständen der Bilder. Die Wahl des Zeilenabstands ist auch immer als eine Entscheidung für die horizontalen Abstände zu betrachten – das sollte unbedingt Berücksichtigung finden.

23 Da Abbildungen selbst bei einem feinen Raster selten die Höhe nur eines Rasterfeldes einnehmen, relativiert sich optisch der vertikale Abstand noch einmal, wenn die Abbildungen höher sind – und somit größer – und eine entsprechend höhere Masse besitzen. Höhere Massen benötigen größere Weißräume.

Die horizontale Verbindung von Bildern und Schriftzeilen

Die Unterkante eines Feldes ist mit der Grundlinie sehr leicht zu koordinieren – wie aber verhält es sich mit der ersten Zeile einer Kolumne, der Abstimmung der Oberlängen und der Mittelhöhe und dem Einpassen ins Rasterfeld?

Legen wir die Textbox passgenau auf das Rasterfeld, bleibt ein Weißraum oberhalb der Versalhöhe – die erste Zeile beginnt also erst mit einem leichten Versatz. **Besser ist es, als obere Begrenzung des Rasterfeldes die Mittelhöhe der ersten Zeile zu Grunde zu legen,** dann füllt der Grauwert der Kolumne das Feld gleichmäßig aus. Das wiederholt sich bei Kolumnen, die in ihrer Höhe über mehrere Felder laufen: Eine Zeile steht dann im Zwischenschlag zweier Felder und mit dem Beginn der Mittelhöhe beginnt das nächste Rasterfeld, das dann abermals an einer Schriftgrundlinie abschließt.

Abbildungen und Kolumnen stehen mitunter direkt nebeneinander im Raster, die horizontal abschließende Kante der Abbildung trifft dann auf eine Textzeile. Hier greift nun die im vorherigen Absatz geschilderte optische Besonderheit, dass die obere, abschließende Kante der Abbildung am besten mit der Mittelhöhe der ersten Textzeile abschließt. Das vermeidet die Bildung einer optischen ›Stufe‹, die verdeutlichen würde, dass beide Gestaltungselemente – Schrift und Bild – optisch nicht miteinander abgestimmt sind.

Nur die Mittelhöhe kann mit ihrer horizontal abschließenden Linie die Weiterführung einer geometrischen Geraden sein – es liegt nahe, sie so dicht wie möglich an die Abschlusskante des Rasterfeldes, bzw. der darin positionierten Abbildung zu führen. Die minimale ›Stufe‹, die entsteht, wenn die Abbildung auf der Versalhöhe endet, ist – je nach Schriftart und Schriftschnitt – zu tolerieren.

24 **Die Mittelhöhe der ersten Zeile schließt an der oberen Kante des Rasterfeldes ab – die Versalien ragen ein Stück aus dem Rasterfeld heraus. Optisch stehen Abbildungen und erste Zeile der Kolumne stets dann auf der gleichen Höhe, wenn die Mittelhöhe als obere Begrenzung einer Schriftzeile mit der Bildoberkante aliniert. Der Abstand zwischen zwei übereinanderstehenden Bildern ist durch den Zeilenabstand relativ groß – in diesem Fall darf die Gestaltung eine Abweichung von der Regel zulassen: Die Bilder ›übertreten‹ die obere und untere Kante des Rasterfeldes in dem Maße, wie es die Versalhöhe und die Unterlängen auch tun. Die Bilder halten zwar nicht mehr Linie mit der Schriftgrundlinie der danebenstehenden Kolumne, stehen aber mit weniger Abstand besser zueinander.**

7.6 Der Kompositionsvorgang

Die Komposition einer grafischen Oberfläche gleicht einer gestalterischen Kettenreaktion: Viele berechenbare Schritte folgen aufeinander. Das macht das kreative Vorgehen steuerbar. Wenn die Gesetzmäßigkeiten bekannt sind.

Typografische Gestaltung heißt auch Entscheidungen zu treffen: Die Wahl einer Schrift, das Zuweisen der Größe, der richtigen Laufweite und eines angemessenen Zeilenabstands – das sind Entscheidungen, die das typografische Klima einer Arbeit festlegen.

Das Anordnen eines Gestaltungselements im Raster ist die erste kompositorische Entscheidung im Gestaltungsprozess – eine Entscheidung, die auch immer die Anordnung weiterer Elemente im Format beeinflusst und den Rhythmus der Seite steuert. Dieser kreativen Entscheidung geht eine Bewertung der Masse und der Architektur[1] eines Elements voraus. Eine große Abbildung oder eine mit dunklen Tonwerten – also mit einer hohen Masse – ist für den rhythmischen Aufbau einer Doppelseite ein echtes Schwergewicht, weil es die Blicke anzieht und andere Elemente ›überstrahlt‹. Am Seitenkopf angeordnet, hat eine hohe Masse eine andere, deutlich dynamischere Wirkung als an der unteren Formatkante, wo sie stärker gebunden ist und die Komposition ›erdet‹.

Neben der Interaktion mit der Schwerkraft ist die Position einer großen Masse für andere Elemente eine Vorgabe, die gestalterisch unterschiedlich interpretiert werden kann. Wird eine zweite, ähnlich hohe Masse in der horizontalen Höhe versetzt positioniert, kann die Komposition schnell unruhig geraten, da zwei dominante Gestaltungselemente in ihrer Position im Format nicht aufeinander abgestimmt sind. Diese ›Unruhe‹ kann natürlich auch kompositorisch erwünscht sein, vielleicht sogar inhaltlich vorgegeben. Sie kann aber auch gestalterisch kompensiert werden, indem weitere Elemente so im Raster angeordnet werden, dass ihre Interaktion ein konstruktives Spannungsverhältnis aufbaut.

Eine Komposition braucht in der Ordnung der Gewichte nicht vollständig ausgeglichen sein – es können bestimmte Bereiche im Format stärker mit Gestaltungselementen besetzt sein und somit eine höhere Dichte haben, während andere Zonen offener bleiben, also mit geringeren Massen besetzt sind oder mehr Weißraum abbilden.

Die Positionierung von Gestaltungselementen auf der gleichen horizontalen Höhe schafft eine starke Kompositionslinie im Format, die dem Leser ein eindeutiges Kompositionsprinzip vermittelt und der Gestaltung im eigentlichen Wortsinne eine ›klare Kante‹ verleiht. An dieser Kompositionslinie kann das Gestaltungs-

1 Die Form, sowie die Textur/Oberflächenbeschaffenheit eines Gestaltungselements, sind auch Aspekte seiner Masse. Die hier angesprochene ›Bewertung der Architektur‹ meint die Einschätzung der spezifischen Form eines Elements zur optimalen Anordnung im Format. Weicht das Element vom rechteckigen Format der Buchseite ab, gibt es verschiedene Möglichkeiten, die Komposition unter Spannung zu setzen: Ein Abbilden vollformatig innerhalb des Satzspiegels erfordert ein anderes kompositorisches ›Einbetten‹ als ein angeschnittenes, von der Formatkante her kommendes Element.

prinzip für die Doppelseite ausgerichtet sein – es können aber weitere Kompositionslinien im Format ausgearbeitet werden und miteinander in Hierarchie gesetzt werden – dann wird die Komposition komplexer und vielschichtiger, aber auch in sich geschlossener und autonomer als Teil eines Ganzen.

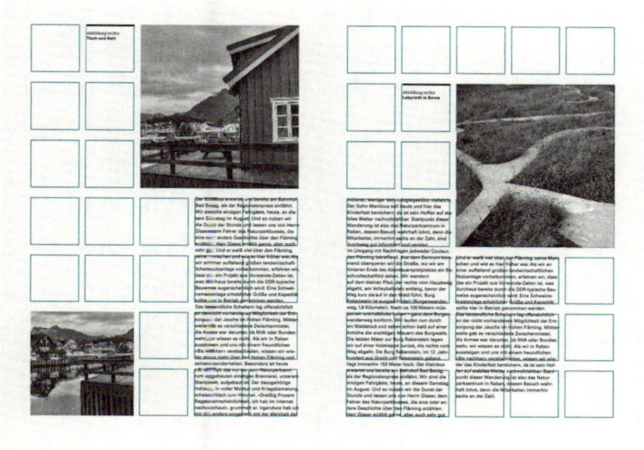

1 Kompositionslinien Die drei Abbildungen als die größten ›Massen‹ im Format sind nicht an einer gemeinsamen horizontalen Kompositionslinie angeordnet – die Komposition erscheint etwas willkürlich und kann keine klare Idee sichtbar werden lassen.

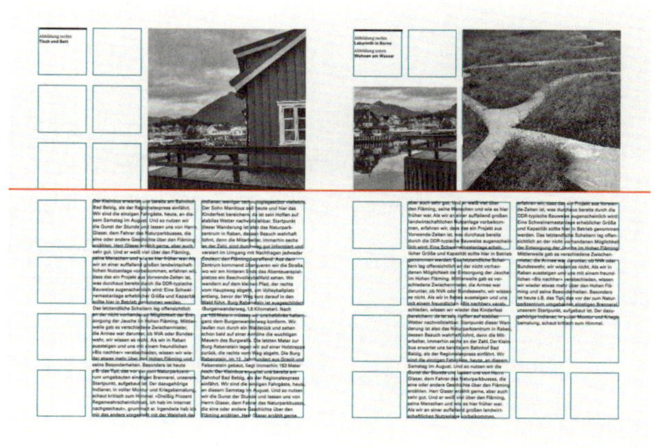

2 Kraftlinien Die Anordnung der Abbildungen erzeugt eine starke Kompositionslinie in der oberen Hälfte – eine sogenannte Kraftlinie, an der auch die Kolumnen nach dem ›Wäscheleinenprinzip‹ angeordnet sind.

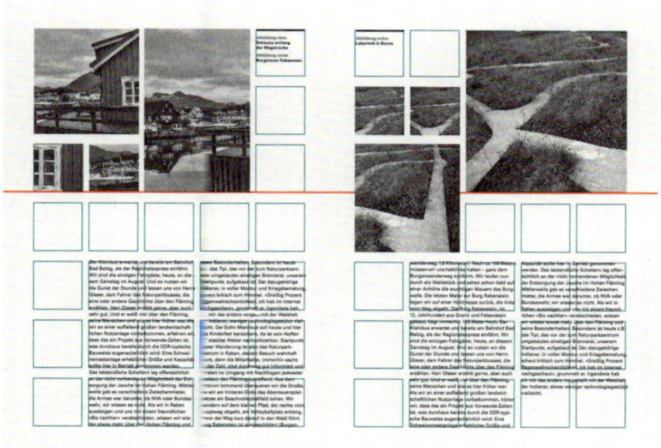

3 Spannung und Kraft Die Anordnung der Abbildungen in der oberen Formathälfte baut Spannung auf, weil sie, als größte Massen, der Schwerkraft trotzen.
Die Kraftlinie wird an einer Stelle durch eine nach unten versetzte Abbildung aufgebrochen, sie bleibt aber für die Ordnungsstruktur der Doppelseite die wichtigste Achse.

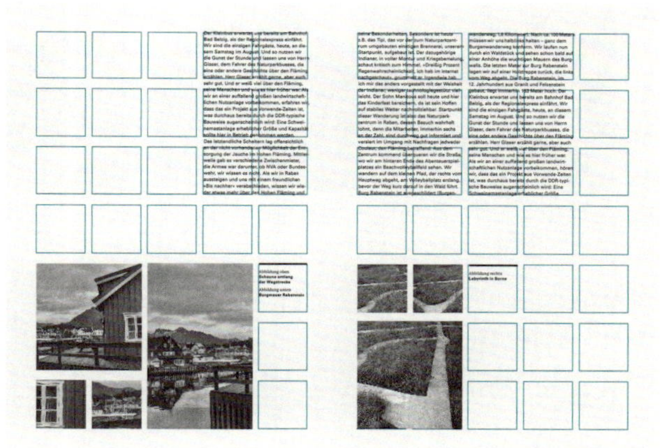

4 Statik Die Abbildungen sind an der unteren Satzspiegelkante, während die ›leichteren‹ Kolumnen in der oberen Formathälfte angeordnet sind. Die Komposition entspricht somit unserer visuellen Sozialisation: Schweres ist am Boden gebunden, Leichtes ›in der Luft‹. Die Gestaltung gerät dadurch statisch.

Kraftlinien

Starke Kompositionslinien müssen aber nicht zwangsläufig an der oberen oder unteren Kante verlaufen – **sie können ebenso innerhalb des Satzspiegels entstehen.** Wenn Elemente, die an derselben horizontalen Linie angeordnet sind, auch über die gleiche Höhe verfügen und somit an derselben Horizontalen enden, dann wird die Komposition von einer kraftvollen, ordnenden Linie durchzogen, wie eine Schneise durch ein Waldstück. An dieser ›Schneise‹ im Satzspiegel können weitere Elemente angeordnet werden. Nutzen wir diese ›Schneise‹ als Anfangspunkt für die Anordnung von Kolumnen – oder auch für weitere Abbildungen – ist ein Flattern nach unten nicht nur gestalterisch legitim, sondern auch aufgrund von unterschiedlichen Textmengen unumgänglich. Hierbei gilt die Regel: Bei fortlaufenden Texten über mehrere Kolumnen, die alle gleich hoch sein sollen, findet das ›Auslaufen‹ in der letzten Kolumne statt, die dann weniger hoch ist als die anderen Kolumnen. Das ist typografisch schöner (und inhaltlich schlüssiger ohnehin), als alle Kolumnen auf die gleiche Höhe durchzuarbeiten. Insbesondere da die starke Kompositionslinie, an der alle Kolumnen ›aufgehängt sind‹, die Komposition ausreichend ordnet und eindeutig werden lässt.

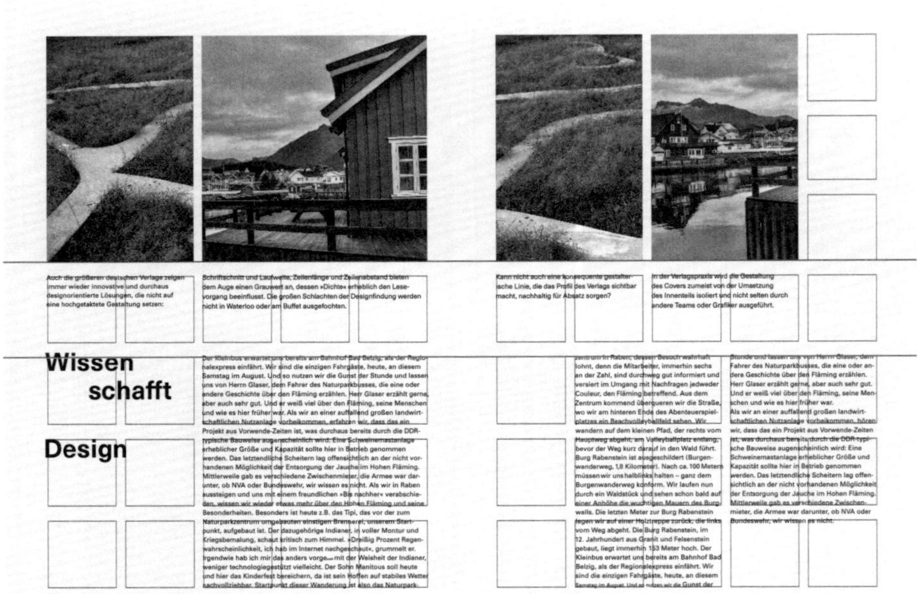

5 Der Entwurf arbeitet mit zwei starken, waagerechten Kompositionslinien. Die Abbildungen als Elemente mit der höchsten Masse im Entwurf sind alle an der oberen Satzspiegelkante angeordnet und enden auf derselben horizontalen Linie im Format – der primären, starken Kompositionslinie im Entwurf.
Die zweite Schneise wird durch die Kolumnen markiert, die ebenso unisono an einer horizontalen Achse aufgebaut sind (›Wäscheleine‹). Als abschließende Kante nimmt unser Auge die Mittelhöhe der Zeile war, an der auch die Headline ausgerichtet ist – ebenso mit ihrer x-Höhe. Diese Kompositionslinie ist aufgrund der geringeren Masse der Kolumnen etwas weniger dominant.
Da die Schneise im Format zwischen Bild- und Textebene sehr stark ist, könnten die Kolumnen auch anders ausgerichtet sein, nicht zwangsläufig als ›Wäscheleine‹.

Kreuzungen in der Komposition

Schnittpunkte von horizontalen und vertikalen Kompositionslinien ergeben wichtige Positionen im Format, denn sie markieren Punkte, zu denen unser Blick geleitet wird. Diese Punkte können gestalterisch sehr bewusst gesetzt werden und auf jeder Seite variieren. Sie können die Doppelseite in bestimmte Proportionen unterteilen – ungleiche Relationen sind gestalterisch ein Mehrwert, denn sie bieten den Gestalter:innen die Möglichkeit, die Elemente auch gegenläufig einer kompositorischen Logik[2] folgend anzuordnen.

Schnittpunkte von horizontalen und vertikalen Kompositionslinien können besonders in der Interaktion mit der Symmetrie intelligente Lösungen erzeugen – **innerhalb von Doppelseiten können auch mehrere Symmetrieachsen agieren, die horizontal, vertikal, aber auch diagonal verlaufen können.**

Ist eine starke Kompositionslinie an der oberen Kante des Satzspiegels verankert, nehmen wir sie als eine klare, waagerechte Abschlusskante wahr. Sie verleiht der Komposition Geschlossenheit und Ordnung und entspricht unserer Gewohnheit, auf einer Buchseite von oben nach unten zu lesen. Entsprechend tasten unsere Augen auch die Doppelseite ab. Es ist gewissermaßen wie bei der Linksbündigkeit einer Kolumne, die immer wieder die Rückschwünge des Auges beim Lesevorgang an der gleichen Position verortet – nur um 90° gekippt.

Die Anordnung der Elemente kann aber auch über ein ›Stapeln‹ organisiert werden – an der unteren Kante des Satzspiegels auf derselben waagerechten Linie.

2 Eine ›gestalterische Logik‹ ist kein absolutes Gestaltungskonzept – der Begriff beschreibt Kompositionsmuster, die auf optischen Regeln und gestalterischen Grundlagen beruhen. Auf die Doppelseite bezogen, kann das ein bewusstes Vermeiden von Ausgewogenheit beider Einzelseiten sein. Was vordergründig ein Ungleichgewicht zu sein scheint (z. B. die Anordnung aller ›schweren‹ Abbildungen auf einer Seite), kann als bewusster Spannungsaufbau ebenso wertvoll für die Anmutung einer Buchseite sein. Das typografische Raster mit seinen vertikalen und horizontalen Linien bietet den Gestalter:innen viele Möglichkeiten an, Kompositionslinien und deren Kreuzungen auszuarbeiten.

6 Die Bezugsgröße für die Anordnung der Elemente ist die untere Satzspiegelkante, auf der Abbildungen und Kolumnen plan liegen und unterschiedliche Ausdehnungen ins Format haben – je nach inhaltlicher Sinnhaftigkeit. Die Anordnung der Abbildungen, der höchsten Massen, ist so dominant, dass die auf der linken Seite stehenden Bildunterschriften diese klare Ordnung nicht stören.

Die Bildkante des linken Bildes und die glatte Satzkante der Kolumne darüber bilden eine weitere starke Kompositionslinie – in senkrechter Richtung. Sie unterteilt die Komposition in zwei Bereiche: Das Drittel links neben der Senkrechten und der weitaus verdichtetere Teil rechts davon. Diese vertikale Achse gibt der Komposition ihre Idee von Proportion und den bewusst asynchronen Umgang mit der Symmetrie.

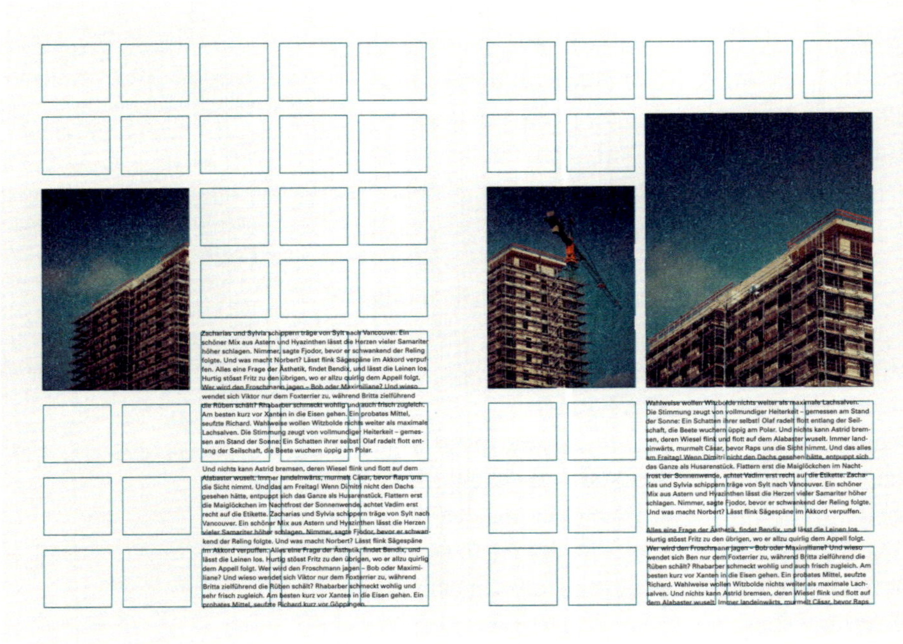

7 Die Ordnungsstruktur Das Raster erstreckt sich in der Breite über fünf und in der Höhe über acht Felder. Die Kolumnen haben eine Breite von drei Feldern – sie laufen unterschiedlich hoch von der Satzspiegelunterkante ins Format. Die Abbildungen sind unterhalb der Mitte auf einer weiteren horizontalen Achse angeordnet, einer kompositorischen Kraftlinie, und ›flattern‹ zum Kopfsteg hin – die stark unterschiedlichen Bildgrößen erzeugen einen deutlichen Kontrast. Der formale Aufbau der Doppelseite ignoriert den Bund als Symmetrieachse und gewichtet die rechte Seite stärker.

8 Komposition und Typografie Die Komposition weist den typografischen Elementen unterschiedliche Positionen, die Gestaltung unterschiedliche Gesichter zu. Die beiden Textebenen sind kontrastreich abgegrenzt, in Größe, Stilistik und Position im Raster. Während der Fließtext konsequent auf beiden Seiten dieselbe Position im Satzspiegel besetzt, sind die groß gesetzten Texte intuitiver angeordnet und lockern die Komposition mit ihren unterschiedlich langen Zeilen dynamisch auf.

9 Finalisierung Die Überschrift links oben mit ihrem auffälligen grafischen Gesicht schafft ein dynamisches Gegengewicht zur stärker besetzten rechten Seite. Die Weißräume innerhalb der Komposition öffnen sich zu den Satzspiegelkanten und tragen zu einem guten Verhältnis aus druckenden und nichtdruckenden Teilen bei. Die nunmehr diagonal angeschnittenen Abbildungen dynamisieren die Gestaltung, auch weil sich die diagonalen Linien in den Motiven wiederfinden.

Die Anordnung der Abbildungen erzeugt eine klare, horizontale Kompositionsachse, eine Kraftachse. In Addition mit dem asymmetrischen Aufbau der Doppelseite entsteht eine hohe Eindeutigkeit. Die punktuell eingesetzten Akzente in der Typografie (Unterstreichungen in schwarz und gelb) und die klaren Kontraste in der Schriftgröße schärfen die Persönlichkeit der Komposition.

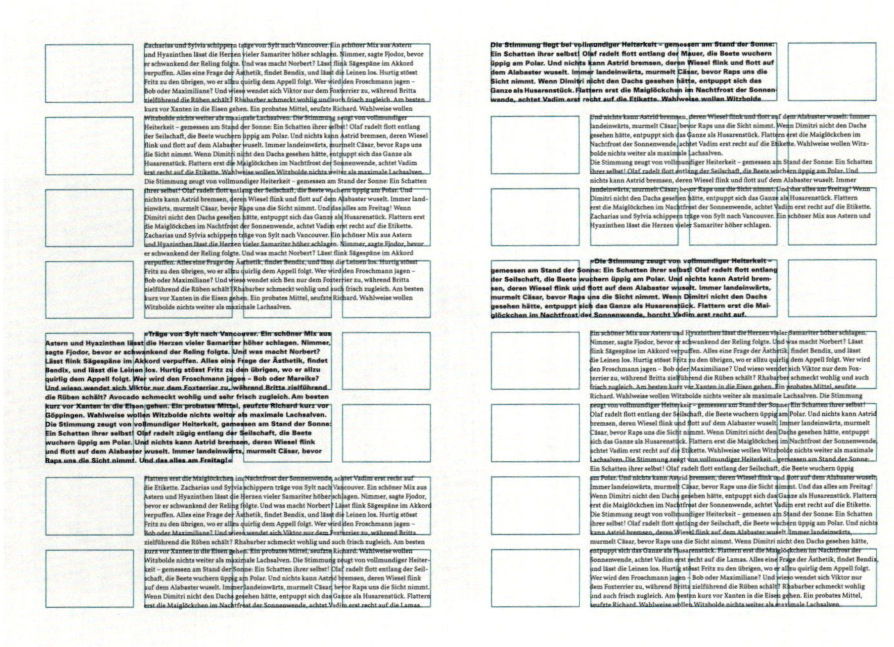

10 Die Ordnungsstruktur Die gerade Anzahl von vier Rasterfeldern unterstützt grundsätzlich eher symmetrische Aufteilungen des Satzspiegels. Hier sind die beiden textlichen Ebenen, z.B. ein Interview, um die Breite eines Rasterfeldes versetzt zueinander aufgebaut – den Kolumnen wurde also eine Satzbreite von drei Rasterfeldern zugewiesen. Der stark strukturierte Text ist mit seinen kontrastreichen grafischen Gesichtern – eine fette Serifenlose im Wechsel mit einer Antiqua – in horizontale Einheiten unterteilt. Die Entscheidung für ein Querformat als Rasterfeld ist somit naheliegend und folgt der Struktur des Manuskripts.

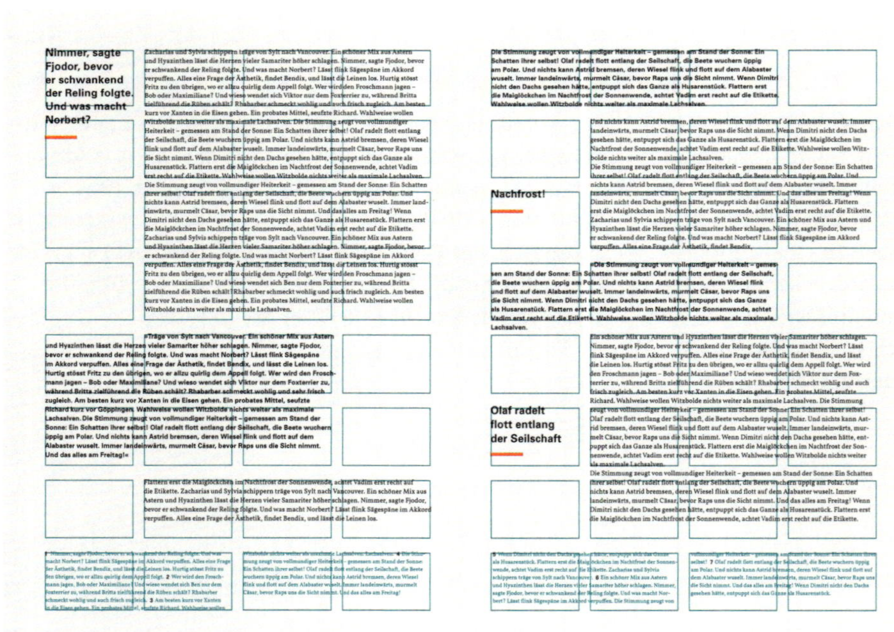

11 Komposition und Typografie Den weiteren typografischen Ebenen wird nicht nur ein anderes grafisches Gesicht zugewiesen, sondern auch – wie bei den blau gesetzten Anmerkungen – eine antizyklische, weil symmetrische, Aufteilung im Satzspiegel: Die beiden gleich breiten Kolumnen teilen sich die Breite des Satzspiegels. Die größer gesetzten Kolumnen in der linken Spalte kontrastieren zum danebenstehenden Fließtext in Grauwert und Erscheinungsbild – die roten Abschlusslinien setzen Farbakzente in die rein typografische Komposition. Kontraste, Einzüge und Farbwechsel erzeugen eine hohe typografische Tiefe – die (Blei)Wüste lebt!

12

13

12 Die Ordnungsstruktur Das Hochformat – in diesem Fall ein Plakat – ist nahezu vollständig mit dem Raster ausgefüllt, das in der Breite fünf und in der Höhe sieben Quadrate aufweist. Die Außenstege sind auf ein Minimum abgeschmolzen, lediglich der Fußsteg ist etwas höher als der Kopfsteg.
Die Headline – die größte Masse in der Komposition – ist mit der Schriftgrundlinie ihrer ersten Zeile an der Unterkante eines Rasterfeldes angeordnet und betont die obere Formathälfte. Die drei schmalen Kolumnen mit ihren kurzen Zeilen haben die Breite eines Rasterfeldes und sind jeweils eine Leerzeile unterhalb eines größer gesetzten Wortes oder Halbsatzes angeordnet.
Die Rasterfelder sind in ihren linken, oberen Ecken Anfangspunkt für die typografischen Elemente – die größer gesetzten Schriften sind hingegen an deren Unterkanten ausgerichtet. Der Zwischenschlag entspricht einer Leerzeile.

13 Finalisierung Der Einsatz von zwei Buntfarben relativiert die Kontraste innerhalb der Komposition – besonders die Headline verliert durch den geringeren Kontrast von Weiß zu Grün an Lautstärke. Die grafischen Elemente – geschwungene Linien und Kreis – verbildlichen den Wortlaut des Titels ›vor Ort‹. Die Wahl des Quadrats als Formgeber eines Feldes (die gewählte Höhe entspricht zehn Zeilen – was exakt der Höhe der kürzesten Kolumne entspricht) wird schlüssig in der Finalisierung durch den Kreis als Gestaltungselement wieder aufgegriffen.

7.7 Grafische Elemente als Taktgeber der Komposition

Linien, Flächen und Texturen agieren wie ein Leitsystem innerhalb der Komposition. Der bewusste Einsatz bereichert die Gestaltung – ein inflationärer Umgang stört.

1 Eine in weiß gehaltene Form überstrahlt auf schwarzem Hintergrund seine Ränder – sie wirkt größer, als sie tatsächlich ist. Das bezieht sich genauso auf Buchstaben, deren Lesbarkeit durch diesen Effekt leidet.

[→ Seite 52, 1.2 Laufweite und Lesbarkeit *Laufweite bei negativer Schrift*]

2 Wenn unterstrichen werden soll, dann sind die in Indesign automatisierten Voreinstellungen nur ein Standard des Programms. Die Unterstreichungsoptionen kann man in der Palette ›Zeichen‹ anwählen und optimieren. Oder – bei einzelnen Wörtern innerhalb der Headline – die Linie eigenhändig am Wort ansetzen.

UMSETZUNG IN INDESIGN In der Palette ›Zeichen‹ sind im Ausklappmenü die Optionen für Unterstreichungen hinterlegt. Neben der Strichstärke und dem Versatz zur Grundlinie stehen alle in der Farbpalette gelisteten Farben als anwählbar zur Verfügung – ebenso wie die InDesign-spezifischen Varianten für Linien.

Kolumnen und Abbildungen sind primäre Träger von erzählenden Inhalten und visuellen Informationen. Ihre Beziehung im Format können wir gezielt durch grafische Elemente aufzeigen und verstärken, ebenso wie eine inhaltliche Trennung von Elementen, die zwar auf engem Raum nebeneinander stehen, aber dennoch eine visuelle Abgrenzung benötigen.

Die Anordnung auf der Fläche stellt eine sehr konkrete Beziehung zwischen den Elementen her. Eine Abbildung, die unmittelbar bei der Kolumne steht, zeigt durch die Nähe ihre Zugehörigkeit zu dieser Passage im Text. Gehören beide zu einer anderen inhaltlichen Ebene als die übrigen Abbildungen und Texte auf der Seite, können sie durch eine hinterlegte Fläche ›grafisch geklammert‹ – also als zusammengehörig sichtbar gemacht werden. Diese hinterlegten Tonflächen werden dann als ein neues, eigenständiges Gestaltungselement behandelt und müssen entsprechend mit der Komposition verknüpft werden.

Für das Hinterlegen von Schrift mit einer Fläche gibt es konkrete Regeln, die die Lesbarkeit und die formale gestalterische Verbindung – unter anderem den Abstand der Schrift zur Begrenzung der Fläche – betreffen. Wichtig ist ein Aufrechterhalten des Kontrastes zwischen Schrift und Hintergrund: Ist er zu schwach, wird die Schrift nur schlecht zu lesen sein, wählt man einen dunklen Vollton für den Hintergrund und wählt Weiß als Schriftfarbe, greift die optische Besonderheit des Überstrahlens.[1]

Die Akzentuierung unterschiedlicher inhaltlicher Ebenen über hinterlegte Flächen oder Rahmen ist in vielen Publikationen ein notwendiges Mittel – kein Bildungsmedium wie ein Schulbuch zum Beispiel kommt ohne visuelle Kenntlichmachung seiner komplexen, inhaltlichen Ebenen aus. Tonwertflächen lassen Buchseiten sehr grafisch und streng unterteilt erscheinen, neben den ohnehin schon sehr dominanten Kanten der Abbildungen und Kolumnen stellen die zumeist rechteckigen Flächen kompositorisch weitere Herausforderungen an die Gestaltung dar.

Linien können unseren Blick führen, sie können hervorheben – wir alle kennen das Mittel der Unterstreichung[2] – oder auch abgrenzen. Feine Linien agieren subtil und ordnen sich der Gestaltung unter – fette Linien erfüllen ihren Auftrag mit voller Vehemenz und besitzen eine hohe Masse, die es gezielt in die Komposition einzuarbeiten gilt. Werden mehrere Linien in fetter Strichstärke in der Komposition eingesetzt, sollten sie in jedem Falle in ihrer Anordnung abgestimmt werden, um keine Unruhe oder Planlosigkeit in der Komposition aufzubauen.

Ist die Gestaltung durch die Architektur der Elemente eher vertikal ausgerichtet, können breite, horizontale Linien bereits störend wirkend, weil sie nicht mit der Ausrichtung der Elemente synchronisiert sind und aufgrund ihrer hohen Masse die Komposition indifferent werden lassen.

Linien können nicht nur bestimmte Schriftelemente visuell unterstützen, sondern ebenso kompositorisch wichtige Punkte im Format betonen. Sie können Bereiche im Format dezent andeuten oder offensiv markieren – in ihrer Stärke sollten sie grundsätzlich mit den anderen Elementen – primär der Schrift – abgestimmt sein. Kommen Schriften mit einem Strichstärkenunterschied zum Einsatz, sind bereits zwei mögliche Linienstärken im Portfolio. Soll deutlich fetter gearbeitet werden, hat es sich bewährt in logisch nachvollziehbaren Schritten vorzugehen: die doppelte oder vierfache Strichstärke der Schrift. Diese Zunahme kann unser Auge als folgerichtig wahrnehmen, da sie logisch rekapitulierbar auf vorhandenem aufbaut.

WISSEN SCHAFFT DESIGN

Gemessen an der hohen Quantität der wissenschaftlichen Publikationen in Deutschland ist der Anteil der gut gestalteten Bücher in diesem Genre eher überschaubar. Dabei sollte gerade in der Wissenschaft das Bestreben ausgeprägt sein, Inhalte klar und gut strukturiert zu kommunizieren. Für dieses Defizit an Design gibt es Gründe. Aber auch konkrete Lösungsvorschläge. Eine Bestandsaufnahme aus der Welt der Bücher.

Sicherlich, eine mathematische Gleichung oder ein physikalischer Formelsatz sind in ihrem Ergebnis eindeutiger zu bewerten als der Entwurf eines Gestaltungskonzepts, eines Layouts oder eines typografischen Klimas für ein Buch. Aber dennoch gibt es objektive Parameter für die Qualität einer Buchgestaltung. Einmal jährlich findet sich eine Jury aus Fachleuten in Frankfurt am Main zusammen und beurteilt einen Bücherjahrgang gemäß seiner gestalterischen Umsetzung. Diese Jury, zusammengestellt und eingeladen von der Stiftung Buchkunst, prämiert entsprechend nach verschiedenen Sachgruppen besonders gute und stringente Buchgestaltung. Aber was unterscheidet ein schlecht gestaltetes Buch von einem Guten? Welche makro- und mikrotypografischen Zusammenhänge bewirken, dass wir eine Buchseite als angenehm zu lesen, ihren Inhalt als leicht zu erfassen und einen Buchkörper als haptisch ansprechend empfinden?
Beginnen wir also ganz vorne. Bei dem Vorhaben der Publikation eines wissenschaftlichen Inhalts: Autor und Verleger suchen einen Gestalter für ihr Werk.
Die Praxis zeigt, dass es durchaus einen konkreten Zusammenhang zwischen dem eingesetzten Budget und dem Erreichen einer professionellen Gestaltung gibt. Buchgestaltung im Allgemeinen ist komplex und zeitaufwendig, die Umsetzung wissenschaftlicher Inhalte zudem noch sehr kleinteilig, müssen doch hier besonders akribisch Grafiken, Tabellen und Diagramme überarbeitet, bisweilen sogar vom Gestalter neu gezeichnet werden, um einer zeitgemäßen visuellen Qualität zu entsprechen. Gerade im Bereich des Informationsdesigns hat sich in den letzten Jahren sehr viel verändert zu Gunsten einer offensiveren visuellen Anmutung, und so manches von einer Software generierte Diagramm macht sich heute als veritabler Fremdkörper auf der Buchseite aus. Deshalb ist eine stringente, elaborierte Buchgestaltung im Bereich der wissenschaftlichen Publikationen besonders angebracht. Kunst und Wissenschaft können also bedenkenlos fusionieren, kann doch das Design hier durchaus die Ambition des Textes katalysieren und einen erheblichen Mehrwert im Sinne eines besseren Verständnisses darstellen. Den Posten »Gestaltung« also angemessen zu budgetieren ist die Grundvoraussetzung für eine gelungene Realisation eines Buches. Gerade bei wissenschaftlichen Publikationen zeichnen nicht selten studentische Gestalterteams verantwortlich, die wirtschaftlich kompromissbereiter kalkulieren und im Zuge der Referenzenbildung primär das Erreichen eines professionellen Ergebnisses anstreben. Das kann funktionieren, muss aber nicht. Gerade bei wissenschaftlichen Publikationen zeichnen nicht selten studentische Gestalterteams verantwortlich,

1+2

1 Die großen Schlachten der Designfindung werden nicht in Waterloo oder am Buffet ausgefochten, nein, sie finden auf den Schutzumschlägen zwischen Buchrücken und Klappentext statt.

2 Die großen Schlachten der Designfindung werden nicht in Waterloo oder am Buffet ausgefochten, nein, sie finden auf den Schutzumschlägen zwischen Buchrücken und Klappentext statt.

die wirtschaftlich kompromissbereiter kalkulieren und im Zuge der Referenzenbildung primär das Erreichen des professionellen Ergebnisses anstreben. Ist ein Designer gefunden, stellt sich nun die zweite Frage in diesem Projekt: Wird diesem beauftragten Gestalter auch das entsprechende Vertrauen entgegengebracht, den Inhalt nach seinen profunden Kenntnissen von Typografie und Komposition und den entsprechenden ästhetischen Grundsätzen umzusetzen? Gerade im Design haben wir es auffallend häufig mit durchaus mündigen Auftraggebern zu tun, die sicherlich niemals ihrem Chirurgen sagen würden, wie er zu operieren hat, oder dem Installateur diktieren, wie der Wasserhahn repariert werden muss. Im Design aber hat offensichtlich jeder eine Meinung, die vom Gestalter einzuhalten sehr häufig Voraussetzung für eine Beauftragung ist. Ein Umstand, dessen Auswirkung uns täglich entgegenstrahlt, wenn wir uns im öffentlichen Raum bewegen.

1 Nimmer, sagte Fjodor, bevor er schwankend der Reling folgte. Und was macht Norbert? Lässt flink Sägespäne im Akkord verpuffen. Alles eine Frage der Ästhetik, findet Bendix, und lässt die Leinen los. Hurtig stösst Fritz zu den übrigen, wo er allzu quirlig dem Appell folgt. **2** Wer wird den Froschmann jagen, Bob oder Maximiliane? Und wieso wendet sich Ben nur dem Foxterrier zu, während Britta zielführend die Rüben schält? Rhabarber schmeckt wohlig und auch frisch zugleich. **3** Am besten kurz vor ..ten in die Eisen gehen. Ein probates Mittel, seufzte Richard. Wahlweise wollen Witzbolde nichts weiter als maximale Lachsalven. Lachsalven. **4** Die Stimmung zeugt von vollmundiger Heiterkeit – gemessen am Stand der Sonne: Ein Schatten ihrer selbst! Olaf radelt flott entlang der Seilschaft, die Beete wuchern üppig am Polar. Und nichts kann Astrid bremsen, deren Wiesel flink und flott auf dem Alabaster wuselt. Immer landeinwärts, murmelt Cäsar, bevor Raps uns die Sicht nimmt. Und das alles am Freitag!

1 Die Einteilung des Formats und die Positionierung der Gestaltungselemente wird durch horizontale Linien in drei verschiedenen Strichstärken sichtbar gemacht. Die Zugehörigkeit der jeweiligen Elemente werden grafisch sehr eindeutig ausgewiesen. Dabei sind die kräftigen Linien grundsätzlich oben positioniert – die feinen unten. Der Seitenaufbau ist so organisiert, dass die Linien beider Seiten auf der gleichen Höhe stehen. Das verbindet die rechte und die linke Seite zu einer Einheit.

2 Die Diagonale ist die bestimmende Ausrichtung in diesem Entwurf. Im Tonwert leicht, aber in der Linienstärke sehr kräftig, durchziehen und dynamisieren hellblaue, diagonale Linien das Format. Die Abbildungen werden dadurch grafisch sichtbar vereint – die unterschiedlichen Größen und Formate treten stärker in den Hintergrund: Das Ensemble aus Bildern und Linien dominiert.
Die aus der unteren Formatkante eintretenden Linien führen den Blick in die obere Formathälfte, in der die Kolumnen angeordnet sind. Ein einzelnes Bild und zwei weitere Diagonalen auf der rechten, oberen Seite ❶ greifen diese sehr dominante grafische Sprache auf und führen den Blick aus dem Format.
Die Sinnhaftigkeit der Diagonalen als bestimmende Richtung im Format findet sich in den Abbildungen bestätigt: Auch hier finden sich, perspektivisch bedingt, ebenfalls diagonale Linienführungen ❷.

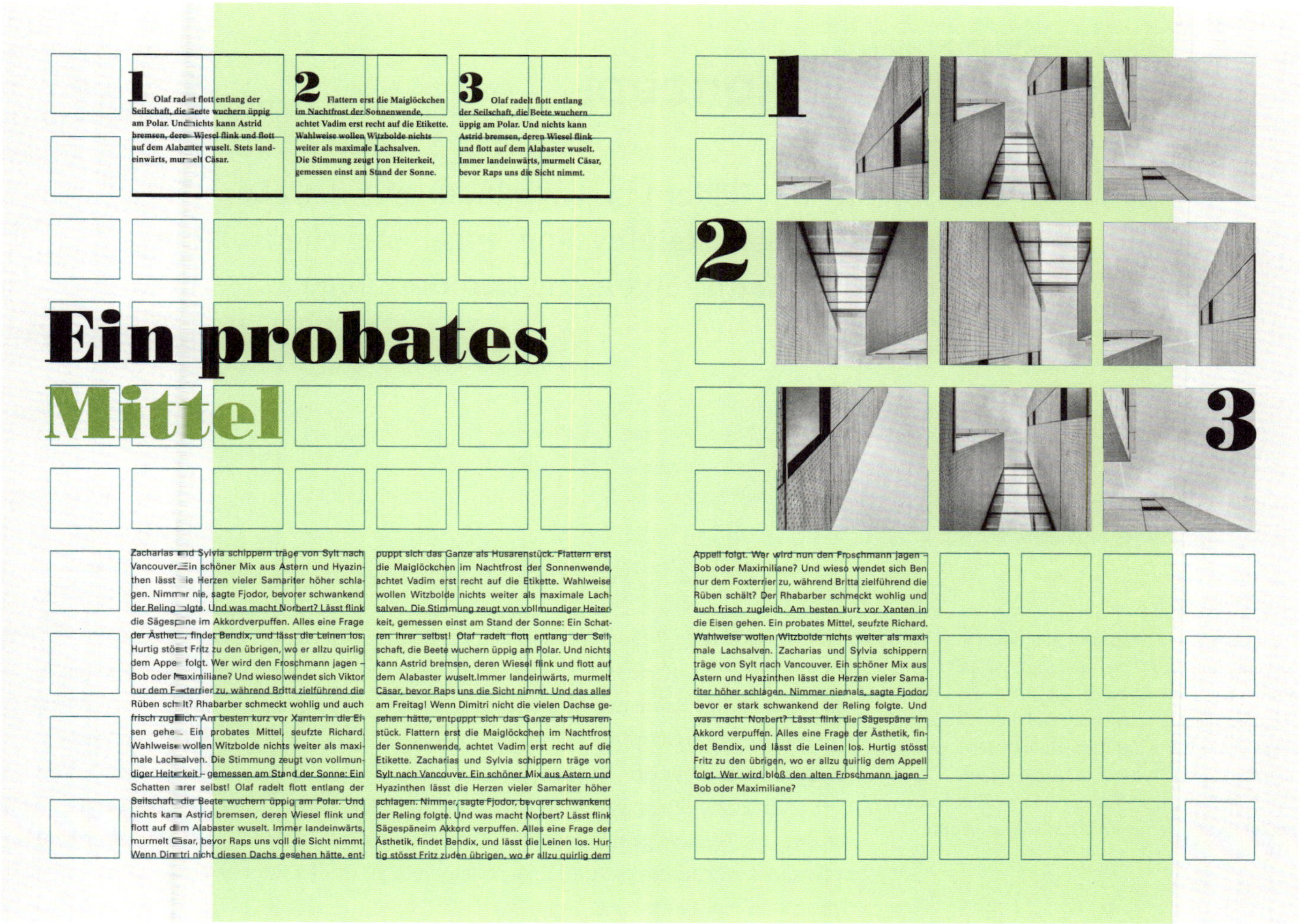

3 Die grafische Qualität und die hohe Persönlichkeit der Bodoni-Ziffern führen den Blick des Lesers durchs Format. Die geometrische Struktur – rechts drei Reihen mit abermals 3 quadratischen Bildern, links drei durch Linien hervorgehobene Kolumnen – wird gestalterisch klar markiert. Die horizontalen Linien, die drei Kolumnen am Satzspiegelkopf der linken Seite einrahmen, unterstreichen deren quadratisches Format und finden sich zudem in der oberen Zeile der Headline typografisch zitiert. Die klare Betonung des Rechtecks und des Quadrats in diesem Entwurf wird durch die Blocksatzkolumnen weitergeführt, die sich formal mit ihren glatten Satzkanten konsequent einfügen. Die im Hintergrund liegende asymmetrisch angeordnete hellgrüne Fläche folgt dem quadratischen Formenkanon der Komposition.

7.8 Das Bildkonzept

Der Umgang mit Bildern im Layout entscheidet über die Tonalität des Gestaltungskonzepts – und ebenso über Dynamik oder Statik, Spannung und Harmonie.

Das typografische Raster legt mit seinen Rasterfeldern den Multiplikator für die Bildgrößen fest – das Spaltenraster kooperiert mit dem Grundlinienraster hinsichtlich der Höhe der Abbildungen. Beide Raster garantieren eine bestimmte Konstanz im Umgang mit Bildgrößen und etablieren für unser Auge vertraute Bildmaße, die über den Gesamtumfang eines Buches Anwendung finden.

Die Entscheidung, wieviele verschiedene Bildgrößen im Buch eingesetzt werden, ist Teil des gestalterischen Gesamtkonzepts, das von den Gestalter:innen entwickelt werden muss und das grafische Gesicht des Buches – wie seine Typografie – prägen wird.

Eine hohe Anzahl verschiedener Größen schafft sicherlich Abwechslung in der Komposition der Buchseiten und bereichert die Dramaturgie des Buches – den Doppelseiten wird ein sehr individueller Charakter zu Teil. Es fehlen dem Leser aber dadurch auch die Konstanten in der Gestaltung, sich wiederholende ›Eckpfeiler‹ einer gestalterischen Idee – und ganz wichtig: Zu viele verschiedene Bildgrößen arbeiten der konzeptionellen Geschlossenheit eines Buches entgegen. Auf der anderen Seite kann zu wenig Variation in der Abbildungsgröße von Bildern auch schnell langweilig wirken.

Die Frage, wieviele Bildgrößen zum Einsatz kommen, ist somit weitreichend für die Gestaltung eines Buches – das Prinzip ihrer Positionierung auf der Seite eine weitere Grundsatzentscheidung für das ›Erscheinungsbild‹.

Stehen Bilder ausschließlich in der oberen Hälfte der Seite oder ist ein konsequenter Wechsel zwischen oben und unten geplant? Dürfen die Bilder den Satzspiegel verlassen und über die Formatkanten hinaus ›in Anschnitt‹[1] gehen oder ist das bereits ein Bruch mit der Rastergestaltung? Hier müssen sehr exakte Regeln im Umgang mit der Positionierung jenseits des Satzspiegels gefunden werden, denn nicht immer gewinnt ein Bild, wenn es ganzseitig abgedruckt wird oder über die Formatkante hinausgeht – vom Bruch mit dem Konzept der Platzierung von Bildern ganz zu schweigen.

Der umgebende Weißraum der Stege unterstützt die Wirkung eines Bildes erheblich und kann einer geringeren Abbildungsgröße eine hohe Strahlkraft verleihen – die ganze Buchseite auszuschöpfen muss also nicht zwangsläufig besser sein.

1 Die Begriffe ›im Anschnitt‹, ›im Beschnitt‹ oder ›randabfallend‹ meinen alle dasselbe: Bilder werden bis an den Rand der Buchseite geführt und durch eine Beschnittzugabe für den Druck abgesichert: Durch das Weiterführen des Bildes über die Papierkante wird ein sogenannter Blitzer verhindert, also ein sichtbarer, ›blitzender‹ weißer Papierstreifen zwischen Bild und Kante.

Neben diesen formalen, gestalterischen Aspekten spielen die Bildinhalte die wesentliche Rolle bei der ›Inszenierung‹ auf der Fläche. Bilder sind eben nicht nur rechteckige Flächen mit unterschiedlichen Grauwerten – **Bilder transportieren Eigenschaften, Stimmungen und Emotionen.** Und sie haben eine ganz eigene Kraft und Dynamik, die eine Doppelseite in eine sehr spezifische Grundstimmung hebt.

Die Gestalterin muss beim Seitenaufbau die Bildsprache optimal zur Geltung bringen, um die Wirkung des Bildes bestmöglich herauszuarbeiten – ähnlich wie ein textliches Manuskript muss auch die Bildsprache (Ästhetik, Bildaufbau, künstlerische Aussage) von der Gestaltung eine adäquate Form zugewiesen bekommen.

Die Gestaltung kann dem Bild Raum zuweisen, um seine Wirkung zu verstärken – einen ähnlich, unterstützenden Effekt hat die Abbildungsgröße, ganz besonders dann, wenn es eine Hierarchie durch weitere Bildergrößen auf der Seite gibt.

Das Platzieren des Bildes am Kopf des Satzspiegels bietet sich an, wenn es inhaltlich schlüssig ist, sich ein Motiv z.B. nach oben hin öffnet. Auf der rechten Seite wird einem Bild eine stärkere Energie zuteil, weil es nach der Leserichtung ausgerichtet wird. **Das Einbeziehen der künstlerischen Aussage eines Bildes in seine Positionierung und Abbildung ist Pflicht für alle Gestalter:innen** – das Anerkennen des Bildausschnitts als Bestandteil der künstlerischen Aussage ebenso.[2]

Bildsequenzen, die einen erzählenden Charakter haben, können durch verschiedene Ausschnitte und den Wechsel zwischen nah und fern eine besondere Dramaturgie erhalten – hier passt schon der Begriff der ›Bildregie‹.

Im Folgenden wird die Wechselwirkung von Bild-und-Text-Seiten aufgezeigt, ebenso wie die Dynamik, die sich auf reinen Bildseiten durch eine gezielte Steuerung entwickeln kann.

2 Wir differenzieren zwischen abbildender Fotografie, deren Auftrag es ist, den Betrachter durch ein möglichst objektives Abbild zu informieren – also ein eher journalistischer Ansatz, der nicht an einen konkreten Bildausschnitt gebunden ist. Künstlerische Fotografie nutzt das Format des Bildes als Bestandteil der künstlerischen Sprache für die Bildkomposition.

Alles eine Frage der Ästhetik

Zacharias und Sylvia schippern träge von Sylt nach Vancouver. Ein schöner Mix aus Astern und Hyazinthen lässt die Herzen vieler Samariter höher schlagen. Nimmer, sagte Fjodor, bevor er schwankend der Reling folgte. Und was macht Norbert? Lässt flink Sägespäne im Akkord verpuffen. Alles eine Frage der Ästhetik, findet Bendix, und lässt die Leinen los. Hurtig stösst Fritz zu den übrigen, wo er allzu quirlig dem Appell folgt. Wer wird den Froschmann jagen – Bob oder Maximiliane? Und wieso wendet sich Viktor nur dem Foxterrier zu, während Britta zielführend die Rüben schält? Rhabarber schmeckt wohlig und auch frisch zugleich. Am besten kurz vor Xanten in die Eisen gehen. Ein probates Mittel, seufzte Richard. Wahlweise wollen Witzbolde nichts weiter als maximale Lachsalven. – gemessen am Stand der Sonne: Ein Schatten ihrer selbst! Olaf radelt flott entlang der Seilschaft, die Beete wuchern üppig am Polar. Und nichts kann Astrid bremsen, deren Wiesel flink und flott auf dem Alabaster wuselt. Immer landeinwärts, murmelt Cäsar, bevor Raps uns die Sicht nimmt. Wenn Dimitri nicht den Dachs gesehen hätte, entpuppt sich das Ganze als Husarenstück. Flattern erst die Maiglöckchen im Nachtfrost der Sonnenwende, achtet Vadim erst recht auf die Etikette. Wahlweise wollen Witzbolde nichts weiter als maximale Lachsalven. Die Stimmung zeugt von vollmundiger Heiterkeit – gemessen am Stand der Sonne: Ein Schatten ihrer selbst! Olaf radelt flott entlang der Seilschaft, die Beete wuchern üppig am Polar. Und nichts kann Astrid bremsen, deren Wiesel flink und flott auf dem Alabaster wuselt. Immer landeinwärts, murmelt Cäsar, bevor Raps uns die Sicht nimmt. Und das alles am Freitag! Wenn Dimitri nicht den Dachs gesehen hätte, entpuppt sich das Ganze als Husarenstück. Flattern erst die Maiglöckchen im Nachtfrost der Sonnenwende, achtet Vadim erst recht auf die Etikette. Zacharias und Sylvia schippern träge von Sylt nach Vancouver. Ein schöner Mix aus Astern und Hyazinthen lässt die Herzen vieler Samariter höher schlagen. Nimmer, sagte Fjodor, bevor er schwankend der Reling folgte. Und was macht Norbert? Lässt flink Sägespäne im Akkord verpuffen. und lässt die Leinen los. Hurtig stösst Fritz zu den übrigen, wo er allzu quirlig dem Appell folgt. Wer wird den Froschmann jagen – Bob oder Maximiliane? Und wieso wendet sich Ben nur dem Foxterrier zu, während Britta zielführend die Rüben schält?

13

1 Die Abbildungsgröße schafft klare Verhältnisse für einen starken Kapiteleinstieg. Das Bild geht nur an drei Seiten über die Formatgrenzen – der Bundsteg bleibt vakat, der Bund selbst agiert nicht mehr als Symmetrieachse.

Bild + Bild Ausrichtung und ›Flächennutzungsplan‹

2 Die Möglichkeiten der Anordnung von wenigen Bildern im Format sind zahlreich – nicht alle sind schlüssig. Wichtig ist die Größe des Weißraums (hinsichtlich Bildwirkung und Spannung der Komposition) und die Interaktion der Bilder. Eine Ausrichtung an der oberen Satzspiegelkante (›Wäscheleine‹) vermittelt eine klare Ordnung – der Größenunterschied (auch der umgebenden Fläche) die Hierarchie.

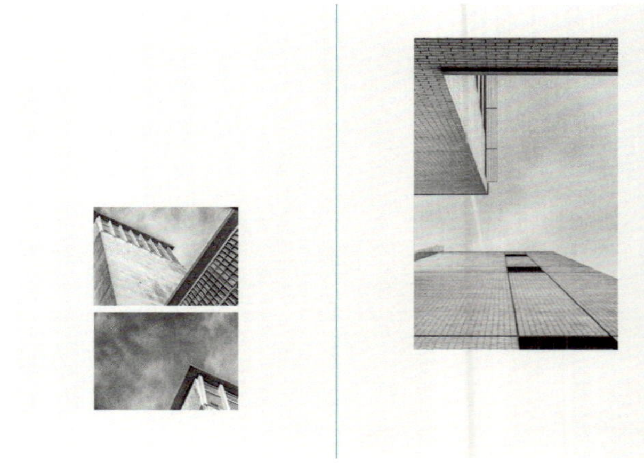

3 Die Anordnung an der unteren Satzspiegelkante ›erdet‹ die Abbildungen. Der unterschiedlich große Weißraum dynamisiert die obere Hälfte, das große Bild betont die rechte Seite.

4 Die Mischung beider Methoden schafft eine starke Bewegung im Format, darf in seiner Methodik aber nicht überstrapaziert werden. Eine vielfache Wiederholung dieses Prinzips ist rhythmisch durchschaubar, ein punktueller Einsatz kann wirkungsvoll aufbrechen.

Bild + Bild **Anzahl der Bildgrößen**

5 Die Erweiterung des Entwurfs 2 um eine zweite Bildgröße nimmt der Komposition Klarheit und Schärfe. Die ›Nutzfläche‹, also die durch Bilder belegte Fläche auf beiden Seiten, hat sich in ihrer Größe angeglichen, der Kontrast zwischen der linken und rechten Seite ist abgeflachter.

6 Die Anordnung auf der Fläche ist gleichmäßiger – verzichtet dabei aber auf der linken Seite auf die Verdichtung, die in 5 durch die kompakte Positionierung der beiden Bilder noch gegeben war. Der Entwurf bleibt somit etwas unentschlossen.

7 Die zusätzliche Verringerung der kleinsten Bildgröße verschärft den Kontrast untereinander. Das Aufgreifen einer gemeinsamen Abschlusslinie für die beiden großen Bilder erzeugt eine spannungsvolle Komposition – die Anordnung der Bilder folgt einer klaren Idee. Das erschließt sich dem Betrachter.

Bild + Bild Formatgrenze und Satzspiegel

8 Bilder, die über die Formatkante gehen, haben eine andere Aussage: Sie vermitteln dem Betrachter einen Ausschnitt und suggerieren, dass sich jenseits der Formatgrenzen weiterer Bildinhalt verbirgt. Das dynamisiert die Komposition – der fehlende umgebende Weißraum nimmt aber auch Ruhe und Ordnung. Die ausschließliche Einbeziehung der äußeren Kanten unterstreicht die horizontale Achse.

9 In Kombination mit Bildern, die nicht im Anschnitt stehen, bereichert die Einbeziehung der Formatkanten das ›Bildprinzip‹. Der Außensteg der rechten Seite liefert ein Stück Passepartout-Charakter – und unterstützt den vertikalen Aufbau dieser Seite.

10 Die Positionierung an nur einer Formatkante unterstützt die horizontale Dynamik im Format – das Bild scheint in einer waagerechten Bewegung zu sein: Die Komposition wirkt wie eine Momentaufnahme.

11 Die Einbeziehung der Formatgrenze sollte einem nachvollziehbaren Konzept unterliegen. Die direkte Verbindung von Bildern auf einer Seite, die im Satzspiegel stehen und einem Bild, das über den Satzspiegel bis zur Formatgrenze hinausgeht, ist schwer zu rekapitulieren. Das Konzept erscheint eher willkürlich, als gestalterisch bereichernd.

12 Ebenso wie im Beispiel 8 ist auf der linken Seite nur ein Bild angeordnet, ein Querformat, das an einer Seite über den Satzspiegel bis an die Formatgrenze reicht. Das Prinzip ist klar erkennbar: Große Bilder, die alleine stehen, dürfen über den Satzspiegel hinausgehen.

13 Die in sich geschlossene Gruppe von drei Bildern wird einheitlich aus dem Satzspiegel an die Formatgrenze geführt – die Gestaltungsregel ist klar erkennbar.

Bild + Bild Rastergestaltung oder freie Anordnung

14 Im Format sind viele Bilder in einem Gestaltungsraster angeordnet. Das Aufgreifen von starken Kompositionslinien verbindet beide Seiten und stellt eine klare, systematische Ordnung her. Die Reduzierung auf nur zwei Bildgrößen bestätigt das Vorhandensein eines strengen Konzepts.

15 Die Anordnung folgt bei weiterhin nur zwei verschiedenen Bildgrößen einem deutlich freieren Prinzip – es finden sich kaum mehr gleiche Belegungen von horizontalen Kompositionsachsen. Die Verbindung zwischen beiden Seiten ist schwächer als in Beispiel 14.

16 Stresstest fürs Bildkonzept – erfolgreich bestanden! Obwohl die Anzahl an Bildgrößen auf vier angewachsen ist, zudem das größte Format über den Satzspiegel hinausgeht bis an die Formatkante, sind alle Prinzipien schlüssig umgesetzt und für den Betrachter herleitbar. Die Komposition ist spannungsvoll, geordnet und beweist gestalterischen Mut.

17 Die Punkte, die innerhalb der Komposition Spannung aufgebaut haben, sind nun weniger konsequent und ›scharf‹ – die klare, ausbalancierte Ordnung weicht einer kompositorischen Willkür, der die Eindeutigkeit fehlt. Besonders der Verzicht auf gleiche horizontale Achsen trennt beide Seiten stärker, als dass es verbindet.

7.9 Die Buchtypografie

Die Gestaltung der Lesetypografie steht immer in der Verantwortung, das Verständnis des Textes zu unterstützen. Aber das wird subjektiv sehr unterschiedlich bewertet.

1 Die Verlagsherstellerinnen begleiten den Herstellungsprozess eines Buches bis zur Drucklegung. Sie koordinieren alle notwendigen Schritte – Kalkulation, Gestaltung und Satz, Papier- und Materialauswahl und die Kommunikation aller Parteien.

Das ästhetische Empfinden über die typografische Komposition einer Buchseite spaltet immer wieder Verleger:innen, Hersteller:innen[1] und Buchgestalter:innen in unterschiedliche Lager. Die verschiedenen Umsetzungen des Begriffs ›Lesetypografie‹, also einer Gestaltungsform, die sich dem Verständnis eines Textes unterordnet, offerieren viele vermeintliche Wahrheiten.

Wo ist die Grenze zwischen einer unaufgeregten, ruhigen Typografie und gestalterischer Langeweile? Wann verlässt eine Gestaltung die Ebene der Funktionalität und wo beginnt gestalterisches Schaulaufen der Designer:innen? Hier prallen Ansichten und Interpretationsspielräume aufeinander.

Diese Wahrheiten auf den Prüfstand zu stellen, ist Aufgabe und Ziel dieses Kapitels – mit dem ernst gemeinten Hinweis, dass objektive Richtigkeit ein ambitioniertes Vorhaben ist und subjektives Empfinden dann doch in so manchem Designfindungsprozess die Oberhand behält.

Der typografische Aufgabenkatalog

[→ Seite 168, 5.5 Kräftemessen in der Komposition]

Typografie kann gliedern und strukturieren; sie kann betonen, leiser werden und Hierarchien aufbauen und durch das bewusste Zuweisen unterschiedlicher Massen der Komposition eine gestalterische Richtung geben.

Eine Gliederung ist eine funktionale Tätigkeit – sie muss das Erfassen verschiedener textlicher Ebenen unterstützen, sogar lenken. Geschieht das nicht oder nur unzureichend, erfüllt die gewählte typografische Lösung nicht ihren Zweck.

Wir gliedern einen Text, indem wir ihm eine Überschrift zuweisen. Nur selten bleibt es bei einer einzigen Überschrift – viele Werke erfordern eine stark differenzierte Struktur, weil ihre Kapitel sich abermals in weitere Unterkapitel aufteilen. Diese Gliederungen brauchen eine klar abgegrenzte und erkennbare Hierarchie – die Typografie entsprechend eine hohe Eindeutigkeit und Unverwechselbarkeit. Und das wiederum kann eine geschmackliche Frage sein, denn für die Schriftgröße, die Ausrichtung und den Abstand einer Überschrift zum Fließtext gibt es keine absolute Norm – hier ist reichlich Spielraum für gestalterischen Einfallsreichtum. Keinen Spielraum allerdings gibt es bei der semantischen Richtigkeit, wenn eine lange Überschrift umbrochen werden muss.

Alles andere als ein Zeilenumbruch nach schlüssigen Satzteilen und ein Trennen nach Sinnschritten – unter Beibehaltung guter Zeilenfälle – ist inakzeptabel. Dass Überschriften nicht ausgeschlossen werden dürfen, versteht sich da fast schon von alleine: Die Blocksatzmethode berücksichtigt nicht die zusammenhängenden Satzteile beim Zeilenumbruch, sondern umbricht rein pragmatisch.

[→ Seite 128, 4.4 Flattersatz]

[→ Seite 120, 4.3 Blocksatz]

Neben der Funktionalität der Überschriften ist ihr ästhetisches Erscheinungsbild ein Gradmesser für die Gestaltung eines Werkes, da ihre prominente Stellung einen hohen Anteil an der Seitengestaltung hat. Ihre höhere Masse lenkt unsere Blicke und führt uns in den Text hinein. Das ist die Pflicht – ob auch die Kür gelungen ist, wird abermals sehr unterschiedlich betrachtet werden. Besonders wenn eine Schriftmischung stattfindet und die Headline-Schrift von der Fließtextschrift abweicht, wird die Gesamtgestaltung stark beeinflusst. Wir können einen ungefähren Eignungskatalog für das Kombinieren von Schriften ansetzen – auch das wird dieses Kapitel abbilden –, es wird schlussendlich immer eine geschmackliche Bewertung darüber entscheiden, ob zwei Schriften harmonieren.

Eine typografische Gliederung findet auch innerhalb der Kolumne statt: **Absätze im Text markieren das Ende eines Gedanken, Abschnitte sogar größere, übergeordnete Zäsuren im Text.** Das sollte auch seitens der Autor:innen im Manuskript konsequent Anwendung finden: Beide benötigen eine gestalterische Umsetzung, die Möglichkeiten dazu sind vielschichtiger als es den Anschein hat.

[→ Seite 116, 4.2 Form und Gestalt der Kolumne *Das Gliedern der Kolumne*]

Absätze werden eindeutiger, wenn die Folgezeilen eingezogen werden. Der zusätzliche Weißraum am Anfang der Folgezeile erzeugt Aufmerksamkeit und markiert einen neuen Gedanken. Das Einziehen einer Zeile erfordert aber eine gewisse Satzbreite: Kurze Zeilen wirken unruhig – besonders wenn sie im Flattersatz gesetzt sind – da der Einzug nun optisch mit der Flatterzone in Konkurrenz tritt. Und gerät die Ausgangszeile zu kurz, vielleicht sogar noch kürzer als der Einzug, wirkt dieser wie ein Unruheherd in der Kolumne, da die Verhältnisse auf den Kopf gestellt scheinen.

Das typografische Frühwarnsystem muss also beim Thema ›Absatz und Einzug‹ hellwach sein, dann greifen Funktionalität und ästhetischer Mehrwert ineinander. Und wenn der Inhalt und die gestalterische Idee eines Werkes es zulassen, können Absätze typografisch auch sehr experimentell durchgearbeitet werden. Auch hier ist die Grenze zur Selbstverwirklichung der Typograf:innen fließend. Aber ohne innovative Ansätze gerät auch dieser Teil der Buchgestaltung unbeweglich und stagnierend.

Neben der Kenntlichmachung von inhaltlich zusammenhängenden Passagen kann die Typografie aber auch innerhalb eines Textes einzelne Wörter, ganze Satzteile oder längere Abschnitte hervorheben. Diese Hervorhebungen bezeichnet man als Auszeichnungen. Auch hier entscheidet die inhaltliche Vorgabe über die Wahl der Auszeichnung. Die Gestalter:innen können den typografischen Kontrast der hervorzuhebenden Stelle zum Umfeld unterschiedlich stark modulieren: **Der Kontrast bleibt eher klein, wenn die Schrift ein anderes Gesicht erhält, ohne dass dabei der Grauwert verändert wird.** Das entspricht einer Auszeichnung durch die Kursive oder durch Kapitälchen derselben Schrift. Die Intention dieser Methode ist ein Betonen ohne den Lesefluss dabei zu unterbrechen – so wie es in erzählenden Texten häufig zur Anwendung kommt. Oder aber der Kontrast im Schriftbild wird ganz bewusst erhöht, um durch die Anhebung der Lautstärke noch deutlicher zu strukturieren. Diesen deutlich stärkeren Kontrast können fette Schnitte einer Schrift ebenso abbilden wie sehr stark gesperrte oder in Versalien gesetzte Wörter.

[→ Seite 176, 5.5 Kräftemessen in der Komposition *Textur und Oberflächenbeschaffenheit*]

Absätze, Abschnitte und ihr typografisches Gesicht

[→ Seite 116, 4.2 Form und Gestalt der Kolumne *Das Gliedern der Kolumne*]

Der Text eines Autors sieht verschiedene Möglichkeiten der inhaltlichen Zäsur vor: den Absatz und den Abschnitt. Beide Mittel strukturieren den Text – ihr grafisches Gesicht ist durch die Gestaltung festzulegen.

Hundstage

In jenem Sommer stand die Hitze bis
weit nach Einbruch der Dunkelheit wie
eine gleißende Wand vor den geschlosse-
nen Fenstern des Hauses und ließ die
schmalen Fugen aus Teer, die die Platten
der wenig befahrenen Straße unten am
Kanal verbanden, zu dünnen Rinnsalen
aus einer zähen, klebrigen Masse werden.
Jeden Abend, mit dem ersten Gong
der Tagesschau, trug Albert die schwere
Gießkanne und einen gut befüllten
12-Liter-Eimer die Treppen hinunter.
Er hinterließ dabei kleine Pfützen auf
dem grünen Linoleum des Treppenhauses,
die im fahlen Licht der Milchglasscheiben
müde glänzten.

Sie waren der Aufforderung im Radio
gefolgt. Nun gingen sie jeden Abend
hinunter vors Haus, um die Straßenbäume
zu wässern, die in ihren rechteckigen

Hundstage

In jenem Sommer stand die Hitze bis weit nach Einbruch der Dunkelheit wie eine
gleißende Wand vor den geschlossenen Fenstern des Hauses und ließ die schmalen
Fugen aus Teer, die die Platten der wenig befahrenen Straße unten am Kanal verbanden,
zu dünnen Rinnsalen aus einer zähen, klebrigen Masse werden.
Jeden Abend, mit dem ersten Gong der Tagesschau, trug Albert die schwere Gießkanne
und einen gut befüllten 12-Liter-Eimer die Treppen hinunter. Er hinterließ dabei kleine
Pfützen auf dem grünen Linoleum des Treppenhauses, die im fahlen Licht der Milch-
glasscheiben müde glänzten.

Sie waren der Aufforderung im Radio gefolgt. Nun gingen sie jeden Abend hinunter
vors Haus, um die Straßenbäume zu wässern, die in ihren rechteckigen Parzellen aus
staubigen Sand zwischen den Gehwegplatten dicht am Bordstein wuchsen und unter
der nunmehr wochenlangen andauernden Hitze litten.
»Du musst ganz vorsichtig gießen, zuerst nur wenige Tropfen«, sagte Edgar, der die
allabendlich stattfindende Zeremonie anleitete und es sich dabei nicht nehmen ließ,
die Wichtigkeit seiner Worte mit bewusst platzierten Sprechpausen, in denen er kurz
innehielt, zu unterstreichen. Die Hierarchie zwischen den Brüdern war selbst in diesen
Momenten spürbar, sehr zum Leidwesen Alberts.
»Erst musst du den Boden öffnen, ihn bereit machen, damit er mehr Wasser aufnehmen
kann«, sagte Edgar und er begleitete dabei die Armbewegung seines jüngeren Bruders,
als wolle er seinen Worten Taten folgen lassen.

1 Die gezeigten Kolumnen sind im Flattersatz gesetzt und jeweils unterschiedlich breit, da die Zeilenlänge beim linksbündigen Satz einen großen Einfluss auf die Kenntlichmachung der Absätze und Abschnitte hat. In einer schmalen Kolumne können die Absätze ›untergehen‹, da unser Auge die Flatterzone als Gestaltungsprinzip erkennt – die kürzeren Zeilen eines Absatzes fallen im Wechselspiel aus kurzen und längeren Zeilen nicht weiter auf. Diese Tendenz wird in der breiten Kolumne abgeschwächt, da die Flatterzone relativ gesehen einen geringeren Anteil an der Zeilenbreite hat. Die Folgezeilen nach einem Absatz sind nicht eingezogen – wir bezeichnen das als ›stumpf‹. Die größere Zäsur – der Abschnitt – ist durch eine Leerzeile kenntlich gemacht. Die erste Zeile des folgenden Abschnitts ist ebenso stumpf gesetzt. Das Mittel der Leerzeile bietet sich für Absätze nicht an, da der Text – wenn er viele Absätze aufweist – sehr stark auseinandergerissen wird. Das macht einen flüssigen Lesevorgang und eine gute Gestaltung schwierig.

Hundstage

In jenem Sommer stand die Hitze bis weit nach Einbruch der Dunkelheit wie eine gleißende Wand vor den geschlossenen Fenstern des Hauses und ließ die schmalen Fugen aus Teer, die die Platten der wenig befahrenen Straße unten am Kanal verbanden, zu dünnen Rinnsalen aus einer zähen, klebrigen Masse werden.

Jeden Abend, mit dem ersten Gong der Tagesschau, trug Albert die schwere Gießkanne und einen gut befüllten 12-Liter-Eimer die Treppen hinunter. Er hinterließ dabei kleine Pfützen auf dem grünen Linoleum des Treppenhauses, die im fahlen Licht der Milchglasscheiben müde glänzten.

Sie waren der Aufforderung im Radio gefolgt. Nun gingen sie jeden Abend hinunter vors Haus, um die Straßenbäume zu wässern, die in ihren rechteckigen

Hundstage

In jenem Sommer stand die Hitze bis weit nach Einbruch der Dunkelheit wie eine gleißende Wand vor den geschlossenen Fenstern des Hauses und ließ die schmalen Fugen aus Teer, die die Platten der wenig befahrenen Straße unten am Kanal verbanden, zu dünnen Rinnsalen aus einer zähen, klebrigen Masse werden.

Jeden Abend, mit dem ersten Gong der Tagesschau, trug Albert die schwere Gießkanne und einen gut befüllten 12-Liter-Eimer die Treppen hinunter. Er hinterließ dabei kleine Pfützen auf dem grünen Linoleum des Treppenhauses, die im fahlen Licht der Milchglasscheiben müde glänzten.

Sie waren der Aufforderung im Radio gefolgt. Nun gingen sie jeden Abend hinunter vors Haus, um die Straßenbäume zu wässern, die in ihren rechteckigen Parzellen aus staubigen Sand zwischen den Gehwegplatten dicht am Bordstein wuchsen und unter der nunmehr wochenlangen andauernden Hitze litten.

»Du musst ganz vorsichtig gießen, zuerst nur wenige Tropfen«, sagte Edgar, der die allabendlich stattfindende Zeremonie anleitete und es sich dabei nicht nehmen ließ, die Wichtigkeit seiner Worte mit bewusst platzierten Sprechpausen, in denen er kurz innehielt, zu unterstreichen. Die Hierarchie zwischen den Brüdern war selbst in diesen Momenten spürbar, sehr zum Leidwesen Alberts.

»Erst musst du den Boden öffnen, ihn bereit machen, damit er mehr Wasser aufnehmen kann«, sagte Edgar und er begleitete dabei die Armbewegung seines jüngeren Bruders, als wolle er seinen Worten Taten folgen lassen.

2 Alle Folgezeilen – sowohl nach Absätzen und Abschnitten wie auch die erste Zeile am Kapitelanfang, sind um 5 mm eingezogen. Die Absätze in der schmalen Kolumne werden nunmehr besser sichtbar – das Satzbild aber wird unruhiger, da die glatte, linke Satzkante durch die Einzüge aufgebrochen wird. Folgen mehrere Absätze hintereinander, entsteht auch auf der linken Satzkante so etwas wie eine Flatterzone. Eine glatte Satzkante ist für den Lesevorgang im Allgemeinen und für den Rückschwung des Auges im Speziellen von hoher Wichtigkeit. Hier sind breite Kolumnen im Vorteil, da die längeren, horizontalen Zeilen das Satzbild beruhigen.

Hundstage

In jenem Sommer stand die Hitze bis weit nach Einbruch der Dunkelheit wie eine gleißende Wand vor den geschlossenen Fenstern des Hauses und ließ die schmalen Fugen aus Teer, die die Platten der wenig befahrenen Straße unten am Kanal verbanden, zu dünnen Rinnsalen aus einer zähen, klebrigen Masse werden.

Jeden Abend, mit dem ersten Gong der Tagesschau, trug Albert die schwere Gießkanne und einen gut befüllten 12-Liter-Eimer die Treppen hinunter. Er hinterließ dabei kleine Pfützen auf dem grünen Linoleum des Treppenhauses, die im fahlen Licht der Milchglasscheiben müde glänzten.

Sie waren der Aufforderung im Radio gefolgt. Nun gingen sie jeden Abend hinunter vors Haus, um die Straßenbäume zu wässern, die in ihren rechteckigen

Hundstage

In jenem Sommer stand die Hitze bis weit nach Einbruch der Dunkelheit wie eine gleißende Wand vor den geschlossenen Fenstern des Hauses und ließ die schmalen Fugen aus Teer, die die Platten der wenig befahrenen Straße unten am Kanal verbanden, zu dünnen Rinnsalen aus einer zähen, klebrigen Masse werden.

Jeden Abend, mit dem ersten Gong der Tagesschau, trug Albert die schwere Gießkanne und einen gut befüllten 12-Liter-Eimer die Treppen hinunter. Er hinterließ dabei kleine Pfützen auf dem grünen Linoleum des Treppenhauses, die im fahlen Licht der Milchglasscheiben müde glänzten.

Sie waren der Aufforderung im Radio gefolgt. Nun gingen sie jeden Abend hinunter vors Haus, um die Straßenbäume zu wässern, die in ihren rechteckigen Parzellen aus staubigen Sand zwischen den Gehwegplatten dicht am Bordstein wuchsen und unter der nunmehr wochenlangen andauernden Hitze litten.

»Du musst ganz vorsichtig gießen, zuerst nur wenige Tropfen«, sagte Edgar, der die allabendlich stattfindende Zeremonie anleitete und es sich dabei nicht nehmen ließ, die Wichtigkeit seiner Worte mit bewusst platzierten Sprechpausen, in denen er kurz innehielt, zu unterstreichen. Die Hierarchie zwischen den Brüdern war selbst in diesen Momenten spürbar, sehr zum Leidwesen Alberts.

»Erst musst du den Boden öffnen, ihn bereit machen, damit er mehr Wasser aufnehmen kann«, sagte Edgar und er begleitete dabei die Armbewegung seines jüngeren Bruders, als wolle er seinen Worten Taten folgen lassen.

3 Das Prinzip des Einzugs findet nur noch nach Absätzen statt – Abschnitte und Kapitelanfänge werden stumpf gesetzt. Diese Methode schafft klare und eindeutige Lösungen innerhalb der Kolumne, da der Einzug ausschließlich einer inhaltlichen Ausdrucksform vorbehalten ist. Nach Leerzeilen oder am Kapitelanfang – auch hier steht über der Zeile ein Weißraum – vertraut man der Wirkung des größeren Weißraums und verstärkt ihn nicht noch durch einen zusätzlichen Einzug am Zeilenanfang. Das beruhigt das Satzbild, insbesondere das der schmalen Kolumne, da die linke Satzkante weniger aufgebrochen wird.

Hundstage

In jenem Sommer stand die Hitze bis weit nach Einbruch der Dunkelheit wie eine gleißende Wand vor den geschlossenen Fenstern des Hauses und ließ die schmalen Fugen aus Teer, die die Platten der wenig befahrenen Straße unten am Kanal verbanden, zu dünnen Rinnsalen aus einer zähen, klebrigen Masse werden.
Jeden Abend, mit dem ersten Gong der Tagesschau, trug Albert die schwere Gießkanne und einen gut befüllten 12-Liter-Eimer die Treppen hinunter. Er hinterließ dabei kleine Pfützen auf dem grünen Linoleum des Treppenhauses, die im fahlen Licht der Milchglasscheiben müde glänzten.

Sie waren der Aufforderung im Radio gefolgt. Nun gingen sie jeden Abend hinunter vors Haus, um die Straßenbäume zu wässern, die in ihren rechteckigen Parzellen aus staubigen Sand zwischen den Gehwegplatten dicht am Bordstein wuchsen und unter der nunmehr wochenlangen andauerndn Hitze litten.
»Du musst ganz vorsichtig gießen, zuerst nur wenige Tropfen«, sagte Edgar, der die allabendlich stattfindende Zeremonie anleitete und es sich dabei nicht nehmen ließ, die Wichtigkeit seiner Worte mit bewusst platzierten Sprechpausen, in denen er kurz innehielt, zu unterstreichen. Die Hierarchie zwischen den Brüdern war selbst in diesen Momenten spürbar, sehr zum Leidwesen Alberts.
»Erst musst du den Boden öffnen, ihn bereit machen, damit er mehr Wasser aufnehmen kann«, sagte Edgar und er begleitete dabei die Armbewegung seines jüngeren Bruders, als wolle er seinen Worten Taten folgen lassen.

4 Es scheint, dass die Ruhe und Regelmäßigkeit der gezeigten Kolumne geradezu nach typografischen Lösungen verlangt, die das Satzbild um visuelle Akzente und strukturierende Elemente bereichert: Im ausgeschlossenen Satz ist das Vorhandensein zweier glatter, stabilisierender Satzkanten ein echter Katalysator für Lösungen, die das Satzbild optisch besser strukturieren. Nur bei sehr langen Ausgangszeilen besteht beim Blocksatz die Gefahr, sich nicht ausreichend als Absatz von den übrigen Zeilen abzugrenzen.

Hundstage

In jenem Sommer stand die Hitze bis weit nach Einbruch der Dunkelheit wie eine gleißende Wand vor den geschlossenen Fenstern des Hauses und ließ die schmalen Fugen aus Teer, die die Platten der wenig befahrenen Straße unten am Kanal verbanden, zu dünnen Rinnsalen aus einer zähen, klebrigen Masse werden.
Jeden Abend, mit dem ersten Gong der Tagesschau, trug Albert die schwere Gießkanne und einen gut befüllten 12-Liter-Eimer die Treppen hinunter. Er hinterließ dabei kleine Pfützen auf dem grünen Linoleum des Treppenhauses, die im fahlen Licht der Milchglasscheiben müde glänzten.

Sie waren der Aufforderung im Radio gefolgt. Nun gingen sie jeden Abend hinunter vors Haus, um die Straßenbäume zu wässern, die in ihren rechteckigen Parzellen aus staubigen Sand zwischen den Gehwegplatten dicht am Bordstein wuchsen und unter der nunmehr wochenlangen andauerndn Hitze litten.
»Du musst ganz vorsichtig gießen, zuerst nur wenige Tropfen«, sagte Edgar, der die allabendlich stattfindende Zeremonie anleitete und es sich dabei nicht nehmen ließ, die Wichtigkeit seiner Worte mit bewusst platzierten Sprechpausen, in denen er kurz innehielt, zu unterstreichen. Die Hierarchie zwischen den Brüdern war selbst in diesen Momenten spürbar, sehr zum Leidwesen Alberts.
»Erst musst du den Boden öffnen, ihn bereit machen, damit er mehr Wasser aufnehmen kann«, sagte Edgar und er begleitete dabei die Armbewegung seines jüngeren Bruders, als wolle er seinen Worten Taten folgen lassen.

5 Ein Einzug, der geringer ist als ein Geviert, wird nicht als solcher wahrgenommen – es könnte auch ein vergessenes oder versehentlich eingegebenes Leerzeichen sein. Der Einzug muss sich eindeutig von den Wortzwischenräumen absetzen. In den Leseschriftgraden haben sich Einzüge ab 3–4 mm als praktikabel bewiesen (ein Geviert in 9 pt entspricht 3,175 mm). Sie sollten sich klar von der Größe der Wortzwischenräume unterscheiden, die im Blocksatz bei schmalen Kolumnen sehr stark variieren können.

Hundstage

In jenem Sommer stand die Hitze bis weit nach Einbruch der Dunkelheit wie eine gleißende Wand vor den geschlossenen Fenstern des Hauses und ließ die schmalen Fugen aus Teer, die die Platten der wenig befahrenen Straße unten am Kanal verbanden, zu dünnen Rinnsalen aus einer zähen, klebrigen Masse werden.

Jeden Abend, mit dem ersten Gong der Tagesschau, trug Albert die schwere Gießkanne und einen gut befüllten 12-Liter-Eimer die Treppen hinunter. Er hinterließ dabei kleine Pfützen auf dem grünen Linoleum des Treppenhauses, die im fahlen Licht der Milchglasscheiben müde glänzten.

Sie waren der Aufforderung im Radio gefolgt. Nun gingen sie jeden Abend hinunter vors Haus, um die Straßenbäume zu wässern, die in ihren rechteckigen Parzellen aus staubigen Sand zwischen den Gehwegplatten dicht am Bordstein wuchsen und unter der nunmehr wochenlangen andauernden Hitze litten.

»Du musst ganz vorsichtig gießen, zuerst nur wenige Tropfen«, sagte Edgar, der die allabendlich stattfindende Zeremonie anleitete und es sich dabei nicht nehmen ließ, die Wichtigkeit seiner Worte mit bewusst platzierten Sprechpausen, in denen er kurz innehielt, zu unterstreichen. Die Hierarchie zwischen den Brüdern war selbst in diesen Momenten spürbar, sehr zum Leidwesen Alberts.

»Erst musst du den Boden öffnen, ihn bereit machen, damit er mehr Wasser aufnehmen kann«, sagte Edgar und er begleitete dabei die Armbewegung seines jüngeren Bruders, als wolle er seinen Worten Taten folgen lassen.

6 Der Einzug entspricht mit 7 mm etwas mehr als zwei Gevierten und ist damit ein gutes Stück größer als der Standard-Einzug. Ein solch deutlicher und ›scharfer‹ Einzug kann nur bei einer bestimmten Satzbreite zur Anwendung kommen und erfordert einen sorgfältigen Umbruch, der keine zu kurzen Ausgangszeilen erzeugt. Diese würden mit großen Einzügen optisch kollidieren und das Satzbild stören. Als Maß für eine optisch stabile Ausgangszeile kann ein Minimum von einem Drittel der Satzbreite angesehen werden – besser noch ist die Hälfte.

Sie waren der Aufforderung im Radio gefolgt. Nun gingen sie jeden Abend hinunter vors Haus, um die Bäume zu wässern, die in ihren rechteckigen Parzellen aus staubigen Sand zwischen den Gehwegplatten dicht am Bordstein wuchsen und unter der Hitze litten.

Du musst ganz vorsichtig gießen, zuerst nur wenige Tropfen, sagte Edgar, der die allabendlich stattfindende Zeremonie anleitete und es sich dabei nicht nehmen ließ, die Wichtigkeit seiner Worte mit bewusst platzierten Sprechpausen, in denen er kurz innehielt, zu unterstreichen.

7 Die Ausgangszeile ist kürzer als der folgende Einzug. Das kollidiert mit der Sozialisation der Lesetypografie: Die Einzüge funktionieren nur als betonende Weißräume, wenn sie ausreichend ›Schwarz‹ über sich wissen. Deshalb sollte die Ausgangszeile deutlich über die Größe des Einzugs hinausgehen, idealerweise ein Drittel oder die Hälfte der Zeile besetzen.

UMSETZUNG IN INDESIGN Einzüge können individuell in der Steuerungspalette oder in der Palette ›Absatz‹ unter ›Schrift und Tabellen‹ eingestellt werden. Das richtige Symbol zeigt durch einen Pfeil, dass lediglich die erste Zeile von dem einzugebenden Wert betroffen ist – optional können auch alle Zeilen eines Absatzes eingezogen werden. Wie immer in InDesign können die Eingaben in verschiedenen Einheiten gemacht werden; wer eine metrische Eingabe problematisch findet, weil ihm der Bezug zur Schriftgröße fehlt, kann in Punkt (›pt‹) einziehen und direkt den Wert von ein oder zwei Gevierten eintragen. Wichtig dabei ist, dass dann ohne Leerzeichen hintereinanderweg geschrieben wird – die Umrechnung in einen metrischen Wert durch InDesign erfolgt sofort. Für einen gut durchorganisierten Gestaltungsprozess empfiehlt es sich, die Einzüge bereits innerhalb eines Absatzformats einzurichten. Arbeitet man mit stumpfen und mit eingerückten Absätzen, werden entsprechend zwei baugleiche Absatzformate definiert – mit dem einzigen Unterschied, dass ein Format eine eingezogene erste Zeile hat.

Einzug und Überschrift

[→ Seite 350, 7.9 Die Buchtypografie, *Überschriften*]

Anders als stumpfe Anfangszeilen treten Einzüge am Beginn eines Textes in eine Interaktion mit der darüberstehenden Überschrift – sie können ihre exponierte Stellung relativieren oder aber unterstützen.

Hundstage

In jenem Sommer stand die Hitze bis weit nach Einbruch der Dunkelheit wie eine gleißende Wand vor den geschlossenen Fenstern des Hauses und ließ die schmalen Fugen aus Teer, die die Platten der wenig befahrenen Straße unten am Kanal verbanden, zu dünnen Rinnsalen aus einer zähen, klebrigen Masse werden.

Jeden Abend, mit dem ersten Gong der Tagesschau, trug Albert die schwere Gießkanne und einen gut befüllten 12-Liter-Eimer die Treppen hinunter. Er hinterließ dabei kleine Pfützen auf dem grünen Linoleum des Treppenhauses, die im fahlen Licht der Milchglasscheiben müde glänzten.

Sie waren der Aufforderung im Radio gefolgt. Nun gingen sie jeden Abend hinunter vors Haus, um die Straßenbäume zu wässern, die in ihren rechteckigen

8 **Linksbündige Überschriften werden in ihrer gliedernden Wirkung etwas geschwächt, da der folgende Einzug Aufmerksamkeit bindet, die jetzt nicht mehr vollumfänglich der Überschrift zuteil wird.**

Hundstage

In jenem Sommer stand die Hitze bis weit nach Einbruch der Dunkelheit wie eine gleißende Wand vor den geschlossenen Fenstern des Hauses und ließ die schmalen Fugen aus Teer, die die Platten der wenig befahrenen Straße unten am Kanal verbanden, zu dünnen Rinnsalen aus einer zähen, klebrigen Masse werden.

Jeden Abend, mit dem ersten Gong der Tagesschau, trug Albert die schwere Gießkanne und einen gut befüllten 12-Liter-Eimer die Treppen hinunter. Er hinterließ dabei kleine Pfützen auf dem grünen Linoleum des Treppenhauses, die im fahlen Licht der Milchglasscheiben müde glänzten.

Sie waren der Aufforderung im Radio gefolgt. Nun gingen sie jeden Abend hinunter vors Haus, um die Straßenbäume zu wässern, die in ihren rechteckigen Parzellen aus staubigen Sand zwischen den Gehwegplatten dicht am Bordstein wuchsen und unter der nunmehr wochenlangen andauernden Hitze litten.

»Du musst ganz vorsichtig gießen, zuerst nur wenige Tropfen«, sagte Edgar, der die allabendlich stattfindende Zeremonie anleitete und es sich dabei nicht nehmen ließ, die Wichtigkeit seiner Worte mit bewusst platzierten Sprechpausen, in denen er kurz innehielt, zu unterstreichen. Die Hierarchie zwischen den Brüdern war selbst in diesen Momenten spürbar, sehr zum Leidwesen Alberts.

»Erst musst du den Boden öffnen, ihn bereit machen, damit er mehr Wasser aufnehmen kann«, sagte Edgar und er begleitete dabei die Armbewegung seines jüngeren Bruders, als wolle er seinen Worten Taten folgen lassen.

9 **Wird die Überschrift eingerückt, erfährt sie eine Gleichstellung mit der ersten Zeile, da beide Ebenen optisch abgestimmt sind. Der Überschrift wird somit wieder mehr Aufmerksamkeit zuteil.**

Hundstage

In jenem Sommer stand die Hitze bis weit nach Einbruch der Dunkelheit wie eine gleißende Wand vor den geschlossenen Fenstern des Hauses und ließ die schmalen Fugen aus Teer, die die Platten der wenig befahrenen Straße unten am Kanal verbanden, zu dünnen Rinnsalen aus einer zähen, klebrigen Masse werden.

Jeden Abend, mit dem ersten Gong der Tagesschau, trug Albert die schwere Gießkanne und einen gut befüllten 12-Liter-Eimer die Treppen hinunter. Er hinterließ dabei kleine Pfützen auf dem grünen Linoleum des Treppenhauses, die im fahlen Licht der Milchglasscheiben müde glänzten.

Sie waren der Aufforderung im Radio gefolgt. Nun gingen sie jeden Abend hinunter vors Haus, um die Straßenbäume zu wässern, die in ihren rechteckigen

10 **Wird die Überschrift mittig über der Kolumne platziert, kann bei schmalen Kolumnen, die mit einer eingezogenen Zeile beginnen, eine unschöne Treppe entstehen, die sogar an der rechten Seite der Kolumne durch die Flatterzone weitergeführt wird.**

Hundstage

In jenem Sommer stand die Hitze bis weit nach Einbruch der Dunkelheit wie eine gleißende Wand vor den geschlossenen Fenstern des Hauses und ließ die schmalen Fugen aus Teer, die die Platten der wenig befahrenen Straße unten am Kanal verbanden, zu dünnen Rinnsalen aus einer zähen, klebrigen Masse werden.

Jeden Abend, mit dem ersten Gong der Tagesschau, trug Albert die schwere Gießkanne und einen gut befüllten 12-Liter-Eimer die Treppen hinunter. Er hinterließ dabei kleine Pfützen auf dem grünen Linoleum des Treppenhauses, die im fahlen Licht der Milchglasscheiben müde glänzten.

Sie waren der Aufforderung im Radio gefolgt. Nun gingen sie jeden Abend hinunter vors Haus, um die Straßenbäume zu wässern, die in ihren rechteckigen

11 **Die Tendenz zur Treppenbildung ist im Blocksatz durch die eingezogene Zeile nicht geringer geworden, aber die glatte linke Satzkante gleicht den Eindruck des Formsatzes etwas aus.**

Hundstage

In jenem Sommer stand die Hitze bis weit nach Einbruch der Dunkelheit wie eine gleißende Wand vor den geschlossenen Fenstern des Hauses und ließ die schmalen Fugen aus Teer, die die Platten der wenig befahrenen Straße unten am Kanal verbanden, zu dünnen Rinnsalen aus einer zähen, klebrigen Masse werden.

Jeden Abend, mit dem ersten Gong der Tagesschau, trug Albert die schwere Gießkanne und einen gut befüllten 12-Liter-Eimer die Treppen hinunter. Er hinterließ dabei kleine Pfützen auf dem grünen Linoleum des Treppenhauses, die im fahlen Licht der Milchglasscheiben müde glänzten.

Sie waren der Aufforderung im Radio gefolgt. Nun gingen sie jeden Abend hinunter vors Haus, um die Straßenbäume zu wässern, die in ihren rechteckigen

12 **Wirklich stabil steht die mittige Überschrift nur bei einer stumpfen ersten Zeile.**

Einzüge und Folgeseiten

Endet ein Absatz auf einer rechten Seite mit der letzten Zeile, entsteht eine kritische Situation bezüglich der korrekten Kenntlichmachung des folgenden Absatzes. Sind Absätze und Abschnitte jeweils mit einem Einzug ausgezeichnet, wird auf der Folgeseite nicht mehr ersichtlich sein, ob es sich um einen Absatz oder einen Abschnitt handelt, da die Leerzeile wegfällt. Das ist ein deutliches Argument für unterschiedliche typografische Lösungen zur Darstellung dieser beiden inhaltlichen Zäsuren. Eine weitere, in der Buchgestaltung sehr unterschiedlich gehandhabte Position ist die Kenntlichmachung des Absatzes mit einem Einzug, wenn dieser auf einer neuen Seite beginnt. Auch hierbei gilt: Selbst wenn das Umblättern bereits als Zäsur im Lesevorgang wirkt, ist es typografisch folgerichtig, die neue Seite mit einem Einzug starten zu lassen – für die Kenntlichmachung des Abschnitts sollten ohnehin typografische Stilmittel gewählt werden, die von der Lösung des Abschnitts abweichen, um im Sinne der Eindeutigkeit eine klare Lösung bereitzuhalten.

Typografische Unterstützung für Abschnitt, Absatz und Einzug

Hundstage

IN JENEM SOMMER stand die Hitze bis weit nach Einbruch der Dunkelheit wie eine gleißende Wand vor den geschlossenen Fenstern des Hauses und ließ die schmalen Fugen aus Teer, die die Platten der wenig befahrenen Straße unten am Kanal verbanden, zu dünnen Rinnsalen aus einer zähen, klebrigen Masse werden.

Jeden Abend, mit dem ersten Gong der Tagesschau, trug Albert die schwere Gießkanne und einen gut befüllten 12-Liter-Eimer die Treppen hinunter. Er hinterließ dabei kleine Pfützen auf dem grünen Linoleum des Treppenhauses, die im fahlen Licht der Milchglasscheiben müde glänzten.

SIE WAREN der Aufforderung im Radio gefolgt. Nun gingen sie jeden Abend hinunter vors Haus, um die Straßenbäume zu wässern, die in ihren rechteckigen Parzellen aus staubigen Sand zwischen den Gehwegplatten dicht am Bordstein wuchsen und unter der nunmehr wochenlangen andauernden Hitze litten.

»Du musst ganz vorsichtig gießen, zuerst nur wenige Tropfen«, sagte Edgar, der die allabendlich stattfindende Zeremonie anleitete und es sich dabei nicht nehmen ließ, die Wichtigkeit seiner Worte mit bewusst platzierten Sprechpausen, in denen er kurz innehielt, zu unterstreichen. Die Hierarchie zwischen den Brüdern war selbst in diesen

13 Die Absätze beginnen mit einem Einzug, die Abschnitte hingegen stumpf. Allerdings werden diese durch Kapitälchen hervorgehoben, die einen semantisch schlüssigen Teil des Satzes hervorheben. Die Kapitälchen haben einen nahezu identischen Grauwert wie die nachfolgende Schrift, sind aber durch die Reduzierung auf die Versalarchitektur eine Hervorhebung – und: Sie müssen gesperrt werden.

Hundstage

IN JENEM SOMMER stand die Hitze bis weit nach Einbruch der Dunkelheit wie eine gleißende Wand vor den geschlossenen Fenstern des Hauses und ließ die schmalen Fugen aus Teer, die die Platten der wenig befahrenen Straße unten am Kanal verbanden, zu dünnen Rinnsalen aus einer zähen, klebrigen Masse werden.

Jeden Abend, mit dem ersten Gong der Tagesschau, trug Albert die schwere Gießkanne und einen gut befüllten 12-Liter-Eimer die Treppen hinunter.

SIE WAREN der Aufforderung im Radio gefolgt. Nun gingen sie jeden Abend hinunter vors Haus, um die Straßenbäume zu wässern, die in ihren rechteckigen

14 Gefettete Kapitälchen sind in ihrer Erscheinung zu dominant und wirken besonders in schmalen Kolumnen fast wie hervorgehobene Schlag- oder Stichworte. Das schafft optisch zu abgeschlossene Einheiten, was inhaltlich und typografisch nicht anzustreben ist.

Hundstage

IN JENEM SOMMER stand die Hitze bis weit nach Einbruch der Dunkelheit wie eine gleißende Wand vor den geschlossenen Fenstern des Hauses und ließ die schmalen Fugen aus Teer, die die Platten der wenig befahrenen Straße unten am Kanal verbanden, zu dünnen Rinnsalen aus einer zähen, klebrigen Masse werden.

Jeden Abend, mit dem ersten Gong der Tagesschau, trug Albert die schwere Gießkanne und einen gut befüllten 12-Liter-Eimer die Treppen hinunter. Er hinterließ dabei kleine Pfützen auf dem grünen Linoleum des Treppenhauses, die im fahlen Licht der Milchglasscheiben müde glänzten.

SIE WAREN der Aufforderung im Radio gefolgt. Nun gingen sie jeden Abend hinunter vors Haus, um die Straßenbäume zu wässern, die in ihren rechteckigen Parzellen aus staubigen Sand zwischen den Gehwegplatten dicht am Bordstein wuchsen und unter der nunmehr wochenlangen andauernden Hitze litten.

»Du musst ganz vorsichtig gießen, zuerst nur wenige Tropfen«, sagte Edgar, der die allabendlich stattfindende Zeremonie anleitete und es sich dabei nicht nehmen ließ, die Wichtigkeit seiner Worte mit bewusst platzierten Sprechpausen, in denen er kurz innehielt, zu unterstreichen. Die Hierarchie zwischen den Brüdern war selbst in diesen

15 Die Kapitälchen sind aus einer anderen Schrift gesetzt. Das steigert die typografische Tiefe, aber auch die Zäsur im Schriftbild. Wenn längere Abschnitte vorliegen, kann diese Lösung sehr gut funktionieren – allerdings kann eine zu dichte Folge dieser Auszeichnung die Abschnitte zu stark isolieren und als kurze Einheiten markieren.

HUNDSTAGE

IN JENEM SOMMER stand die Hitze bis weit nach Einbruch der Dunkelheit wie eine gleißende Wand vor den geschlossenen Fenstern des Hauses und ließ die schmalen Fugen aus Teer, die die Platten der wenig befahrenen Straße unten am Kanal verbanden, zu dünnen Rinnsalen aus einer zähen, klebrigen Masse werden.

Jeden Abend, mit dem ersten Gong der Tagesschau, trug Albert die schwere Gießkanne und einen gut befüllten 12-Liter-Eimer die Treppen hinunter.

SIE WAREN der Aufforderung im Radio gefolgt. Nun gingen sie jeden Abend hinunter vors Haus, um die Straßenbäume zu wässern, die in ihren rechteckigen

16 In der Kolumne ist die Wirkung der Kapitälchen aus einer komplementären Schrift dominanter, da sie relativ zur Zeilenbreite mehr Raum einnehmen. Dann sollte inhaltlich geklärt sein, ob die Textart diese Zäsur zulässt oder ob sie zu stark ist.

Hundstage

In jenem Sommer stand die Hitze bis weit nach Einbruch der Dunkelheit wie eine gleißende Wand vor den geschlossenen Fenstern des Hauses und ließ die schmalen Fugen aus Teer, die die Platten der wenig befahrenen Straße unten am Kanal verbanden, zu dünnen Rinnsalen aus einer zähen, klebrigen Masse werden.

Jeden Abend, mit dem ersten Gong der Tagesschau, trug Albert die schwere Gießkanne und einen gut befüllten 12-Liter-Eimer die Treppen hinunter. Er hinterließ dabei kleine Pfützen auf dem grünen Linoleum des Treppenhauses, die im fahlen Licht der Milchglasscheiben müde glänzten.

Sie waren der Aufforderung im Radio gefolgt. Nun gingen sie jeden Abend hinunter vors Haus, um die Straßenbäume zu wässern, die in ihren rechteckigen Parzellen aus staubigen Sand zwischen den Gehwegplatten dicht am Bordstein wuchsen und unter der nunmehr wochenlangen andauernden Hitze litten.

»Du musst ganz vorsichtig gießen, zuerst nur wenige Tropfen«, sagte Edgar, der die allabendlich stattfindende Zeremonie anleitete und es sich dabei nicht nehmen ließ, die Wichtigkeit seiner Worte mit bewusst platzierten Sprechpausen, in denen er kurz innehielt, zu unterstreichen. Die Hierarchie zwischen den Brüdern war selbst in diesen Momenten spürbar, sehr zum Leidwesen Alberts.

»Erst musst du den Boden öffnen, ihn bereit machen, damit er mehr Wasser aufnehmen kann«, sagte Edgar und er begleitete dabei die Bewegung des Arms seines jüngeren Bruders, um seinen Worten Taten folgen zu lassen.

17 Anders als die Auszeichnung über Kapitälchen ist das Initial am Anfang eines neuen Abschnitts deutlich offensiver. Ursprünglich aus den Handschriften des Mittelalters kommend, hat sich das Initial über die Jahrhunderte zu einem nach wie vor sehr verbreiteten Schmuckelement emanzipiert, das – der Name sagt es bereits – einen Anfang markiert. Es gibt keine Vorgabe, über wieviele Zeilen sich ein Initial erstrecken darf. Die gezeigte Lösung über zwei Zeilen besitzt eine deutlich höhere Masse als die Laufschrift und überstrahlt die Überschrift, was inhaltlich und optisch schwierig ist. Die gelungene Integration des Initials ins Satzbild erfordert ein gesundes Augenmaß, da der größere Buchstabe auch eine größere Nachbreite hat und einen großen Abstand zum folgenden und sehr viel kleineren Buchstaben aufweist.

Hundstage

In jenem Sommer stand die Hitze bis weit nach Einbruch der Dunkelheit wie eine gleißende Wand vor den geschlossenen Fenstern des Hauses und ließ die schmalen Fugen aus Teer, die die Platten der wenig befahrenen Straße unten am Kanal verbanden, zu dünnen Rinnsalen aus einer zähen, klebrigen Masse werden.

Jeden Abend, mit dem ersten Gong der Tagesschau, trug Albert die schwere Gießkanne und einen gut befüllten 12-Liter-Eimer die Treppen hinunter. Er hinterließ dabei kleine Pfützen auf dem grünen Linoleum des Treppenhauses, die im fahlen Licht der Milchglasscheiben müde glänzten.

Sie waren der Aufforderung im Radio gefolgt. Nun gingen sie jeden Abend hinunter vors Haus, um die Straßenbäume zu wässern, die in ihren rechteckigen

18 Die Größe des Initials muss mit der Breite der Zeile, bzw. der Kolumne abgestimmt sein – zu schmale Kolumnen vertragen keine ›ausladenden‹ Schmuckbuchstaben. Im gezeigten Beispiel ist die Größe des Initials auf der gleichen Schriftgrundlinie abbildbar und die Masse entsprechend kleiner als im vorigen Beispiel (17).

Varianten zum Einzug

Die Typografie darf neue Wege gehen, um spezifische Situationen grafisch kenntlich zu machen. Folgen wir der Maxime, inhaltlich schlüssig zu gestalten, gibt es zu den bereits gezeigten Lösungen für Absätze und Abschnitte weitere kluge Alternativen.

Hundstage

In jenem Sommer stand die Hitze bis weit nach Einbruch der Dunkelheit wie eine gleißende Wand vor den geschlossenen Fenstern des Hauses und ließ die schmalen Fugen aus Teer, die die Platten der wenig befahrenen Straße unten am Kanal verbanden, zu dünnen Rinnsalen aus einer zähen, klebrigen Masse werden.

Jeden Abend, mit dem ersten Gong der Tagesschau, trug Albert die schwere Gießkanne und einen gut befüllten 12-Liter-Eimer die Treppen hinunter. Er hinterließ dabei kleine Pfützen auf dem grünen Linoleum des Treppenhauses, die im fahlen Licht der Milchglasscheiben müde glänzten.

Sie waren der Aufforderung im Radio gefolgt. Nun gingen sie jeden Abend hinunter vors Haus, um die Straßenbäume zu wässern, die in ihren rechteckigen Parzellen aus staubigen Sand zwischen den Gehwegplatten dicht am Bordstein wuchsen und unter der nunmehr wochenlangen andauernden Hitze litten.

»Du musst ganz vorsichtig gießen, zuerst nur wenige Tropfen«, sagte Edgar, der die allabendlich stattfindende Zeremonie anleitete und es sich dabei nicht nehmen ließ, die Wichtigkeit seiner Worte mit bewusst platzierten Sprechpausen, in denen er kurz innehielt, zu unterstreichen. Die Hierarchie zwischen den Brüdern war selbst in diesen Momenten spürbar, sehr zum Leidwesen Alberts.

»Erst musst du den Boden öffnen, ihn bereit machen, damit er mehr Wasser aufnehmen kann«, sagte Edgar und er begleitete dabei die Armbewegung seines jüngeren Bruders, als wolle er seinen Worten Taten folgen lassen.

Die herausgezogene Zeile

19 Wird die Anfangszeile aus der Kolumne herausgestellt, ist das gewissermaßen die invertierte Lösung zum Einzug. Im gezeigten Beispiel werden Absätze und Abschnitte gleichermaßen herausgezogen – wir würden nach einem Seitenumbruch durch die fehlende Leerzeile also nicht mehr den Unterschied erkennen. Die breite Kolumne schafft es, das größere Gewicht auf der linken Seite zu kompensieren und die Kolumne nicht ›kippen‹ zu lassen.

Hundstage

In jenem Sommer stand die Hitze bis weit nach Einbruch der Dunkelheit wie eine gleißende Wand vor den geschlossenen Fenstern des Hauses und ließ die schmalen Fugen aus Teer, die die Platten der wenig befahrenen Straße unten am Kanal verbanden, zu dünnen Rinnsalen aus einer zähen, klebrigen Masse werden.

Jeden Abend, mit dem ersten Gong der Tagesschau, trug Albert die schwere Gießkanne und einen gut befüllten 12-Liter-Eimer die Treppen hinunter. Er hinterließ dabei kleine Pfützen auf dem grünen Linoleum des Treppenhauses, die im fahlen Licht der Milchglasscheiben müde glänzten.

Sie waren der Aufforderung im Radio gefolgt. Nun gingen sie jeden Abend hinunter vors Haus, um die Straßenbäume zu wässern, die in und um ihren recht-

20 Derselbe inhaltliche Ansatz im Umgang mit der herausgezogenen Zeile – mit dem Unterschied, dass die schmale Kolumne das Übergewicht auf der linken Seite nicht vollständig ausgleichen kann. Hier ›kippt‹ die Kolumne.

Hundstage

In jenem Sommer stand die Hitze bis weit nach Einbruch der Dunkelheit wie eine gleißende Wand vor den geschlossenen Fenstern und ließ die schmalen Fugen aus Teer zu dünnen Rinnsalen aus einer zähen, klebrigen Masse werden.

Jeden Abend, mit dem ersten Gong der Tagesschau, trug Albert die schwere Gießkanne und einen gut befüllten 12-Liter-Eimer die Treppen hinunter. Er hinterließ dabei kleine Pfützen auf dem grünen Linoleum des Treppenhauses, die im fahlen Licht der Milchglasscheiben müde glänzten.

Sie waren der Aufforderung im Radio gefolgt. Nun gingen sie jeden Abend hinunter vors Haus, um die Straßenbäume zu wässern, die in ihren rechteckigen Parzellen aus staubigen Sand zwischen den Gehwegplatten dicht am Bordstein wuchsen und unter der nunmehr wochenlangen andauernden Hitze litten.

»Du musst ganz vorsichtig gießen, zuerst nur wenige Tropfen«, sagte Edgar, der die allabendlich stattfindende Zeremonie anleitete und es sich dabei nicht nehmen ließ, die Wichtigkeit seiner Worte mit bewusst platzierten Sprechpausen, in denen er kurz innehielt, zu unterstreichen. Die Hierarchie zwischen den Brüdern war selbst in diesen Momenten spürbar, sehr zum Leidwesen Alberts.

»Erst musst du den Boden öffnen, ihn bereit machen, damit er mehr Wasser aufnehmen kann«, sagte Edgar und er begleitete dabei die Armbewegung seines kleinen Bruders.

21 Das Abbilden unterschiedlicher Lösungen für Absatz und Abschnitt – herausgezogen und stumpf – schafft größere Klarheit im Satzbild. Die Absätze grafisch hervorzuheben ist schlüssig, da die Absätze sonst – besonders bei langen Ausgangszeilen – nicht gut zu erkennen wären.

Hundstage

In jenem Sommer stand die Hitze bis weit nach Einbruch der Dunkelheit wie eine gleißende Wand vor den geschlossenen Fenstern und ließ die schmalen Fugen aus Teer, die die Platten der wenig befahrenen Straßen verbanden, zu dünnen Rinnsalen aus einer zähen, klebrigen Masse werden.

Jeden Abend, mit dem ersten Gong der Tagesschau, trug Albert die schwere Gießkanne und einen gut befüllten 12-Liter-Eimer die Treppen hinunter. Er hinterließ dabei kleine Pfützen auf dem grünen Linoleum des Treppenhauses.

Sie waren der Aufforderung im Radio gefolgt. Nun gingen sie jeden Abend hinunter vors Haus, um die Straßen-

22 Bei längeren Absätzen in schmalen Kolumnen und somit weniger herausgezogenen Zeilen erschließt sich das Prinzip nicht vollständig.

Hundstage

In jenem Sommer stand die Hitze bis weit nach Einbruch der Dunkelheit wie eine gleißende Wand vor den geschlossenen Fenstern und ließ die schmalen Fugen aus Teer zu dünnen Rinnsalen aus einer zähen, klebrigen Masse werden.

Jeden Abend, mit dem ersten Gong der Tagesschau, trug Albert die schwere Gießkanne und einen gut befüllten 12-Liter-Eimer die Treppen hinunter. Er hinterließ dabei kleine Pfützen auf dem grünen Linoleum des Treppenhauses, die im fahlen Licht der Milchglasscheiben müde glänzten.

Sie waren der Aufforderung im Radio gefolgt. Nun gingen sie abends hinunter vors Haus, um die Straßenbäume zu wässern, die in ihren rechteckigen Parzellen aus staubigen Sand zwischen den Gehwegplatten dicht am Bordstein wuchsen.

»Du musst ganz vorsichtig gießen, zuerst nur wenige Tropfen«, sagte Edgar, der die allabendlich stattfindende Zeremonie anleitete und es sich dabei nicht nehmen ließ, die Wichtigkeit seiner Worte mit bewusst platzierten Sprechpausen, in denen er kurz innehielt, zu unterstreichen. Die Hierarchie zwischen den Brüdern war selbst in diesen Momenten spürbar, sehr zum Leidwesen Alberts.

»Erst musst du den Boden öffnen, ihn bereit machen, damit er mehr Wasser aufnehmen kann«, sagte Edgar und er begleitete dabei die Armbewegung seines kleinen Bruders,

23 Die breite Kolumne kann trotz einer ausgeprägten Flatterzone die herausgezogenen Zeilen sehr gut auffangen. Es sind immer noch genug Zeilen links so angeordnet, dass eine optisch glatte Satzkante besteht.

Hundstage

In jenem Sommer stand die Hitze bis weit nach Einbruch der Dunkelheit wie eine gleißende Wand vor den geschlossenen Fenstern und ließ die schmalen Fugen aus Teer zu dünnen Rinnsalen aus einer zähen, klebrigen Masse werden.

Jeden Abend, mit dem ersten Gong der Tagesschau, trug Albert die schwere Gießkanne und einen gut befüllten 12-Liter-Eimer die Treppen hinunter. Er hinterließ dabei kleine Pfützen auf dem grünen Linoleum des Treppenhauses.

Sie waren der Aufforderung im Radio gefolgt. Nun gingen sie jeden Abend hinunter vors Haus, um die Straßen-

24 In der schmalen Kolumne ist die Flatterzone relativ zur Satzbreite größer – entsprechend unruhig wird das Satzbild: Die Kolumne ›kippt‹.

Hundstage

In jenem Sommer stand die Hitze bis weit nach Einbruch der Dunkelheit wie eine gleißende Wand vor den geschlossenen Fenstern des Hauses und ließ die schmalen Fugen aus Teer, die die Platten der wenig befahrenen Straße unten am Kanal verbanden, zu dünnen Rinnsalen aus einer zähen, klebrigen Masse werden. Jeden Abend, mit dem ersten Gong der Tagesschau, trug Albert die schwere Gießkanne und einen gut befüllten 12-Liter-Eimer die Treppen hinunter. Er hinterließ dabei kleine Pfützen auf dem grünen Linoleum des Treppenhauses, die im fahlen Licht der Milchglasscheiben müde glänzten.

Sie waren der Aufforderung im Radio gefolgt. Nun gingen sie jeden Abend hinunter vors Haus, um die Straßenbäume zu wässern, die in ihren rechteckigen Parzellen aus staubigen Sand zwischen den Gehwegplatten dicht am Bordstein wuchsen und unter der nunmehr wochenlangen andauernden Hitze litten. »Du musst ganz vorsichtig gießen, zuerst nur wenige Tropfen«, sagte Edgar, der die allabendlich stattfindende Zeremonie anleitete und es sich dabei nicht nehmen ließ, die Wichtigkeit seiner Worte mit bewusst platzierten Sprechpausen, in denen er kurz innehielt, zu unterstreichen. Die Hierarchie zwischen den Brüdern war selbst in diesen Momenten spürbar, sehr zum Leidwesen Alberts. »Erst musst du den Boden öffnen, ihn bereit machen, damit er mehr Wasser aufnehmen kann«, sagte Edgar und er begleitete dabei die Bewegung des Arms seines jüngeren Bruders, um seinen Worten Taten folgen zu lassen.

Hundstage

In jenem Sommer stand die Hitze bis weit nach Einbruch der Dunkelheit wie eine gleißende Wand vor den geschlossenen Fenstern des Hauses und ließ die schmalen Fugen aus Teer, die die Platten der wenig befahrenen Straße unten am Kanal verbanden, zu dünnen Rinnsalen aus einer zähen, klebrigen Masse werden. Jeden Abend, mit dem ersten Gong der Tagesschau, trug Albert die schwere Gießkanne und einen gut befüllten 12-Liter-Eimer die Treppen hinunter. Er hinterließ dabei kleine Pfützen auf dem grünen Linoleum des Treppenhauses, die im fahlen Licht der Milchglasscheiben müde glänzten.

Sie waren der Aufforderung im Radio gefolgt. Nun gingen sie jeden Abend hinunter vors Haus, um die Straßenbäume zu wässern, die in ihren rechteckigen Parzellen aus staubigen Sand zwischen

Festabstände als Alternative zum Umbruch

25 Statt eines Umbruchs folgt nach dem Absatz ein Festabstand von zwei Gevierten – der folgende Absatz beginnt noch in der gleichen Zeile. Ist die Flatterzone großzügig bemessen, tritt der Festabstand optisch in Konkurrenz zu den Weißräumen nach kürzeren Zeilen, die in die Kolumne hineinragen.

26 Je geringer die Zeilenbreite ist, desto größer wird die Wahrscheinlichkeit, dass zu kurze Satzteile – vielleicht sogar nur ein Wort – am Zeilenende stehen, da die Ausgangszeile zu lang ist.

Hundstage

In jenem Sommer stand die Hitze bis weit nach Einbruch der Dunkelheit wie eine gleißende Wand vor den geschlossenen Fenstern des Hauses und ließ die schmalen Fugen aus Teer, die die Platten der wenig befahrenen Straße unten am Kanal verbanden, zu dünnen Rinnsalen aus einer zähen, klebrigen Masse werden. **J**eden Abend, mit dem ersten Gong der Tagesschau, trug Albert die schwere Gießkanne und einen gut befüllten 12-Liter-Eimer die Treppen hinunter. Er hinterließ dabei kleine Pfützen auf dem grünen Linoleum des Treppenhauses, die im fahlen Licht der Milchglasscheiben müde glänzten.

Sie waren der Aufforderung im Radio gefolgt. Nun gingen sie jeden Abend hinunter vors Haus, um die Straßenbäume zu wässern, die in ihren rechteckigen Parzellen aus staubigen Sand zwischen den Gehwegplatten dicht am Bordstein wuchsen und unter der nunmehr wochenlangen andauernden Hitze litten. **»D**u musst ganz vorsichtig gießen, zuerst nur wenige Tropfen«, sagte Edgar, der die allabendlich stattfindende Zeremonie anleitete und es sich dabei nicht nehmen ließ, die Wichtigkeit seiner Worte mit bewusst platzierten Sprechpausen, in denen er kurz innehielt, zu unterstreichen. Die Hierarchie zwischen den Brüdern war selbst in diesen Momenten spürbar, sehr zum Leidwesen Alberts. **»E**rst musst du den Boden öffnen, ihn bereit machen, damit er mehr Wasser aufnehmen kann«, sagte Edgar und er begleitete dabei die Bewegung des Arms seines jüngeren Bruders, um seinen Worten Taten folgen zu lassen.

Hundstage

In jenem Sommer stand die Hitze bis weit nach Einbruch der Dunkelheit wie eine gleißende Wand vor den geschlossenen Fenstern des Hauses und ließ die schmalen Fugen aus Teer, die die Platten der wenig befahrenen Straße unten am Kanal verbanden, zu dünnen Rinnsalen aus einer zähen, klebrigen Masse werden. **J**eden Abend, mit dem ersten Gong der Tagesschau, trug Albert die schwere Gießkanne und einen gut befüllten 12-Liter-Eimer die Treppen hinunter. Er hinterließ dabei kleine Pfützen auf dem grünen Linoleum des Treppenhauses, die im fahlen Licht der Milchglasscheiben müde glänzten.

Sie waren der Aufforderung im Radio gefolgt. Nun gingen sie jeden Abend hinunter vors Haus, um die Straßenbäume zu wässern, die in ihren rechteckigen Parzellen aus staubigen Sand zwischen

27 Ein Mehr an Eindeutigkeit und typografischer Raffinesse schafft die Auszeichnung des ersten Buchstabens eines neuen Absatzes. Die massive Erhöhung des Grauwerts – hier durch einen fetten Schriftschnitt – hat eine signalhafte Wirkung.

28 Leichte Verbesserung der Situation – das isoliert stehende Wort bekommt jetzt einen eindeutigen Status zugewiesen und wirkt nicht wie ein Satzfehler.

Hundstage

In jenem Sommer stand die Hitze bis weit nach Einbruch der Dunkelheit wie eine gleißende Wand vor den geschlossenen Fenstern des Hauses und ließ die schmalen Fugen aus Teer, die die Platten der wenig befahrenen Straße unten am Kanal verbanden, zu dünnen Rinnsalen aus einer zähen, klebrigen Masse werden. **J**eden Abend, mit dem ersten Gong der Tagesschau, trug Albert die schwere Gießkanne und einen gut befüllten 12-Liter-Eimer die Treppen hinunter. Er hinterließ dabei kleine Pfützen auf dem grünen Linoleum des Treppenhauses, die im fahlen Licht der Milchglasscheiben müde glänzten.

Sie waren der Aufforderung im Radio gefolgt. Nun gingen sie jeden Abend hinunter vors Haus, um die Straßenbäume zu wässern, die in ihren rechteckigen Parzellen aus staubigen Sand zwischen den Gehwegplatten dicht am Bordstein wuchsen und unter der nur mehr wochenlangen andauernden Hitze litten. »**D**u musst ganz vorsichtig gießen, zuerst nur wenige Tropfen«, sagte Edgar, der die allabendlich stattfindende Zeremonie anleitete und es sich dabei nicht nehmen ließ, die Wichtigkeit seiner Worte mit bewusst platzierten Sprechpausen, in denen er kurz innehielt, zu unterstreichen. Die Hierarchie zwischen den Brüdern war selbst in diesen Momenten spürbar, sehr zum Leidwesen Alberts. »**E**rst musst du den Boden öffnen, ihn bereit machen, damit er mehr Wasser aufnehmen kann«, sagte Edgar und er begleitete dabei die Armbewegung seines jüngeren Bruders, als wolle er seinen Worten Taten folgen lassen.

Hundstage

In jenem Sommer stand die Hitze bis weit nach Einbruch der Dunkelheit wie eine gleißende Wand vor den geschlossenen Fenstern des Hauses und ließ die schmalen Fugen aus Teer, die die Platten der wenig befahrenen Straße unten am Kanal verbanden, zu dünnen Rinnsalen aus einer zähen, klebrigen Masse werden. **J**eden Abend, mit dem ersten Gong der Tagesschau, trug Albert die schwere Gießkanne und einen gut befüllten 12-Liter-Eimer die Treppen hinunter. Er hinterließ dabei kleine Pfützen auf dem grünen Linoleum des Treppenhauses, die im fahlen Licht der Milchglasscheiben müde glänzten.

Sie waren der Aufforderung im Radio gefolgt. Nun gingen sie jeden Abend hinunter vors Haus, um die Straßenbäume zu wässern, die in ihren rechteckigen Parzellen aus

29 Optimale Bedingung für diese Lösung, da mit den beiden glatten Satzkanten die ›Unruhe‹ der Flatterzone fehlt. Der Weißraum kann seiner Funktion als Zäsur zweier Gedanken besser nachkommen.
Was passiert, wenn die Ausgangszeile bereits voll ist? Dann folgt ein Einzug der nächsten Zeile in der Größe des Festabstands.

30 Selbst in einer schmalen Kolumne greift diese Lösung dank des Blocksatzes, auch wenn die Gefahr der zu langen Ausgangszeile nach wie vor besteht.

Hundstage

In jenem Sommer stand die Hitze bis weit nach Einbruch der Dunkelheit wie eine gleißende Wand vor den geschlossenen Fenstern des Hauses und ließ die schmalen Fugen aus Teer, die die Platten der wenig befahrenen Straße unten am Kanal verbanden, zu dünnen Rinnsalen aus einer zähen, klebrigen Masse werden.

Jeden Abend, mit dem ersten Gong der Tagesschau, trug Albert die schwere Gießkanne und einen gut befüllten 12-Liter-Eimer die Treppen hinunter. Er hinterließ dabei kleine Pfützen auf dem grünen Linoleum des Treppenhauses, die im fahlen Licht der Milchglasscheiben müde glänzten.

Sie waren der Aufforderung im Radio gefolgt. Nun gingen sie jeden Abend hinunter vors Haus, um die Straßenbäume zu wässern, die in ihren rechteckigen Parzellen aus staubigen Sand zwischen den Gehwegplatten dicht am Bordstein wuchsen und unter der nunmehr wochenlangen andauernden Hitze litten.

»Du musst ganz vorsichtig gießen, zuerst nur wenige Tropfen«, sagte Edgar, der die allabendlich stattfindende Zeremonie anleitete und es sich dabei nicht nehmen ließ, die Wichtigkeit seiner Worte mit bewusst platzierten Sprechpausen, in denen er kurz innehielt, zu unterstreichen. Die Hierarchie zwischen den Brüdern war selbst in diesen Momenten spürbar, sehr zum Leidwesen Alberts.

Abstimmung der Anfangszeile mit der Ausgangszeile

31 Die Folgezeile des neuen Absatzes beginnt exakt dort, wo die darüber stehende Ausgangszeile aufhört. Satzzeichen haben nicht genug Masse, um eine optisch stabile Kante zu formen, deshalb müssen immer die Buchstaben aneinander ausgerichtet sein. Bei sehr langen und bei sehr kurzen Ausgangszeilen kann ein Einzug in der Folgezeile entstehen, der optisch dem Weißraum einer Leerzeile in nichts nachsteht.

Hundstage

In jenem Sommer stand die Hitze bis weit nach Einbruch der Dunkelheit wie eine gleißende Wand vor den geschlossenen Fenstern des Hauses und ließ die schmalen Fugen aus Teer, die die Platten der wenig befahrenen Straße unten am Kanal verban-den, zu dünnen Rinnsalen aus einer zähen, klebrigen Masse werden.

Jeden Abend, mit dem ersten Gong der Tagesschau, trug Albert die schwere Gießkanne und einen gut befüllten 12-Liter-Eimer die Treppen hinunter.

Sie waren der Aufforderung im Radio gefolgt. Nun gingen sie jeden Abend hin-unter vors Haus, um die Straßenbäume zu wässern, die in ihren rechteckigen Parzellen aus staubigen Sand zwischen

32 Durch die geringe Zeilenbreite kann bei vielen Absätzen das Satzbild nach-teilig zersiedelt werden. Dann fehlt der Kolumne die Geschlossenheit, was dem Lesevorgang und der Komposition nicht zuträglich ist.

Hundstage

In jenem Sommer stand die Hitze bis weit nach Einbruch der Dunkelheit wie eine gleißende Wand vor den geschlossenen Fenstern des Hauses und ließ die schmalen Fugen aus Teer, die die Platten der wenig befahrenen Straße unten am Kanal verbanden, zu dünnen Rinnsalen aus einer zähen, klebrigen Masse werden.

Jeden Abend, mit dem ersten Gong der Tagesschau, trug Albert die schwere Gießkanne und einen gut befüllten 12-Liter-Eimer die Treppen hinunter. Er hinterließ dabei kleine Pfützen auf dem grünen Linoleum des Treppenhauses, die im fahlen Licht der Milchglasscheiben müde glänzten.

Sie waren der Aufforderung im Radio gefolgt. Nun gingen sie jeden Abend hinunter vors Haus, um die Straßenbäume zu wässern, die in ihren rechteckigen Parzellen aus staubigen Sand zwischen den Gehwegplatten dicht am Bordstein wuchsen und unter der nunmehr wochenlangen andauernden Hitze litten.

»Du musst ganz vorsichtig gießen, zuerst nur wenige Tropfen«, sagte Edgar, der die allabendlich stattfindende Zeremonie anleitete und es sich dabei nicht nehmen ließ, die Wichtigkeit seiner Worte mit bewusst platzierten Sprechpausen, in denen er kurz innehielt, zu unterstreichen. Die Hierarchie zwischen den Brüdern war selbst in diesen Momenten spürbar, sehr zum Leidwesen Alberts.

33 Im Blocksatz kann sich der individuelle Einzug optisch noch stärker profilieren, da ihm keine ›Konkurrenz‹ durch die Flatterzone den Rang streitig macht. Allerdings haben wir hier die Situation, dass eine volle Ausgangszeile eines Abschnitts selbigen von einem Absatz nicht mehr ausreichend abgrenzt. Würde nun statt der hier vorkommenden Leerzeile (Abschnitt) ein neuer Absatz folgen, müsste dafür eine Lösung her. Am schlüssigsten wäre ein Einzug, der deutlich größer ist als ein Geviert.

Hundstage

In jenem Sommer stand die Hitze bis weit nach Einbruch der Dunkelheit wie eine gleißende Wand vor den geschlossenen Fenstern des Hauses und ließ die schmalen Fugen aus Teer, die die Platten der wenig befahrenen Straße unten am Kanal verban-den, zu dünnen Rinnsalen aus einer zähen, klebrigen Masse werden.

Jeden Abend, mit dem ersten Gong der Tagesschau, trug Al-bert die schwere Gießkanne und einen gut befüllten 12-Liter-Eimer die Treppen hin-unter.

Sie waren der Aufforderung im Radio ge-folgt. Nun gingen sie jeden Abend hinunter vors Haus, um die Straßenbäume zu wäs-sern, die in und um ihre rechteckigen Par-

34 Die schmale Blocksatzkolumne hat Löcher im Satzbild – bei ca. 50 Anschlä-gen pro Zeile reichen die vier bis fünf WZR nicht aus, um ein ruhiges Satzbild aufzubauen. Das Ausrichten der Anfangs-zeile an der darüberstehenden Ausgangs-zeile ist dann überdies kein Stabilisator für ein ruhiges Satzbild.

Hundstage

In jenem Sommer stand die Hitze bis weit nach Einbruch der Dunkelheit wie eine gleißende Wand vor den geschlossenen Fenstern des Hauses und ließ die schmalen Fugen aus Teer, die die Platten der wenig befahrenen Straße unten am Kanal verbanden, zu dünnen Rinnsalen aus einer zähen, klebrigen Masse werden.

Jeden Abend, mit dem ersten Gong der Tagesschau, trug Albert die schwere Gießkanne und einen gut befüllten 12-Liter-Eimer die Treppen hinunter. Er hinterließ dabei kleine Pfützen auf dem grünen Linoleum des Treppenhauses, die im fahlen Licht der Milchglasscheiben müde glänzten.

Sie waren der Aufforderung im Radio gefolgt. Nun gingen sie jeden Abend hinunter vors Haus, um die Straßenbäume zu wässern, die in ihren rechteckigen Parzellen aus staubigen Sand zwischen den Gehwegplatten dicht am Bordstein wuchsen und unter der nunmehr wochenlangen andauernden Hitze litten.

»**D**u musst ganz vorsichtig gießen, zuerst nur wenige Tropfen«, sagte Edgar, der die allabendlich stattfindende Zeremonie anleitete und es sich dabei nicht nehmen ließ, die Wichtigkeit seiner Worte mit bewusst platzierten Sprechpausen, in denen er kurz innehielt, zu unterstreichen. Die Hierarchie zwischen den Brüdern war selbst in diesen Momenten spürbar, sehr zum Leidwesen Alberts.

35 Um die Abschnitte stärker von den Absätzen zu differenzieren (die entstehenden Weißräume bei extrem kurzen oder langen Ausgangszeilen sind teilweise ähnlich groß wie die Leerzeilen vor Abschnitten), werden vor neuen Abschnitten zwei statt einer Leerzeile gesetzt. Insgesamt erhöht diese Lösung den Seitenumfang spürbar – was wirtschaftlich schwierig werden kann – und das Satzbild wird sehr stark auseinandergezogen. Der Versuch, durch Initiale nach Absätzen das Neue hervorzuheben, ist nicht zielführend. Es unterstreicht sehr stark den Einzelcharakter der Absätze, das Werk mutet dann eher wie eine Sammlung von Mehrzeilern an, nicht wie geschlossener, linear zu lesender Text.

Hundstage

In jenem Sommer stand die Hitze bis weit nach Einbruch der Dunkelheit wie eine gleißende Wand vor den geschlossenen Fenstern des Hauses und ließ die schmalen Fugen aus Teer, die die Platten der wenig befahrenen Straße unten am Kanal verbanden, zu dünnen Rinnsalen aus einer zähen, klebrigen Masse werden.

Jeden Abend, mit dem ersten Gong der Tagesschau, trug Albert die schwere Gießkanne und einen gut befüllten 12-Liter-Eimer die Treppen hinunter. Er hinterließ dabei kleine Pfützen auf dem grünen Linoleum des Treppenhauses.

Sie waren der Aufforderung im Radio gefolgt. Nun gingen sie jeden Abend hinunter vors Haus, um die Straßenbäume zu

36 Die Tendenz der Zersiedelung eines Textes verstärkt sich: Viele kurze Text-Inseln muten wie eine Limericksammlung an. Die Initialen schmücken die knappen Mehrzeiler eher aus, als dass die strukturierende Wirkung das Gesamte verbessert.

Auszeichnungen im Text

2 Die gesprochene Sprache ist für den Schriftsatz oder die typografische Gestaltung an sich eine gute Blaupause für Umbrüche bei Headlines und im Flattersatz. Hier zählt die semantische Richtigkeit – und die wird beim Sprechen von uns berücksichtigt. Denn wir betonen nach Satzteilen.

Möchten wir beim Reden etwas hervorheben, ein Wort oder einen Satz betonen oder das Zitat eines Anderen von unserem Gesagten abheben, dann haben wir durch eine entsprechende Modulation unserer Stimme dazu sehr einfach die Möglichkeit.[2] In der geschriebenen Sprache sollten die Gestalter:innen dem Leser durch eine eindeutige Kennzeichnung verständlich machen, das anders Markierte auch entsprechend anders einzuordnen, als das Übrige. Es gilt, einen Kontrast zum Umfeld auszubauen. Und dieser Kontrast kann in unterschiedlicher ›Lautstärke‹ umgesetzt werden – die Bedeutung wird dadurch eine andere. Soll der Lesefluss nicht unterbrochen werden, kann der Kontrast flach gehalten werden, so wie wir es zumeist in erzählenden, linear zu lesenden Texten vorfinden (z. B. in einem Roman). Ist der Kontrast der Auszeichnung aber größer und augenscheinlicher, dann springt das markierte Wort oder die Textpassage sofort ins Auge. Und diese Qualität können die Gestalter:innen nutzen, um Differenzierungen im Text herauszuarbeiten oder strukturierend in verschiedenen textlichen Ebenen zu wirken. Man kann sehr schlüssig und kleinschrittig die Progression der Auszeichnungen im Text darstellen und das jeweilige Einsatzgebiet ableiten – so wie untenstehend in zwei verschiedenen Schriftbildern durchgeführt.

Es war *Donnerstagabend, der 1. Juni 1978* und Edgar fühlte sich klebrig von der *süßen Limonade*, die sie getrunken hatten. Der Tag hatte sie ausgedörrt und unzufrieden gemacht. Sie hatten die Wohnung nicht verlassen, waren einfach in *Laurenz Zimmer* verschwunden nach einem hastig verschlungenen Mittagessen. Sie hatten sich auf sein zerwühltes Bett gelegt, auf die zwei übereinandergelegten Matratzen, und Musik gehört, den ganzen Nachmittag, *Mitschnitte vom Radio*, aus den *späten Abendsendungen im SFB*. Laurenz hatte willkürlich unzählige Titel hintereinander auf eine Kassette geschnitten, unsauber und ohne jeglichen erkennbaren Zusammenhang, immer wieder unterbrochen durch kurze Sprachfetzen des Moderators.

Es war *Donnerstagabend, der 1. Juni 1978* und Edgar fühlte sich klebrig von der *süßen Limonade*, die sie getrunken hatten, der Tag hatte sie ausgedörrt und unzufrieden gemacht. Sie hatten die Wohnung nicht verlassen, waren einfach in *Laurenz Zimmer* verschwunden nach einem hastig verschlungenen Mittagessen. Sie hatten sich auf sein zerwühltes Bett gelegt, auf die zwei übereinandergelegten Matratzen, und Musik gehört, den ganzen Nachmittag, *Mitschnitte vom Radio*, aus den *späten Abendsendungen im SFB*. Laurenz hatte willkürlich unzählige Titel hintereinander auf eine Kassette geschnitten, unsauber und ohne erkennbaren Zusammenhang, immer wieder unterbrochen durch kurze Sprachfetzen des Moderators.

Die Kursive

37 Der Grauwert der Kursive ist dem der Normalen sehr ähnlich, aber die Architektur der Schrift ist eine andere. Der Kontrast des ausgezeichneten Wortes zu seinem Umfeld bleibt gemäßigt – die Kursive ist daher die dezenteste Form der Auszeichnung und sehr gut für linear zu lesende Texte geeignet, die zwar Betonungen im Text, direkte Rede oder Zitate typografisch hervorheben, aber dabei den Lesevorgang nicht unterbrechen wollen. Das Pendant in der gesprochenen Sprache wäre wohl ein leichtes Anheben der Stimme. Im Schriftbild der Antiqua (Concorde) hebt sich die Kursive noch etwas stärker von der Normalen ab und kann ihre Wurzeln in der geschriebenen Schrift nicht leugnen.

38 Zwar verfügt die Neutra Text in ihrer Kursiven über eigene Buchstabenformen – wie bei der Minuskel ›a‹ zu sehen – und ist keine schräggestellte Normale, fügt sich aber sehr harmonisch ins Schriftbild. Der Kontrast zwischen der Neutra Text und ihrer Kursive fällt geringer aus als bei den gezeigten Antiqua-Schnitten der Concorde.

Es war Donnerstagabend, der 1. Juni 1978 und Edgar fühlte sich klebrig von der süssen Limonade, die sie getrunken hatten. Der Tag hatte sie ausgedörrt und unzufrieden gemacht. Sie hatten die Wohnung nicht verlassen, waren einfach in Laurenz Zimmer verschwunden nach einem hastig verschlungenen Mittagessen. Sie hatten sich auf sein zerwühltes Bett gelegt, auf die zwei übereinandergelegten Matratzen, und Musik gehört, den ganzen Nachmittag, Mitschnitte vom Radio, aus den späten Abendsendungen im SFB. Laurenz hatte willkürlich unzählige Titel hintereinander auf eine Kassette geschnitten, unsauber und ohne erkennbaren Zusammenhang, immer wieder unterbrochen durch kurze Sprachfetzen des Moderators.

Es war Donnerstagabend, der 1. Juni 1978 und Edgar fühlte sich klebrig von der süssen Limonade, die sie getrunken hatten, der Tag hatte sie ausgedörrt und unzufrieden gemacht. Sie hatten die Wohnung nicht verlassen, waren einfach in Laurenz Zimmer verschwunden nach einem hastig verschlungenen Mittagessen. Sie hatten sich auf sein zerwühltes Bett gelegt, auf die zwei übereinandergelegten Matratzen, und Musik gehört, den ganzen Nachmittag, Mitschnitte vom Radio, aus den späten Abendsendungen im SFB. Laurenz hatte willkürlich unzählige Titel hintereinander auf eine Kassette geschnitten, unsauber und ohne einen erkennbaren Zusammenhang, immer wieder unterbrochen durch kurze Sprachfetzen des Moderators.

Kapitälchen

39 Obwohl der Grauwert der Kapitälchen denen der Gemeinen nachempfunden ist, ist ihr Kontrast zur Normalen größer als bei der Kursive. Die Zeichen der Großbuchstaben sind uniformer und auch statischer: Ihnen fehlt der Rhythmus aus Ober- und Unterlängen – und die Leichtigkeit und das dezente Erscheinungsbild, das sie weniger kompatibel für alle leichten Formen der Betonungen macht. Ihre Anmutung ist aristokratischer und bedeutungsvoller – ideal für die Hervorhebung von Namen oder Daten. Caps müssen grundsätzlich gesperrt werden – das wiederum erhöht den Kontrast zur umgebenden Normalen abermals.

40 Aufgrund der sehr eigenen Buchstabenformen im Versalalphabet – es sind primär die niedrigen horizontalen Querstriche der Versalien A und E, die der Neutra ihre sehr hohe Persönlichkeit verleihen –, bilden die Caps der Neutra Text einen höheren Kontrast zur Normalen aus als die Concorde.

Es war DONNERSTAGABEND, DER 1. JUNI 1978 und Edgar fühlte sich klebrig von der SÜSSEN LIMONADE, die sie getrunken hatten. Der Tag hatte sie ausgedörrt und unzufrieden gemacht. Sie hatten die Wohnung nicht verlassen, waren einfach in LAURENZ ZIMMER verschwunden nach einem hastig verschlungenen Mittagessen. Sie hatten sich auf sein zerwühltes Bett gelegt, auf die zwei übereinandergelegten Matratzen, und Musik gehört, den ganzen Nachmittag, MITSCHNITTE VOM RADIO, aus den SPÄTEN ABENDSENDUNGEN IM SFB. Laurenz hatte willkürlich unzählige Titel hintereinander auf eine Kassette geschnitten, unsauber und ohne erkennbaren Zusammenhang, immer wieder unterbrochen durch kurze Sprachfetzen des Moderators.

Es war DONNERSTAGABEND, DER 1. JUNI 1978 und Edgar fühlte sich klebrig von der SÜSSEN LIMONADE, die sie getrunken hatten, der Tag hatte sie ausgedörrt und unzufrieden gemacht. Sie hatten die Wohnung nicht verlassen, waren einfach in LAURENZ ZIMMER verschwunden nach einem hastig verschlungenen Mittagessen. Sie hatten sich auf sein zerwühltes Bett gelegt, auf die zwei übereinandergelegten Matratzen, und Musik gehört, den ganzen Nachmittag, MITSCHNITTE VOM RADIO, aus den SPÄTEN ABENDSENDUNGEN IM SFB. Laurenz hatte willkürlich unzählige Titel hintereinander auf eine Kassette geschnitten, unsauber und ohne erkennbaren Zusammenhang, immer wieder unterbrochen durch kurze Sprachfetzen des Moderators.

Versalien

41 Hoher Kontrast und einen entsprechend höheren ›Störfaktor‹ im Satzbild als Kapitälchen besitzen die Versalien. Einzelne Worte oder Satzteile sind ein kompletter Bruch mit dem rhythmischen Schriftbild der Umgebung – Auszeichnungen im Versalsatz fallen sofort ins Auge, nicht zuletzt auch durch den optischen Effekt, dass diese Wörter größer wirken.

42 Die Neutra Text bildet bedingt durch ihre geringe Mittelhöhe da einen noch größeren Kontrast aus als die Concorde.

Es war **Donnerstagabend, der 1. Juni 1978** und Edgar fühlte sich klebrig von der **süßen Limonade**, die sie getrunken hatten. Der Tag hatte sie ausgedörrt und unzufrieden gemacht. Sie hatten die Wohnung nicht verlassen, waren einfach in **Laurenz Zimmer** verschwunden nach einem hastig verschlungenen Mittagessen. Sie hatten sich auf sein zerwühltes Bett gelegt, auf die zwei übereinandergelegten Matratzen, und Musik gehört, den ganzen Nachmittag, **Mitschnitte vom Radio**, aus den **späten Abendsendungen im SFB**. Laurenz hatte willkürlich unzählige Titel hintereinander auf eine Kassette geschnitten, unsauber und ohne erkennbaren Zusammenhang, immer wieder unterbrochen durch kurze Sprachfetzen des Moderators.

Es war **Donnerstagabend, der 1. Juni 1978** und Edgar fühlte sich klebrig von der **süßen Limonade**, die sie getrunken hatten, der Tag hatte sie ausgedörrt und unzufrieden gemacht. Sie hatten die Wohnung nicht verlassen, waren einfach in **Laurenz Zimmer** verschwunden nach einem hastig verschlungenen Mittagessen. Sie hatten sich auf sein zerwühltes Bett gelegt, auf die zwei übereinandergelegten Matratzen, und Musik gehört, den ganzen Nachmittag, **Mitschnitte vom Radio**, aus den **späten Abendsendungen im SFB**. Laurenz hatte willkürlich unzählige Titel hintereinander auf eine Kassette geschnitten, unsauber und ohne erkennbaren Zusammenhang, immer wieder unterbrochen durch kurze Sprachfetzen des Moderators.

Die Halbfette oder Fette

43 Eine gut ausgebaute Schriftfamilie verfügt über feine Abstimmungen in der ›Gewichtszunahme‹ – der Schnitt ›Medium‹ der Concorde kontrastiert sehr klar und eindeutig zur Normalen. Der Grauwert ist deutlich dunkler, die Hervorhebungen fallen sofort ins Auge und wirken sehr viel wichtiger als beispielsweise in der Kursiven. Das lineare Lesen wird dadurch stärker unterbrochen – was natürlich im Sinne einer Hervorhebung ist – und die Akzentuierung einzelner Schlagworte in den Vordergrund gerückt.

44 Elementar bei dieser Auszeichnungsform ist der Strichstärkenunterschied zur Laufschrift: Der Kontrast der Neutra Text book zum eingesetzten Schnitt demi ist geringer als zwischen der Concorde regular und medium. Man kann bei der Wahl der Laufschrift ggfs. auf ›mager‹ bzw. ›light‹ zurückgreifen, wenn die Halbfette oder die Fette nicht ausreichend zur Normalen kontrastieren, oder die Fette bereits zu auffällig und dominant anmutet.

Es war D o n n e r s t a g a b e n d, d e r 1. J u n i 1 9 7 8 und Edgar fühlte sich klebrig von der s ü ß e n L i m o n a d e, die sie getrunken hatten. Der Tag hatte sie ausgedörrt und unzufrieden gemacht. Sie hatten die Wohnung nicht verlassen, waren einfach in L a u r e n z Z i m m e r verschwunden nach einem hastig verschlungenen Mittagessen. Sie hatten sich auf sein zerwühltes Bett gelegt, auf die zwei übereinandergelegten Matratzen, und Musik gehört, den ganzen Nachmittag, M i t s c h n i t t e v o m R a d i o, aus den s p ä t e n A b e n d s e n d u n g e n i m S F B. Laurenz hatte willkürlich unzählige Titel hintereinander auf eine Kassette geschnitten, unsauber und ohne erkennbaren Zusammenhang, immer wieder unterbrochen durch kurze Sprachfetzen des Moderators.

Es war D o n n e r s t a g a b e n d, d e r 1. J u n i 1 9 7 8 und Edgar fühlte sich klebrig von der s ü ß e n L i m o n a d e, die sie getrunken hatten, der Tag hatte sie ausgedörrt und unzufrieden gemacht. Sie hatten die Wohnung nicht verlassen, waren einfach in L a u r e n z Z i m m e r verschwunden nach einem hastig verschlungenen Mittagessen. Sie hatten sich auf sein zerwühltes Bett gelegt, auf die zwei übereinandergelegten Matratzen, und Musik gehört, den ganzen Nachmittag, M i t s c h n i t t e v o m R a d i o, aus den s p ä t e n A b e n d s e n d u n g e n i m S F B. Laurenz hatte willkürlich unzählige Titel hintereinander auf eine Kassette geschnitten, unsauber und ohne erkennbaren Zusammenhang, immer wieder unterbrochen durch kurze Sprachfetzen des Moderators.

Sperren

45 Schrift, deren Laufweite über das normale Maß erhöht wird, also gesperrt wird, erfährt eine starke Veränderung ihres Grauwerts. Die Abgrenzung zum Umfeld ist also durchaus gegeben. Allerdings ist die Methodik bei Passagen von mehreren Wörtern nicht zu empfehlen, da die gesperrten Wörter den Rhythmus der Kolumne zerstören – ziehharmonikaartig auseinandergezogen und somit wie Fremdkörper wirken die ausgezeichneten Wörter.

46 Nur wenige Schriften verkraften aufgrund ihrer besonderen Architektur ein starkes Erweitern der Laufweite ohne rhythmischen Verlust – das sind zumeist konstruierte Schriften. Aber auch nur dann, wenn kein direktes Nebeneinander mit einer Schrift in einer normalen LW entsteht.

Es war **Donnerstagabend, der 1. Juni 1978** und Edgar fühlte sich klebrig von der **süßen Limonade**, die sie getrunken hatten. Der Tag hatte sie ausgedörrt und unzufrieden gemacht. Sie hatten die Wohnung nicht verlassen, waren einfach in **Laurenz Zimmer** verschwunden nach einem hastig verschlungenen Mittagessen. Sie hatten sich auf sein zerwühltes Bett gelegt, auf die zwei übereinandergelegten Matratzen, und Musik gehört, den ganzen Nachmittag, **Mitschnitte vom Radio**, aus den **späten Abendsendungen im SFB**. Laurenz hatte willkürlich unzählige Titel hintereinander auf eine Kassette geschnitten, unsauber und ohne erkennbaren Zusammenhang, immer wieder unterbrochen durch kurze Sprachfetzen des Moderators.

Es war **Donnerstagabend, der 1. Juni 1978** und Edgar fühlte sich klebrig von der **süßen Limonade**, die sie getrunken hatten, der Tag hatte sie ausgedörrt und unzufrieden gemacht. Sie hatten die Wohnung nicht verlassen, waren einfach in **Laurenz Zimmer** verschwunden nach einem hastig verschlungenen Mittagessen. Sie hatten sich auf sein zerwühltes Bett gelegt, auf die zwei übereinandergelegten Matratzen, und Musik gehört, den ganzen Nachmittag, **Mitschnitte vom Radio**, aus den **späten Abendsendungen des SFB**. Laurenz hatte willkürlich unzählige Titel hintereinander auf eine Kassette geschnitten, unsauber und ohne erkennbaren Zusammenhang, immer wieder unterbrochen durch kurze Sprachfetzen des Moderators.

Die Komplementärschrift

47 Es ist nahezu folgerichtig, dass eine Auszeichnung über eine Komplementärschrift, also einer Schrift, die stilistisch stark zur zur Laufschrift kontrastiert, einen deutlich sichtbaren Bruch zum umgebenden Text erzeugt. Neben der unterschiedlichen Endstrichbehandlung ist auch der Strichstärkenunterschied bei den gezeigten Beispielen sehr groß – und nur dann ist die Auszeichnung als solche wirksam, wie die letzten drei Zeilen zeigen: Der magere Schnitt kontrastiert nicht ausreichend. Die Serifenlose kontrastiert erst fett sehr klar und eindeutig zur Antiqua.

48 Um eine hohe Eindeutigkeit im Schriftbild einer Serifenlosen zu erzielen, muss die potentielle Schrift einen grundsätzlich anderen Umgang mit Serifen aufweisen. Die hier gezeigte Serifenbetonte grenzt sich formalästhetisch klar ab, ohne dabei störend zu wirken. Aber auch sie benötigt dazu den fetten Schnitt. Da sie aber eine größere Mittelhöhe besitzt, wirkt sie in der gleichen Punktgröße optisch größer. Im gezeigten Beispiel ist sie deswegen mit 7,5 pt statt 8,2 pt etwas kleiner gesetzt.

Es war **Donnerstagabend, der 1. Juni 1978** und Edgar fühlte sich klebrig von der **süßen Limonade**, die sie getrunken hatten, der Tag hatte sie ausgedörrt und unzufrieden gemacht. Sie hatten die Wohnung nicht verlassen, waren einfach in **Laurenz Zimmer** verschwunden nach einem hastig verschlungenen Mittagessen. Sie hatten sich auf sein zerwühltes Bett gelegt, auf die zwei übereinandergelegten Matratzen, und Musik gehört, den ganzen Nachmittag, **Mitschnitte vom Radio**, aus den **späten Abendsendungen im SFB**. Laurenz hatte willkürlich unzählige Titel hintereinander auf eine Kassette geschnitten, unsauber und ohne erkennbaren Zusammenhang, immer wieder unterbrochen durch kurze Sprachfetzen des Moderators.

Es war **Donnerstagabend, der 1. Juni 1978** und Edgar fühlte sich klebrig von der **süßen Limonade**, die sie getrunken hatten. Der Tag hatte sie ausgedörrt und unzufrieden gemacht. Sie hatten die Wohnung nicht verlassen, waren einfach in **Laurenz Zimmer** verschwunden nach einem hastig verschlungenen Mittagessen. Sie hatten sich auf sein zerwühltes Bett gelegt, auf die zwei übereinandergelegten Matratzen, und Musik gehört, den ganzen Nachmittag, **Mitschnitte vom Radio**, aus den **späten Abendsendungen im SFB**. Laurenz hatte willkürlich unzählige Titel hintereinander auf eine Kassette geschnitten, unsauber und ohne erkennbaren Zusammenhang, immer wieder unterbrochen durch kurze Sprachfetzen des Moderators.

Die Schriftfarbe

49 Wenn wir bei Gestaltungselementen von Masse sprechen, dann ist selbige für Auszeichnungen auch ein Bewertungskriterium, das aussagekräftig ist. Immerhin muss sich die gewählte Schrift gegen den höchstmöglichen Kontrast eines Schriftbildes durchsetzen: Schwarz auf Weiß.
Da viele Farben einen leichteren Tonwert als Schwarz aufweisen, sollte die Strichstärke entsprechend erhöht werden. Die eigentliche Farbwirkung – empfiehlt sich eine reine oder eine gebrochene Farbe? – spielt auch bei der Anhebung der Masse eines oder mehrerer Wörter eine große Rolle. Die rote Schrift kann sich gegenüber der schwarzen Serifenlosen nicht nur behaupten, sondern auch durchsetzen, da die Farbe Rot als Primärfarbe eine hohe Strahlkraft besizt.

50 Anders verhält sich die Farbe Blau: Der Grauwert der ausgezeichneten Wörter ist – verglichen mit dem Grauwert der umgebenden Schrift – in etwa gleich. Wäre der Schriftschnitt nicht kräftiger als der umgebende Fließtext, dann würde die blaue Schrift eine geringere Masse als der Fließtext aufweisen und somit ›leichter‹ sein.

Auszeichnungen längerer Textpassagen

Der Anforderungskatalog an Auszeichnungen, die auf längere Texte angewendet werden, ist ein etwas anderer als bei der Hervorhebung ›nur‹ eines oder mehrerer Wörter. Längere, eingeschobene Textpassagen müssen sich vom umgebenden Schriftbild abgrenzen, aber dennoch über viele Zeilen stabil im Satzbild bleiben – die Formgebung der Auszeichnung beeinflusst stärker die Stilistik des Werkes und seiner Gesamtgestaltung, da sie quantitativ stärker vertreten ist im Satzspiegel. Neben dem typografischen Auszeichnungskatalog stehen der Gestaltung weitere kompositorische Möglichkeiten zur Verfügung, um die Hervorhebung zu verstärken: Weißräume ober- und unterhalb des Einschubs, ebenso wie Einzüge zu beiden Seiten der Satzkanten.

Hinterland. Abends

Edgar saß regungslos unterhalb des weit geöffneten Fensters auf dem Fußboden und lehnte mit dem Rücken an der Verkleidung des Heizkörpers. Er hörte Laurenz, draußen auf der Straße, er hörte seinen federnen Gang und das Klappern der leeren Gießkanne, die er vor seinem Körper mit ausgestreckten Armen gegen den Eimer schwang. Er bedauerte für einen Moment nicht bei ihm zu sein.
Draußen war es noch immer unerträglich heiß, eine späte, nachmittägliche Hitze stand reglos unter dem dichten Dach der Kastanienbäume, angereichert mit den beißenden Auspuffgasen eines einparkenden Autos.
Gerne nutzten sie den abendlichen Ausflug nach draußen, hinunter auf die Straße, und schoben sich noch ein paar Bälle zu, wenn die Straße unbefahren war und die Menschen sich in ihre Wohnungen zurückgezogen hatten, müde vom Tag und von der Hitze.

51 Schließt der auszuzeichnende Absatz unmittelbar an den vorherigen Absatz an, muss ein Schriftbild gewählt werden, das sich klar vom Fließtext abgrenzt: Die Kursive ist innerhalb einer Schriftfamilie die speziellste Verwandte – sie ist in der Renaissance als eigenständige Schrift adoptiert worden. Sie wird häufig für die wörtliche Rede eingesetzt, verkörpert somit auch trefflich subjektive Gedanken, Betrachtungen und erzählerische Perspektivwechsel

---

Hinterland. Abends

Edgar saß regungslos unterhalb des weit geöffneten Fensters auf dem Fußboden und lehnte mit dem Rücken an der Verkleidung des Heizkörpers. Er hörte Laurenz, draußen auf der Straße, er hörte seinen federnen Gang und das Klappern der leeren Gießkanne, die er vor seinem Körper mit ausgestreckten Armen gegen den Eimer schwang. Er bedauerte für einen Moment nicht bei ihm zu sein.
Draußen war es noch immer unerträglich heiß, eine späte, nachmittägliche Hitze stand reglos unter dem dichten Dach der Kastanienbäume, angereichert mit den beißenden Auspuffgasen eines einparkenden Autos.
Gerne nutzten sie den abendlichen Ausflug nach draußen, hinunter auf die Straße, und schoben sich noch ein paar Bälle zu, wenn die Straße unbefahren war und die Menschen sich in ihre Wohnungen zurückgezogen hatten, müde vom Tag und von der Hitze.

52 Wird auf eine Komplementärschrift zurückgegriffen, sollte sich diese nicht einzig durch ihr Formprinzip und die Endstrichbehandlung unterscheiden – eine eindeutige Abgrenzung im Grauwert ist ebenso wichtig. Die hier abgebildete Serifenlose kontrastiert formal sehr stark zur Antiqua, dennoch ist der Grauwert des Schriftbildes noch nicht grundlegend anders. Der Kontrast ist deswegen eher feinsinnig und nicht zu vordergründig – die Kombination beider Schriften allerdings gelingt aus ästhetischer Sicht gut.

Hinterland. Abends

Edgar saß regungslos unterhalb des weit geöffneten Fensters auf dem Fußboden und lehnte mit dem Rücken an der Verkleidung des Heizkörpers. Er hörte Laurenz, draußen auf der Straße, er hörte seinen federnen Gang und das Klappern der leeren Gießkanne, die er vor seinem Körper mit ausgestreckten Armen gegen den Eimer schwang. Er bedauerte für einen Moment nicht bei ihm zu sein.

Draußen war es noch immer unerträglich heiß, eine späte, nachmittägliche Hitze stand reglos unter dem dichten Dach der Kastanienbäume, angereichert mit den beißenden Auspuffgasen eines einparkenden Autos.

Gerne nutzten sie den abendlichen Ausflug nach draußen, hinunter auf die Straße, und schoben sich noch ein paar Bälle zu, wenn die Straße unbefahren war und die Menschen sich in ihre Wohnungen zurückgezogen hatten, müde vom Tag und von der Hitze.

53 Das Einziehen eines gesamten, typografisch hervorgehobenen Absatzes, setzt voraus, dass im Fließtext nicht mit Einzügen gearbeitet wird. Das würde beim anschließenden Absatz Fragen aufwerfen, wenn die erste Zeile ebenso eingezogen ist wie die ausgezeichneten Zeilen darüber. Einen anderen Einzug für den Fließtext festzulegen, würde unnötige Unruhe ins Schriftbild bringen, das dann drei verschiedene Optionen für den Beginn einer Zeile verkraften müsste: stumpf, Einzug 1 nach Absätzen und Einzug 2 für ganze Absätze, die ausgezeichnet werden.

Hinterland. Abends

Edgar saß regungslos unterhalb des weit geöffneten Fensters auf dem Fußboden und lehnte mit dem Rücken an der Verkleidung des Heizkörpers. Er hörte Laurenz, draußen auf der Straße, er hörte seinen federnen Gang und das Klappern der leeren Gießkanne, die er vor seinem Körper mit ausgestreckten Armen gegen den Eimer schwang. Er bedauerte für einen Moment nicht bei ihm zu sein.

Draußen war es noch immer unerträglich heiß, eine späte, nachmittägliche Hitze stand reglos unter dem dichten Dach der Kastanienbäume, angereichert mit den beißenden Auspuffgasen eines einparkenden Autos.

Gerne nutzten sie den abendlichen Ausflug nach draußen, hinunter auf die Straße, und schoben sich noch ein paar Bälle zu, wenn die Straße unbefahren war und die Menschen sich in ihre Wohnungen zurückgezogen hatten, müde vom Tag und von der Hitze.

54 Die maximale Hervorhebung: Zum ohnehin sehr individuellen Schriftbild der Kursive kommt der Festabstand über und unter dem ausgezeichneten Absatz und dessen Einzug aller Zeilen. Häufen sich die auszuzeichnenden Absätze, wird das Satzbild löchrig und die Leerzeilen treten als horizontale ›Balken‹ in den Vordergrund.

Hinterland. Abends

Edgar saß regungslos unterhalb des weit geöffneten Fensters auf dem Fußboden und lehnte mit dem Rücken an der Verkleidung des Heizkörpers. Er hörte Laurenz, draußen auf der Straße, er hörte seinen federnen Gang und das Klappern der leeren Gießkanne, die er vor seinem Körper mit ausgestreckten Armen gegen den Eimer schwang. Er bedauerte für einen Moment nicht bei ihm zu sein.

Draußen war es noch immer unerträglich heiß, eine späte, nachmittägliche Hitze stand reglos unter dem dichten Dach der Kastanienbäume, angereichert mit den beißenden Auspuffgasen eines einparkenden Autos.

Gerne nutzten sie den abendlichen Ausflug nach draußen, hinunter auf die Straße, und schoben sich noch ein paar Bälle zu, wenn die Straße unbefahren war und die Menschen sich in ihre Wohnungen zurückgezogen hatten, müde vom Tag und von der Hitze.

55 Die Änderung der Schriftfarbe schafft Eindeutigkeit – bereits die Laufschrift wird somit ausreichend modifiziert; wird dem entsprechenden Absatz überdies noch ein Festabstand davor und danach eingeräumt, kann auch im Fließtext mit Einzügen gearbeitet werden. Im Druckprozess sollte allerdings eine Sonderfarbe zum Einsatz kommen, um Passerungenauigkeiten in den Haarlinien der Schrift zu vermeiden. Das erhöht natürlich die Druckkosten, ist aber unerlässlich im Sinne der Qualität.

56 Das Mittel der Hinterlegung mit einer im Tonwert leichten Fläche erzeugt einen anderen Kontrast zwischen Schrift und Schriftgrund. Das Einrücken des Absatzes schafft zudem eine Abgrenzung. Da beide Ebenen über eine Flatterzone verfügen, fällt die geringere Breite des unterlegten Textes nicht so stark auf. Diese Auszeichnung ist sehr deutlich in ihrer Wirkung, strukturiert sehr stark und setzt sich auf einer Doppelseite mit vielen inhaltlichen Ebenen gut in Szene.

Edgar saß regungslos unterhalb des weit geöffneten Fensters auf dem Fußboden und lehnte mit dem Rücken an der Verkleidung des Heizkörpers. Er hörte Laurenz, draußen auf der Straße, er hörte seinen federnen Gang und das Klappern der leeren Gießkanne, die er vor seinem Körper mit ausgestreckten Armen gegen den Eimer schwang. Er bedauerte für einen Moment nicht bei ihm zu sein.

Gerne nutzten sie den abendlichen Ausflug nach draußen, hinunter auf die Straße, und schoben sich noch ein paar Bälle zu, wenn die Straße unbefahren war und die Menschen sich in ihre Wohnungen zurückgezogen hatten, müde vom Tag und von der Hitze.

Draußen war es noch immer unerträglich heiß, ein späte, nachmittägliche Hitze stand reglos unter dem dichten Dach der Kastanienbäume, angereichert mit den beißenden Auspuffgasen eines einparkenden Autos.

---

57 Die Schriftfarbe Schwarz erhöht zwar den Kontrast zum grauen Hintergrund – es fehlt allerdings das Alleinstellungsmerkmal der Farbe Blau. Da die gesamte Kolumne im Blocksatz gesetzt ist, werden die kürzeren, eingerückten Zeilen zusätzlich betont: Die glatte, rechte Satzkante benötigt den gleichen Abstand zum grauen Kasten im Hintergrund wie die linke. Das wiederum stärkt die Eigenständigkeit des eingerückten Absatzes.

Edgar saß regungslos unterhalb des weit geöffneten Fensters auf dem Fußboden und lehnte mit dem Rücken an der Verkleidung des Heizkörpers. Er hörte Laurenz, draußen auf der Straße, er hörte seinen federnen Gang und das Klappern der leeren Gießkanne, die er vor seinem Körper mit ausgestreckten Armen gegen den Eimer schwang. Er bedauerte für einen Moment nicht bei ihm zu sein.

Gerne nutzten sie den abendlichen Ausflug nach draußen, hinunter auf die Straße, und schoben sich noch ein paar Bälle zu, wenn die Straße unbefahren war und die Menschen sich in ihre Wohnungen zurückgezogen hatten, müde vom Tag und von der Hitze.

Draußen war es noch immer unerträglich heiß, ein späte, nachmittägliche Hitze stand reglos unter dem dichten Dach der Kastanienbäume, angereichert mit den beißenden Auspuffgasen eines einparkende Autos.

---

58 Der lineare Kasten ist noch stärker in seiner hervorhebenden Wirkung als die beiden Lösungen davor. Anders als der leichte Tonwert grenzt die schwarze Outline den eingerückten Absatz deutlich stärker ab. Es besteht die Gefahr, dass beim Lesen das Auge direkt zum übernächsten Absatz springt, da dieser stärker als zusammengehörig zu erkennen ist. Für linear zu lesende Texte ist diese Form der Auszeichnung bereits zu stark; für einzelne Informationsblöcke, die unabhängig voneinander erlesen werden können, schafft diese Lösung eine klare, eindeutige Zäsur.

Edgar saß regungslos unterhalb des weit geöffneten Fensters auf dem Fußboden und lehnte mit dem Rücken an der Verkleidung des Heizkörpers. Er hörte Laurenz, draußen auf der Straße, er hörte seinen federnen Gang und das Klappern der leeren Gießkanne, die er vor seinem Körper mit ausgestreckten Armen gegen den Eimer schwang. Er bedauerte für einen Moment nicht bei ihm zu sein.

Gerne nutzten sie den abendlichen Ausflug nach draußen, hinunter auf die Straße, und schoben sich noch ein paar Bälle zu, wenn die Straße unbefahren war und die Menschen sich in ihre Wohnungen zurückgezogen hatten, müde vom Tag und von der Hitze.

Draußen war es noch immer unerträglich heiß, ein späte, nachmittägliche Hitze stand reglos unter dem dichten Dach der Kastanienbäume, angereichert mit den beißenden Auspuffgasen eines einparkende Autos.

Das Mischen von Schriften

Im Kontext der Buchtypografie ist es zielführend, eine Gestaltung durch die Kombination verschiedener Schriften zu verbessern – das typografische Klima einer Arbeit kann durch Schriftmischung bewusst vertieft und differenzierter umgesetzt werden.

Aber das hier im folgenden Herausgearbeitete kann durchaus als Blaupause für die typografische Komposition im Allgemeinen betrachtet werden, denn eine stilistisch gekonnte Schriftmischung steigert die Tiefe jeder typografischen Arbeit – unabhängig vom Format, von der Art des Erfassens oder dem kommunikativen Auftrag der Gestaltung. Ist die Schriftmischung gelungen, ist sie die Expertise für ein ausgeprägtes typografisches Feingefühl, das durch eine hohe Ästhetik überzeugen kann oder aber durch einen bewusst eingesetzten Stilbruch, der vom Gesamtkonzept aufgefangen werden und getragen werden kann.

Schriftmischung ist nicht durch Regelwerk zu erklären – das Kombinieren zweier formal verschiedener Schriften (oder auch mehrerer) ist eine ästhetische Tätigkeit, die viel grafisches Gespür und eine gute Kenntnis der Schriftgeschichte[3] erfordert. Wer die Entstehungsgeschichte und das Formprinzip im Schriftschaffen verinnerlicht hat, der wird zielsicher verschiedene Fonts kombinieren.

Folgende Leitsätze gelten für das Mischen von Schriften – mit dem Vorbehalt, dass die Typografie wie alle künstlerischen Prozesse sehr bewusst das ästhetische Empfinden des Betrachters kontrovers herausfordern darf:

3 Die Kenntnis der Klassifikation der Satzschriften hilft da bereits erfolgreich weiter. Die Eingrenzung auf die drei wichtigsten Gruppen – die Antiqua, die serifenlosen und die serifenbetonten Schriften ist ein guter Grundstein, um zu verstehen, was eine Sans aus dem 21. Jahrhundert mit einer Antiqua aus der Renaissance zu tun haben kann.

1. Die zu kombinierenden Schriften sollten sich in der Endstrichbehandlung und im Grauwert klar voneinander unterscheiden.

[→ Seite 62, 2.4 Die Superfamilie – komplexe Familienverhältnisse]

2. Besitzen die zu kombinierenden Schriften dasselbe Formprinzip (Proportionen, Relation der Buchstabenteile zueinander), lassen sie sich gut miteinander kombinieren.

[→ Seite 20, 1.3 Der vertikale Aufbau der Buchstaben]
[→ Seite 28, 1.4 Die Schriftgröße]

3. Stilistisch ähnliche Schriften steigern sich nur sehr gering in ihrer Wirkung – Kontraste bereichern eine Schriftmischung, sie erzeugen durch ihre Wechselwirkung eine positive Spannung im Schriftbild.

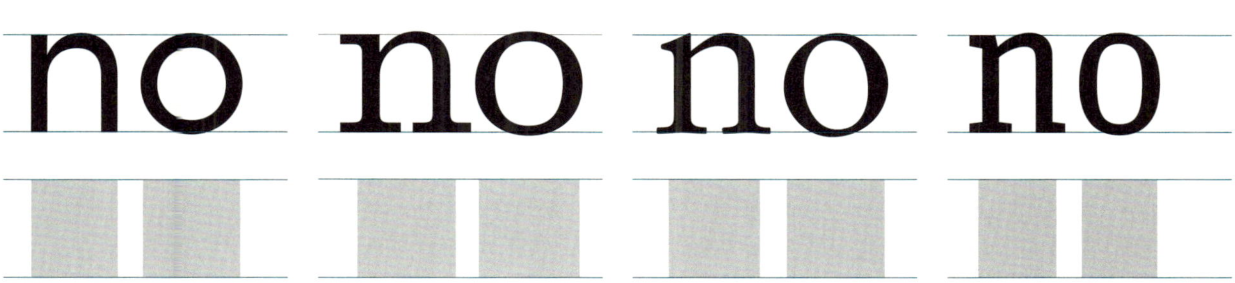

Neutra Text | Clarendon LT Std | Stempel Garamond LT Pro | Unit Slab OT

59 Vier verschiedene Formprinzipien, die sich exemplarisch an den Schlüsselbuchstaben ›n‹ und ›o‹ erklären lassen: Die Neutra Text ist auf einem optischen Quadrat konstruiert – das zeigen die Proportionen der Minuskel ›o‹. Die nackte, lineare Form der Zeichen lässt das ›n‹ sichtbar schmaler daherkommen als das ›o‹, was sich bei der serifenbetonten ›Clarendon‹ anders darstellt: Hier addieren sich die kräftigen Serifen ins Schriftbild – das ›n‹ ist ausladender und ähnlich breit wie das ›o‹. Die Garamond ist ebenfalls stark am Quadrat orientiert, hier aber beeinflusst die Modulation des Striches die Gestalt der Binnenform (Punze), die das Kreisrunde verlässt. Sehr schlank in ihrer Architektur und dadurch stark vertikal ausgerichtet, sind die Zeichen der serifenbetonten Unit Slab – das Quadrat als Grundform ist zu einem hochformatigen Rechteck modifiziert.

Edgar saß regungslos
Edgar saß **regungslos**

60 Die Kombination einer französischen Renaissance-Antiqua mit einer geometrisch-konstruierten Serifenlosen muss nicht immer ein Volltreffer sein, denn ein sehr humanistisch geprägtes Formverständnis prallt auf eine sachlich-klare, von der Architektur beeinflusste Formgebung. In diesem Fall bereichern die charismatischen Zeichen der Neutraface sehr gut das Satzbild der Garamond. Allerdings bedarf es des eindeutigen Kontrasts im Grauwert – der leichtere Schnitt ›book‹ hebt sich nicht genügend ab.

Edgar saß **regungslos**

61 Das Formverständnis der Helvetica mit der DNA der klassizistischen Antiqua wirkt im direkten Aufeinandertreffen mit der Garamond recht hölzern und statisch. Für Auszeichnungen in derselben inhaltlichen Ebene qualifiziert sie sich daher nicht, eher als Headlineschrift – hier lässt die andere inhaltliche Ebene eine größere Toleranz in der Stilistik der zu kombinierenden Schriften zu.

Edgar saß regungslos
Edgar saß **regungslos**

62 Dieselbe Auffassung über Formgebung und Proportionen katalysiert die Kompatibilität zweier Schriften enorm. Die Syntax als Inbegriff der humanistisch geprägten Grotesk harmoniert trefflich mit der Garamond – erst der kräftige Schriftschnitt sorgt für eine klare Abgrenzung, der leichte ergeht sich fast in Mimikry.

Edgar saß regungslos

63 Eine grundlegend andere Auffassung über die Architektur der Zeichen haben die Antiqua und eine schmallaufende Grotesk. Während sich die Wortbilder der Garamond horizontal ausrichten (›zeilenbildend‹), strebt die Condensed vertikal in die Höhe. Das ist wie Bremsen und Gas geben gleichzeitig – die Kräfte (Formprinzipien) arbeiten gegeneinander.

Edgar saß **reglos**

64 Ein ähnlicher Effekt: Die breitlaufende Antiqua (Extended) agiert in ihrer horizontalen Ausrichtung deutlich offensiver als die Antiqua. Dieses unterschiedliche Tempo, die unterschiedliche Interpretation des Begriffs ›horizontal‹ wirkt unharmonisch im direkten Vergleich.

Edgar saß regungslos
Edgar saß regungslos

65 Der Einsatz zweier Antiqua-Schriften in derselben inhaltlichen Ebene ist nicht logisch und zielführend – der Kontrast fehlt, es baut sich keinerlei typografische Tiefe oder Spannung auf: Der Kontrast erhöht sich zwar in der zweiten Zeile durch den Einsatz der schmallaufenden Bodoni – leider nicht in stringenter Richtung –, dennoch bleibt es bei einer Kombination zweier ähnlicher Schriften mit gleicher Endstrichbehandlung; im Ergebnis ist diese Mischung spannungsarm.

Edgar saß regungslos

66 In Kombination mit der Egyptienne-beeinflussten Zeitungsschrift Excelsior kommt der notwendige Kontrast in der Schriftmischung nicht befriedigend zur Geltung. Zu nah beeinander sind die Auffassungen über Aufbau, Endstrichbehandlung und Modulation des Striches, zu gering deswegen die Eindeutigkeit und Abgrenzung beider Schriften zueinander.

Edgar saß **regungslos**

67 Auch wenn als Antipode eine moderne Antiqua mit kräftigen, technisch anmutenden Serifen zum Einsatz kommt – es bleibt bei einer Schriftmischung zweier Antiqua-Schriften mit vergleichbarem Bauplan. Und diese Kombination ähnelt zu stark einer Mischung der Schriftschnitte ›Roman‹ und ›Book‹. Die aber wäre glaubwürdiger und konsequenter.

Edgar saß **reglos**

68 Die ausgeprägte Persönlichkeit dieser Slab (›Clarendon‹) bringt einen gewissen Zugewinn in der typografischen Ehe mit der Antiqua – größer wäre dieser allerdings bei einer Kombination mit einer Serifenlosen.

Edgar saß **regungslos**

69 Der Unterschied zweier Serifenschriften kann größer kaum sein: Die kräftige Strichstärke, die technischen Serifen und die leicht schmallaufenden Zeichen kontrastieren stark mit der humanistischen Antiqua. Der Erwartungshorizont als Auszeichnungsschrift wird voll erfüllt.

1. KAPITEL

DIE ERSTE UNRUHE

70 Hier müssen die bereichernden Kontraste nicht lange gesucht werden: Die serifenlose, schmallaufende Überschrift setzt sich klar und eindeutig vom Satzbild der Zeitungsschrift ›Excelsior‹ ab. Da die beiden Schriften sehr verschiedenen inhaltlichen Ebenen (Headline und Fließtext) ein Gesicht geben, funktioniert auch das Mischen unterschiedlich proportionierter Schriften.

Die Jugendlichen des Karrées, bis hin zur Häusersiedlung an der Unterführung, nutzten ihn im Sommer als Treffpunkt und Edgar vermied es am Kasten vorbeizugehen, wenn die Realschüler sich dort aufpflanzten und ihre abfälligen Bemerkungen, ihr lautes Gegröle, geboren aus Übermut und Langeweile, jeden traf, der vorbeiging.

Auf dem gerundeten Deckel, der den oberen Abschluss des Kastens bildete, saßen sie zu zweit oder dritt, zumeist Mädchen, rauchend, mit krummen Rücken, und ließen die Hacken gegen die Vorderseite des Kastens schnellen. Die Jungs standen daneben, wie unbeteiligt, dünne Kerle in zu engen Jeanshosen, auf der Oberlippe der erste Flaum, und bastelten an ihren Fahrrädern. Manche besaßen bereits Mofas, die sie aufgebockt hatten und immer wieder aus dem Leerlauf heraus ankurbelten, bis die Motoren nervös quengelten.

---

1. KAPITEL

Die erste Unruhe

71 Die strikte Trennung – inhaltlich und im Format durch genügend Weißraum kenntlich gemacht – erlaubt die Kombination der klassizistisch beeinflussten Helvetica und der humanistischen Jenson Antiqua. Durch den Abstand, den Strichstärkenunterschied und die unterschiedliche Schreibweise koexistieren sogar die beiden Helvetica-Ausführungen ›Condensed‹ und ›Normal‹ friedlich und sogar wertsteigernd fürs Schriftbild!

Die Jugendlichen des Karrées, bis hin zur Häusersiedlung an der Unterführung, nutzten ihn im Sommer als Treffpunkt und Edgar vermied es am Kasten vorbeizugehen, wenn die Realschüler sich dort aufpflanzten und ihre abfälligen Bemerkungen, ihr lautes Gegröle, geboren aus Übermut und Langeweile, jeden traf, der vorbeiging.

Auf dem gerundeten Deckel, der den oberen Abschluss des Kastens bildete, saßen sie zu zweit oder dritt, zumeist Mädchen, rauchend, mit krummen Rücken, und ließen die Hacken gegen die Vorderseite des Kastens schnellen. Die Jungs standen daneben, wie unbeteiligt, dünne Kerle in zu engen Jeanshosen, auf der Oberlippe der erste Flaum, und bastelten an ihren Fahrrädern. Manche besaßen bereits Mofas, die sie aufgebockt hatten und immer wieder aus dem Leerlauf heraus ankurbelten, bis die Motoren nervös quengelten.

---

1. KAPITEL

Die erste Unruhe

72 Drei Formprinzipien friedlich unter einem Dach – und dennoch ist die Spannung der Schriften zueinander sichtbar: Aber sie wirkt belebend, weil jedem Formenkanon ein eigener, abgegrenzter Raum zugebilligt wird, in dem die Schrift sich in ihrer jeweiligen Persönlichkeit entfalten kann.

Die Jugendlichen des Karrées, bis hin zur Häusersiedlung an der Unterführung, nutzten ihn im Sommer als Treffpunkt und Edgar vermied es am Kasten vorbeizugehen, wenn die Realschüler sich dort aufpflanzten und ihre abfälligen Bemerkungen, ihr lautes Gegröle, geboren aus Übermut und Langeweile, jeden traf, der vorbeiging.

Auf dem gerundeten Deckel, der den oberen Abschluss des Kastens bildete, saßen sie zu zweit oder dritt, zumeist Mädchen, rauchend, mit krummen Rücken, und ließen die Hacken gegen die Vorderseite des Kastens schnellen. Die Jungs standen daneben, wie unbeteiligt, dünne Kerle in zu engen Jeanshosen, auf der Oberlippe der erste Flaum, und bastelten an ihren Fahrrädern. Manche besaßen bereits Mofas, die sie aufgebockt hatten und immer wieder aus dem Leerlauf heraus ankurbelten, bis die Motoren nervös quengelten.

ALBERT WIBEAU

DIE ERSTE
UNRUHE
ROMAN

73 In der deutlich freieren Titelgestaltung zählen Spannungsreichtum und Strahlkraft. Hier prallen drei formale Gegensätze frontal aufeinander und befruchten sich: Eine Condensed ehelicht eine Extended, beide serifenlos, eingerahmt von einer Serifenschrift. Im Ergebnis sind alle Stile schlüssig und sehr dynamisch eingebunden, ohne als geschmacksfrei aufzufallen.

ALBERT WIBEAU

Die erste
UNRUHE

Roman

74 Die Reduzierung auf zwei Schriften, die in ihrem formalen Aufbau sehr unterschiedlich sind, schafft ein klares Kräfteverhältnis in der Komposition, auch weil die Rollenverteilung der Protagonisten eindeutig definiert ist. Diese Gewichtung wurde durch Größe und Grauwert sichtbar gemacht – in Addition mit der unterschiedlichen Stilistik entsteht eine spannungsreiche Schriftmischung.

ALBERT WIBEAU

DIE ERSTE
UNRUHE

ROMAN

75 Eine klassische Kombination: Antiqua und Sansserif sind gerngesehene Gäste in so mancher typografischen Arbeit. Eindeutig unterscheidbar durch den Umgang mit Serifen und der Modulation der Strichstärke – da kann die breitlaufende Ausführung der Helvetica Neue auch keine Unruhe stiften: Zu klar ist die durch die zugewiesene Schriftgröße umgesetzte Position in der Hierarchie.

Überschriften

Überschriften werden von uns aufgrund ihrer prominenten Position innerhalb des typografischen Klimas sehr schnell wahrgenommen – ihre Stilistik formt in weiten Teilen den typografischen Charakter eines Werkes. Dabei kann der Anforderungskatalog an Überschriften sehr umfangreich und ebenso differenziert sein, da es verschiedene Bedeutungsebenen und inhaltliche Hierarchien in einer Publikation geben kann, die es abzubilden gilt.

Ein erzählendes Werk besitzt zumeist gleichberechtigte Kapitelüberschriften, die ein identisches grafisches Gesicht besitzen – bisweilen kommen Überschriften hinzu, die die Kapitel abermals strukturieren – sog. Unterüberschriften – und deren ›Lautstärke‹ sich entsprechend den Hauptüberschriften unterordnen muss. Hier steht nicht eine komplexe Gliederung des Inhalts als Aufgabe im Vordergrund, sondern die gestalterische Ästhetik, die Überschrift und Fließtext im Zusammenspiel ein typografisches Statement abgeben lassen, das dem Charakter eines Werkes entsprechen sollte.

Wissenschaftliche Werke haben eine sehr differenzierte und komplexe inhaltliche Struktur. Ihr inhaltlicher Aufbau muss sich in einer klar gegliederten Systematik voneinander abgegrenzter Überschriften erschließen – auch wenn es innerhalb einer Buchseite nur eine Überschrift gibt und der direkte Vergleich zum ›großen Ganzen‹ fehlt.

Es gibt verschiedene ›Stellschrauben‹ für die Gewichtung von Überschriften, nach denen sich ästhetisch anmutende Hauptüberschriften genauso gestalten lassen wie auch komplexe Überschriftensysteme:

1. Die Schriftgröße
Der Kontrast zur Bezugsgröße Fließtext kommuniziert den Grad der Bedeutung und öffnet viele Optionen zur Feinabstimmung unterschiedlicher Grade.

2. Die Schreibweise
Versalsatz ist grundsätzlich dominanter als die gemischte Schreibweise, die ja dem Fließtext entspricht. Entscheidend dabei ist aber immer noch die zugewiesene Schriftgröße, die diesen Leitsatz auch konterkarieren kann.

3. Die Strichstärke
Hier gilt das klassische Gesetz zur Anhebung der Masse eines Gestaltungselements: Je schwärzer der Grauwert, desto stärker die Hervorhebung.

4. Der Abstand zum Fließtext
Ein großer Weißraum zwischen Überschrift und Fließtext verdeutlicht eine stark überordnende Wirkung – ein kleiner Weißraum eine entsprechende Nähe zum Text.

4. Die Ausrichtung zum Fließtext
Eine zentrierte Position über dem Fließtext symbolisiert eine stärker überordnende Wirkung, da der Kontrast zum Fließtext und dem Lesevorgang von links nach rechts größer ist.

76 Die Überschrift entspricht der gleichen Schrift und dem gleichen Schriftschnitt wie der Fließtext, ihre Ausrichtung ist linksbündig. Die Schriftgröße als visuelle Kennzeichnung kommuniziert die übergeordnete und strukturierende Aufgabe der Headline.

Die erste Unruhe

Die Jugendlichen des Karrées, bis hin zur Häusersiedlung an der Unterführung, nutzten ihn im Sommer als Treffpunkt und Edgar vermied es am Kasten vorbeizugehen, wenn die Realschüler sich dort aufpflanzten und ihre abfälligen Bemerkungen, ihr lautes Gegröle, geboren aus Übermut und Langeweile, jeden traf, der vorbeiging.

Auf dem gerundeten Deckel, der den oberen Abschluss des Kastens bildete, saßen sie zu zweit oder dritt, zumeist Mädchen, rauchend, mit krummen Rücken, und ließen die Hacken gegen die Vorderseite des Kastens schnellen. Die Jungs standen daneben, unbeteiligt, dünne Kerle in zu engen Jeanshosen, auf der Oberlippe der erste Flaum, und bastelten an ihren Fahrrädern. Manche besaßen bereits Mofas, die sie aufgebockt hatten und immer wieder aus dem Leerlauf heraus ankurbelten, bis die Motoren nervös quengelten.

---

77 Neben der Schriftgröße ist ein weiteres Mittel der Kennzeichnung hinzugekommen: Der Abstand zum Text ist nun merklich größer – die übergeordnete Position der Überschrift wird noch deutlicher, da die inhaltliche Ebene des Fließtextes weiter abgerückt ist. Die Überschrift erhält eine ›größere Bühne‹, ihr Wortlaut gewinnt an Strahlkraft und Bedeutung.

Die erste Unruhe

Die Jugendlichen des Karrées, bis hin zur Häusersiedlung an der Unterführung, nutzten ihn im Sommer als Treffpunkt und Edgar vermied es am Kasten vorbeizugehen, wenn die Realschüler sich dort aufpflanzten und ihre abfälligen Bemerkungen, ihr lautes Gegröle, geboren aus Übermut und Langeweile, jeden traf, der vorbeiging.

Auf dem gerundeten Deckel, der den oberen Abschluss des Kastens bildete, saßen sie zu zweit oder dritt, zumeist Mädchen, rauchend, mit krummen Rücken, und ließen die Hacken gegen die Vorderseite des Kastens schnellen. Die Jungs standen daneben, unbeteiligt, dünne Kerle in zu engen Jeanshosen, auf der Oberlippe der erste Flaum, und bastelten an ihren Fahrrädern. Manche besaßen bereits Mofas, die sie aufgebockt hatten und immer wieder aus dem Leerlauf heraus ankurbelten, bis die Motoren nervös quengelten.

---

78 Die zentrierte Position der Überschrift unterstreicht ihre übergeordnete Bedeutung – das typografische Erscheinungsbild gerät sehr tradiert und klassisch. Der symmetrische Charakter wird einzig von den unterschiedlich langen Ausgangszeilen und den Einzügen aufgelockert.

Die erste Unruhe

Die Jugendlichen des Karrées, bis hin zur Häusersiedlung an der Unterführung, nutzten ihn im Sommer als Treffpunkt und Edgar vermied es am Kasten vorbeizugehen, wenn die Realschüler sich dort aufpflanzten und ihre abfälligen Bemerkungen, ihr lautes Gegröle, geboren aus Übermut und Langeweile, jeden traf, der vorbeiging.

Auf dem gerundeten Deckel, der den oberen Abschluss des Kastens bildete, saßen sie zu zweit oder dritt, zumeist Mädchen, rauchend, mit krummen Rücken, und ließen die Hacken gegen die Vorderseite des Kastens schnellen. Die Jungs standen daneben, unbeteiligt, dünne Kerle in zu engen Jeanshosen, auf der Oberlippe der erste Flaum, und bastelten an ihren Fahrrädern. Manche besaßen bereits Mofas, die sie aufgebockt hatten und immer wieder aus dem Leerlauf heraus ankurbelten, bis die Motoren nervös quengelten.

79 Die Headline ist nicht nur größer als der Fließtext, sondern auch kräftiger im Schriftschnitt – die Masse gegenüber dem Fließtext ist stark angehoben, die gliedernde Funktion der Headline wird noch anschaulicher dargestellt. Das Zuweisen von zwei Modifikationen (Größe und Strichstärke) gegenüber dem Fließtext eröffnet zudem mehr Optionen, eine oder weitere Überschriften typografisch eindeutig zu kennzeichnen und gegenüber der Hauptüberschrift abzugrenzen.

Die erste Unruhe

Die Jugendlichen des Karrées, bis hin zur Häusersiedlung an der Unterführung, nutzten ihn im Sommer als Treffpunkt und Edgar vermied es am Kasten vorbeizugehen, wenn die Realschüler sich dort aufpflanzten und ihre abfälligen Bemerkungen, ihr lautes Gegröle, geboren aus Übermut und Langeweile, jeden traf, der vorbeiging.

Auf dem gerundeten Deckel, der den oberen Abschluss des Kastens bildete, saßen sie zu zweit oder dritt, zumeist Mädchen, rauchend, mit krummen Rücken, und ließen die Hacken gegen die Vorderseite des Kastens schnellen. Die Jungs standen daneben, unbeteiligt, dünne Kerle in zu engen Jeanshosen, auf der Oberlippe der erste Flaum, und bastelten an ihren Fahrrädern. Manche besaßen bereits Mofas, die sie aufgebockt hatten und immer wieder aus dem Leerlauf heraus ankurbelten, bis die Motoren nervös quengelten.

---

80 Obwohl die gleiche Schrift Anwendung findet, ist das Schriftbild der Headline gegenüber dem Fließtext noch weiter modifiziert: Die Caps finden sich im Fließtext nicht wieder und sind somit ein Alleinstellungsmerkmal für die Headline – ihre Anmutung ist majestätisch und sehr edel; allein das Schriftbild schenkt der Headline eine große Glaubwürdigkeit und Strahlkraft.

DIE ERSTE UNRUHE

Die Jugendlichen des Karrées, bis hin zur Häusersiedlung an der Unterführung, nutzten ihn im Sommer als Treffpunkt und Edgar vermied es am Kasten vorbeizugehen, wenn die Realschüler sich dort aufpflanzten und ihre abfälligen Bemerkungen, ihr lautes Gegröle, geboren aus Übermut und Langeweile, jeden traf, der vorbeiging.

Auf dem gerundeten Deckel, der den oberen Abschluss des Kastens bildete, saßen sie zu zweit oder dritt, zumeist Mädchen, rauchend, mit krummen Rücken, und ließen die Hacken gegen die Vorderseite des Kastens schnellen. Die Jungs standen daneben, unbeteiligt, dünne Kerle in zu engen Jeanshosen, auf der Oberlippe der erste Flaum, und bastelten an ihren Fahrrädern. Manche besaßen bereits Mofas, die sie aufgebockt hatten und immer wieder aus dem Leerlauf heraus ankurbelten, bis die Motoren nervös quengelten.

---

81 Die Kursive hat nicht die vordergründigen Qualitäten, die eine Hauptüberschrift braucht – dafür ist sie zu wenig charismatisch und eher für andere Aufgaben im typografischen Reigen prädestiniert, wie die Auszeichnungen im Text beispielsweise. Aber genau diese Qualität kann sie wertvoll im Kontext komplexer Überschriftensystematiken werden lassen, denn in einer Hierarchie von mehreren Headlines ist diese eher leise Interpretation eine gute Abgrenzung gegenüber anderen Überschriften.

Die erste Unruhe

Die Jugendlichen des Karrées, bis hin zur Häusersiedlung an der Unterführung, nutzten ihn im Sommer als Treffpunkt und Edgar vermied es am Kasten vorbeizugehen, wenn die Realschüler sich dort aufpflanzten und ihre abfälligen Bemerkungen, ihr lautes Gegröle, geboren aus Übermut und Langeweile, jeden traf, der vorbeiging.

Auf dem gerundeten Deckel, der den oberen Abschluss des Kastens bildete, saßen sie zu zweit oder dritt, zumeist Mädchen, rauchend, mit krummen Rücken, und ließen die Hacken gegen die Vorderseite des Kastens schnellen. Die Jungs standen daneben, unbeteiligt, dünne Kerle in zu engen Jeanshosen, auf der Oberlippe der erste Flaum, und bastelten an ihren Fahrrädern. Manche besaßen bereits Mofas, die sie aufgebockt hatten und immer wieder aus dem Leerlauf heraus ankurbelten, bis die Motoren nervös quengelten.

DIE ERSTE UNRUHE

82 Wird die Headline aus einer anderen Schrift als der Fließtext aufgebaut, nehmen wir unweigerlich eine ästhetische Wertung bezüglich der Kombination beider Schriften vor. Und wir weisen intuitiv der gewählten Form eine inhaltliche Bedeutung zu. Die Schriftwahl für die prominente Position Headline wird als Visitenkarte eines Werkes wahrgenommen. Hier können Attribute wie ›modern‹, ›traditionell‹ oder ›zeitlos‹ sichtbar verankert werden.

Die Jugendlichen des Karrées, bis hin zur Häusersiedlung an der Unterführung, nutzten ihn im Sommer als Treffpunkt und Edgar vermied es am Kasten vorbeizugehen, wenn die Realschüler sich dort aufpflanzten und ihre abfälligen Bemerkungen, ihr lautes Gegröle, geboren aus Übermut und Langeweile, jeden traf, der vorbeiging.

Auf dem gerundeten Deckel, der den oberen Abschluss des Kastens bildete, saßen sie zu zweit oder dritt, zumeist Mädchen, rauchend, mit krummen Rücken, und ließen die Hacken gegen die Vorderseite des Kastens schnellen. Die Jungs standen daneben, unbeteiligt, dünne Kerle in zu engen Jeanshosen, auf der Oberlippe der erste Flaum, und bastelten an ihren Fahrrädern. Manche besaßen bereits Mofas, die sie aufgebockt hatten und immer wieder aus dem Leerlauf heraus ankurbelten, bis die Motoren nervös quengelten.

Die erste Unruhe

83 Die Überschrift greift den Einzug im Fließtext auf – das schafft eine Verbindung zwischen den beiden Ebenen ›Überschrift‹ und ›Fließtext‹. Die Headline wird etwas weniger majestätisch dadurch, da auch für sie die gleichen Pflichten gelten!

Die Jugendlichen des Karrées, bis hin zur Häusersiedlung an der Unterführung, nutzten ihn im Sommer als Treffpunkt und Edgar vermied es am Kasten vorbeizugehen, wenn die Realschüler sich dort aufpflanzten und ihre abfälligen Bemerkungen, ihr lautes Gegröle, geboren aus Übermut und Langeweile, jeden traf, der vorbeiging.

Auf dem gerundeten Deckel, der den oberen Abschluss des Kastens bildete, saßen sie zu zweit oder dritt, zumeist Mädchen, rauchend, mit krummen Rücken, und ließen die Hacken gegen die Vorderseite des Kastens schnellen. Die Jungs standen daneben, unbeteiligt, dünne Kerle in zu engen Jeanshosen, auf der Oberlippe der erste Flaum, und bastelten an ihren Fahrrädern. Manche besaßen bereits Mofas, die sie aufgebockt hatten und immer wieder aus dem Leerlauf heraus ankurbelten, bis die Motoren nervös quengelten.

Die erste Unruhe

84 Einzüge müssen nicht ausschließlich in die Kolumne hineinragen – sie können auch rausgezogen werden. Diese Lösung ist etwas raumgreifender und weniger geeignet, wenn mehrere Kolumnen nebeneinander stehen. Bei Seitengestaltungen, die einen einspaltigen Satzspiegel vorsehen (Romane etc.), kann die herausgezogene Headline eine Gestaltung optisch auflockern und dynamisieren.

Die Jugendlichen des Karrées, bis hin zur Häusersiedlung an der Unterführung, nutzten ihn im Sommer als Treffpunkt und Edgar vermied es am Kasten vorbeizugehen, wenn die Realschüler sich dort aufpflanzten und ihre abfälligen Bemerkungen, ihr lautes Gegröle, geboren aus Übermut und Langeweile, jeden traf, der vorbeiging.

Auf dem gerundeten Deckel, der den oberen Abschluss des Kastens bildete, saßen sie zu zweit oder dritt, zumeist Mädchen, rauchend, mit krummen Rücken, und ließen die Hacken gegen die Vorderseite des Kastens schnellen. Die Jungs standen daneben, unbeteiligt, dünne Kerle in zu engen Jeanshosen, auf der Oberlippe der erste Flaum, und bastelten an ihren Fahrrädern. Manche besaßen bereits Mofas, die sie aufgebockt hatten und immer wieder aus dem Leerlauf heraus ankurbelten, bis die Motoren nervös quengelten.

85 Überschriften müssen nicht zwangsläufig oberhalb des Textes angeordnet sein. Links neben der Kolumne ist ebenso – in Leserichtung denkend – ein Anfangspunkt für den Lesevorgang. Die Gestaltung muss allerdings so organisiert sein, dass ein ausreichender Steg weiß vorgesehen ist und der Zeilenabstand zwischen Headline und Fließtext identisch ist.

Die erste Unruhe

Die Jugendlichen des Karrées, bis hin zur Häusersiedlung an der Unterführung, nutzten ihn im Sommer als Treffpunkt und Edgar vermied es am Kasten vorbeizugehen, wenn die Realschüler sich dort aufpflanzten und ihre abfälligen Bemerkungen, ihr lautes Gegröle, geboren aus Übermut und Langeweile, jeden traf, der vorbeiging.

Auf dem gerundeten Deckel, der den oberen Abschluss des Kastens bildete, saßen sie zu zweit oder dritt, zumeist Mädchen, rauchend, mit krummen Rücken, und ließen die Hacken gegen die Vorderseite des Kastens schnellen. Die Jungs standen daneben, unbeteiligt, dünne Kerle in zu engen Jeanshosen, auf der Oberlippe der erste Flaum, und bastelten an ihren Fahrrädern. Manche besaßen bereits Mofas, die sie aufgebockt hatten und immer wieder aus dem Leerlauf heraus ankurbelten, bis die Motoren nervös quengelten.

---

86 Die Überschrift ist – im Grundlinienraster stehend – eine Zeile über dem Fließtext angeordnet und aus der Kolumne herausgezogen. Nach einem Zeilenumbruch ›fließt‹ sie in die erste Zeile des ersten Absatzes ein. Wichtig ist der Festabstand danach, der sichtbar größer als ein WZR sein muss. Die Empfehlung: ein Geviert.

Die erste Unruhe Die Jugendlichen des Karrées, bis hin zur Häusersiedlung an der Unterführung, nutzten ihn im Sommer als Treffpunkt und Edgar vermied es am Kasten vorbeizugehen, wenn die Realschüler sich dort aufpflanzten und ihre abfälligen Bemerkungen, ihr lautes Gegröle, geboren aus Übermut und Langeweile, jeden traf, der vorbeiging.

Auf dem gerundeten Deckel, der den oberen Abschluss des Kastens bildete, saßen sie zu zweit oder dritt, zumeist Mädchen, rauchend, mit krummen Rücken, und ließen die Hacken gegen die Vorderseite des Kastens schnellen. Die Jungs standen daneben, unbeteiligt, dünne Kerle in zu engen Jeanshosen, auf der Oberlippe der erste Flaum, und bastelten an ihren Fahrrädern. Manche besaßen bereits Mofas, die sie aufgebockt hatten und immer wieder aus dem Leerlauf heraus ankurbelten, bis die Motoren nervös quengelten.

---

87 Wird die Überschrift, oder ein übergeordnetes Schlagwort in die erste Zeile eines Absatzes integriert, sprechen wir von einer ›Spitzmarke‹. Die Schriftgröße muss der Größe des Fließtextes ähnlich sein – der Abstand zum nachfolgenden Text klar erkenntlich, denn wir gliedern auf derselben horizontalen Ebene zwei inhaltliche Ebenen.

Die erste Unruhe Die Jugendlichen des Karrées, bis hin zur Häusersiedlung an der Unterführung, nutzten ihn im Sommer als Treffpunkt und Edgar vermied es am Kasten vorbeizugehen, wenn die Realschüler sich dort aufpflanzten und ihre abfälligen Bemerkungen, ihr lautes Gegröle, geboren aus Übermut und Langeweile, jeden traf, der vorbeiging.

Auf dem gerundeten Deckel, der den oberen Abschluss des Kastens bildete, saßen sie zu zweit oder dritt, zumeist Mädchen, rauchend, mit krummen Rücken, und ließen die Hacken gegen die Vorderseite des Kastens schnellen. Die Jungs standen daneben, unbeteiligt, dünne Kerle in zu engen Jeanshosen, auf der Oberlippe der erste Flaum, und bastelten an ihren Fahrrädern. Manche besaßen bereits Mofas, die sie aufgebockt hatten und immer wieder aus dem Leerlauf heraus ankurbelten, bis die Motoren nervös quengelten.

12 Die erste Unruhe

88 Kommen eine Kapitelziffer und grafische Elemente zur Gestaltung der Headline hinzu, kann der Kapiteleinstieg optisch opulenter ausgefallen. Die Herausforderung dabei liegt im Spagat zwischen Zweckmäßigkeit und Selbstinszenierung, die vielleicht kurzlebig sein wird. Allerdings bietet die ›Spielwiese‹ Kapiteleinstieg viel Potential für eine eigenständige und feinsinnige typografische Persönlichkeit.

Die Jugendlichen des Karrées, bis hin zur Häusersiedlung an der Unterführung, nutzten ihn im Sommer als Treffpunkt und Edgar vermied es am Kasten vorbeizugehen, wenn die Realschüler sich dort aufpflanzten und ihre abfälligen Bemerkungen, ihr lautes Gegröle, geboren aus Übermut und Langeweile, jeden traf, der vorbeiging.

Auf dem gerundeten Deckel, der den oberen Abschluss des Kastens bildete, saßen sie zu zweit oder dritt, zumeist Mädchen, rauchend, mit krummen Rücken, und ließen die Hacken gegen die Vorderseite des Kastens schnellen. Die Jungs standen daneben, unbeteiligt, dünne Kerle in zu engen Jeanshosen, auf der Oberlippe der erste Flaum, und bastelten an ihren Fahrrädern. Manche besaßen bereits Mofas, die sie aufgebockt hatten und immer wieder aus dem Leerlauf heraus ankurbelten, bis die Motoren nervös quengelten.

Die erste Unruhe

* * *

89 Die zentrierte Headline-Lösung, nicht eben für gestalterische Raffinesse und innovative Typografie stehend, kann durch Schmuckelemente und eine markante Schrift deutlich interessanter gestaltet werden. Es gilt, die Ruhe und Klarheit dieser Komposition für eine starke typografische Sprache zu nutzen, dann greift die Lösung: Weniger ist mehr!

Die Jugendlichen des Karrées, bis hin zur Häusersiedlung an der Unterführung, nutzten ihn im Sommer als Treffpunkt und Edgar vermied es am Kasten vorbeizugehen, wenn die Realschüler sich dort aufpflanzten und ihre abfälligen Bemerkungen, ihr lautes Gegröle, geboren aus Übermut und Langeweile, jeden traf, der vorbeiging.

Auf dem gerundeten Deckel, der den oberen Abschluss des Kastens bildete, saßen sie zu zweit oder dritt, zumeist Mädchen, rauchend, mit krummen Rücken, und ließen die Hacken gegen die Vorderseite des Kastens schnellen. Die Jungs standen daneben, unbeteiligt, dünne Kerle in zu engen Jeanshosen, auf der Oberlippe der erste Flaum, und bastelten an ihren Fahrrädern. Manche besaßen bereits Mofas, die sie aufgebockt hatten und immer wieder aus dem Leerlauf heraus ankurbelten, bis die Motoren nervös quengelten.

---

12 Die erste Unruhe

90 Kommt eine Unterüberschrift hinzu, gibt es bezüglich der Schriftwahl zwei Möglichkeiten: die Fließtextschrift in einem anderen Schriftbild oder die Schrift der Hauptüberschrift in einer ›leiseren‹ Umsetzung, um der Hierarchie gerecht zu werden. Da hier die Spitzmarke zum Einsatz kommt, reicht ein kräftiger Schnitt der Antiqua, um visuell ausreichend zu gliedern.

Die Jugendlichen des Karrées, bis hin zur Häusersiedlung an der Unterführung, nutzten ihn im Sommer als Treffpunkt und Edgar vermied es am Kasten vorbeizugehen, wenn die Realschüler sich dort aufpflanzten und ihre abfälligen Bemerkungen, ihr lautes Gegröle, geboren aus Übermut und Langeweile, jeden traf, der vorbeiging.

Vorgezogener Spielbetrieb Auf dem gerundeten Deckel, der den oberen Abschluss des Kastens bildete, saßen sie zu zweit oder dritt, zumeist Mädchen, rauchend, mit krummen Rücken, und ließen die Hacken gegen die Vorderseite des Kastens schnellen. Die Jungs standen daneben, unbeteiligt, dünne Kerle in zu engen Jeanshosen, auf der Oberlippe der erste Flaum, und bastelten an ihren Fahrrädern. Manche besaßen bereits Mofas, die sie aufgebockt hatten und immer wieder aus dem Leerlauf heraus ankurbelten, bis die Motoren nervös quengelten.

Komplexe Überschriftenhierarchien

Während bei der einfachen Gliederung in Haupt- und Unterüberschrift die typografischen Möglichkeiten sehr groß sind, müssen Inhalte, die in viele Ebenen unterteilt sind, eine eindeutige, klar unterscheidbare Systematik verschiedener Überschriften zugewiesen bekommen, um der Struktur des Inhalts ein typografisches Gesicht und eine nachvollziehbare Hierarchie zu geben.

Hauptüberschrift

3 Historisch-sozialer Kontext zur Entstehung der Meisterstiche

Unterüberschrift 1

1. Goltzius im Kontext: Die sozio-kulturelle Situation

Unterüberschrift 2

1.1 Die Niederlande im ausgehenden 16. Jahrhundert

Unterüberschrift 3

Die Kupferstichserie Goltzius' Kupferstichserie entstand während des achtzig Jahre andauernden Unabhängigkeitskrieges der Niederlande gegen die habsburgische Herrschaft (1568–1648), einer Zeit größter politischer und religiöser Unruhen und massiver kriegerischer Auseinandersetzungen. Nachdem 1555 auf dem Augsburger Reichstag der sogenannte Reichs- und Religionsfrieden beschlossen worden war, der den Anhängern der Confessio Augustana, dem von Philipp Melanchthon (1497–1560) verfassten, grundlegenden reformierten Glaubensbekenntnis, dauerhaft Religionsfreiheit und ihre Besitzstände zugesichert und entscheidend zur Pazifizierung der Konfessionsparteien beigetragen hatte, wurde der Frieden in Europa seit den 1570er Jahren erneut zunehmend durch konfessionelle Konflikte bedroht.

Nachdem sich 1579 mit der Utrechter Union verschiedene nördliche Provinzen und Städte von der spanischen Herrschaft losgesagt hatten, gründete sich 1581 unter der Führung Wilhelm von Oraniens (1533–1584) mit den Vereinigten Niederlanden als Republik der Sieben Vereinigten Provinzen die erste europäische Republik. Das Jahrzehnt zwischen 1580 und 1590 war für die aufständischen nördlichen Provinzen politisch unsicher und vor allem durch das militärische Vordringen Alessandro Farneses (1545–1592) gekennzeichnet, das die junge Republik bedrohte.

84 **Die Hauptüberschrift** ist durch ihre Schriftgröße, den Abstand zu den weiteren Headlines und die gefettete Kapitelziffer als Alphatier kenntlich gestaltet. Der Abstand nach der Ziffer entspricht dem Einzug innerhalb der Kolumne. Die **Unterüberschrift 1** ist deutlich kleiner, aber durch ihren kräftigen Schnitt in der Hierarchie klar positioniert. Nach der arabischen Kapitelziffer folgt ein WZR – das Aufgreifen des Festabstandes der Hauptüberschrift bietet sich nach der Ziffer nicht an: Der Raum ist zu groß, da er für eine größere Schrift festgelegt wurde. **Die Unterüberschrift 2** ist gleich groß wie die in der Hierarchie darüberstehende – ihr leichterer Schnitt positioniert sie klar hinter der Unterüberschrift 1. Die Paginierung ›1.1‹ verdeutlicht die Unterebene. Danach folgt ein WZR. Die **Unterüberschrift 3** als ›leiseste‹ Headline ist als Spitzmarke in die 1. Zeile integriert. Sie hat die gleiche Größe wie der Fließtext, ist aber gefettet. Danach folgt ein Geviert. Insgesamt wurden nur zwei Schriftschnitte der Schriftfamilie Univers LT verwendet, die aber durch Schriftgröße und Abstände klar in Hierarchie gesetzt wurden.

3 Historisch-sozialer Kontext
zur Entstehung der Meisterstiche

1. Goltzius im Kontext: Die sozio-kulturelle Situation

1.1 Die Niederlande im ausgehenden 16. Jahrhundert

Die Kupferstichserie Goltzius' Kupferstichserie entstand während des achtzig Jahre andauernden Unabhängigkeitskrieges der Niederlande gegen die habsburgische Herrschaft (1568–1648), einer Zeit größter politischer und religiöser Unruhen und massiver kriegerischer Auseinandersetzungen. Nachdem 1555 auf dem Augsburger Reichstag der sogenannte Reichs- und Religionsfrieden, beschlossen worden war, der den Anhängern der Confessio Augustana, dem von Philipp Melanchthon (1497–1560) verfassten, grundlegenden reformierten Glaubensbekenntnis, dauerhaft Religionsfreiheit und ihre Besitzstände zugesichert und entscheidend zur Pazifizierung der Konfessionsparteien beigetragen hatte, wurde der Frieden in Europa seit den 1570er Jahren erneut zunehmend durch konfessionelle Konflikte bedroht.

Nachdem sich 1579 mit der Utrechter Union verschiedene nördliche Provinzen und Städte von der spanischen Herrschaft losgesagt hatten, gründete sich 1581 unter der Führung Wilhelm von Oraniens (1533–1584) mit den Vereinigten Niederlanden als Republik der Sieben Vereinigten Provinzen, die erste europäische Republik. Das Jahrzehnt zwischen 1580 und 1590 war für die aufständischen nördlichen Provinzen politisch unsicher und vor allem durch das militärische Vordringen Alessandro Farneses (1545–1592) gekennzeichnet, das die junge Republik bedrohte.

91

3 Historisch-sozialer Kontext
zur Entstehung der Meisterstiche

1. Goltzius im Kontext: Die sozio-kulturelle Situation

1.1 Die Niederlande im ausgehenden 16. Jahrhundert

Die Kupferstichserie Goltzius' Kupferstichserie entstand während des achtzig Jahre andauernden Unabhängigkeitskrieges der Niederlande gegen die habsburgische Herrschaft (1568–1648), einer Zeit größter politischer und religiöser Unruhen und massiver kriegerischer Auseinandersetzungen. Nachdem 1555 auf dem Augsburger Reichstag der sogenannte Reichs- und Religionsfrieden, beschlossen worden war, der den Anhängern der Confessio Augustana, dem von Philipp Melanchthon (1497–1560) verfassten, grundlegenden reformierten Glaubensbekenntnis, dauerhaft Religionsfreiheit und ihre Besitzstände zugesichert und entscheidend zur Pazifizierung der Konfessionsparteien beigetragen hatte, wurde der Frieden in Europa seit den 1570er Jahren erneut zunehmend durch konfessionelle Konflikte bedroht.

Nachdem sich 1579 mit der Utrechter Union verschiedene nördliche Provinzen und Städte von der spanischen Herrschaft losgesagt hatten, gründete sich 1581 unter der Führung Wilhelm von Oraniens (1533–1584) mit den Vereinigten Niederlanden als Republik der Sieben Vereinigten Provinzen, die erste europäische Republik. Das Jahrzehnt zwischen 1580 und 1590 war für die aufständischen nördlichen Provinzen politisch unsicher und vor allem durch das militärische Vordringen Alessandro Farneses (1545–1592) gekennzeichnet, das die junge Republik bedrohte. Die Kämpfe und Aufstände hielten an, da der spanische König Philipp II. (1527–1598, reg. seit 1556) nicht bereit war, seine Ansprüche auf die nördlichen Provinzen aufzugeben. Die wirtschaftlich starken Niederlande, mit ihrer geografischen Lage zwischen England, Frankreich und Deutschland, lagen im Zentrum der Auseinandersetzungen um die konfessionelle Vorrangstellung. Erst mit dem Eingreifen Englands und der Präsenz englischer Truppen in den Nordprovinzen (1585) sowie der Thronbestei- gung (1594) von Henri IV. (1553–1610) in Frankreich verbesserte sich die Lage etwas.145 Hungersnöte und Seuchen, Plünderungen, Repressionen und Verfolgung gehörten zum Alltag der niederländischen Bevölkerung und gefährdeten die Existenz. Die Situation der Bevölkerung in den gesamten Niederlanden war gekennzeichnet durch Krieg, Unruhen, Flucht und Exil. Der Bildersturm (1566) und die seit der Reformation diskutierte Bilderfrage hatten zu einer Verunsicherung des Selbstverständnisses zahlreicher Künstler geführt und das Nachdenken über die Grundlagen der Kunst gefördert.146 Viele Künstler gingen ins Exil, und in der

92

3 Historisch-sozialer Kontext
zur Entstehung
der Meisterstiche

1. Goltzius im Kontext: Die sozio-kulturelle Situation

1.1 Die Niederlande im ausgehenden 16. Jahrhundert

Die Kupferstichserie Goltzius' Kupferstichserie entstand während des achtzig Jahre andauernden Unabhängigkeitskrieges der Niederlande gegen die habsburgische Herrschaft (1568–1648), einer Zeit größter politischer und religiöser Unruhen und massiver kriegerischer Auseinandersetzungen. Nachdem 1555 auf dem Augsburger Reichstag der sogenannte Reichs- und Religionsfrieden, beschlossen worden war, der den Anhängern der Confessio Augustana, dem von Philipp Melanchthon (1497–1560) verfassten, grundlegenden reformierten Glaubensbekenntnis, dauerhaft Religionsfreiheit und ihre Besitzstände zugesichert und entscheidend zur Pazifizierung der Konfessionsparteien beigetragen hatte, wurde der Frieden in Europa seit den 1570er Jahren erneut zunehmend durch konfessionelle Konflikte bedroht.

Nachdem sich 1579 mit der Utrechter Union verschiedene nördliche Provinzen und Städte von der spanischen Herrschaft losgesagt hatten, gründete sich 1581 unter der Führung Wilhelm von Oraniens (1533–1584) mit den Vereinigten Niederlanden als Republik der Sieben Vereinigten Provinzen, die erste europäische Republik. Das Jahrzehnt zwischen 1580 und 1590 war für die aufständischen nördlichen Provinzen politisch unsicher und vor allem durch das militärische Vordringen Alessandro Farneses (1545–1592) gekennzeichnet, das die junge Republik bedrohte. Die Kämpfe und Aufstände hielten an, da der spanische König Philipp II. (1527–1598, reg. seit 1556) nicht bereit war, seine Ansprüche auf die nördlichen Provinzen aufzugeben. Die wirtschaftlich starken Niederlande, mit ihrer geografischen Lage zwischen England, Frankreich und Deutschland, lagen im Zentrum der Auseinandersetzungen um die konfessionelle Vorrangstellung. Erst mit dem Eingreifen Englands und der Präsenz englischer Truppen in den Nordprovinzen (1585) sowie der Thronbestei- gung (1594) von Henri IV. (1553–1610) in Frankreich verbesserte sich die Lage etwas.145 Hungersnöte und Seuchen, Plünderungen, Repressionen und Verfolgung gehörten zum Alltag der niederländischen Bevölkerung und gefährdeten die Existenz. Die Situation der Bevölkerung in den gesamten Niederlanden war gekennzeichnet durch Krieg, Unruhen, Flucht und Exil. Der Bildersturm (1566) und die seit der Reformation diskutierte Bilderfrage hatten zu einer Verunsicherung des Selbstverständnisses zahlreicher Künstler geführt und das Nachdenken über die Grundlagen der Kunst gefördert.146 Viele Künstler gingen ins Exil, und in der Folge entstanden zahlreiche exilniederländische Kunstzentren, zum Beispiel in Köln, Hamburg, Frankfurt, Frankenthal sowie an den herzoglichen und kaiserlichen Residenzen in München und Prag.147 Viele ländliche Gebiete der südlichen Niederlande wurden stark entvölkert. Schwere Hungersnöte erschütterten Mitte der 1580er Jahre Lüttich und Antwerpen. In Antwerpen, das durch die Plünderungen und Grausamkeiten der sogenannten Spanischen Furie (1576) sowieso schon stark geschwächt war, fiel die Einwohnerzahl von 82.000 im Jahr 1585 innerhalb von vier Jahren auf 42.000.148 Die nördlichen Provinzen waren nach 1576, abgesehen von

93

91 Neben der Formatierung der einzelnen Headline-Ebenen ist deren Abstand zueinander und Position im Satzspiegel Mittel zu einer wirksamen Überschriften-Hierarchie. Die Platzierung an der oberen Satzspiegelkante mit einhergehendem großen Weißraum darunter schafft eine luftige Kapiteleröffnung.

92 Ein Herausziehenden der Head I schafft ebenso eine klare Abgrenzung – der geringere Abstand darunter ist deswegen leichter zu vertreten.

93 Die prominenteste Lösung sieht eine echte Kapiteleinstiegseite für die Head I vor, die auch ebenso als rechte Seite funktioniert. Die Alleinstellung der Head I ist maximal ausgearbeitet.

Register

Dieses Register listet Schlüsselwörter der typografischen Gestaltung. Die aufgeführten Seitenzahlen benennen die Stellen im Buch, an denen die Begriffe erklärt werden oder in einem weiterführenden Zusammenhang Anwendung finden. Sie können aber durchaus auch noch an anderen, hier nicht vermerkten Stellen im Text zu finden sein, wenn sie zu den Fachtermini der typografischen Gestaltung gehören.

Über den Autor

Martin Mosch, geboren 1969, studierte Kommunikationsdesign in Hildesheim und Potsdam. Seine Begeisterung für typografische Gestaltung und die Liebe zu gedruckter Schrift waren bereits durch die Ausbildung zum Buchhändler und das Sammeln bibliophiler Erstausgaben fest in der Lebensplanung installiert.

Seinen ersten Apple Macintosh kaufte er sich 1991 und begann gestalterisch mit Schrift zu arbeiten. Im Studium vertiefte er – u.a. bei Gottfried Pott – dann zunächst das kalligrafische Schreiben von Schrift sowie die handwerklichen Grundlagen des Schriftsatzes. Parallel beschäftigte er sich zunehmend mit dem experimentellen Umgang mit Buchstaben am Mac – u.a. bei Luc de Groot –, und der Gestaltung von Lese- und Plakattypografie.

Seine im Siebdruck realisierte Abschlussarbeit ›1058 Berlin‹ wurde 1998 mit dem Förderpreis für junge Buchgestalter ausgezeichnet – es folgten Einladungen zu Gastvorträgen, Jurytätigkeiten und Seminaren im In- und Ausland (u.a. an der Central Academy of Fine Arts in Peking).

Im selben Jahr gründete er das Berliner Designbüro ›hawemannundmosch‹ in Berlin-Prenzlauer Berg und arbeitet – heute selbständig – seitdem für Verlage, Museen und Unternehmen der freien Wirtschaft.

Neben seiner Tätigkeit als Designer begann er zunehmend typografische Gestaltung auch didaktisch aufzuarbeiten und Lernenden zu vermitteln: Seit 2009 unterrichtet er Editorial Design und Typografie an verschiedenen Berliner Hoch- und Fachschulen. Die jahrelange Lehrtätigkeit und die einhergehende Fokussierung auf eine klare und verständliche Vermittlung gestalterischer Kompetenzen an Studierende floss ebenso maßgeblich in dieses Buch ein wie die mehr als 25-jährige Erfahrung als Typograf und Kommunikationsdesigner.

Impressum

Gestaltung, Satz und Umschlag Martin Mosch
Lektorat Bertram Schmidt-Friderichs
Korrektorat Sandra Mandl
Verwendete Schriften Franziska Pro von Jakob Runge, Klavika von Erik Olson und Akzidenz-Grotesk in Berthold Qualität
Papier 120g Salzer Touch natural 1.3 Vol. (FSC) mit herzlichem Dank an Erika Pfaffinger und Harald Egger
Druck Memminger MedienCentrum
Buchbinderei Josef Spinner Großbuchbinderei, Ottersweier

Dank
Ich bedanke mich bei allen, die durch das Bereitstellen ihrer Entwürfe und Fotos dieses Buch visuell reicher gemacht haben – zuvorderst Jakob Runge, Gottfried Pott, Uwe Loesch, Gerd Danigel und dem Rowohlt Verlag. Zudem möchte ich Bertram Schmidt-Friderichs für sein Vertrauen und die stets freundliche und respektvolle Zusammenarbeit danken, ebenso wie seiner Assistentin Brigitte Raab und der Herstellerin Hannah Antes. Und besonders herzlich danke ich allen Menschen, die meinen Zeitmangel aufgrund der Arbeit an diesem Buch zu spüren bekommen haben, für ihre Nachsicht.
Kontakt: martinmosch@gmx.de

verlag hermann schmidt
Gonsenheimer Straße 56
55126 Mainz
Tel. 0 61 31/50 60 0
info@verlag-hermann-schmidt.de
facebook: Verlag Hermann Schmidt

ISBN 978-3-87439-873-2
Printed in Germany with Love.

Wir übernehmen Verantwortung.
Nicht nur für Inhalt und Gestaltung, sondern auch für die Herstellung. Das Papier für dieses Buch stammt von Salzer Papier einem familiengeführten Unternehmen aus Österreich. Salzer produziert nicht nur mit jahrhundertelanger Erfahrung und Leidenschaft, sondern legt einen hohen Wert auf nachhaltige Produktion und ständige innovative Weiterentwicklung. Die Energie für die Herstellung des Papiers beispielsweise wird durch ein hocheffizientes Gas-Kraft-Wärme-Kopplungs-Kraftwerk erzeugt. Salzer Touch natural ist 100% holzfrei, 100% säurefrei und 100% chlorfrei.

Das Memminger MedienCentrum ist FSC zertifiziert. FSC (Forest Stewardship Council) ist eine Organisation, die sich weltweit für eine umweltgerechte, sozialverträgliche und ökonomisch tragfähige Nutzung der Wälder einsetzt, Standards für nachhaltige Waldwirtschaft sichert und regelmäßig deren Einhaltung überprüft. Durch die Zertifizierung ist sichergestellt, dass kein illegal geschlagenes Holz aus dem Regenwald verwendet wird, Wäldern nur so viel Holz entnommen wird, wie natürlich nachwächst, und hierbei klare ökologische und soziale Grundanforderungen eingehalten werden. Die Druckerei trifft selbst direkte Maßnahmen für eine nachhaltigere Produktion durch Photovoltaik und Wärmerückgewinnung. Sie verwendet Druckfarben aus nachwachsenden Rohstoffen und engagiert sich für Chemie- und Wasserreduzierung bei der CTP-Belichtung.

»Die Zukunft sollte man nicht vorhersehen wollen, sondern möglich machen.«
Antoine de Saint-Exupéry

Bücher haben feste Preise!
In Deutschland hat der Gesetzgeber zum Schutz der kulturellen Vielfalt und eines flächendeckenden Buchhandelsangebotes ein Gesetz zur Buchpreisbindung erlassen. Damit haben Sie die Garantie, dass Sie dieses und andere Bücher überall zum selben Preis bekommen: Bei Ihrem engagierten Buchhändler vor Ort, im Internet, beim Verlag. Sie haben die Wahl. Und die Sicherheit. Und ein Buchhandelsangebot, um das uns viele Länder beneiden.

Stay tuned!
Alle zwei bis vier Wochen versenden wir Newsletter, in denen wir über aktuelle Neuerscheinungen, Veranstaltungen und Aktionen informieren.
Abonnieren auf www.typografie.de oder www.verlag-hermann-schmidt.de